James G. Quintiere

# 화재현상론

민세홍 | 황철홍 | 김운형 | 전흥균 공역

Fundamentals of Fire Phenomena

WILEY

도서출판 동화기술

# Fundamentals of Fire Phenomena

James G. Quintiere

# Contents

## Chapter 7 고체의 발화 Ignition of Solids 191



## Chapter 8 고체 표면의 화재 확산 Fire Spread on Surfaces and Through Solid Media 229



## Chapter 9 연소율 Burning Rate 269

# Preface

Many significant developments in fire science have emanated from New Jersey. Howard Emmons, the father of US fire research, was born in Morristown and went to school at Stevens Institute of Technology in Jersey City; Dick Magee (flame spread measurements) also taught at Stevens; John deRis (opposed flow flame spread) lived in Englewood; Gerry Faeth (turbulent flames) was raised in Teaneck; Frank Steward (porous media flame spread) and Forman Williams (modeling) hailed from New Brunswick; Bob Altenkirch (microgravity flame spread) is President of New Jersey Institute of Technology (formerly NCE); the FAA has their key fire laboratory for aircraft safety in Atlantic City (Gus Sarkos, Dick Hill and Rich Lyon); Yogesh Jaluria (natural convection in fires) teaches at Rutgers; Glenn Corbett lives in Waldwick and teaches fire science at John Jay College; Jim Milke (fire protection) was raised in Cherry Hill; Irv Glassman (liquid flames spread) taught at Princeton University, inspiring many to enter fire research: Fred Dryer (kinetics), Thor Eklund (aircraft), Carlos Fernandez-Pello (flame spread), Takashi Kashiwagi (material flammability), Tom Ohlemiller (smoldering), Kozo Saito (liquid flame spread), Bill Sirignano (numerical modeling) and more; even Chiang L. Tien (radiation in fire), the former Chancellor of the University of California (Berkeley), graduated from Princeton and almost proceeded to join NYU Mechanical Engineering before being attracted to Berkeley.

I was born in Passaic, New Jersey, studied at NCE and graduated with a PhD in Mechanical Engineering from NYU. I guess something in the water made me want to write this book.

The motivation and style of this text has been shaped by my education. My training at NYU was focused on the theoretical thermal sciences with no emphasis on combustion. My mentor, W. K. Mueller, fostered careful analysis and a rigor in derivations that is needed to reveal a true understanding of the subject. That understanding is necessary to permit a proper application of the subject. Without that understanding, a subject is only utilized by using formulas or, today, computer programs. I have tried to bring that careful and complete approach to this text. It will emphasize the basics of the subject of fire, and the presentation is not intended to be a comprehensive handbook on the subject. Theory at the level of partial differential equations is avoided in favor of a treatment based on control volumes having uniform properties. Therefore, at most, only ordinary differential equations are formulated. However, a theoretical approach to fire is not sufficient for the solution of problems. Theory cannot allow solutions to phenomena in this complex field, but it does establish a basis for experimental correlations. Indeed, the term *fire modeling* applies more to the formulas that have developed from experimental correlations than from theoretical principles alone. It will be seen, throughout this text, and particularly in Chapter 12 on scaling, that theory strengthens and generalizes experimental correlations. Until computers are powerful enough to solve the basic known equations that apply to fire with appropriate data, we will have to rely on this empirical approach. However, as in other complex fields, correlations refined and built upon with theoretical understanding are invaluable engineering problem-solving tools.

I honed my knowledge of fire by having the opportunity to be part of the National Bureau of Standards, NBS (now the National Institute of Standards and Technology, NIST), in an era of discovery for fire that began in the early 1970s. In 1974 the Center for Fire Research (CFR) was established under John Lyons at NBS, joining three programs and establishing a model for a nation's investment in fire research. That combined program, influenced by the attention to standards from Alex Robertson and Irwin Benjamin, innovations such as oxygen consumption calorimetry (Bill Parker, C. Huggett and V. Babauskas) and others, brought a change in the way fire was looked at. Many had thought that science did not apply; fire was too complex, or rules were essential enough. At that same time, the NSF RANN program for fire research at $2 million was led by Ralph Long who had joined the CFR. Professors Hoyt Hottel and Howard Emmons had long championed the need for fire research in the US and now in the 1970s it was coming to fruition. In addition, the Factory Mutual Research Corporation (FMRC), influenced by Emmons, formed a basic research group, first under John Rockett, nearly by Philip Thomas and mostly carried out by Ray Friedman. The FM fire program became a model of engineering science for fire, bringing such stalwarts as G. Heskestad, J. deRis, A. Tewarson and more to the field.

The CFR staff numbered close to 120 at its peak and administered then over $4 million in grants to external programs. The President's National Commission on Fire Prevention and Control published its report of findings, *America Burning* (1973), which gave a mandate for fire research and improved technology for the fire service. This time of plenty in the 1970s gave us the foundation and legacy to allow me to write this book. My association at CFR with H. Baum, T. Kashiwagi, M. Harkleroad, B. McCaffrey, H. Nelson, W. Parker, J. Raines, W. Rinkinen and K. Steckler all importantly added to my learning experience. The interaction with distinguished academics in the country from some of the leading institutions, and the pleasure to engage visiting scientists − X. Bodart, M. Curtat, Y. Hasemi, M. Kokkala, T. Tanaka, H. Takeda and K. Saito − all brought something to me. This was the climate at CFR and it was not unique to me; it was the way it was for those who were there.

In the beginning, we at CFR reached out to learn and set an appropriate course. Understanding fire was 'in', and consumer safety was 'politically correct'. Interactions with those that knew more were encouraged. John Lyons arranged contact with the Japanese through the auspices of the US-Japan Panel on Natural Resources (UJNR). Visits with the distinguished program at the Fire Research Station (FRS) in the UK were made. The FRS was established after World War II and at its peak in the 1960s under Dennis Lawson had Philip H. Thomas (modeling) and David Rasbash (suppression) leading its two divisions. Their collective works were an example and an essential starting point to us all. Japan had long been involved in the science of fire. One only had to experience the devastation to its people and economy from the 1923 Tokyo earthquake to have a sensitivity to fire safety. That program gave us S. Yokoi (plumes), K. Kawagoe (vent flows), T. Hirano (flame spread) and many more. The UJNR program of exchange in fire that continued for about the next 25 years became a stimulus for researchers in both countries. The decade of 1975 to about 1985 produced a renaissance in fire science.

An intersection of people, government support and international exchange brought fire research to a level of productive understanding and practical use. This book was inspired and influenced by that experience and the collective accomplishments of those that took part. For that experience I am grateful and indebted. I hope my style of presentation will properly represent those that made this development possible.

This book is intended as a senior level or graduate text following introductory courses in thermodynamics, fluid mechanics, and heat and mass transfer. Students need general calculus with a working knowledge of elementary ordinary differential equations. I believe the presentation in this text is unique in that it is the first fire text to emphasize combustion aspects and to demonstrate the continuity of the subject matter for fire as a discipline. It builds from chemical thermodynamics and the control volume approach to establish the connection between premixed and diffusion flames in the fire growth sequence. It culminates in the system dynamics of compartment fires without embracing the full details of zone models. Those details can be found in the text *Enclosure Fire Dynamics* by B. Karlsson and J. G. Quintiere. The current text was influenced by the pioneering work of Dougal Drysdale, *An Introduction to Fire Dynamics*, as that framed the structure of my course in that subject over the last 20 years. It is intended as a pedagogical exposition designed to give the student the ability to look beneath the engineering formulas. In arriving at the key engineering results, sometimes an extensive equation development is used. Hopefully some students may find this development useful, while others might find it distracting. Also the text is not a comprehensive representation of the literature, but will cite key contributions as illustrative or essential for the course development.

I am indebted to many for inspiration and support in the preparation of this text, but the tangible support came from a few. Professor Kristian Hertz was kind enough to offer me sabbatical support for three months in 1999 when I began to formally write the chapters of this text at the Denmark Technical University (DTU). That time also marked the initiation of the MS degree program in fire engineering at the DTU to provide the needed technical infrastructure to support Denmark's legislation on performance codes for fire safety. Hopefully, this book will help to support educational programs such as that at the DTU, although other engineering disciplines might also benefit by adding a fire safety element to their curriculum. The typing of this text was made tedious by the addition of equation series designed to give the student the process of theoretical developments. For that effort, I am grateful to Stephanie Smith for sacrificing her personal time to type this manuscript. Also, Kate Stewart stepped in at the last minute to add help to the typing, especially with the problems and many illustrations. Finally, the Foundation of the Society of Fire Protection Engineering provided some needed financial support to complete the process. Hopefully this text will benefit their members. I would be remiss if I did not acknowledge the students who suffered through early incomplete versions, and tedious renditions on the blackboard. I thank those students offering corrections and encouragement; and a special appreciation to my graduate students who augmented my thinking and gave me illustrative results for the text. Lastly, I am especially indebted to John L. Bryan for believing in me enough to give me an opportunity to teach and to join a special Department in 1990.

**James G. Quintiere**
The John L. Bryan Chair
in Fire Protection Engineering
University of Maryland
College Park, Maryland, USA

# Nomenclature

| | |
|---|---|
| $A$ | Area, pre-exponential factor |
| $b$ | S-Z variable (Chapter 9), plume width |
| $B$ | Spalding B number, dimensionless plume width |
| $Bi$ | Biot number |
| $c$ | Specific heat |
| $C$ | Coefficient |
| CS | Control surface |
| CV | Control volume |
| $d$ | Distance |
| $D$ | Diffusion coefficient, diameter |
| $Da$ | Damkohler number |
| $E$ | Energy, activation energy |
| $f$ | Mixture fraction |
| $F$ | Radiation view factor, force |
| $Fr$ | Froude number |
| $g$ | Gravitational acceleration |
| $Gr$ | Grashof number |
| $h$ | Heat or mass transfer coefficient, enthalpy per unit mass |
| $H$ | Enthalpy |
| $h_{fg}$ | Heat of vaporization |
| $j$ | Number of flow surfaces |
| $k$ | Conductivity |
| $l$ | Length |
| $L$ | Heat of gasification |
| $Le$ | Lewis number $= Pr/Sc$ |
| $m$ | Mass |
| $M$ | Molecular weight |
| $n$ | Number of droplets |
| $\mathbf{n}$ | Unit normal vector |
| $N$ | Number of species in mixture |
| $Nu$ | Nusselt number |
| $p$ | Pressure |
| $Pr$ | Prandtl number |
| $q$ | Heat |
| $Q$ | Fire energy (or heat) |
| $r$ | Stoichiometric mass oxygen to fuel ratio |
| $R$ | Universal gas constant |
| $Re$ | Reynolds number |
| $s$ | Stoichiometric air to fuel mass ratio, entropy per unit mass |
| $S$ | Surface area |
| $S_u$ | Laminar burning speed |
| $Sc$ | Schmidt number |
| $Sh$ | Sherwood number |
| $t$ | Time |
| $T$ | Temperature |
| $v$ | Velocity |
| $V$ | Volume |
| $w$ | Velocity in the $z$ direction |
| $W$ | Width, work |
| $x$ | Coordinate |
| $X$ | Mole fraction, radiation fraction (with designated subscript) |
| $y$ | Coordinate |
| $y_i$ | Mass yield of species $i$ per mass of fuel lost to vaporization |
| $Y$ | Mass fraction |
| $z$ | Vertical coordinate |

| | |
|---|---|
| $\alpha$ | Thermal diffusivity |
| $\beta$ | Coefficient of volumetric expansion |
| $\gamma$ | Ratio of specific heats, variable defined in Chapters 7 and 9 |
| $\delta$ | Distance, Damkohler number (Chapter 5) |
| $\Delta$ | Difference, distance |
| $\Delta h_c$ | Heat of combustion |
| $\Delta h_v$ | Heat of vaporization |
| $\epsilon$ | Emissivity |
| $\theta$ | Dimensionless temperature, angle |
| $\theta_{FO,f}$ | $r_o(B+1)/[B(r_o+1)]$ (Chapter 9) |
| $\kappa$ | Radiation absorption coefficient |
| $\lambda$ | Wavelength |
| $\mu$ | Viscosity |
| $\nu$ | Kinematic viscosity $=\mu/\rho$ |
| $\nu_i$ | Stoichiometric coefficient |
| $\xi$ | Dimensionless distance |
| $\pi$ | 3.1416... |
| $\Pi$ | Dimensionless group |
| $\rho$ | Density |
| $\sigma$ | Stefan-Boltzman constant $=5.67\times10^{-11}$ kW/m$^2\cdot$K$^4$ |
| $\tau$ | Dimensionless time |
| $\tau_o$ | $c_p(T_v-T_\infty)/L$ |
| $\phi$ | Dimensionless temperature, equivalence ratio |

### Subscripts

| | |
|---|---|
| a, air | Air |
| ad | Adiabatic |
| b | Burning |
| B | Balloon |
| BL | Boundary layer |
| c | Combustion, convection, critical |
| d | Diffusion |
| dp | Dew point |
| e | External |
| f | Flame |
| F | Fuel |
| g | Gas |
| i | Species |
| l | Liquid |
| L | Lower limit |
| m | Mass transfer |
| o | Initial, vent opening |
| $O_2$, ox | Oxygen |
| p | Products, pressure, pyrolysis front |
| py | Pyrolysis |
| Q | Quenching |
| r | Radiation |
| R | Reaction |
| s | Surface |
| st | Stoichiometric |
| t | Total |
| T | Thermal |
| u | Unburned mixture |
| U | Upper limit |
| v | Vaporization |
| w | Wall, water |
| $x$ | Coordinate direction |
| $\infty$ | Ambient |

### Other

| | |
|---|---|
| $\dot{a}$ | Rate of $a$ |
| $\tilde{a}$ | Molar $a$ |
| $a'$ | $a$ per unit length |
| $a''$ | $a$ per unit area |
| $a'''$ | $a$ per unit volume |
| $\mathbf{a}$ | Vector $a$ |

Chapter

01

# 불의 소개

Introduction to Fire

## 1.1 역사 속의 불

불은 인류의 시작 순간부터 인식되어 왔다. 이것은 우주 창조의 순간에도 존재했었다. 또한 이것은 인류의 시작의 일부였다. 보온, 빛, 요리 그리고 공업 엔진에 대한 불의 의존도는 오늘날 많이 희미해졌고 그래서 우리는 불에 대해서 더욱 둔감해졌다. 인류는 불의 보존을 위한 기술에 많은 투자를 해왔다. 그러나 상대적으로 화재를 막는 데에는 소홀하였다. 물론, 극적인 화재참사들이 역사 속에서 주기적으로 발생해왔지만, 그들은 교훈보다는 공포심을 더욱 가져다 주었다. 아마도 적은 횟수의 각자의 화재경험이 우리들로 하여금 화재로부터 배운 것들을 더욱더 잊어버리게 만드는지도 모른다. 불은 원시문화에서의 중심이었던 데 비해, 오늘날 발전사회에서는 삶의 배경으로 자리 잡고 있다. 화재는 오늘날 드물게 우리의 삶을 침해하고 있다. 그러면 우리는 왜 이것에 대해 주의해야 하는가?

사회가 발전함에 따라, 가치는 무엇이 생산되는가, 그리고 그 생산의 출처에 의존하게 되었다. 그러나 생산품을 얻는 것이 더욱더 쉬워짐에 따라, 가치는 사회복지와 그리고 우리의 주변 환경 속으로 들어왔다. 제어되지 않는 화재는 우리의 자산과 생산원천을 파괴시킬 수 있고, 이것은 화재예방과 피해복구의 사회적 비용으로 연결된다. 사람과 환경에 대한 화재의 영향은 점점 사회적인 이슈가 되고 있으며, 이는 정치적인 이데올로기와 국가에 퍼져있는 자본 환경에 의존하고 있다. 따라서, 화재 예방과 통제는 잠재적인 피해량과 국가의 사회적 가치에 달려있다. 이러한 이슈들은 모든 문화들과 직면해왔지만, 아마도 20세기가 결정적으로 기술적, 사회적 발전의 중앙에 위치한 과학으로 인하여 특히 선진 국가 내에서 화재에 대한 기초를 제공했다.

현대사회에서는, 화재 안전에 대한 투자는 위험하다고 잘 알려져 있다. 신뢰할 수 있는 위험도는 반드시 완벽한 통계자료에 기초해야 한다. 1970년대 초기 화재로 인한 큰 손실을 보여주기 위한 미국정부의 한 동기요인은 'National Commission on Fire Prevention and Control' 기사에 설명되어있다. 이 기사는 미국이 훼손된 자원들로 인해 매년 110억 달러 이상 소요되고 있고, 또 12000명 이상이 화재로 인해 목숨을 잃고 있다고 말하고 있다. 이 사망자들 가운데, 3500명은 자동차 사고로 인한 화재 때문이었다. 그러나 초기 통계자료의 자릿수 실수로 인해 1/10로 표기되었다(350명만이 자동차 화재로 소실되었다). 결과적으로, 이러한 이슈들을 알리기 위해 자금이 지원되었고, 실제 매년 사망자는 8000명으로 발표되었다(새로운 연구자료는 매년 사망자수가 4000명 가까이 감소했다고 발표했다). 현재는 4000여명쯤이다(1998[2] 자료 4126명). 1971년 8000여명에 이르렀던 사망자수가 현재의 숫자로 줄게 된 큰 요인은 1971년에는 거의 사용하지 않다가 1981년[3] 이후로 66% 이상 사용하게 된 연기 감지기 때문이었다. 화재로 인한 사망자수의 감소는 감지기 사용의 비율에 연관성이 있는 것으로 보여진다. 보편적으로, 화재로 인한 사망자수를 설명하기 위한 상관관계가 발표된 적은 없었으나, 기술력과 정치적인 변화가 상관관계를 위한 요소로 보여지고 있다.

1971년 미국의 화재로 인한 추정 비용이(재산 소실, 소방서 활동, 화상 치료, 보험비용 그리고 생산성 저하) 114억[1] 달러인데 반해, 현재는 GDP의($11.7×10$^{12}$) 0.875% 혹은 1,020억[2] 달러로 추정하고 있다. 현재 미국 국방부는 GDP의 3.59%를 사용하고 있다. GDP에 대한 화재의 비용은 대부분 선진국가들은 0.2～1.2%로 비슷하고, 23개국의 평균값은 0.81%[2]다. 미국은

**표 1.1** 20세기의 주요 화재재난

| 년 | 사고 | Source |
|---|---|---|
| 1903 | Iroquois Theater 화재, 시카고, 620명 사망 | - |
| 1904 | 볼티모어 대화재, 5천만 달러(8억2천만 달러, 1993) 피해 | [5] |
| 1906 | 샌프란시스코 지진(그곳에 있던 사람들은 불이라고 불렀다.), 28,000개 빌딩 소실, 450명 사망, 화재로 인해 3억 달러(50억 달러, 1993) 피해, 지진으로 인해 1500만 달러 피해 | [4] |
| 1923 | 도쿄 지진, 150,000명 사망, 화재로 인해 700,000가구 소실, 공원으로 피신하던 38,000명 화재 토네이도(fire whirl)로 인해 사망 | [4] |
| 1934 | Morro Castle 선박화재, 134명 사망, 아즈버리파크, 뉴저지 | [4] |
| 1937 | Hindenburg 비행선화재, 레이크허스트, 뉴저지 | [4] |
| 1947 | *SS Grandcamp* and Monsanto Chemical Co.(화재와 폭발로 인한 자발적 발화), 텍사스 시티, 텍사스, 6천7백만 달러(4억3천만 달러, 1993) 피해 | [5] |
| 1967 | 아폴로 1 우주선, 우주비행사 3명 사망, 100% 산소에서 화재 발생 | [4] |
| 1972 | Managua, Nicaragua 지진, 12,000명 사망, 화재와 지진으로 인한 도시 전체가 파괴 | [4] |
| 1980 | MGM Grand Hotel, 라스베가스, 네바다, 84명 사망 | [4] |
| 1983 | Australian 산불, 70명 사망, 8,500명 노숙자 발생, 150,000에이커 파괴됨, 약 10억 달러 피해 | [4] |
| 1991 | One Meridian Plaza 38층 초고층 빌딩, 필라델피아, 소방관 3명 사망, 완전 붕괴로 인한 건물 피해 5억 달러 | - |
| 1991 | Oakland firestorm, 15억 달러 피해 | [5] |
| 1995 | Milliken Carpet Plant, 레 그렌지(Le Grange), 조지아, 66,000 ft$^2$ 파괴됨, 스프링클러 설치됨, 5억 달러 피해 | - |
| 2001 | World Trade Center twin towers, 약 3천명 사망, 약 100억 달러 피해, 철골구조 내화성능 부족 | - |

일인당 화재 빈도수가 6.5/1000명, 매년 $10^5$명당 1.7명 사망자수로 높은 수치를 가지고 있다. 러시아는 9.87로 가장 높은 수치이다. 이것은 사람의 일생에(75세) 135명당 1명이 러시아에서, 784명당 1명이 미국에서 화재로 인해 죽는다는 위험성을 보여준다. 따라서, 미국에서 평생을 사는 사람들 중에서, 800명 중 1명이 화재로, 10명이 자동차 사고로 인하여 죽고 그 나머지(789)는 대부분 암, 심장마비 혹은 뇌졸중으로 죽는다. 이런 요인들은 사회와 정부가 사람들의 복지를 위해 투자하게끔 영향을 준다.

무역항공기 사고와 마찬가지로, 화재는 단 한 번의 사고로 많은 이의 목숨과 재산을 앗아갈 수 있다. 전체 화재 중 15～25%가 방화로 인한 것임을 깨달았을 때[2], 그리고 오늘날 테러가 위협적으로 보여질 때, 더욱더 개선된 화재안전을 위한 투자가 장려될 수 있다. 3000명이 넘는 인명피해와 100억 달러가 넘는 비용을 초래한 월드트레이드 센터 9/11 테러는 단순히 방화사건으로 간과해서는 안 된다. 지금까지, 이러한 끔찍한 사건들은 임시방편들과 단기간의 불안감만을 조성할 뿐이었다. 아마도, 9/11 －만약 화재 안전 사건으로 인식한다면－ 사건은 화재안전을 위한 투자에 일조했을지도 모른다. 월드트레이드센터 사고를 단순한 화재사건으로 치더라도, 20세기에 일어난 큰 참사들은 화재에 대한 우리의 경각심을 일깨워주었다. 그러나 참사의 충격들은 오래가지 않았다. 표 1.1에 나와 있는 사고들은 20세기에 일어난 중요한 화재 사고들을 나타낸다. 어떤 것을 알고 있는가? 관련된 삽화들은 그림 1.1에서 1.4에 나와 있다. 1989년 Loma Prieta 중심에서 일어난 상대적으로 가벼운 강도의 지진이(7.1～7.7) 그림 1.2(b)에 보이는 Marina 지역의 San Francisco에도 동일한 화재를 일으켰다는 것은 주목할 만할 사실이다.

그림 1.1 ≫ 1904년 볼티모어 대화재

(a)

(b)

그림 1.2 ≫ (a) 1906년 샌프란시스코 지진화재. (b) 샌프란시스코 화재 피해 지역, 1906년

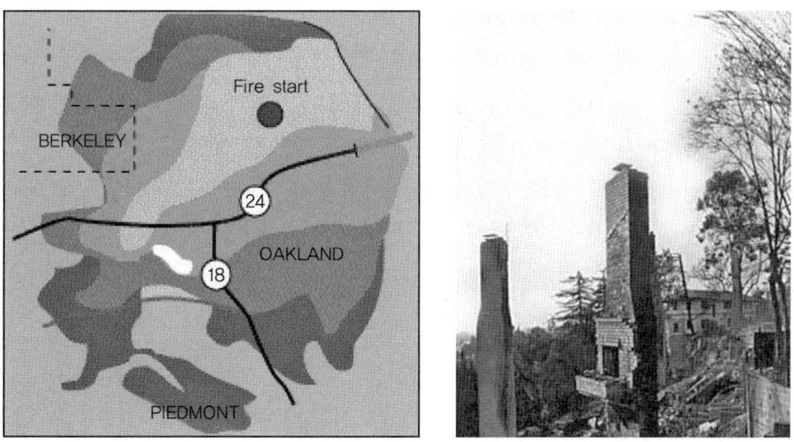


그림 1.3 ≫ 오클랜드 힐(Oakland Hills) 화염폭풍, 1991년

그림 1.4 ≫ 월드트레이드센터 남쪽 타워의 붕괴

## 1.2 불과 과학

500년이 넘는 시간 동안, 과학은 수학적 일반론의 시작부터 대부분 문제에 필요한 모든 종류의 보존 법칙들에 이르기까지 빠른 속도로 발전되어왔다. 그러나, 인류의 가장 오래된 도구들 중 하나인 불은 수학적 표현을 얻기 위해 마지막 50년을 필요로 하였다. 화재는 실제로 복잡하고 또 과학적 발전을 확실하게 지체시켰다. 하지만 첫째로, 화재란 무엇인가? 어떻게 정의할 수 있는가?

불은 공기 중에서 보편적으로 약 2500 K, 적어도 1500 K의 온도에서 생성되는 화학적 반응이다. 불은 일반적으로 화염들의 격한 앙상블이다. (혹은 작은 불길들의) 작은 화염 혹은 층류화염은 $10^{-3}$ cm 만큼 두께를 가지고 있고 단위부피당 약 $10^{8}$ W/cm$^{3}$ 만큼의 발열 에너지를 가지고 있다. 그러나 발화의 초기에는 $10^{-2}$ W/cm$^3$ 만큼 가지고 있다. 이 수치는 감지하기 어렵고, 완전한 화염으로의 급격한 변화는 열 상태로 들어선 것을 의미한다. 그리고 곧 이것은 열 폭발을 일으킨다. 화염은 섞인(미리 섞인) 반응물 혹은 동시에 확산하는 반응물들로(확산염) 시작될 수 있다. 일반적으로, 화염은 기체상태의 반응물로 여겨진다. 화염과 연소과정에 대한 견해의 차이가 발생할 수 있으며 이는 특별한 전문용어로 정의된다. 실제로, 화염은 기체상태의 반응에 해당되는데 비해, 화재와 그 동의어인 연소는 좀 더 넓은 의미, 곧 더욱더 큰 에너지 밀도로 변하는 반응을 의미한다. 예를 들어, 그을음은 공기 중의 산소와 고체연료의 표면 사이에서 일어나는 연소 반응이다(600 K 이하의 온도에서도 발생할 수 있다). 다이너마이트를 통한 급격한 연소 전파는 폭발로 명명될 수 있으나, 예혼합화염 이론에 의해 통제된다. 실제로, 화재 혹은 연소는 좀 더 넓은 의미로 통제를 벗어난 온도나 촉매효과로 인해 발생된 발열 화학 작용을 의미한다. 우리는 화재의 정의를 '공기 중에서 빛과 열을 내는 화학적 반응'이라는 표현을 피해왔다는 것을 명심해야 한다. 그러나, 화염이 언제나 보여지는 것은 아니다. 예를 들면, 수소 불꽃은 투명해 보이고 쉽게 보이지 않는다. 화염은 단열과정으로 만들어질 수 있고, 그런 이유로 열을 발생시키지 않는다. 이것은 연소물로 덮인 지역에 큰 화염과 일정한 온도 아래서 발생될 수 있다. 게다가, 공기 중의 산소는 화재나 연소반응에서 유일한 산화제가 아니다. 일반적으로, 불이 통제 불가능한 모든 방면의 연소에 적용되는데 반면에, 화염은 기체상태의 연소에만 적용된다.

화재과학은 연소를 구성하는 과정의 수학적 표현의 발전을 요구한다. 1600년대 아이작 뉴턴으로부터 시작된 이러한 필수적인 발전들은 역사의 흐름 속에서 찾아볼 수 있다. 표 1.2에 명시되어 있으며, 미세한 연속체의 과학과 관련이 있다(예를 들면, 그림 1.5와 1.6). 대류열, 그리고 물질 이동 문제들과 마찬가지로 화재 문제들은 일반적인 보존법칙과 그 구성하는 관계들이 설립된 이후로 새롭고 엄청난 과학적 발견들을 요구하지 않는다. 그러나, 불은 모든 운송과정 가운데 가장 복잡하고, 해결책을 만드는데 전략적이고 수학적인 공식들을 요구한다. 이것은 또한 실험들과 일반적인 수학적 해결책을 효과적으로 해석하고 묘사하기 위하여 중요한 요소들을 구분해내는 과정에서 확실한 정보를 요구한다.

뉴턴이 모멘트 공식의 기초를 도출하는 동안에, 그는 또한 질량에 대해, 특히 $m = F/a$로 정의되는 개념을 소개했다. 줄은 일과 에너지 사이의 등가성을 밝혀냈고, 열역학 제1법칙은(에너지 보존) 열손실과 시스템에 의해 행해진 일로 인한 에너지 변화의 개념을 소개했다. 그리고 나서 열은 온도차이로 인해 시스템으로부터 이동한 에너지라고 정의되었다. 물론, 열역학 제2법칙은 (Clausius) 곧바로 풀이방법에 적용되진 않으나, 어떠한 노력 없이는 시스템은 원래 상태로 돌아가지 않는 다는 것을 말해준다. 이러한 노력은 질량과 에너지의 이동과 관련이 있으며, 이러한 이동 흐름은 (근접하게) 그것들과 관련된 성질의 변화량과 연관된다. 예를 들어 열 유속은 Fourier의 법칙에서 보여주듯이, 온도변화에 비례하고, 종류 질량속은 Fick의 법칙에서 보여주듯이 농도

표 1.2 화재과학을 선도한 발전사

| 시대 | 내용 | 주요 인물 |
|---|---|---|
| ~1650 | 운동의 제2법칙 (운동량 보존) | Isaac Newton |
| 1737 | 유체의 압력과 속력의 관계 | Daniel Bernoulli |
| ~1750 | 열역학 제1법칙 (에너지 보존) | Rudolph Clausius |
| 1807 | 열전도 방정식 (푸우리에의 법칙) | Joseph Fourier |
| 1827 | 유체 운동의 점성 방정식 | Navier |
| 1845 | | Stokes |
| ~1850 | Royal Society가 발간한 Chemical History of the Candle Lectures | Michael Faraday |
| 1855 | 질량 확산 방정식 (픽의 법칙) | A. Fick |
| 1884 | 화학 반응속도와 온도의 상관성 | S. Arrhenius |
| ~1900 | 열 복사 | Max Planck |
| 1928 | 배관 안에서의 확산염 해결 | Burke and Schumann |
| ~1940 | 동역학과 연소 방정식 | Frank-Kamenetskii |
| ~1930 | | Semenov |
| ~1950 | | Zel'dovich |
| ~1950 | 대류열의 해결 | H. Emmons, D. B. Spalding |
| ~1960 | 화재 현상의 해결 | P. H. Thomas |
| ~1970 | 미국 화재 연구 프로그램의 리더십 | R. Long, J. Lyons |

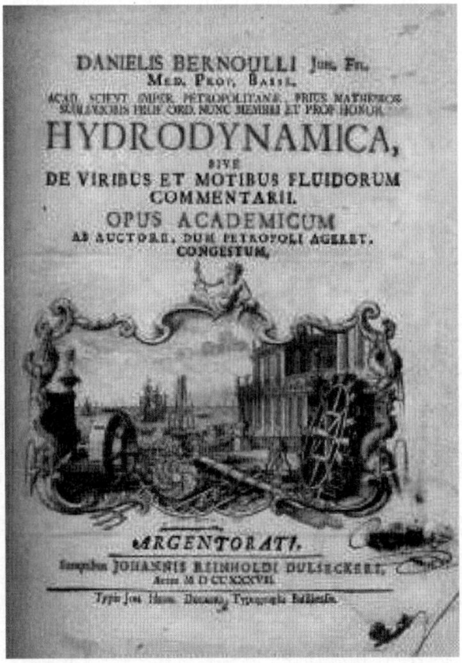


그림 1.5 》 베르누이의 유체역학 논문

(a) (b) (c)

그림 1.6 ≫ 주요 분야의 과학자들 (a) 열 전달 (Jean Baptiste Joseph Fourier), (b) 화학 (Svante August Arrhenius, 1903년 노벨 화학상), (c) 연소 (Nikolay Semenov, 1956년 노벨 화학상)

변화에 비례한다. 방사선에 의한 비선형의 열 이동은 불에 관한 분석적인 해결책을 얻는데 큰 방해물이 되고 있다 이러한 격동은, 150여년 전 Navier-Stokes을 통해 이런 불안정한 현상들에 관한 정확한 공식이 있음에도 불구하고, 유체흐름 문제들에 대한 일반적인 해결책을 제시하지는 못하였다. 이런 이유로, 기술, 독창성 그리고 광범위한 지식이 화재현상을 이해하고 풀고 공식화 하는데 필요해졌다. 러시안 과학자인 Semenov[6], Frank-Kamenetskii[7] 그리고 Zel'dovich[8]은 연소 문제들에 대한 초기 공식들을 보여준다. 이러한 문제들은 동역학의 역할을 말해주고, 아레니우스 매개변수가 되는 숫자 즉, Zel'dovich 수, $(E/RT)/(1+c_p T/\Delta h_c)$, $E/RT$을 만들어 냈다. Spalding[9] 그리고 Emmons[10]는 응축된 상태의 확산성 화재에 대한 해결책의 기초를 제공했다. 이러한 기초는 그을음, 방사능 그리고 화염 확산에 관한 훨씬 복잡한 문제들의 가이드 역할을 했다. Spalding B 수는 이 문제들에서 생겨난 크기가 없는 그룹이고, 연료 증발에 필요한 연소과정에서 방출된 에너지의 비율을 나타낸다. 불에 의한 에너지 생산 비율은(좀 더 정확하게는 25℃, 1 atm에서 화학적 변화로 인한 엔탈피의 변화 비율) 화력으로 정의된다. 많은 사람들이 이 용어를 열방출률(HRR)로 사용하고 있으나, 필자가 보기엔 부적절한 명칭으로, 화력은 연소를 기반으로 한 발전소에 사용될 만큼 동등한 화학적 생산 비율을 가질 수 있고, 이 반응에서의 열의 이동은 동일하지 않다. 이러한 부적절한 명칭들은 열역학 안에서 다음과 같은 것들이 대표적이다. 열용량, 증발열 그리고 연소열 – 모두 엔탈피와 관련이 있다. 이 명칭들은 열이 어떤 물질의 일부분이라고 여겨졌을 당시의 열 이론의 잔재들에서 오는 것들이다.

## 1.3 20세기의 화재안전과 연구

20세기 초기에 미국 화재안전에 대한 중요한 사건들이 있었다. The National Fire Protection Association(NFPA)이 1897년 창립되었고, 이는 주로 스프링클러의 사용과 규격화를 제시하고 있다. The Underwriter's Laboratory(UL)가 1894년 William H.Merrill에 의해 창립되었고, 전기의 규격과 테스트를 다루고 있다. 1904년 의회는 National Bureau of Standards(NBS)를 만들었고, 1987년에 이것은 National Institute of Standards and Technology(NIST)가 된다. 볼티모어 대화재(1904) 이후에, 의회는 NBS에 건물들의 구조적인 화재안전을 다룰 것을 지시했다. 이 프로그램은 Simon Ingberg 아래 1914년에 시작되었으며, 향후 60년 이상 구조적 화재 안전과 테스트에 중요한 영향을 끼쳤다. 1914년 NBS의 디렉터가 미국의 화재로 인한 손실이 유럽보다 열 배 이상이라는 사실이 발표될 때 했던 말은 상당히 인상적이다. '가장 극심한 화재의 의한 손실은 법과 규제가 있는 도시에서 발생한다.'

60년 後 America Burning은 '한 기본적인 욕구는 과학적이고 공학이론 안에서 화재에 관한 배경 지식을 키우는 것이다. 그래서 실제 문제들은 예상 가능한 분석들을 통하여 해결하는 것이다' 라고 인용했다[1]. President's Commission report는 당시 NBS에 존재하던 세 가지의 화재 프로그램들을 통합하는 결과를 이끌었다. 건물 화재 안전(I. Benjamin and D. Gross), 화재연구 및 소방(J. Rockett and A. F. Robertson), 가연성 직물(J. Clark and C. Huggett). 이런 통합은 John Lyons 아래 1974년 Center for Fire Research(CFR)을 설립했다. 이것은 화재 과학을 위한 도서관의 성장도 포함하고 있다(M. Rappaport and N. Jason) – 새로운 연구 기업에 필요한. CFR 프로그램은 기초 연구와 시간에 관한 중요한 문제점들에 초점을 맞추고 있다. 그들은 의류 직물과 가구 화재 규격, 연기탐지기 규격의 발전, 바닥 깔개의 인화성 그리고 주택과 보건 의료 기관을 위한 특별한 규격들을 포함한다. 이 예산은 약 5백만 달러로서, 내부 NBS 기금의 절반의 넘는 금액이었다. NSF RANN(Research for Applied National Needs) 화재 보조금 프로그램의 창립자로 Ralph Long이 선임되었다. 이 프로그램은 화재 기초 연구를 위해 유일하게 2백만 달러를 기부 받았다. 얼마 안 되어 1975년 후에, Products Research Committee(PRC), 플라스틱 생산자의 컨소시엄은 매년 약 1백만 달러를 5년간 플라스틱 인화성에 관한 기초연구를 위해 기부하였다. 이 산업은 자발적인 것이 아니라, 의무적인 것으로서 테스트 결과에 대하여 화재안전의 불완전함으로 인한 불평으로부터 생겨난 Federal Trade Commission의 합의에 의한 것이었다. 화재연구를 위한 NBS의 1975년 총 예산은 8백만 달러였고 2004년에는 약 3천만 달러가 될 것으로 보고 있다. 실제로, NSF에서 나온 기본적인 보조금 프로그램은 겨우 1백만 달러 정도였으나, 1974년 급등하여 오늘날 NBS는 7백 5십만 달러를 보유하고 있다. 따라서, 오늘날 미국

내 화재연구 활동이 줄어든 데 비해, 1970년대 화재연구를 위한 노력은 굉장히 중요했고, 국제적인 관심은 여전히 높다.

1970년대 미국 내 화재연구는 발견의 감각 그리고 해외에 있는 지식의 중심지들과 교류하는 열정들로 특징된다. 수년간, 특히 세계 2차 대전 이후에, 영국인들과 일본인들이 활발하게 화재연구를 추진했다. Borehamwood에 있는 화재 연구소(예전에 영국 영화계의 중심이었다)에서는 화재 연구에 전문가인 P. H. Thomas[12], D. Rasbash(진압), M. Law(내화성) 그리고 D. L. Simms(점화) 아래 1950년대 강력한 화재 연구 프로그램을 실시했다. 일본인들은 그들의 건축학부 내, 일반학계 그리고 정부 연구소 안에 탄탄한 화재연구 기반을 설립했다. Kunio Kawagoe는 수년간 이 연구의 책임자였다(대략 1960～1990). 그는 격실 화재에 대한 공헌으로 많이 알려져 있다. 그 밖에 S. Yokoi(기둥), T. Hirano(화재 확산), T. Wakamatsu(연기 이동), T. Tanaka(지역 모델링), Y. Hasemi(불기둥), T. Jin(연기 가시성), K. Akita(액체) 그리고 H. Takeda(격실 화재 행동)가 있다. 스웨덴에서는 1970년대 초 O. Pettersson 교수가 구조물에 대한 화재효과 연구를 시작하면서, S. E. Magnusson의 연구를 발전시켰고 또 Lund 대학의 화재공학 프로그램을 설립하였다. 스웨덴의 민방위 프로그램 출신의 Vihelm Sjolin은 Kai Odeen(격실 화재)과 Bengt Hagglund(방사능, 화재 역학) 같은 화재 연구원들에게 리더십을 제공하였다. 그리고 후에 1백만 달러를 1980년대 화재를 위한 스웨덴 기초 연구 프로그램에 기부하였다. 오늘날 스웨덴은 Lund University 그리고 SP Laboratory in Boras(U. Wickstrom and B. Sundstrom)에서 활발한 화재 연구 활동을 하고 있다. 많은 프로그램은 전 세계에서 아직도 유효하다: PR China(W. C. Fan), Finland(M. Kokkala and O. Keski-Rinkinen), France(P. Joulain and P. Vantelon) and the United Kingdom(G. Cox, D. Drysdale, J. Torero, G. Makhviladze, V. Molkov, J. Shields and G. Silcock) 일부분 발췌.

충분한 자금이 제공되면서, 학계간의 많은 문제들과 새롭고 복잡한 문제들로 도전 열정을 갖게 된 연구자들이 1970년대에 화재 연구에 참여하게 되었다. 그들은 Professor Hoyt Hottel(MIT)에 의해 화재 연구분야에 발을 들이게 된 Professor Howard Emmons(Havard)에 의해 이끌어졌다. 그들 모두가 미국 화재 연구들에 위상과 신뢰를 가져다주었다. Emmons는 또한 Factory Mutual Research Corpration(FMRC)에 화재 연구의 새로운 기초 프로그램에 대해 조언했다. Jim Smith에 의해 영향을 받은 FM 프로그램은 보험 이익을 다루는 역할이었다 – 산업을 위한 중요한 움직임. 그것은 매우 왕성한 활동을 하는 연구팀을 만들어냈다: R. Friedman, J. deRis, L. Orloff, G. Markstein, M. Kanury, A. Modak, C. Yao, G. Heskestad, R. Alpert, P. Croce, F. Taminini, M. Delichatsios, A. Tewarson 그리고 다수. 그들은 다른 사람들이 따라갈 수 있는 이정표가 되었다.

NBS와 NSF의 자금제공 아래, 중요한 학계 연구 활동이 이 당시 미국 내에서 일어났다. 이는 다수로부터 필요한 지성과 기술들을 가져왔다. 이러한 헌신적이고 열렬한 과학자들과 소통하는 것은 필자에겐 큰 기쁨이다. UC Berkeley(C. L. Tien, P. Pagni, R. B. Williamson, A. C. Fernandez-Pello and B. Bressler), Princeton(I. Glassman, F. Dryer, W. Sirignano and F. A. Williams), MIT(T. Y. Toong and G. Williams), Penn State(G. M Faeth), Brwon(M. Sibulkin), Case-Western Reserve(J. Tien and J. Prahl) 그리고 Havard(H. Emmons and G. Carrier)에서 중요한 프로그램들이 시작되었다. 화재를 공부한 많은 학생들이 배출되었다(A. Atreya, I. Wichman, K. Saito, D. Evans and V. Babrauskas – 일부분 발췌). 모두가 화재 연구에 공헌함으로써 이름을 남겼다. 다른 프로그램들 역시 크게 공헌하였다: Naval Research Laboratory(H. Carhart and F. Williams), FAA Technical Center(C. Sarkos, R. Hill, R. Lyon and T. Eklund), SWRI(G. Hartzell and M. Janssens), NRC Canada(T. Harmathy, T. T. Lie and K. Richardson), IITRI(T. Waterman) 그리고 SRI(S. Martin and N. Alvares). 이런 단체적인 활동은 1975년부터 1985년까지 10년간 정점에 이르렀다. 그 후에 정부의 지출 삭감이 그들의 자금을 빼앗아 갔고, 특히 Reagon 행정시기에 많은 프로그램들이 끝내지거나 그들의 기초 연구를 그만두도록 강요되었다. 프로그램들이 남아있는 동안에는, 그들의 생존을 위한 자금을 유지하기 위해 문제해결에만 힘쓰도록 강요되었다. 실제로 유익한 연구들의 유산이 오늘날 화재 문제들을 해결할 수 있는 능력이 되고 있다.

## 1.4 미래에 대한 전망

2002년 NIST는 9/11 건물붕괴의 원인을 조사하기 위한 특별자금 1600만 달러를 의회에 의해 제공 받았다. 화려했던 십년간의 업적을 (1975~1985) 토대로 한 화재 과학은 화재 조사에 효과적으로 사용되기 시작했다. 연방 방화 범죄의 책임을 가지고 있는 The Bureau of Alcohol, Tobacco and Firearms(BATF)는 세계에서 가장 거대한 화재 실험실을 설립했다(2003). 극적인 사건이었던 9/11 테러는 화재 안전규제에 있어서 화재 과학이 중요한 (혹은 결여된) 요소였다는 대중의 인식을 재활성시켰다. NIST 조사는 화재안전을 위해 사용되어진 기준이 공익을 위해서는 불충분하다는 것을 보여준다. 이 책을 읽는 학생들은 1993 폭탄 사건, WTC 화재 그리고 9/11 WTC 테러 사건의 여러 방면과 관련된 문제들과 적용, 그리고 해답을 찾는 능력을 키울 수 있다. 일부 문제들은 때때로 대중매체에 의해 잘못 전해지거나 아예 사라진다. 예를 들어, WTC를 공격한 항공기의 제트 연료가 몇 분간 발화의 근원이 된 것은 확실하나, 특별한 강도를 지닌 제트 연료가 철 구조물의 붕괴에 원인이 되었다는 발표가 여전히 있다. 일반적으로 WTC의 화재는 주로 각 층의 일반 가구와 그 내용물로 인한 것으로 인식되고, 그것들이 건물 붕괴의 이유라고 여겨진다. NIST가 의회의 명령대로 1914년 설립된 NBS 화재 프로그램에 화재로 인한 주요 건물 붕괴에 대해 조사한다는 것은 실로 엄청난 일이다 －90년 전－ 그 명령은 건물의 화재에 대한 구조적인 견고함을 개선시키는 것과 붕괴를 방지하기 위한 것이었다.

많은 관심과 조치가 화재안전을 위한 성능 규정들의 인식에 집중됐으나, 예를 들어 일본, 덴마크, 호주, 뉴질랜드 그리고 미국과 나머지 나라들은 적당한 화재규제를 위한 기반시설을 갖추지 못하였다. 물론, 코드와 기준을 만드는 과정에서 중요한 기반시설이 존재했었지만, 화재 과학이 이 과정에 속한다는 명시적인 단체는 존재하지 않았다. 단체와 단체 그리고 국가와 국가마다 화재 실험 기준이 다르다는 것은 규제의 수립을 위한 과학적인 토대가 부족하다는 증거이다. 화재 기준의 전문 지식을 가진 이들은 이 기준이 기술적인 배경이 거의 없다는 것을 쉽게 알고 있었다. 이러한 기준들이 일반적으로 특별한 관심과 사회적 합의 아래 설립됐을지라도, 그들의 결점은 대부분의 대중들에게 용납되지 못했다.

정부의 확실한 지원이나 국제적인 계획이 없을 지라도, 우리는 과학과 함께 좀 더 발전된 화재 기준을 향해 발전하는 중이다. 고등 교육 기관들은 현재 전 세계에서 25개 이상 존재하고 있다. 이는 1956년 University of Maryland에 소방공학 학사 학위 프로그램이 설립된 이래 (미국 내에서 가장 처음으로 승인 받았다) 큰 도약이었다. 뒤이어 첫 석사 프로그램이 1975년 University of Edinburgh의 Dave Rasbash에 의해서 설립되었다. 이 프로그램은 근본적인 원리의 과학을 사용하여 국제 화재 기준의 조화를 이끌 것이다. 이것은 쉽지 않은 변화였고, 잘못될 가능성이 매우 높다. Kristian Hertz(DTU, Denmark)의 말에 따르면, '기술적인 토대가 없는 전통적인 절차를 택하는 것보다, 표준관행에 따라 짓기 충분한 과학적인 접근법을 사용하는 것이 낫다.' 바라건대, 이 책이 많은 학생들의 화재 안전 기준에 관한 기술적인 도전에 도움이 되기를 바란다. 화재 문제들은 여전히 사회 속에, 자연과 인공, 그리고 계속 변화하는 기술 세계에 계속 존재할 것이다.

## 1.5 책의 소개

이 책은 교육용으로 제작되었으며, 과목 전체를 다 검토할 정도로 포괄적이지는 않다. 이는 화재라는 주제가 근본원칙, 고전적인 분석 그리고 특이한 현상들 위에 세워진 특별한 공학 기술이라는 것을 보여주고 있다. 주제의 흐름은 과거 재료로부터 새로운 재료까지 발전함에 따라 전개된다. 첫 번째와 마지막 장을 제외하고는 책의 설명은 본문의 순서를 따른다. 필자의 교육 경험으로 봤을 때, 한 학기 15주, 45시간 코스, 전문적이고 고급 소재를 제외하고는 책의 2장부터 11장까지 다루는 것이 가능하다. 그러나, 격실 화재를 다룬 11장은 심도 있게 다루기 매우 어렵다. 왜냐하면, 주제가 워낙 크고, 컴퓨터 관련 모델을 포함하고 있는 특별한 주제이기 때문이다. Karlsson과 Quintiere가 쓴 책인 Enclosure Fire Dynamics가 그 주제에 적합하다(1.5.4절).

이 책은 화재 공학의 연소 특성에 대해서 심도 있게 다루고 있다. 화재와 연소가 같기 때문에 저 문장은 모순적으로 보일 수 있고, 혹자는 이에 대해 충분히 다뤄지기를 바랄 것이다. 그러나, 소방공학 교육은 예전부터 화재 그 자체보다 보호 측면으로 더 강조되어 왔다. 그림 1.7은 책의 소재와 관련된 선행 자료들을 보여주는 도표이다. 표준 교과서들이 선행 과목들을 위해 참고될 수 있다. 그러나, 이 과목들을 간략하게 검토하는 것이 학생들의 약한 부분을 보여주고 기억력을 끌어올리기에 유용할 것이다.

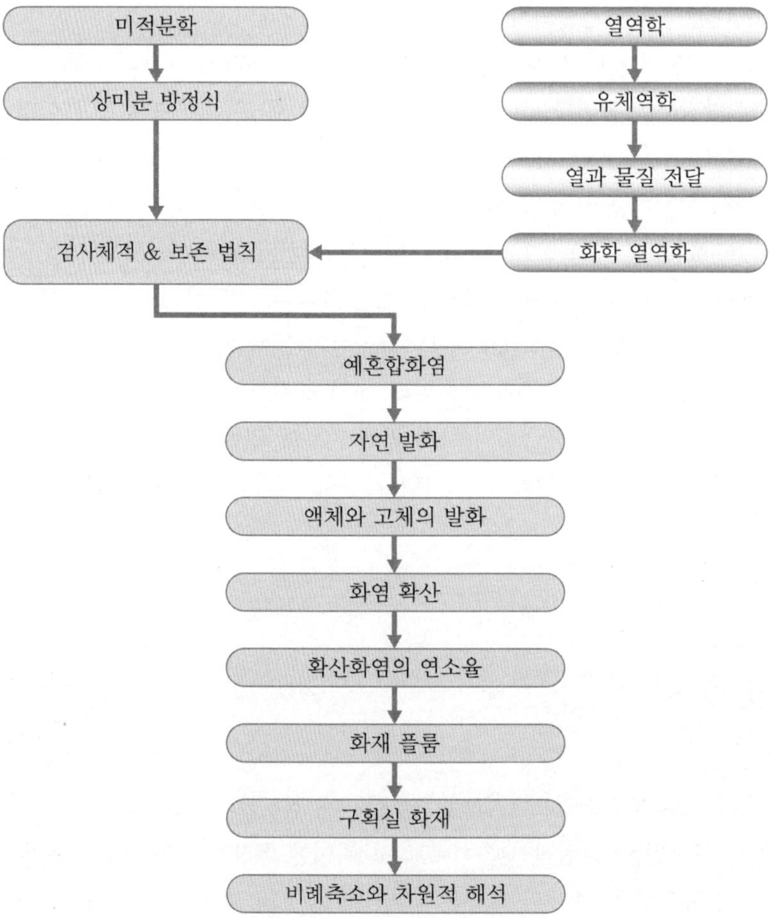


그림 1.7 ≫ 과목의 순서도

### 1.5.1 열역학

열역학은 거시적인 연속체의 물질을 다루는 학문이다. 질량은 뉴턴의 운동 제2법칙 $m = F/a$ 로 알려진, 물질의 유형적인 성질이다. 다른 화학상태의 물질(종)들로 이루어지고 고정된 질량을 가진 시스템은 환경으로부터 고립돼있다는 조건 아래, 항상 일정한 에너지 총합을 가지고 있어야 한다. 화재시스템에서만 내부에너지는($U$) 굉장히 중요하다(운동, 전기 및 기타에너지를 제외하고). 시스템이 주위환경과 반응할 때, 열역학 제1법칙은

$$U_2 - U_1 = Q + W \quad \text{또는 시각적 표현으로} \quad \frac{dU}{dt} = \dot{Q} + \dot{W} \tag{1.1}$$

내부에너지는 1에서 2로 변하고 열($Q$)과 일($W$)은 시스템에 더해졌을 때 양수로 인식된다. 일은 힘과 그로 인한 이동거리의 곱으로 정의된다. 열은 온도 차이 때문에 이동한 에너지이다. (때때로, 종류 확산에 관한 에너지가 열의 정의에 포함되기도 한다.) 반응속도 식으로 표현된 제1법칙은 시스템과 환경 사이에 변화량 차이로 생긴 이동 과정의 분명한 소개를 요구한다. 이런 변화량이 비평형 상태를 의미하고 있을 지라도, 열역학적 관계는 매 순간마다, 그리고 시스템의 각 부분에 적용되는 것으로 여겨진다.

열역학 제2법칙은 시스템의 엔트로피 변화로 표현될 수 있는데

$$dS = \frac{1}{T} dU + \frac{p}{T} dV \tag{1.2}$$

이 관계는 시스템의 한 부분의 상태를 말해주는 세기 성질과는 반대로, 시스템의 크기에 따라 결정되는 크기 성질이다. 예를 들어, 크기 성질은 세기 질량을 단위 질량으로 나눈 값으로 표현된다. $s = S/m$ 밀도, $\rho = 1/v$, $v = V/m$. 순수 시스템(1종)에서는 세기 성질의 식 (1.2)로 인해 열역학적 온도와 압력이 크기 성질 용어로 정의될 수 있는데,

$$\text{온도,} \quad T = \left( \frac{\partial u}{\partial s} \right)_v$$

$$\text{압력,} \quad p = \left( \frac{\partial s}{\partial v} \right)_u \tag{1.3}$$

열역학적 압력은 평형상태의 힘으로 인해 물리적 압력과 동일하다. 가장 흥미로운 것은 세기 성질($T$, $p$, $Y_i$)이 변화량을 가지고 있는 동안에는, 일부 열역학적 평형이 무조건적으로 동반된다. 그런 이유로, 이상기체상태 공식은

$$p = \frac{RT\rho}{M} \tag{1.4}$$

시간과 공간의 변화에도 적용되지만, 평형상태에서는 열역학적 성질을 가지고 있다. $M$은 분자량, $\rho$은 밀도, $R$은 보편기체상수이다. 이상기체와 대부분의 고체와 액체는, 내부에너지와 엔탈피($h = u + p/\rho$)가 다음과 같이 표현될 수 있다.

$$du = c_v dT \qquad \text{그리고} \qquad dh = c_p dT \tag{1.5}$$

$c_v$와 $c_p$는 정적과 정압 상태의 비열을 의미한다. 이상기체에 한해 $R = c_p - c_v$로 표현된다.

### 1.5.2 유체역학

Euler는 뉴턴의 제2운동법칙을 유선형 선을 따른 마찰이 없는 유체로 표현하였다.

$$\int_1^2 \rho \frac{\partial v}{\partial t} ds + \left(\rho \frac{v^2}{2} + p + \rho g z\right)_2 - \left(\rho \frac{v^2}{2} + p + \rho g z\right)_1 = 0 \tag{1.6}$$

속력($v$)은 유선상에 대해 수직이고, $z$는 중력의 부호와 반대 방향인 수직 높이를 의미한다. $g =$ 9.81 N/kg(1 N = 1 kg m/s$^2$). 점성이 있는 유체에서는, 우변이 음수가 되고 그 크기는 점도 효과로 인해 소실된 단위부피당 전력량을 의미한다. 우변은 또 유선상이나 일반 시스템에서 수직률로도 표현된다.

압력은 점성이 없는 유체에서 수직응력이다. 뉴턴형의 유체에서 전단응력은 다음과 같다.

$$\tau = \mu \frac{\partial v}{\partial n} \tag{1.7}$$

여기서, $\mu$는 점도를, $n$은 정방향을 의미한다. 전단응력은 그림 1.8 유관에서 찾을 수 있다. 점성유동은 작은 레이놀즈 수($Re = \rho v l/\mu$, $l$은 특성 거리)에 대해 매우 중요하다. 표면 가까이서는, $l$이 점도 효과가 일어나는 경계층 두께로 인식되며, $Re$는 위치상 작은 값을 가진다. 그러나, 만약 $l$이 비행기의 날개처럼 특성 있는 기하학적 길이로 여겨진다면, $Re$는 큰 값을 가질 수 있다.

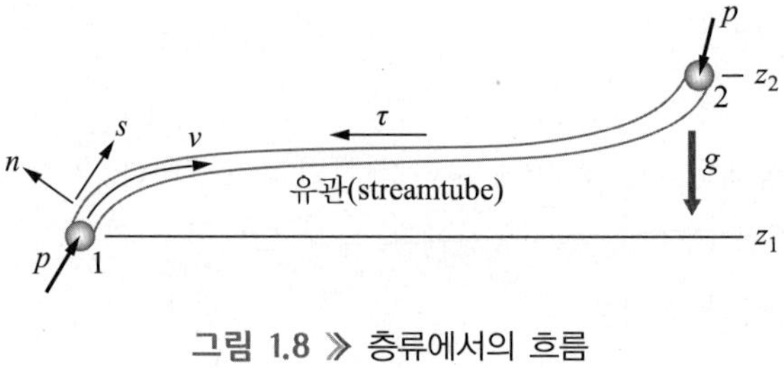


그림 1.8 ≫ 층류에서의 흐름

이는 표면에서 멀리 떨어진 본체 흐름이 거의 무점성이라는 것을 의미한다. 흐름은 큰 $Re$값일 때 불안정해지며, 난류 같이 불안정한 흐름으로 발전하게 된다. 난류는 층류가 일어나는 표면에 매우 근접한 영역을 제외하고 전체 흐름에 영향을 끼친다.

### 1.5.3 열과 물질 전달

열은 명백히 다른 두 메커니즘 사이의 온도 차이로 인해 이동하게 된다: (1) 방사선과 (2) 전도. 방사선은 전자파와 보유 주파수로 (또는 파장) 인해 이동하는 에너지이다. 복사에너지는 많은 방법으로 생길 수 있는데, 적용된 곳을 보자면, 라디오 전파, 전자레인지, 감마선, X-ray 등이 있다. 이런 다른 형태들은 보통 그들의 파장 범위로 인해 확인된다. Planck의 법칙은 온도차에 의해 방출된 방사선 속을 알려준다.

$$\dot{q}'' = \epsilon\sigma T^4 \tag{1.8}$$

여기서, $\epsilon$은 복사체의 방사율을 의미하며 0부터 1 사이의 값을 지닌다. 이 방사율은 이상적인 방사체로부터(흑체) 벗어난 것을 나타낸다. 비록 $\epsilon$이 파장에 의해 결정되지만, 가열 상태의 고체와 액체에서는 일반적으로 1에 근접한 상수로 여겨진다. 기체에서, $\epsilon$은 별도의 파장에만 한정되나, 연소 기체 생성물로부터 나온 연소물에서는, 방사율이 모든 파장에 걸쳐 지속된다. 불길 속과 연소 생성물 속에 있는 연소물이 바로 대부분의 방사선을 생성시킨다. 보통, 연기와 불길에서 방사율은 각각의 파장에 따라 다음과 같이 표현된다.

$$\epsilon = 1 - e^{-\kappa l} \tag{1.9}$$

흡수계수 $\kappa$는 보통 파장에 의해 결정된다($\lambda$). 큰 $\kappa l$값에서는, $\epsilon$이 1에 근접한다 – 이상 방사체. 이런 제약은 일반적으로 1 m 두께의 난류염에서 발생한다.

또 다른 형태의 열 이동은 전도 현상이다. 전도성 열 흐름은 Fourier의 법칙에 의해,

$$\dot{q}'' = -k\frac{\partial T}{\partial n} \approx k\frac{\Delta T}{l} \tag{1.10}$$

촛불과 같은 층류 상태의 느린 흐름에서는, 유체와 표면 사이에서 열 이동이 매우 전도성을 띄게 된다. 일반적으로 전도는 항상 존재하지만, 불안정한 난류 속에서 유체와 고정된 표면 사이의 시간 평균당 전도성 열 흐름은 대류라고 불린다. 대류는 흐름 범위에 영향을 받는데, 이 흐름 범위는 표면 근처에서 유체 온도 변화량에 원인이 된다. 이런 의존성은 대류열 전도계수 $h_c$를 포함하여 다음과 같이 정의된다.

$$\dot{q}'' = -k\left(\frac{\partial T}{\partial n}\right)_s \equiv h_c(T - T_s) \tag{1.11}$$

대류는 주로 상관관계의 형태로 표현되는데

$$Nu \equiv \frac{h_c l}{k} = CRe^n Pr^m \quad \text{또는} \quad Nu \equiv \frac{h_c l}{k} = C\,Gr^n Pr \tag{1.12}$$

$Gr$은 Grashof 수를 의미하고, 대부분의 화재 사건에 속하는 자연 대류의 경우에는 $Re$를 대체한다. Grashof 수는 다음과 같이 정의된다.

$$Gr \equiv \frac{\beta g(T - T_s)l^3}{\nu^2} \tag{1.13}$$

$\beta$는 부피팽창계수이고, $1/T$는 기체, $Pr$는 Prandtl 수 $c_p\mu/k$이다. 이런 상관관계는 흐름과 표면 기하학의 본질에 의존한다.

층류(분자) 확산에 의한 물질 전달은 픽의 법칙이 확산으로 인한 $i$번째 종의 단위시간당 질량속을 설명하는 것처럼, 포리에 법칙의 전도성과 매우 유사하다.

$$\rho_i V_i = \dot{m}_i'' = -\rho D\frac{\partial Y_i}{\partial n} \tag{1.14}$$

$V_i$는 $i$번째 종의 확산속도를, $\rho$는 혼합물 밀도, $D_i$는 확산계수, 그리고 $Y_i$는 $i$번째 종의 질량분율을 의미한다. 이에 상응하는 대류상태의 질량속은 물질이동계수 $h_m$에 의해 다음과 같이 표현된다.

$$\dot{m}_i'' = h_m(Y_i - Y_{i,s}) \tag{1.15}$$

대류성 물질이동계수 $h_m$은 식 (1.12)와 열 이동과 비슷한 상관관계로부터 얻을 수 있다. Nusselt 수와 반대되는 개념으로 Sherwood 수 $Sh \equiv h_m l/D_i$, 그리고 Prandtl 수와 반대로 Schomidt 수 $Sc = \mu/\rho D$가 있다. 연소 기체에서는 $Pr \approx Sc \approx 0.7$로 근접하기 때문에, Lewis 수 $Le = Pr/Sc = k/\rho D c_p$는 1에 근사한 값을 가지고, 이는 $h_m = h_c/c_p$로 표현될 수 있다. 이것이 열 이동 결과로부터 물질이동계수를 도출하는 간편한 방법이다. 이는 Reynolds 분석법에서 나오며, $Le = 1$인 상태의 물질 이동에 대응하는 열 이동의 등가성을 보여준다. 화재는 동시에 열과 물질 이동에 관계성이 있으며, 그런 이유로 이 관계가 이 주제를 완벽히 이해하는데 매우 중요하다.

### 1.5.4 보충 문헌

기본적인 문헌들은 주위에서 쉽게 찾을 수 있고, 어떤 것이라도 이 내용들을 위한 재교육 교재로 사용될 수 있다. 그 외에 문헌들은 화재에 관하여 이 본문을 보완하고 있는데 그 목록은 아래와 같다:

Cox, G. (ed.), *Combustion Fundamentals of Fire*, Academic Press, London, 1995.
Drysdale, D., *Introduction to Fire Dynamics*, 1st edn., John Wiley & Sons, Ltd, Chichester, 1985.
Glassman, I., *Combustion*, Academic Press, New York, 1977.
Kanury, A. M., *Introduction to Combustion Phenomena*, Gordon and Breach, New York, 1975.
Karlsson B. and Quintiere J. G., *Enclosure Fire Dynamics*, CRC Press, Boca Raton, Florida, 2000.
Turns, S. R., *An Introduction to Combustion*, 2nd edn, McGraw-Hill, Boston, 2000.
Williams, F. A., *Combustion Theory*, 2nd edn, Addison-Wesley Publishing Co., New York, 1985.

## 참고문헌


1. Bland, R. E. (Chair), *America Burning*, The National Commission on Fire Prevention and Control, US Government Printing Office, Washington DC, 1973.
2. Brushlinski, N., Sokolov, S. andWagner, P., *World Fire Statistics at the End of the 20th Century*, Report 6, Center of Fire Statistics of CTIF, International Technical Committee for the Prevention and Extinction of Fire, Moscow and Berlin, 2000.
3. Gomberg, A., Buchbinder, B. and Offensend, F. J., *Evaluating Alternative Strategies for Reducing Residential Fire Loss - The Fire Loss Model*, National Bureau of Standards, NBSIR 82-2551, August 1982.
4. *The World's Worst Disasters of the Twentieth Century*, Octopus Books, London, 1999.
5. Sullivan, M. J., Property loss rises in large-loss fires, *NFPA J.*, November/December 1994, 84-101.
6. Semenov, N., *Chemical Kinetics and Chain Reactions*, Moscow, 1934.
7. Frank-Kamenetskii, D. A., *Diffusion and Heat Transfer in Chemical Kinetics*, Plenum Press, New York, 1969.
8. Zel'dovich, Y. B., Barenblatt, G. I., Librovich, V. B. and Makhviladze, G. M., *The Mathematical Theory of Combustion and Explosion*, Nauka, Moscow, 1980.
9. Spalding, D. B., The combustion of liquid fuels, *Proc. Comb. Inst.*, 1953, **4**, pp. 847-64.
10. Emmons, H. W., The film combustion of liquid fuel, Z. *Angew Math. Mech.*, 1956, **36**, 60-71.
11. Cochrane, R. C., *Measures for Progress - A History of the National Bureau of Standards*, US Department of Commerce, 1966, p. 131.

12. Rasbash, D. J. and Alvarez, N. J. (eds), Advances in fire physics - a symposium to honor Philip H. Thomas, *Fire Safety J.*, 1981, **3**, 91-300.

## | 연 | 습 | 문 | 제 |

**1.1** 히스토리 채널 다큐멘터리에서나, 다른 매체를 통해 월드트레이드센터를 만드는 영상을 본적이 있을 것이다. 두 페이지 분량으로, 어떻게 그 건물을 붕괴로부터 어떻게 보호할지 서술하시오. 과학적인 이유와 정보를 뒷받침으로, 실용적인 화재 안전 기술을 사용하시오. 화재 방지 원리를 바탕으로, 그 건물을 붕괴로부터 어떻게 보호할지 구체적으로 명시하고, 견해의 타당성을 입증하시오. 다른 자료를 이용하시오.

**1.2** 화재 방지를 위한 여러 규제들이 생기는데도, 왜 화재재난들이 끊임없이 반복되는가? 예를 들어, 로드아일랜드 나이트클럽 화재와, 코코넛 글로브, 그리고 베벌리힐스 서퍼 클럽 화재를 비교해보시오. 다른 오락시설들에서 동등하게 목숨을 앗아간 화재를 찾을 수 있는가?

**1.3** 화재과학의 발달에 크게 공헌한 사람들을 찾아보시오. 한 명을 선정하여 한 페이지 분량으로 그의 기여와 중요성에 대해 서술하시오.

**1.4** 화재의 통계자료를 조사하시오. 미국의 사망확률이 가장 높은 것에 대해 타당한 이유가 있는가? 왜 러시아의 사망확률이 소비에트 연방이 무너진 이후에 급격하게 증가하였는가?

**1.5** 1991년 오클랜드 힐 화재는 엄청난 피해를 남겼다. 이러한 화재들의 반복이 지진으로 인한 것인가? 혹은 도시지역과 야생지역의 경계면 때문인가? 이러한 화재를 완화하고 예방하는데 어떠한 조치들이 취해졌는가?

**1.6** 어떻게 과학이 우리에게 익숙한 여러 코드들과 기준들에 반영되고 있는가?

Chapter

02

# 열화학

## Thermochemistry

## 2.1 서론

열화학은 열역학의 관계 내에서 화학반응에 관한 학문이다. 열역학은 질량과 에너지 보존의 결과로 야기되는 물질의 평형상태에 관한 학문이다. 열역학 제2법칙의 응용은 평형에 관한 기준을 설정하고 예상 상태 변화를 결정할 수 있다. 일반적으로 상태 변화는 시간에 걸쳐 발생하고, 상태는 공간구배로써 물질에 대해 변화할 수 있다. 이러한 상태 구배는 열역학적 의미에서 평형을 구성하지는 않지만, 그럼에도 불구하고 구배범위 내의 어느 일점에 적용하기 위하여 열역학적 상태량 사이의 관계식을 고려하는 것은 타당하다고 할 수 있다. 이 개념은 국소 평형으로 간주된다. 따라서 온도와 압력 상태량은 열역학에 의해 지배되는 상태 관계식과 더불어 적용된다. 그러나 화학적 상태량에 관해서는, 화재와 연소 분야에서 대개 화학적 평형 법칙을 부여하는 것은 실용적이지 않다. 화학적 평형은 반응에 관계한 종(species) 사이의 정해진 질량 분포를 부여한다. 실제 화학적으로 반응하는 계(system) 내의 구배로 인해, 평형 상태에는 도달되지 않는다. 그래서 실제 응용에서는, 평형 상태를 규정하기 위하여 우리는 반응하는 종의 질량 분포를 가정하거나 측정된 데이터를 사용할 것이다. 결과 상태는 화학적 평형과 일치하지 않을지도 모르지만, 여전히 모든 열역학적 내용을 적용할 것이다. 그러므로 여기에서는 더 이상 화학적 평형의 논의를 포함하지 않을 것이고, 관심이 있는 학생은 이러한 주제를 다루고 있는 많은 우수한 교재를 참고해 주기 바란다.

산업 연소계의 응용이 상대적으로 제한된 연료를 포함하는 곳에서는, 화재는 연소할 수 있는 어떠한 것을 찾으려고 한다. 산업용 소각의 예외로서, 화재의 연료는 거의 무한하다. 다음 장의 표면 산화를 제외하고, 우선 화재를 기체 상태의 연소로서 생각해보자. 액체는 기체 상태의 증발을 우선 요구해야 하고 고체는 비슷한 상 전환을 해야 한다. 액체의 순수 증발은 조성 변화 없는 물질의 상 변환이다. 증발은 기체와 액체 상태 사이의 국소 열역학 평형을 따르고 상 변환에는 열이 요구된다. 비슷하게, 고체도 상 변환에는 열이 요구되지만, 지금은 열적 해리가 요구된다. 승화하는 연료 가운데 드문 경우를 제외하고, 연료는 원래의 조성 중 많은 것을 유지하지 않을 것이다. 이 열적 해리 과정을 열분해(pyrolysis)라 하고 해리된 종은 종류와 숫자가 매우 다양할 수 있다.

화재에서 접하는 연료는 자연적 또는 인공적일 수 있고, 인공적 연료는 가장 복잡하게 만들어진다. 예를 들면, 플라스틱은 합성 폴리머의 군체로 구성된다. 폴리머는 반복 화학구조(monomer)의 결합된 체인으로 구성된 많은 다중 분자이다. 예를 들면, 폴리머인 폴리에틸렌과 폴리메틸메타크릴레이트(PMMA)는 각각 단량체(monomer) $C_2H_4$와 $C_5H_8O_2$로 조성된다. $C_2H_4$는 에틸렌으로 상온에서 기체이다. 이러한 물질의 상태량은 매우 다르며, 상태 변화 온도에 의해 대비된다.

| | 에틸렌 | 폴리에틸렌 |
|---|---|---|
| 용융온도(℃) | −169.1 | ~130 |
| 증발온도(℃) | −103.7 | ~400 |

에틸렌은 상 전환 온도가 정확하고, 반면에 폴리에틸렌은 상 전환 온도가 매우 대략적이다. 사실, 우리는 폴리머에서 열분해가 일어날 수 있도록 할 수 있고, 이때에는 상의 변화가 그렇게 잘 정의되지 않을 것이다. 게다가, 상업용 폴리머는 여러 목적을 위해 첨가제를 포함하게 되는데 이것은 상 변화 과정에 영향을 미칠 수 있다. 몇 가지 폴리머는 용융 전환이 일어나지 않는 대신 전환이 매우 복잡하게 된다. 예를 들면, 나무와 종이는 숯, 타르와 기체로 열분해 된다. 일반적으로 숯은 다공의 탄소모형으로 구성되지만, 수소와 다른 요소도 붙을 수 있다. 타르는 고분자량 성분으로 정상 온도 하에서 액체구조를 유지한다. 목재 열분해의 나머지 생성물은 기체로써 탄화수소 혼합물과 목재가 가열될 때 볼 수 있는 '백색 연기'의 에어로졸을 조밀하게 형성하는 몇 가지 물질로 구성된다. 목재의 주요 조성 성분은 섬유소(cellulose)로써, 단량체가 $C_6H_{10}O_5$인 천연 폴리머이다. 목재와 다른 목탄 물질은 기체연료로의 매우 복잡한 경로를 보여준다. 또한 목재와 다른 물질은 대기로부터 물을 흡수할 수 있다. 그리고 이 습기는 고체 연료의 물리적, 화학적 상태량을 변화시킬 수 있다. 따라서 열분해 과정은 물질에 대해 유일한 것이 아니며, 화재 분야에 대한 이러한 표현은 일반적으로 경험적이어야 하거나 매우 상세하여야 한다.

## 2.2 화학반응

화재의 연소반응은 대부분의 경우 산소를 포함하며 다음과 같이 나타낸다.

연료(F) + 산소($O_2$) → 생성물(P)

산소는 주로 공기로부터 공급되어진다. 연료는 대개 일반적 분자 구조 내에서 거의 탄소(C), 수소(H)와 산소(O)의 원자들로 구성되어진다(F : $C_xH_yO_z$). 역시 연료는 질소(N), 예를 들면 폴리우레탄 또는 염소(Cl), 예를 들면 폴리비닐클로라이드$(C_2H_3Cl)_n$를 포함할 수 있다.

연료의 원자 용어로 F를 연료의 대표적 분자 구조로써 사용하고, P를 생성물에 대해 비슷한 표현으로 사용한다. 물론 한 개 이상의 생성물을 가질 수 있지만, 표시적으로 여기서 한 개를 표현하는 것만 필요하다. 화학반응은 다음의 화학식에 의해 기술할 수 있다.

$$\nu_F F + \nu_O O_2 + \nu_D D \quad \rightarrow \quad \nu_P P + \nu_D D \tag{2.1}$$

여기서, $\nu$는 화학당량계수이다. 화학당량계수는 반응물을 구성하는 식의 좌변과 생성물인 식의 우변 사이의 원자를 보존할 수 있도록 하여 결정되어진다. 일반적으로 $\nu_P P$는 각각의 생성 종, $i$에 대한 $\nu_{P,i}P_i$의 합을 나타낸다. 반응물질로부터 생성물로의 변화 없이 진행되는 공기 중의 질소와 같은 불활성 희석제(D)와 더불어 연료 또는 산소는 반응과정에 걸쳐서 그대로 남겨지거나 또는 생성물내에 포함될 수 있다.

완전한 화학반응은 생성물이 가장 안정된 상태로 있게 된다. 이러한 반응은 드물지만, 일반적으로 연소계에서는 완전반응으로부터의 벗어남이 작다. 예를 들면, 연료 $C_xH_yO_z$의 경우 완전 연소생성물은 $CO_2$와 $H_2O$이다. 완전 연소로부터의 벗어남은 추가적인 불완전 생성물, 즉 일산화탄소(CO), 수소($H_2$), 그을음(대부분 C)이 발생할 수 있다. 질소(N)나 염소(Cl)를 포함하는 연료의 경우, 화재 시 불완전 연소 생성물은 안정된 생성물($N_2$와 $Cl_2$) 대신에 시안화수소(HCN)와 염화수소(HCl) 가스를 발생하게 된다. 화재 시 반응의 불완전성을 결정하기 위하여는 측정에 의존하여야 한다. 열적 내용에 대한 이러한 불완전한 결과를 무시할 수 있는 경우라도 연소생성물의 독성과 부식성에 대한 효과는 무시할 수 없다.

연료와 산소가 전혀 남겨지지 않는 완전 화학적 반응을 화학당량적 반응(stoichiometric reaction)이라고 한다. 이 반응은 기준으로 사용되고, 이에 상응하는 화학당량적 산소 대 연료 질량비 $r$은 화학식으로부터 구해질 수 있다. 이 반응 혼합물의 상태를 나타내는 유용한 매개변수를 등가비(equivalence ratio) $\phi$라 하고, 다음 식과 같이 정의한다.

$$\phi = \left(\frac{\text{이용가능한 연료 질량}}{\text{이용가능한 산소 질량}}\right) r \tag{2.2}$$

만약 $\phi < 1$인 경우, 이용할 수 있는 모든 연료는 연소되고 산소만 남겨지게 된다. 이 상태를 보통 연료 부족(fuel-lean)이라 한다. 반대로 만약 $\phi > 1$인 경우, 미연소된 가스 연료가 있고 모든 산소는 연소되어진다. 이 상태를 보통 연료 풍족(fuel-rich)이라 한다. 화재가 구획실내에서 시작할 때 $\phi$는 1보다 작고 0에서 시작한다. 화재가 성장함에 따라 연료 방출은 이용가능한 산소공급보다 초과할 수 있다. $\phi \geq 1$인 경우 구획실내 화재는 환기제한(ventilation-limited) 되었다고 한다.

식 (2.1)에 기술한 화학식은 각각의 종에 대한 분자나 몰($n$)의 형태로 기술될 수 있다. 1몰은 분자량($M$)에 대한 질량($m$)으로써 정의된다. 엄밀히 말해, 1몰(mole)은 $m$이 그램으로 주어질 경우 그램 - 몰이 된다. 비슷하게 그램과 다른 질량을 내포하는 것으로 파운드 - 몰(lb-mole)을 정의할 수 있다. 분자량은 성분내의 각 요소의 원자량의 합으로 정의된다. 원자량은 원자가 12인 탄소(C)에 대한 원자의 상대 질량의 형태로 결정되었다. 그래서 1몰은 종에 대한 분자의 상대

질량이고, 1몰과 분자질량은 비례한다. 이 비례상수를 아보가드로 수(Avogadro's number)라 하고, 이 값은 $6.022\times10^{23}$분자/몰이 된다. 예를 들면, 메탄 분자의 질량은 $CH_4$로부터 원자량 C= 12.011과 H=1.00794를 사용하여 다음과 같이 계산된다.

$$[1\times(12.011)+4\times(1.00794)]\,\frac{\text{g}}{\text{mole}}\times\frac{1\,\text{mole}}{6.022\times10^{23}\text{molecule}}=2.66\times10^{-23}\frac{\text{g}}{\text{molecule}}$$

그러면 화학식은 원자 보존을 의미하고, 이것은 질량 보존과 또 다른 관점으로는 분자 또는 몰의 보존을 의미한다. 화학당량계수는 각 종의 분자 또는 몰수에 해당한다.

### 예제 2.1

메탄($CH_4$) 10 g이 산소($O_2$) 120 g과 반응한다. 반응이 완전하다고 가정하자. 각 생성 혼합물의 종의 질량을 계산하시오.

**풀이** 화학식이 화학당량적 반응이고 아래와 같다.

$$CH_4 + \nu_O O_2 \rightarrow \nu_{P_1} CO_2 + \nu_{P_2} H_2O$$

여기서, $\nu_F$는 1을 사용한다. 그래서

탄소(C) 원자 보존 : $\nu_{P_1}=1$

수소(H) 원자 보존 : $4=2\nu_{P_2}$ 또는 $\nu_{P_2}=2$

산소(O) 원자 보존 : $2\nu_O=2+2$ 또는 $\nu_O=2$

따라서 화학당량적 반응으로써 다음과 같다.

$$CH_4 + 2O_2 \rightarrow CO_2 + 2H_2O$$

반응물질은 메탄($CH_4$) 10 g과 산소($O_2$) 120 g이다. 화학당량비는 화학당량적 반응에 대해 다음과 같다.

$$r=\frac{m_{O_2}}{m_{CH_4}}$$

화학당량적 반응이 메탄($CH_4$) 1몰과 산소($O_2$) 2몰이고, 탄소 무게 12와 수소 1로 본다면 이에 상응하는 분자량은 다음과 같다.

$$M_{CH_4}=12+4(1)=16\text{ g/mole}$$

$$M_{O_2}=2(16)=32\text{ g/mole}$$

따라서 화학당량비 $r$과 등가비 $\phi$는 각각 다음과 같다.

$$r = \frac{(2\text{ moles }O_2)(32\text{ g/mole }O_2)}{(1\text{ mole }CH_4)(16\text{ g/mole }CH_4)} = 4\text{ g }O_2/\text{g }CH_4$$

$$\phi = \left(\frac{10\text{ g }CH_4}{120\text{ g }O_2}\right)(4) = \frac{1}{3} < 1$$

그러므로 생성물에 산소($O_2$)가 남아 있게 된다. 생성물로는 다음과 같다.

$$m_{O_2} = 120\text{ g} - m_{O_{2,\text{reacted}}} = 120\text{ g} - (10\text{ g }CH_4)\left(\frac{4\text{ g }O_2}{1\text{ g }CH_4}\right) = 80\text{ g }O_2$$

$$m_{CO_2} = (10\text{ g }CH_4)\left(\frac{1\text{ mole }CO_2}{1\text{ mole }CH_4}\right)\left(\frac{44\text{ g/mole }CO_2}{16\text{ g/mole }CH_4}\right) = 27.5\text{ g }CO_2$$

$$m_{H_2O} = (10\text{ g }CH_4)\left(\frac{2\text{ mole }H_2O}{1\text{ mole }CH_4}\right)\left(\frac{18\text{ g/mole }H_2O}{16\text{ g/mole }CH_4}\right) = 22.5\text{ g }H_2O$$

반응물과 생성물의 질량이 각각 130 g으로 보존됨을 볼 수 있다.

## 2.3 가스 혼합물

이 장에서는 기체 상태의 연소에 관심을 가지기 때문에 우리는 반응하는 가스 혼합물을 기술할 수 있어야 한다. 열역학적 혼합물의 경우, 각 종은 혼합물의 전체 체적($V$)을 차지하게 된다. $N$개 종의 혼합물의 경우 혼합물 밀도($\rho$)는 개별 종의 밀도($\rho_i$)에 대해 다음과 같이 관계된다.

$$\rho = \sum_{i=1}^{N} \rho_i \tag{2.3}$$

혼합물에서 종의 분포를 나타내는 다른 방법은 질량분율과 몰분율로서 각각 다음과 같다.

$$Y_i = \frac{\rho_i}{\rho} = \frac{m_i/V}{m/V} = \frac{m_i}{m} \tag{2.4}$$

$$X_i = \frac{n_i}{n} \tag{2.5}$$

여기서, $n$은 혼합물내의 각각의 종의 몰수 합이다. 분자량 정의에 따라 혼합물의 분자량은 다음과 같다.

$$M = \sum_{i=1}^{N} X_i M_i \tag{2.6}$$

식 (2.4)와 식 (2.6)으로부터 질량분율과 몰분율은 다음과 같은 관계로 된다.

$$Y_i = \frac{n_i M_i}{\boldsymbol{nM}} = \frac{X_i M_i}{\boldsymbol{M}} \tag{2.7}$$

**예제 2.2**

공기는 대략 산소 0.21과 질소 0.79의 몰분율로 조성되었다. 공기의 분자량은 얼마인가? 또 질량분율의 조성은 얼마인가?

**풀이** 식 (2.6)을 적용하면 공기의 분자량은 다음과 같다.

$$\begin{aligned} M_a &= \left(0.21 \frac{\text{moles } O_2}{\text{mole air}}\right)(32 \text{ g/mole } O_2) + \left(0.79 \frac{\text{moles } N_2}{\text{mole air}}\right)(28 \text{ g/mole } N_2) \\ &= 28.84 \text{ g/mole air} \end{aligned}$$

식 (2.7)을 적용하면 산소와 질소의 질량분율은 다음과 같다.

$$Y_{O_2} = \frac{(0.21)(32)}{(28.84)} = 0.233$$

$$Y_{N_2} = 1 - Y_{O_2} = 0.767$$

상기의 혼합물은 화학반응에도 불구하고 열역학적 관계식을 따라야 한다(화학적 평형조건은 제외). 온도($T$), 압력($p$), 밀도와 같은 열역학적 상태량은 구배 상태임에도 불구하고 계의 한 점에 적용한다. 역시 혼합물의 한 지점임에도 불구하고 혼합물의 특성을 유지하기 위하여 연속성의 거시적 동질성을 잃지 않는다. 그러나 어느 한 점 또는 미소의 혼합물 체적에서는 각 종은 열적 평형에 의해 동일한 온도를 가진다.

기체의 혼합물을 완전기체의 혼합물로 나타내는 것이 편리하다. 완전기체는 다음의 식을 적용한다.

$$p = \frac{nRT}{V} \tag{2.8}$$

여기서, $R$은 일반기체상수로써 8.314 J/mole K이다. 완전기체의 비열은 단지 온도만의 함수임을 알 수 있다.

완전기체 혼합물의 역학적 평형의 결과는 혼합물의 압력을 얻기 위하여 각 종에 의해서 성장한 압력을 합한다는 것이다. 이것은 돌턴의 법칙이라 하고, 다음 식과 같이 분압 $p_i$라는 종의 압력의 합으로 구해진다.

$$p = \sum_{i=1}^{N} p_i \tag{2.9}$$

각각의 종은 동일한 체적($V$)에 대해 완전기체이므로 다음 식을 따른다.

$$\frac{p_i}{p} = \frac{n_i RT/V}{nRT/V} = \frac{n_i}{n} = X_i \tag{2.10}$$

이것은 몰분율과 분압과 혼합물의 압력 사이의 중요한 관계식이다.

어떤 경우에는 몰분율을 체적분율이라고 하기도 한다. 만약 혼합물의 압력이 평형하도록 허용된다면, 종 $i$가 차지하는 체적은 다음 식으로 계산된다.

$$V_i = \frac{n_i RT}{p}$$

식 (2.8)로부터 다음 식을 얻을 수 있고, 따라서 체적분율이라는 용어가 적용된다.

$$\frac{V_i}{V} = \frac{n_i}{n} = X_i$$

## 2.4 계의 보존 법칙

계는 한 덩어리로 이루어진 물질의 집합으로 볼 수 있다. 계는 그 주위와의 열과 일을 교환할 수 있지만 질량은 교환할 수 없다. 보존 법칙이 계에 대해서 적용되고 물질의 유동이 허용될 때에는 보존 법칙이 조정되어야 한다. 유동의 경우는 3장으로 넘기고 여기서는 계에 대해서만 고려할 것이다.

질량 보존을 계에 대해 나타내는 것은 쉽다. 질량($m$)은 항상 고정되어 있기 때문이다. 상태 1에서 상태 2로의 계의 변화에 대해 질량 보존은 다음 식으로 나타낼 수 있다.

$$m_1 = m_2 \tag{2.11a}$$

또는 시간에 대한 변화량을 고려하면 다음 식으로 나타낸다.

$$\frac{\mathrm{d}m}{\mathrm{d}t} = 0 \tag{2.11b}$$

또 다른 방법으로는 율(rate) 또는 시간 - 적분 형태로 계에 적용한다.

계에 대한 운동량 보존 또는 뉴턴의 운동 제2법칙은 다음 식으로 나타낸다.

$$\boldsymbol{F} = \frac{d(m\boldsymbol{v})}{dt} \tag{2.12}$$

여기서, $\boldsymbol{F}$는 계에 작용하는 힘의 벡터 합이고, $\boldsymbol{v}$는 계의 속도이다. 만약 $\boldsymbol{v}$가 계의 영역에 걸쳐 변화한다면 시간 도함수를 취하기 전에 계의 체적에 걸쳐 $\rho\boldsymbol{v}$를 적분하여야 한다. 제2법칙의 의미에는 $\boldsymbol{v}$가 지구와 같은 고정된 기준 좌표에 대하여 측정되어야만 한다는 것이 내포되어 있다. 이것을 기준 관성 좌표라 한다. 비록 이 책에서는 이 법칙을 사용하지 않을지라도 10장의 화재 기류(fire plumes)에 관한 공부에서는 중요하게 취급될 것이다.

여기서 취급하는 계는 반응하는 계를 포함하고 있기 때문에 각 종에 대한 보존 법칙이 필요하다. 종 $i$의 반응 상태(1)에서 생성 상태(2)로 반응할 때 종 $i$의 질량($m_i$)을 생각하자. 이때 종 $i$의 질량은 화학반응에 의해 $m_{i,r}$와 함께 바뀔 수 있기 때문에 반응에 의해 다음 식으로 된다.

$$m_{i,2} = m_{i,1} + m_{i,r} \tag{2.13}$$

또는 율(rate)로 표현하면 다음 식이 된다.

$$\frac{dm_i}{dt} = \dot{m}_{i,r} \tag{2.14}$$

식 (2.14)의 우변은 화학반응에 의한 종 $i$ 곱의 질량률이다. 이것은 질량의 생성을 의미한다. 그러나 연료 또는 산소의 경우 질량률은 음의 값을 가지는 흡수원(sink)이 될 수도 있다. 예제 2.1로부터 $m_{O_2,2}$는 80 g, $m_{O_2,1}$는 120 g, $m_{O_2,r}$은 $-40$ g이다.

에너지 보존 또는 열역학 제1법칙은 계의 전체 에너지 변화로써 표현된다. 즉 전체에너지 변화는 주변으로부터 계에 더해지는 순수 열($Q$)에 계의 의해 주변으로 행해진 순수 일($W$)을 뺀 것과 같다. 에너지($E$)는 거시적 운동에 의한 운동에너지와 미시적 효과에 의한 내부에너지($U$)로 구성된다. 이러한 상태량은 대문자로 표시하고 종량성 상태량(extensive properties)이라 하며, 계의 질량에 비례하여 변화한다. 혼합물내의 각 종은 $U$에 기인하기 때문에 체적($V$)의 계에 대해 다음 식으로 된다.

$$U = V\sum_{i=1}^{N}\rho_i u_i \tag{2.15}$$

여기서, $u_i$는 $U_i/m_i$로써 비내부에너지(강도성 상태량)이다. 계의 질량은 식 (2.4)와 식 (2.5)로부터 고정되어 있기 때문에 비내부에너지는 다음과 같이 구할 수 있다.

$$u = \sum_{i=1}^{N} Y_i u_i \tag{2.16}$$

또는

$$\tilde{u} = \sum_{i=1}^{N} X_i \tilde{u}_i \tag{2.17}$$

여기서, 표시(˜)는 몰당(per mole)의 값을 의미한다. 더구나, $u$와 $\tilde{u}$는 어느 한 점에서 강도성 상태량이므로 식 (2.16)과 식 (2.17)에 주어진 관계식이 연속체내의 어느 한 점에서든 항상 유효하다. 이 장에서 운동에너지는 무시할 수 있으므로 열역학 제1법칙의 적절한 표현은 다음 식과 같다.

$$U_2 - U_1 = Q - W \tag{2.18}$$

### 2.4.1 정압반응

화학반응을 갖는 계에 대하여 주요사항은 정압반응이다. 이 정압반응은 대기상태에서의 반응이며, 화재와 같이 계는 주위 대기 압력에 의해 팽창 또는 일정하게 된다. 그림 2.1은 실린더 내에 포함되고 마찰과 질량이 없는 피스톤에 의해 경계된 계가 양쪽의 압력이 항상 일정하도록 유지되면서 움직이는 과정을 설명한다.

우리는 일이 회전하는 외차(paddlewheel) 축과 관련된 힘에 속하는 일, 전단응력($W_s$)과 수직압력($W_p$)으로 구성되어진다고 고려한다. 화재와 관련하여 $W_s$는 적용하지 않기 때문에 여기에서는 무시한다. 안면의 피스톤에 대하여 거리($x_2 - x_1$)로 움직이는 압력에 의한 주위로의 일은

$$W_p = pA(x_2 - x_1)$$

계의 체적은 $Ax$로 표시할 수 있기 때문에 일은 다음과 같다.

$$W_p = p(V_2 - V_1)$$

또는

$$W_p = p_2 V_2 - p_1 V_1$$

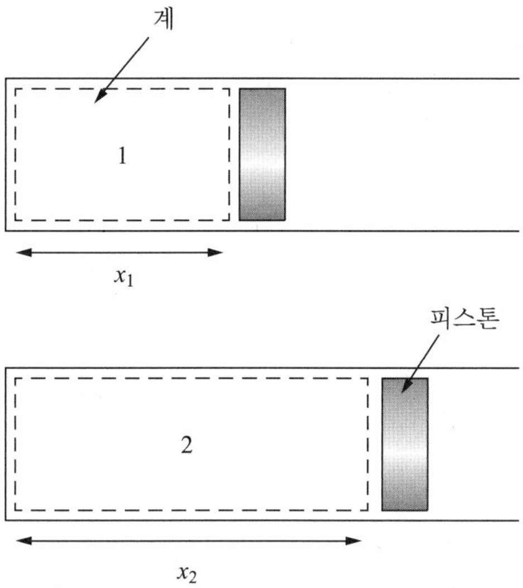


그림 2.1 ≫ 정압과정

$p_1 = p_2 = p$이므로 열역학 1법칙(식 2.18)은 다음과 같다.

$$U_2 - U_1 = Q - (p_2 V_2 - p_1 V_1)$$

엔탈피($H$)는 다음과 같이 정의된다.

$$H = U + pV \tag{2.19}$$

따라서 정압반응의 계에 대하여 축 또는 전단 일이 없다면 다음 식이 된다.

$$H_2 - H_1 = Q \tag{2.20}$$

## 2.4.2 연소열

상태 1은 반응물을, 상태 2는 생성물을 나타내는 일정 압력 연소 계에서 열은 주위로 전달된다. 그러므로 $Q$는 음이 값이 되고 식 (2.20)에 따라 엔탈피 변화가 있다. 반응의 유용한 상태량은 연소열이며, 엔탈피 변화와 관련된다. 연소열은 1기압과 반응 전과 반응 후의 계의 온도가 25℃에서 반응하는 연료의 단위질량 또는 몰당 엔탈피 변화의 양(+)의 값으로 정의한다.

$$\Delta h_c = -\frac{(H_2 - H_1)}{m_{F,r}} \tag{2.21a}$$

그리고

$$\Delta\tilde{h}_c = -\frac{(H_2 - H_1)}{n_{F,r}} \tag{2.21b}$$

$H_2$와 $H_1$은 1기압, 25℃에서 계산되었다. 연소열은 자주 정의내에서 보다 제한적이며, 단지 연료의 화학적 완전반응에만 적용된다. 때때로 연소열은 음의 값으로 주어지는데 괄호 앞의 음의 표시없이 식 (2.21)에 적용한다. 역시 연소는 열전달로 되어야 하기 때문에 양의 값으로 정의하는 것이 보다 타당하다. 또한 연소열은 화학식에 따른 원자의 새로운 분자로의 배열 과정으로부터 에너지 기여를 나타내는 것이 분명하게 되어야 한다. 다시 말하면 온도는 25℃로 일정하게 남기 때문에 온도 변화로 인한 에너지 기여는 없다는 것이다.

고체 혹은 액체의 연소열은 대개 산소폭발 열량계로 알려진 장치로 측정되어진다. 이러한 장치는 상태 1과 상태 2 사이에서 일정 체적으로 작용하고 열손실은 주위 수조의 온도 상승 측정 장치로 측정된다. 이 장치를 그림 2.2에 개략적으로 나타내었다.
연소 체적에는 산소로 채워지고 연료의 완전연소열이 측정되어지도록 특정 연료가 더해진다. 이 과정은 정적과정이므로, 식 (2.18)로부터 다음 식과 같이 된다.

$$U_2 - U_1 = Q$$

엔탈피의 정의로부터 다음과 같이 나타낼 수 있다.

$$H_2 - H_1 = Q + (p_2 - p_1)V$$

분석과 측정으로부터 $H_2 - H_1$을 결정할 수 있고 1기압 25℃에서의 값으로 나타낼 수 있다. $Q$는 연소반응에 대해 크기 때문에 압력 식은 대개 이러한 방식으로 계산된 연소열의 정확도에는 작은 영향을 미치게 된다.

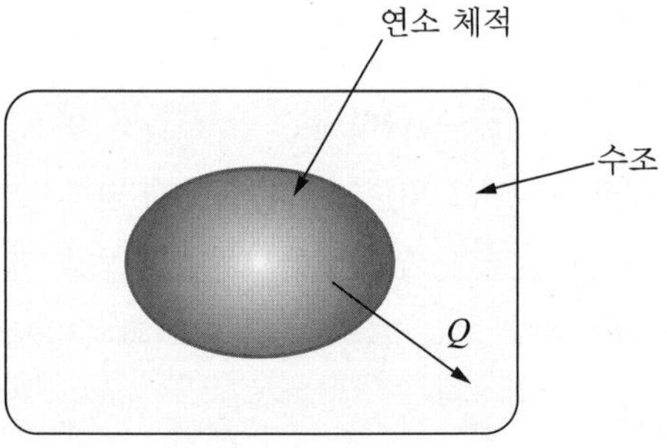


그림 2.2 ≫ 이상적인 산소 폭발 열량계

### 2.4.3 단열 화염온도

단열 화염온도는 정압과정에서 반응에 의해 도달할 수 있는 최대 가능 온도로써 정의된다. 이 단열 화염온도는 1기압 25℃의 표준상태에서 초기 반응물에 기초되어진다. 식 (2.20)으로부터 단열온도( $T_{ad}$ )는 상태 2에서 계의 상태로부터 결정되며 다음과 같다.

$$H_2(T_{ad}) = H_1 \ (25℃,\ 1\ \text{atm}) \tag{2.22}$$

이제 우리는 $H_2$가 생성혼합물의 항으로 어떻게 표현되는지 알게 될 것이다. 이것은 직관적일 수 있지만, 우리는 단열온도 $T_{ad}$가 반응물의 상태에 의존된다는 것을 이해해야 한다. 단열온도는 연료와 더불어 산소가 남아 있는지 여부와 혹은 희석제 즉 질소가 상태 2로 가열되는지 여부에 의존하게 된다. 생성물 상태 안에 남아 있는 반응물은 단열온도 $T_{ad}$를 감소시키는데 왜냐하면 연소와 관련된 에너지가 새로운 생성물과 함께 이러한 물질을 가열하는데 사용되어지기 때문이다.

## 2.5 형성열

분자의 형성열은 고정된 온도와 압력에서 기본 성분으로부터 1몰의 물질을 생성하는데 요구되는 열이다. 고정된 온도와 압력은 표준상태로써 25℃와 1기압을 말한다. 형성열은 $i$번째 종에 대하여 $\Delta h^{\circ}_{f,i}$로 표시하고 종 $i$의 단위질량당 또는 단위몰당 에너지로 주어진다. 대개 단일 요소로 구성된 물질은 $\Delta h^{\circ}_{f,i}$이 0이 되지만 물질의 상태에 의존되기 때문에 항상 0이 되는 것은 아니다. 예를 들면, 흑연으로써의 탄소는 형성열이 0이지만 다이아몬드로써의 탄소는 1.88 kJ/mole이 된다. 다이아몬드는 흑연과는 다른 결정구조를 갖는다. 따라서 탄소(흑연) 1몰로부터 탄소(다이아몬드) 1몰을 생성하기 위하여 1.88 kJ/mole이 필요하다. 이것은 분자 구조의 물리적 변화이며, 화학적 변화는 아니다. 다시 우리는 이 과정에서 열역학 제1법칙을 고려하고 있지만 그 과정이 진행되는지 또는 어떻게 진행되는지는 알 수 없다.

동일하지 않지만 어떤 종의 형성열을 결정하는 또 다른 방법은 표준상태(25℃, 1기압)에서 기준 엔탈피로서 정의하는 것이다. 따라서

$$h_i \ (25℃,\ 1\text{기압}) \equiv \Delta h^{\circ}_{f,i} \tag{2.23}$$

엄밀히 말하면, 이 정의는 단지 표준상태(25℃, 1기압)에서 평형상태인 물질에만 적용된다.

완전기체 그리고 대부분의 고체와 액체에 대하여 1기압으로부터 미소 변화 시 엔탈피는 온도만의 함수이다. 엔탈피는 정압비열, $c_p$로써 계산할 수 있다.

$$h_i(T) = \Delta h_{f,i}^{\circ} + \int_{25℃}^{T} c_{p,i}\, dT \tag{2.24}$$

엄밀히 말하면, 이 정의는 단지 표준상태에서 평형상태인 물질에만 적용된다. 연소로 인한 고온의 경우, 정압비열 $c_p$는 항상 온도함수로써 취급되어야 한다. 정압비열의 값을 표 2.1에 나타내었다. 물질의 형성열 값을 표 2.2에 나타내었다. 보다 넓은 표 작업이 편집되었고 참고문헌에서 이용가능하다. 학생들은 이 값이 측정으로부터 그리고 식 (2.20)의 적용으로부터 결정되었다는 것을 알아야 한다. 몇 가지 보기들은 형성열에 대한 활용과 분석에 대해 보여준다.

**표 2.1** 정압비열 $\tilde{c}_{p,i}$ (J/K mole) (참고 1로부터 발췌)

| 온도 (K) | $H_2$(g) | C(s) | $CH_4$(g) | $C_2H_4$(g) | $O_2$(g) | $N_2$(g) | $H_2O$(g) | $CO_2$(g) | CO(g) |
|---|---|---|---|---|---|---|---|---|---|
| 298 | 28.8 | 8.5 | 35.8 | 42.9 | 29.4 | 29.1 | 33.6 | 37.1 | 29.1 |
| 600 | 29.3 | 16.8 | 52.2 | 70.7 | 32.1 | 30.1 | 36.3 | 47.3 | 30.4 |
| 1000 | 30.2 | 21.6 | 71.8 | 110.0 | 34.9 | 32.7 | 41.3 | 54.3 | 33.2 |
| 1600 | 32.7 | 24.2 | 88.5 | 112.1 | 36.8 | 35.1 | 48.1 | 58.9 | 35.5 |
| 2500 | 35.8 | 25.9 | 98.8 | 123.1 | 38.9 | 36.6 | 53.9 | 61.5 | 36.8 |

(g) 기체상태, (s) 흑연, 고체상태.

**표 2.2** 형성열 $\Delta\tilde{h}_f^{\circ}$ (kJ/mole) (25℃, 1 atm)[a] (참고 2로부터 발췌)

| 물 질 | 분자식 | 상태[b] | $\Delta\tilde{h}_f^{\circ}$ (kJ/mole) |
|---|---|---|---|
| Oxygen | $O_2$ | g | 0 |
| Nitrogen | $N_2$ | g | 0 |
| Graphite | C | s | 0 |
| Diamond | C | s | 1.88 |
| Carbon dioxide | $CO_2$ | g | −393.5 |
| Carbon monoxide | CO | g | −110.5 |
| Hydrogen | $H_2$ | g | 0 |
| Water | $H_2O$ | g | −241.8 |
| Water | $H_2O$ | l | −285.9 |
| Chlorine | $Cl_2$ | g | 0 |
| Hydrogen chloride | HCl | g | −92.3 |
| Hydrogen cyanide | HCN | g | +135.1 |

| 물 질 | 분자식 | 상태[b] | $\Delta\tilde{h}_f^\circ$ (kJ/mole) |
|---|---|---|---|
| Methane | $CH_4$ | g | −74.9 |
| Propane | $C_3H_8$ | g | −103.8 |
| *n*-Butane | $C_4H_{10}$ | g | −124.7 |
| *n*-Heptane | $C_7H_{16}$ | g | −187.8 |
| Benzene | $C_6H_6$ | g | +82.9 |
| Formaldehyde | $CH_2O$ | g | −115.9 |
| Methanol | $CH_4O$ | g | −201.2 |
| Methanol | $CH_4O$ | l | −238.6 |
| Ethanol | $C_2H_6O$ | l | −277.7 |
| Ethylene | $C_2H_4$ | g | 52.5 |

[a] 표준상태에서 평형이 아닌 기체물질의 형성열 값은 액체와 증발열로부터 결정되었다.
[b] 상태 : g(기체), l(액체), s(고체)

## 2.6 화학반응 시 질량 및 에너지 보존

**예제 2.3**

기본물질로부터 벤젠과 이산화탄소의 형성을 고려해 보자 표준상태 25℃, 1 atm에서 단위몰당 요구되는 열을 계산하시오.

**풀이** 벤젠의 경우, 흑연과 수소 가스로부터 형성되며 화학식은 다음과 같다.

$$6C + 3H_2 \rightarrow C_6H_6$$

식 (2.20)을 적용하면 분자 형성에서 총 엔탈피는 다음과 같다.

$$\tilde{H}_1 = (6\text{ moles C})[\tilde{h}_C(25℃)] + (3\text{ moles }H_2)[\tilde{h}_{H_2}(25℃)]$$

$$\tilde{H}_2 = (1\text{ mole }C_6H_6)[\tilde{h}_{C_6H_6}(25℃)]$$

엔탈피는 식 (2.23)에 의한 형성열이기 때문에 표 2.2로부터 다음과 같이 알 수 있다.

$$Q = \Delta\tilde{h}_f^\circ\ \text{(벤젠)}$$

또는

$$Q = +82.9\text{ kJ/mole}\ \text{(벤젠)}$$

열이 요구된다. 비슷한 양상으로, 흑연(탄소)과 산소로부터 이산화탄소를 얻는 것은 다음과 같다.

$$C + O_2 \rightarrow CO_2$$

이산화탄소의 경우 형성열은 −393.5 kJ/mole로써 열이 손실된다. 역시 이 반응은 탄소의 연소로써 볼 수 있다. 따라서 식 (2.21b)에 의해 이 값은 양(+)의 값으로써 탄소의 연소열, 즉 $\Delta\tilde{h}_c = 393.5$ kJ/mole carbon이다.

### 예제 2.4

탄소가 이산화탄소로의 화학당량적 반응을 하고, 반응 후 최종 상태는 온도가 25℃에서 500℃로 상승한다고 가정하자. 손실열을 계산하시오.

**풀이** 상태 1은 탄소와 산소에 대해 25℃이기 때문에 엔탈피는 다음과 같다.

$$\tilde{H}_1 = 0$$

그러나 상태 2는 식 (2.24)로부터 다음과 같이 계산된다.

$$\tilde{H}_2 = n_2\tilde{h}_2 = (1\ \text{mole CO}_2)\left(\Delta h_f^{\circ} + \int_{25℃}^{500℃} c_p \mathrm{d}T\right)$$

표 2.1과 표 2.2로부터 평균 정압비열 $\tilde{c}_p = 47$ J/mole K을 취하면 다음과 같이 계산된다.

$$\tilde{H}_2 = (1\ \text{mole})[-393.5\ \text{kJ/mole} + 47 \times 10^{-3}\ \text{kJ/mole K}(475\ \text{K})]$$

또는

$$\tilde{H}_2 = -371.2\ \text{kJ/mole}$$

따라서 손실열은 371.2 kJ/mole이다.

### 예제 2.5

일산화탄소 1몰이 공기 중에 연소되어 화학당량적 반응을 통해 이산화탄소를 형성한다. 만약 초기 및 최종 상태가 25℃, 1 atm인 경우 손실열을 계산하시오.

**풀이** 화학반응식은 다음과 같다.

$$CO + \text{공기} \rightarrow CO_2 + N_2$$

여기서 일산화탄소와 공기 중 산소 모두가 연소에 사용되어진다. 공기는 산소 1몰과 질소 3.76몰로 구성되어 공기는 4.76몰이 된다. 이와 같은 구성비는 몰비로써 $X_{O_2} = 0.21$과 $X_{N_2} = 0.79$와 같다. 따라서 화학반응식은 다음과 같다.

$$CO + \frac{1}{2}(O_2 + 3.76N_2) \rightarrow CO_2 + \frac{3.76}{2}N_2$$

상태 1은 반응물을 상태 2는 생성혼합물을 나타낸다. 식 (2.20)으로부터

$$Q = H_2 - H_1$$

이 된다. 몰 엔탈피를 사용하면, 각 혼합물의 총 엔탈피는 다음 식과 같다.

$$H = \sum_{i=1}^{N} n_i \tilde{h}_i$$

여기서 $\tilde{h}_i$는 식 (2.24)로부터 구해지고, 표 2.1과 표 2.2를 사용하면 다음과 같다.

$$H_1 = (1\ \text{mole CO})[-110.5\ \text{kJ/mole}] + \frac{1}{2}(0) = -110.5\ \text{kJ}$$

$$H_2 = (1\ \text{mole CO}_2)[-393.5\ \text{kJ/mole}] + \frac{3.76}{2}(0) = -393.5\ \text{kJ}$$

$$Q = -393.5 - (-110.5) = -283.0\ \text{kJ}$$

연소열의 정의로부터 예제 2.5의 결과는 일산화탄소의 연소열 $\Delta\tilde{h}_c = 283$ kJ/mole CO 또는 $\Delta\tilde{h}_c = 283/(12+16) = 10.1$ kJ/g CO와 일치한다. 식 (2.21)과 식 (2.24)로부터 이 결과를 다음과 같이 일반화할 수 있다.

$$\Delta\tilde{h}_c = \left(\sum_{i=1}^{N} \nu_i \Delta\tilde{h}_{f,i}^{\circ}\right)_{\text{반응물}} - \left(\sum_{i=1}^{N} \nu_i \Delta\tilde{h}_{f,i}^{\circ}\right)_{\text{생성물}} \quad (2.25)$$

여기서 $\nu_i$ 값들은 $\nu_F$를 1로 취할 경우에 대해 몰 화학당량계수이다. 대개 연료에 대해 $\Delta h_c$의 표의 값은 화학적 완전반응의 경우로 주어진다. 가끔 생성물 상태에서 액체 $H_2O$(전체값)과 기체 $H_2O$(순수값) 사이로 구분이 되기도 한다. 화학에너지 일부가 물의 증발에 사용되어지기 때문에 전체 연소열은 순수 연소열보다 크다. 사실 표 2.2의 물의 액체 형성열(−285.9 kJ/mole)과 기체 형성열(−241.8 kJ/mole)의 차이는 1 atm과 25℃에서 증발열이다.

$$\Delta h_v = \frac{(285.9 - 241.8)\ \text{kJ/mole}}{18\ \text{g/mole H}_2\text{O}} = 2.45\ \text{kJ/g H}_2\text{O}$$

**예제 2.6**

예제 2.5에서 생성물의 온도가 625℃일 경우 손실열을 계산하시오.

**풀이** 온도에 따른 정압비열의 변화를 설명하는 것을 피하기 위하여 여기서는 일정한 평균 정압비열을 가정한다. 표 2.1로부터 대략적인 평균 정압비열은 다음과 같다.

$$c_{p,N_2} = 30\ \text{J/mole N}_2\ \text{K}$$

$$c_{p,CO_2} = 47\ \text{J/mole CO}_2\ \text{K}$$

따라서 상태 2의 엔탈피는 다음과 같이 쓸 수 있다.

$$H_2 = \sum_{i=1}^{2} \nu_i [\Delta h_{f,i} + c_{pi}(T_2 - 25℃)]$$

여기서 생성물인 이산화탄소와 질소에 대한 합은 다음과 같다.

$$\begin{aligned} H_2 &= (1\ \text{mole CO}_2)[-393.5\ \text{kJ/mole CO}_2 + 0.047\ \text{kJ/mole K}(600\ \text{K})] \\ &\quad + \left(\frac{3.76}{2}\ \text{mole N}_2\right)[0 + 0.030\ \text{kJ/mole K}(600\ \text{K})] \\ &= (-393.5) + \left[(1)(0.047) + \left(\frac{3.76}{2}\right)(0.030)\right](600) \\ &= (-393.5) + (0.10325)(600) \\ &= -331.55\ \text{kJ} \end{aligned}$$

$$Q = H_2 - H_1 = (-331.55) - (-110.5) = -221.05\ \text{kJ}$$

예제 2.6의 경우, 우리는 화학반응으로 인한 손실열은 2개 부분으로 구성된다는 것을 알 수 있다. 하나는 형성열로부터 나타나고 또 다른 하나는 생성물의 온도를 높이기 위하여 생성혼합물 내에 저장된 에너지로부터 나타난다. 이러한 예제로부터 식 (2.26)을 얻을 수 있다.

$$(-Q) = \nu_F \Delta \tilde{h}_c + \sum_{i=1}^{N,\text{반응물}} n_i \tilde{c}_{p_i}(T_1 - 25℃) - \sum_{i=1}^{N,\text{생성물}} n_i \tilde{c}_{p_i}(T_2 - 25℃) \qquad (2.26)$$

여기서 $\nu_F$는 반응된 연료의 몰수이고, $n_i$는 반응 전(1, 반응물)과 반응 후(2, 생성물)의 혼합물의 각종 몰수이다. 만약 우리가 혼합물의 비열을 고려한다면, 식 (2.17), (2.19), (2.24)와 (2.25)로부터 식 (2.27)과 같이 나타낼 수 있기 때문에 식 (2.28)과 같이 된다.

$$\begin{aligned} \tilde{c}_p &= \left(\frac{\partial \tilde{h}}{\partial T}\right)_p = \frac{\partial}{\partial T}(\Sigma X_i h_i) = \Sigma X_i \tilde{c}_{p_i} \\ &= \left(\frac{1}{n}\right)\Sigma n_i \tilde{c}_{p_i} \end{aligned} \qquad (2.27)$$

$$(-Q) = \nu_F \Delta \tilde{h}_c + n_1 \tilde{c}_{p_1}(T_1 - 25℃) - n_2 \tilde{c}_{p_2}(T_2 - 25℃) \qquad (2.28)$$

달리 말해서, 화학반응의 손실열은 열용량(heat capacity)과 혼합상태의 온도변화와 관련된 현열(sensible energy)을 더한 화학에너지 방출에 의해 주어진다.

## 2.7 화재의 연소생성물

지금까지 우리는 단지 규정된 반응만을 고려해 왔다. 만약 반응이 주어진다면, 열역학적 해를 통해 연소열과 다른 정보를 얻을 수 있다. 연소반응의 경우 우리는 화학적 평형 또는 이상적인 완전 연소 조건을 부여할 수 있다. 이러한 개략적인 방법이 유용할 수 있는 반면에 실제 화재 과정에 대해서는 실험적 자료에 의존해야 한다. 난류와 온도변화의 상호작용에 의해 불완전 연소가 될 수 있다. $C_xH_yO_z$을 포함한 연료의 경우 다음과 같이 표시할 수 있다.

$$C_xH_yO_z + O_2 \rightarrow CO_2,\ CO,\ H_2O,\ H_2,\ \text{soot},\ CH$$

여기서, soot는 거의 탄소이고, CH는 탄화수소 잔존물을 의미한다. 여러 연소 조건 가운데 화학적 유사성을 보여줄 수 없다면 연소생성물은 실험조건에 의존될 것이다.

Tewarson[3]은 다양하고 많은 물질에 대한 연소 특성을 연구하였다. 제어된 복사 가열과 급기 조건하에서 10 cm × 10 cm 시료에 대한 실험을 수행하였다. 배기가스 종류를 알아보기 위한 화학적 측정을 통해 주요 연소생성물을 확인할 수 있었다. 연소가 진행되는 동안 시료의 질량 손실량을 측정하여 연소되는 시료로부터 발생되는 가스의 질량을 계산할 수 있을 것이다. 이 가스는 전적으로 연료가 아닐 수 있다. 왜냐하면 가스 내에는 증발된 수분과 불활성 화재 억제제를 내포할 수 있기 때문이다. 방출된 화학적 에너지를 포함하여 연소생성물을 질량손실의 항으로 표현하는 것이 편리할 것이다. 이것은 다음과 같이 생성률로 정의된다.

$$\text{연소생성물 } i\text{의 생성률, } y_i = \frac{\text{종 } i\text{의 질량}}{\text{시료의 질량 손실량}}$$

여러 가지 연료에 대한 생성률 값은 표 2.3에 나타내었다. 심지어 순수 가스연료인 부탄이 공기 중 연소되는 경우조차 연소는 완전연소가 아니며, 연소생성물 가운데 일산화탄소, soot 및 탄화수소가 발견되어진다. 불완전연소로 인해 실제 연소열(42.6 kJ/g)은 이산화탄소와 수증기로 되는 완전연소의 이상적인 연소열(45.4 kJ/g) 보다 작다. 비록 연소열이 약 10~50 kJ/g이 된다할 지라도, 반응에 소모되는 산소량($\Delta h_{O_2}$)은 13.0±0.3 kJ/g $O_2$로 거의 일정하다. 목재와 같은 목탄 물질의 경우 실제연소열과 완전연소열의 차이는 휘발성 물질의 연소와 연이어 숯 산화의 차이 또는 불완전연소 때문이다. 예를 들면,

표 2.3 충분한 공기내의 화재 시 연소생성물 (Tewarson으로부터 발췌[3])

| 물 질 | 분자식 | 연소열 $\Delta h_c$ 완전 (kJ/g 연소된 연료) | 연소열 $\Delta h_c$ 실제 (kJ/g 질량손실) | 산소 단위질량당 연소열 $\Delta h_{O_2}$ (kJ/g 소모된 산소) | 실제 생성률 (g 생성물/g 손실된 질량) $CO_2$ | CO | Soot | 다른 탄화수소 |
|---|---|---|---|---|---|---|---|---|
| Methane (g) | $CH_4$ | 50.1 | 49.6 | 12.5 | 2.72 | - | - | - |
| Propane (g) | $C_3H_8$ | 46.0 | 43.7 | 12.9 | 2.85 | 0.005 | 0.024 | 0.003 |
| Butane (g) | $C_4H_{10}$ | 45.4 | 42.6 | 12.6 | 2.85 | 0.007 | 0.029 | 0.003 |
| Methanol (l) | $CH_4O$ | 20.0 | 19.1 | 13.4 | 1.31 | 0.001 | - | - |
| Ethanol (l) | $C_2H_6O$ | 27.7 | 25.6 | 13.2 | 1.77 | 0.001 | 0.008 | 0.001 |
| *n*-Heptane (l) | $C_7H_{16}$ | 44.6 | 41.2 | 12.7 | 2.85 | 0.010 | 0.037 | 0.004 |
| Benzene (g) | $C_6H_6$ | 40.2 | 27.6 | 13.0 | 2.33 | 0.067 | 0.181 | 0.018 |
| Wood (red oak) | $CH_{1.7}O_{0.72}$ | 17.1 | 12.4 | 13.2 | 1.27 | 0.004 | 0.015 | 0.001 |
| Nylon | $(C_6H_{11}NO)_n$ | 30.8 | 27.1 | 11.9 | 2.06 | 0.038 | 0.075 | 0.016 |
| PMMA | $(C_5H_8O_2)_n$ | 25.2 | 24.2 | 13.1 | 2.12 | 0.010 | 0.022 | 0.001 |
| Polyethyene, PE | $(C_2H_4)_n$ | 43.6 | 30.8 | 12.8 | 2.76 | 0.024 | 0.060 | 0.007 |
| Polypropylene, PP | $(C_3H_6)_n$ | 43.4 | 38.6 | 12.7 | 2.79 | 0.024 | 0.059 | 0.006 |
| Polystyrene, PS | $(C_8H_8)_n$ | 39.2 | 27.0 | 12.7 | 2.33 | 0.060 | 0.164 | 0.014 |

목재 + 열 → 휘발성 물질 + 숯

휘발성 물질 + 공기 → 불완전 연소생성물, $\Delta h_{c,\mathrm{vol}}$

숯 + 공기 → 불완전 연소생성물, $\Delta h_{c,\mathrm{char}}$

$$\Delta h_{c,\mathrm{wood}} = \Delta h_{c,\mathrm{vol}} + \Delta h_{c,\mathrm{char}}$$

여기서 모든 연소열은 원래 목재의 질량으로 나타내어진 것으로 고려되어진다. 순수 물질의 상변화와 같은 화학 상태로 완전 기화되는 연료의 경우, 생성률은 화학당량 계수와 같다. 그러나 목재와 같은 연료의 경우, 즉 단지 일부만 기화되고 가스생성물이 더 이상 원래의 목재 화학조성이 아닌 경우에는 생성물을 화학당량 계수와 같다고 할 수 없다. 생성물의 사용은 복잡한 연료의 특성을 기술하는데 실용적이며 필수적이다.

표 2.3의 측정된 벤젠 반응을 조사해보자. 이상적인 완전 화학반응으로부터

$$C_6H_6 + \frac{15}{2}O_2 \rightarrow 6CO_2 + 3H_2O$$

이상적인 완전연소열은 식 (2.25)와 표 2.2를 이용하여 순수값($H_2O$, 기체)으로 계산되어진다.

$$\Delta\tilde{h}_c = [(1)(+82.9)] - [(6)(-393.5)+(3)(-241.8)] = 3169.3\ \text{kJ/mole}\ C_6H_6$$

또는

$$\Delta h_c = (3169.3\ \text{kJ/mole})/(78\ \text{g/mole}) = 40.6\ \text{kJ/g}$$

이 값은 표 2.3에 주어진 값(40.2 kJ/g)보다 크다. 표 2.2의 벤젠은 기체를 사용하였고 여기에서는 액체연료로 연소되었기 때문이다. 이러한 에너지 차이는 액체 벤젠을 기화시키는데 소모되었고, 약 0.4 kJ/g이다. (표 6.1 보기)

이러한 분석에 대해 계속 진행하지만, 여기서 이제 실제 측정된 반응을 고려해 보자. Soot를 순수 탄소로 취급하여 잔류 탄화수소 $C_xH_y$로 나타내 보자. 그러면 식은 적정 계수 없이 나타내면 다음과 같다.

$$C_6H_6 + \nu_{O_2}O_2 \rightarrow CO_2,\ CO,\ H_2O,\ C,\ C_xH_y$$

벤젠은 순수 물질이고 기체로 취급하기 때문에 생성률은 화학당량계수로서 간주할 수 있다. 표 2.3의 측정된 생성률과 분자량으로부터 다음과 같이 쓸 수 있다.

| | $C_6H_6$ | $O_2$ | $CO_2$ | CO | C | $C_xH_y$ |
|---|---|---|---|---|---|---|
| $M_i$ (g/mole) | 78 | 32 | 44 | 28 | 12 | $12x+y$ |

우리는 화학당량계수, $\nu_i$를 계산할 수 있다.

$$CO_2 : \quad 2.33\ \text{g}\ CO_2/\text{g}\ C_6H_6\left(\frac{78}{44}\right) = 4.13$$

$$CO : \quad (0.067)\left(\frac{78}{28}\right) = 0.187$$

$$C : \quad (0.181)\left(\frac{78}{12}\right) = 1.177$$

$$\text{계} \quad 5.494 \approx 5.49$$

6개의 탄소원자를 가져야 하기 때문에 $x=0.51$로 계산하고 수소와 산소원자를 균형을 맞추면 다음과 같다.

$$H : \quad 6 = 2\nu_{H_2O} + y$$

$$O : \quad 2\nu_{O_2} = (2)(4.13) + (0.187) + \nu_{H_2O}(1)$$

임의로 $y=1$를 취하면, 다음과 같이 얻을 수 있다.

$$C_6H_6 + 5.47O_2 \rightarrow 4.13CO_2 + 0.187CO + 1.18C + 2.5H_2O + C_{0.51}H$$

탄화수소의 조성을 알 수 없기 때문에 등가성분 $C_{0.51}H$를 바르게 취급할 수 없다. 이것은 마치 $H_2$를 포함한 많은 탄화수소의 혼합물일 것이다. 그러나 실제 연소열에 대한 효과를 포함하기 위하여 여기서는 대략적으로 (1/4)$C_2H_4$, 에틸렌으로 간주할 것이다. 그러면 앞의 경우에 대해 다음과 같이 연소열을 계산할 수 있다.

$$\begin{aligned}\Delta\tilde{h}_c &= [(1)(+82.9)] - [(4.13)(-393.5) + (0.187)(-110.5) \\ &\quad + (1.18)(0) + (2.5)(-241.8) + (0.25)(52.5)] \\ &= 2{,}320.1 \text{ kJ/mole } C_6H_6\end{aligned}$$

또는

$$\Delta\tilde{h}_c = 29.7 \text{ kJ/g } C_6H_6$$

이 값은 측정에 의해 결정된 표 2.3에 주어진 값(27.6 kJ/g)과 매우 가깝다.

화재의 화학적 에너지 방출량을 얻기 위한 한 가지 방법은 소모된 산소량을 측정하는 것이다. 또 다른 대안으로 일부 연구자들은 이것을 기초로 하여 생성된 이산화탄소와 일산화탄소를 고려하였다. 두 가지 방법, 소모된 산소량 또 다른 대안으로 이산화탄소와 일산화탄소 기초로 한 연소열 계산값은 광범위한 물질에 대해 거의 일정하다는 흥미로운 사실에 근거를 두고 있다. Huggett[4]는 일반적인 화재 반응에 대해 설명하였고, 표 2.3은 전형적인 변화를 나타낸다. 화학당량적 벤젠 반응의 경우 13.0 kJ/g $O_2$로써 표 2.3에 나타내었다. 계산된 결과로부터 실제 벤젠 반응의 경우 다음과 같이 얻을 수 있다.

$$\Delta h_{O_2} = (29.7 \text{ kJ/g } C_6H_6)\left(\frac{78 \text{ g } C_6H_6}{(5.47)(32) \text{ g } O_2}\right) = 13.2 \text{ kJ/g } O_2$$

이러한 결과는 실제 반응에서 조차도, $\Delta h_{O_2}$값이 거의 일정하게 나타난다는 것을 보여준다.

표 2.3의 값은 공기가 충분한 경우에는 변화없이 유지될 것 같다. 이것은 화학당량적 반응에 대하여 요구되는 공기량 보다 더 많은 공기량이 있다는 것을 의미한다. 등가비 $\phi$가 1보다 작아야 한다. 등가비 $\phi=0$인 경우는 모두 산소일 경우이고, $\phi=1$인 경우 생성물 내에 산소 또는 연료가 없는 화학당량적 반응의 경우를 의미한다. 그러나 $\phi>1$인 경우 표 2.3의 값에서 많이 벗어남을 볼 수 있다. 일반적으로 일산화탄소, soot 및 탄화수소가 증가한다. 따라서 $\Delta h_c$ 값은 감소한다. Tewarson[3]은 그림 2.3과 2.4에서 표 2.3의 6가지 실질적인 연료에 대해 $\Delta h_c$와 일산화탄소의 생성률이 어떻게 변하는지 생생히 보여주고 있다. 이러한 결과는 환기제어 화재의 모델링과 이의 독성위험을 결정하는데 중요하게 작용한다. 이러한 자료는 구획화재[5]에 대한 10

cm × 10 cm의 수평 시편을 사용한 FMRC 인화성 장치[3]부터 얻어졌다.

그림 2.3과 2.4에서 화염 결과는 등가비 $\phi=4$까지 나타났고, 이 값에서 기체상태 연소는 정지되어진다. 그러나 연소는 지속되어지는데 연소열이 0 아닌 값으로 있기 때문이다. 이러한 현상은 남아 있는 고체연료의 산화 때문이다. 만약 목재를 생각한다면, 주로 탄소로 구성된 표면 목탄의 산화가 될 수 있다. 예제 2.3으로부터 탄소(이산화탄소로 변환)의 연소열은 32.8 kJ/g을 얻을 수 있다. 그림 2.4로부터 $\phi=4$에서 일산화탄소가 상당히 발생하는 것을 볼 수 있고, 따라서 그림 2.3에서 $\Delta h_c$ 값은 더 작은 값을 얻을 수 있다. 표 2.3에서 $\Delta h_{c,\infty}$ 값이 12.4 kJ/g의 값에 대해 $\Delta h_c/\Delta h_{c,\infty}=0.4$ 또는 등가비 $\phi=4$인 경우 실제 연소열 $\Delta h_c$ 값은 4.96 kJ/g이다. 여기서 등가비 $\phi=4$인 경우, 목탄의 실제 연소열(비화염 조건)은 손실된 단위질량당 4.96 kJ/g이고, 반면에 이상적인 연소열은 반응된 탄소 단위질량당 32.8 kJ/g이다. 실제 연소열은 연소된 연료의 화학적 당량에 근거한 것이 아니라 기체상태로 변화된 질량에 근거한 것이다. 변화된 질량은 연소된 질량과 동일하지 않을 수 있다.

그러므로 만약 화학당량비를 알 수 있다면 연소반응을 나타낼 수 있도록 열역학적 법칙과 상태량이 사용되어질 수 있다는 것을 볼 수 있다. 화재 시 측정은 손실되는 연료 질량에 근거하기 때문에 반응물과 생성물을 나타내기 위하여 생성률을 경험적인 상태량으로써 사용되어진다. 화재 조건이 환기제어($\phi \geq 1$)인 경우, 주어진 연료의 생성률 상태량은 등가비 $\phi$에 의존된다. 비록 그림 2.3과 2.4에 의해 전형화 된 결과의 일반성은 아직 확립되지 않았지만 결과의 일반적 경향은 받아들여진다.

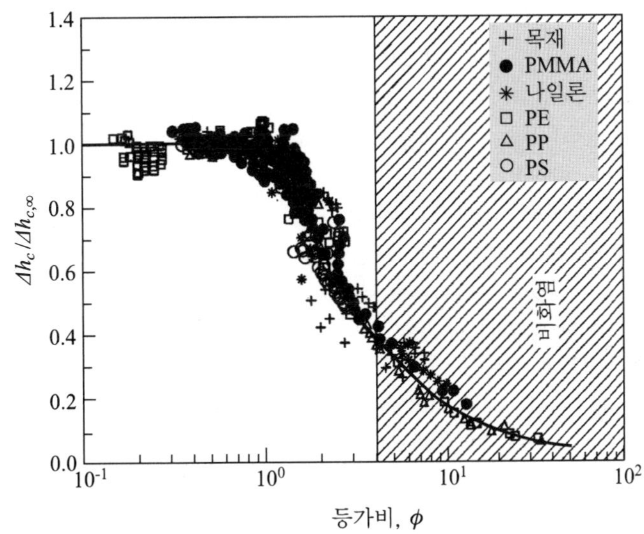


**그림 2.3** ≫ $\Delta h_{c,\infty}$ 값이 표 2.3[3]에 주어진 기준값의 경우 등가비에 대한 실제 연소열

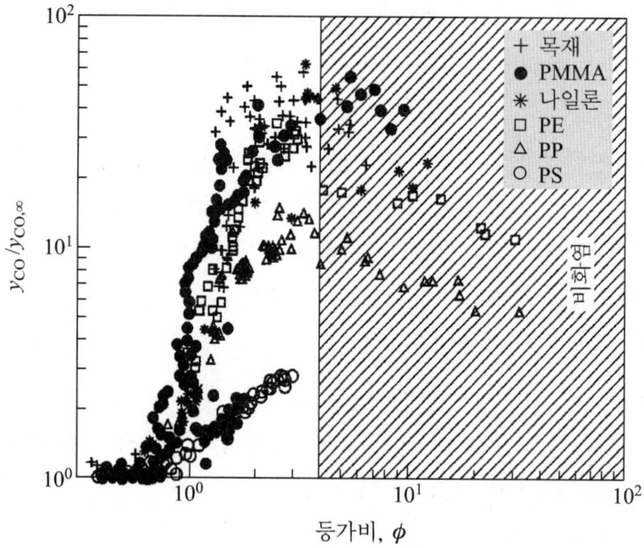


그림 2.4 ≫ 기준 생성률 $y_{CO,\infty}$는 표 2.3[3]에 주어진 값인 경우 등가비에 대한 CO의 생성률

## 참 고 문 헌


1. *JANNAF Thermochemical Tables*, 3rd edn., American Institute of Physics for the National Bureau of Standards, Washington, DC, 1986.
2. Rossini, F.D. *et al.* (eds), *Selected Values of Chemical Thermodynamic Properties*, National Bureau of Standards Circular 500, 1952.
3. Tewarson, A., Generation of heat and chemical compounds in fires, in *The SFPE Handbook of Fire Protection Engineering*, 2nd edn., (eds P.J. DiNenno *et al.*), Section 3, Chapter 4, National Fire Protection Association, Quincy, Massachusetts, 1995, pp. **3**-53 to **3**-124.
4. Huggett, C., Estimation of rate of heat release by means of oxygen consumption, *J. Fire and Flammability*, 1980, **12**, 61-5.
5. Tewarson, A., Jiang, F. H. and Morikawa, T., Ventilation-controlled combustion of polymers, *Combustion and Flame*, 1993, **95**, 151-69.

## | 연 | 습 | 문 | 제 |

**2.1** 25℃, 1기압 상태의 순수 이산화탄소($CO_2$), 프로판($C_3H_8$), 부탄($C_4H_{10}$)의 증기 밀도(kg/m³)를 각각 계산하라. 단, 기체는 이상기체라고 가정한다.

**2.2** 이상기체라고 가정하고, 1 m³ 공기가 일정 압력 하에서 20℃로부터 700℃까지 가열된다면 최종 체적은 얼마인가?

**2.3** 액체 혼합물에 대해 다음의 열역학적 성질을 확인하라.

(a) 2계의 열역학적 평형은 ______________의 등가에 의해 주어진다.

(b) 2계의 기계적 평형은 ______________의 등가에 의해 주어진다.

(c) 동일 물질의 2계의 상평형은 ______________의 등가에 의해 주어진다.

**2.4** 순수 일정 열 추가율($\dot{Q}$)에 대하여 체적($V$)인 폐쇄 고체용기의 압력 상승($p-p_o$)이 다음의 식이 됨을 증명하라.

$$\frac{p-p_o}{p_o} = \frac{\dot{Q}t}{\rho_o V c_v T_o}$$

여기서, $\rho_o$는 초기밀도, $p_o$는 초기압력, $T_o$는 초기온도, $t$는 시간, $c_v$는 정적비열이다. 고체용기 내의 유체는 일정 비열의 완전 기체이다.

**2.5** 포름알데히드($CH_2O$)가 공기 중에 완전 연소한다. 다음을 계산하라.

(a) 화학당량 질량비(공기/연료)

(b) 등가비($\phi$) 2에 대한 반응물의 연료 몰분율

(c) 등가비($\phi$) 2에 대한 생성물의 연료 몰분율

**2.6** 수소가 산소와 반응한다. 완전반응에 대한 완전 화학식을 쓰시오.

**2.7** 공기와 혼합된 아르곤의 몰분율은 0.1이다. 혼합물은 압력 1,000 Pa, 온도 25℃이다. 아르곤의 분압은 얼마인가?

**2.8** 산소와의 화학반응과 표 2.3에 주어진 이상연소열로부터 25℃의 프로판 형성엔탈피를 계산하라.

**2.9** 부탄의 산화에 대한 완전화학반응식이 아래와 같다.

$$C_4H_{10} + \_\_O_2 \rightarrow \_\_CO_2 + \_\_H_2O$$

표 2.2와 표 2.3의 데이터를 이용하여 형성열을 계산하라.

**2.10** 부탄 1몰이 일산화탄소와 물로 산화 시 전달된 열을 계산하라.
단, 반응물과 생성물의 온도는 25℃이고, 표 2.2를 사용하라.

$$nC_5H_{12} + 1\frac{1}{2}O_2 \rightarrow 5CO + 6H_2O$$

**2.11** 부탄의 산소와의 부분 연소 생성물이 이산화탄소($CO_2$)와 일산화탄소(CO)를 4 : 1의 비율로써 포함하였다. 만약 유일한 타 생성물이 물($H_2O$)이라면 연소된 부탄의 몰당 방출된 실제 열량은 얼마인가? 반응물은 25℃, 생성물은 1,000℃이다. 비열은 320 J/K mole을 사용한다.

**2.12** 25℃의 반응물과 생성물에 대해 공기 중에 연소되는 헥탄을 고려하자. (a) 형성된 이산화탄소에 대해 (b) 유일하게 형성된 일산화탄소에 대해 각각 소모된 산소 단위 g당 열방출량을 계산하라. 다른 연소생성물은 물이다.

**2.13** (a) 벤젠($C_6H_6$)의 화학당량(완전) 연소에 대한 화학식을 쓰시오. 완전연소열을 가정한다. 가연물의 단위질량당 연소에 필요한 공기 질량을 계산하라.

(b) 벤젠 - 공기 등가비가 0.75의 경우에 대해 화학식을 쓰고 공기 중 단열 화염온도를 계산하라. 초기온도는 298 K, 압력은 1 atm이고, 완전연소를 가정한다.

(c) (b)의 경우에서 각각의 연소생성물에 대한 몰분율을 계산하라.

(d) 벤젠은 자주 불완전 연소한다. 만약 벤젠내의 탄소 20%가 고체 탄소로, 5%는 일산화탄소로, 나머지는 이산화탄소로 바뀐다고 가정하면, 소모된 산소 단위 g당 방출되는 열량을 계산하라. 이 값은 표 2.3의 값과 어떻게 비교하는가?

**2.14** (a) 등압과정의 경우, 연속적인 반응 Ⅰ과 Ⅱ에서 방출된 순수 열은 반응 Ⅲ의 경우와 같다는 것을 보여라. 초기 및 최종 온도는 25℃이고, 교재의 데이터를 사용하라.

$$\text{I. } C(s) + \frac{1}{2}O_2(g) \rightarrow CO(g)$$

$$\text{II. } CO(g) + \frac{1}{2}O_2(g) \rightarrow CO_2(g)$$

$$\text{III. } C(s) + O_2(g) \rightarrow CO_2(g)$$

(b) 반응 Ⅱ에서 반응물 중 산소의 경우

(i) 산소($O_2$)의 몰분율을 계산하라.

(ii) 산소($O_2$)의 질량분율을 계산하라.

(iii) 만약 계의 압력이 2 atm이라면 산소($O_2$)의 분압을 계산하라.

**2.15** 일산화탄소가 공기 중에 완전연소하여 이산화탄소가 되었다.

(a) 이 반응에 대한 화학식을 쓰시오.

(b) 화학당량(완전연소) 연료/공기 비를 질량으로 계산하라.

(c) 이 반응의 경우 압력 1 atm, 초기 및 최종 온도 25℃에서 화학당량 연료-공기 혼합물의 일산화탄소 단위질량당 엔탈피 변화를 계산하라.

(d) (c)의 량을 무엇이라 하는가?

(e) 만약 이 반응의 경우 최종온도가 500℃라면, 일산화탄소의 단위질량당 계로부터 손실되어진 열을 계산하라.

(f) 일산화탄소 5몰과 공기 7몰의 혼합물에 대해 등가비를 계산하라. 생성물 중 이산화탄소 이외 발견될 수 있는 다른 종은 무엇인가?

**2.16** 톨루엔의 연소열을 계산하고, 적당한 열역학적 식을 표시하라. 형성열은 11.95 kcal/mole이다.

**2.17** 수소가 산소와 화학당량적(완전) 연소하여 수증기가 생성된다. 모든 종에 대해 $c_{p,i} = 1.5$ J/g K라고 하자.

(a) 반응물의 온도가 25℃인 경우, $H_2$의 단위질량당 계의 엔탈피 변화를 __________라 한다.

(b) 반응물의 온도가 25℃인 경우, $H_2O$의 단위질량당 계의 엔탈피 변화를 __________라 한다.

(c) 1,000℃ 수증기의 단위질량당 계의 엔탈피 변화를 계산하라.

(d) 초기온도가 25℃이고 반응 후 온도가 1,000℃이다. 연소된 $H_2$의 단위질량당 계의 열전달을 계산하라. 열은 손실되는가 또는 더해지는가?

(e) 초기온도가 300℃의 경우로 (d)의 내용을 수행하라.

**2.18** 아세토니트릴(acetonitrile)의 단위그램몰당 연소열을 계산하라.
아세토니트릴($C_2H_3N(g)$)은 연소하여 시안화수소($HCN(g)$), 이산화탄소($CO_2$), 물($H_2O$)이 생성된다.

| 형성열(kcal/gmol) | |
|---|---|
| 시안화수소 | 32.3 |
| 아세토니트릴 | 21.0 |
| 물 | −57.8 |
| 이산화탄소 | −94.1 |
| 산소 | 0.0 |

**2.19** 실험자가 가정하기로 목재가 연소할 때 포름알데히드 형태로 가스연료와 탄소 형태로 숯을 생성함으로써 계산되어질 수 있다고 하자.

| 형성열(kcal/gmol) | |
|---|---|
| 포름알데히드($CH_2O$) | −27.7 |
| 탄소(C) | 0.0 |
| 산소($O_2$) | 0.0 |
| 질소($N_2$) | 0.0 |
| 물($H_2O$) | −57.8 |
| 이산화탄소($CO_2$) | −94.1 |

다음에 완전연소를 가정한다.

(a) kJ/kg의 단위로 $CH_2O$의 연소열을 계산하라

(b) kJ/kg의 단위로 C의 연소열을 계산하라.

(c) 화염연소 동안 목재의 에너지 방출을 계산하기 위하여 공학자가 무슨 연소열을 사용하였나?

(d) 목재의 숯 생성률은 0.1 g C/g wood이다. 모든 숯이 완전 산화된 후 고체 목재의 연소열을 kJ/g wood 단위로 계산하라.

**2.20** 메탄($CH_4$)의 연소열이 25℃에서 50.0 kJ/g으로 주어진다면 kJ/mole 단위로 메탄의 형성 엔탈피를 계산으로 결정하라. 이산화탄소의 형성열은 −394 kJ/mole이고 수증기는 −242 kJ/mole이다.

**2.21** 나일론($C_6H_{11}NO$)이 공기 중에 가스상태로 연소한다. 몰 당 이용할 수 있는 화학당량 공기는 8배가 있다. 반응은 일정 압력에서 일어난다. 초기 연료 온도는 300℃이고 공기는 25℃이다. 반응으로 $CO_2$, $H_2O$(기체)와 $HCN/CO_2$ 몰비가 1/5인 HCN이 생성된다.
다른 상태량 : 나일론 형성열 = −135 kJ/mole

| 종 | 일정압력에서 몰비열(J/K mole) |
|---|---|
| Nylon(gas) | 136 |
| $H_2O$ | 50 |
| $CO_2$ | 60 |
| HCN | 90 |
| $N_2$ | 35 |
| $O_2$ | 35 |

(a) 표 2.2를 사용하여 이 반응의 연소열을 계산하라.

(b) 단열과정에 대한 생성물의 최종 상태 온도를 계산하라.

**2.22** 아래 화학당량식에서 보여주듯이 나일론이 연소하여 이산화탄소, 수증기, 시안화수소가 생성된다.

$$C_6H_{11}NO_2 + 6.5O_2 \rightarrow 5CO_2 + 5H_2O + HCN$$

나일론의 연소열은 30.8 kJ/g이다. kJ/mole 단위로 나일론의 형성열을 계산하라.

**2.23** 네오프렌($C_4H_5Cl$)이 일정 압력과 25℃의 반응물과 생성물에 대해 공기 중에 연소되어진다. 일부 종은 질량 수율이 $g/g_F$ 단위로 측정에 의해 알 수 있다. 이러한 생성물 수율은 일산화탄소 0.1, 그을음(탄소) 0.1, 미연소 탄화수소($C_6H_6$) 0.03이다. 나머지 생성물은 수증기, 이산화탄소, 염화수소(HCl)이다.

(a) 산소 1몰 + 질소 3.77몰의 공기, 즉 공기 4.77몰로 고려하여 몰 화학당량계수로써 화학식을 쓰시오.

(b) 만약 반응 (a)의 경우 연소열이 11 kJ/g 네오프렌으로 안다면, kJ/mole 단위로 네오프렌의 형성열을 계산하라.

(c) 만약 반응이 완전하여 단지 안정된 기체상태의 생성물이 된다면, 즉 수증기, 이산화탄소, 염소($Cl_2$)가 생성된다면 kJ/g 단위로 연소열을 계산하라.

(d) 반응 (a)와 (c)의 두 경우, 소모된 산소 단위질량당 에너지 방출, 즉 {[$H$(반응물) − $H$(생성물)] / 산소질량} 값을 계산하라.

원자량 : C, 12; H, 1; O, 16; N, 14; Cl, 35.3, 그리고 표 2.2를 사용하라.

**2.24** 포름알데히드가 일정 압력 하에서 산소와 화학당량적으로 연소되어진다. $CO_2$와 액체로 응축된 $H_2O$가 유일한 생성물이다. 반응 전 초기온도는 50℃이고 완전반응 후 최종온도는 600℃이다. 연료 몰당 과정 중에 전달된 열을 계산하라. 그리고 열은 얻어지는지 손실되는지 말하라. 모든 종에 대해 35 J/mole의 일정 비열을 가정한다. 표 2.2를 사용하라.

**2.25** 반응에 대한 연소열과 반응된 연료 질량의 곱은

(a) 분자구조의 재정렬로 인해 방출되는 화학에너지와 같다.

(b) 반응물과 생성물이 25℃일 때 손실되는 열과 같다.

(c) 반응물의 연료 농도는 연소상한치일 때 화학에너지와 같다.

**2.26** 사탕수수, $C_{12}H_{22}O_{11}$가 산소와 반응하여 숯, 기체상태의 물과 이산화탄소가 생성된다. 사탕수수 단위몰당 숯 2몰이 형성된다. 숯은 순수 탄소(그라파이트)라고 가정하자. 이 반응에서 사탕수수의 질량기준으로 연소열(kJ/g)을 계산하라. 사탕수수의 형성열은 −2,220 kJ/mole이다. 표 2.1과 표 2.2로부터 데이터를 인용하라.

**2.27** 수소 가스($H_2$)가 연소기내에서 공기와 완전 반응하여 잉여공기 없이 수증기를 생성한다. 연소기는 정상상태이다. 만약 수소 유량이 1 kg/s이면 연소기로의 또는 연소기에서의 열전달률은 얼마인가? 수소 가스의 연소열은 12 kJ/g이고, 공기와 수소의 초기온도는 600 K이고 연소기에서 분출하는 가스온도는 3,000 K이다. 정압비열은 12 kJ/kg K로 일정하다고 가정한다. 모든 작업, 도표와 추론을 보여주고 전달되는 열이 연소기 벽에서인지 또는 벽으로인지를 표시하라.

**2.28** 폴리스티렌이 $C_8H_8$로 나타낼 수 있다. 이산화탄소와 수증기로의 완전 반응의 경우 연소열은 4,077 kJ/mole이다.

(a) kJ/mole 단위로 $C_8H_8$의 형성열을 계산하라.

(b) 아래와 같이 생성물 중 수증기를 가지는 공기 중 불완전 반응의 경우 kJ/g 단위로 $C_8H_8$의 연소열을 계산하라.

$$C_8H_8 + \left(\frac{17}{2}\right)[O_2+3.77N_2] \rightarrow 6CO_2 + CO + C + 4H_2O + \left(\frac{17}{2}\right)(3.77)N_2$$

**2.29** 폴리스티렌$(C_8H_8)_n$이 공기 중에 산소와 반응한다. 공기 4.77몰은 $O_2+3.77N_2$로 나타낼 수 있다.

(1) $1C_8H_8$ + ___ $[O_2+3.77N_2]$ → ___$CO_2$ + ___$H_2O(g)$ + ___$N_2$

(2) $1C_8H_8$ + ___ $[O_2+3.77N_2]$ → ___$CO_2$ + ___$H_2O(g)$ + ___$N_2$ + ___CO + ___C

불완전 반응의 경우, (2), 불완전 생성물의 몰비는 다음과 같다.

$CO/CO_2=0.07$과 $C/CO_2=0.10$

(a) 화학식을 완성하라.

(b) 각 식의 경우 질량기준으로 연소열을 계산하라.

(c) 각 반응에 사용된 산소 단위질량당 연소열을 계산하라.

(d) 각 식의 경우 단열 화염온도를 계산하라.

(e) 순수 산소 내에서 각 반응에 대해 단열 화염온도를 계산하라.

계산을 위하여 2장의 내용을 이용하라. 적절한 평균온도(1,600 K)에서 종의 일정 비열을 가정할 수 있다. 또 폴리스티렌의 형성열은 −38.4 kJ/mole이다.

**2.30** (a) 에틸렌, $C_2H_4$가 완전 반응하여 이산화탄소와 수증기가 생성되었다. 연소열을 계산하라.

(b) 순수 산소와 완전 반응할 경우 단열 화염온도를 계산하라. 생성물 내에 수증기가 있다고 가정한다. 표 2.1과 표 2.2를 사용하라.

**2.31** 초기 25℃인 다음의 혼합물에 대해 단열 화염온도를 계산하라.

(a) 화학당량 부탄 - 산소 혼합물;

(b) 화학당량 부탄 - 공기 혼합물;

(c) 공기 중 1.8% 부탄;

부탄의 비열은 250 J/K mole, 산소와 질소의 비열은 36 J/K mole을 사용하라.

**2.32** 공기 중 에탄, $C_2H_6$의 경우 일정 압력하의 단열 화염온도를 다음 조건에 대해 계산하라.

(a) 연소하한계($X_L = 3.0\%$) 조건

(b) 화학당량 혼합 조건

모든 종의 비열은 일정(1.1 kJ/kg K)하다고 가정하고, 표 2.3과 표 4.5의 데이터를 사용하라. 초기 상태는 1 atm과 25℃이고, 초기 혼합물의 밀도는 1.2 kg/m$^3$이다.

**2.33** 공기 중 체적 분율 2% 아세톤과 4% 에탄올의 기체 혼합물이 25℃, 1 atm이다.

<u>데이터</u>

아세톤($C_3H_6O$) $\Delta h_c = 1{,}786$ kJ/g mol

에탄올($C_2H_5OH$) $\Delta h_c = 1{,}232$ kJ/g mol

원자량 : H = 1 mole, C = 12 mole, O = 16 mole, N = 14 mole

비열 : $c_{p,i} = 1$ kJ/kg K으로 일정

(a) 일정 압력하의 반응에 대해 생성혼합물내의 산소 분압을 계산하라.

(b) 이 혼합물의 단열 화염온도를 계산하라.

(c) 만약 이 혼합물의 초기온도가 400℃였다면 단열 화염온도는 몇 ℃인가?

**2.34** 폴리아크리오니트릴($C_3H_3N$)이 연소하여 수증기, 이산화탄소와 질소 생성물이 되었다. 폴리아크리오니트릴의 형성열은 +15.85 kcal/mol(1 cal = 4.186 kJ)이다. 표 2.1과 표 2.2의 데이터를 사용하라. 이때 1,000 K의 비열을 사용하라.

(a) 산소 중 화학당량 연소에 대한 화학식을 완성하라.
(b) 폴리아크리오니트릴의 연소열을 계산하라.
(c) 공기 중 화학당량 연소에 대한 화학식을 완성하라.
(d) 공기 중 화학당량 연소에 대한 단열 화염온도를 계산하라.

**2.35** 공기 중 기체 톨루엔($C_7H_8$)이 화학당량 완전 연소한다. (이산화탄소와 수증기가 생성)

<u>데이터</u>

톨루엔 형성열은 +11.95 kcal/g mol

| 종 | 1,500 K의 비열(cal/g mol K) |
|---|---|
| 산소 | 8.74 |
| 물(기체) | 11.1 |
| 이산화탄소 | 14.0 |

(a) 25℃ 생성물과 반응물에 대해 소모된 톨루엔 단위 g mole당 열 손실을 계산하라.
(b) (a)에서 계산된 이 상태량을 무엇이라 하는가?
(c) 25℃ 반응물에 대해 단열 화염온도를 계산하라.

**2.36** 아래에서 옳은 답을 모두 체크하시오.

(a) 반응하는 계에 대해 질량 보존의 의미는:

( ) 원자 보존
( ) 몰 보존
( ) 분자 보존
( ) 종 보존
( ) 폐쇄 계 내의 반응물과 생성물의 질량 등가

(b) 화학당량 계수의 의미는:

( ) 반응에서 각 종의 분자 수
( ) 반응에서 각 종의 몰 수
( ) 반응에서 각 종의 원자 수
( ) 반응에서 각 종의 그램 수
( ) 완성 화학식에서 각 화학종의 지표 앞 수

Chapter

03

# 검사체적의 보존 법칙

## Conservation Laws for Control Volumes

## 3.1 서론

검사체적이란 일반적으로 체적 표면을 가로질러 물질의 전달을 포함한 문제의 해답을 처리하는데 있어 특정하게 규정된 하나의 체적을 말한다. 열역학에서는 이 검사체적을 종종 개방계(open system)라고 하기도 하며, 유체역학의 문제 해결에서는 필수적이다. 물리의 보존 법칙은 (고정 질량) 계에 대해 정의되어지기 때문에 이러한 표현을 검사체적의 영역으로 변형하는 방법이 필요하다. 계(system)는 고정된 질량을 가지는 반면 검사체적(control volume) 내의 질량은 시간에 따라 변할 수 있다.

검사체적은 일시적 변화 문제를 중점적으로 다룰 수 있고, 균일 상태량 영역을 지배하는 미분 방정식을 유도할 수 있도록 한다. 이 방법을 통해 실내 화재 거동의 지배 식을 만들 수 있다. 이것을 존 모델(zone model)이라 한다. 검사체적은 미소 체적으로 구성되어지고 일반 부분적 미분 방정식의 보존식이 유도되어진다. 이러한 식의 해는 전산유체역학(CFD) 모델링과 관련 된다. 여기서는 전산유체역학 모델링에 대한 것은 크게 언급하지 않고 대신 물리적 문제에 초점을 맞추기 위하여 검사체적 분석을 이용하여 필요한 관련 식을 유도할 것이다. 이러한 내용을 통해서 학생들에게 내용의 의미와 그 관련성에 대한 보다 큰 통찰력을 갖도록 할 것이다.

우리는 검사체적에 대한 보존 법칙을 유도하는데 있어 보편적이며 수학적인 방법을 취할 것이다. 일부 서적에서는 다른 방법을 선택하며, 이를 통하여 학생들은 다른 방법을 알 수 있는 이점도 있을 수도 있다. 그러나 한번 유도가 되면 학생들은 검사체적 보존 법칙을 문제 해결의 도구로써 이용하여야 한다. 이렇게 하기 위해서는 관련 식의 내용을 명확하게 이해하는 것이 필요하다. 이 장에서는 검사체적 관련 식의 적용에 대해 참고가 될 수 있도록, 그리고 열화학(thermochemistry)의 개방계로의 확장에 대해 기술하고자 한다.

## 3.2 레이놀즈 유동이론

레이놀즈 유동이론은 계로부터 검사체적으로의 수학적 변환을 제공하는 일반적 표현이다. 이것은 수학적 표현으로써 일반적으로 연속 적분함수에 유효하다. 우리는 $x$, $y$, $z$에 걸쳐진 공간과 시간 $t$로 정의된 그리고 체적 $V$에 걸쳐 적분된 함수 $f(x,\ y,\ z,\ t)$가 시간에 대해 어떻게 변화할 수 있는지 알아본다. 특히, 다음 식에 대해 알아보고자 한다.

$$\frac{d}{dt}\iiint_{V(t)} f(x, y, z, t)dV \tag{3.1}$$

여기서 체적 $V$는 시간에 따라 변할 수 있다. 시간 도함수를 취하기 전에 체적에 대해 적분하기 때문에 적분과 그 결과는 단지 시간 함수가 된다.

여기서 이러한 공간 적분을 수행하는데 상당한 과정 중 주요 기호 표시에 대한 검토에 주의하여야 한다. 비록 수학적 처리가 확실하겠지만 적용 시 매우 복잡하게 되는 일은 드물 것이다. 사실, 대부분의 경우 이러한 처리는 매우 단순하게 될 것이다. 예를 들면, 만약 $f(x, y, z, t)$가 공간내에서 균일하다면, 식 (3.1)에 대해 다음과 같이 단순화 된다.

$$\frac{d(fV)}{dt} = V\frac{df}{dt} + f\frac{dV}{dt}$$

$f(x, y, z, t)$와 정의된 유동 체적, $V(t)$에 대해 보다 일반적으로 알아보자.

유동체적은 표면적, $S$와 표면상의 각 점의 속도, $\boldsymbol{v}$로 나타낼 수 있다. 또한 속도는 공간 좌표와 시간에 대해 $\boldsymbol{v}(x, y, z, t)$로 나타낼 수 있다. 시간에 대해 체적을 완전하게 표현하기 위하여 표면속도뿐만 아니라 각 점의 표면 방향도 필요하다. 이러한 작업은 단위벡터 $\boldsymbol{n}$을 정의함으로써 해결할 수 있다. 이때 단위벡터는 항상 체적으로부터 바깥방향으로 향하고 표면에 수직이다. 관련 내용을 그림 3.1에 나타내었다. 여기서 $\Delta S$는 작은 표면요소를 나타낸다. 여기서 점$(x, y, z)$로 축소하게 되면, $\Delta S$는 미분요소 $dS$로 나타낼 수 있다.

체적 $V$가 유동할 때 그리고 식 (3.1)에서 작업을 할 때 어떻게 되는지 생각해 보자. 이러한 내용을 그림 3.2에 나타내었다. 여기서 우리는 내용을 명확하게 하기 위하여 2차원의 그림으로

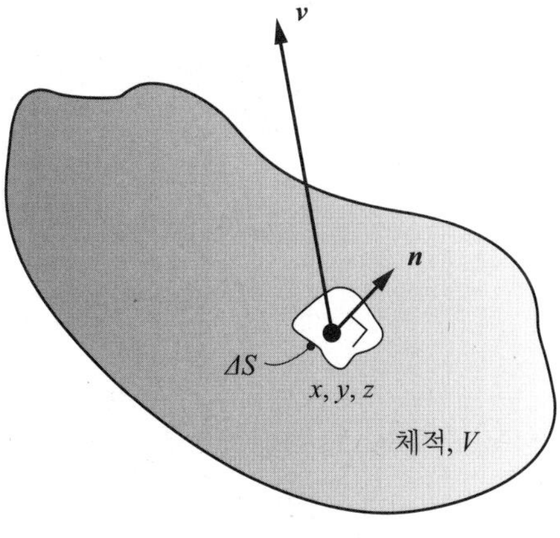


그림 3.1 ≫ 유동 체적 $V$에 대한 표현

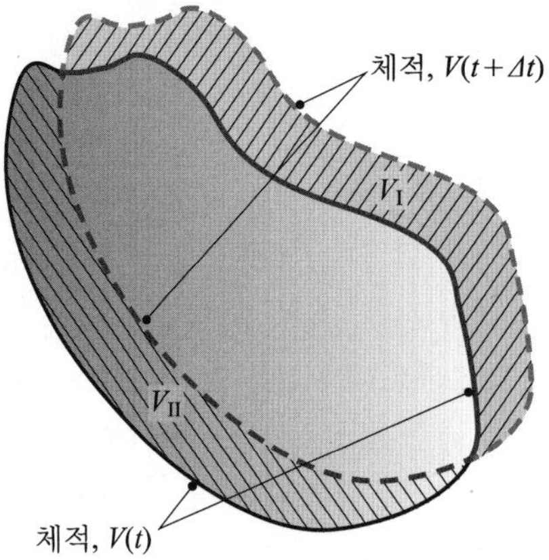


**그림 3.2** ≫ 시간 $\Delta t$에 대한 체적 $V$의 변화

나타내지만 결과는 3차원 체적에 적용될 것이다. 그림 3.2에서 체적은 시간 $t$에 대해 보여준다. 미소 시간증분 $\Delta t$ 후 체적은 점선으로 나타낸 영역이 된다. 밑줄 그어진 영역 $V_{\rm I}$과 $V_{\rm II}$는 각각 얻어진 체적과 손실된 체적이다. 이러한 체적에 대해 정식 미적분의 정의에 따라 식 (3.1)을 다음과 같이 나타낼 수 있다.

$$\frac{d}{dt}\iiint_{V(t)} f(x,\, y,\, z,\, t)dV$$
$$= \lim_{\Delta t \to 0} \frac{\displaystyle\iiint_{V(t+\Delta t)} f(x,\, y,\, z,\, t+\Delta t)dV - \iiint_{V(t)} f(x,\, y,\, z,\, t)dV}{\Delta t} \tag{3.2}$$

그림 3.2로부터 식 (3.2)의 우변의 첫 번째 적분은 다음과 같이 나타낼 있다.

$$\begin{aligned}\iiint_{V(t+\Delta t)} f(x,\, y,\, z,\, t+\Delta t)dV &= \iiint_{V(t)} f(x,\, y,\, z,\, t+\Delta t)dV \\ &+ \iiint_{V_{\rm I}(t+\Delta t)} f(x,\, y,\, z,\, t+\Delta t)dV \\ &- \iiint_{V_{\rm II}(t+\Delta t)} f(x,\, y,\, z,\, t+\Delta t)dV \end{aligned} \tag{3.3}$$

체적 $V_{\rm I}$과 $V_{\rm II}$에 대한 적분은 극소 체적 $\Delta V_j$의 합으로써 고려하자. 이때 $\Delta V_j$는 상응하는 표면적 $\Delta S_j$의 유동에 의해 정의된 체적이다. 그림 3.3에서 절편된 체적 $\Delta V_{{\rm I}_j}$를 정의하기 위하여 $\Delta S_j$가 표면적 $\Delta S$에 걸쳐 유동하는 (2차원) 도식적 표현을 나타냄을 보여준다.

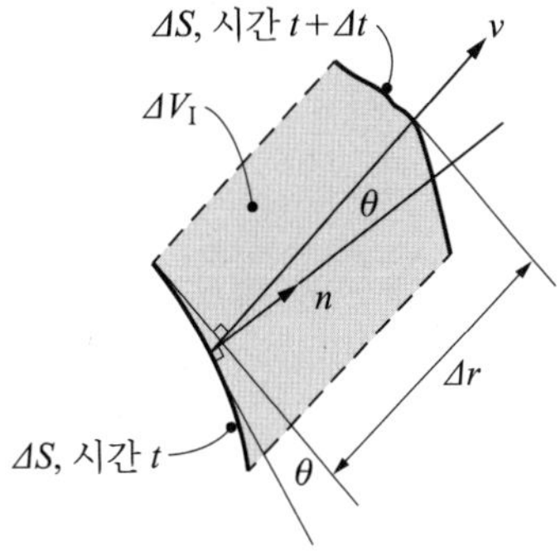


**그림 3.3 ≫** $V_{\mathrm{I}}$과 $\Delta S$의 관계

일시적으로 우리는 $j$ 아래첨자를 생략한다. $\Delta S$의 유동은 $v$방향에서 $\Delta r$이고 다음과 같다.

$$\Delta r = v\Delta t \tag{3.4}$$

여기서 $v$는 속도벡터의 크기이다. 기하학적 모양을 보면, 직선 영역의 체적은 길이와 직각을 이루는 단면적과 길이의 곱이 된다. 두 각은 연장선이 상호 수직으로써 그림 3.3에서 보듯이 $\theta$로서 같기 때문에 다음과 같이 나타낼 수 있다.

$$\Delta V_{\mathrm{I}} = (\Delta S)(\cos\theta)\Delta r \tag{3.5}$$

벡터의 점적 또는 스칼라적(dot product or scalar product)의 정의로부터 식 (3.4)와 (3.5)를 결합하면 다음과 같이 나타낼 수 있다.

$$\Delta V_{\mathrm{I}} = (\Delta S)\left[\left(\frac{\boldsymbol{v}}{v}\right)\cdot \boldsymbol{n}\right](v\Delta t) = (\boldsymbol{v}\cdot\boldsymbol{n})(\Delta S)(\Delta t) \tag{3.6}$$

$\boldsymbol{v}$는 $V_{\mathrm{II}}$에 대해 $\boldsymbol{n}$면을 벗어나 항상 90° 이상이기 때문에 식 (3.6)을 $\Delta V_{\mathrm{II}}$에 적용할 때까지 적분에 대해 식 (3.3) 내의 음의 값이 직접 고려되어진다. 따라서 다음 식과 같이 된다.

$$\iiint_{V_{\mathrm{I}}} f(x,y,z,t+\Delta t)dV - \iiint_{V_{\mathrm{II}}} f(x,y,z,t+\Delta t)dV$$
$$= \sum_{j=1}^{N} f(x,y,z,t+\Delta t)\boldsymbol{v}\cdot\boldsymbol{n}\Delta S_j\Delta t \tag{3.7}$$

식 (3.7)과 식 (3.3)을 결합하면, 식 (3.2)는 다음과 같이 쓸 수 있다.

$$\frac{d}{dt}\iiint_{V(t)} f(x,y,z,t)dV = \lim_{\Delta t\to 0}\frac{\iiint_{V(t)}[f(x,y,z,t+\Delta t)-f(x,y,z,t)]dV}{\Delta t}$$

$$+\lim_{\Delta t \to 0} \frac{\sum_{j=1}^{N} f(x,\, y,\, z,\, t+\Delta t)\boldsymbol{v} \cdot \boldsymbol{n}\Delta S_j \Delta t}{\Delta t} \tag{3.8}$$

미적분학으로부터 극한 처리는 공식적으로 다음과 같이 쓸 수 있다.

$$\frac{d}{dt}\iiint_{V(t)} f(x,\, y,\, z,\, t)dV = \iiint_{V(t)} \left(\frac{\partial f}{\partial t}\right)_{x,y,z} dV + \iiint_{S(t)} f(x,\, y,\, z,\, t)\boldsymbol{v} \cdot \boldsymbol{n}dS \tag{3.9}$$

여기서 $S(t)$는 체적 $V(t)$을 감싸는 표면적이다.

식 (3.9)을 레이놀즈 유동이론이라 한다. 이것은 적분 극한이 시간에 의존하게 되는 적분에 대해 시간 도함수의 연산이 적분과 적분의 극한, 즉 면적 $S$에 대해 어떻게 분포할 수 있는지를 보여준다. 결과는 개략적인 수학 연산이 될 것이지만 우리는 검사체적 관계식을 얻기 위하여 사용할 것이다.

## 3.3 검사체적과 계 체적의 관계

이제 체적 $V$ 내의 물질의 속도로써 속도 $\boldsymbol{v}$에 물리적 의미를 부여한다고 가정하자. 만약 체적 $V$는 항상 동일한 질량을 갖는다고 한다면, 이것은 계 체적(system volume)이 된다. 계의 각 지점에 대해 정의된 상태량은 연속체의 상태량을 나타내고, 이것은 한 점으로 축소하게 되면 계의 거시적 특성을 나타내게 된다. 원자 또는 분자 수준의 상태량은 연속체의 의미 속에서는 존재하지 않는다. 더구나, 계 체적은 질량이 고정되어 있기 때문에 체적 $V$는 그것이 공간속에서 유동할 때와 동일한 물질을 항상 포함하는 것으로 간주할 수 있다. 각각의 입자는 연속체 특성을 지니고 있고 열역학적 상태량이 적용된다.

계 체적의 상태량 변화에서 검사체적의 상태량 변화로의 표현법에 대하여 알아보자. 검사체적(CV)은 시간 $t$에서 체적 $V(t)$와 동일하고, 표면적 상의 속도는 다르다. 이때 속도는 $\boldsymbol{w}$라 한다. 따라서 체적은 나중에 계 체적으로부터 다른 위치로 유동할 것이다. 예를 들면, 배관내의 유체 유동의 경우, 검사체적은 위치 1과 2사이에 정지된 것($\boldsymbol{w}=0$)으로 정해질 수 있다(그림 3.4 참조). 그러나 계는 나중에 새로운 위치로 유동한다. 레이놀즈 유동이론, 식 (3.9)을 두 번 적용하자. 첫 번째는 계 체적, $V(t)$에 두 번째는 검사체적(CV)에 적용하자. 이때 검사체적(CV)과 계 체적 $V$는 동일한 시간 $t$이다. 식 (3.9)는 잘 정의된 체적과 면적 속도 분포에 대해 유효하기 때문에 계에 대하여 다음 식과 같이 나타낼 수 있다.

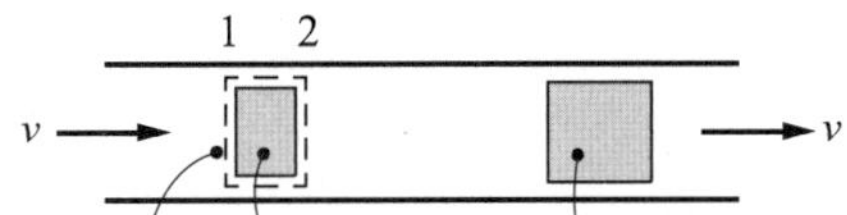


그림 3.4 ≫ 배관 유동에 대한 고정 검사체적과 계의 설명

$$\frac{d}{dt}\iiint_{V(t)} f\,dV = \iiint_{V(t)}\left(\frac{\partial f}{\partial t}\right)dV + \iint_{S(t)} f\boldsymbol{v}\cdot\boldsymbol{n}\,dS \tag{3.10}$$

그리고 검사체적에 대하여 다음 식과 같이 나타낼 수 있다.

$$\frac{d}{dt}\iiint_{\mathrm{CV}} f\,dV = \iint_{\mathrm{CV}}\left(\frac{\partial f}{\partial t}\right)dV + \iint_{\mathrm{CS}} f\boldsymbol{w}\cdot\boldsymbol{n}\,dS \tag{3.11}$$

시간 $t$에서 $\mathrm{CV}=V(t)$이기 때문에 식 (3.10)과 (3.11)의 우변의 첫 번째 항은 동일하다. 더구나, 식 (3.10)으로부터 식 (3.11)을 대입하고 재정리할 때 시간 $t$에서 $S(t)=\mathrm{CS}$(검사면적)이므로 다음과 같은 식을 얻을 수 있다.

$$\frac{d}{dt}\iiint_{V(t)} f\,dV = \frac{d}{dt}\iiint_{\mathrm{CV}} f\,dV + \iint_{\mathrm{CS}} f(\boldsymbol{v}-\boldsymbol{w})\cdot\boldsymbol{n}\,dS \tag{3.12}$$

식 (3.12)는 우리가 구하고자 한 식이다. 계 체적에 대해 정의된 상태량 $f$의 변화율은 검사체적에 대한 상태량 변화율에 검사면적을 통해 상태량 $f$의 유입과 유출하는 물질의 보정값을 합친 것과 같다는 것을 알 수 있다. 이것은 $\boldsymbol{v}-\boldsymbol{w}$가 검사체적의 경계 위로 물질의 상대속도이기 때문이다. 만약 $\boldsymbol{v}-\boldsymbol{w}=0$일 경우에는 경계를 가로질러 어떠한 물질도 이동하지 않는다. 식 (3.12)을 보존법칙에 적용하고 상태량 $f$에 대한 비상태량(specific property)을 동일시하는 것으로 나아감에 따라 보다 많은 의미를 과정에 부여할 것이다. 우리는 계가 유체로 구성되어져 있다고 생각하겠지만, 우리의 분석이 모든 물질에 적용할 것이기 때문에 그렇게 제한할 필요는 없다.

## 3.4 질량 보존

일반적으로 우리는 반응 혼합물로 이루어진 유체 계를 생각한다. 혼합물의 밀도 $\rho$는 상태량에 대하여 확인되어진다고 하자. 그러면 식 (2.11b)와 (3.12)로부터 검사체적의 질량보존식은 다음과 같이 나타낼 수 있다.

$$\frac{d}{dt}\iiint_{\mathrm{CV}} \rho\, dV + \iint_{\mathrm{CS}} \rho(\boldsymbol{v}-\boldsymbol{w}) \cdot \boldsymbol{n}\, dS = 0 \tag{3.13}$$

면적 적분은 검사체적 밖으로의 순수 질량 유량을 나타낸다. 이것은 그림 3.5로부터 쉽게 알 수 있다. 여기서 $\boldsymbol{v}-\boldsymbol{w}$는 표면적 $\Delta S$를 가로질러 통과하는 유체입자의 유동에 주어진 유체의 상대속도이다. $\boldsymbol{n}$방향으로의 유체 유동 성분만이 경계를 가로질러 유동할 수 있다. 이미 우리는 $\boldsymbol{v}-\boldsymbol{w} \cdot \boldsymbol{n}(\Delta S)(\Delta t)$가 식 (3.6)에 의해 $\Delta t$시간 동안 $\Delta S$를 통과하는 유체의 체적인 것을 알고 있다. 따라서 면적 $\Delta S$를 통과하는 유체의 질량 유량은 다음과 같이 나타낼 수 있다.

$$\Delta \dot{m} = \rho(\boldsymbol{v}-\boldsymbol{w}) \cdot \boldsymbol{n}\Delta S \tag{3.14}$$

식 (3.13)은 다음과 같은 의미로 나타낼 수 있다.

$$\begin{bmatrix} \text{검사체적 내의} \\ \text{질량 변화율} \end{bmatrix} + \begin{bmatrix} \text{유출} \\ \text{질량 유량률의 합} \end{bmatrix} - \begin{bmatrix} \text{유입} \\ \text{질량 유량률의 합} \end{bmatrix} = 0$$

식 (3.13)으로부터 질량 변화의 개별 영역 $j$에 대한 또 다른 형태의 식은 다음과 같다.

$$\left(\frac{dm}{dt}\right)_{\mathrm{CV}} + \left(\sum_{j=1} \dot{m}_j\right)_{\mathrm{out}} - \left(\sum_{j=1} \dot{m}_j\right)_{\mathrm{in}} = 0 \tag{3.15}$$

여기서 총합은 검사체적으로부터 또는 검사체적으로의 전체 유동 경로에 해당되는 것을 의미한다.

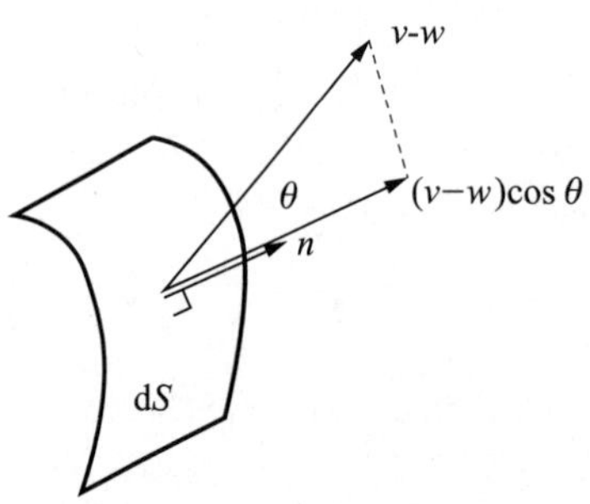


그림 3.5 ≫ 검사체적으로부터의 유량

**예제 3.1**

밀도 $\rho$인 공기로 채워진 풍선이 단면적 $S_0$인 개구부를 통하여 균일한 속도 $v_0$로 공기가 빠져나간다. 시간의 함수로 풍선 체적 $V_B$를 유도하시오.

**풀이** 그림 3.6에서 볼 수 있듯이 검사체적은 항상 풍선의 표면적의 크기에 상응하고 출구속도의 평면에 일치한다고 하자. 식 (3.13)으로부터 다음과 같이 쓸 수 있다.

$$\frac{d}{dt}\iiint \rho \, dV = \rho \frac{d}{dt} V_B$$

여기서 $\rho$는 공기에 대해 일정하다고 하면, 단지 출구면적은 검사면적의 나머지에 대해 $\boldsymbol{v}-\boldsymbol{w}$로 나타나기 때문에 다음과 같이 쓸 수 있다.

$$\iint \rho(\boldsymbol{v}-\boldsymbol{w}) \cdot \boldsymbol{n} \, dS = \rho v_0 S_0$$

밀도와 출구면적은 항상 일정하고 그래서 풍선의 초기 체적 $V_{B,0}$로 적분을 하면 다음과 같다.

$$V_B = V_{B,0} - v_0 S_0 t$$

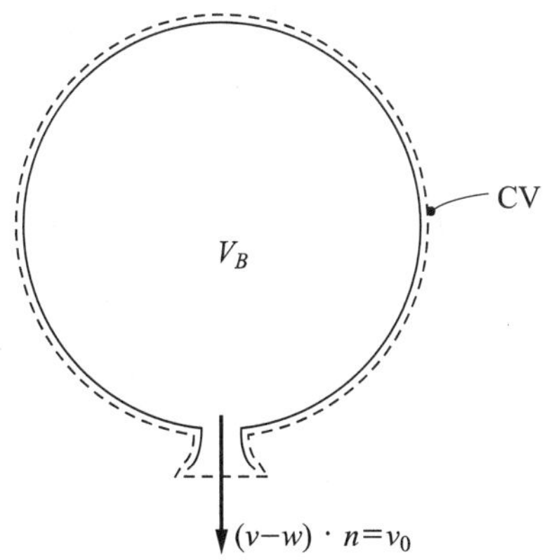


그림 3.6 ≫ 수축하는 풍선

## 3.5 반응하는 종의 질량 보존

반응하는 혼합 체적내의 종의 질량 보존의 검사체적을 고려하기 위하여, 우리는 계에 대해 식 (2.14)을 적용하고 식 (3.12)를 변환시킨다. 여기서 상태량 $f$는 종의 밀도 $\rho_i$로 정한다. 식 (3.13)

을 적용하는데 있어 $\boldsymbol{v}$는 종의 속도가 되어야 한다. 그러나 비록 혼합물의 전체 덩어리는 정지된 상태에 있다고 하더라도 혼합물내에서 종은 확산과정에 의해 유동할 수 있다. 이러한 내용은 전체 혼합물 덩어리의 속도와 그 혼합물내의 개별 성분의 속도 사이의 매우 주의깊은 구분이 요구된다. 사실, 식 (3.13)에 주어진 속도 $\boldsymbol{v}$는 전체 혼합물 덩어리의 속도이다. 확산속도 $V_i$는 전체 혼합물 덩어리 속도 $\boldsymbol{v}$의 상대 속도로써 정의된다. 종 $i$의 절대속도는 다음과 같이 주어진다.

$$\boldsymbol{v}_i = \boldsymbol{v} + \boldsymbol{V}_i \tag{3.16a}$$

전체 혼합물 덩어리 속도는 다음과 같다.

$$\rho\boldsymbol{v} \equiv \sum_{i=1}^{N}\rho_i\boldsymbol{v}_i \tag{3.16b}$$

여기서 $N$은 혼합물내의 종의 개수이다. 확산으로 인한 단위면적당 질량 유량 또는 종의 질량 유속은 다음과 같이 Fick 법칙으로 주어진다.

$$\rho_i\boldsymbol{V}_i = -\rho D_i \nabla Y_i \tag{3.17}$$

여기서 $D_i$는 혼합물내의 종 $i$의 확산계수이다. 종의 질량전달 식은 전도 열전달의 Fourier 식과 유사하다.

검사체적으로 변환하기 전에 계 내의 종 $i$를 항상 포함하도록 $\boldsymbol{v}$는 $\boldsymbol{v}_i$로써 정해져야 한다. 그러면 우리는 식 (2.14)와 (3.12)로부터 다음 식을 얻을 수 있다.

$$\frac{d}{dt}\iiint_{\mathrm{CV}}\rho_i dV + \iint_{\mathrm{CS}}\rho_i(\boldsymbol{v}-\boldsymbol{w})\cdot\boldsymbol{n}dS + \iint_{\mathrm{CS}}\rho_i\boldsymbol{V}_i\cdot\boldsymbol{n}dS = \dot{m}_{i,r} \tag{3.18}$$

이 식에 대한 의미는 다음과 같다.

[검사체적 내의 종 $i$에 대한 질량 변화율] + [검사체적으로부터 종 $i$의 순수덩어리 질량 유량] + [검사체적으로부터 확산에 의한 종 $i$의 순수 질량 유량] = [검사체적 내의 화학반응에 의한 종 $i$의 질량 생성률]

화학반응은 검사체적 전체에 균일하게 분포되어질 필요는 없기 때문에, 국소 반응률 $\dot{m}_{i,r}'''$ 또는 단위체적당 종 $i$의 질량 생성률로 나타내는 것이 유용할 수 있다. 그러면 다음 식을 얻을 수 있다.

$$\dot{m}_{i,r} = \iiint_{\mathrm{CV}} \dot{m}_{i,r}''' dV \tag{3.19}$$

대개 연소기 또는 실내화재의 적용을 위해, 확산 효과는 유체 유동이 일어나는 표면에서는 무시될 수 있다. 그러나 확산 화염 내에서는 확산 효과는 유체의 유동 메커니즘의 핵심이다.

식 (3.18)의 더 유용한 식은 다음과 같다.

$$\left(\frac{dm_j}{dt}\right)_{\mathrm{CV}} + \sum_{j,\,\mathrm{net\,out}} \dot{m}_{i,j} + \sum_{j,\,\mathrm{net\,out}} \dot{m}_{i,d,j} = \dot{m}_{i,r} \tag{3.20}$$

여기서 합은 모든 $j$ 유동 경로에 해당된다. $\dot{m}_{i,j}$는 종 $i$의 전체 유량을, $\dot{m}_{i,d,j}$은 각 유동 경로에서의 확산 유량을 각각 나타낸다. 확산 질량 유속은 식 (3.17)에 의해 주어진다. 종 농도($Y_i$)의 구배가 유동경로를 가로질러 0이면 $\dot{m}_{i,d}$는 0이 된다.

농도가 검사체적 전체에 걸쳐 균일하고 유입 유동 경로에서 균일할 때, 식 (3.20)은 종 농도($Y_i$)로 나타낼 수 있다. 검사체적내의 종의 질량은 다음 식의 계산으로 주어진다.

$$m_i = mY_i \tag{3.21}$$

여기서 $m$은 검사체적 내의 질량이고, $Y_i$는 종의 질량분율이다. $j$ 유동 경로로 유입하는 각각의 종 $i$의 질량분율은 $Y_i$로 쓸 수 있다. 이때 식 (3.20)은 다음과 같이 나타낼 수 있다.

$$\frac{d(Y_i m)}{dt} + \left(\sum_j \dot{m}_j Y_i\right)_{\mathrm{out}} - \left(\sum_j \dot{m}_j Y_{i,j}\right)_{\mathrm{in}} + \sum_{j,\,\mathrm{net\,out}} \dot{m}_{i,d,j} = \dot{m}_{i,r} \tag{3.22}$$

식 (3.15)에 $Y_i$를 곱하고 식 (3.22)에서 $Y_i$를 빼면, 균일 농도에 대한 다음 식을 얻을 수 있다.

$$m\frac{dY_i}{dt} + \sum_{j,\,\mathrm{in\,only}} \dot{m}_j (Y_i - Y_{i,j}) + \sum_{j,\,\mathrm{net\,out}} \dot{m}_{i,d,j} = \dot{m}_{i,r} \tag{3.23}$$

여기서 전체 외부 유동 요인을 무시하였음에 주의하여야 한다.

**예제 3.2**

정상 조건하에서 공기와 메탄을 사용하는 연소기를 생각하자. 화학당량적 반응을 가정하고 확산 효과는 무시한다. 반응물과 생성물은 유동에 걸쳐 균일한 상태량을 갖는다. 연소기에서 외부로 배출되는 생성물 유동의 이산화탄소의 질량분율을 구하라.

**풀이** 그림 3.7에서 검사체적으로 표시된 연소기를 볼 수 있다. 화학당량적 반응은 다음과 같다.

$$CH_4 + 2(O_2 + 3.76N_2) \rightarrow CO_2 + 2H_2O + 7.52N_2$$

보존 식은 질량으로 나타내기 때문에 화학당량 계수를 몰 대신에 질량으로 변환하는 것이 유용하다. 정상 상태 조건은 검사체적 내의 모든 상태량이 시간에 무관하다는 것을 의미한다. 상태량의 공간내 분포가 검사체적 내에서 다르다 할지라도 정상 상태 조건에 의해 역시 검사체적의 크기가 변하지 않기 때문에 식 (3.13)과 (3.18)의 시간 도함수 항은 0이 된다. 적분이 시간에 무관할 경우에만 시간 도함수를 무시할 수 있다. 결과적으로 질량 보존은 다음과 같다.

$$\dot{m}_{\mathrm{P}} - \dot{m}_{\mathrm{CH_4}} - \dot{m}_{\mathrm{A}} = 0$$

그리고 이산화탄소의 질량 보존은 다음과 같다.

$$\dot{m}_{\mathrm{P}} Y_{\mathrm{CO_2}} = \dot{m}_{\mathrm{CO_2},r}$$

화학당량적 반응을 하기 때문에 유입하는 메탄의 전부가 연소되어진다.

$$\dot{m}_{\mathrm{CH_4}} = (-\dot{m}_{\mathrm{CH_4},r})$$

$\dot{m}_{i,r}$는 생성될 때 양의 부호를 갖는다는 것을 기억해야 한다.
예제 2.2로부터 공기의 분자량은 28.84 g/mole air이다. 화학식에 의해

$$\dot{m}_{\mathrm{A}} = \frac{(2)(4.76\,\text{moles air})(28.84\,\text{g/mole air})}{(1\,\text{mole CH}_4)(16\,\text{g/mole CH}_4)}\dot{m}_{\mathrm{CH_4},r} = 17.16\dot{m}_{\mathrm{CH_4}}$$

이고, 역시

$$\dot{m}_{\mathrm{CO_2},r} = \frac{(1\,\text{mole CO}_2)(44\,\text{g/mole CO}_2)}{(1\,\text{mole CH}_4)(16\,\text{g/mole CH}_4)}(-\dot{m}_{\mathrm{CH_4},r}) = (2.75)(-\dot{m}_{\mathrm{CH_4},r})$$

이다. 두 식을 사용하면

$$Y_{\mathrm{CO_2}} = \frac{\dot{m}_{\mathrm{CO_2},r}}{\dot{m}_{\mathrm{P}}} = \frac{(2.75)(-\dot{m}_{\mathrm{CH_4},r})}{\dot{m}_{\mathrm{A}} + \dot{m}_{\mathrm{CH_4}}} = \frac{(2.75)\dot{m}_{\mathrm{CH_4}}}{(18.16)\dot{m}_{\mathrm{CH_4}}} = 0.151$$

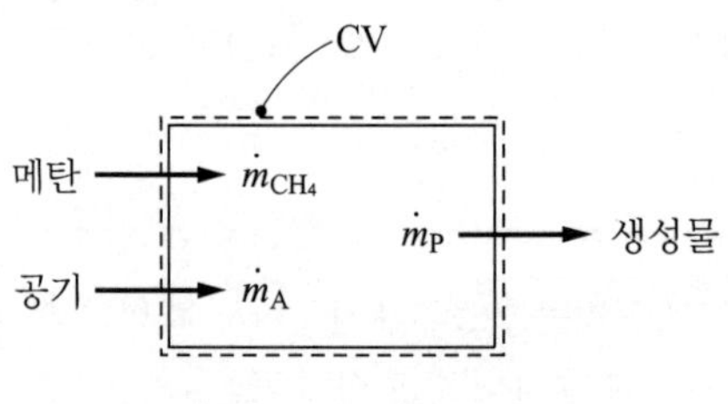


그림 3.7 ≫ 연소기 문제

## 3.6 운동량 보존

운동량 보존 또는 뉴턴의 제2법칙을 입자 또는 고정된 입자덩어리, 즉 계에 적용한다. 여기서 속도는 항상 고정 또는 관성 기준면에 상대적으로 정해져야 한다. 지구는 충분한 관성 기준이 된다. 그러므로 가속되는 비행기나 로켓과 관련한 어떤 검사체적은 그 속도가 측정되는 또는 결정되는 방법과 관련하여 차이를 고려하여야 한다. 우리는 비관성 응용을 고려하지 않기 때문에 이러한 차이에 대해서는 생각하지 않는다.

$x$방향의 속도성분을 $v_x$로 취하고, 상태량 $f$를 $\rho v_x$로 정해진 계에 대한 식 (2.12)와 (3.12)로부터 하나의 검사체적에서의 법칙은 다음과 같이 쓸 수 있다.

$$\sum F_x = \frac{d}{dt}\iiint_{\mathrm{CV}} \rho v_x dV + \iint_{\mathrm{CS}} \rho v_x (\boldsymbol{v} - \boldsymbol{w}) \cdot \boldsymbol{n} dS \tag{3.24}$$

이 식에 대한 의미는 다음과 같다.

| 검사체적 내의 유체에 대해 $x$방향으로 작용하는 모든 힘의 순수 합 | = | 검사체적 내의 유체에 대해 $x$방향의 운동량 변화율 | + | 검사체적 밖으로 유동하는 유체에 대해 $x$방향의 순수 운동량 변화율 |
|---|---|---|---|---|

#### 예제 3.3

고온의 공기로 채워진 열기구를 제자리에 유지하기 위한 힘을 계산하시오. 예제 3.1의 조건과 동일한 배출조건을 갖고 고온의 공기밀도 $\rho$가 일정한 열기구를 생각하자. 열기구 주위의 공기밀도는 $\rho_\infty$로 표시한다. 열기구의 경계막은 질량이 0이라고 가정한다.

**풀이** 예제 3.1과 같은 검사체적(그림 3.8)을 선택하자. 수직 상승 방향을 +기호로 표시하여 식 (3.24)의 우변의 항을 살펴보자. 수축되는 열기구 경계막 근처와 출구면을 제외하고 열기구 내의 공기 속도는 정지되어 있기 때문에 우선 식은 대략적으로 다음과 같다.

$$\frac{d}{dt}\iiint \rho v_x dV \approx 0$$

만약 열기구 경계막이 충분한 질량을 갖는다면, 이러한 대략적인 식을 재고해야 할 필요가 있을 지도 모른다. 하지만, 만약 열기구가 수축하는 동안 구 모양을 유지한다면, 구의 대칭으로 인해 상·하부

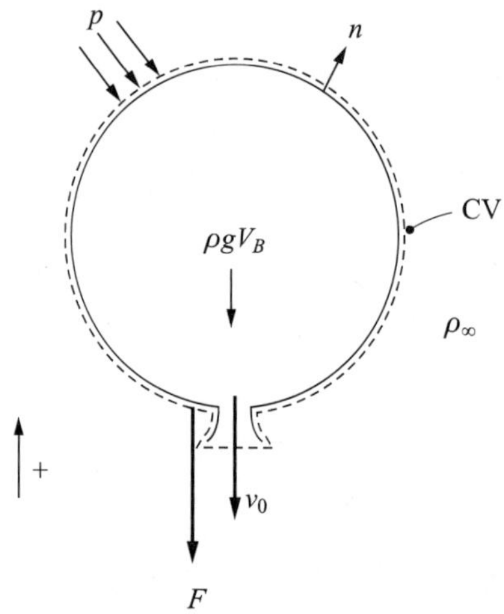


그림 3.8 ≫ 힘 $F$에 의해 정지상태에 있는 고온의 열기구

반구형 사이의 수직 운동량은 거의 없앨 수 있다. $v_0$가 더 의미있다고 기대하기 때문에 두 번째 항은 다음과 같이 쓸 수 있다.

$$\iint \rho v_x(\boldsymbol{v}-\boldsymbol{w}) \cdot \boldsymbol{n} dS = \rho(-v_0)(+v_0)S_0$$

이제 위 방향으로의 합력을 생각하자. $F$는 아래 방향으로의 힘으로써 열기구를 제자리에 유지할 수 있도록 하는데 필요한 힘을 나타낸다. 또 다른 힘은 외부 공기에 의해 열기구 표면 위에 작용하는 힘이다. 외부 대기는 정지된 것으로 가정하면, 유체정역학에서 높이 $x$에 따라 압력변화는 다음과 같다.

$$\frac{\partial p}{\partial x} = -\rho_\infty g$$

압력은 열기구 면에 항상 수직으로 작용하고 방향은 $\boldsymbol{n}$에 반대방향이다. 따라서 이 힘은 다음과 같이 쓸 수 있다.

$$\iint_{\mathrm{CS}} (-p\boldsymbol{n}) dS \cdot \boldsymbol{i}$$

여기서 $\boldsymbol{i}$는 위 방향으로의 단위벡터이다. 표면 적분으로 계산하거나 아래 식과 같이 divergence 이론으로 계산할 수 있다.

$$\iint_{\mathrm{CS}} (p\boldsymbol{i}) \cdot \boldsymbol{n} dS = \iiint \nabla \cdot (p\boldsymbol{i}) dV = \iiint (\nabla p \cdot \boldsymbol{i}) dV$$

단위벡터 $\boldsymbol{i}$는 크기가 1이므로, $\nabla \cdot \boldsymbol{i} = 0$이다. 그러나

$$\nabla p \cdot \boldsymbol{i} = \frac{\partial p}{\partial x} = -\rho_\infty g$$

이다. 그러므로

$$\iint_{CS}(-p\boldsymbol{n})\,dS\cdot\boldsymbol{i} = -\iiint_{CV}(-\rho_\infty g)\,dV = +\rho_\infty g V_B$$

이다. 이 식은 매우 중요한 결과로써 부력 유체와 관련된 문제에 있어 중요하게 취급한다. 마지막으로 고려해야 할 힘은 질량을 무시한 열기구 자체와 공기로 이루어진 열기구의 무게, $\rho g V_B$이다. 상기의 관련 힘 모두를 식 (3.24)에 대입하면 다음 식이 된다.

$$-F - \rho g V_B + \rho_\infty g V_B = -\rho v_0^2 S_0$$

힘 $F$에 대해 정리하면 구하고자 하는 힘은 다음과 같다.

$$F = (\rho_\infty - \rho) g V_B + \rho v_0^2 S_0$$

우변의 첫 번째 항은 부력이고, 두 번째 항은 추력이다. 만약 열기구의 축소가 없는 단지 고온 공기의 분출만 있다면 단지 부력만이 존재할 것이다. 이 경우 분출은 부력에 의해서만 $(v_x+)$ 상승하도록 하고 열기구의 상승을 더디게 하는 점성효과를 가지기 때문에 $(d/dt)\iiint \rho v_x dV$를 무시할 수 없다. 부력에 의한 유동은 화재에 있어 중요한 지배 메커니즘이 된다.

## 3.7 검사체적의 에너지 보존

이전처럼 우리는 운동에너지를 무시하고 전단력과 축력에 의한 일률 $\dot{W}_s$와 압력에 의한 일률 $\dot{W}_p$를 구분하는 계에 대해 식 (2.18)을 단위시간당의 식으로 생각한다. 그러면 다음 식과 같다.

$$\left(\frac{dU}{dt}\right)_{계} = \dot{Q} - \dot{W}_s - \dot{W}_p \tag{3.25}$$

계의 내부에너지는 종의 내부에너지로 구성되어진다. 따라서 다음과 같이 내부에너지 $U$로 표현하는 것이 적당하다.

$$U = \sum_{i=1}^{N}\iiint_{V(t)} \rho_i u_i \, dV \tag{3.26}$$

난해한 점은 종은 항상 혼합물과 같은 체적 $V(t)$을 차지한다는 것이다. 합과 적분의 처리를 상호 교환적으로 할 수 있다. 그래서 항상 종 $i$를 둘러싸는 계 체적에 대해 상태량 $f$를 $\rho_i u_i$로 취할 때 다음 식을 얻기 위하여 식 (3.16a)에 사용된 것처럼 속도 $\boldsymbol{v}_i$를 사용하는 것이 필요하다.

$$\left(\frac{dU}{dt}\right)_{계} = \frac{d}{dt}\iiint_{CV}\sum_{i=1}^{N}\rho_i u_i dV + \iint_{CS}\sum_{i=1}^{n}\rho_i u_i(\boldsymbol{v}+\boldsymbol{V}_i-\boldsymbol{w})\cdot \boldsymbol{n}\,d\boldsymbol{S} \tag{3.27}$$

때로는 열유속 벡터 $\dot{q}''$로 검사체적에 더해진 단위시간당 열을 다음과 같이 쓰는 것이 유용하다.

$$\dot{Q} = -\iint_{CS}\dot{q}''\cdot \boldsymbol{n}\,dS \tag{3.28}$$

여기서 $\dot{q}''$는 검사체적 또는 계의 바깥으로 향하는 것으로 취한다. $Q$와 $W$에 변형을 적용할 때 시간 $t$에서 계는 검사체적과 동일하기 때문에 변화는 없다. 식 (3.17)에서 종의 질량유속을 취할 수 있기 때문에 순수 전도열전달의 열유속은 다음과 같이 쓸 수 있다.

$$\dot{q}'' = -k\nabla \boldsymbol{T} \tag{3.29}$$

여기서 $k$는 열전도계수이다. 또한 $\dot{q}''$은 복사열 성분을 가질 수 있다.

역시 압력 일은 모든 종에 대해 조성되어진다. 먼저 단일 종에 대해 일을 생각하고 아래첨자를 사용하지 않는다. $\dot{W}$는 주위에 대해 계가 한 일의 의미를 가지고, 일의 정의는 힘의 합력과 힘의 방향으로의 거리의 곱이기 때문에 그림 3.9로부터 변위 $\Delta S$에 대해 다음과 같은 식을 쓸 수 있다.

$$\Delta \dot{W}_p = p\boldsymbol{n}\cdot \boldsymbol{v}(\Delta S) \tag{3.30}$$

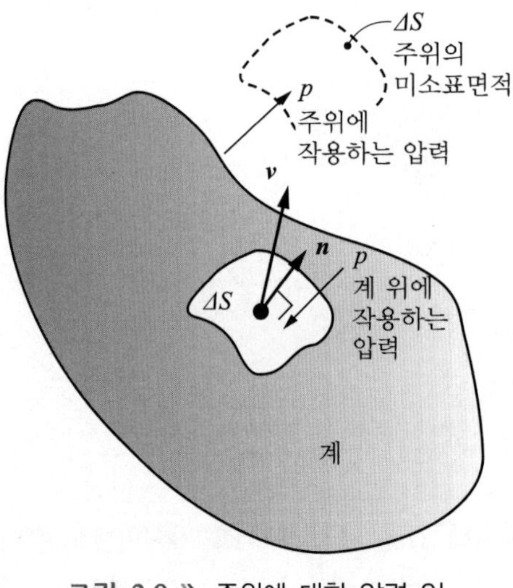


그림 3.9 ≫ 주위에 대한 압력 일

검사체적 내의 모든 종에 대해, 전체 압력 일은

$$\dot{W}_p = \iint_{\mathrm{CS}} \sum_{i=1}^{N} p_i \boldsymbol{n} \cdot \boldsymbol{v}_i dS \tag{3.31}$$

이다. 여기서 $p_i$는 종 $i$의 분압이다. 식 (3.27), (3.28), (3.31)을 식 (3.25)에 적용하면 다음과 같다.

$$\begin{aligned} &\frac{d}{dt}\iiint_{\mathrm{CV}} \left(\sum_{i=1}^{N} \rho_i u_i\right) dV + \iint_{\mathrm{CS}} \sum_{i=1}^{N} \rho_i u_i (\boldsymbol{v} + \boldsymbol{V}_i - \boldsymbol{w}) \cdot \boldsymbol{n} dS \\ &= -\iint_{\mathrm{CS}} \dot{\boldsymbol{q}}'' \cdot \boldsymbol{n} dS - \dot{\boldsymbol{W}}_s - \iint_{\mathrm{CS}} \sum_{i=1}^{N} p_i (\boldsymbol{v} + \boldsymbol{V}_i) \cdot \boldsymbol{n} dS \end{aligned} \tag{3.32}$$

종의 엔탈피를 $h_i = u_i + p_i/\rho_i$를 적용하여 다시 정리하면 다음 식과 같다.

$$\begin{aligned} &\frac{d}{dt}\iiint_{\mathrm{CV}} \sum_{i=1}^{N} (\rho_i h_i - p_i) dV + \iint_{\mathrm{CS}} \left(\sum_{i=1}^{N} \rho_i h_i\right)(\boldsymbol{v} - \boldsymbol{w}) \cdot \boldsymbol{n} dS \\ &= -\iint_{\mathrm{CS}} \left(\dot{\boldsymbol{q}}'' + \sum_{i=1}^{N} \rho_i h_i \boldsymbol{V}_i\right) \cdot \boldsymbol{n} d\boldsymbol{S} - \dot{\boldsymbol{W}}_s - \iint_{\mathrm{CS}} \left(\sum_{i=1}^{N} p_i\right) \boldsymbol{w} \cdot \boldsymbol{n} d\boldsymbol{S} \end{aligned} \tag{3.33}$$

돌턴 법칙인 식 (2.9)에 의해 혼합 압력 $p$는 $\sum_{i=1}^{N} p_i$이다. 식 (3.33)의 $\sum_{i=1}^{N} \rho_i \boldsymbol{V}_i h_i$는 종의 엔탈피 전달로 인한 열유량이라고 한다. (이것은 $\nabla Y_i$로부터 나타나는 $\dot{\boldsymbol{q}}''$과 같지 않다. 이것을 Dufour 효과라고 하고 일반적으로 연소에서는 무시한다.) 엔탈피 확산항의 예외를 갖는다면 모든 항은 $\rho h = \sum_{i=1}^{N} \rho_i h_i$이기 때문에 혼합물의 상태량으로 나타낼 수 있다. 그러나 엔탈피는 형성열과 종의 열로 나타내고, 이러한 부분을 분리하는 것이 편리하다.

식 (2.24)로부터 $h_i$를 대치한다. 일반적으로 손실이 없다면, 또 논의를 명확하게 하기 위하여 3가지 요소의 반응을 생각한다.

연료(F) + 산소($O_2$) → 생성물(P)

분자 화학당량 계수의 항으로 표현하면

$$\nu_{\mathrm{F}} \mathrm{F} + \nu_{\mathrm{O_2}} \mathrm{O_2} \rightarrow \nu_{\mathrm{P}} \mathrm{P}$$

이다. 혼합물의 단위체적당 연료의 질량소모율을 $(+\dot{m}_{F,r}''')$로 나타낸다. 이것은 생성된 종의 부호가 양인 식 (3.18)의 부호와는 반대가 된다. 그러나 $\dot{m}_{F,r}'''$을 원래 양의 부호로 취급하는 것이 보다 자연스럽다. 그러면 다음과 같이 쓸 수 있다.

$$\dot{m}_{\mathrm{O_2},r}''' = \left(\frac{\nu_{\mathrm{O_2}}}{\nu_{\mathrm{F}}}\right)\left(\frac{M_{\mathrm{O_2}}}{M_{\mathrm{F}}}\right)\dot{m}_{F,r}''' \tag{3.34a}$$

그리고

$$\dot{m}_{\mathrm{P},r}''' = \left(\frac{\nu_{\mathrm{P}}}{\nu_{\mathrm{F}}}\right)\left(\frac{M_{\mathrm{P}}}{M_{\mathrm{F}}}\right)\dot{m}_{F,r}''' \tag{3.34b}$$

식 (3.33)에 대입하면 다음 식과 같이 주어진다.

$$\begin{aligned}
&\frac{d}{dt}\iiint_{\mathrm{CV}}\left[\sum_{i=1}^{3}\rho_i\left(\Delta h_{f,i}^{\circ}+\int_{25℃}^{T}c_{p_i}dT\right)+p\right]dV \\
&\quad+\iint_{\mathrm{CS}}\sum_{i=1}^{3}\rho_i\left(\Delta h_{f,i}^{\circ}+\int_{25℃}^{T}c_{p_i}dt\right)(\boldsymbol{v}+\boldsymbol{V}_i-\boldsymbol{w})\cdot\boldsymbol{n}dS \\
&=-\iint_{\mathrm{CS}}\dot{q}''\cdot\boldsymbol{n}dS-\dot{W}_s-\iint_{\mathrm{CS}}p\boldsymbol{w}\cdot\boldsymbol{n}dS
\end{aligned} \tag{3.35}$$

$\Delta h_{f,i}^{\circ}$가 각각의 종에 대해 일정하기 때문에 식 (3.18)에 주어진 종 보존식의 각 항에 곱할 수 있다. 모든 종에 대해 $i$를 1부터 3까지 합하고 식 (3.19)와 (3.34)를 사용하여 다음 식을 얻을 수 있다.

$$\begin{aligned}
&\frac{d}{dt}\iiint_{\mathrm{CV}}\left(\sum_{i=1}^{3}\rho_i\Delta h_{f,i}^{\circ}\right)dV+\iint_{\mathrm{CS}}\sum_{i=1}^{3}\rho_i\Delta h_{f,i}^{\circ}(\boldsymbol{v}+\boldsymbol{V}_i-\boldsymbol{w})\cdot\boldsymbol{n}dS \\
&=\iiint_{\mathrm{CV}}(-\dot{m}_F''')\left[\Delta h_{f,F}^{\circ}+\left(\frac{\nu_{\mathrm{O_2}}}{\nu_{\mathrm{F}}}\right)\left(\frac{M_{\mathrm{O_2}}}{M_{\mathrm{F}}}\right)\Delta h_{f,\mathrm{O_2}}^{\circ}-\left(\frac{\nu_{\mathrm{P}}}{\nu_{\mathrm{F}}}\right)\left(\frac{M_{\mathrm{P}}}{M_{\mathrm{F}}}\right)\Delta h_{f,\mathrm{P}}^{\circ}\right]dV
\end{aligned} \tag{3.36}$$

괄호내의 수치는 정확히 단위질량의 연소열, $\Delta h_c$이며, 식 (2.25)로부터 얻는다. 이제 식 (3.35)로부터 식 (3.36)을 빼면 다음 식을 얻을 수 있다.

$$\frac{d}{dt}\iiint_{CV}\left[\left(\sum_{i=1}^{N}\rho_i\int_{25℃}^{T}c_{p_i}dT\right)-p\right]dV$$
$$+\iint_{CS}\left(\sum_{i=1}^{N}\rho_i\int_{25℃}^{T}c_{p_i}dt\right)(\boldsymbol{v}+\boldsymbol{V}_i-\boldsymbol{w})\cdot\boldsymbol{n}dS$$
$$=-\iint_{CS}\dot{\boldsymbol{q}}''\cdot\boldsymbol{n}dS+\Delta h_c\iiint_{CV}\dot{m}_F'''dV-\dot{W}_s-\iint_{CS}p\boldsymbol{w}\cdot\boldsymbol{n}dS \quad (3.37)$$

이 식은 검사체적에 대한 에너지보존 식으로써 연소와 관련된 문제에서 유용하게 사용된다. 이 식에 대한 의미는 다음과 같다.

[검사체적 내의 혼합물의 내부에너지 변화율] + [검사체적으로부터 덩어리유동과 확산유동에 의한 순수엔탈피유동률]

= [검사체적에 더해지는 단위시간당 순수열량] + [검사체적 내에서 발생하는 단위시간당 화학에너지]

− [검사체적 내의 유체에 의해 행해진 단위시간당 순수축일과 전단일] − [움직이는 검사체적으로 인한 압력일률]

식 (3.37)은 다음의 가정을 통해 공학분야에서 보다 실용적으로 사용할 수 있는 형태가 된다. 가정 내용과 이에 따른 변형된 식을 다음에 나타내었다.

1. 등가 비열, $c_{p_i}=c_p(T)$. 이 가정은 식 (3.16)으로부터 $\sum_{i=1}^{N}\rho_i\boldsymbol{V}_i=0$이기 때문에 $\rho_i\boldsymbol{V}_i$와 관련된 확산 항을 없앨 수 있다.
2. 등가와 일정 비열, $c_{p_i}=$일정. 레이놀즈 유동 정리, 식 (3.9)로부터 압력항은 다음과 같이 결합되어질 수 있다.

$$\frac{d}{dt}\iiint_{CV}p\,dV=\iiint_{CV}\left(\frac{\partial p}{\partial t}\right)dV+\iint_{CS}p\boldsymbol{w}\cdot\boldsymbol{n}dS \quad (3.38)$$

역시 등가와 온도에 무관한 모든 비열, $c_{p_i}=c_p=$일정에 대해 식 (3.37)은 다음과 같다.

$$c_p \frac{d}{dt} \iiint_{CV} \rho(T - 25℃) dV - \iiint_{CV} \frac{\partial p}{\partial t} dV + c_p \iint_{CS} \rho(T - 25℃)(\boldsymbol{v} - \boldsymbol{w}) \cdot \boldsymbol{n} dS$$
$$= \Delta h_c \iiint_{CV} \dot{m}_{F,r}''' dV - \iint_{CS} \dot{\boldsymbol{q}}'' \cdot \boldsymbol{n} dS - \dot{W}_{shaft} \tag{3.39}$$

여기서 확산 항은 $\sum \rho_i \boldsymbol{V}_i = 0$일 경우 식 (3.16a)에 의해 제거될 수 있다. 마지막으로 질량보존 식 (3.13)에 25℃를 곱하고, 식 (3.39)로부터 빼면, 다음과 같이 쓸 수 있다.

$$c_p \frac{d}{dt} \iiint_{CV} \rho T dV - \iiint_{CV} \frac{\partial p}{\partial t} dV + \iint_{CS} \rho c_p T(\boldsymbol{v} - \boldsymbol{w}) \cdot \boldsymbol{n} dS$$
$$= \iiint_{CV} \dot{m}_F''' \Delta h_c dV - \iint_{CS} \dot{\boldsymbol{q}}'' \cdot \boldsymbol{n} dS - \dot{W}_{shaft} \tag{3.40}$$

3. 균일 질량유속 및 열유속(flux)과 상태량. 균일한 경계 온도를 갖는 검사체적 표면상에 질량유속과 열유속에 대해 다음과 같은 식을 쓸 수 있다.

$$c_p \frac{d}{dt} \iiint_{CV} \rho T dV - \iiint_{CV} \frac{\partial p}{\partial t} dV + \sum_{j,\text{net,out}} \dot{m}_j c_p T_j$$
$$= \iiint_{CV} \dot{m}_F''' \Delta h_c dV + \dot{Q}_{added} - \dot{W}_{shaft} \tag{3.41}$$

검사체적내의 균일 상태량과 검사표면의 각각의 $j$-유동에 대해서는 다음과 같다.

$$c_p \frac{d}{dt}(mT) - V\frac{dp}{dt} + \sum_{j,\text{net,out}} \dot{m}_j c_p T_j = \dot{m}_{F,reacted} \Delta h_c + \dot{Q} - \dot{W}_{shaft} \tag{3.42}$$

만약 유체 혼합물이 완전기체로써 다음의 상태방정식

$$pV = RmT \tag{3.43}$$

을 적용하며, 여기서 $R$은 기체상수로써

$$R = c_p - c_v \tag{3.44}$$

을 사용하면, 식 (3.42)는 다음과 같이 쓸 수 있다.

$$c_v \frac{d}{dt}(mT) + p\frac{dV}{dt} + \sum_{j,\text{net,out}} \dot{m}_j c_p T_j = \dot{m}_{F,reacted} \Delta h_c + \dot{Q} - \dot{W}_{shaft} \tag{3.45}$$

또 완전기체에 대해 식 (3.42)를 다른 식으로 수정하여 사용할 수 있다. 식 (3.42)의 좌변 첫 번째 항은 다음과 같이 쓸 수 있다.

$$c_p \frac{d}{dt}(mT) = c_p m \frac{dT}{dt} + c_p T \frac{dm}{dt} \tag{3.46}$$

그리고 질량보존식에 $c_p T$를 곱하면 다음과 같이 쓸 수 있다.

$$c_p T \frac{dm}{dt} + \sum_{j,\mathrm{net,out}} \dot{m}_j c_p T = 0 \tag{3.47}$$

식 (3.42)에서 식 (3.47)을 빼면, 검사체적 내의 균일 상태량을 갖는 완전기체 혼합물에 대해 다음과 같은 식을 얻을 수 있다.

$$c_p m \frac{dT}{dt} - V\frac{dp}{dt} + \sum_{j,\mathrm{in\ only}} \dot{m}_j c_p (T - T_j) = \dot{m}_{F,reacted} \Delta h_c + \dot{Q} - \dot{W}_{shaft} \tag{3.48}$$

여기서 $T$는 검사체적 내의 균일 온도이다. 식 (3.45)와 (3.48)은 3가지 가정 조건에서는 같고, 문제에서 유용하게 사용될 수 있다. 구획화재에 대해 존 모델의 지배식 개발은 이러한 가정에 근거하였다. 구획 내 연기층의 상태량은 연기를 감싸는 검사체적을 선택함으로써 나타낼 수 있다. 연기층 바닥면에서 검사체적 표면은 유체 속도와 함께 움직인다. 이러한 내용을 그림 3.10에 나타내었다.

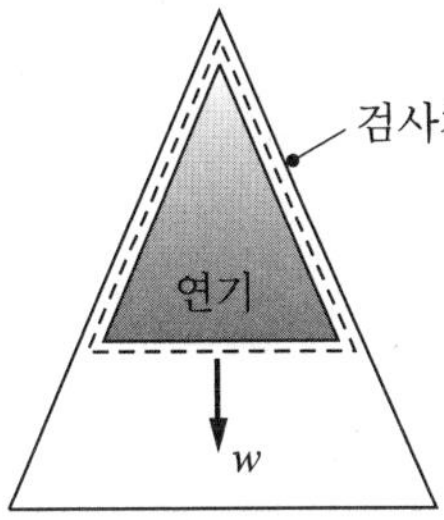


그림 3.10 ≫ 구획 내에서 확산하는 연기층을 포함하는 검사체적

### 예제 3.4

난류 화재 열기류는 전체 화염에서 필요 화학당량 공기의 10배 정도의 공기와 연소되어진다는 것을 실험적으로 알 수 있다. 또 화학에너지의 20%가 화염으로부터 주위로의 열복사된다. 연료는 메탄이며 25℃로 공급되고 동일한 온도의 공기와 연소된다. 화염 상부를 벗어나는 가스의 평균 온도를 계산하시오. 단, 일정 및 등가비열과 정상상태를 가정한다.

**풀이** 고정 검사체적으로는 그림 3.11의 버너 상판에서 화염의 상부까지를 포함하는 원통형 체적으로 정한다. 검사체적 원통의 반경은 열기류의 유동과 열 효과를 포함할 수 있을 정도로 크다. 이것은 검사체적 내에 포함된 온도 및 속도 분포의 주변 가장자리로써 그림 3.11에 설명되었다.
질량보존, 식 (3.15)로부터

$$\dot{m} - \dot{m}_A - \dot{m}_{CH_4} = 0$$

이다. 에너지보존, 식 (3.40)을 적용하자. 검사체적은 고정되었기 때문에 압력일은 적용하지 않는다. (a) 검사체적의 반경은 검사체적 표면에서 속도와 속도구배가 0이 되도록 정하였고 (b) 바닥면에서 속도는 어떠한 전단력에 대해서도 수직방향이므로, 전단 일($v$×전단력)는 0이 된다. 비슷하게, 반경방향의 온도구배가 0이므로 원통형 표면에서의 열전도는 없다. 그리고 축방향 온도구배는 작다고 가정함으로써 바닥에서의 열전도는 무시할 수 있다. 그러나 복사에 의해 열이 손실되며 다음과 같다.

$$\dot{Q} = -(0.20)(-\dot{m}_{F,r})\Delta h_c$$

여기서 $\dot{m}_{F,r}$는 연료 생성률이다.
메탄의 연소열은 식 (2.25) 또는 식 (3.36)의 질량 부분으로부터 계산된다. 또 반응에 포함하지 않는 희석제 또는 종이 연소열에는 기여하지 않기 때문에 변화가 없다면 산소, 공기 또는 10배의 화학당량 공기를 포함하는 화학당량적 반응으로부터 계산할 수 있다. 그러므로 다음과 같은 식을 사용한다.

$$CH_4 + 2O_2 \rightarrow CO_2 + 2H_2O$$

그리고 표 2.2를 사용하여 다음과 같이 연소열을 구한다.

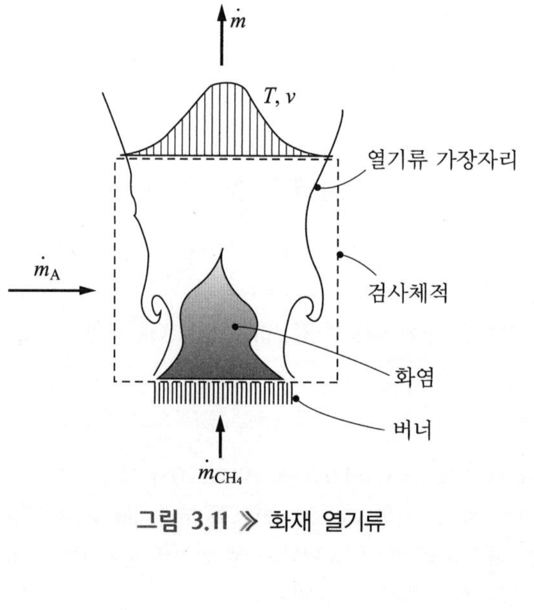


**그림 3.11 ≫ 화재 열기류**

$$\Delta h_c = \left[\frac{(-74.9\text{ kJ/mole CH}_4)}{(16\text{ g/mole CH}_4)} + 0\right]$$

$$- \left[\left(\frac{1\text{ mole CO}_2}{1\text{ mole CH}_4}\right)\left(\frac{44\text{ g/mole CO}_2}{16\text{ g/mole CH}_4}\right)\times\left(\frac{-393.5\text{ kJ/mole CO}_2}{44\text{ g/mole CO}_2}\right)\right.$$

$$\left.+\left(\frac{2\text{ mole H}_2\text{O}}{1\text{ mole CH}_4}\right)\left(\frac{18\text{ g/mole H}_2\text{O}}{16\text{ g/mole CH}_4}\right)\times\left(\frac{-241.8\text{ kJ/mole H}_2\text{O}}{18\text{ g/mole H}_2\text{O}}\right)\right]$$

$$= 50.1\text{ kJ/g CH}_4$$

또 다른 방법으로는 표 2.3에 주어진 문헌의 데이터로부터 이 값을 취할 수 있다.

화학당량 산소가 2몰이므로 화학당량 공기는 2(4.76)몰이 되어야 한다. 몰당 공기 질량 28.84 g/mole air로부터 소모된 메탄의 몰에 대해 다음과 같이 계산한다.

[공기 (2)(4.76) mole] (28.84 g/mole 공기)

소모된 공기 질량 유량은 다음과 같다.

$$(\dot{m}_A)_{st} = \frac{\text{공기 }(2)(4.76)(28.84)\text{ g}}{(1\text{ mole CH}_4)(16\text{ g/mole CH}_4)}(\dot{m}_{\text{CH}_4,r})$$

$$= 17.16\dot{m}_{\text{CH}_4,r}$$

공기 공급률은 10배 화학당량, 또는

$$\dot{m}_A = 171.6(-\dot{m}_{\text{CH}_4,r})$$

화학당량적 반응의 정의에 의해 $(-\dot{m}_{\text{CH}_4,r})$는 연료 공급률$(\dot{m}_{\text{CH}_4})$이 같기 때문에 배출 질량 유량은

$$\dot{m} = \dot{m}_A + \dot{m}_{\text{CH}_4} = (171.6+1)(-\dot{m}_{\text{CH}_4,r})$$

이다. 식 (3.40)으로부터 에너지 식은 다음과 같이 쓸 수 있다.

$$\dot{m}c_pT - \dot{m}_Ac_pT_A - \dot{m}_{\text{CH}_4}c_pT_{\text{CH}_4} = -(0.20)(-\dot{m}_{\text{CH}_4,r})\Delta h_c + (-\dot{m}_{\text{CH}_4,r})\Delta h_c$$

적당한 $c_p$값을 선택할 필요가 있다. 공기는 대부분 질소를 포함하고 있고 과도하게 희박해지는 유출 유동이기 때문에 질소에 기초한 값은 좋은 선택이 될 수 있다. 표 2.1의 600 K에 대한 값으로부터

$$c_p = \left(\frac{30.1\text{ J/mole K}}{28\text{ g/mole}}\right) = 1.08\text{ J/g K}$$

이다. 25℃(298 K) 메탄의 경우 $c_p = 2.24$ J/g K이다. 이 정상 상태 예제의 온도에 대해 대입하는 경우 온도가 절대온도(K) 또는 일반 온도(℃) 중 어느 것을 사용하더라도 차이는 없다. 이것은 질량보존법칙을 따른다. 그러나 식 (3.40)의 비정상 상태의 경우, 온도 $T$는 절대온도(K)로써 완전기체 법칙

을 사용했기 때문에 식에서 일관되게 절대온도를 사용하여야 한다. 상기의 계산값을 대입하여 계산하면

$$
\begin{aligned}
&(171.6+1)(-\dot{m}_{\mathrm{CH_4},r})(1.08\times10^{-3}\ \mathrm{kJ/g\,K})\,T \\
&\quad -171.6(-\dot{m}_{\mathrm{CH_4},r})(1.08\times10^{-3}\ \mathrm{kJ/g\,K})(298\ \mathrm{K}) \\
&\quad -(-\dot{m}_{\mathrm{CH_4},r})(1.08\times10^{-3}\ \mathrm{kJ/g\,K})(298\ \mathrm{K}) \\
&= (0.8)(-\dot{m}_{\mathrm{CH_4},r})(50.1\ \mathrm{kJ/g})
\end{aligned}
$$

이다. 따라서

$$T=\frac{(0.8)(50.1)+(172.6)(1.08\times10^{-3})(298)}{(172.6)(1.08\times10^{-3})}=513.0\ \mathrm{K}=240℃$$

이다. 이 값은 많은 실제 화재 열기류의 화염 상부 근처의 대략적인 평균 온도이다.

## 연습문제

**3.1** 물이 단면적 4 $cm^2$의 노즐을 통하여 10 cm/s의 균일한 속도로 용기 내부로 흘러들어 간다. 물의 밀도는 1 $kg/m^3$이다. 물이 채워지는 동안 용기 바닥에 구멍이 있어 0.5 g/s의 유량 손실이 있다. 용기 상부는 개방되어 있고, 단면적은 150 $cm^2$, 높이는 20 cm이다. 용기에 물을 완전히 채우는데 소요되는 시간을 계산하라. 용기내의 물을 둘러싸는 검사체적에 대해 그 과정이 정상상태인가?

**3.2** 프로판과 공기가 연소실내로 공급되어 20 g/s의 프로판이 반응한다. 반응 후 $H_2O$, $CO_2$와 CO가 생성되고, CO/$CO_2$ 비는 0.1이다. 배출가스 유량은 360 g/s이다. 배출구에서의 과정은 정상 상태, 균일 조건이라고 가정할 경우 배출구의 CO 질량분율을 계산하라.

**3.3** 실험을 위하여 메탄이 실내 버너에 10 g/s의 유량으로 공급되어진다. 공기는 현관문을 통하여 실내로 800 g/s의 유량으로 들어가고 문만이 유일한 개구부이다. 배기가스는 문 상부를 통하여 400℃의 균일 온도로 실외로 흘러 나간다. 메탄이 완전 연소하여 이산화탄소와 물로 되고 정상 조건이 실내에 지배적이라고 가정한다.

(a) 주변으로의 열 손실률을 계산하라.
(b) 실내를 나가는 이산화탄소의 질량분율을 계산하라.

**3.4** 플래시오버가 방에서 발생하여 200 g/s의 가스연료가 발생되어진다. 일산화탄소의 생성률(수율)은 0.08이 된다는 것을 경험적으로 알고 있다. 생성률(수율)은 공급된 연료 질량에 대한 생성된 생성물 질량비율로써 정의된다. 방 체적은 30 $m^3$이고 200 $m^3$ 체적의 외부와 닫힌 복도와 연결되어있다. 방과 복도의 온도는 각각 800℃와 80℃로 균일하고 일정하다고 가정한다. 기체 상태방정식은 $\rho T = 360$ kg K/$m^3$이다. 방 창문에서 외부로 그리고 현관문에서 복도로의 질량 유량률은 정상상태이고 각각 600 g/s, 900 g/s이다. 각 구역에서 균일 농도를 가정한다면 방과 복도의 일산화탄소의 질량분율 식을 유도하라.

**3.5** 실내에 일산화탄소가 누출되어 순수 산소와 연소한다. 즉 우주정거장에서의 사고로 볼 수 있다. 연소는 다음의 화학식으로 주어진다.

$$CO + \frac{1}{2}O_2 \rightarrow CO_2$$

(a) 이 반응의 경우 산소($O_2$)에 대한 연료(CO)의 화학당량 질량비, $r$은 얼마인가?

(b) 만약 실내에 공급되는 산소의 질량 유량이 500 g/s이고 일산화탄소의 누출유량이 200 g/s라면 일산화탄소의 연소율은 얼마인가?

(c) 만약 산소의 질량 유량이 (b)의 경우와 같고 일산화탄소의 누출 유량이 갑자기 1,000 g/s로 되었다면 실내의 일산화탄소 질량분율은 얼마인가?

(d) (b)의 경우에 대해 실내에서 외부로 나가는 이산화탄소의 질량분율은 얼마인가?

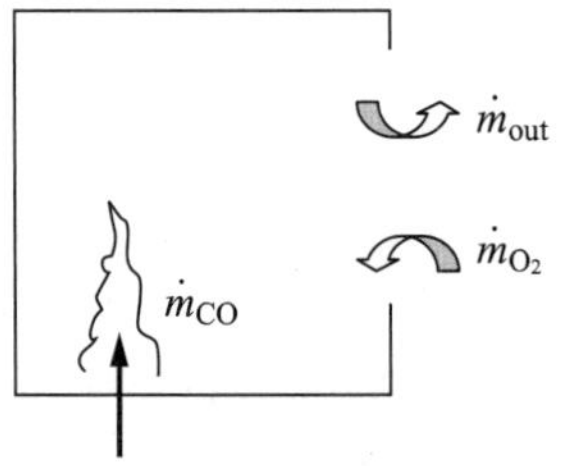


**3.6** 정상 유동 과정에서 $C_3H_8$는 10배의 화학당량 공기와 연소되어진다. 반응은 완전연소이고, 이산화탄소와 물이 생성된다. 연소기에 들어가기 전 연료와 공기는 400℃에서 혼합되어진다. 연소기는 단열이고 비열 $c_p = 1$ J/g으로 일정하다.

(a) 연료에 대한 공기의 화학당량 질량비를 계산하라.
(b) 연료에 대한 산소의 화학당량 질량비를 계산하라.
(c) 만약 $C_3H_8$의 유량이 10 g/s라면 배기 유량을 계산하라.
(d) 배기구에서의 산소 질량분율을 계산하라.
(e) 유입구에서 $C_3H_8$의 질량분율을 계산하라.
(f) 배기구의 온도를 계산하라.
(g) 배기 유동에서 $H_2O$(g)의 단위질량당 엔탈피를 계산하라. (25℃ 기준 상태에 대해)

**3.7** 아래의 산소소모열량계에서 의자가 연소하여 연소 생성물이 배기 계통으로 채집되어진다. 굴뚝내 단면 A에서 측정된 연소 가스의 유량은 2.0 m$^3$/s이고, 온도는 327℃, 산소의 질량분율은 0.19이다. 정상 상태 조건을 가정하고 주위 공기는 20℃, 비열 및 밀도는 각각 1 kJ/kg K와 1.1 kg/m$^3$이다. 문제를 풀기 위한 다른 필요한 가정을 기술하라.

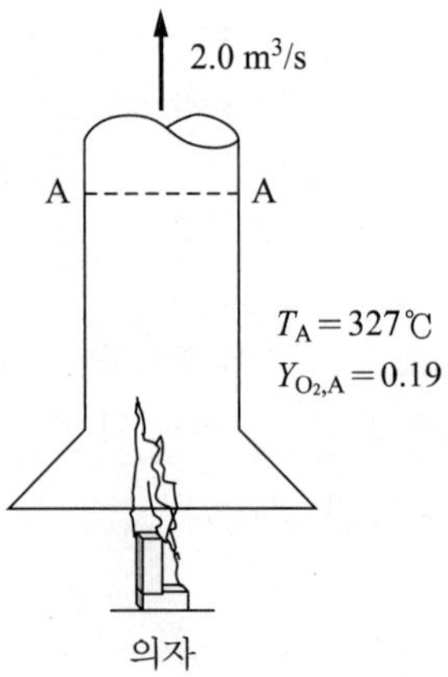


계산하라:
(a) 배기 굴뚝에서의 질량 유량
(b) 산소 소모율
(c) 의자 화재에서 방출되는 화학에너지율
(산소 1 g 소모 시 방출되는 열량은 대략 13 kJ)

(d) 단면 A에 이를 때 까지 화염과 배기가스로부터 손실되는 열손실률

**3.8** 우주정거장에서 200 kW의 화재가 발생하였다. 벽은 단열이고 열용량(heat capacity)은 무시할 수 있다. 초기상태 및 연료온도는 25℃이다. 우주정거장 대기는 일정한 비열을 갖는 균일 상태라고 가정한다. 정압(constant pressure) 비열 및 정적(constant volume) 비열은 각각 1.2 kJ/kg K와 1.0 kJ/kg K이다. 모든 고체와 고체내의 액체를 제외한 우주정거장 균일 대기로 구성된 검사체적(CV)에 대해 분석하라.

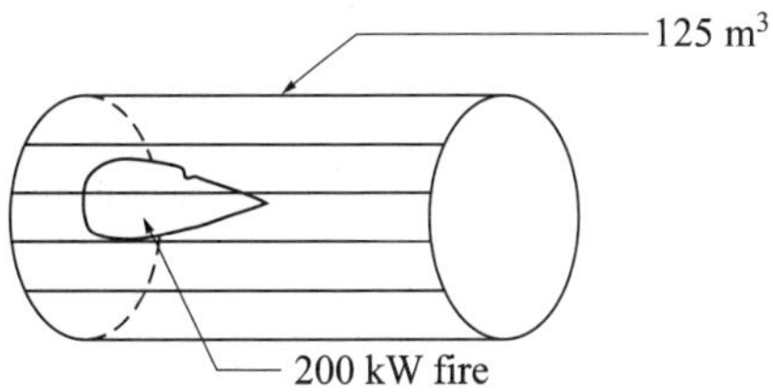


$p = \rho RT$이고, $p$는 압력이다.

(a) 검사체적에 대해 모든 질량 전달과 그 크기를 나타내어라.

(b) 검사체적에 보존법칙을 적용하고 검사체적 내 대기 온도에 대한 식을 구하라.

(c) 압력은 어떻게 결정되는지 설명하고 식을 구하라.

**3.9** 화재 성장 중 어느 시점에서 화재 열기류(fire plume)로의 공기 유입량은 300 g/s이고, 개구부를 통한 연기의 유출량은 295 g/s이며, 실내 바닥의 액체 화재의 액체 연료 증발률은 10 g/s이다. 실내에 연기 누적 질량을 계산하라.

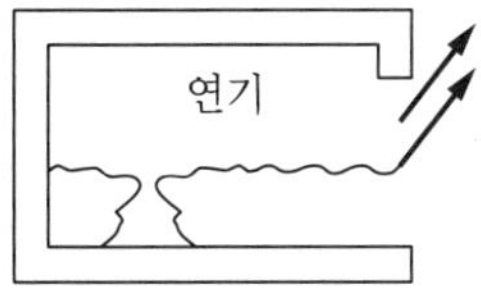


**3.10** 방에서 의자가 연소하여 500 kW로 열방출되고 의자의 연소열은 대략 20 kJ/g으로 결정되었다. 화재와 실내의 조건은 정상 상태로 고려한다. 문과 창문의 개구부를 통한 공기의 유량은 각각 200 g/s와 100 g/s이다. 방은 단열로 가정한다. 기체의 비열은 일정하며 1.5 kJ/kg K이다. 주위 공기는 25℃이고 의자 연료는 350℃에서 기화된다. 실내 기체의 평균 온도를 계산하라. 문제와 관련된 용어를 설명하고 풀이 과정을 나타내어라.

**3.11** 가스로의 효율을 높이기 위하여 예열된 공기를 사용한다. 공기 대 연료의 질량비를 16으로 하여 가스로내에서 연소될 경우 단열 화염온도를 계산하라. 공기는 600 K 그리고 연료는 298 K로 가스

로에 공급된다. 다른 상태량 값은 다음과 같다.

> 분자량은 일정하고 29 g/g mol이다.
> 비열은 일정하고 1,200 J/kg K이다.
> 공기와 다른 모든 생성물의 형성 엔탈피는 0이고 연료의 형성 엔탈피는 $4\times10^7$ J/kg이다.

**3.12** 메탄가스가 밀폐된 그러나 약간 누설틈새가 있는 실내에서 공기와 연소한다. 방의 누설틈새는 실내압력이 외기압력 $10^5$ Pa과 20℃와 같도록 작용한다. 방은 단열이고 경계면으로의 열 손실은 없다. 메탄가스가 연소할 때 유동은 단지 방 바깥으로만 이루어진다. 방안의 가스는 잘 혼합되었다고 가정하고 초기온도는 20℃이고 체적은 30 $m^3$이다. 이 연소 동안 화재의 열방출률 $\dot{Q}=30$ kW이다. 혼합물의 비열은 일정하고 1 J/g K이다. (힌트: $pV=mRT$, 여기서 $R=(8.314$ J/mole K)(29 g/mole), 1 N/$m^2$ = 1 Pa, 1 N = 1 kg m/$s^2$, 1 J = 1 N m.)

(a) 질량 유출률이 $\dot{Q}/c_pT$임을 보여라. 여기서 $T$는 실내의 가스온도이다.
(b) 연소 2초 후 실내 온도를 계산하라.

**3.13** 실내 화재의 어느 시점에 연료, 공기 및 연소 생성물의 질량 유량은 그림과 같다.

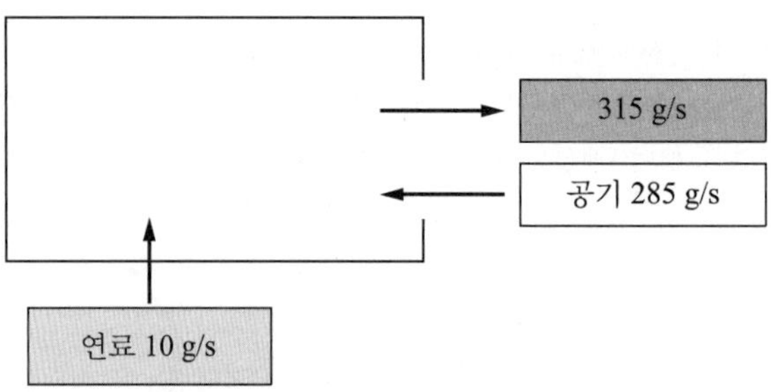


> <u>데이터</u>:
> 실내 체적 28.8 $m^3$
> 외기온도 35℃
> 외기밀도 1.18 kg/ $m^3$
> 연소열 24 kJ/g
> 연료가스온도 300℃
> 배기가스온도 275℃
> 배기가스 중 산소 질량분율 0.11
> 정압 비열 1.3 J/g K (모든 종에 동일 적용)
> 실내 검사체적 전체에 걸쳐 압력은 일정하고 균일 상태라고 가정한다.

(a) 실내 가스 밀도의 시간 변화율을 계산하라.

(b) 실내 가스로부터 열전달률을 계산하라. 이때 열은 손실되는가? 또는 얻어지는가?

**3.14** 매우 뜨거운 금속판 위에 누출되는 고온의 헵탄이 공기와 혼합된다. 어느 지점에서 헵탄의 가스와 공기의 혼합물이 자연발화 조건에 이른다. 그림에서 $T$는 혼합물의 온도이고 $Y_F$는 헵탄 가스의 질량분율이다.

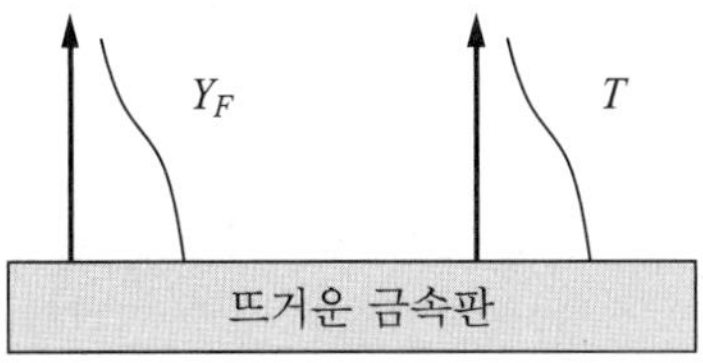


자연발화는 가스 혼합물이 발화가 막 시작되는 때의 바로 주변 외기($T_\infty$, $Y_{F,\infty}$) 내에서 온도와 연료 질량분율이 얼마인가를 조사하기 위하여 혼합물의 작은 체적에서 국소 조건을 시험해 봄으로써 조사되어져야 한다. 여기서 검사체적으로 둘러싸인 유체의 작은 체적은 균일 상태라고 가정한다. $\rho$는 밀도, $T$는 온도, $Y_F$는 연료 질량분율 그리고 $c_p$는 비열로써 모든 종에 대해 일정하다. 또한 압력은 검사체적 전체에 걸쳐 일정하고, 검사체적내의 반응 유체와 고정 조건($T_\infty$, $Y_{F,\infty}$)인 주변 사이에서 열과 연료 질량 확산이 일어난다.

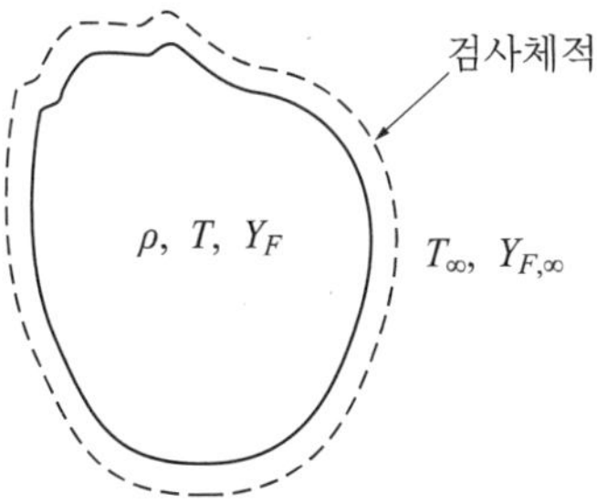


검사체적에 대해 경계에서의 열 유속은 $\dot{q}'' = h_c(T - T_\infty)$으로 주어진다. 반응에 공급되어 확산되는 질량 유속은 $\dot{m}_F'' = h_m(Y_{F,\infty} - Y_F)$으로 주어지고, 여기서 열전달 및 질량 전달 법칙으로부터 $h_m = h_c/c_p$이다. $V$와 $S$는 검사체적의 체적과 표면적이다. 이 연료의 경우 단위체적당 반응률은 $\dot{m}_F''' = AY_F e^{-E/(RT)}$로 주어진다. 다음을 수행하라.

(a) 검사체적의 질량, 연료 종과 에너지 보존식을 쓰고, 유도과정을 나타내어라.

(b) 질량 보존과 에너지 보존식에서만 연료 질량 확산을 무시하여 종(연료)과 에너지 보존식이 다음과 같이 쓸 수 있음을 증명하여라.

$$\rho \frac{dY_F}{dt} = -AY_F e^{-E/(RT)} + \left(\frac{S}{V}\right)\left(\frac{h_c}{c_p}\right)(Y_{F,\infty} - Y_F)$$

$$\rho c_p \frac{dT}{dt} = \Delta h_c A Y_F e^{-E/(RT)} - \left(\frac{S}{V}\right) h_c (T - T_\infty)$$

(c) 정상 상태 조건에서 다음 식이 됨을 증명하라.

$$Y_F = Y_{F,\infty} - \frac{c_p}{\Delta h_c}(T - T_\infty)$$

(힌트: (b)의 일부를 사용하라.)

(d) 공기와의 혼합에 대해 $Y_{F,\infty}$가 화학당량값이라고 생각하자. 헵탄, $C_7H_{16}$의 경우 완전 연소가 될 경우 화학당량 식으로부터 $Y_{F,\infty}$를 계산하라.

(e) 헵탄에 대한 그림과 컴퓨터 분석을 사용하여 다음을 계산하라. ((b)의 결과 일부와 아래 데이터를 사용하라.)

( i ) $T_\infty$, 자연발화 되기 위한 최소 온도

(ii) $Y_F$, 발화된 연료 질량분율

(iii) 정상상태 연소시점을 확인하고, (e)( i )의 $T_\infty$로 유지된 상황에 대해 화염온도를 계산하라.

반경($r$) 1 cm로 반응하는 일정 체적의 구를 가정하고($V = \frac{4}{3}\pi r^3$, $S = 4\pi r^2$), 아래의 데이터를 사용한다.

전-지수(Pre-exponential), $A = 9.0 \times 10^9$ g/m$^3$ s

활성에너지, $E = 160$ kJ/mol ($R = 8.314$ J/mol K)

연소열, $\Delta h_c = 41.2$ kJ/g

비열, $c_p = 1.1$ J/g K

전도계수, $k = 0.08$ W/m K

열대류계수, $h_c \approx k/r$

주변 연료 질량분율, $Y_{F,\infty} = 0.069$

Chapter 04

# 예혼합화염

Premixed Flames

## 4.1 개요

예혼합화염은 연료와 공기(산화제)가 연소되기 전에 혼합된 화학반응이다. 확산화염에서는 연료와 산소가 분리되어 있으며, 연소되기 바로 전에 혼합되어야 한다. 이들 두 방법 모두 연소를 위하여 연료와 산화제가 동시에 존재해야 한다. 만약 우리가 화학반응식을 이미 알고 있다면, 열역학을 통해 그들이 연소될 때 무슨 일이 발생되는지를 예측할 수 있다. 그러나 기체 연료와 산소가 공급되더라도 연소가 발생되지 않을 수 있다. 열역학의 화학적 평형을 발생시키는 조건에서도 화학반응이 반드시 발생하는지를 확신하는 것은 쉽지 않다. 반응이 일어날 것인지 또는 일어나지 않을 것인지에 대한 질문의 답변을 얻기 위해서는 반응속도와 반응속도에 영향을 미치는 인자들, 그리고 관련된 주제인 화학반응속도론(chemical kinetics)의 이해가 필요하다.

본 교재에서는 예혼합화염의 다양한 측면을 검토할 것이다:

1. 화학반응의 발생 여부를 결정짓는 것은 무엇인가?
2. 연료 - 산화제 혼합물에서 반응속도의 정의는 무엇인가?
3. 반응의 소멸(소염)을 결정하는 것은 무엇인가?

본 교재에서는 기체 혼합물에 대해서만 논의할 것이다. 그러나 이 결과들은 액체와 기체 형태의 연료 - 산화제 혼합물에도 적용될 수 있다. 또한 에어로졸 상태의 연료에도 적용될 수 있다. 높은 유속조건에서 압축성 효과는 중요할 수 있다. 반응 앞부분(선단)의 속도가 음속보다 클 때, 충격파(shock wave)의 선단은 반응의 선단보다 빠르게 진행될 것이다. 이러한 과정은 데토네이션(detonation)으로 알려져 있다. 반응 선단의 속도가 음속 이하일 때는 디플레그레이션(deflagration)으로 불린다. 우리는 단지 층류조건 하에서 시작되는 속도를 검토할 것이다. 이 조건 이상에서는 주제는 화재에서 폭발분야로 간주될 수 있다. 비록 폭발과 관련된 주제는 본 교재에서는 제외되었지만, 잠재적인 폭발 위험을 방지하기 위한 다양한 방법들이 다루어질 것이다.

화재는 주로 확산화염의 발생 결과 및 연구와 관련되지만, 예혼합화염은 이를 이해하기 위한 중요한 선행 연구대상이라 할 수 있다. 확산화염의 개시를 위해서는 예혼합화염이 우선적으로 생성되어야 한다. 확산화염이 차가운 벽면 근처에 있는 영역에는 중간에 예혼합화염이 존재할 가능성이 있다. 난류 확산화염에서 조차도, 예혼합화염의 일부 상태가 존재하게 된다(그림 4.1 참조).

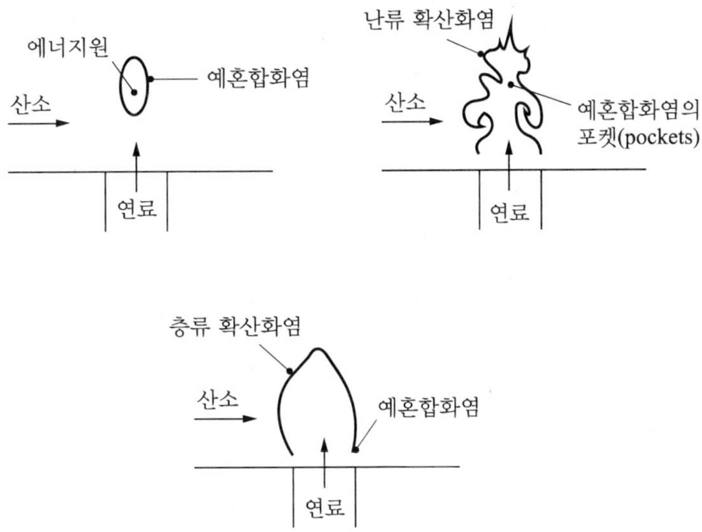


**그림 4.1 ≫ 예혼합화염과 확산화염**

## 4.2 반응속도(Reaction rate)

화학반응을 촉진시키기 위한 많은 분자 및 원자에 의한 방법(mechanisms)이 있다. 촉매는 화학반응에 참여하지는 않지만, 반응을 촉진시킬 수 있는 물질이다. 라디칼(radical)은 반응의 종료까지 복잡한 경로에 의해 분자들이 충돌하고 결합할 때 전자를 찾아다니는 불안정한 화학종이다. 온도는 분자의 운동에너지 및 그들의 충돌속도와 직접적으로 연관된다. 이들의 상세한 설명은 총괄반응속도식(global kinetic rate equation)에 의해 매우 간략하게 표현된다. 총괄반응속도식에 대한 기초는 반응속도의 열적 거동이 무차원 $e^{(-E/RT)}$에 비례함을 보여준 Suante Arrhenius[1]에 의해 제시되었다. 여기서 $R$은 일반기체상수(universal gas constant)이며, $E$는 kJ/mole의 단위를 갖는 활성화 에너지(activation energy)이다. 활성화 에너지의 의미는 이 값이 더 작을수록 개시되는 화학반응이 열적으로 더 쉽게 발생된다는 것이다. 완전기체법칙(perfect gas law)에 대한 $R$의 명확한 제한에도 불구하고, 이 관계식은 또한 고체와 액체의 반응속도를 나타내기 위하여 사용되고 있다. 직감적으로, 화학반응속도는 혼합물의 연료와 산화제의 농도에 의존되어야 한다. 요구되는 복잡한 화학반응단계들의 영향을 표현하기 위해 종종 사용되는 총괄반응속도 표현은 다음과 같다.

표 4.1 공기 중에 연소되는 연료들의 총괄반응속도 (출처, Westbrook and Dryer[21])[a]

| 연료 | 화학식 | $B$ | $E$ (kcal/mole) | $n$ | $m$ |
|---|---|---|---|---|---|
| 메탄 | $CH_4$ | $8.3\times10^{5}$ | 30.0 | 0.3 | 1.3 |
| 에탄 | $C_2H_6$ | $1.1\times10^{12}$ | 30.0 | 0.1 | 1.65 |
| 프로판 | $C_3H_8$ | $8.6\times10^{11}$ | 30.0 | 0.1 | 1.65 |
| $n$-헥산 | $C_6H_{14}$ | $5.7\times10^{11}$ | 30.0 | 0.25 | 1.5 |
| $n$-헵탄 | $C_7H_{16}$ | $5.1\times10^{11}$ | 30.0 | 0.25 | 1.5 |
| 옥탄 | $C_8H_{18}$ | $4.6\times10^{11}$ | 30.0 | 0.25 | 1.5 |
| 메탄올 | $CH_3OH$ | $3.2\times10^{12}$ | 30.0 | 0.25 | 1.5 |
| 에탄올 | $C_2H_5OH$ | $1.5\times10^{12}$ | 30.0 | 0.15 | 1.6 |

[a] 속도상수는 다음 식에 의해 제공된다.

$$\frac{d[\mathrm{F}]}{dt} = k[\mathrm{F}]^n[\mathrm{O_2}]^m$$

여기서, [ ]은 화학종의 몰농도를 의미하며, mole/volume의 단위를 갖는다.

$$k \equiv Be^{-E/(RT)}$$

이 식은 $A_0 = \dfrac{B\rho^{n+m-1}}{M_{\mathrm{F}}^{n-1}M_{\mathrm{O_2}}^{m}}$ 과 함께 식 (4.1a)와 비교된다.

$$\dot{m}_{F,r}''' = \rho A_0 Y_{\mathrm{F}}^{n} Y_{\mathrm{O_2}}^{m} e^{-E/(RT)} \tag{4.1a}$$

또는

$$\dot{m}_{F,r}''' = Ae^{-E/(RT)} \tag{4.1b}$$

위 식은 일반적으로 Arrhenius 방정식으로 불린다. 표 4.1은 특정 속도상수 $k$에 관한 연료들의 일반적인 값을 제공한다. 식 (4.1)에서 $\dot{m}_{F,r}'''$은 단위 체적당 연료의 질량감소율로서 양의 값으로 처리된다. 본 교재에서는 지금부터 3장에서 사용되었던 음의 부호를 피하기 위하여, 이 새로운 부호규정을 적용할 것이다. $A$는 선지수함수(pre-exponential factor)로 불리며, $\dot{m}_{F,r}'''$의 정확한 단위를 제공하기 위하여 적절한 단위를 가져야 한다. $A$뿐만 아니라 지수 $n$과 $m$은 실험에 의해 결정된다. 지수의 합$(n+m)$은 반응차수(reaction order)로 불린다. 종종 0차 반응이 고려되며, 교육 목적을 위하여 좋은 예제가 될 것이다.

예를 들어, 0차 반응에 대하여 다음의 값들이 주어진다고 가정하자:

$$A = 10^{13}\ \mathrm{g/m^3\ s}$$

그리고

표 4.2 0차 Arrhenius 속도에 대한 일반적인 연료 생성

| $T$ (K) | $E/(RT)$ | $\exp[-E/(RT)]$ | $\dot{m}_{F,r}'''$ ($g/m^3$ s) | 에너지 방출 ($W/cm^3$) |
|---|---|---|---|---|
| 298 | 64.6 | $9.0\times10^{-30}$ | $9.0\times10^{-17}$ | $0.40\times10^{17}$ |
| 600 | 32.1 | $1.18\times10^{-14}$ | $1.2\times10^{-1}$ | $0.53\times10^{2}$ |
| 1200 | 16.0 | $1.08\times10^{-7}$ | $1.1\times10^{6}$ | $0.53\times10^{5}$ |
| 1600 | 12.0 | $5.98\times10^{-6}$ | $6.0\times10^{7}$ | $0.27\times10^{7}$ |
| 2000 | 9.6 | $6.62\times10^{-5}$ | $6.6\times10^{8}$ | $0.30\times10^{8}$ |
| 2500 | 7.7 | $4.54\times10^{-4}$ | $4.5\times10^{9}$ | $0.20\times10^{9}$ |

$$E = 160\ \text{kJ/mole}$$

($A$의 값은 약 $10^5$에서 $10^{15}$의 범위를 가질 수 있기 때문에, 여기서 예시된 $A$의 값은 단지 임의의 값이다.) 표 4.2에는 다양한 $\dot{m}_{F,r}'''$ 값들이 제시되어있다. 이 표는 온도에 대한 강한 민감도를 보여주고 있다. 온도 298 K과 1200 K 사이에 상당한 변화가 있음은 명확히 알 수 있다. 기체 연료의 일반적인 연소열 45 kJ/kg에 대하여, 1200 K에서의 에너지는 $50\times10^6$ kJ/m$^3$ 또는 50 kJ/cm$^3$이다. 1칼로리(calorie) 또는 4.184 J은 1 cm$^3$ 체적을 갖는 물의 온도를 1 K 높일 수 있다. 여기서 매 초당 1 cm$^3$ 내에서 50,000 J의 에너지가 방출됨을 알 수 있다. 298 K에서는 에너지 방출($0.4\times10^{-17}$ J/cm$^3$ s)을 인지하는 것이 불가능하며, 600 K에서 방출된 에너지($0.54\times10^{-2}$ J/cm$^3$ s) 역시 아직까지 인지하기 어렵다.

연소는 때때로 빛과 열의 형태로 큰 에너지를 방출하는 화학반응으로 묘사된다. 대표적인 기체 연료들의 Arrhenius 반응에 대하여, 이 정의에 의한 연소의 발생은 600 K과 1200 K 사이의 어떤 임계 온도에서 정의될 수 있다는 것을 쉽게 알 수 있다.

## 4.3 자기점화(Autoignition)

연료와 산화제의 혼합물을 특정한 온도까지 증가시킴으로써 식 (4.1)의 Arrhenius 속도식에 따라 연소반응을 발생시킬 수 있다. 이것은 '임계' 온도를 유지시킬 수 있는 능력과 연료와 산화제의 농도에 의존할 것이다. 반응이 진행됨에 따라 연료와 산화제가 소모되어 간다면 Arrhenius 식에 따라 반응속도는 점차 감소될 것이다. 그 결과 어떤 시점에서 연소는 최종 정지될 것이다. 이 시점에서 농도의 효과를 무시해보자. 즉, 0차 반응을 고려하고, 연소에 대한 '임계' 온도의

개념을 검토해보자. Semenov[3]의 접근법을 통해 보다 구체적으로 검토해 보자.

연료와 산화제의 기체 혼합물이 고정된 체적의 닫힌 용기에 있다. 이 용기는 무시할만한 두께를 가지고 열에 대하여 완전 도체(perfect conductor)라고 하자. 기체 혼합물의 물성은 용기 내에서는 균일하다. 물론 용기의 체적이 증가될 때, 유체의 움직임은 물성들의 불균일성을 초래할 수 있다. 여기서 이들 효과는 무시할 것이다. 비열이 일정하다고 가정하면, 일정한 체적과 고정된 질량의 검사체적(그림 4.2)에 관한 식 (3.45)는 다음과 같이 나타낼 수 있다.

$$mc_v \frac{dT}{dt} = \dot{Q} + (\dot{m}_{F,r}''')(V)(\Delta h_c) \tag{4.2}$$

공급된 열은 대류 열전달 계수 $h$와 표면적 $S$에 의해 다음과 같이 표현된다.

$$\dot{Q} = hS(T_\infty - T) \tag{4.3}$$

실제, 화학에너지 방출로 인하여 $T > T_\infty$가 예측되며, 그 결과 열손실이 발생할 것이다. 이 열손실은 다음과 같이 표현된다.

$$\dot{Q}_L = hS(T - T_\infty) \tag{4.4}$$

화학에너지 방출률은 다음과 같다.

$$\dot{Q}_R = \dot{m}_{F,r}''' V \Delta h_c \tag{4.5}$$

이때 위 식들을 통해 다음과 같은 식으로 표현될 수 있다.

$$mc_v \frac{dT}{dt} = \dot{Q}_R - \dot{Q}_L \tag{4.6}$$

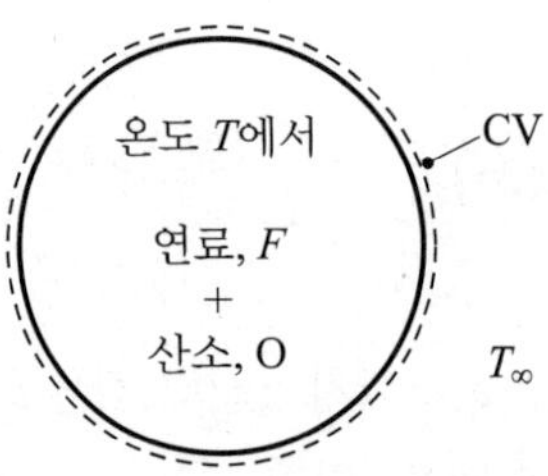


그림 4.2 ≫ 밀폐된 용기에서 자기점화

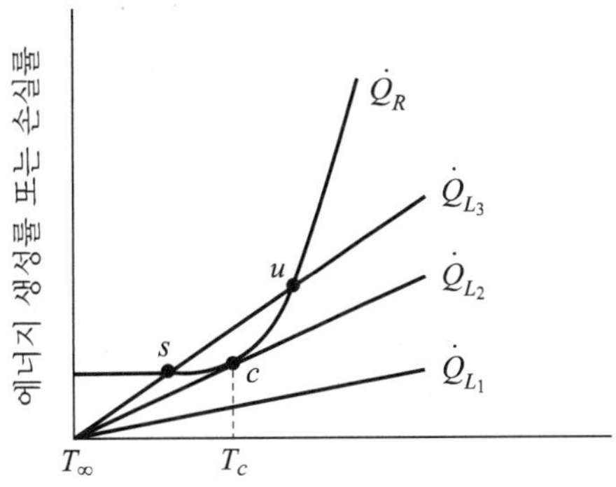


**그림 4.3 ≫ 열손실과 화학에너지 방출의 경쟁**

그림 4.3은 이들 항의 영향을 보여주기 위함이며, 여기서 $\dot{Q}_R$은 온도에 대한 Arrhenius 의존성을 단지 개략적으로 나타낸 것이다. 특정한 연료와 이와 관련된 반응속도에서, $\dot{Q}_R$은 단지 온도만의 함수이다. 그러나 열손실 항은 용기의 표면적에 의존한다. 그림 4.3에서 일정한 $h$에 대하여 용기 크기($S_1$, $S_2$, $S_3$) 증가에 따른 곡선들을 볼 수 있다. $\dot{Q}_L$과 $\dot{Q}_R$의 교차지점이 없는 곳에서는 $\dot{Q}_R > \dot{Q}_L$이며, 식 (4.6)에 의해 $dT/dt > 0$이다. 이것은 온도가 두 곡선들 사이의 차이에 의해 어떤 증가율로 지속적으로 상승함을 의미한다. 일반적으로 이러한 현상을 열 폭주(thermal runaway) 또는 열적 폭발이라 부른다. 이와는 반대로, 곡선들이 교차될 때 식 (4.6)에 의해 $dT/dt = 0$이 되거나 정상상태 해를 가져야 한다. 두 곡선들은 0차 반응에 대해서도 적용이 가능하다. 표기된 $s$는 안정(stable)을 의미하며, $u$는 불안정(unstable) 상태를 나타낸다. 온도의 작은 변화를 통해 $u$와 $s$를 이해할 수 있다. 예를 들어, $s$에서 작은 양의 온도 변화는 $\dot{Q}_{L_3} > \dot{Q}_R$을 가져오며, 그 결과 식 (4.6)에 의해 $dT/dt < 0$이 된다. 그리고 온도는 $s$점에서의 온도보다 작은 값을 갖게 될 것이다. 유사하게, $u$점에서 온도의 작은 변화는 증가($+\Delta T$) 또는 감소($-\Delta T$)의 원인이 될 것이다.

임계조건은 임계온도가 되는 $T_c$와 함께 $c$점에 의해 주어질 것이다. 임계 열손실률 $\dot{Q}_{L_2}$는 용기의 크기뿐만 아니라 주위온도 $T_\infty$에도 의존한다는 것을 주지해야 한다. 따라서 $\dot{Q}_R$의 접선으로서, 식 (4.4)의 $\dot{Q}_L$ 기울기와 온도와의 교차점은 다른 $T_c$를 제공할 것이다. 반응속도의 Arrhenius 특성이 $T_c \approx T_\infty$를 야기할 수 있음을 알 수 있다. 이 값을 자기점화 온도라 부른다. 수학적 분석은 Semenov[3]에 의해 수행되었다.

자기점화 온도에 대한 기체의 물성과 용기의 함수적 의존성을 평가하기 위하여, 근사치를 얻을 수 있는 수학적 분석이 수행되었다. $T_c$가 $T_\infty$에 근접할 것으로 예측하면, 다음과 같이 표현된다.

$$e^{-E/(RT)} = \exp\left[\left(\frac{-E}{RT_\infty}\right)\left(\frac{T_\infty}{T-T_\infty+T_\infty}\right)\right]$$

$$= \exp\left[\left(\frac{-E}{RT_\infty}\right)\left(\frac{T-T_\infty}{T_\infty}+1\right)^{-1}\right] \tag{4.7}$$

$(T-T_\infty)/T_\infty$는 작을 것으로 예측되기 때문에, 근사를 통해

$$\left(\frac{T-T_\infty}{T_\infty}+1\right)^{-1} \approx 1-\frac{T-T_\infty}{T_\infty} \tag{4.8}$$

이들은 무한 멱급수(power series)의 처음 두 항이다. 이때 다음과 같은 정의를 통해

$$\theta \equiv \left(\frac{T-T_\infty}{T_\infty}\right)\left(\frac{E}{RT_\infty}\right) \tag{4.9}$$

식 (4.7)과 (4.9)로부터

$$e^{-E/(RT)} \approx e^{\theta}e^{-E/(RT_\infty)} \tag{4.10}$$

$\theta$는 무차원이기 때문에, 식 (4.2)를 무차원으로 만들기 위해 유용하다. 다음 식의 차원을 검토함에 의해

$$\rho V c_v \frac{dT}{dt} \sim hS(T-T_\infty)$$

기준시간(reference time)은 다음과 같이 정의될 수 있다.

$$t_c = \frac{\rho V c_v}{hS} \tag{4.11}$$

물리적으로, $t_c$는 용기 내에 있는 기체가 저장 에너지를 대류에 의해 주위로 손실시키기 위해 요구되는 시간과 비례한다. 다음과 같이 무차원 시간을 정의하자.

$$\tau = \frac{t}{t_c} \tag{4.12}$$

이때 식 (4.2)는 $e^{-E/(RT)}$의 근사와 함께 다음과 같이 나타낼 수 있다.

$$\frac{d\theta}{d\tau} = \delta e^{\theta} - \theta \tag{4.13}$$

여기서,

$$\delta = \left(\frac{\Delta h_c V A e^{-E/(RT_\infty)}}{hST_\infty}\right)\left(\frac{E}{RT_\infty}\right) \tag{4.14}$$

이 값은 무차원된 양이다. 이 방정식은 특정한 $\delta$에 대하여 온도 상승을 제공하기 위하여 $\tau=0$에서 $\theta=0$과 함께 풀릴 수 있다. 초기 값에서부터 $\theta$의 증가는 Damkohlar 수, $\delta$와 직접 관련된다.

여기서 우리는 단지 연소의 발생 유무에만 관심이 있기 때문에 그림 4.3으로부터 점 $c$를 검토할 필요가 있다. 식 (4.13)에서 우변의 $\dot{Q}_R$과 $\dot{Q}_L$은 무차원 형태들을 갖는다. 그림 4.4에는 $\theta$의 함수로서 $\theta$와 $e^\theta$의 두 값들이 도시되었다. 임계조건 점 $c$는 두 값들의 접선에 의해 표시된다. 수학적으로, 각 값들과 그들의 기울기는 점 $c$에서 같아져야 한다. 따라서,

$$\delta_c e^{\theta_c} = \theta_c \tag{4.15}$$

그리고

$$\delta_c e^{\theta_c} = 1 \tag{4.16}$$

식 (4.15)를 식 (4.16)으로 나눔에 의해 다음이 얻어진다.

$$\theta_c = 1 \tag{4.17}$$

그리고 이때 다음과 같이 된다.

$$\delta_c = e^{-1} \tag{4.18}$$

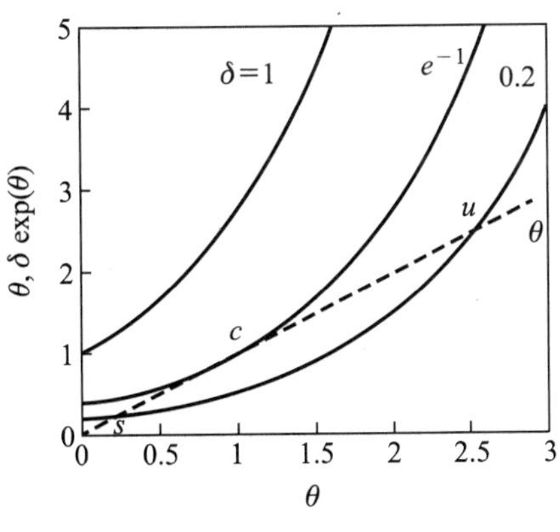


그림 4.4 ≫ 자기점화를 위한 조건

특정한 용기크기에서, 식 (4.14)와 (4.18)은 자기점화를 일으킬 수 있는 $T_\infty$의 최소값을 제공한다. 이 값 $T_{\infty,c}$는 요구되는 최소온도이며, 자기점화 온도라 불린다. 용기의 크기뿐만 아니라 화학적 변수들 $A$, $E$ 그리고 $\Delta h_c$도 분명하게 $\delta$에 포함되어 있다. 또한 식 (4.9)와 (4.17)로부터,

$$\frac{T_c - T_\infty}{T_\infty} = \frac{RT_\infty}{E} \tag{4.19}$$

표 4.1에 따라 위 식은 600 K의 $T_\infty$ 이상에서 약 1/30에 해당되는 $T_c$를 제시한다. 즉,

$$\frac{T_c - T_\infty}{T_\infty} = \frac{(8.314\ \text{J/mole K})(600\ \text{K})}{(160 \times 10^3\ \text{J/mole})} = \frac{1}{32.1} \tag{4.20}$$

또는 $T_c = 618.7$ K.

알 수 있는 바와 같이, $T_c$값은 연소 개시를 위해 요구되는 $T_{\infty,c}$값에 매우 가깝다. 그림 4.2의 시스템을 나타내는 실현 가능한 장치들은 점화가 인지될 때까지 $T_\infty$를 조절할 수 있다, 즉 ASTM E 659[4]. 표 4.3은 일반적인 측정된 자기점화 온도(AIT)를 제공한다. AIT는 압력이 증가할 때 낮아지는 경향이 있다.

**표 4.3** 자기점화 온도(공기 중 이론혼합비, 25℃, 1 atm의 조건에서, 출처 Zabetakis[5])

| 연료 | AIT (℃) |
|---|---|
| 메탄, $CH_4$ | 540 |
| 에탄, $C_2H_6$ | 515 |
| 프로판, $C_3H_8$ | 450 |
| *n*-헥산, $C_6H_{14}$ | 225 |
| *n*-헵탄, $C_7H_{16}$ | 215 |
| 메탄올, $CH_3OH$ | 385 |
| 에탄올, $C_2H_5OH$ | 365 |
| 등유 | 210 |
| 휘발유 | ~450 |
| 항공유(JP-4) | 240 |
| 수소, $H_2$ | 400 |

## 4.4 불꽃점화(Piloted ignition)

연료와 공기 혼합물은 종종 국부적 에너지원에 의해 연소가 개시된다. 이 에너지원은 전기적 아크(또는 불꽃, spark)(유체 내에 움직이는 대전된 입자 또는 플라즈마) 또는 작은 화염 자체가 될 수 있다. 불꽃 또는 작은 화염은 혼합물의 온도를 국부적으로 증가시킬 수 있기 때문에(자기 점화 경우에서 $T_\infty$에 의해 발생된 바와 같이), 이 경우는 불꽃화염으로 정의된다. 혼합물의 대부분은 AIT보다 상당히 낮은 $T_\infty$에서 계속 존재한다.

불꽃점화 과정을 도식적으로 설명하기 위하여, 연료와 공기의 이론혼합기를 갖는 혼합물에서 방출되는 불꽃을 생각해보자. 이 불꽃은 반경 $r$과 길이 $l$을 갖는 실린더 형상이다. 불꽃을 포함하고 있는 검사체적은 그림 4.5에 도시되었다. 여기서 검사체적은 주위 압력 $p_\infty$와 같아지기 위하여 열에 의해 팽창될 수 있다. 이 등압(isobaric) 시스템을 지배하는 에너지방정식은 식 (3.45)로부터 얻어질 수 있으며, 이때 $p=p_\infty$, $\dot{m}_j=0$이다. 그 결과,

$$\rho V c_p \frac{dT}{dt} = \dot{m}_F''' \Delta h_c V + \dot{q}''' V - hS(T - T_\infty) \tag{4.21}$$

여기서, $\dot{q}'''$는 단위체적당 공급된 에너지의 스파크 발생률이며, $h$는 유효 전도도(conductance) $k/r$이며, $k$는 혼합물의 열전도계수(thermal conductivity)이다. 이것은 식 (4.2)~(4.5)에서와 같은 근사적 접근법이다. 단지 불꽃 에너지가 더해지고 대류 열손실보다는 오히려 전도에 의해 근사치를 계산하는 것이 다른 점이다. 같은 무차원 변수들을 도입함에 의해, 다음과 같이 나타낼 수 있다.

$$\frac{d\theta}{d\tau} = \delta e^{\theta} - \theta + \left(\frac{\dot{q}''' V}{hST_\infty}\right)\left(\frac{E}{RT}\right) \tag{4.22}$$

여기서, 열 확산계수 $\alpha$, $k/\rho c_p$, $V=\pi r^2 l$ 그리고 $S=2\pi r l$을 이용하여 $t_c=\rho V c_p/(hS)=r^2/(2\alpha)$로 근사될 수 있다. 식 (4.14)에 제시된 $\delta$의 정의를 검토함에 의해, 이 값은 2배의 비율로서 인지될 수 있다.

$$\delta = \frac{t_c}{t_R} \tag{4.23}$$

여기서 $t_c$는 전도 손실 또는 열적 확산시간을 위해 요구되는 시간이며, $t_R$은 화학적 반응시간이다:

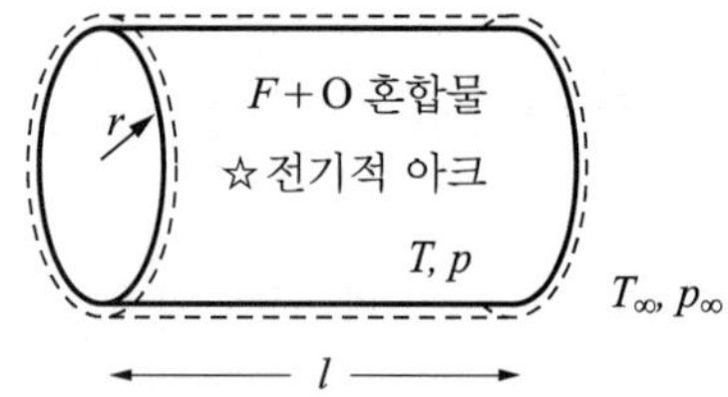


그림 4.5 ≫ 불꽃점화

$$t_R \equiv \frac{\rho c_p T_\infty}{[E/(RT_\infty)]\Delta h_c A e^{-E/(RT_\infty)}} \tag{4.24}$$

식 (4.15)에서 (4.18)에서와 같이 결정적인 해는 다음과 같다:

$$\theta_c = 1 + \left(\frac{\dot{q}''' V}{hST_\infty}\right)\left(\frac{E}{RT}\right) = 1 + \left(\frac{\dot{q}''' r^2}{2kT_\infty}\right)\left(\frac{E}{RT}\right) \tag{4.25a}$$

그리고

$$\delta_c = e^{-\theta_c} = e^{-1} e^{-[\dot{q}''' r^2/(2kT_\infty)][E/(RT)]} \tag{4.25b}$$

이런 이유로, 점화를 발생시키기 위한 $\delta$의 최소값은 식 (4.18)에 제시된 자기점화와 비교할 때 불꽃(pilot)의 가열을 이용한 시스템에서 더 작다.

그림 4.4와 유사하게, 접점 $c$는 최소 불꽃에너지에 해당된다. 이 값은 일반적으로 불꽃 지속 시간동안 에너지($\int \dot{q}''' V dt$)를 통해 측정된다. 표 4.4는 일반적인 불꽃에너지를 나타내고 있다. 최소 전기적 불꽃에너지는 일반적으로 10에서 1000 μJ의 범위에서 발견되지만, 이들 실험에서 불꽃의 출력밀도(power density)는 1 MW/cm$^3$보다 크다. 그림 4.6은 넓은 가연범위에 대해 메탄을 점화시키기 위해 요구되는 최소 불꽃에너지를 나타낸 것이다. U-형상 곡선 내에서, 혼합물은

**표 4.4** 공기(25℃, 1 atm에서) 중 이론혼합비를 갖는 혼합물을 점화시키기 위한 최소 불꽃에너지 (데이터는 다양한 자료에서 인용됨)

| 연료 | 에너지 (μJ) |
|---|---|
| 메탄 | 300 |
| $n$-헥산 | 290 |
| 수소 | 17 |

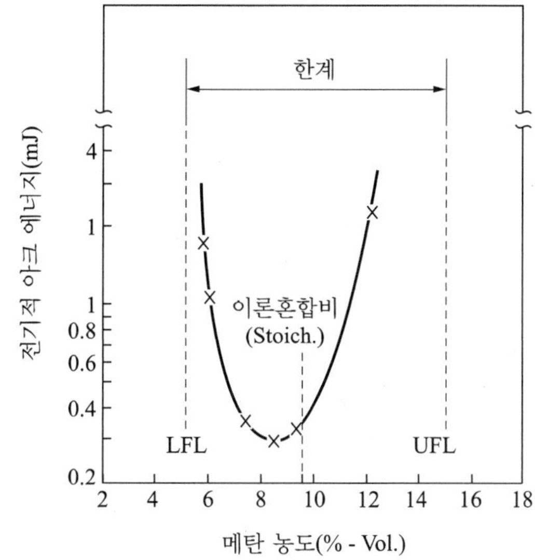


**그림 4.6 ≫** 대기압과 26℃에서 메탄 - 공기 혼합물에 대한 인화성(ignitability) 곡선과 가연한계(flammability limits) (Zabetakis[5]에서 인용됨)

충분히 높은 점화에너지를 통해 점화될 수 있다. 식 (4.25) 그리고 온도와 반응물의 농도에 대한 반응속도의 의존성으로부터, 왜 실험에서 얻어진 곡선이 이러한 형상을 가지는지 확인하는 것은 가능하다. 최소 불꽃에너지는 $X_{CH_4} = 9.5\%$의 이론혼합비 근처에서 발생된다. 이론적으로는 식 (4.25)와 표 4.1의 데이터를 이용하여 인화성(ignitability) 한계에 관한 계산이 가능해야 한다. 그러나 온도구배와 부력에 의해 발생되는 유동의 복잡성으로 인하여 단지 정성적인 분석만이 가능한 경향이 있다. 위에서 언급된 이론으로부터, 준정상상태($dT/dt = 0$)로서의 과정을 설명하는 것은 가능하다. 식 (4.21)로부터, 에너지방출항(energy release term)은 다음과 같이 표현된다.

$$\dot{Q}_R = \dot{m}_F''' \Delta h_c V \tag{4.26}$$

그리고 순 손실항(net loss term)은 다음과 같이 표현된다.

$$\dot{Q}_L = hS(T - T_\infty) - \dot{q}''' V \tag{4.27}$$

이들 두 항은 반응하는 혼합물 온도의 함수로써 도식될 수 있다. 이 그림에서, $\dot{Q}_L$의 열손실 일부에 관여되는 효과를 제외하고 공간적 구배(spatial gradients)는 무시된다. 그림 4.7에 제시된 바와 같이, $\dot{Q}_R$은 먼저 Arrhenius 온도 의존성인 $e^{-E/(RT)}$ 때문에 급격하게 증가될 것이다.

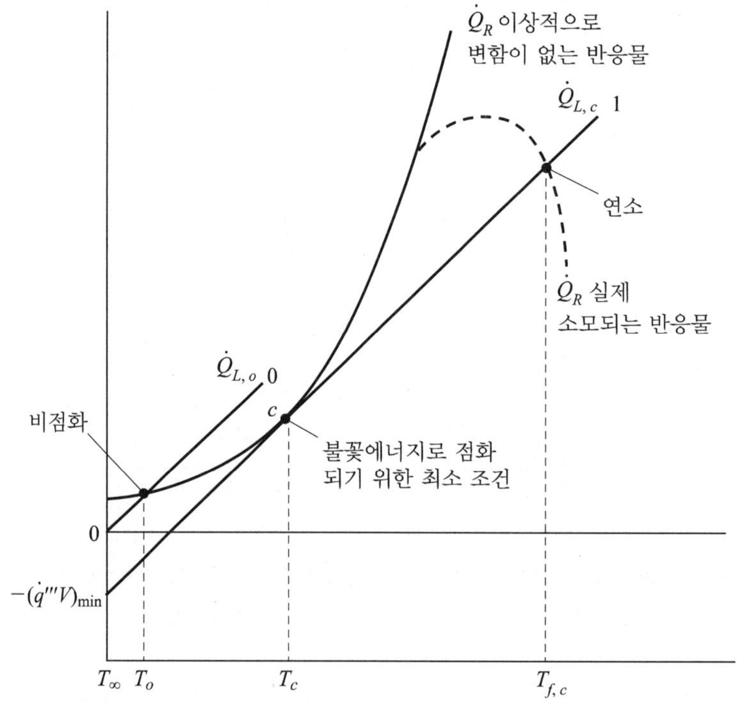


**그림 4.7 ≫ 점화를 위해 요구되는 최소 에너지의 정성적 표현**

그러나 나중에는 반응물의 감소로 인하여 $\dot{Q}_R$은 감소될 것이다. 순 손실항은 주위 시작온도(즉, 그림 4.6에서와 같이 26℃, 1 atm)를 나타내는 $T_\infty$와 함께 $T$에 선형적으로 근사될 수 있다. 표기 1의 순 손실곡선은 화염온도 $T_f$에 해당되는 안정된 교차점을 갖는다. 이 그림에서 반응물은 교차점에 해당되는 농도에서 지속적으로 공급되어야 한다. 만약 반응물이 다시 공급되지 않으면, $\dot{Q}_R$이 0으로 향하기 때문에 소화가 발생될 것이다. 곡선 1은 최소값보다 더 큰 점화(불꽃) 에너지에 해당된다. 곡선 1은 두 개의 온도 해인 $T_c$와 $T_{f,c}$에 관한 임계점화에 관한 결과를 제공한다. 동적(dynamic)문제에서 $T_c$ 근처에서 $\dot{Q}_R > \dot{Q}_L$이기 때문에 $dT/dt$는 항상 0보다 커야 한다. 그 결과, 물리적으로 타당한 정상해(steady solution)는 $T_{f,c}$에서 화재조건이 될 것이다. 더 낮은 $(\dot{q}'''V)$ 값은 매우 작고 $T_\infty$와의 차이를 감지하기 어려운(곡선 0 참조) $T_0$에 해당되는 교차점의 결과를 가져올 것이다. 이 교차점은 안정적이며 연소의 상태가 아니다. 여기서 그림 4.7의 좌표축 스케일은 비선형적(즉, 로그함수의 형태)이며, 정량적인 결과는 단지 컴퓨터를 이용한 계산에 의해 확인될 수 있다.

무차원항들에서 점화가 가능하게 만드는 $\delta$(Damkohler 수)의 임계값이 존재한다. 식 (4.23)으로부터, 이 임계값은 정성적으로 반응시간이 열의 확산을 위해 요구되는 시간보다 작어야 함을 의미한다. 불꽃 에너지 파동(pulse)은 최소한 반응시간보다 더 길어야 한다. 또한, 특정한 온도 $T_\infty$에서 자기점화를 위한 시간은 다음과 같은 Semenov 결과(참고문헌[5]에 보고된 바와 같이)에 따라 반응시간과 직접적으로 관련된다.

$$\log(t_{auto}) = \kappa\left(\frac{E}{RT_\infty}\right) + b \tag{4.28}$$

여기서 $\kappa/R = 0.22$ cal/mole K이며, $b$는 특정 혼합물에 대한 경험적 상수이다. 이론적으로, $b$는 $T_\infty$에 대한 약간의 작은 의존성을 가질 수 있다. 즉 식 (4.24)로부터 전개될 수 있듯이 log($T_\infty$). 그 결과 불꽃점화에 대하여 $t_{auto} \simeq t_R$과 $t_{spark} \geq t_R$이다.

## 4.5 화염속도, $S_u$(Flame speed)

가연성(Flammability)은 점화 이후 지속적인 전파(propagation)가 일어나는 순간에 연료와 산화제 혼합물에 대하여 정의된다. 특정 혼합물에 대한 이 결과는 온도, 압력, 열손실 그리고 부력에 의한 유동효과에 의존한다. 이 전파속도는 또한 유동이 층류로 유지할 것인지, 난류가 될 것인지, 그리고 음속을 초과할 것인지에 따라서 변화된다. 그리고 매체의 음속 이하의 속도에서 이 과정은 디플레그레이션(deflagration)으로 불린다. 디플레그레이션에서 연소영역 맞은편의 압력상승은 비교적 낮다. 그러나 음속보다 더 큰 유속의 데토네이션(detonation)에서 압력상승은 상당히 크다. 이것은 보존법칙을 만족시키기 위하여 연소영역 이전에 전개되어야 하는 충격파(shock wave)의 결과이다. 우리는 데토네이션을 더 이상 상세히 논하지 않을 것이다. 그러나 이상적으로 열손실이 없는 조건에서 발생될 수 있는 기체 혼합물에 대한 디플레그레이션 과정의 개시에 대하여 논의할 것이다. 이 이상적인 화염속도는 연소속도(burning velocity)라 부르며, $S_u$로 표기되었다. 구체적으로 $S_u$는 미연 기체 혼합물에 대하여 측정된 단열 평면(층류) 연소영역의 수직방향 속도로서 정의된다. 이러한 이상적인 $S_u$는 연료와 산화제 혼합물의 물성으로서 여겨질 수 있으나, 단지 대략적으로 측정될 수 있다. $S_u$의 일반적인 측정값들은 그림 4.8에 제시되었으며, 약간 연료 - 과농한(fuel-rich) 혼합물에서 최대값을 보인다. 공기 중(25℃, 1 atm)에서 일반적인 $S_u$의 최대값은 1 m/s보다 약간 적으며, 아세틸렌은 1.55 m/s, 수소는 2.9 m/s로서 실제 당량비 1.8에서 최대값을 갖는다. 이에 반하여, 데토네이션의 속도는 1.5에서 2.8 km/s의 사이에 있다. 데토네이션에서 난류와 압력 효과는 화염을 가속시킬 수 있다.

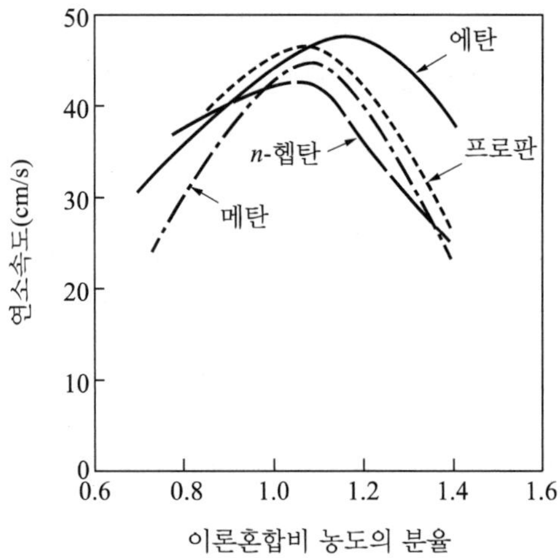


그림 4.8 ≫ 일반적인 연소속도 (Zabetakis[5]에서 인용됨)

### 4.5.1 측정기법

그림 4.9(a)와 (b)는 $S_u$ 측정을 위한 2가지 방법을 보여주고 있다. 하나는 분젠버너(Bunsen burner)이고 다른 하나는 Botha와 Spalding[6]에 의해 제시된 버너이다. 분젠버너에서 원뿔 모양의 화염각($2\phi$)과 튜브의 평균 미연혼합기의 속도($v_n$)를 이용하여 대략적인 $S_u$를 구할 수 있다:

$$S_u = v_u \sin\phi \tag{4.29}$$

Spalding 버너에서 평면 화염은 냉각된 다공 매트릭스의 표면에서 약간 떨어진 위치에 발생된다. 특정한 측정 냉각률에 대하여 안정된 화염을 유지하기 위하여 공급부에서 조절된 유속이 측정되며, $S_u$를 얻기 위해 데이터가 만들어진다. 이들 데이터를 그래프로 표현하고, 냉각조건이 0이 될 때까지 외삽법(extrapolation)에 의해 추정하면 거의 단열조건 하에서의 $S_u$를 구하게 된다.

이들 2가지 실험장치에는 특정 혼합물에 대하여 연소속도와 동일한 값의 유일한 관 유속($v_u$)이 있다. Spalding 버너에서 이 값은 단열 연소속도(또는 이론적인 $S_u$)로 정의한다. 만약 $v_u > S_u$이면, 이 조건은 불안정하고 화염날림(blow off)이 발생된다. 또한 감소된 상류 유속이 $S_u$와 동일하면 관 출구로부터 떨어진 위치에서 화염이 생성된다. 만약 $v_u < S_u$이면, 화염은 $S_u - v_u$의 속도를 가지고 관 내부로 전파될 것이다. 상류방향으로의 화염 전파 현상을 역화(flashback)라 부른다. 화염이 가연성 기체의 큰 용기까지 전파될 수 있으며, 이때 더 큰 에너지 방출은 파괴적인 압력 상승의 결과를 가져올 수 있기 때문에 역화는 결코 바람직한 현상이라 할 수 없다. 따라서 적절한 안전설계를 통해 이러한 현상은 피해야 된다.

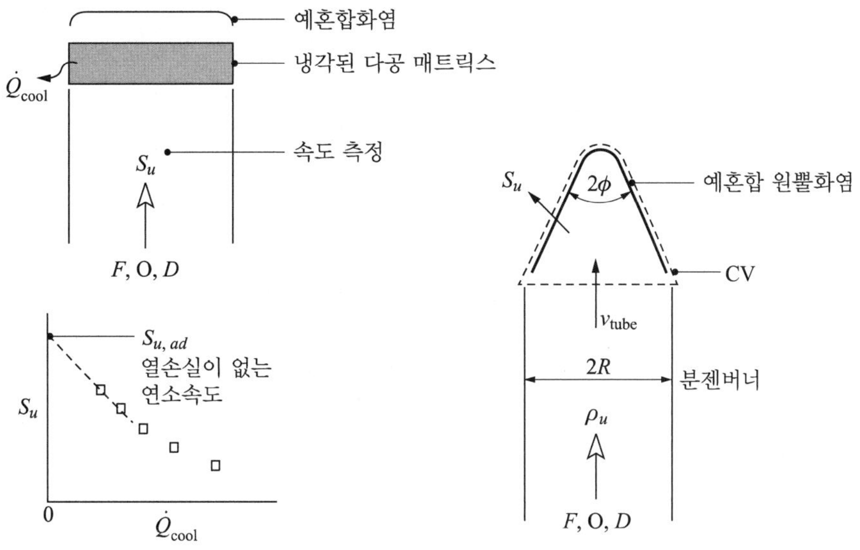


(a) Spalding 버너 (b) 분젠버너

**그림 4.9 ≫** $S_u$ **측정을 위한 버너**

## 4.5.2 근사이론(Approximate theory)

$S_u$를 예측하기 위한 능력은 자연점화 또는 가연한계를 위해 사용된 동일한 인자들에 의해 제한된다. 그러나 1883년에 Mallard와 Le Chatelier에 의해 최초로 제시된 근사이론은 정량적 예측을 위하여 유용할 수 있다.

단열 관 내부에 평면 연소영역을 생각해보자. 이때 연소영역은 공간 내에 고정되었으며 연료($F$), 산화제(O) 그리고 희석제($D$)의 혼합물이 $S_u$의 속도로 일정하게 공급된다. 이 조건은 $S_u$를 분명하게 보여주고 있으며, 그림 4.10에 묘사되었다. 이 과정은 두 단계로 분류된다:

Ⅰ. 화염으로부터의 열전달에 의해 미연 혼합물이 점화를 위한 임계온도 $T_{ig}$까지 가열되는 예열 영역(preheat region). 이것은 열이 화염 자체에서 공급된 것을 제외하고 자기점화 또는 불꽃점화에서의 설명과 매우 유사한다.

Ⅱ. 두 번째 단계는 주요 화학적 에너지가 방출되는 영역이다. 이 영역을 화염이라 부른다.

두 영역 사이의 경계는 급격한 변화(sharp)를 갖지 않으며, 충분히 인지될 수 있다.

이들 영역을 포함하는 두 검사체적에 보존법(conservation law)을 적용해보자. 면적의 변화가 없기 때문에 질량보존식(식 (3.15))은 미연 혼합물($u$)과 연소된 생성물($b$)에 대하여 다음 식이 성립한다.

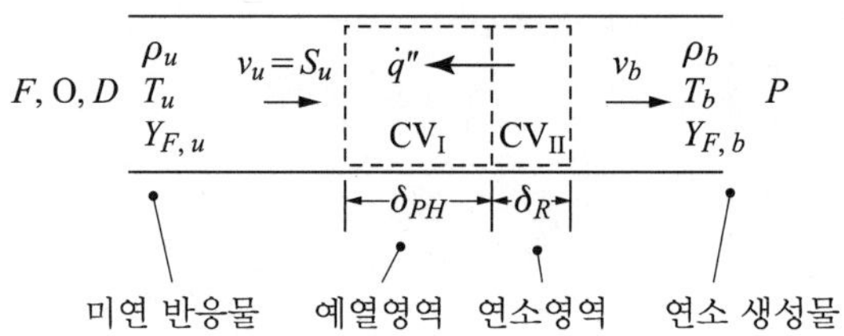


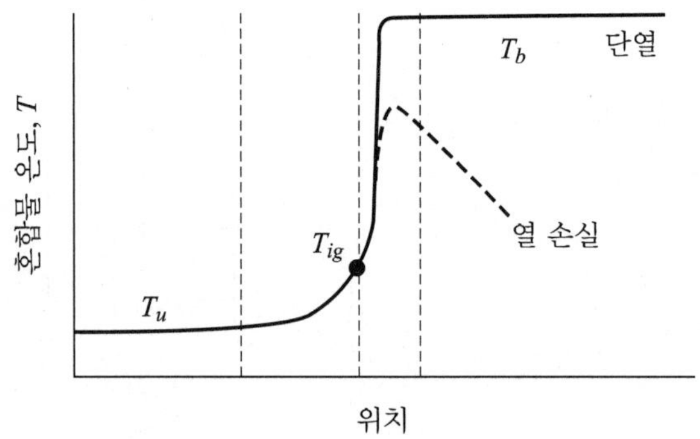


**그림 4.10 ≫ 연소속도 이론**

$$\rho_u S_u = \rho_b v_b = \dot{m}'' \tag{4.30}$$

여기서 $\dot{m}''$는 질량유속이며, 일정하다.

$\mathrm{CV_I}$에 적용된 에너지보존식은 점화온도 $T_{ig}$와 예열영역으로 전달된 열 $\dot{q}''$의 정보를 요구한다. 복사효과는 무시될 수 있고 이 열유속이 다음과 같이 근사된다고 가정하자.

$$\dot{q}'' = -k\frac{dT}{dt} \approx k\left(\frac{T_b - T_{ig}}{\delta_R}\right) \tag{4.31}$$

좀 더 정확한 단순 해석결과는 가능하지 않기 때문에, 여기서는 단지 근사이론의 적용이 시도된다. 우리는 단지 대략적인 예측값과 중요한 변수들에 대한 이해를 구할 것이다. $\mathrm{CV_I}$에 대한 에너지방정식의 근사를 통해

$$\rho_u S_u c_p (T_{ig} - T_u) \approx k\left(\frac{T_b - T_{ig}}{\delta_R}\right) \tag{4.32}$$

미연 혼합물 조건에서 검토된 물성들이 일정하다고 간주하면, 식 (4.30)과 (4.32)의 결합을 통해 다음 식이 전개된다.

$$S_u \approx \left(\frac{T_b - T_{ig}}{T_{ig} - T_u}\right)\frac{\alpha}{\delta_R} \tag{4.33}$$

여기서 열확산계수 $\alpha$는 $k/\rho c_p$이다. 대략적인 예측으로서, $T_{ig}$는 일반적 자기점화 온도인 ~525℃, $T_u$ ~25℃ 그리고 $T_b$는 단열화염온도 ~2000℃로서 여겨질 수 있다. 그 결과,

$$\frac{T_b - T_{ig}}{T_{ig} - T_u} \approx \frac{1500}{500} = 3$$

그러나 $S_u$는 일반적으로 0.5 m/s이며, $\alpha$는 보통 $2\times10^{-5}$ $m^2$/s이다. 이런 이유로 화염의 두께는 다음과 같이 추정된다.

$$\delta_R \sim (3)\frac{(2\times 10^{-5}\ \mathrm{m^2/s})}{(0.5\ \mathrm{m/s})} = 12\times 10^{-5}\ \mathrm{m} \sim 10^{-4}\ \mathrm{m}$$

이와 같이 대략적으로 화염은 0.1 mm 크기의 두께를 갖는다. 이 값은 분젠 버너 또는 산소 아세틸렌 토치의 층류화염과 일치한다.

화염속도에 관한 반응속도론의 영향에 관한 이해를 얻기 위하여, 검사체적 $CV_{II}$에 대한 에너지방정식을 적용하면 다음과 같이 식이 전개된다.

$$\rho_u S_u c_p (T_b - T_{ig}) = \dot{m}_F''' \Delta h_c \delta_R - \dot{q}'' \tag{4.34}$$

우리는 식 (4.31)에서와 같이, $\dot{q}''$에 대한 동일한 근사를 적용하고 식 (4.33)을 이용하여 $\delta_R$ 대신에 적용할 수 있다. 그 결과 다음과 같은 식이 전개된다.

$$S_u = \left\{\frac{[(T_b - T_{ig})/(T_{ig} - T_u)]\alpha \dot{m}_F''' \Delta h_c}{\rho_u c_p (T_b - T_u)}\right\}^{1/2} \tag{4.35}$$

이전과 같이, $T_{ig}$는 정확하게 알 수 없기 때문에, 근사적으로

$$\frac{T_b - T_{ig}}{T_{ig} - T_u} \approx \frac{1500}{500} = 3$$

그리고 이 값을 화염속도 예측을 위해 대입하면

$$S_u \approx \left[\frac{3\alpha \Delta h_c \dot{m}_F'''}{\rho_u c_p (T_b - T_u)}\right]^{1/2} \tag{4.36}$$

상수 3은 그림 4.10*의 모델에 대한 근사해석에 따른 대략적인 값이다. 연소율(burning rate) $\dot{m}_F'''$와 물성 $\alpha$ 그리고 $c_p$는 어떤 적절한 평균온도에서 고려되어야 한다. 예를 들어, 식 (4.43)에서 $\dot{m}_F'''\delta_R$에 대한 보다 정확한 표현은 다음과 같다.

$$\int_0^{\delta_R} \dot{m}_F''' dx = \int_{T_{ig}}^{T_b} \frac{\dot{m}_F''' dT}{dT/dx}$$

또는

$$\dot{m}_F'''\delta_R \approx \frac{\int_{T_{ig}}^{T_b} \dot{m}_F''' dT}{T_b - T_{ig}} \delta_R$$

### 4.5.3 연료 희박조건의 결과(Fuel lean results)

그림 4.10의 단열 검사체적을 통해, $T_b$는 단열 화염온도가 되어야 한다. 검사체적을 떠나는 과잉의 연료가 없는 연료 희박조건을 고려해보자. 이때 모든 연료는 연소되며, 화학종보존식에 의해

$$\rho_u S_u Y_{F,u} = \dot{m}_F'''\delta_R \tag{4.37}$$

추가로, 전체 검사체적(I+II)에 대한 에너지보존식으로부터

$$\rho_u S_u c_p (T_b - T_u) = \dot{m}_F'''\delta_R \Delta h_c \tag{4.38}$$

이들 두 식의 결합을 통해 연료가 희박한 단열조건은 다음 식과 같이 표현된다.

$$c_p (T_b - T_u) = Y_{F,u} \Delta h_c \tag{4.39}$$

식 (4.36)은 다음과 같이 나타낼 수 있다.

$$S_u = \left( \frac{3\alpha \dot{m}_F'''}{\rho_u Y_{F,u}} \right)^{1/2} \tag{4.40}$$

이 식은 연료 희박조건에 적용되며, $T_b$는 식 (4.39)에 의해 주어지는 단열화염온도이다. 이들 결

* 큰 활성화 에너지 또는 작은 반응영역에 대한 점근 해석(asymptotic analysis)은 상수 3 대신에 2의 값을 제공한다[8].

과들은 화염속도가 반응속도와 열적 확산에 의존함을 보여준다. 난류 효과들은 화염속도를 증가시키기 위하여 열적 확산과 표면적을 높일 수 있다. 열손실은 온도를 감소시키며, 그 결과 연소율과 화염속도 또한 감소될 것이다. 실제, 만약 열손실이 충분하다면 식 (4.38)의 해는 존재하지 않을 수 있다. 이 가능성에 대하여 검토해보자.

### 4.5.4 열손실 효과와 소염(Extinction)

그림 4.10의 전체 검사체적을 생각해보자, 그러나 지금 열은 미연 혼합물의 온도 $T_u$에서 주위로 손실된다. 이러한 해석은 Meyer[9]에 의해 제안되었다. 전체 검사체적에 대한 에너지보존식은 다음과 같다.

$$\rho_u S_u c_p (T_b - T_u) = \dot{m}_F''' \delta_R \Delta h_c - \dot{q}'' \tag{4.41}$$

식 (4.37)에 적용된 연료 희박조건을 고려해보자. 이 식을 대입함에 의해

$$\dot{m}_F''' \delta_R \left[ \Delta h_c - \frac{c_p (T_b - T_u)}{Y_{F,u}} \right] = \dot{q}'' \tag{4.42}$$

$\dot{q}'' = 0$일 때, $T_b$가 단열화염온도임을 주의하자. 위 방정식은 생성된 순 에너지와 손실된 에너지 사이의 평형으로써 간주될 수 있다:

$$\dot{Q}_R'' = \dot{m}_F''' \delta_R \left[ \Delta h_c - \frac{c_p (T_b - T_u)}{Y_{F,u}} \right] \tag{4.43a}$$

그리고

$$\dot{Q}_L'' \approx \frac{k (T_b - T_u)}{\delta_R} \quad \text{또는} \quad \sim (T_b - T_u) \tag{4.43b}$$

위 식을 통해 열손실은 생성물 온도의 선형적 감소를 통해 근사될 수 있음을 알 수 있다.* 화염두께는 식 (4.33)으로부터 다음과 같이 근사될 수 있다.

$$\delta_R \approx \frac{3\alpha}{S_u} \tag{4.44}$$

그리고 $S_u$는 식 (4.36)으로부터 얻어진다. 이때 정상(steady) 화염온도는 식 (4.43a)와 식 (4.43b)이 동등하다고 처리함에 의해 형성될 수 있다.

* 그림 4.10에서 연소 생성물로부터의 열손실은 전도와 대류에 의한 것이다.

그림 4.11은 $T_b$의 함수로써 $\dot{Q}_R''$과 $\dot{Q}_L''$의 정성적인 도식을 포함하고 있다. 연료가 희박한 범위에서, $Y_{F,u}$는 이론혼합비의 혼합물에서 가장 크다. 이러한 경우에, 1로써 표기된 곡선의 교차점은 정상 전파해(steady propagation solution)를 제공한다. 온도는 이론혼합비 혼합물의 단열화염온도보다 낮다. $Y_{F,u}$가 감소할 때, 접점은 특정 값에서 발생될 것이다. 이것은 정상 화염전파가 가능한 가장 낮은 연료의 농도이다. $Y_{F,u}$가 더욱 감소되면 점화가 발생되더라도 화염전파는 이루어지지 않을 것이다. 이 농도에 대한 임계 접점조건에서의 값은 하부 가연한계(lower flammable limit, LFL)라 불린다. 이 조건은 그림 4.11에 2로써 표기되었으며, 0의 에너지 수평축과의 교차점은 하부한계에서 단열화염온도를 의미한다. 이 해석은 식 (4.5)에 의해 정의된 자기점화 문제와 유사하게 다음 식과 같이 표현된다.

$$m'' c_p \frac{dT}{dt} = \dot{Q}_R'' - \dot{Q}_L'' \tag{4.45}$$

그리고 $\dot{Q}_R'' < \dot{Q}_L''$이 되는 임의의 순간에 온도는 감소하게 된다. 하부한계에서, 열손실을 증가시키는 작은 변화는 소염을 발생시킬 것이다. 그 결과, 정상 화염전파가 불가능한 연료가 희박한 조건에서 하부한계 농도가 존재함을 알 수 있다. 연료가 과농한 조건에서 이론 혼합비보다 연료 농도가 증가할 때, 불완전 연소는 $\Delta h_c$를 감소시킬 것이다. 그 결과 온도, 연소율은 감소되며, 소화를 발생시키거나 이와 유사한 효과의 원인이 된다. 이 임계 연료 과농조건의 농도를 상부 가연한계(upper flammable limit, UFL)라 부른다.

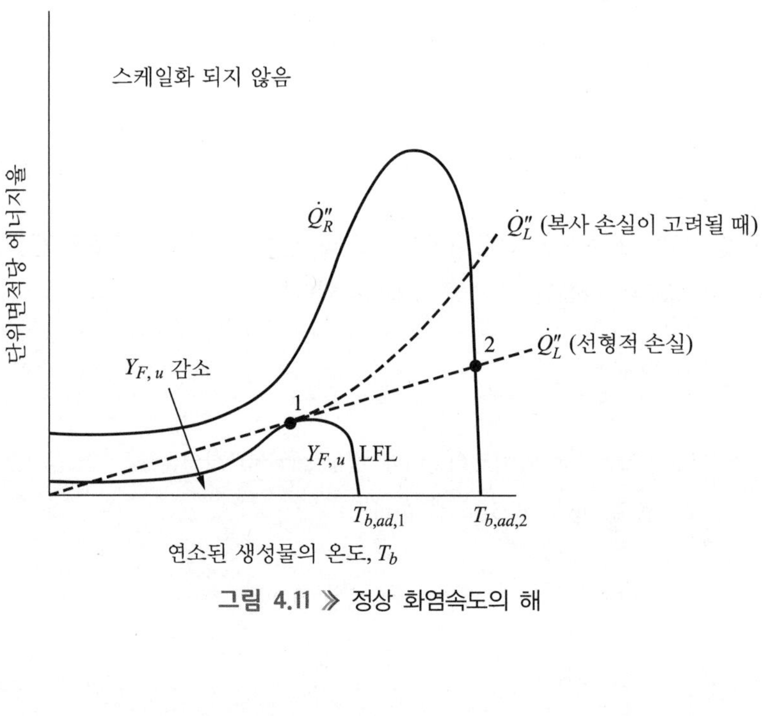


**그림 4.11 ≫** 정상 화염속도의 해

## 4.6 소염직경(Quenching diameter)

이전 해석에서, 열손실은 화염에서 주위 기체로 발생되었다. 만약 고체가 존재한다면, 일부 열손실이 시작될 것이다. 이것은 관내부의 화염전파 관점에서 검토될 것이다. 큰 직경의 관에서, 움직이는 화염은 관 벽면에서 열손실이 발생될 수 있는 가장자리에서만 영향을 받을 수 있다. 영향을 받는 이 영역을 소염거리(quenching distance)라 부른다. 작은 직경의 관에서, 화염전파를 허용하지 않는 관 직경을 소염직경, $D_Q$라 부른다.

예혼합 시스템에서 정상 화염전파의 과정은 연소역역 $\delta_R$에 의해 경계된 움직이는 검사체적을 나타낸 그림 4.12에 묘사되어 있다. 이 경우에 열손실은 단지 관 벽면에서만 고려된다. 대류 열전달계수 $h$와 함께, 열손실률은 다음과 같이 나타낼 수 있다.

$$\dot{Q}_L = h\pi D\delta_R(T_b - T_w) \tag{4.46}$$

여기서, $T_b$는 $\delta_R$의 전 영역에서 균일하다고 가정되며, $T_w$는 벽면 온도를 의미한다. 직경 $D$를 갖는 관내에서 완전 발달된 층류유동에 대하여, Nusselt 수는 열전달 문헌[10]에 따라 다음과 같이 일정하다. (완전 발달된 층류유동에서 속도분포는 포물선 형태이며, 벽면에서는 0이다. 그러므로 점성효과는 또한 화염속도에 영향을 미치게 된다. 현재의 1차원 모델에서 이러한 속도분포 효과는 무시한다.)

$$\frac{hD}{k} = 3.66 \tag{4.47}$$

이 문제에 대한 에너지 평형은 이전과 같이 식 (4.43a)에서 주어진 $\dot{Q}_R''$과 식 (4.47) 그리고 아래의 식 (4.48)로부터 주어진 $\dot{Q}_L''$을 이용한 식 (4.45)에 의해 표현될 수 있다.

$$\dot{Q}_L'' = \left(\frac{3.66k}{D}\right)\left(\frac{\pi D\delta_R}{\pi D^2/4}\right)(T_b - T_w) = 14.64k\frac{\delta_R(T_b - T_w)}{D^2} \tag{4.48}$$

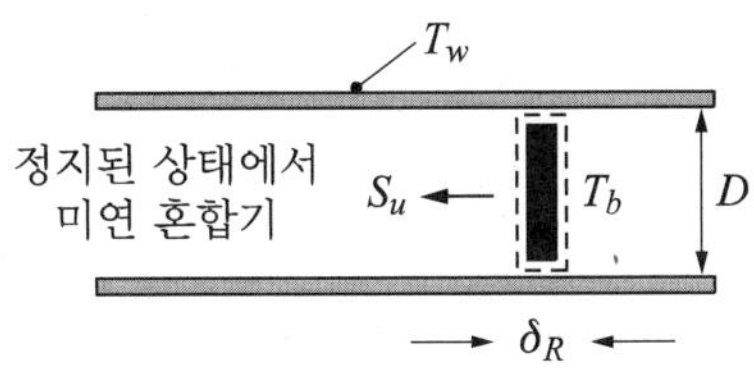


그림 4.12 ≫ 소염거리 해석

다시 식 (4.44)의 $\delta_R$와 식 (4.36)의 $S_u$를 기억해보자. 정상 화염전파에 대한 평형 해는 그림 4.13에 도식되어 있다. 단지 열손실 곡선들만이 $D$에 의존한다. $D > D_Q$의 조건에서, 두 교차점은 $s$와 $u$에서 가능하다. 전자의 $s$는 $T_b$의 작은 변화가 상태를 $s$로 되돌리는 원인이 되기 때문에 안정된 해이다. 예를 들어, 만약 $T_b > T_{b,s}$이면, 식 (4.45)로부터 $\dot{Q}_L'' > \dot{Q}_R''$과 $dT/dt < 0$이 된다. 이때 $T_b$는 $T_{b,s}$에 도달할 때까지 감소할 것이다. $u$에서의 교차점은 불안정한 것으로 보일 수 있으며, 따라서 물리적으로 비현실적이다. 점 $Q$는 아직까지 안정한 해를 제공해주는 가장 작은 직경에 해당된다. $D < D_Q$에 대하여, 항상 $dT/dt < 0$이며, 어떠한 점화도 화염전파를 위한 적절한 온도를 야기하지 않을 것이다. 벽면온도의 증가, $T_w > T_u$는 화염전파를 더욱 쉽게 하는 경향을 가질 것이다.

아래에 언급되는 근사치와 함께 $\dot{Q}_R''$과 $\dot{Q}_L''$을 같게 놓음에 의해, $S_u$와 $D_Q$ 사이의 관계가 제안된다. 그림 4.13의 도식으로부터, $\dot{Q}_R''$의 양수 항은 해의 근처 $Q$에서 더욱 지배적이기 때문에, $T_b \approx T_{f,ad}$라고 하자. 그 결과,

$$\dot{Q}_R'' \approx \dot{m}_F''' \delta_R \Delta h_c$$

그리고 $T_w = T_u$에서

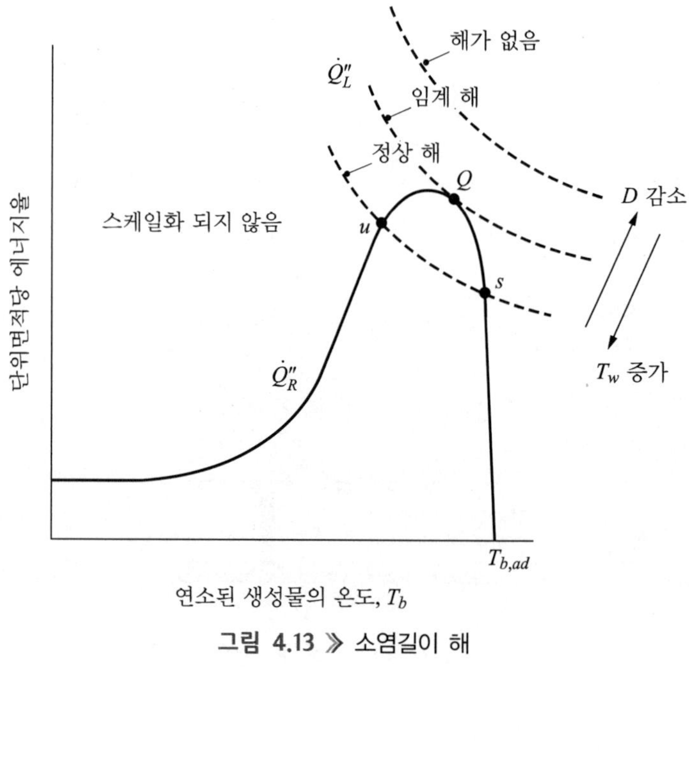


그림 4.13 ≫ 소염길이 해

$$\dot{Q}_L'' \approx 14.64k\frac{(T_{f,ad}-T_u)\delta_R}{D_Q^2}$$

따라서,

$$D_Q \approx \left[\frac{14.64k(T_{f,ad}-T_u)}{\dot{m}_F'''\Delta h_c}\right]^{1/2} \tag{4.49}$$

식 (4.36)으로부터,

$$D_Q \approx \frac{6.6\alpha}{S_u} \tag{4.50}$$

표 4.5에 제시된 바와 같이, 이 식은 문헌의 데이터를 정성적으로 예측하는 것 같다.

화염방지기(flame arrestor)를 통해 역화를 방지하기 위하여 소염길이는 실용적으로 중요하다. 이 안전장치는 구멍의 크기가 소염직경보다 작은 단순한 다공 망(porous matrix)이다. 그러나, 식 (4.49)에서와 같이 온도의 증가는 소염길이를 감소시키기 때문에 화염방지기를 차갑게 유지시키기 위한 주의가 요구된다.

소염길이는 또한 그림 4.14에 묘사된 바와 같이 화염이 노즐 출구로부터 떨어져 있는 거리(stand-off distance)와 관련된다. 이 거리는 예혼합화염이 표면으로 다가갈 수 있는 가장 가까운 거리이다. 확산화염에서도 연료와 공기가 이 소염영역에서 서로 혼합되기 때문에 표면 근처의 영역에서는 예혼합화염이 형성된다.

**표 4.5** 화염속도와 소염직경

| 연료 | 최대 $S_u$ (공기 중) (m/s) | 이론혼합비(공기 중)에서 $D_Q$ (mm) |
|---|---|---|
| 수소 | 2.9 | 0.64 |
| 아세틸렌 | 1.5 | 2.3 |
| 메탄 | 0.52 | 2.5 |

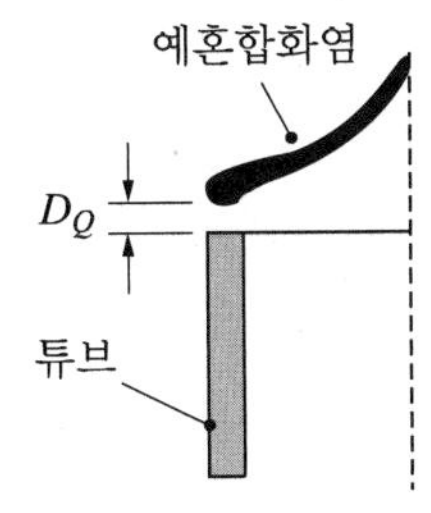


**그림 4.14** 화염이 노즐 출구로부터 떨어져 있는 거리(stand-off distance)

## 4.7 가연한계(Flammability limits)

그림 4.6에서 점화에너지원의 크기와 상관없이 점화될 수 없는 혼합물에 대한 두 개의 명확한 수직 점근선이 확인되었다. 연료 농도로 표현되는 이들 경계들은 하부($X_L$) 그리고 상부($X_U$) 가연한계로 정의된다. 이들은 주로 몰(또는 체적)농도로 표현되며, 특정 혼합물(즉, 공기 중의 연료 또는 산소와 첨가된 화학종 중의 연료)에 대하여 온도와 압력에 의존한다. 이 경계는 또한 실제 시험장치의 특성이나 시험조건에 의존한다. 일반적으로 데이터는 US Bureau of Mines[11]에 의해 개발된 표준시험을 통해 보고되었다. 이 시험장치는 개방된 2 inch 직경의 유리관 하부에 설치된 불꽃 점화기로 구성되었다. 만약 형성된 화염이 튜브 위까지 수직으로 전파된다면, 이때 가연성은 균일하게 분포된 혼합물에 대하여 정의된다. 가연한계 영역의 밖에서, 불꽃은 화염의 생성을 성공시킬 수도 있다. 그러나 가연성의 정의에 의해, 화염은 혼합물 내에서 연속적으로 전파될 수 없을 것이다. 인화성(ignitability)과 같이, 가연성도 유동과 열전달 효과들에 의존하기 때문에, 혼합물의 고유 물성으로써 고려될 수 없다. 시험조건에 대한 약간의 의존성도 고려되어야 한다. 그럼에도 불구하고, 상부 그리고 하부 가연한계의 보고된 값들은 화재안전설계 검토를 위하여 유용하게 사용되고 있으며, 약간의 일반성을 가지고 사용될 수 있다.

가연성에 대한 연료의 상(phase)과 혼합물 온도의 영향을 보여주기 위한 유용한 도표가 그림 4.15에 제시되어 있다. 자기점화 영역은 표기된 온도와 농도에서 혼합물 전체에 대한 연소반응으로써 특징지어진다. 이 온도영역 바깥부분에서는 단지 불꽃점화만이 가능하며, 가연성은 혼합물을 통해 연소반응이 전파됨에 의해 분명해진다. 온도가 충분히 낮은 조건에서 혼합물의 기체 연료는 액체 상태로 존재할 수 있다. 포화상태(saturation states)는 액체연료와 평형을 이루는 기체 연료농도를 나타낸다. 다시 말해서, 특정 온도에서 공기의 경우에 액체 연료 표면에서의 증기(vapor) 농도를 의미한다. 이 포화(또는 혼합물 분압)는 단일 성분의 액체연료와 같은 순수 물질에 대한 온도만의 함수임을 기억하자. 공기 중 액체 연료에 대한 가장 낮은 가연온도는 인화점(flashpoint, FP)으로 알려져 있다. 그러나 만약 연료가 공기 중 액적(droplets)의 형태로 있다면, 인화점보다 더 낮은 온도에서 불이 붙을 수 있다. 액적의 크기는 또한 이 에어로졸(aerosol) 영역에서 중요한 역할을 한다.

Zabetakis[5]는 (1) 연료, (2) 산화제 그리고 (3) 불활성(첨가제) 또는 방화제(fire retardant)로 구성된 3가지 성분의 혼합기를 해석하는데 유용한 2가지 형태의 가연성 도표를 제시하였다. 예를 들어, 불활성 화학종은 질소 또는 이산화탄소가 될 수 있다. 이들은 혼합기에 첨가되어 연료의 희석에 기여할 수 있다. 방화제의 예로서 사불화탄소(carbon tetrafluoride, $CF_4$)가 있다. 방화제는 화학적 역할을 수행함에 의해 연소반응을 억제할 뿐만 아니라 희석시키는 역할도 동반한다. 사각형이나 또는 삼각형 형식은 이러한 3가지 성분 시스템의 가연성을 나타내기 위해 사용될 수 있다. 그림 4.16(a)와 (b)는 $CH_4 - O_2 - N_2$를 나타내고 있다. 각 도표의 특징은 다음과 같다:

1. 도형 내의 각 정점에서 화학종의 몰농도 합은 100%이다: $X_{CH_4} + X_{O_2} + X_{N_2} = 100\%$
2. 도표 위의 한 상태에서 각 화학종의 농도는 해당 화학종의 농도가 항상 0이 되는 선(축)에 평행한 선을 긋고, 이 선과 해당 화학종의 축이 만나는 눈금의 수치에 해당된다.

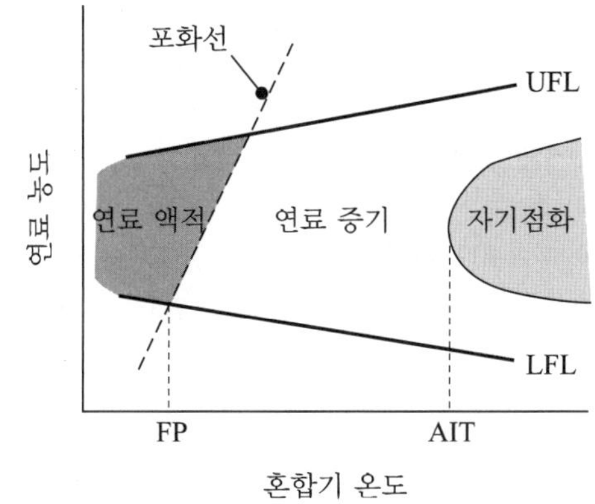


그림 4.15 ≫ 특정 압력에서 가연성에 대한 온도의 영향 (Zabetakis[5]에서 인용)

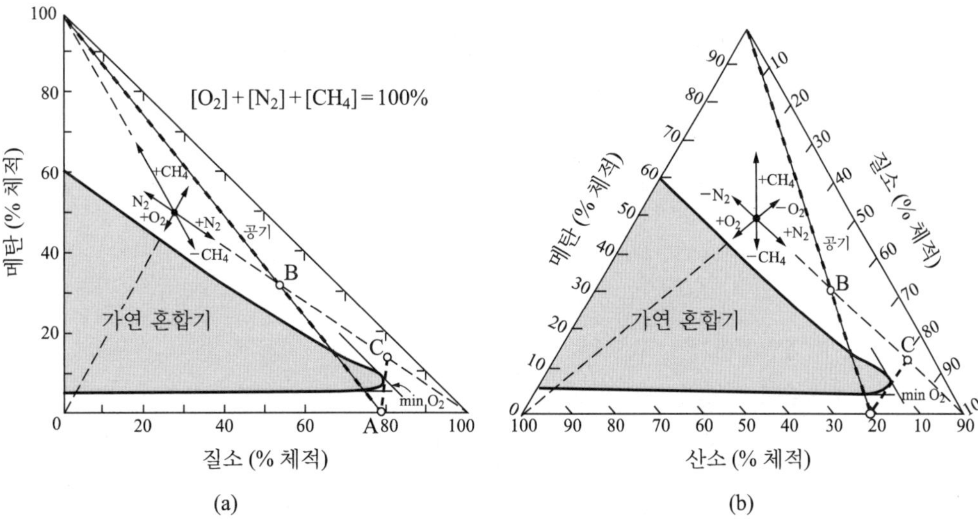


그림 4.16 ≫ 26℃, 1 atm에서 3가지 성분 시스템에 대한 가연성 도표 (Zabetakis[5]에서 인용)

3. 화학종은 100% 농도의 방향으로 이 교차점을 향해 이동하면서 더해진다.
4. 공기 경계선(air-line)은 항상 공기의 것과 동일한 $O_2$와 $N_2$의 농도를 갖는다.

### 예제 4.1

Beyler[21]에 의해 기술된 The SFPE Handbook에서 예제가 인용되었다. 메탄이 200 m$^3$ 방에 체적비로 30%의 농도가 될 때까지 누설되었다. 공기가 이 방 공간에 안전하게 유입되기 전에 어느 정도의 질소가 방에 공급되어져야 하는지 계산하라.

**풀이** 과정(Process)이 일정한 온도와 압력에서 일어난다고 가정하고 그림 4.16을 적용하자. 일정한 압력에 대한 가정은 메탄이 방에 누설될 때, 일정한 체적 과정에서 발생된 것과 같이(즉, $p = mRT/V$), 압력이 증가되지 않음을 의미한다. 그 결과, 공기가 더해졌을 때, 방안의 기체 체적은 증가되어야 한다. 따라서 이들 기체들은 방 외부로 누설된다.

추가로 방 내부의 혼합기가 잘 혼합되어 있다고 가정하자. 일반적으로 이 가정은 실제로 일어나지 않을 것이다. 그 이유는 메탄이 공기보다 가볍기 때문에 천장에서 층을 이루기 때문이다. 이러한 비혼합 조건 하에서, 방 안에는 다른 가연성 조건들이 존재하게 될 것이다. 혼합된 상태는 그림 4.16(b)의 B에 의해 주어진다:

$$\text{B}: \quad X_{CH_4} = 30\%, \qquad X_{O_2} = 0.21(70\%), \qquad X_{N_2} = 0.79(70\%)$$

혼합기에 $N_2$를 균일하게 더하고, 100% $N_2$를 향하여 B-C선을 따라 이동해보자. 공기가 안전하게 더해질 수 있기 전에 최소한의 $N_2$양은 공기의 추가가 더 이상 가연 혼합영역을 가로지르지 않는 상태 C에 위치함을 알 수 있다. 이것은 그림 4.16(b)에서 과정 B → C 그리고 C → A에서 확인된다:

$$\text{C}: \quad X_{CH_4} = 13\%, \qquad X_{O_2} = 5\%, \qquad X_{N_2} = 82\%$$

상태 C가 발견되었지만, 더해지는 $N_2$의 양을 찾기 위하여 화학종 $N_2$의 질량보존식이 사용되어야 한다.

C에서 파선(dashed line)에 의해 정의된 검사체적을 생각해보자. 식 (3.23)을 적용하면:

$$m\frac{dY_{N_2}}{dt} + \dot{m}_{N_2}(Y_{N_2} - 1) = 0$$

여기서, $Y_{N_2}$는 방 내부 혼합기에서 $N_2$의 질량분율이며, $m$은 방 내부 기체의 질량 그리고 $\dot{m}_{N_2}$는 더해질 $N_2$의 질량 유량이다. $N_2$와 관련된 화학반응은 없기 때문에 식 (3.23)의 우변은 0이다. 또한 유동방향으로 질소 농도의 구배는 무시될 수 있다고 가정하는 것은 타당하기 때문에, $N_2$의 확산은 입구 및 출구 유동에서 무시될 수 있다. 혼합기의 질량은 과정 B → C 동안 변화될 수 있다. 밀도($\rho$)와 방의 체적($V = 200$ m$^3$)에 관하여 표현하면,

$$m = \rho V$$

혼합기의 완전기체법칙(perfect gas law)에 의해

$$\rho = \frac{p}{RT}M$$

또는 $\rho$는 오직 혼합기의 분자량에 의존한다.

$$M = \sum_{i=1}^{3} X_i M_i$$

상태 B에서

$$M_B = (0.30)(16) + (0.147)(32) + (0.543)(28) = 24.7$$

그리고 상태 C에서

$$M_C = (0.13)(16) + (0.05)(32) + (0.82)(28) = 26.6$$

그 결과, 밀도를 상수로 처리하는 것은 타당하다. 이러한 가정과 함께, 미분방정식은 적분될 수 있다. $y = Y_{N_2} - 1$ 그리고 $Y_{N_2} = X_{N_2}(M_{N_2}/M)$이라고 하자. 이때

$$\frac{dy}{dt} = -\frac{\dot{m}_{N_2}}{\rho V} y$$

여기서 (B) $t = 0$, $Y_{N_2} = (0.543)(28/24.7) = 0.616$ 그리고 (C) $t_{final}$, $Y_{N_2} = (0.82)(28/26.6) = 0.863$. 따라서

$$\ln\left(\frac{1-0.863}{1-0.616}\right) = \frac{-\int_0^{final} \dot{m}_{N_2} dt}{\rho V}$$

만약 $\dot{m}_{N_2}$가 $N_2$의 체적유량으로 표현된다면, 더해진 질소의 체적은 ($p = 1$ atm, $T = 26$℃에서)

$$\rho_{N_2} V_{N_2} = \int_0^{t_{final}} \dot{m}_{N_2} dt$$

또는

$$V_{N_2} = \left(\frac{\rho}{\rho_{N_2}}\right) V \ln(2.80) \approx (1)(200\ \mathrm{m}^3)(1.031) = 206\ \mathrm{m}^3$$

$N_2$나 또는 공기가 더해졌을 때, 방으로부터 누설된 기체 혼합기에는 항상 $CH_4$가 포함되어 있음을 안다는 것은 흥미로운 일이다. 이 배출된 메탄은 외부 공기와 혼합되었을 때 가연 농도를 형성할 수 있다. 외부 공기에 배출 유동의 가연 상태는 B-C 궤적(locus)에서 A까지 선의 연장을 통해 표현될 수 있다.

그림 4.17은 질소와 공기 혼합기에 천연가스(natural gas)의 가연성에 대한 압력변화의 영향을 보여주고 있다. 그림에서 압력 증가에 따라 상부경계의 급격한 증가를 볼 수 있다. 그림 4.18은

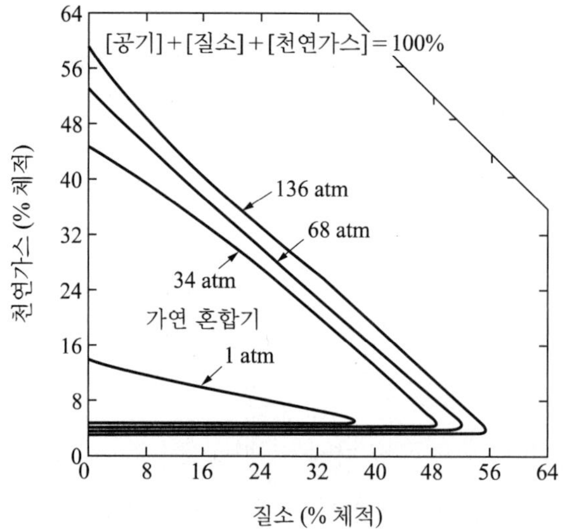


그림 4.17 ≫ 26℃에서 천연가스-질소-공기 혼합기의 가연한계에 대한 압력의 영향 (Zabetakis[5]에서 인용)

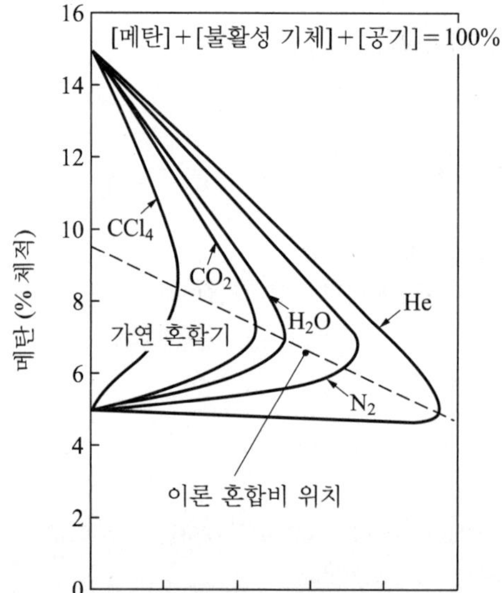


그림 4.18 ≫ 26℃, 대기압에서 다양한 메탄-불활성 기체-공기 혼합기의 가연한계 (Zabetakis[5]에서 인용)

메탄의 가연성에 대한 할로겐화 방화제(retardant), 4염화탄소(carbon tetrachloride)를 포함한 다양한 희석제의 영향을 보여주고 있다. 무게와 독성의 관점에서 특정 희석제의 최적화는 이 그림으로부터 가늠할 수 있다. 이들 도표는 특정한 점화원에 대하여 혼합기의 가연성에 관한 가능성뿐만 아니라 희석제(불활성 기체 또는 할로겐 소화약제)의 첨가로 인한 화재(공기 중에 $CH_4$를 말함)의 억제 및 소화를 가늠하기 위하여 사용될 수 있음에 주목해야 한다. 그림 4.18에서, 이론혼합비 혼합기의 불연성을 만들기 위해 요구되는 ($CCl_4$)의 소화농도는 염화이온의 연료 화학종 자유 라디칼(free radicals)에 대한 화학적 억제효과 때문에 불활성 기체에 비해 더 낮다. 이때 자유 라디칼은 감소되며, 반응속도는 실질적으로 느려진다.

## 4.8 하부 가연한계에 관한 경험적 상관식

파라핀계 탄화수소($C_nH_{2n+2}$)의 물성은 때때로 일반적인 공통 연료들을 묘사하기 위해 사용될 수 있는 일부 근사적 관계식을 보여준다[5]. 표 4.6은 일부 데이터를 제시한 것이다.

하부 가연한계(LFL)는 25℃, 1 atm의 조건에서 연료의 이론혼합비 농도에 대략적으로 비례하는 것으로 발견된다:

$$X_L = 0.55X_{st} \tag{4.51}$$

상부 한계농도는 다음과 같다:

$$X_U = 6.5\sqrt{X_L} \tag{4.52}$$

하부 가연한계 농도에서 불활성 첨가물을 포함한 혼합기에 대하여 단열 화염온도는 약 1300℃로 확인된다. 이 근사치의 정확도는 공기 중 프로판에 대하여 그림 4.19에 도시되었다. 이 근사적

**표 4.6** 파라핀계 탄화수소들의 가연 물성(25℃, 1 atm 조건)

| 연료 | $M$ | $\rho/\rho_{air}$ | $\Delta h_c$ (kJ/mole) | $X_L$ (%) | $X_{st}$ (%) | $X_U$ (%) |
|---|---|---|---|---|---|---|
| 메탄, $CH_4$ | 16.0 | 0.55 | 802 | 5.0 | 9.5 | 15.0 |
| 에탄, $C_2H_6$ | 30.1 | 1.04 | 1430 | 3.0 | 5.6 | 12.4 |
| 프로판, $C_3H_8$ | 44.1 | 1.52 | 2030 | 2.1 | 4.0 | 9.5 |
| *n*-부탄, $C_4H_{10}$ | 58.1 | 2.01 | 2640 | 1.8 | 3.1 | 8.4 |
| *n*-펜탄, $C_5H_{12}$ | 72.2 | 2.49 | 3270 | 1.4 | 2.5 | 7.8 |
| *n*-헥산, $C_6H_{14}$ | 86.2 | 2.98 | 3870 | 1.2 | 2.2 | 7.4 |
| *n*-헵탄, $C_7H_{16}$ | 100.0 | 3.46 | 4460 | 1.1 | 1.9 | 6.7 |

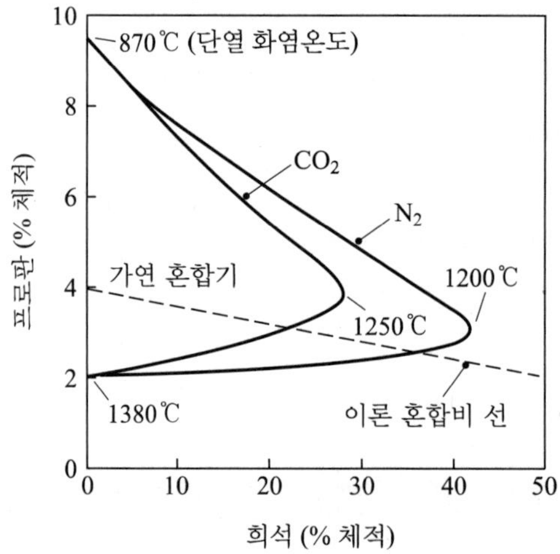


**그림 4.19 ≫ 프로판의 단열 화염온도와 혼합기 농도[5,13]**

관계는 넓은 범위의 조건에서 하부 한계 예측을 가능케 한다. 특정한 혼합기의 연소에 의해 발생되는 온도를 생각해보자. 초기온도 $T_u$에서 공급된 연료($X_F$), 산소($X_{O_2}$) 그리고 불활성 첨가물($X_D$)의 혼합기에 대하여, 모든 연료가 소모되는 조건에서, 식 (2.22)에 의해 주어진 단열 화염온도($T_{f,ad}$)는

$$\sum_{\substack{i=1 \\ \text{생성물}}}^{N} \int_{25℃}^{T_{f,ad}} X_i \left(\frac{n_p}{n_u}\right) \tilde{c}_{p_i} dT - \sum_{\substack{i=1 \\ \text{반응물}}}^{N} \int_{25℃}^{T_u} X_i \tilde{c}_{p_i} dT = X_{F,u} \Delta \tilde{h}_c \tag{4.53}$$

기본적으로, 초기 (미연) 혼합기($X_{F,u}$)에서 모든 연료가 연소되어 방출된 화학에너지는 연소생성물의 온도를 증가시키는 저장된 감지에너지(sensible energy)와 같다. 생성물과 반응물의 비열이 일정하다는 근사를 통해, 공기 중 연소를 통해 발생되는 일반적인 하부 한계에서 비열은 질소의 비열과 거의 유사하다. 이때 식 (4.53)은

$$T_{f,ad} = T_u + \frac{X_{F,u} \Delta \tilde{h}_c}{\tilde{c}_{p,u}} \tag{4.54}$$

여기서 $X_{F,u}$는 미연 연료 몰분율이고 $\Delta \tilde{h}_c$는 몰 단위의 연소열이다. 다른 초기온도($T_u$)에서 혼합기에 대한 1300℃의 일정한 단열 화염온도 근사치의 적용은 온도의 함수로서 하부 경계에 대한 관계를 제공한다.

$$X_L(T_u) = \frac{\tilde{c}_{p,u}(1300℃ - T_u)}{\Delta \tilde{h}_c} \tag{4.55}$$

초기 미연 혼합물의 온도 $T_u = 25℃$, 비열 $\tilde{c}_{p,u} = 0.030$ kJ/mole K의 조건에서

$$X_L \Delta \tilde{h}_c \approx 38 \text{ kJ/mole} \tag{4.56}$$

유사한 분석이 파라핀계 탄화수소 연료의 혼합물에 적용될 수 있다. 이때 $X_i$는 연료 혼합물의 $i$번째 연료 농도로 정의되며, $X_{L_i}$는 공기 중 오직 단일 $i$번째 연료에 의한 하부 한계를 나타낸다. 그리고 $X_L$은 공기 중 연료 혼합물의 하부 한계를 의미한다. $N$개 연료들의 혼합물에서, 연료 혼합물(예를 들어 10% $CH_4$, 90% $C_3H_8$)에 관한 연소열은

$$\Delta \tilde{h}_c = \sum_{i=1}^{N} X_i \Delta \tilde{h}_{c_i} \tag{4.57}$$

여기서 $\Delta \tilde{h}_{c_i}$는 $i$번째 연료의 연소열이다. 식 (4.55)의 근사를 통해

$$X_{L_i} \Delta \tilde{h}_{c_i} = X_L \Delta \tilde{h}_c = \tilde{c}_{p,u}(1300℃ - 25℃) \tag{4.58}$$

위 두 식을 결합하면,

$$\tilde{c}_{p,u}(1300℃ - 25℃) = X_L \sum_{i=1}^{N} X_i \left[ \frac{\tilde{c}_{p,u}(1300℃ - 25℃)}{X_{L_i}} \right]$$

또는

$$\frac{1}{X_L} = \sum_{i=1}^{N\,\text{연료}} \left( \frac{X_i}{X_{L_i}} \right) \tag{4.59}$$

위 식은 Le Chatelier의 법칙으로 알려져 있으며, 연료농도($X_i$)와 각각의 개별 하부 한계($X_{L_i}$)를 이용하여 $N$개의 연료 혼합물에 대한 하부 한계의 결정을 가능하게 한다.

## 4.9 점화, 전파 및 소염의 정량적 분석

예혼합연소 시스템의 점화, 전파 그리고 소염은 상세 화학반응속도론과 매우 비선형적인 온도 효과에 의존한다. 비록 온도의 함수로서 에너지 생성 및 열손실항과 관련된 그림들을 통해 이들 현상의 정성적 표현이 이루어졌으나, 이들 현상들의 중요도를 정량적으로 알아내는 것은 어렵다. 안타깝게도, 상당한 노력 없이 정확한 계산을 하는 것은 불가능하다. 그러나 0차 반응식에 대한 화염속도 그리고 연소율의 근사식은 유효한 근사 결과를 얻는 방법을 제공한다. 이 과정은 다시 언급될 것이다.

정량적인 결과들은 우리가 선택한 물성 데이터에 매우 크게 의존할 것이다. 다음의 대표적 공기와 연료 혼합기의 물성들은 실질적인 결과를 제공하는 것으로 확인되었다.

$$\rho_u = 1.1\ \text{kg/m}^3$$

$$c_p = 1.0\ \text{kJ/kg K}$$

$$k = 0.026\ \text{W/m K}$$

$$\alpha = k/\rho_u c_p = 2.4\times10^{-5}\ \text{m}^2/\text{s}$$

$$\Delta h_c = 40\ \text{kJ/g}$$

$$E = 160\ \text{kJ/mole}$$

$$A = 10^7\ \text{kg/m}^3\ \text{s}$$

또한, 화염전파의 하부 한계와 이론 혼합비를 갖는 혼합기 사이의 대표적인 희박 연료 질량분율은 약 $Y_{F,u}=0.03$에서 0.05의 분포를 갖는다. 이것은 다음 식으로부터 단열 화염온도에 해당된다.

$$c_p(T_{f,ad} - T_u) = Y_{F,u}\Delta h_c$$

이때, $T_u=25$℃에서 $T_{f,ad}$는 1225℃에서 2025℃의 범위에 있다.

식 (4.40)을 사용하면, 해당되는 각각의 화염속도는 0.24와 1.7 m/s로 계산된다. 이들 값은 그림 4.8에 따라 실질적인 값이라 할 수 있다.

### 4.9.1 자기점화의 계산

온도 $T_\infty$에서 공기에 의해 둘러싸인 반경 $r=1$ cm의 구형 가연 혼합기를 생각해보자. 열손실 계수는 순수 조건으로써 다음과 같이 근사된다.

$$h \approx k/r = 0.026/0.01 = 2.2\ \mathrm{W/m^2\ K}$$

식 (4.3)과 (4.4)로부터, 점화를 일으키기 위해 요구되는 최소온도 $T_\infty$의 해는 발견될 수 있다. 가연 혼합기의 평균온도 $T$의 함수로서 $\dot{Q}_L$과 $\dot{Q}_R$를 그래프로 표현하면

$$\dot{Q}_L = h(4\pi r^2)(T - T_\infty) = 0.00327(T - T_\infty)\ \mathrm{W}$$

$$\dot{Q}_R = \dot{m}_F''' \Delta h_c (4/3)\pi r^3 = 1.67 \times 10^6 e^{-1.92 \times 10^4/T}\ \mathrm{W}$$

이들 결과는 그림 4.20에 도시되었다. $T_\infty < 527$℃에서는 점화가 발생되지 않으며, 단지 안정한 해의 결과, 즉 $T_\infty = 227$℃ 그리고 $T = 230$℃가 얻어진다. 임계 접점조건 $c$는 $T_\infty = 527$℃와 $T = 550$℃의 조건에서 점화를 개시할 수 있는 최소 조건이다. 이 점화조건에 도달하기 위한 시간은 식 (4.11)과 (4.24)로부터 예측될 수 있으며, 다음과 같다.

$$t_{ig} \approx t_c + t_R$$

여기서

$$t_c = \frac{\rho c_p (4/3)\pi r^3}{(k/r)4\pi r^2} = \frac{r^2}{k/\rho c_p}$$

$$= \frac{(0.01\ \mathrm{m})^2}{2.4 \times 10^{-5}\ \mathrm{m^2/s}} = 4.2\ \mathrm{s}$$

그리고

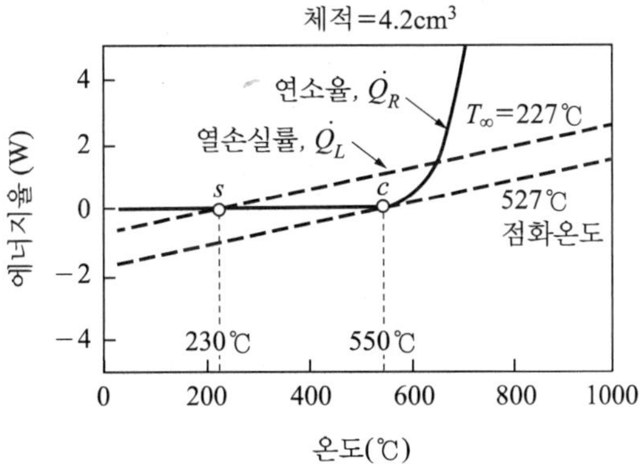


그림 4.20 ≫ 자기점화의 계산

$$t_R = \frac{\rho c_p T_\infty}{[E/(RT_\infty)]\Delta h_c \dot{m}_F'''}$$

$$= \frac{(1.1\ \mathrm{kg/m^3})(1.0\ \mathrm{kJ/kg\ K})(800\ \mathrm{K})}{\{160\times 10^3/(8.314)(800)\}(40\times 10^3\ \mathrm{kJ/kg})10^7\ \mathrm{kg/m^3\ s}\ e^{-1.92/800}}$$

$$= 2.4\ \mathrm{s}$$

그 결과, 점화시간은 약 6 s이다.

### 4.9.2 불꽃점화의 계산

균일하게 분포된 에너지원을 갖는 반경 1 cm의 동일한 구형 가연 혼합기를 생각해보자. 이것은 약 10,000℃를 가질 수 있는 실질적인 전기 아크 점화원 또는 1 mm보다 작은 분포를 갖는 약 2,000℃의 화염에 대한 이상적 형상이다. 이러한 가정에 대하여, 혼합기의 온도에 대한 함수로서 식 (4.26)과 (4.27)을 그래프로 표현해보자. 여기서 $T_\infty = 25$℃이며, 불꽃 생성을 위해 요구되는 에너지 공급률을 결정한다. 그림 4.21에서의 구성은 필요 에너지가 주위가 아닌 불꽃에서 공급되는 것을 제외하고는 그림 4.20에서와 유사한다. 점화를 위한 임계조건은 연료와 산화제가 존재하는 한 변화되는 온도에서 안정된 해를 더 이상 가져오지 않는 1.65 W의 에너지 공급률에 해당된다. 임계조건에서, 혼합기의 온도는 자기점화의 조건에서도 발견된 550℃이다. 가열은 내부에서 균일하게 이루어지기 때문에, 점화시간은 527℃에서 보다 빨리 예측된 반응시간 또는 2.4 s로서 예측될 수 있다. 1.65 W의 균일하고 일정한 불꽃으로, 약 4 J의 최소 에너지가 요구된다. 불꽃이나 전기적 에너지는 약 1 mJ이며, 매우 작은 영역에 걸쳐 매우 높은 온도를 가져온다. 균일한 불꽃의 가정은 상당한 오차를 가져올 수 있다. 그럼에도 불구하고, 에너지의 비교적 작은 양은 충분히 높은 온도를 발생시키며, 가연 혼합기의 점화를 유도할 것이다.

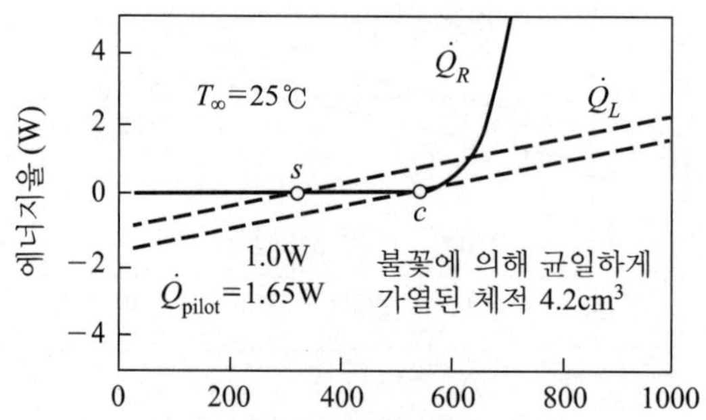


그림 4.21 ≫ 불꽃점화의 계산

### 4.9.3 화염전파와 소염 계산

만약 농도가 충분히 공급되고, 과도한 냉각을 가져오는 변화가 없다면, 연료와 산화제의 혼합기에 한번 발생된 점화로 인하여 화염전파는 연속적으로 일어날 것이다. 0차 반응식 모델은 연료가 희박한 조건을 나타낸 것으로 가정되었다. 선택된 물성들을 식 (4.43)에 대입함에 의해, 순에너지 방출 그리고 손실 곡선들은 화염온도의 함수로서 그림 4.22에 도시되었다. 혼합기의 초기온도는 25℃이며 연료 질량분율은 각각 이론혼합비와 하부 한계의 대표적인 값을 나타내는 0.05와 0.03이다. 이 하부 한계에서 정상 해를 얻는 것은 불가능하며, 계산이 옳은지에 대하여 검토가 요구된다. 연소율은 화염온도에서 평가되어지며, $\delta_R$은 또한 화염온도에서 $S_u$와 함께 식 (4.44)를 통해 발견된다:

$$\dot{Q}_R'' = \dot{m}_F'''\delta_R[\,40\times10^3\ \text{kJ/g} - 1\ \text{kJ/kg K}(T-298\ \text{K})/Y_{F,u}\,]\quad \text{kW/m}^2$$

$$\dot{Q}_L'' = (0.026\times10^{-3}\ \text{kW/m K})(T-298\ \text{K})/\delta_R\quad \text{kW/m}^2$$

$$\dot{m}_F''' = 10^7\ \text{kg/m}^3\ \text{s}\ \exp(-1.92\times10^4/T)\quad \text{kg/m}^3\ \text{s}$$

$$\delta_R = 3(2.4\times10^{-5}\ \text{m}^2\ \text{s})/S_u\quad \text{m}$$

$$S_u = \left[\frac{3(2.4\times10^{-5}\ \text{m}^2\ \text{s})(40\times10^3\ \text{kJ/kg})\dot{m}_F'''}{(1.1\ \text{kg/m}^3)(1\ \text{kJ/kg K})(T-298)}\right]^{1/2}\quad \text{m/s}$$

$\dot{Q}_L''$의 결과는 $\delta_R$의 낮은 예측으로 인하여 다소 크게 예측되기 때문에, 대안으로서 선형적 열손실 관계식이 그림 4.22에 제시되었다. 선형적 손실은 1.65 mm의 일정한 반응 두께를 고려한다. 이것은 물성과 반응속도 모델링 변수들의 민감도를 보여준다. 더욱 민감한 결과들이 제공

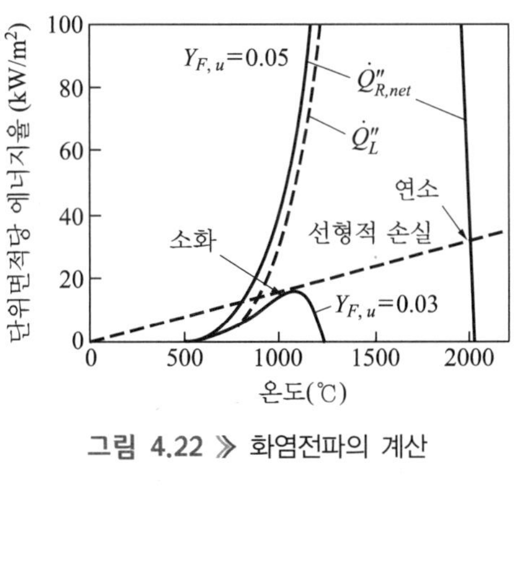


그림 4.22 ≫ 화염전파의 계산

될 때 이 선형적 열손실 방법을 사용해보자. $Y_{F,u}=0.05$에 대하여, 해당되는 단열 화염온도 2025℃에 대한 약 2000℃의 화염온도에서 뚜렷한 안정적 해가 발견된다. $Y_{F,u}=0.03$에서, 해당되는 단열 화염온도 1225℃와 함께 약 1050℃에서 접선 교차점과 함께 소염의 발생이 예측된다.

### 4.9.4 소염직경의 계산

이 경우에, 손실은 단지 25℃ 관 벽면에서만 발생된다고 고려된다. 순 에너지방출은 위의 식 (4.43)을 통해 계산되며, 단위 관의 단면적당 벽면으로의 열손실은 다음과 같다.

$$\dot{Q}_L'' = 14.64(0.02\times10^{-3}\,\mathrm{kW/m\ K})(T-298)\delta_R/D^2 \quad \mathrm{kW/m^2}$$

여기서, $\delta_R$은 앞에서와 같이 산정된다. 그림 4.23은 $Y_{F,u}=0.05$와 $T_u=25$℃에 대하여 계산된 결과들을 보여주고 있다. 직경은 해의 타당성을 보여주기 위해 변화되었다. 임계조건은 0.375 mm에서 소염직경을 보여주고 있다. 연소 또는 안정된 화염전파는 이보다 더 큰 직경에서 일어날 것이다.

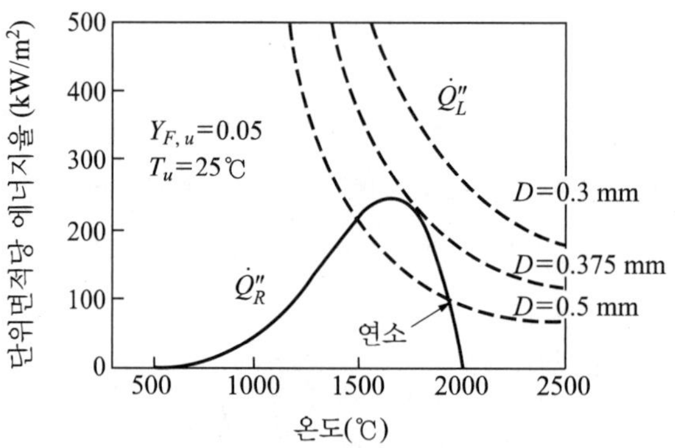


그림 4.23 » 소염직경의 계산

# | 참 | 고 | 문 | 헌 |

1. Arrhenius, S., On the reaction velocity of the inversion of cane sugar by acids, Z. *Phys. Chem.*, 1889, **4**, 226-48.
2. Westbrook, C.K. and Dryer, F.L., Chemical kinetic modeling of hydrocarbon combustion, *Prog. Energy Combust. Sci.*, 1984, **10**, 1-57.
3. Semenov, N.N., Zur theorie des verbrennungsprozesses, Z. *Phys. Chem.*, 1928, **48**, 571.
4. ASTM E 659, *Standard Test Method for Autoignition of Liquid Chemicals*, American Society for Testing and Materials, Philadelphia, Pennsylvania, 1978.
5. Zabetakis, M.G., Flammability characteristics of combustible gases and vapors, Bureau of Mines Bulletin 627, 1965.
6. Botha, J.P. and Spalding, D.B., The laminar flame speed of propane-air mixtures with heat extraction from the flame, *Proc. Royal Soc. London*, *Ser. A.*, 1954, **225**, 71-96.
7. Mallard, E. and Le Chatelier, H., Recherches experimentales et theoriques sur la combustion des melanges gaseoux explosifs, *Ann. Mines*, 1883, **4**, 379.
8. Zeldovich, Ya. B., Barenblatt, G.I., Librovich, V.B. and Makviladze, G.M., *The Mathematical Theory of Combustion and Explosions*, Consultants Bureau, New York, 1985, p. 268.
9. Meyer, E., A theory of flame proposition limits due to heat loss, *Combustion and Flame*, 1957, **1**, 438-52.
10. Incroprera, F.P. and DeWitt, D.P., *Fundamentals of Heat and Mass Transfer*, 4th edn., John Wiley & Sons, New York, 1996, p. 444.
11. Coward, H.F. and Jones, G.W., Limits of flammability of gases and vapors, Bureau of Mines Bulletin 627, 1965.
12. Beyler, C., Flammability limits of premixed and diffusion flames, in *The SFPE Handbook of Fire Protection Engineering*, 2nd edn (eds P.J. Di Nenno *et al.*), Section 2, Chapter 9, National Fire Protection Association, Quiney, Massachusetts, 1995, p. **2**-154.
13. Lewis, B. and von Elbe, G., *Combustion, Flames and Explosions of Gases*, 2nd edn., Academic Press, New York, 1961, p. 30.

## | 연 | 습 | 문 | 제 |

**4.1** 정지된 연료-공기 혼합기 내부에서 연소속도 $S_u$로 움직이는 예혼합화염 주위의 검사체적에 대하여 에너지보존식이 표현되었다. 이 방정식은 아래와 같이 주어진다:

$$c_p \frac{d}{dt} \iiint_{CV} \rho T dV = \dot{m}_F''' \delta_R \Delta h_c - \rho_u S_u c_p (T_b - T_u) - k(T_b - T_u)/\delta_R$$

에너지보존식의 각 항들이 무엇을 의미하는지 설명하시오.

**4.2** 연소속도 $S_u$는 비누 거품 내에서 구형 화염의 속도를 측정하는 기법에 의해 결정될 수 있다. 이 과정은 아래의 그림과 같다.

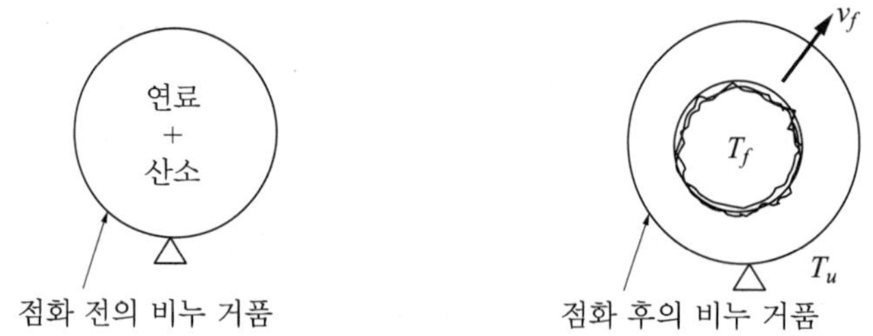


> 화염의 선단은 속도 $v_f = 6$ m/s로 움직인다.
> 기연 영역에서의 온도는 $T_f = 2400$ K이다.
> 미연 영역에서의 온도는 $T_u = 300$ K이다.
> 연소된 가스는 정지되어 있다.

이때 연소속도 $S_u$를 결정하여라. (힌트: 화염 주위의 검사체적을 그리고 질량보존식을 적어라.)

**4.3** 메탄과 공기의 혼합기가 25℃에서 분젠버너에 공급되었다. 튜브의 직경은 1 cm이고 혼합기는 0.6 m/s의 평균속도를 갖는다.

(a) 버너에서 화염을 생성시킬 수 있는 메탄의 최소 그리고 최대 질량 유량을 계산하라.

(b) 이론혼합비를 갖는 혼합기에 대하여, 튜브 출구에서 안정된 원뿔 형상의 화염이 형성된다. 공기 중 메탄의 층류 연소속도는 0.37 m/s이다. 이때 원뿔의 반각(half-angle) $\phi$를 계산하라.

원뿔의 표면적 $A_s = \pi R^2/\sin\phi$이다.

(c) 이론혼합비의 조건을 유지한 상태에서 만약 혼합기의 유량을 증가시킨다면 우리는 어떠한 변화를 예측할 수 있는가?

(d) 이론혼합비의 조건을 유지한 상태에서 혼합기의 유속이 0.1 m/s로 감소되었다. 화염은 평면파(plane wave)로 튜브 안으로 전파되기 시작한다. 화염의 전파는 일정한 속도로 이루어진다고 가정한다면, 이때 화염 전파속도($v_f$)를 계산하라.

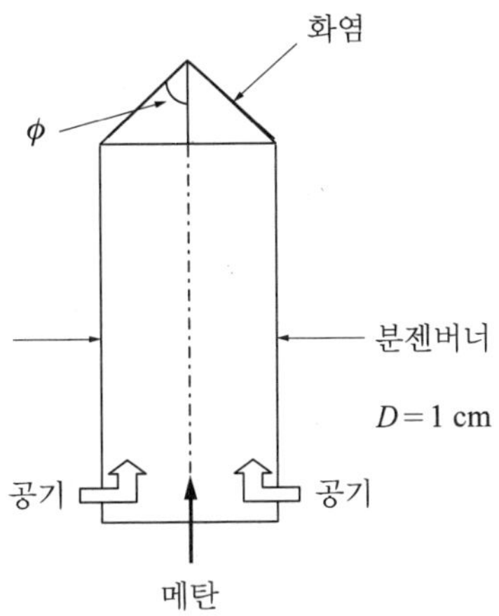


**4.4** 단면적이 $A$인 수평 원형 튜브의 한쪽 끝이 닫혀있을 때 가연성 혼합기의 점화를 고려해보자. 튜브의 반대쪽은 더 작은 단면적 $A_o$의 개방구를 갖는다. 이 과정은 아래 그림에 나타내었다. 튜브 내에서 화염속도를 $v_f$라고 하자. 이 화염속도는 단열조건에서 일정한 값을 갖는 이상적인 연소속도 $S_u$와는 다른 값을 갖게 된다. 다음과 같은 가정이 적용된다.

- 화염확산은 단열조건에서 진행된다. 튜브 벽면으로의 열전달은 없으며, 따라서 연소 생성물의 온도 $T_b$와 미연 생성물의 온도 $T_u$는 일정하다.
- 베르누이 방정식이 튜브 출구에서 적용된다.
- 배출되는 제트의 축소단면(vena contracta)을 구하기 위한 수축 면적비는 $C_o$이다.
- 완전기체법칙이 적용된다.
- 튜브 내의 압력은 시간에 따라 변화된다. 그러나 튜브 내에서는 공간적으로 균일한 값을 갖는다.
- 비열은 일정하다.
- 반응속도 $\dot{m}_F'''$와 화염두께 $\delta_R$은 다음 식에 의해 이상적인 연소속도와 관련된다.

$$\rho_u c_p S_u (T_b - T_u) = \dot{m}_F''' \delta_R \Delta h_c \qquad S_u \approx \frac{3k}{\rho_u c_p \delta_R}$$

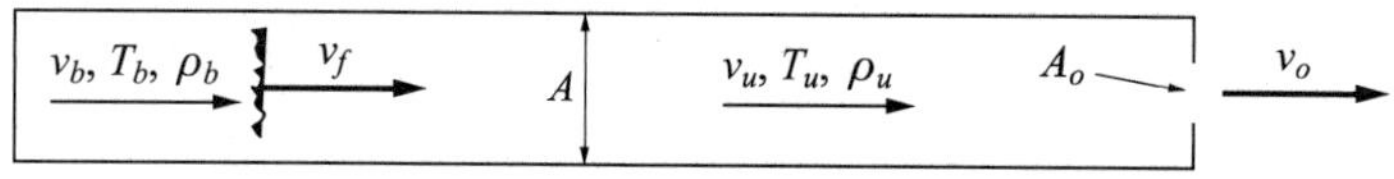


(a) 이상적인 연소속도와 미연 혼합기의 속도를 이용하여 화염의 속도를 표현하라. (힌트: 이상적인 연소속도의 정의를 사용하라.)

(b) 튜브 가스와 외부 주위 사이의 압력차 $p-p_o$의 항으로 미연 혼합기의 속도를 표현하라. (힌트: 베르누이 방정식을 사용하라.)

(c) 튜브 내부의 압력에 대한 미분 방정식을 유도하라. 이때 들어가는 다른 변수들에 대해서는 교재에서 사용된 용어들을 사용하라. (힌트: 에너지방정식, 식(3.45)를 사용하라.)

에너지방정식을 풀고 튜브 내의 화염속도의 거동을 논의하라. (출구 유속은 음속을 초과할 수 없는 즉, 초크유동(choked flow)이기 때문에 속도에 대한 한계가 있다.)

**4.5** 가연성 기체 혼합기는 25℃와 $1.06\times10^5$ Pa의 압력의 방에서 정지되어 있으며 균일한 농도분포 조건 하에 있다. 가스 혼합기의 물성은 공기 중 연소속도 $S_u = 0.5$ m/s와 단열 화염온도 2130℃를 갖는다. 방은 관찰자가 불꽃을 발생시킬 수 있는 한쪽 끝단에서 완전히 개방(3 m × 3 m)되어 있다. 이것은 혼합기 내부로 평면-파 단열 층류화염전파를 발생하여 15 m를 전파하게 한다. 방의 과정들은 또한 미연 그리고 연소된 가스 온도가 고정되도록 단열조건 하에서 진행된다.

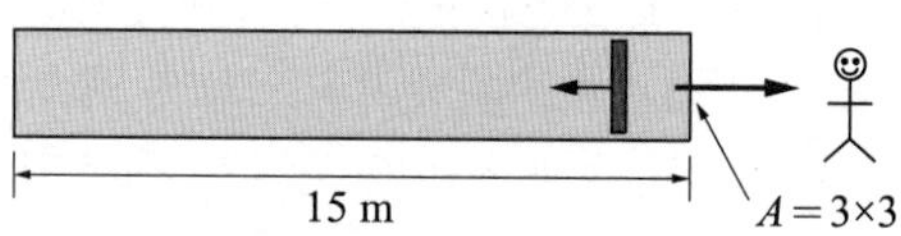


(a) 관찰자에 의해 보여지는 화염전파속도는 얼마인가?

(b) 관찰자에 의해 보여지는 연소된 가스가 방을 나갈 때의 속도는 얼마인가?
이때 방 내부의 압력은 균일하다고 가정한다. 그러나 시간에 따라 변화될 수 있다.

(c) 0.5 s 이후에 구획실 내부의 압력 상승을 계산하라.

다른 물성값: 혼합기의 비열 $c_p = 1.0$ kJ/kg K, $c_v = 0.71$ kJ/kg K, $p = R\rho T$, 1 N/m$^2$ = 1 Pa, 1 N = 1 kg m/s$^2$ 그리고 1 J = 1 N m.

**4.6** 공기 중 노멀 부탄($n$-$C_4H_{10}$)의 하부 가연한계가 체적비로 1.8%로 주어진다면, 이 한계에서 단열 화염온도를 계산하라. 초기 온도는 25℃로 가정하자. 표 4.5를 사용하라.

**4.7** Le Chatelier의 법칙에 의하여 80%(몰 기준) 메탄과 20% 프로판 혼합물의 공기 중 LFL은 얼마인가? 또한 이 시스템의 단열 화염온도는 얼마인가?

**4.8** 영국의 연소 과학자 Felix Weinberg는 공기 중 메탄의 체적비가 1%인 혼합기를 1270 K까지 예열한다면 연소될 수 있음을 확인하였다. 비록 이 온도는 공기 중 메탄의 자기점화 온도(~550℃)보다 높지만, 자기점화 결과 이전에 불꽃점화에 의해 연소되는 혼합기를 확인할 수 있었다. 1270 K의 초기 혼합기 온도에서 LFL을 직접 예측해보자. 그 결과가 실험결과와 일치하는가?

**4.9** 25℃ 공기 중 에탄($C_2H_6$)에 대하여 정압 및 아래의 조건 하에서 단열 화염온도를 계산하라.

(a) 하부 가연한계($X_L$)에서;

(b) 이론혼합비의 혼합기 조건에서($X_{st}$).

이때 표 2.1과 4.6을 사용하라.

**4.10** 공기 중 $H_2$에 대한 하부 가연한계에서의 단열 화염온도는 700℃이다. 이 정보를 이용하여, 25℃에서 수소-공기 혼합기에 대한 체적%의 LFL를 예측하라. 생성물에 포함된 물은 증기 상태로 가정하라.

**4.11** 25℃와 1 atm의 압력조건 하에서 공기 중에 체적으로 2%의 아세톤과 4%의 에탄올의 가스 혼합물이 있다.

> 정보:
> 아세톤($C_3H_6O$)의 연소열 : $\Delta h_c = 1786$ kJ/g mol
> 에탄올($C_2H_5OH$)의 연소열 : $\Delta h_c = 1232$ kJ/g mol
> 원자량 : H = 1, C = 12, O = 16 그리고 N = 14
> 각 화학종의 비열 $c_{p,i} = 1$ kJ/kg K

이때 다음을 계산하라.

(a) 정압 하의 반응에 대하여, 생성혼합물에서의 산소의 분압을 계산하라.

(b) 이 혼합기의 단열 화염온도를 결정하라.

(c) 이 혼합기가 하부 가연한계보다 높거나 또는 낮다고 생각하는가? 그 이유는?

(d) 이 혼합기의 초기 온도가 400℃라면, 결과적으로 단열 화염온도는 얼마가 될 것인가?

**4.12** 1600 K의 단열 온도를 사용하여 25℃ 공기 중 아세토니트릴(acetonitrile)의 하부 가연한계(%몰)를 계산하라. 아세토니트릴($C_2H_3N(g)$)은 연소되어 시안화수소(hydrogen cyanide)와 이산화탄소 그리고 수증기를 생성한다.

| 생성열(heat of formation), kcal/g mol | |
|---|---|
| 시안화수소: | 32.2 |
| 아세토니트릴: | 21.0 |
| 수증기: | −57.8 |
| 이산화탄소: | −94.1 |
| 산소: | 0.0 |

각 화학종들의 비열은 동일하며, 정압 및 정적 비열은 각각 1.2와 1.0 kJ/kg K이라 가정한다.

**4.13** 전기적 결함은 전선 단열재를 가열시키는 원인이 되며, 이는 공기와 순간적으로 혼합할 수 있는 연료 가스를 생성시킨다. 전선은 좁은 수직통로에 있으며, 이곳에 공기는 25℃(밀도 1.18 kg/m$^3$)와 0.5 m/s의 균일한 속도로 들어간다. 수직 통로의 단면적은 4 cm$^2$이다. 생성된 가스 연료의 온도는 300℃이며, 이 연료의 연소열은 25 kJ/g이다. 정상상태조건과 일정한 비열 1.0 J/g K을 가정해보자.

(a) 좁은 통로로 들어가는 공기의 질량 유량은 얼마인가?

(b) 전선은 연료가 생성되는 위치의 위에서 아크가 발생되기 시작한다. 점화의 바로 직전의 조건을 계산할 수 있도록 검사체적을 그려라. 그리고 점화를 위해 요구되는 최소 온도와 경계조건들을 그림에 명시하여라.

(c) 전기적 아크에 의한 점화를 위해 요구되는 연료의 최소 질량 유량을 구하라. 또한 해석에 사용된 검사체적을 제시하라.

(d) 전기적 아크에 의한 점화를 위해 요구되는 연료의 최소 질량분율을 구하라. 또한 해석에 사용된 검사체적을 제시하라.

**4.14** 닫힌 방에서 연소 후, 완전히 혼합된 가스들의 온도는 350℃를 이룬다. 방에서의 가스 연료는 질량분율 0.015 이상 남겨질 수 있다. 이 모든 연료를 연소시킬 수 있는 충분한 공기가 남아있다고 하자. 에너지원으로부터 화염의 전파가 가능함을 의미하는 가연성이 이 혼합기에서 가능할 것이라 생각하는가? 이에 대한 답변을 정량적으로 설명하라. 이때 비열은 1 J/g K이며, 연료의 연소열은 42 kJ/g이라 가정한다.

**4.15** 공기 중 증기로서 아세톤($C_3H_6O$)의 몰(체적)분율은 6%이다. 이 조건은 체적 20 $m^3$의 연소실 전체에 걸쳐 균일하다. 공기는 0.5 $m^3/s$로 공급되며, 최종 발생된 혼합기는 동일한 속도로 배출된다. 혼합기는 연소실 내에서 항상 균일한 아세톤의 농도를 갖는다고 가정하자. 혼합기의 가스 밀도는 순수한 공기의 밀도인 1.2 $kg/m^3$과 거의 같다. 아세톤의 몰 분율을 2%로 감소시키는데 얼마의 시간이 소요되는가?

**4.16** 닫힌 방에서 누설되는 메탄은 방 내부에서 공기와 균일하게 혼합된다고 가정하자. 방의 크기는 4 × 4 × 2.5(높이) m이다. 평균 분자량 29 g/g과 함께 공기의 밀도를 1.1 $kg/m^3$이라 하자. 방 내부의 혼합기가 가연성을 갖기 위하여 얼마만큼(g)의 메탄이 추가되어야 하는가? 메탄의 하부 및 상부 가연한계는 체적으로 각각 5와 15%이다.

**4.17** 체적으로 메탄 50%, 산소 40% 그리고 질소 10%의 혼합물이 비가연성을 갖도록 만들기 위하여 얼마만큼의 질소가 첨가되어야 하는가? 그림 4.16을 사용하고 그래프를 통해 결정하여라.

**4.18** 아래의 질문에 답하기 위하여 가연성 도표를 사용하라:

(a) 순수한 하이드라진(hydrazine)은 연소될 수 있는가? 도표에 이 상태를 A라고 명시하라.

(b) 도표 위에서 메탄 50%와 공기 45%가 되는 혼합물의 조건을 B로 표기하라.

(c) 만약 순수한 헵탄 증기가 혼합물 B에 더해진다면, 비가연성의 새로운 혼합물을 만들 수 있는 혼합물 C의 위치를 찾고 도표 위에 표기하라.

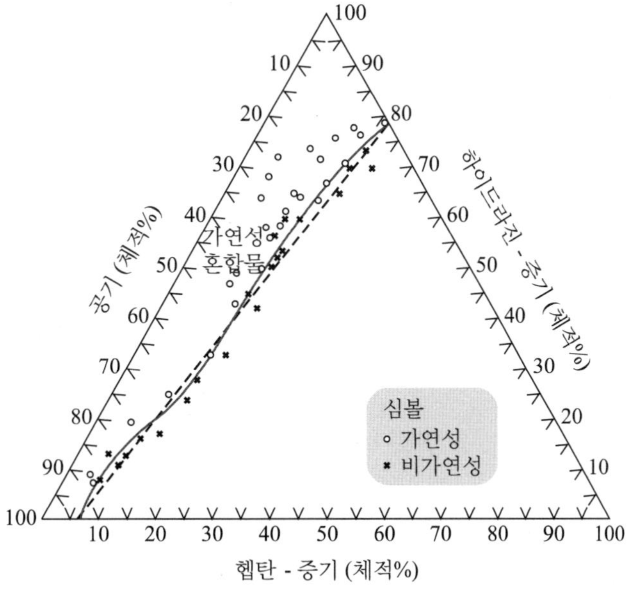

**4.19** 메탄 - 산소 - 질소의 가연성 도표(그림 4.16(b))를 사용하여, 아래의 질문에 답하고, 도표 위에 결과를 나타내어라.

(a) 메탄 20%, 산소 50% 그리고 나머지는 질소로 구성된 혼합물 B의 위치를 도표에 표기하라. 이것은 가연성 범위 내에 있는가?

(b) 만약 이 혼합물에서 메탄을 변경한다면, 가연성 범위에 들어가는 경계상의 조성을 찾아라.

**4.20** 밀폐된 방 50 $m^3$ 내에서 탱크로부터 메탄이 누설되고 있다. 연소성 가스 감지기에 의해 기록된 바와 같이, 이 농도는 체적으로 30%로 확인되었다. 경비원은 방의 문을 열기 위해 달려갔다. 방 가스의 가벼운 혼합기는 50 g/s의 일정한 속도로 문 밖으로 흘러나간다. 공기 중 메탄의 가연성 한계는 체적으로 5와 15%이다. 온도는 25℃로 일정하며 방 내부는 완전히 혼합된 조건이라고 가정하자. 방 가스의 혼합물은 25 g/mol과 1.05 kg/$m^3$의 일정한 분자량과 밀도로 근사될 수 있다. 방문이 열린 후에, 방 내부의 혼합물은 언제 가연성을 갖게 되는가?

**4.21** 다음의 내용들이 참인지 거짓인지 표기하라.

(a) 하부 가연한계는 항상 이론혼합비 연료 농도의 약 1/2이다. T___ F___
(b) 하부 가연한계는 혼합물의 온도와 압력에 의존하지 않는다. T___ F___
(c) 가스레인지 버너에서 천연가스 화염은 정지되어 있기 때문에 연소속도는 0이다. T___ F___
(d) 소염직경은 화염을 소화시키기 위해 요구되는 최소 물 입자직경이다. T___ F___
(e) 연소열은 모든 반응물과 생성물 화학종들의 생성 엔탈피와 관련된다. T___ F___

Chapter

05

# 자연 발화

## Spontaneous Ignition

## 5.1 개요

자연 발화 또는 자연 연소는 재료 자체의 발열성으로 일어나는 자연 발화의 과정에 적용되는 용어다. 또한 자기 가열이라는 용어는 발화 현상으로 이어지는 발열성 과정을 설명하는 데 사용된다. 발화 이론에서 논의된 바대로, 발화 현상은 연소 상태로 이어지는 극적인 온도 변화를 야기하는 임계 현상이다. 고체 재료에서, 자연 발화는 대상체가 300℃ 이하의 낮은 온도에서 지각할 수 있는 불꽃이 없이 연기만 발생하는 연소로, 또는 1300℃를 초과하는 가스온도에서 시각적으로 볼 수 있는 불꽃 연소로 나타낼 수 있다. 자기 가열에 의한 불꽃 연소 현상에 자연 발화라는 용어를 적용하는 것이 아마 보다 일반적일 것이다.

고체의 자연 발화에 기여할 수 있는 요인은 아래와 같이 많다:

(a) 대상체의 크기 : 에너지의 저장 및 내부 온도 상승에 기여한다.
(b) 기공 : 공기의 확산으로 산화 및 생물학적 유기체의 대사 에너지 방출을 촉진하는데 기여한다.
(c) 수분 : 박테리아 및 기타 마이크로-유기체의 성장에 기여한다.
(d) 오염 : 불포화 오일 같은 첨가제는 발열을 촉진시킬 수 있다.
(e) 프로세스 결함 : 가열된 재료의 저장, 불충분한 첨가제(합성 고분자의 항산화제 같은) 또는 그것의 화학반응이 완료되기 전에 프로세스가 종료된다.

여기에 리스트 되어 있는 그러한 프로세스는 단지 자연 발화의 촉진을 유발할 수 있는 요인 중 일부이다.

자연 발화의 일반적인 예는 수분기가 있는 건초더미, 오일이 묻은 면 천 및 채광 작업에서 나온 저급의 석탄 더미 등이 있다. 많은 사람들이 정원 작업에서 사용된 뿌리덮개더미 내부의 따뜻함을 경험했다.

건초더미에서와 같이, 축축한 나무 상태가 에너지를 생성하는 생물학적 프로세스를 경험할 것이다. 그러한 에너지는 나무 물질의 온도를 올릴 수 있고 거기서 그것이 산화되고 열화되어 화학적으로 더 많은 에너지를 생성할 수 있다. 따라서, 자기 가열이 일어난다. 일반적으로, 화학적 프로세스는 암모늄 포타슘 나이트레이트에서와 같이 산화 또는 열 분해에 의해 발열성이 될 수 있다. Bowes[1]는 자연 발화의 주제에 대한 이론적이고 실제적인 광범위한 검토를 제공한다. 오일 천에서의 자연 발화 및 자기 가열의 성향에 대한 책에서 발췌한 것을 제시한다:

> 화재의 시작에 관여된 재료의 양은 매우 작을 수 있다. 예를 들면 페인팅 재료로 침윤된 걸레의 자연 발화를 조사하던 Taradoire[1925]는 25 g의 작은 천에서 자동 점화의 발생을 나타내는

경험을 기술하였으나, 일련의 실험에서, 같은 무게의 아마씨 오일, 식물성 기름 및 액체 '건조기'(망간 수지 염을 포함하고 있는)의 혼합물로 침윤되고 대형 메쉬 와이어 거즈로 만들어진 원통형 용기(치수는 기술되지 않았음)에서 공기에 노출된 75 g의 면 걸레에서 최적의 결과(탄화규소)를 발견하였다. 점화까지의 시간은 일반적으로 1시간에서 6시간 사이이다. 그러나 여러 가지 이유로 그것은 발견되지 못하였고 그 시간 내에서 점화되지 않았고 안전하다고 간주되었던 일부 샘플이 며칠 후에 점화되었다. 스케일(scale)의 표시를 제공하는 다른 예를 100 g의 아마씨 오일로 적신 50 g의 탈지면에서 23.5℃의 초기온도에서 점화까지의 자체 발열을 얻은 Kissling [1895]과 끓는 아마씨 오일(양은 기술되지 않았음)에 적셔 상자에 가볍게 포장된 면 쓰레기로 두 건의 실험을 보고한 Gamble[1941]이 설명하였다. 크기 10 cm×10 cm×15 cm의 두 개의 작은 판지 상자에서, 온도는 6.25시간 동안 21℃에서 226℃로 상승하였고 면은 숯이 되었다.

우리는 아마씨 오일이 침윤되어 있고 한 면이 약 30 cm의 닫힌 판지 상자 안에 느슨하게 포장한 면 걸레의 실험에서 유사한 경험을 하였다. 점화는 2시간에서 4시간 사이에 일어날 수 있었다. 조기에 인지할 수 있는 향에서 시작되어 육안으로 백색 연기로 진행되었다. 그것은 검게 그을리거나 불꽃 점화로 변한 것을 나타내는 완전히 숯이 된 면 잔존물을 남겼다. 어떤 경우에는, 자기 가열로 결과된 뚜렷한 점화가 없었다. 이러한 간단한 시험은 (판지 상자의 걸레 내용물이 불꽃으로 연소되는 현상) 필라델피아TV의 뉴스캐스터에 의하여 놀라운 내용이 보도되었다. 고층 건물 화재로 번져 38층 건물을 쓸모없게 만들고 3명의 소방관의 사망과 400백만 달러에 이르는 민사 책임의 손해를 가져온 한 메리디안 플라자의 화재(1988년)의 원인을 탐구하고 있었다.

1950년 목재 섬유판에서 기인한 소액의 사건이 자연 발화라는 주제로 연구의 급진전을 가져왔다. 그것은 분기 간행물 NFPA의 '자연 발화에 대한 새로운 시각'에서 Mitchelle[2]의 기사 초반에 생생하게 설명되어 있다:

차량 1대분의 목재 섬유판이 운송 중에 불에 타고 8대분이 선적 후 15일 후에 창고에서 불이 나 2,609,000달러의 손실을 야기하였다. 목재 섬유판의 자기 가열 감수성을 결정하기 위한 시험에서 점화를 야기하는 주위온도는 시료의 크기와 반비례하여 18인치 육면체 프리즘에서 603°F, 12인치 팔각 프리즘에서 252°F로 변한다. 주위 공기가 147°F로 유지되었을 때 현저히 발생된 자기 가열이 점화의 증거였다.

뜻밖의 사건은 종종 유용한 발견으로의 길을 인도한다. 1950년 6월 군 창고에서의 화재는 그러한 논의의 길을 가르쳐 주었다. 그 이야기를 간략히 소개하면 아래와 같다:

6월 2일 9대분의 절연 섬유판이 주로 남부에서 선적되어 위쪽 주인 뉴욕을 향하였다. 6월 9일 오후 중에, 교체 과정에서 차량 1대분에서 화재가 나는 것이 발견되었고 주차장에 방치되어 있었다. 몇 마일 떨어져 있는 나머지 8대분은 그들의 목적지로 보내졌고 거기서 그것들은 6월 12일부터 15일 사이에 창고에 내려졌다. 그 8대분의 섬유판 로트는 한 더미에 쌓아져 24,000 $ft^3$ 이상이 되었다. 이틀 후 6월 17일 오전 중, 창고와 그 내용물을 파괴한 불이 발견되었다. 금전적 손실은 2,609,000달러라고 보고되었다.

발췌된 미첼의 기사로부터 섬유판의 점화를 야기하는 데 필요한 온도는 목재의 크기에 따라 다르다는 것이 입증되었다. 표 5.1은 미첼의 데이터를 보여준다[2]. 24,000 $ft^3$(또는 대표 길이로 약 29 ft)의 목재 더미가 약 75°F의 뉴욕의 6월 환경에서 이틀 후 창고에서의 점화로 이어졌음을 암시한다. 그러한 사건은 드물지 않고 가공된 재료로 보관된 많은 유형에서 발생하였다.

**표 5.1** 목재 섬유판에 대한 점화온도[2]

| 대표 치수 (인치) | 점화온도 (°F) |
|---|---|
| 1/8 | 603 |
| 12 | 252 |
| 22 | 228 |

## 5.2 자연 발화 이론

비록 많은 요인(화학적, 생물학적, 물리적)이 중요한 변수일 수 있지만, 우리의 관심은 문제의 크기 및 가열 조건의 영향에 한정하고자 한다. 화학적 또는 생물학적 효과는 아레니우스의 0차원 속도 관계에 의하여 설명될 것이다. 고려된 재료 또는 매체는 등방성이고 그것의 열적 특성에 관하여 상의 변화가 없으며 상수로 취급될 것이다. 따라서, 다음과 같은 이론에서 산소 및 연료 가스의 이동과 역할에 대한 직접적인 설명은 없을 것이다. 만약 그러한 효과를 포함할 수 있다면 그것은 분석을 더 복잡하게 만들 것이지만, 단순하게 유지하여 열 영향이 가장 관련이 있다는 것을 인지하도록 하는 것이 목표이다.

크기가 매우 중요하기 때문에 복사열을 받는 1차원 슬래브를 고려한다. 해결하는 데 새로운 문제를 야기하는 기하학적 조건 및 가열 조건은 수정될 수 있지만, 전략은 변경하지 않을 것이다. 따라서, 하나의 케이스라도 자발 점화의 전망을 평가하는 이론을 사용하는 프로세스를 보여주는 데 충분하다. 나중에 그것을 다른 케이스로 일반화시킬 것이다.

$T_\infty$의 주위온도로부터 상수 복사 열전달계수 $h$를 가진 복사에 의하여 가열되는 반 두께 $r_o$, 슬래브에 대한 Frank-Kamenetskii[3] 분석을 따른다. 초기온도는 $T_i \le T_\infty$이다. 그러나, 시간이

지나면 해가 없다고 고려한다. 단지 안정 상태의 해를 조사하고 그것이 유효하지 않은 곳의 조건을 찾는다. 자기 연소에 대한 분석으로 돌아가면, 일정 온도 상태 하에서 (4.3절의 세메노브 모델 참조) 유효한 안정 해의 주변에 임계 상태가 존재함을 보았다. 물리적으로, 그것은 자기 가열이 진행되면서 상대적으로 낮은 온도 상태가 존재하고 거기에서 안정 조건이 유지된다는 것을 의미한다. 그것은 뿌리로 된 따뜻한 백과 같아 그 내부가 주위 보다 약간 온도가 높다. 발열성은 정확하게 내부로부터 열이 나와 평형을 이룬다. 그러나, 크기($r_o$) 또는 가열($h$ 및 $T_\infty$)의 어떤 임계 조건 하에서, 안정 상태에 자족하는 세상을 떠나게 할 수 있다면 역동적 조건이 뒤따라 발생한다. 그것이 열적 폭주 또는 열적 폭발 현상이고, 연소 상태 - 검게 그을거나 또는 불꽃 상태로 간다는 것을 의미한다.

단위부피당 에너지 방출 속도에 의해 설명되는 내부열로 전도율 $k$의 1차원 슬래브에서 안정 상태 전도에 대한 지배 방정식을 유도하면

$$\dot{Q}''' = (A\Delta h_c)e^{-E/(RT)} \tag{5.1}$$

여기서 $(A\Delta h_c)$ 및 $E$는 실험 특성이다. 슬래브(그림 5.1)의 작은 요소 $\Delta x$와 그 요소를 둘러싸고 있는 관리 부피에 대한 에너지 보존을 고려하면

$$0 = \dot{Q}'''\Delta x + \dot{q}_x'' - \dot{q}_{x+\Delta x}'' \tag{5.2}$$

푸리에의 전도 법칙에 의해,

$$\dot{q}_x'' = -k\frac{dT}{dx} \tag{5.3}$$

그리고 테일러의 전개 정리에 의해,

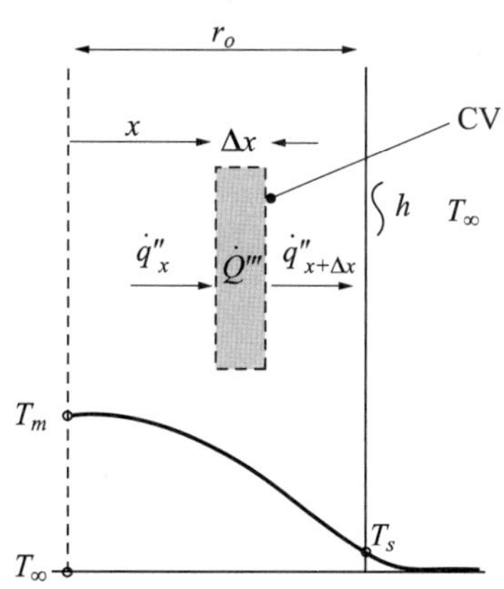


그림 5.1 ≫ 이론적 모델

$$\dot{q}_{x+\Delta x}'' = \dot{q}_x'' + \frac{d}{dx}(\dot{q}_x'')\Delta x + O(\Delta x)^2 \tag{5.4}$$

식 (5.2)에서 $\Delta x$로 나누고 $\Delta x \to 0$로 하여 대체하면, 다음과 같이 된다.

$$0 = \dot{Q}''' - \frac{d}{dx}(\dot{q}_x'') - O(\Delta x)$$

또는

$$\frac{d}{dx}\left(k\frac{dT}{dx}\right) + (A\Delta h_c)e^{-E/(RT)} = 0 \tag{5.5}$$

경계 조건은 대칭성에 의하여

$$x = 0, \quad \frac{dT}{dx} = 0 \tag{5.6}$$

그리고 표면에 에너지 보존을 적용하여

$$x = r_o, \quad -k\frac{dT}{dx} = h(T - T_\infty) \tag{5.7}$$

그러한 식을 4.3절의 식 (4.9)에서 행한 것처럼 무차원의 형태로 다시 정리하는 것이 유용하다.

$$\theta = \left(\frac{T - T_\infty}{T_\infty}\right)\frac{E}{RT_\infty} \tag{5.8}$$

여기서 다시 임계온도가 $T_\infty$로 가까이 간다고 가정하면

$$e^{-E/(RT)} \approx e^{\theta} e^{-E/(RT_\infty)} \tag{5.9}$$

가 된다.

$$\xi = x/r_o \tag{5.10}$$

로 바꾸면 문제는 $\xi = 0$에서 $d\theta/d\xi = 0$ 그리고 $\xi = 1$에서 $d\theta/d\xi + Bi\,\theta = 0$로 되는

$$\frac{d^2\theta}{d\xi^2} + \delta e^{\theta} = 0 \tag{5.11}$$

가 된다. 무차원의 파라메타는 아래와 같다:

(a) Damkohler 수, $\delta$:

$$\delta = \left(\frac{E}{RT_\infty}\right)\left[\frac{r_o^2(A\Delta h_c)e^{-E/(RT_\infty)}}{kT_\infty}\right] \tag{5.12}$$

이것은 식 (4.23) 및 (4.24)로부터 화학적 에너지 대 열전도의 비를 나타내거나 또는 열확산 $(r_o^2/\alpha)$ 대 화학적 반응시간을 나타낸다. 그리고

(b) Biot 수, $Bi$:

$$Bi = \frac{hr_o}{k} \tag{5.13}$$

는 고체에서 대류 대 전도열전달 비를 나타낸다.

만약 높은 흐름 조건에서 $h$가 충분이 크다면, $Bi\to\infty$가 된다. 수학적으로, 그것은 $T(r_o) = T_\infty$ 또는 $\theta(1) = 0$인 특별한 경우로 감소된다. 단순한 세메노프 문제에 대한 해에서처럼 (4.3절 참조) $\delta$가 증가하면 (재료의 열을 잃는 능력을 통하여 발열성이 증가하면서) 임계 $\delta_c$에 도달한다. 그 지점에서, 불안정한 해는 멈추고 식 (5.11)에 유효한 해가 없어진다. 고체의 주어진 기하학적 형태와 주어진 가열 조건에서 그러한 '점화' 사건이 발생할 수 있는 유일한 $\delta_c$가 있다. 설명한 슬래브 문제에서, $Bi$가 독립적인 파라메타이기 때문에, $\delta_c$는 $Bi$의 함수이다.

특별한 일정한 온도경계($\xi = 1$, $\theta = 0$)의 경우, Frank-Kamenetskii[3]은 아래와 같은 식 (5.11)에 대한 해를 제공한다.

$$e^\theta = \frac{a}{\cosh^2[b \pm \sqrt{a\delta/2}\,\xi]} \tag{5.14}$$

여기서 $a$ 및 $b$는 적분 상수이다. 식 (5.6)으로부터, $b = 0$, 그리고 $\theta(1) = 0$로부터 $a$는 다음을 만족하여야 한다.

$$a = \cosh^2\left(\frac{a\delta}{2}\right) \tag{5.15}$$

슬래브의 중심에서의 최대온도는 식 (5.14)로부터 다음과 같이 표시될 수 있다.

$$e^{\theta_m} = a \tag{5.16a}$$

또는

$$\theta_m = \ln(a) = f(\delta) \tag{5.16b}$$

식 (5.15)로부터, $a$는 $\delta$의 음함수이고 $\theta_m$은 오직 $\delta$의 함수이다. 그림 5.2에 한 해가 설명되어 있다. 안정한 물리적 해가 하부 브랜치에 주어져 있다; 즉 $\delta < \delta_c = 0.88$과 같이 작을 때, 슬래브는 안정한 상태를 유지하고 거기에서 화학적 에너지는 $T_\infty$의 표면으로 전달된다. 식 (5.12)로부터, $\delta$는 $T_\infty$가 증가하거나 또는 $r_o$가 증가함에 따라 증가할 수 있다. 만약 $\delta$가 어떠한 이유로 0.88을 초과하면, 안정한 해는 불가능하고, 열적 폭주가 일어나 점화로 이어진다. 그리고 결국 연소에 상응하는 새로운 온도에서 또 다른 안정 상태로 된다. 곡선의 상부 브랜치는 수학적으로 가능한 안정 상태를 갖고 있지만, 불안정한 것으로 생각되고 따라서 관련이 없다.
따라서, 그러한 슬래브의 자연 발화를 막으려면, 그것의 Damkohler 수가 0.88보다 작아야 한다. 다른 구성 또는 가열 조건은 다른 해와 다른 임계 Damkohler 수, $\delta_c$를 갖게 된다.

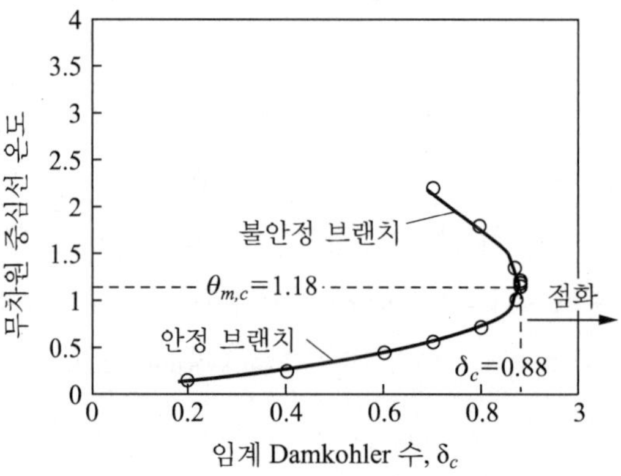


**그림 5.2 ≫** 일정한 표면온도에서 슬래브에 대한 해

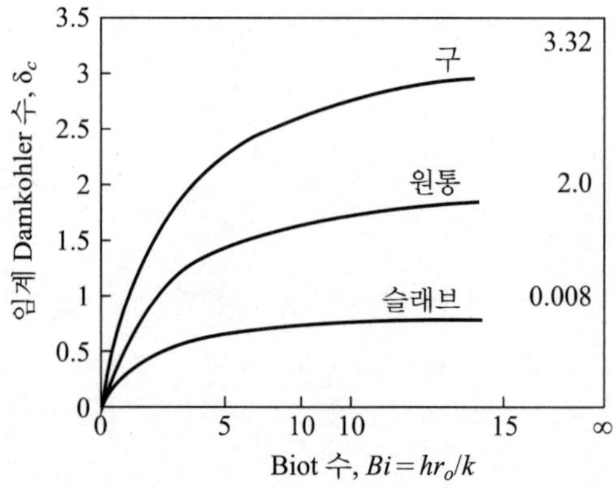


**그림 5.3 ≫** 구, 원통 및 슬래브에 대한 $Bi$ 함수로서의 $\delta_c$ (Bowes[1]에서)

표 5.2 $Bi \rightarrow \infty$ (매체)에서 임계 Damkohler 수

| | $\delta_c$ |
|---|---|
| 세메노브, $r_o = V/S$ | $e^{-1} = 0.368$ |
| 슬래브, $r_o$는 폭의 반 | 0.88 |
| 무한원통, $r_o$는 반경 | 2.0 |
| 구, $r_o$는 반경 | 3.32 |
| 육면체, $r_o$는 변의 반 | 2.52 |

$\delta_c = 0.88$에 상응하는 무차원 임계온도는 대략 $\theta_{m,c} = 1.18$이다. 식 (4.19)에서처럼, $E \sim 30$ kcal/mole에 대한 전형적인 결과로

$$\frac{T_{m,c} - T_\infty}{T_\infty} = (1.18)\frac{RT_\infty}{E} \sim \frac{T_\infty}{10^4}$$

그것은 점화 시 $T_{m,c}$가 $T_\infty$에서 약간 떨어져 있고, $T_\infty$는 주어진 $r_o$에 상응하는 점화온도로 간주될 수 있다는 것을 확인시켜준다. 그것은 재료의 독특한 특성이 아니다.

그림 5.3 및 표 5.2는 구, 원통 및 슬래브의 대류 열에 대한 $\delta_c$의 해를 제공한다. 열 전도의 자유도가 증가하면서, $\delta_c$가 슬래브 (1)에서 원통 (2)로, 구 (3)로 증가하듯이 점화가 잘 안 된다. 또한 $Bi \rightarrow 0$로 갈수록, 재료는 완전히 단열 반응이고 오직 불안정한 해만이 가능하고 $\delta_c \rightarrow 0$로 간다.

$Bi \rightarrow \infty$의 경우, 즉 일정 표면온도에서 육면체 변의 반에 해당하는 $\delta_c$. $r_o$는 2.52, 그리고 직육면체 박스의 절반 치수는 $r_o$, $l_o$ 그리고 $s_o$는 다음과 같이 표현된다.

$$\delta_c = 0.88\left[1 + \left(\frac{r_o}{l_o}\right)^2 + \left(\frac{r_o}{s_o}\right)^2\right]$$

## 5.3 실험 방법

재료에 대한 자연 발화 성향을 실제적으로 평가하기 위해서, 데이터가 개발되어야 한다. 제공된 모델에 따라, 그러한 데이터는 $\delta$에 대한 식 (5.12)으로부터 $(E/R)$ 및 $(A\Delta h_c/k)$로 구성된다.

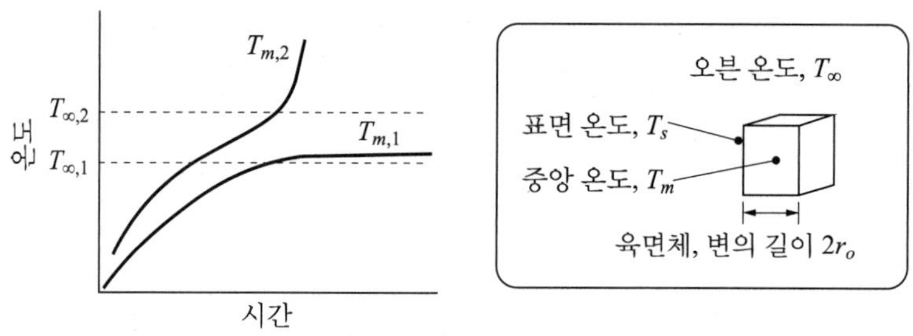


**그림 5.4 ≫ 실험 방법**

**표 5.3** 오일이 있는 그리고 없는 톱밥의 육면체에 대한 임계 오븐온도 (Bowes[1]로부터)

| 육면체 크기 $2r_o$ (mm) | 오일 함량 (%) | 점화온도 (℃) |
|---|---|---|
| 25.4 | 0 | 212 |
| 25.4 | 11.1 | 208 |
| 51 | 0 | 185 |
| 51 | 11.1 | 167 |
| 76 | 0 | 173 |
| 76 | 11.1 | 146 |
| 152 | 0 | 152[a] |
| 152 | 11.1 | 116 |
| 303 | 0 | 135 |
| 303 | 11.1 | 99 |
| 910 | 0 | 109[a] |
| 910 | 11.1 | 65 |

[a] 계산된 것.

만약 $Bi$가 유한하다면, $k$를 별도로 알아야 한다. 논의를 단순화하기 위하여, 오직 일정 표면온도의 경우($Bi \to \infty$)만 고려한다. 실험은 순환이 잘되고 ($h$를 크게 하기 위하여) 관리되고 동일한 오븐온도 $T_\infty$에서 대류 오븐으로 수행된다(그림 5.4). 오일 첨가제가 있는 그리고 없는 톱밥의 육면체 구성에 대한 데이터는 표 5.3과 같다. 제공된 온도는 충분한 $T_\infty$($T_{\infty,2}$ 그림 5.4)를 발견하여 점화를 일으킬 수 있도록 시행착오에 의하여 결정되었다. 점화는 그것이 불꽃 또는 그을음인지를 결정하기 위하여 관찰되어야 한다. 중앙온도, $T_m$이 열 폭주의 표시자로 사용된다. 표면온도 또한 기록되어 대류 오븐에서 우리의 가정 $T_s = T_\infty$와 일치 여부를 조사한다. 만약 그것이 사실이 아니라면, 오븐에 대한 $h$가 결정되어야 한다. 실험은 단순한 반면, 주의하여 재료에 열전대를 적절하게 고정하여야 한다. 또한 점화가 될 때까지 많은 시간이 걸릴 수 있기 때문에 인내가 필요하다. 만약 샘플이 변화하여 녹는다면, 데이터는 쓸모없게 될 수도 있다. 오븐 크기가 특별히 작다면 샘플은 상대적으로 점화에 높은 온도를 필요로 하고 그러한 온도는 대부분 고분자의 융점을 초과하기 쉽다. 따라서, 시험 조건은 가능한 한 조사 조건에 근접하여야 한다. 그러나 그것은 완벽하게 달성하기 어려울 것이다. 그림 5.5는 항공기 표면용 알루미늄 버핑에 사용된 면 재료에 대한 Hill[4]의 데이터를 제공한다. 면 쓰레기가 버려지는 호퍼에서 불이 주기적으로 발생하기 때문에 그것을 시험하였다. 임계 조건 즉 $\delta \approx \delta_c$인 경우 단지 작은 오븐온도 변경만 필요하다는 것을 이러한 데이터로부터 알 수 있다.

필요한 특성은 표 5.3에서 보여준 데이터로부터 유도될 수 있다. 이러한 데이터를 유도하려면, 식 (5.12)를 아래와 같이 재정리하면 편리하다.

$$\ln\left(\frac{\delta_c T_\infty^2}{r_o^2}\right) = P - \left(\frac{E}{R}\right)\left(\frac{1}{T_\infty}\right) \tag{5.17}$$

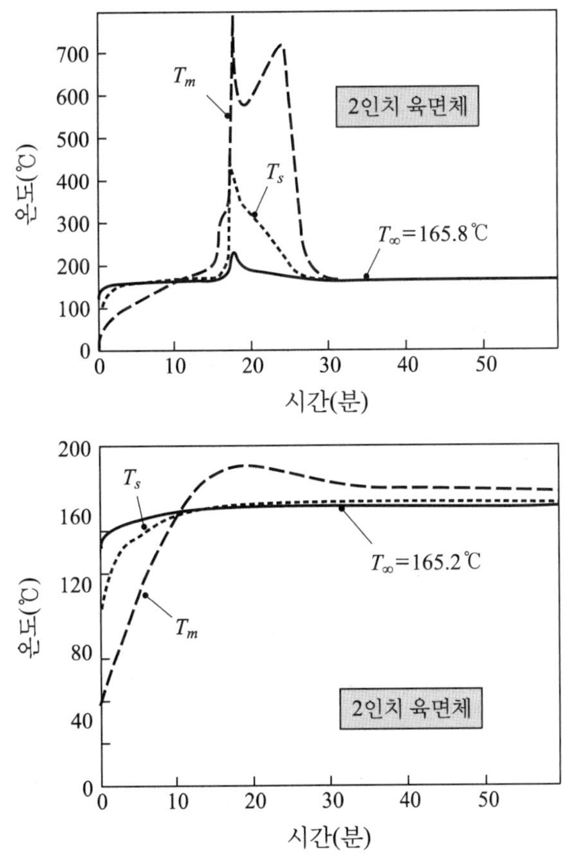


**그림 5.5** ≫ 알루미늄 연마 프로세스(Hill[4]로부터)에서 사용된 면 베이스 재료에 대한 열 반응의 예

여기서

$$P \equiv \ln\left[\left(\frac{E}{R}\right)\left(\frac{A\Delta h_c}{k}\right)\right]$$

육면체에 대한 데이터에서 $\delta_c = 2.52$이기 때문에 그림 5.6에

$$\ln\left[\delta_c\left(\frac{T_\infty\,(\mathrm{K})}{r_o\,(\mathrm{m})}\right)^2\right] \quad 대 \quad \frac{1}{T_\infty\,(\mathrm{K})}$$

을 나타내었다. 그것은 톱밥의 벌크 운동 특성에 대한 정보를 제공한다. 데이터가 $(1/T_\infty)$에 선행이라는 사실은 사용한 이론이 적어도 그러한 실험 결과를 설명할 수 있다는 것을 의미한다. 선의 기울기로부터, 오일이 첨가된 것은 $E/R$은 $9.02 \times 10^3$ K 그리고 첨가되지 않은 것은 $13.8 \times 10^3$ K이다. $R = 8.314$ J/mole K에서, 아래와 같은 활성 에너지를 얻을 수 있다.

$$E_{sd} = 115 \text{ kJ/mole} \quad 및 \quad E_{sd,oil} = 75 \text{ kJ/mole}$$

이것은 오일이 침윤된 톱밥이 더 쉽게 반응할 수 있다는 것을 보여 주는 것이다. 만약 보여주기 위한 목적으로 톱밥의 열 전도성을 0.1 W/m K로 하면,

$$\ln\left[\left(\frac{E}{R}\right)\left(\frac{A\Delta h_c}{k}\right)\right] = \begin{cases} 39.5, & \text{오일 첨가} \\ 49.3, & \text{오일 무첨가} \end{cases}$$

또는

$$A\Delta h_c = \begin{cases} 1.6 \times 10^{12}\ \mathrm{W/m^3}, & \text{오일 첨가} \\ 1.9 \times 10^{16}\ \mathrm{W/m^3}, & \text{오일 무첨가} \end{cases}$$

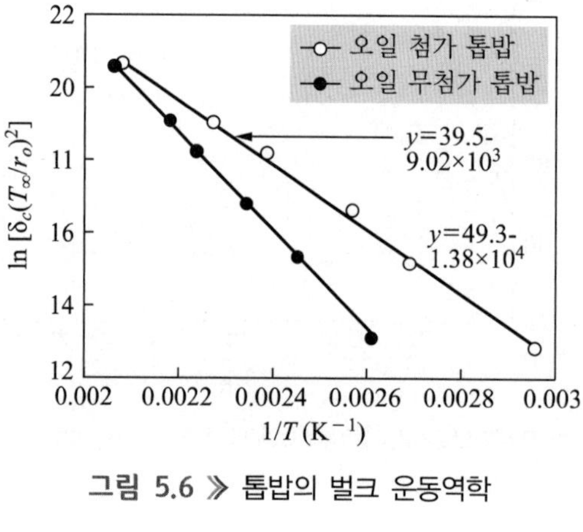


그림 5.6 ≫ 톱밥의 벌크 운동역학

이러한 결과는 운동역학적 특성에 대한 어느 정도의 놀라움을 제공한다. 발열 반응의 실제 메커니즘이 무차원 아레니우스 모델 보다 더 복잡하기 때문에 그것들은 '효과적' 특성이다. 그러나, 그러한 데이터에 대하여 매우 만족스럽게 보인다. 실제적인 문제는 그러한 결과를 대형 육면체 또는 다른 톱밥 구성 및 조건으로 추정할 때의 정확성이다. 그럼에도 불구하고, 설명한 절차는 좋은 데이터와 결합될 경우 강력한 분석 도구를 제공하여 자발 점화에 도달하려는 물건의 성향에 대한 정량적 판단을 할 수 있도록 한다. 실제적인 적용을 고려해 보자.

**예제 5.1**

동물 공급 원료 즉 증류 부산물이 높이 12 m 밑면적 3 m×3 m의 직육면체 설비의 사일로에 저장되어야 한다. 20℃의 주위온도에서 문제가 있을까? 사일로에서 자발 점화를 일으키기에 충분한 임계 주위온도는 얼마일까? 공급 원료 샘플로부터 변의 길이 $s\ (=2r_o)$의 육면체에 대한 다음과 같은 오븐 데이터가 얻어졌다.

| $s$ (mm) | 임계 오븐온도 (℃±3℃) |
|---|---|
| 50 | 158 |
| 75 | 140 |
| 150 | 114 |
| 300 | 85 |

**풀이** 육면체에 대한 $\delta_c = 2.52$로 단지 어림잡은 절차를 사용하여, $r_o$의 단위를 m로 했을 때 $P=39.88$ 그리고 $E/R = 8404$ K를 얻는다. 이 값들을 식 (5.12)에 대체하면, 동물 공급 원료에 대한 모든 $r_o$ 및 $T_\infty$에 상응하는 Damkohler 수에 대한 일반 방정식

$$\delta = 2.081 \times 10^{17} \frac{r_o^2\,(\mathrm{m})}{T_\infty{}^2\,(\mathrm{K})} \exp\left[-\frac{8404}{T_\infty\,(\mathrm{K})}\right]$$

을 얻는다. 그것은 이제 사일로 구성에 적용될 수 있다.

직육면체 사일로에 대하여, 상응하는 임계 Damkohler 수 $\delta_c(r_o)$를 계산하면:

$$\delta_c = 0.88\left[1 + \left(\frac{1.5}{6}\right)^2 + \left(\frac{1.5}{1.5}\right)^2\right] = 1.80$$

이 $\delta_c$는 $r_o = 1.5$ m에서 정의된 것임을 유념한다. 공급 원료 방정식으로부터 $r_o = 1.5$ m 및 $T_\infty = 20$℃에 대하여 $\delta$를 계산하면 $\delta = 1.9$가 된다.

이 조건에 대한 $\delta$가 임계값 1.8보다 크기 때문에, 자발 점화가 된다.

$\delta = \delta_c = 1.80$ 및 $r_o = 1.5$ m에서, $T_\infty$에 대해 풀면 임계 주위온도는 19.5℃임을 알 수 있다. 19.5℃ 이하의 모든 $T_\infty$ 값은 안전하다.

## 5.4 자연 발화 시간

자연 발화의 가능성을 성공적으로 예측하기 위하여서는 구성 및 가열 조건 그리고 재료의 벌크 운동역학 특성 $(E/R)$ 및 $(A\Delta h_c/k)$에 대한 $\delta_c$를 알 수 있는 능력에 따라 다르다. 운동역학은 온도에 매우 민감하기 때문에, 모든 불확실성은 그것의 비선형 효과에 의해 증폭될 수 있다. 따라서, 그것이 자연 발화 조건에 대한 시간의 추정을 고려해야 한다는 가능성을 가지고 있을 수 있다. 그러나, 자기 가열 기간은 자연 발화가 발생되기까지 몇 시간 또는 며칠이 걸릴 수 있기 때문에, 그것의 의존성을 조사하는 것이 유용하다. 주어진 기하학적 형상에 대한 Frank-Kamenetskii 모델은 너무 복잡하여 분석적 결과를 얻을 수가 없어, 4.3절의 세메노브 모델, 식 (4.13)으로 돌아갈 것이다:

$$\frac{d\theta}{d\tau} = \delta e^{\theta} - \theta \tag{5.18}$$

그것은 순수하게 대류 가열을 다루지만, 식 (5.12)로 $\delta$를 정의하고, 세메노브 모델의 $h = k/r_o$ 및 $r_o = V/S$를 취한다. 식 (5.18)은 일정한 표면온도의 경우를 추정한 것이다. 또한 여기서는 초기온도를 $T_\infty$로 한다. 만약 대류 냉각이 없다고 한다면, 단열 식은 아래와 같이 된다.

$$\frac{d\theta}{d\tau} = \delta e^{\theta} \tag{5.19}$$

식 (5.19)는 또한 식 (5.5)의 불안정 부분으로부터 얻을 수 있다. 식 (5.5)에서 만약 내부 전도를 0로 한다면, 이 단열 식으로 된다. 또한 식 (5.19)는 벌크 운동 역학적 특성을 결정하는 대안적 방법의 기준이 될 수 있다. 그 방법은 Gross 및 Robertson[5]이 사용한 '단열 로'라고 불린다. '로'는 그곳의 온도를 재료의 표면온도와 같이 되도록 제어된다. 따라서 단열 경계 조건을 만든다. 그 방법은 $r_o$ 또는 초기온도 $T_\infty$를 변화하면서 점화시간을 측정한다.

초기에 표면온도 $T_\infty$인 샘플을 갖고 점화시간의 추정을 결정하기로 한 곳으로 돌아가자. (샘플을 $T_\infty$ 온도로 하기 위한 열 전도 시간이 필요할 수도 있다. 그것은 무시한다.) 단열 조건에서 점화에 필요한 시간은 추정에 하한치를 제공할 것이다. 식 (5.19)는 적분하면 다음과 같이 되거나

$$\delta \int_0^{\tau} d\tau = \int_0^{\theta} e^{-\theta} d\theta$$

또는

$$\delta\tau = 1 - e^{-\theta} \tag{5.20}$$

으로 되고 여기서 $\tau$은 $\theta$에 도달하는 시간(무차원)이다. 무차원의 점화에 필요한 임계온도는 항상 상수이다. 비기하학적 의존성의 세메노브의 경우(식 (4.17)에서),

$$\theta_c = 1$$

및 일정 표면온도의 슬래브 경우에서,

$$\theta_{m,c} = 1.18$$

으로 된다. 따라서, $\theta_c \approx 1$의 선택은 합리적인 보편적 추정으로 보여 진다. 그러면 식 (5.20)으로부터

$$\delta\tau_{ig} = 1 - e^{-1} = 0.632$$

또는

$$\tau_{ig} \approx 0.632/\delta \tag{5.21a}$$

으로 된다. 차원적 용어로, 이 단열 점화시간은

$$t_{ig,ad} \approx \frac{0.632 r_o^2}{\alpha\delta} \tag{5.21b}$$

만약 $\delta$ 대신 식 (5.12)를 대입하면

$$t_{ig,ad} \approx 0.632 t_R \tag{5.21c}$$

여기서 $t_R$은 식 (4.24)에서 주어진 화학적 반응 시간이다. 시간을 무차원으로 만든 대표 시간은

$$t_c \equiv \frac{r_o^2}{\alpha}$$

이었고 그것은 유효반경 $r_o$의 매체를 통한 열 확산시간이다. 다시, 그것은 $\delta$가 그 시간들의 비율을 보여 준다:

$$\delta = \frac{t_c}{t_R}$$

식 (5.21)을 Damkohler 수에 상응하는 단열시간에 적용하여, 유효반경 $r_o$, $\delta_c \approx 3$(예를 들면 $Bi \to \infty$에서 구의 $\delta_c = 3.32$)의 3차원 더미에 대해 실현하면, $\delta = \delta_c \approx 3$에서 다음과 같은 전형적인 점화시간을 추정할 수 있다.

$$t_{ig,c} = 0.21 r_o^2 / \alpha \tag{5.22}$$

식 (5.21) 및 식 (5.22)로부터 $\delta > \delta_c$일 경우 점화시간을 추정하면,

$$t_{ig} \approx t_{ig,c}\left(\frac{\delta_c}{\delta}\right) = 0.21\left(\frac{r_o^2}{\alpha}\right)\left(\frac{\delta_c}{\delta}\right) \tag{5.23}$$

식 (5.23)은 여전히 단열 시스템을 기준으로 하고 있다. 더 좋은, 그러나 여전히 대략적인, 결과를 비단열 세메노브 모델로부터 얻을 수 있다. 거기서 식 (4.13)으로부터

$$\frac{d\theta}{d\tau} = \delta e^{\theta} - \theta \tag{5.24}$$

점화에서

$$\theta \approx 1 \text{ 및 } \delta_c = e^{-1}, \text{ 또한 } e^{\theta} \approx \delta_c^{-1}$$

임을 알 수 있다. 그러면 식 (5.24)는 점화를 향해 이동하며 다음과 같이 근사화 될 수 있다.

$$\frac{d\theta}{d\tau} \approx \frac{\delta}{\delta_c} - 1 \tag{5.25}$$

초기 상태에서 점화까지 적분하면

$$\int_o^1 d\theta \approx \left(\frac{\delta}{\delta_c} - 1\right)\tau_{ig} \tag{5.26a}$$

또는

$$t_{ig} \approx \frac{(r_o^2/\alpha)}{(\delta/\delta_c - 1)} \tag{5.26b}$$

Beever[6]는 비단열의 경우에 대하여 Boddington 외의 근사를 다음과 같이 보고하였다.

$$t_{ig} \approx M \frac{(r_o^2/\alpha)}{\left[\delta(\delta/\delta_c - 1)^{1/2}\right]} \tag{5.27}$$

여기서 $M$은 약 1.6이다. $(\delta/\delta_c)<3$에서 좋은 정확도가 주장되었다. 주어진 크기, $r_o$에서 주위온도가 임계온도보다 높을 경우, Damkohler 수의 비는

$$\frac{\delta}{\delta_c} = \frac{e^{(T_\infty/T_{\infty,c}-1)[E/(RT_\infty)]}}{(T_\infty/T_{\infty,c})^2} \tag{5.28}$$

전형적인 $E/(RT_\infty)$ 값은 약 30이고 임계온도 보다 10% 이상의 주위온도에서 $\delta/\delta_c=16.5$이다. 따라서 점화까지의 시간은 온도가 그것의 임계값을 초과하면 크게 감소한다.

## 참고문헌


1. Bowes, P.C., *Self-Heating: Evaluating and Controlling the Hazards*, Elsevier, The Netherlands, 1984.
2. Mitchelle, N.D., New light on self-ignition, *NFPA Quarterly*, October 1951, 139.
3. Frank-Kamenetskii, D.A., *Diffusion and Heat in Chemical Kinetics*, 2nd edn., Plenum Press, New York, 1969.
4. Hill, S.M., Investigating materials from fire using a test method for spontaneous ignition: case studies, MS Thesis, Department of Fire and Protection Engineering, University of Maryland, College Park, Maryland, 1997.
5. Gross, D. and Robertson, A.F., Self-ignition temperatures of materials from kinetic-reaction data, *J. Research National Bureau of Standards*, 1958, **61**, 413-7.
6. Beever, P.F., Self-heating and spontaneous combustion, in *The SFPE Handbook of Fire Protection Engineering*, 2nd edn (eds P.J. DiNenno *et al.*), Section 2, National Fire Protection Association, Quincy, Massachusetts, 1995, p. **2**-186.
7. Gray, B.F. and Halliburton, B., The thermal decomposition of hydrated calcium hypochlorite (UN 2880), *Fire Safety J.*, 2000, **35**, 233-239.

## | 연 | 습 | 문 | 제 |

**5.1** 1950년 6월 군 창고가 화재에 의하여 파괴되었고 2,609,000달러의 손실을 입었다. 이 사건은 섬유판의 선적 2일 후에 발생하였다. 그 중에는 선적 화물 차량에 불이 붙은 적이 있다. 나머지 섬유판은 24,000 $ft^3$ 육면체 더미로 저장되었다. 자연 발화로 의심이 되었다. 섬유판의 데이터를 개발하였다(Gross 및 Robertson[5]):

$\rho = 0.25\ g/cm^3$
$c_p = 0.33\ cal/g\ K$
$k = 0.00012\ cal/s\ cm\ K$
$E = 25.7\ kcal/mol$
$A\Delta h_c = 1.97 \times 10^9\ cal/s\ cm^3$

주위온도 50℃에서 화재를 야기할 수 있는지를 결정하라. 그렇지 않다면 100℃에서 고려해보아야 한다.

**5.2** 천연 발포 고무 베개의 육면체 스택이 로 근처의 지하실에 저장되었다. 지하실의 저장소는 60℃에 도달할 수 있다. 로의 지역에서 화재가 발생하여 빌딩을 파손하였다. 야간 경비원이 방화범으로 체포되었다. 그러나, 진취적인 조사자는 자연 발화를 의심하였다. 스택은 한 변이 4 m이다. 조사자는 그 발포에 대하여 다음과 같은 데이터를 확보하였다:

$\rho = 0.108\ g/cm^3$
$c_p = 0.50\ cal/g\ K$
$k = 0.000096\ cal/s\ cm\ K$
$E = 27.6\ kcal/mol$
$A\Delta h_c = 7.48 \times 10^{10}\ cal/s\ cm^3$

경비원은 그럴듯한 방어를 할 수 있을까? 귀하의 검토에 근거를 제공하는 계산을 제시해라.

**5.3** 공기온도($T_a$) 35℃ 및 100℃의 환경에서 목화씨 오일로 포화된 면 거즈의 구형 더미에서 점화를 일으킬 수 있는 반경을 계산하시오. 거즈 표면과 공기 사이에는 완벽한 열 전달이 된다고 가정한다. 거즈는 Frank-Kamenetskii 점화 모델 즉,

$$k\frac{d^2T}{dx^2} = A\Delta h_c e^{-E/(RT)}$$

을 따른다고 알려져 있다.
작은 규모의 데이터는 다음을 알려 주었다:

> $k = 0.00011$ cal/s cm K
> $E = 24100$ cal/mol
> $A\Delta h_c = 2.42\times10^{11}$ cal/s cm$^3$
> 주: $R = 8.31$ J/mol K

**5.4** 화재로 6천7백만 달러의 비용을 치른 큰 사건이 선창에 보관된 비료의 자연 발화에 의하여 텍사스 주, 텍사스 시의 SS Grandcamp에서 발생하였다(1987년 4월 16일). 엔진 누수로부터의 증기 방출이 질산암모늄 비료의 분위기를 100℃ 온도에 노출시켰다. 질산암모늄($NH_4NO_3$)은 발열적으로 378 kJ/g mol을 방출시키며 분해된다. 그것의 분해속도는 아레니우스의 식으로 설명될 수 있다.

$$\dot{m}''' = \rho(6\times10^{13})e^{-170\ \mathrm{kJ/g\ mol}/(RT)} \quad (\text{단위; kg/m}^3\ \text{s})$$

여기서

> $T$는 K로 표시한 온도
> 밀도, $\rho = 1750$ kg/m$^3$
> 열전도도, $k = 0.1256$ W/m K 그리고
> 보편기체상수, $R = 8.3144$ J/g mol K

(a) 이러한 증기 분위기 하에서 자연 발화에 도달할 수 있는 비료의 최소 부피는 얼마인가?

(b) 이러한 부피의 자연 발화 후에 남아 있는 저장 비료에는 무슨 일이 일어날 것인지 설명하시오.

**5.5** 두께 $l$의 평평한 재료가 제어 온도 $T_b$의 핫플레이트에 놓여 있다. 재료는 $\Delta h_c$의 연소열을 갖는 활력이 넘치는 발열성이고 그것의 반응은 0차원 운동역학, 즉 단위부피당 질량손실속도 $Ae^{-E/(RT)}$에 의하여 지배를 받는다. 표기는 교재에서 사용된 것과 같다. 점화 프로세스의 미분지배식은 다음과 같다.

$$\rho c\frac{\partial T}{\partial t} = Ae^{-E/(RT)}\Delta h_c + k\frac{\partial^2 T}{\partial x^2}$$

여기서 $x$는 핫플레이트의 표면에서 측정한 좌표이다. $\xi = x/l$ 및 $\phi = T/T_b$이라고 하자.

대류는 자유 경계에서 열전달계수 $h_c$로 그리고 $T_\infty$의 주위온도에서 일어난다.

$\phi-1$은 작다(식 (4.8) 참조)고 근사 가정하고, 새로운 무차원 온도변수 $\theta = E/(RT_\infty)(\phi-1)$를 사용한다. 지배방정식 그리고 경계 및 초기 조건을 무차원 변수의 용어($\theta$, $\xi$ 및 $\tau$)로 적으시오.

**5.6** 연마천 잔해가 반 변의 길이가 1 m인 육면체로 묶여 있다. 그것이 35℃의 환경에 저장되어 있고 공기와 번들 간의 대류 열 전달은 매우 좋다. 실험은 천 잔해가 다음의 특성을 갖는다는 것을 보여 주었다:

열전도도, $k=0.036$ W/m K
밀도, $\rho=68.8$ kg/m$^3$
비열, $c=670$ J/kg K
연소열, $\Delta h_c=15$ kJ/g
운동역학적 특성:
$A=9.98\times10^4$ kg/m$^3$ s
$E/R=8202$ K

(a) 이 번들이 자발적 점화가 가능하다는 것을 제시하시오.

(b) 발생 시까지의 점화 예측 시간을 계산하시오.

**5.7** A 어떤 재료가 핫플레이트 위에 놓여 있다. 단면적은 $S$이고 두께는 $r_o$이다. 플레이트의 열 방출은 $P$다. 플레이트와 재료의 모서리는 완벽하게 절연이 되어 있다.

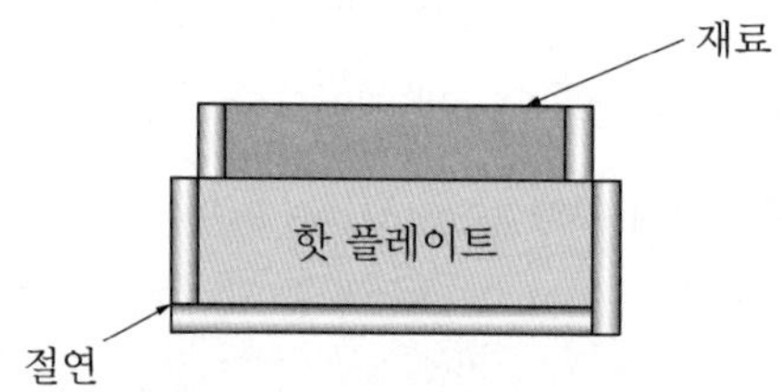


재료는 화학적으로 발열성이고 다음의 이론을 따른다:

$$\frac{d^2\theta}{d\xi^2} + \delta e^\theta = 0$$

여기서

$$\xi = x/r_o, \qquad \theta = \left(\frac{T-T_\infty}{T_\infty}\right)\left(\frac{E}{RT_\infty}\right), \qquad \delta\text{는 Damkohler 수}$$

재료에 대한 경계 조건:

$$\text{핫플레이트에서: } -k\frac{dT}{dx} = P/S$$

$$\text{분위기에서: } -k\frac{dT}{dx} = h_c(T - T_\infty)$$

주위온도 $T_\infty$ 및 대류계수 $h_c$.

경계 조건으로부터, 임계 Damkohler 수가 종속되는 무차원 파라메타를 나타내시오.

**5.8** 수산화칼슘 하이포클로라이트는 발열적으로 분해되어 산소를 방출한다. 분해열은 상대적으로 작지만, 그 결과는 산소 농도와 함께 결합하여 제한된 온도 상승을 일으키고 이웃하는 물건의 점화를 야기시킬 수 있다.

폴리에틸렌(PE) 통 내에 이것을 저장하여서 점화가 일어났다. 통의 반경이 $r_o$ 그리고 높이가 $2r_o$인 에큐실린더라고 하자. 이러한 기하학적 구조에 대한 임계 Damkohler 수 및 임계온도가 큰 $Bi$ 수에서 $\delta_c = 2.76$ 및 $\theta_c = 1.78$로 알려져 있다. Gray 및 Halliburton[7]에 의해 에큐실린더 형상에 대하여 수집된 데이터가 아래에 주어져 있다.

| 반경, $r_o$ (m) | 임계온도 (℃) |
|---|---|
| 0.00925 | 149.5, 154.2 |
| 0.01875 | 135.5, 141.5 |
| 0.02875 | 126.5, 128.5 |
| 0.055 | 120.5, 123.0 |
| 0.075 | 102.5, 101.0 |
| 0.105 | 87.5, 90.6 |
| 0.175 | 64.0 |
| 0.175 | 60.1 (PE 통 내) |

(a) 그림 5.6에서와 같이 데이터를 도식화 하시오. 두 개의 반응이 있음을 보이시오. 아레니우스 파라메타와 그것이 적용되는 온도 범위를 찾아내시오. 열전도도는 0.147 W/m K로 한다.

(b) 에큐실린더에 대해 점화를 위한 임계 반경 및 점화 개시 점에서 중심 온도를 정하시오.

**5.9** 자발 점화에 대한 해에 들어가 있는 파라메타 $\delta$.

(a) 이 무차원 파라메타와 관련된 이름은 무엇인가?

(b) 점화 가능 여부에 관한 Semenov 및 Frank-Kamenetskii 모델에서 그것의 유의성을 설명하시오.

(c) 주어진 매체에서, 자연 발화는 온도뿐만 아니라 다른 요인에 의존한다. 하나 이상을 적으시오.

(d) 자연 발화의 발생을 위한 조건이 일단 충족된다면, 그것은 늘 매우 빨리 발생하는가? 참 또는 거짓?

**5.10** 자발 점화가 일어나는 시간은 그것의 임계값의 관점에서 Damkohler 수가 _________ 증가 또는 _________ 감소하면 감소할 것이다.

**5.11** 고체 물품의 자연 발화를 일으키는데 있어서 중요한 역할을 하는 3개의 특성 또는 파라메타를 열거하시오.

Chapter 06

# 액체의 점화

## Ignition of Liquids

## 6.1 개요

액체 연료의 점화는 한 가지 예외가 있지만 자연 발화 및 기체 연료, 산화제 및 희석제의 혼합물의 유도 발화에서 설명한 프로세스와 다르지 않다(액체 연료의 점화는 한 가지를 제외하고는 기체 연료, 산화제 및 희석제의 자연 발화와 유도발화에서 설명한 과정과 다르지 않다.). 액체 연료는 기체 연료의 점화를 하기 위하여 우선 충분한 양이 증발되어야 한다. 이러한 관점에서, 연료 농도는 적어도 유도 발화에 대한 연소 한계와 자연 발화에 대한 특정 한계 내에 있어야 한다. 어느 경우에도 충분한 양의 연료가 증발되는 온도에 상응하는 액체 온도는 측정 장치에 따라 다르다. 유도 발화에서, 점화자(스파크)의 위치와 기화된 액체 연료와 공기의 혼합이 중요하다. 자연 발화에서, 혼합, 챔버 크기 및 열 손실 모두가 차이를 만들 수 있다(그림 6.1 참조). 온도 및 연료 농도는 그림 6.2에서와 같이, 공기 중의 유도 발화를 위한 역할을 한다. 연료는 단지 $X_L$에서 $X_U$까지의 농도 범위에서 점화될 수 있고, 각각 유도 및 자연 발화에 상응하는 충분한 온도가 그 영역에서 존재하여야 한다. $X_F$ 및 $T$의 개요는 열역학적, 운송 특성 및 흐름 조건에 따라 다르다. 기화열($h_{fg}$)은 기화 속도 즉, 국부적 농도를 제어하는 중요한 열역학적 특성임을 알고 있다. 유도 발화를 위한 최소 가열 조건은 $X_{F,s} = X_L$ 즉 연소 한계일 때 표면에서 스파크가 있어야 한다.

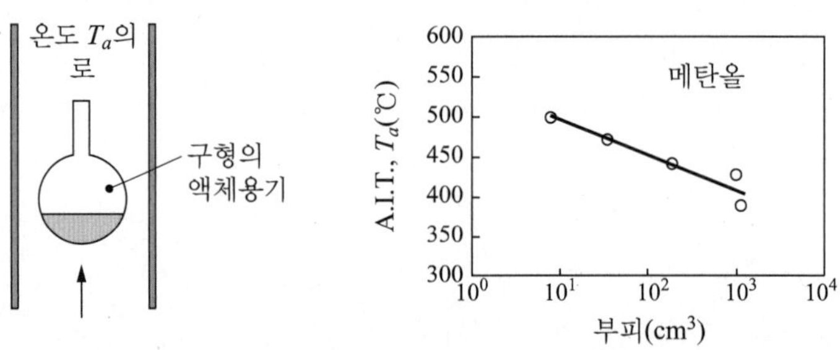


그림 6.1 ≫ 가열된 공기의 구형 용기 속에 있는 기화된 연료의 자연 발화 (Setchkin[1]에서 발췌)

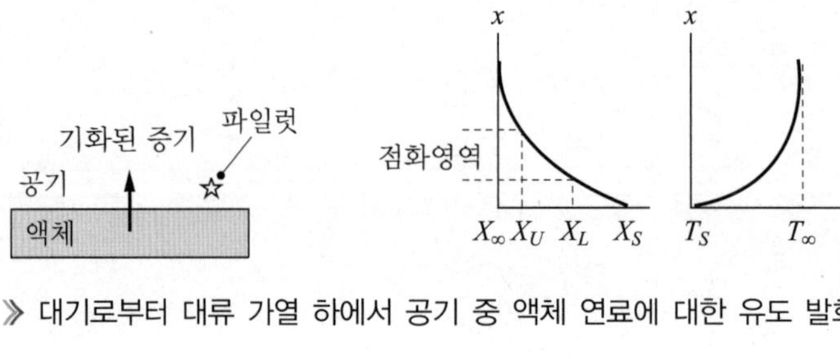


그림 6.2 ≫ 대기로부터 대류 가열 하에서 공기 중 액체 연료에 대한 유도 발화의 동역학

## 6.2 인화점

$X_L$에 상응하는 액체 온도($T_L$)는 예를 들면 ASTM D56 및 D1310과 같은 패쇄 또는 개방 컵 인화점 시험으로 알려진 두 장치에서 실용적인 용도로 측정된다. 그것들은 그림 6.3에 나와 있다. 표면 농도($X_s$)는 순수 액체 연료에 대한 온도의 유일 함수로 표시될 것이다. 그 온도는 액체 및 그것의 증기 사이에 열역학적 평형 상태를 나타내는 포화온도라고 알려져 있다. 이론적으로, $X_L$에 상응하는 포화온도는 연소 한계 $T_L$이다. 왜냐하면 스파크 위치가 액체 표면 위에 있고 두 구성은 액체 위의 $X_F$의 프로파일 모양에 영향을 주기 때문에, 벌크 액체에서 측정에 상응하는 점화온도는 개방 및 폐쇄 컵 시험 간에 다를 수 있다. 전형적으로, 폐쇄 컵은 개방 컵보다 점화시 더 낮은 $T$를 나타낸다. 스파크에서 발화를 볼 수 있는 최소 액체 온도를 인화점이라고 부른다. 연소가 유지 될 때까지 온도를 올릴 필요가 있고 그 증가된 온도를 연소점이라고 부른다. 인화점은 사전에 혼합된 불꽃의 전파에 상응하는 것이고, 반면에 연소점은 불꽃의 확산의 유지에 상응하는 것이다(그림 6.4). 그러한 시험 장치에서, 액체 연료는 고정 온도로 가열되거나 냉각되고 점화를 위한 최저온도가 발견될 때까지 스파크를 가한다.

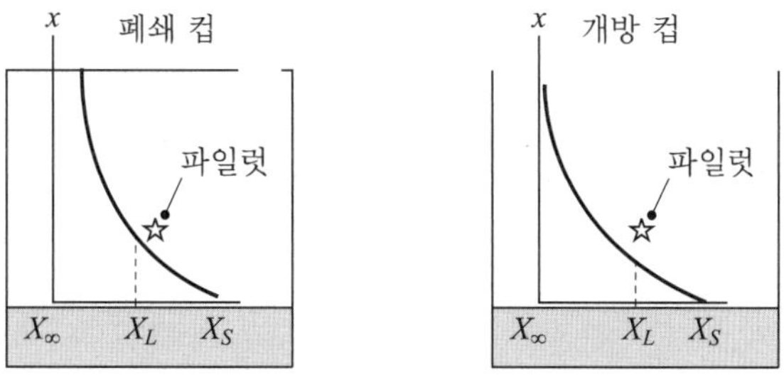


**그림 6.3 ≫** 폐쇄 컵 및 개방 컵 인화점 시험에서 연료 농도 차이

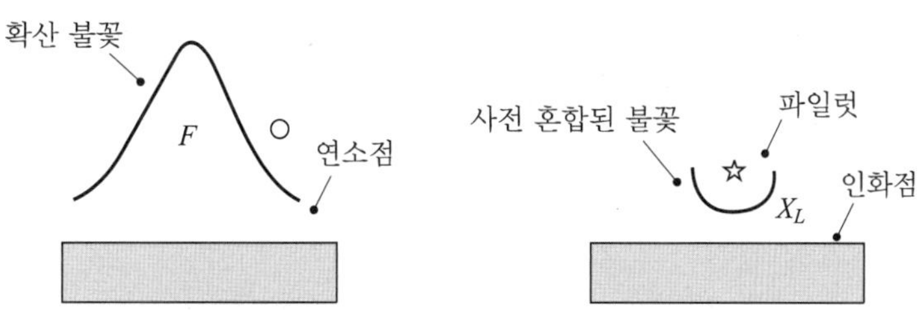


**그림 6.4 ≫** 일정 온도의 액체 연료의 인화점과 연소점

그러한 '인화점'은 보통 주위 공기온도 25℃ 및 1기압에서의 인화점으로 보고된다. 그것들은 $X_L$이 변하기 때문에 공기와 다른 분위기에서는 변할 것이다. 그러나 $X_L$은 보통 여러 조건에 대해 약 1에서 8%까지의 범위를 갖는 경향이 있다. 따라서, 상대적으로 적은 양의 연료가 기화되어 점화를 가능하게 하여야 한다.

액체 연료의 연소 중 온도 조건의 범위의 관점에서 넣는 것이 유용하다. 증가하는 순으로

1. $T_L$ : 인화점 또는 연소 한계에 상응하는 포화온도
2. $T_b$ : 1기압의 포화 압력에 상응하는 끓는점
3. $T_a$ : 연료 및 공기의 혼합물이 자기 점화할 수 있는 온도에 상응하는 자연발화온도. 보통 이것은 화학양론적 혼합 또는 유사한 혼합에서 측정된다.
4. $T_{f,ad}$ : 연소 후 달성 가능한 최대온도에 상응하는 단열 발화 온도. 이것은 보통 공기에서 연료의 화학양론적 혼합에 대하여 보고된다.

**표 6.1** 여러 출처로부터의 공기 중 액체 연료의 대략적인 연소 특성[2,3]

| 연료 | 화학식 | $T_L$ (K) 폐쇄 | $T_L$ (K) 개방 | $T_b$ (K) | $T_a$ (K) | $T_{f,ad}$[a] (K) | $X_L$ (%) | $h_{fg}$ (kJ/g) | $\Delta h_c$[b] (kJ/g) |
|---|---|---|---|---|---|---|---|---|---|
| 메탄 | $CH_4$ | - | - | 111 | 910 | 2226 | 5.3 | 0.59 | 50.2 |
| 프로판 | $C_3H_8$ | - | 169 | 231 | 723 | 2334 | 2.2 | 0.43 | 46.4 |
| *n*-부탄 | $C_4H_{10}$ | - | 213 | 273 | 561 | 2270 | 1.9 | 0.39 | 45.9 |
| *n*-헥산 | $C_6H_{14}$ | 251 | 247 | 342 | 498 | 2273 | 1.2 | 0.35 | 45.1 |
| *n*-헵탄 | $C_7H_{16}$ | 269 | - | 371 | - | 2274 | 1.2 | 0.32 | 44.9 |
| *n*-옥탄 | $C_8H_{18}$ | 286 | - | 398 | 479 | 2275 | 0.8 | 0.30 | 44.8 |
| *n*-데칸 | $C_{10}H_{22}$ | 317 | - | 447 | 474 | 2277 | 0.6 | 0.28 | 44.6 |
| 케로센 | $\sim C_{14}H_{30}$ | 322 | - | 505 | 533 | - | 0.6 | 0.29 | 44.0 |
| 벤젠 | $C_6H_6$ | 262 | - | 353 | 771 | 2342 | 1.2 | 0.39 | 40.6 |
| 톨루엔 | $C_7H_8$ | 277 | 280 | 383 | 753 | 2344 | 1.3 | 0.36 | 41.0 |
| 나프탈렌 | $C_{10}H_8$ | 352 | 361 | 491 | 799 | - | 0.9 | 0.32 | 40.3 |
| 메탄올 | $CH_3OH$ | 285 | 289 | 337 | 658 | - | 6.7 | 1.10 | 20.8 |
| 에탄올 | $C_2H_5OH$ | 286 | 295 | 351 | 636 | - | 3.3 | 0.84 | 27.8 |
| *n*-부탄올 | $C_4H_9OH$ | 302 | 316 | 390 | 616 | - | 11.3 | 0.62 | 36.1 |
| 포름알데히드 | $CH_2O$ | 366 | - | 370 | 703 | - | 7.0 | 0.83 | 18.7 |
| 아세톤 | $C_3H_6O$ | 255 | 264 | 329 | 738 | 2121 | 2.6 | 0.52 | 29.1 |
| 가솔린 | - | 228 | - | 306 | 644 | - | 1.4 | 0.34 | 44.1 |

[a] 공기 중 화학양론적 연소 기준
[b] 기체 상태의 물 및 연료 기준

표 6.2 여러 출처[4]로부터 대략적인 액체 연료의 물리적 특성

| 연료 | 화학식 | 액체 특성[a] | | 증기 특성 | |
|---|---|---|---|---|---|
| | | $\rho$ (kg/m$^3$) | $c_p$ (J/g K) | $\rho$ (kg/m$^3$) | $c_p$ (J/g K) |
| 메탄 | $CH_4$ | - | - | 0.72 (0℃) | 2.2 |
| 프로판 | $C_3H_8$ | - | 2.4 | 2.0 (0℃) | 1.7 |
| *n*-부탄 | $C_4H_{10}$ | - | 2.3 | 2.62 (0℃) | 1.7 |
| *n*-헥산 | $C_6H_{14}$ | 527 | 2.2 | - | 1.7 |
| *n*-헵탄 | $C_7H_{16}$ | 676 | 2.2 | - | 1.7 |
| *n*-옥탄 | $C_8H_{18}$ | 715 | 2.2 | - | 1.7 |
| 벤젠 | $C_6H_6$ | 894 | 1.7 | - | 1.1 |
| 톨루엔 | $C_7H_8$ | 896 | 1.7 | - | 1.5 |
| 나프탈렌 | $C_{10}H_8$ | 1160 | 1.2 | - | 1.4 |
| 메탄올 | $CH_3OH$ | 790 | 2.5 | - | 1.4 |
| 에탄올 | $C_2H_5OH$ | 790 | 2.4 | 1.5 (100℃) | 1.7 |
| *n*-부탄올 | $C_4H_9OH$ | 810 | 2.3 | - | 1.7 |
| 아세톤 | $C_3H_6O$ | 790 | 2.2 | - | 1.3 |

[a] 표준 대기 온도 및 기압에서

표 6.1은 두 개의 중요한 변수인 기화열 및 연소열과 함께 그러한 온도 데이터를 제공한다. 전자는 기화 프로세스를 제어하고 후자는 연소의 유지에 중요하다. 연소를 유지하려면 $\Delta h_c > h_{fg}$가 필요하다. $h_{fg}$는 보통 온도의 약한 함수이고 보통 연소 프로세스와 관련된 온도에서 연료에 대하여 상수로 취급한다. 표 6.2는 일부 추가적인 관련특성을 제공한다.

## 6.3 기화의 동력학

메탄올을 시험하자. 그것의 인화 온도는 12~16℃(285~289 K) 또는 통상적으로 15℃이다. 만약 그것이 개방 컵의 경우라면 표면 근처의 농도 $X_L = 6.7\%$이다. 상온 즉 25℃ 하에서 수행된다면, 온도 프로파일은 그림 6.2와 같을 것이다. 그것은 열이 공기로부터 추가되어 표면에서 연료 증기로 기화시켜야 한다. 자신의 환경 이하로 기화 표면의 온도가 감소하는 현상을 종종 기화 냉각이라고 한다. 만약 대류 열전달계수, 전형적인 자연대류에서 5 W/m$^2$ K라면, 열 전달은

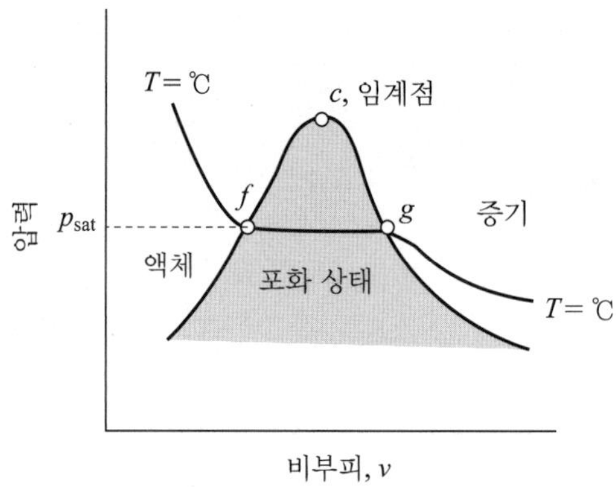


그림 6.5 ≫ $p$–$v$ 액체 – 증기 다이어그램

$$\dot{q}'' = (5\ \mathrm{W/m^2\ K})(25-15)\ \mathrm{K} = 50\ \mathrm{W/m^2}$$

표면을 떠나 확산에 의하여 $Y_{F,\infty}=0$의 순수 공기로 이동하는 연료의 질량 플럭스(flux)는 대략 다음과 같다.

$$\dot{m}_F'' = h_m(Y_F(0) - Y_{F,\infty}) \tag{6.1}$$

여기서 $h_m$은 대류질량 이전계수이다. $Y_F(0)$는 이론적으로 발화 하한에 상응하거나 또는

$$Y_F(0) = (0.067)\left(\frac{M_{meth}}{M_{mix}}\right) = 0.067\left(\frac{32}{29}\right) = 0.073$$

지금까지 일관성 즉 열역학 및 보존 법칙을 만족하는 것과 관계없이 본 예를 설명하였다. 이 연료 질량 플럭스는, 반드시 $\dot{q}''$ 및 $h_{fg}$에 의존하는 기화된 질량 플럭스와 정확하게 일치하여야 한다. 더구나, 연료 증기와 액체가 공존하는 표면에서의 농도는 포화 상태의 열역학적 평형을 만족하여야 한다. 후자의 사실은 국부적인 열역학적 평형이 그러한 기화 프로세스에 적용된다는 전반적인 근사치와 일관성이 있다.

포화 액체 - 증기 상태에 적용하는 조건은 그림 6.5에서와 같이 순수 물질의 액체 - 증기에 대한 전형적인 $p$-$v$, 또는 $(1/\rho)$ 다이어그램으로 설명될 수 있다. 포화 액체상태 및 증기상태가 각각 정점에 임계점이 있는 f 및 g 곡선의 궤적으로 제공되었다. 일정온도 $T$의 선이 그려지고, 포화온도는 오직 압력의 함수 $T_{sat}(p)$ 또는 $p_{sat}(T)$의 함수이다. 증기 영역에서, 표준 대기압 근처에서 완벽한 기체법칙이 수용가능한 근사, $pv=(R/M)T$로 사용될 수 있다. 여기서 $R/M$은 분자질량 $M$의 기체에 대한 비기체상수이다. 또한, 액체 연료와 평형 상태에 있는 완전 가스의 혼합물에서의 연료증기의 부분압력에 대하여 Dalton의 법칙으로부터 다음이 성립한다:

$$p_F = p_{sat}(T) = X_F\, p \tag{6.2}$$

여기서 $p$는 혼합물의 압력이다. 이론적으로 유도 발화의 조건에서 $X_F = X_L$이기 때문에, 표면 온도 $T$는 연료에 대하여 열역학 상태 방정식 $p_F = p_{sat}(T)$를 만족하여야 한다. 6.4절에서 그 상태 방정식에 대한 근사관계를 유도할 것이다.

여기서 열역학적 평형 하에서 기화에 대하여 이야기 하고 있다. 또한 불평형 조건 하에서 기화도 있다. 예를 들면, 만약 액체의 압력이 갑자기 그것의 포화 압력 이하로 떨어질 경우, 순간증발이 일어난다. 그 결과 증기는 새로운 압력에 상응하는 끓는점 또는 포화온도가 되지만, 원래 액체의 벌크는 이전의 높은 온도를 유지(평형으로부터)한다. 결국, 모든 액체는 저압에서 증기가 된다. 인화기화와 평형기화 사이의 차이는 물에 대한 그림 6.6에 설명되어 있다.

관심있는 관련사고 시나리오는 가열조건 하에서 고압 탱크의 '폭발'이다. 그것은 그림 6.7에서 그것의 안전밸브로부터 빠져 나온 기체가 점화된 프로판 철도탱크 차량에 대해서 설명된다. 전복된 탱크가 가열되고 그것의 액체와 증기가 보는 바와 같이 중력에 의하여 분리되었다. 증기영역에 인접한 탱크 금속 외피는 액체영역에서 끓음에 의하여 그곳에 비하여 쉽게 냉각될 수 없었다.

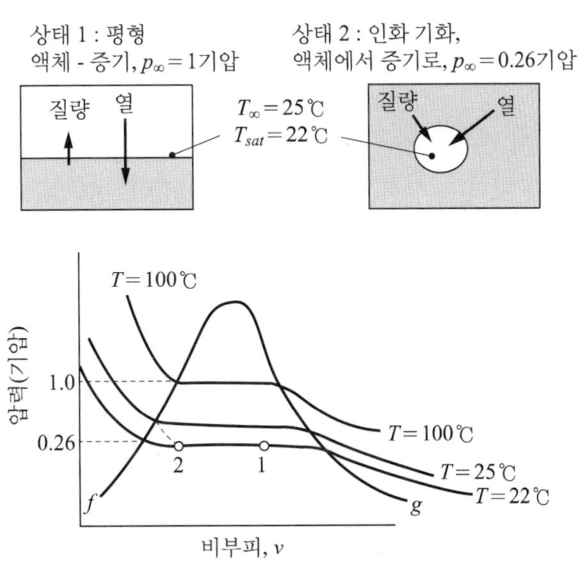


그림 6.6 ≫ 물에 대해 설명한 평형 및 인화 기화 프로세스

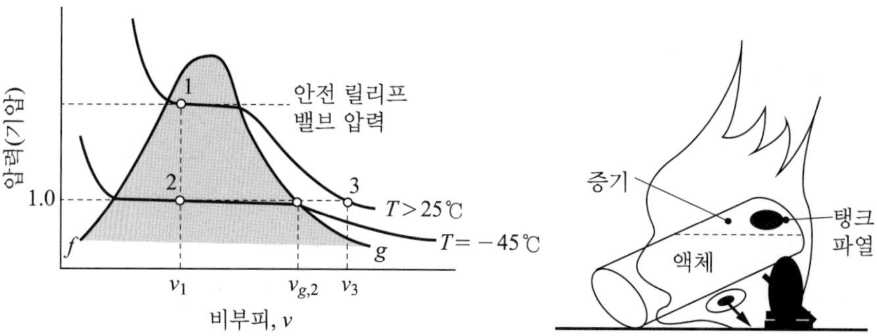


**그림 6.7 ≫ 블레비 설명**

결국, 열을 받은 금속의 구조적 특성은 온도 상승에 의해 약화되었고, 국부적인 파열이 증기 영역에서 발생하였다. 그 순간(증기 팽창이 일어나기 전에) 일정한 부피(그리고 일정한 질량)는 액체 - 증기 프로판 혼합물로 진행하였다. 그림 6.7의 1에서 2로 설명된다. 그것은 갑작스런 사건이었기 때문에, 내용물은 새로운 평형 상태로 냉각될 기회를 갖지 못하였다. 탱크의 내용물은 이제 외부 압력, $p_2 = 1$기압을 가지려고 한다. 이상기체법칙에 의해 상당한 증기 부피의 증가를 갖게 되고 그 다음 탱크의 극적인 파열을 일으킨다.

$$v_3 = \left(\frac{R}{M}\right)\left(\frac{T_1}{p_2}\right) > v_{g,2} > v_{g,1} \tag{6.3}$$

그 경우, 적은 $v_{g,2}$ 대신에, $v_3$에 도달하면서 가스 상에 대한 열역학 평형의 결핍이 문제를 악화시킨다. 만약 파열시 누설이 증기 부피의 그러한 변경을 수용할 수 없는 경우, 압력 상승은 더욱 치명적인 파열을 야기시킬 것이다. 그러한 현상을 보통 BLEVE(비등액체팽창 증기폭발)라고 부른다. 실제로, 액체 - 증기 계는 팽창하여 $T_1$ 온도에서 기압, $p_2 = 1$기압을 만족시키고 그리고 모든 질량(액체 및 증기)은 3 상태에 도달한다. 액체 프로판의 끓는점은 231 K(−42℃)이고 그것은 대기온도보다 상당히 낮다. 액체가 상당한 열을 전달할 뿐만 아니라 새로운 평형 상태 3은 모든 액체가 존재할 수 없다. 프로세스 2 → 3을 액체의 인화기화라고 한다. 끓는점 −42℃이기 때문에 액체 상태는 약 25℃ 및 1기압의 대기상태에서 유지될 수 없다 1에서부터 3까지 실제 프로세스는 보는 것처럼 2단계가 아니다. 왜냐하면 그것은 파열 프로세스에 종속되기 때문이다. $v_3$를 근거로 한 새로운 부피와 연료의 질량은 상당히 클 수 있다. 기체 상태의 연료 '구'의 갑작스런 방출은 상대적으로 짧은 수명을 가진 버섯모양의 화구로 절정을 이루게 된다.

## 6.4 Clausius-Clapeyron 식

Clausius-Clapeyron 식은 2개 상의 평형을 포함하고 있는 순수 물질의 $p_{sat} = p_{sat}(T)$ 관계에 대하여 열역학적 특성들 사이의 관계를 제공한다. 그것의 유도에서 19세기의 과학자 Willard Gibbs 이름을 딴 Gibbs 함수($G$)를 추가한다. 단위질량당 Gibbs 함수는 다음과 같이 정의된다.

$$G/m = g \equiv h - Ts \tag{6.4}$$

여기서, $s$는 단위질량당 엔트로피다.

전기 또는 자기적 영향이 없는 안정적인 순수 물질에 대하여, 폐쇄 계에서 미분 변화에 대해 열역학 제1법칙은 다음과 같이 표현된다.

$$du = \delta q - \delta w \tag{6.5}$$

여기서 $q$ 및 $w$는 추가된 열 증분 및 단위질량당 물질이 한 일이다. 이러한 단순 계에서(2.4.1절 참조) 만약 점성 또는 마찰 영향이 없다면

$$\delta w = p\,dv \tag{6.6}$$

그리고 만약 프로세스가 열역학 제2법칙에 따라 가역적이라면

$$\delta q = T\,ds \tag{6.7}$$

식 (6.5)에서 (6.7)까지를 결합하면, 그 (단순) 물질에 대해 오로지 열역학적 (평형) 특성들 사이의 관계를 제공한다.

$$du = T\,ds - p\,dv \tag{6.8}$$

식 (6.8)은 순수 물질에 대한 일반 상태 방정식이다. 엔탈피의 정의 $h = u + pv$로부터, 식 (6.7)은 아래와 같은 다른 형태로 표현될 수 있다:

$$dh = du + p\,dv + v\,dp \tag{6.8a}$$

$$dh = T\,ds + v\,dp$$

그러면 $dg = dh - T\,ds - s\,dT$ (6.8b)

또는 $dg = v\,dp - s\,dT$

식 (6.8)을 순수 물질에서의 2개 상 액체-증기 평형 요건, 즉 $p = p(T)$에만 적용하자. 그것을 그림 6.5의 '돔' 하에 있는 혼합 상 영역에 적용한다. 그 영역에서 $p$-일정 선을 따라가면, 또

한 $T$ 일정을 갖게 된다. 그 후 $p$-$v$ 돔 아래에서, 그 수평선을 따라 모든 상태 변경에 대하여 식 (6.8b)로부터 $dg=0$다. 순수한 마지막 상태는 그 다음 동일한 Gibbs 함수를 가져야 한다:

$$g_f(T) = g_g(T) \tag{6.9}$$

결국, 그것들을 연속 함수처럼, 도함수를 풀 수 있다.

$$\frac{dg_f}{dT} = \frac{dg_g}{dT} \tag{6.10}$$

식 (6.8b)로부터, $dT$로 나누거나 또는 형식적 한계 조작으로 그 두 개의 상 영역에서 다음과 같음을 알 수 있다.

$$\frac{dg}{dT} = v\frac{dp}{dT} - s \tag{6.11}$$

식 (6.8a)로부터 그 두 개의 상 영역에서 $p=$일정 선을 따라,

$$Tds = dh$$

그러나, 거기서 $T$ 또한 일정하고, 따라서 2 한계 끝 사이를 적분하면

$$T(s_g - s_f) = h_g - h_f \tag{6.12}$$

식 (6.11)을 식 (6.10)에 대치하면

$$v_f\frac{dp}{dT} - s_f = v_g\frac{dp}{dT} - s_g \tag{6.13}$$

이 된다. 식 (6.12)와 (6.13)을 결합하여, 다음과 같이 된다.

$$\frac{dp}{dT} = \frac{s_g - s_f}{v_g - v_f} = \left(\frac{1}{T}\right)\left(\frac{h_g - h_f}{v_g - v_f}\right) \tag{6.14}$$

이것이 알려진 Clausius-Clapeyron 식이다. 주어진 온도에 상응하는 압력에서 증기와 액체가 평형을 이루고 있는 포화 조건 $p=p(T)$의 결정을 할 수 있도록 하는 상태 관계식이다.

이 관계식의 중요한 확장은 그것을 액체가 공기와 같은 주어진 대기로 기화하는 데 적용하는 것이다. 물이 공기($X_{O_2}=0.21$ 그리고 $X_{N_2}=0.79$)로 기화하는 것을 고려하자. 그러나, 물과 공기가 온도가 같을 경우, 더 이상의 열 전달은 일어날 수 없다. 따라서 기화는 생기지 않는다. 그것은 참일 수 없다고 우리는 알고 있다. 논의된 대로, '기화 냉각'의 현상에서, 액체 물의 표면은

새로운 $p(T)$가 보존 법칙을 만족할 수 있을 때까지 온도가 떨어져야 한다, 즉

질량 기화 속도 = 공기로의 확산 운송 속도
열 전달 속도 = 기화에 필요한 에너지

물의 새로운 표면 평형 온도를 15.5℃라고 하자. 그러면 증기압은 0.0174기압이다. 물의 표면에서, 물의 증기가 존재할 뿐만 아니라 공기의 원래의 기체혼합성분, $O_2$ 및 $N_2$도 존재한다. Dalton의 법칙에 따라 물의 몰 농도는

$$X_{H_2O}(15.5℃) = 0.0174$$

그리고 $O_2$ 및 $N_2$의 새로운 값은

$$X_{O_2} = 0.21(1-0.0174) = 0.2063$$

$$X_{N_2} = 0.79(1-0.0174) = 0.776$$

표면 $X_{H_2O}(15.5℃)=0.0174$에서 이러한 수증기 농도의 값에 대하여, 21℃의 대기의 그 점에서의 상대습도($\phi$)는 0.0174/0.0247이거나 또는 70.4%이다.

일반적으로, 상대습도는 다음과 같이 주어진다.

$$\phi = \frac{p_{H_2O}(T_\infty)}{p_g(T_\infty)} \times 100\% \tag{6.15}$$

여기서 $p_{H_2O}$는 대기 중의 수증기의 분압이고 $p_g$는 대기 온도 $T_\infty$에서의 물 포화 압이다. 이슬점($T_{dp}$)은 $p_{H_2O}(T_\infty)$에 상응하는 포화온도이다. 그러한 온도들의 관계는 그림 6.8에서 볼 수 있다. 다시 말해, 만약 주어진 상태 습도(RH)에서 대기 온도가 갑자기 $T_{dp}$로 떨어지면, 새로운 상태는 상대습도 100%가 된다. 더 이상의 냉각은 대기에서 수증기의 원인을 제공하고 응축한다. 그러한 프로세스는 풀잎이 검은 밤하늘로 복사 냉각을 겪고 그 온도가 '수분이 있는' 대기의 이슬점 이하로 떨어졌을 때 이른 아침에 풀 위의 이슬이 맺히는 현상의 원인이 된다.

이상기체법칙을 포화 상태를 포함하고 있는 증기에 대하여 적용한다고 가정하면, 그것은 다음과 같이 됨을 알 수 있다.

$$\left(\frac{\phi}{100}\right) = \frac{p_{H_2O}}{p_g} = \frac{RT_\infty / v_{H_2O} M_{H_2O}}{RT_\infty / v_g M_{H_2O}} = \frac{v_g}{v_{H_2O}} = \frac{\rho_{H_2O}}{\rho_g} \tag{6.16}$$

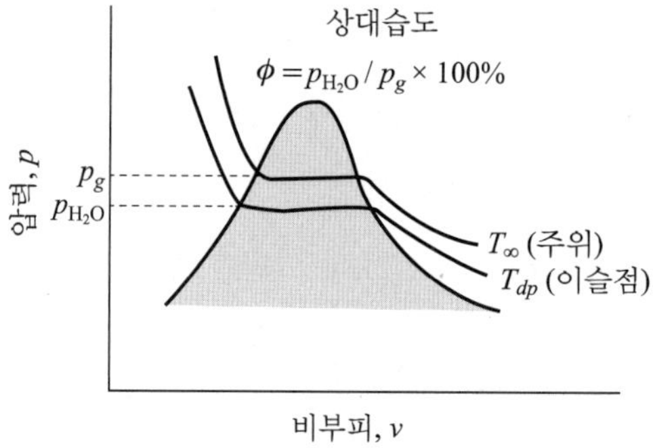


**그림 6.8 ≫ 상대습도 및 이슬점**

따라서 100% 상대습도에서 대기의 공기는 온도 $T_\infty$에서 가능한 수증기의 대부분의 질량을 포함한다. 액체 물의 더 이상의 기화는 불가능하다.

이상기체법칙을 Clausius–Clapeyron 식(식 (6.14))에 도입하면 포화 영역에서 $p = p(T)$에 좀 더 직접적인 근사를 얻을 수 있다. 아래와 같은 수식을 사용할 수 있다

1. $pv_g = (R/M)T$.
2. $h_g - h_f \equiv h_{fg}$, 온도 $T$에서 기화열.
3. $v_g \gg v_f$, $v_g - v_f \approx v_g$, 임계점 근처를 제외하고.

식 (6.14)에 대입하면

$$\frac{dp}{dT} = \frac{h_{fg}(T)}{T^2 R/(Mp)} \tag{6.17}$$

만약 $h_{fg}(T)$가 예상 온도 하에서 합리적으로 $T$의 독립 변수라고 가정하면, 그 식을 적분할 수 있다. 적분 상수를 평가하기 위하여 선택된 조건은 $p = 1$기압, $T = T_b$이며, 그것은 보통 보고되는 끓는점의 정의다(표 6.1 참조). 기화된 부분의 분자 무게가 $M_g$라면

$$\int_{p_\infty = 1\,\text{atm}}^{p} \frac{dp}{p} = \frac{h_{fg}}{R/M_g} \int_{T_b}^{T} \frac{dT}{T^2}$$

또는

$$\ln\left(\frac{p}{p_\infty}\right) = -\frac{h_{fg} M_g}{RT}\Big|_{T=T_b}^{T=T}$$

또는

$$X_g = \frac{p}{p_\infty} = e^{-(h_{fg}M_g/R)(1/T - 1/T_b)} \tag{6.18}$$

여기서 보통 정의된 끓는점에서 $p_\infty = 1$기압, 또는 일반적으로 혼합물 압력이고 $T_b$는 $p = p_\infty$에서 포화온도이다. 이 식은 아레니우스 형태와 비슷한 문자를 갖고 있다는 것에 유념한다. 거기서 $h_{fg}M_g$는 활성화 에너지(kJ/mole)의 역할을 한다.

### 예제 6.1

25℃ 및 1기압의 공기 중의 메탄올에 대한 최소 조정 점화온도를 예측하시오.

**풀이** 표 6.1의 데이터를 사용한다:

$$T_b = 337\text{ K} = 64℃$$

$$h_{fg} = 1.10\text{ kJ/g}$$

$$M_g = 12 + 4 + 16 = 32\text{ g/mole}$$

$$R = 8.315\text{ J/mole K}$$

$$\hat{h}_{fg} = (1.1)(32) = 35.2\text{ kJ/mole}$$

조정 점화에 대한 최소 온도는 $X_L = X_g(T_L)$로 주어진다. 식 (6.18)에서:

$$0.067 = \exp\left[-\frac{35.2\text{ kJ/mole}}{8.315\times10^{-3}\text{ kJ/mole K}}\left(\frac{1}{T_L} - \frac{1}{337\text{ K}}\right)\right]$$

이것을 풀면

$$T_L = 277\text{ K} = 4℃$$

이것은 개방 또는 폐쇄 컵의 285 및 289 K 측정 값과 비교되어야 한다. 계산된 값이 더 낮을 것으로 예측한다. 왜냐하면 점화자는 표면 위에 위치하고 혼합은 연료의 점화자 농도에 영향을 주기 때문이다. 따라서, 점화자에서 $X_L$을 달성하기 위하여 더 높은 액체 표면온도가 필요하다.

## 6.5 기화 속도

안정된 기화의 경우를 고려하자. 벌크 온도가 대기온도 $T_\infty$로 유지되는 액체의 1차원적 열 이동을 가정한다. 이것은 모서리 또는 용기 영향이 없는 깊은 액체 풀에 적용할 것이다. 프로세스는 그림 6.9에서 보이는 것과 같다. 표면 속도$(-(dx_0/dt)\boldsymbol{i})$로 움직이고 있는 $x$와 $x+dx$ 사이의 미분 검사체적을 선택한다. 좌표 계는 이동, 회귀, 기화 액체 표면에 대하여 선택된다. 비록 검사체적이 움직이지만, 용기에 들어 있는 액체에서 회전이 고려되지 않기 때문에 정지한 관측자의 관점에서 액체 속도는 0이다.

질량 보존의 법칙을 검사체적에 적용하면:

$$\frac{d}{dt}(\bar{\rho}\,dx)+\rho(x+dx)\left[0-\left(\frac{dx_0}{dt}\boldsymbol{i}\right)\right]\cdot(+\boldsymbol{i})+\rho(x)\left[0-\left(\frac{dx_0}{dt}\boldsymbol{i}\right)\right]\cdot(-\boldsymbol{i})=0$$

여기서, $\bar{\rho}$는 $x$와 $x+dx$ 사이의 평균 밀도이다. 앞에서처럼 $dx$로 나누고 $dx\to 0$로 극한을 취하고, 테일러의 전개 정리에 의하여 $x$항으로 $\bar{\rho}(x+dx)$를 표현하면

$$\rho(x+dx)\;\approx\;\rho(x)+\frac{\partial\rho}{\partial x}dx$$

$$\left(\frac{\partial\rho}{\partial t}\right)_x-v_0\left(\frac{\partial\rho}{\partial x}\right)_t=0 \tag{6.19}$$

을 얻을 수 있다. 여기서 $v_0=dx_0/dt$이다. 액체에서 밀도는 일정하기 때문에, 이 식은 자동적으로 만족된다.

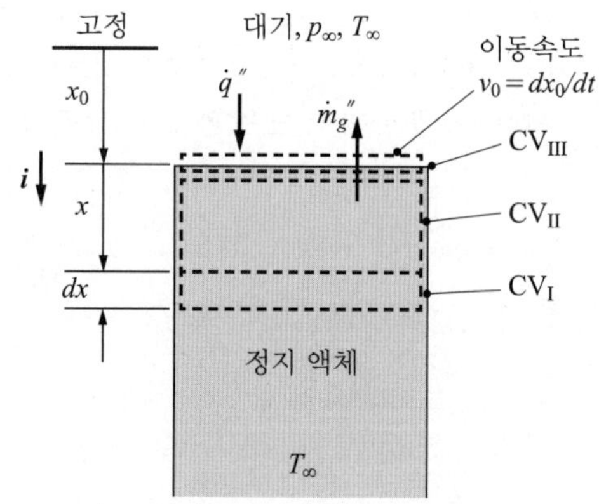


그림 6.9 ≫ 액체 기화

$x=0$(기체에서)과 액체의 모든 $x$ 사이의 검사체적을 취하는 것이 더욱 중요하다. 그 검사체적($CV_{II}$)에 대해,

$$\frac{d}{dt}\int_0^x \rho\,dx + \rho(x)[0-(v_0\boldsymbol{i})]\cdot(+\boldsymbol{i}) + \dot{m}_g'' = 0$$

여기서, $\dot{m}_g''$는 표면에서 기화되는 증기의 평균 플럭스이다. $\rho$가 일정하기 때문에

$$\rho v_0 = \dot{m}_g'' \tag{6.20}$$

$CV_I$에 대한 에너지 식은 유사한 방식으로 유도될 수 있다. 액체는 대기처럼 동일한 압력일 것으로 간주되고 따라서 식 (3.48)을 적용하면:

$$\rho c_p \frac{d}{dt}(\overline{T}\,dx) + \rho c_p v_0 [T(x) - T(x+dx)] = -\left[\dot{q}_k''\right]\Big|_x^{x+dx}$$

여기서, $\dot{q}_k''$은 $x$방향으로의 열유속이다.

$dx \to 0$로 극한을 취하고 전개하면

$$\rho c_p \frac{\partial T}{\partial t} - \rho c_p v_0 \frac{\partial T}{\partial x} = -\frac{\partial \dot{q}_k''}{\partial x} \tag{6.21}$$

열전도에 대한 Fourier 법칙을 고려하면,

$$\dot{q}_k'' = -k\frac{\partial T}{\partial x} \tag{6.22}$$

그 다음 식 (6.21)과 (6.22)를 결합하여 $k=$상수에 대한 아래 식을 얻을 수 있다.

$$\rho c_p \frac{\partial T}{\partial t} - \rho c_p v_0 \frac{\partial T}{\partial x} = k\frac{\partial^2 T}{\partial x^2} \tag{6.23}$$

$x=0$에서, 바로 표면을 둘러 싼 검사체적($CV_{III}$)을 이용할 수 있다. 이 검사체적에 대하여, 질량 보존은 식 (6.20)이다. 에너지 보존은 다음과 같이 된다.

$$x=0\text{에서}\qquad \dot{m}_g'' h_g - \rho v_0 h_f = \dot{q}'' - \dot{q}_k'' \tag{6.24}$$

여기서 $\dot{q}''$은 표면으로의 순 입사 열유속이다. 부피가 그러한 '엷은' 검사체적에 대해서는 0이기 때문에 식에 체적이 없음에 유의한다. 식 (6.20) 및 (6.22)로부터, 다음을 얻는다.

$$x = 0 \text{에서} \quad \dot{m}_g'' h_{fg} = \dot{q}'' + k\left(\frac{\partial T}{\partial x}\right)_{x=0} \tag{6.25}$$

또한 $x=0$, $T=T_s$에서 몰 농도의 항으로 $p_g(0)$ 또는 $X_g(0) \equiv X_s = p_g(0)/p_\infty$에서 포화온도를 알 수 있다. 깊은 액체 풀에 대하여 $x \to \infty$, $T=T_\infty$에서 요약하면, 안정된 기화에 대하여 식 (6.23)은 아래와 같이 된다.

$$-v_0 \frac{dT}{dx} = \alpha \frac{d^2 T}{dx^2} \tag{6.26}$$

열 확산율 $\alpha = k/\rho c_p$. 2개의 경계 조건을 필요로 하는 2차 미분방정식이 있다:

$$x = 0; \quad T = T_s \tag{6.27a}$$

$$x \to \infty, \quad T = T_\infty \tag{6.27b}$$

기화 속도 또한 모른다. 그러나, 순수 대류 가열에서 아래와 같이 쓸 수 있다.

$$\dot{q}'' = h(T_\infty - T_s) \tag{6.28}$$

대류 열전달계수는 질량 전달의 존재 없이 열 전달에 의한 것으로 근사 될 수 있다. 보통의 공기 중에서 건조되는 것처럼 기화 속도가 작은 경우 그리고 전형적으로 $X_L$이 작은 유도 발화의 조건에서 그러한 가정은 수용될 수 있다. 확산에 의한 질량 전이는 여전히 존재하고 아래 식에 의하여 근사될 수 있다.

$$\dot{m}_g'' = \left(\frac{h}{c_g}\right)(Y_s - Y_\infty) \tag{6.29}$$

여기서 대기 중에서 변환된 상(액체 → 기체)의 질량 분으로 $Y_\infty$, 대류 질량 이전 계수는 $h/c_g$ ($c_g$는 기체 혼합물에 대한 일정 압력에서의 비열이다)로 주어진다. 물의 건조 공기로 기화에서, $Y_\infty = 0$이다.

만약 위의 식에서 미지수를 고려한다면 4개가 있다:

$$T_s, \ Y_s, \ \dot{m}_g \text{ 및 } \dot{q}''$$

미분방정식은 $T = T(x;\ T_s,\ T_\infty,\ v_0/\alpha)$를 준다면 풀릴 수 있다. 미지수는 4개의 식을 필요로 한다: 아래 형태의 Clausius-Clapeyron 식과 식 (6.26), (6.28) 및 (6.29)

$$Y_s(T_s) = \frac{M_g}{M} e^{-(M_g h_{fg}/R)(1/T_s - 1/T_b)} \tag{6.30}$$

여기서 $M$은 가스 혼합물의 분자 질량(공기 혼합물에서 $M \approx 29$)이다. 또한 질량 이전 속도가 작은 경우, $T_s$는 $T_\infty$ 이하로 기껏해야 단지 몇 십도이다. 따라서 $T_s$에 대하여 명쾌하게 해를 찾지 않고 근사하여 계산한다.

$$Y_s(T_s) \approx Y_s(T_\infty) \tag{6.31}$$

식 (6.26)을 풀어 문제를 완료한다.

$$\psi = \frac{dT}{dx}$$

이라 하면 따라서

$$\frac{d\psi}{dx} = -\frac{v_0}{\alpha}\psi$$

일단 적분하면

$$\psi = c_1 e^{-(v_0/\alpha)x}$$

그리고 다시 한 번 적분하면 다음을 얻는다.

$$T = c_1\left(\frac{\alpha}{v_0}\right)e^{-(v_0/\alpha)x} + c_2 \tag{6.32}$$

식 (6.27)의 경계 조건에 의해,

$$c_2 = T_\infty$$

그리고

$$T_s - T_\infty = c_1\left(\frac{\alpha}{v_0}\right)$$

그리하면 해는 다음과 같이 표현될 수 있다.

$$T - T_\infty = (T_s - T_\infty)e^{-(v_0/\alpha)x} \tag{6.33}$$

식 (6.25)에 대입하면 다음을 얻는다.

$$\begin{aligned} k\left(\frac{dT}{dx}\right)_{x=0} &= -k(T_s - T_\infty)\left(\frac{v_0}{\alpha}\right) \\ &= -\rho c_p v_0 (T_s - T_\infty) \\ &= -\dot{m}_g'' c_p (T_s - T_\infty) \end{aligned}$$

($c_p$는 액체의 비열이다) 또는

$$\dot{q}'' = \dot{m}_g''[h_{fg} + c_p(T_s - T_\infty)] \tag{6.34}$$

여기서 $h_{fg} + c_p(T_s - T_\infty)$를 기화열이라고 부른다. 그것이 원래 온도 $T_\infty$에서 단위액체질량을 기화하는데 필요한 총 에너지이기 때문이다. 그것은 보통 기호 $L$로 주어지고 증발열 더하기 그것의 원래 온도 $T_\infty$에서 그것의 기화 온도 $T_s$로 액체를 보내는 데 필요한 '현열'로 구성된다.

건조 대기의 특수한 경우, 낮은 질량이동 플럭스를 갖는 1차원의 안정 가정하에서, 다음과 같이 쓸 수 있다(식 (6.29) 및 (6.30)으로부터).

$$\dot{m}_g'' = \left(\frac{h}{c_g}\right)\left(\frac{M_g}{M}\right)e^{M_g h_{fg}/(RT_b)}e^{-M_g h_{fg}/(RT_s)} \tag{6.35}$$

이것은 표면에서 건조 대기로의 기화가 0차원 화학반응에 대한 아레니우스 법칙의 형태를 갖는다는 것을 보여준다.

**예제 6.2**

25℃ 및 1기압에서 건조 공기 중 메탄올에 대한 기화되는 질량 플럭스를 추정하시오. 자연 대류 조건을 $h = 8\ \mathrm{W/m^2\ K}$의 액체-증기 표면에 적용한다고 가정한다.

**풀이** 식 (6.35) 및 예제 6.1에 의해, 우선 $T_s \approx 25$℃라고 가정한다:

$$\begin{aligned} \dot{m}_g'' &= \left(\frac{8\ \mathrm{W/m^2\ K}}{1.0\ \mathrm{J/g\ K}}\right)\left(\frac{32}{29}\right)\times e^{-[(32)(1.10\ \mathrm{kJ/g})/(8.315\times 10^{-3}\ \mathrm{kJ/mole\ K})](1/298\ \mathrm{K} - 1/337\ \mathrm{K})} \\ &= 1.7\ \mathrm{g/m^2\ s} \end{aligned}$$

여기서 기체 혼합물의 비열을 1.0 J/g K라고 근사하였다. 그것은 점화 시 전형적인 연료 질량 플럭스이며 소화 시 또한 보통 $1 \sim 5\ \mathrm{g/m^2\ s}$이다. 대략 그것을 일으키는 데 필요한 열유속($T_s \approx T_\infty = 25$℃에서)은

$$\dot{q}'' = \dot{m}_g'' h_{fg} = (1.7\ \text{g/m}^2\ \text{s})(1.10\ \text{kJ/g})$$
$$= 1.88\ \text{kW/m}^2$$

식 (6.27)로부터, $T_s$를 다음과 같이 근사할 수 있다.

$$T_s = T_\infty - \frac{\dot{q}''}{h} = 25℃ - \frac{1.88\ \text{kW/m}^2}{8 \times 10^{-3}\ \text{kW/m}^2\ \text{K}}$$
$$= 25℃ - 235 = -210℃$$

이것은 분명히 가정 $T_s = T_\infty = 25℃$를 만족하지 못한다.

이것은 좀 더 정확한 해를 요구한다. 다음과 같이 그것을 한다: 식 (6.28) 및 (6.34)를 $\dot{q}''/h$로 풀고 식 (6.35)에 대입하면

$$T_\infty - T_s = \frac{M_g}{c_g M} e^{-(M_g h_{fg}/R)(1/T_s - 1/T_b)} [h_{fg} - c_p(T_\infty - T_s)]$$

이 식은 $T_s$에 대한 반복적인 해를 요구한다. LHS 및 RHS를 다음의 대체된 식에 대해 $T_s$의 함수로 도식화하면

$$298\ \text{K} - T_s = \frac{(32\ \text{g/mole})/(29\ \text{g/mole})}{10^{-3}\ \text{kJ/g K}}$$
$$\times\ e^{-(32\ \text{g/mole})(1.10\ \text{kJ/g})/(8.315\times 10^{-3}\ \text{kJ/mole})(1/T_s - 1/337\ \text{K})}$$
$$\times\ [1.10\ \text{kJ/g} - (2.37 \times 10^{-3}\ \text{kJ/g K})(298\ \text{K} - T_s)]$$
$$T_s \approx 264\ \text{K} = -9℃$$

에서 교점을 제공한다(그림 6.10 참조).

식 (6.18)은 이제 메탄올 증가가 그것의 LFL을 초과하는지의 여부를 평가하는데 사용될 수 있다. 그 온도에서, 식 (6.28) 및 (6.34)에 의해 그리고 액체 메탄올에 대한 $c_p = 2.37$ J/g K로,

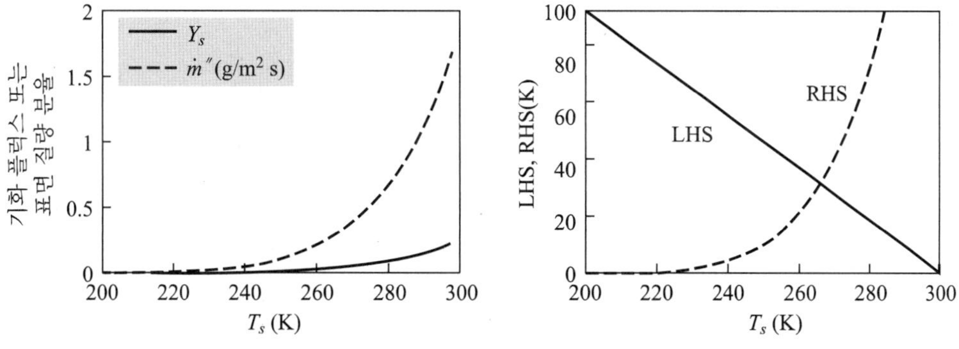


그림 6.10 ≫ 예제 6.2, $T_s$에 대한 해

$$\dot{m}_g'' = \frac{h(T_\infty - T_s)}{h_{fg} - c_p(T_\infty - T_s)} = \frac{8 \times 10^{-3}\,\text{kW/m}^2\,\text{K}\,(298-264)\,\text{K}}{[1.10-(2.37\times10^{-3})(298-264)]\,\text{kJ/g}}$$

$$= 0.26\ \text{g/m}^2\ \text{s}$$

따라서 이 정확한 해는 메탄올의 표면온도에서 큰 변화를 주지만, 점화 시에 질량 플럭스의 크기 차수는 거의 $\sim 0(1\ \text{g/m}^2\ \text{s})$과 같다.

이 메탄올 문제를 좀 더 상세하게 조사하자. 액체 밀도 0.79 g/cm$^3$로의 표면의 회귀속도는,

$$v_0 = \frac{\dot{m}_g''}{\rho} = \frac{0.26\ \text{g/m}^2\ \text{s}}{0.79\ \text{g/cm}^3 \times 10^6 \text{cm}^3/\text{m}^3}$$

또는

$$v_0 = 3.3 \times 10^{-7}\ \text{m/s}$$

식 (6.33)으로부터, 액체 풀의 온도프로파일은

$$\frac{T - 25℃}{(-9-25)℃} = e^{-(v_0/\alpha)x}$$

여기서, 액체에 대한 $k = 0.5$ W/m K를 사용하면

$$\frac{v_0}{\alpha} = \rho v_0 c_p/k = \dot{m}_g'' c_p/k = \frac{(0.26\ \text{g/m}^2\ \text{s})(2.37\ \text{J/g K})}{0.5\ \text{W/m K}} = 1.23\ \text{m}^{-1}$$

냉각된 액체의 열적침투깊이를 $T(\delta_p) = 24.7℃$에 대해

$$e^{-(1.23)\delta_p} = 0.01$$

또는 $\delta_p = 3.7$ m로 근사할 수 있다. 따라서 기화에서 반 무한 모델을 적용할 수 있으려면 이 액체 풀은 대략 4 m의 깊이를 유지하여야 한다. 만약 그것이 얕은 풀이라면 용기바닥 또는 지면의 온도는 결과에 중요한 영향을 줄 것이다.

얕은 풀에서 액체의 바닥 온도가 25℃로 유지된다고 가정하라. 풀의 바닥이 25℃로 유지되는 그 경우를 고려해 보자. 풀의 경우, 깊이가 증가할수록 액체 메탄올의 온도는 더 높아진다. 이것은 부력에 의해 재순환류를 만들기 쉽다. 그 흐름은 전개식 (6.33)에서 무시되었다. 오직 순수 전도만 고려되었다. 그것의 뒷면이 표면보다 더 높은 온도로 유지되는 유한한 풀의 깊이에서, 재순환이 일어나기 쉽다. 그것을 풀의 바닥과 표면온도 사이의 유효한 열전달계수 $h_L$로 취급하

자. 순수하게 대류열에 대하여, 액체 표면에서 에너지 보존은

$$\dot{m}_g'' h_{fg} = h(T_\infty - T_s) + h_L(T_{bot} - T_s) \tag{6.36}$$

식 (6.35)를 대입하고 $T_{bot} = T_\infty$로 취하면 $T_s$에 대한 음 함수 방정식을 얻는다:

$$T_\infty - T_s = \left(\frac{h}{h + h_L}\right)\frac{h_{fg}}{c_g}\frac{M_g}{M}e^{-(h_{fg}M_g/R)(1/T_s - 1/T_b)} \tag{6.37}$$

이것이 위 및 아래로부터 대류적으로 가열되는 액체 기화 풀에 대한 표면온도를 제공한다.

### 예제 6.3

그것의 바닥 표면이 25℃로 유지되는 얕은 메탄올 풀에 대한 예제 6.2를 고려하자. 액체의 유효 대류 열전달계수 10 W/m$^2$ K로 자연 대류가 발생한다고 가정한다. 이 풀에 대한 표면온도, 표면 증기 분율 및 기화 플럭스를 구하라.

**풀이** 식 (6.37)에서, 아는 양을 대입하면,

$$298\text{ K} - T_s = \left(\frac{8}{8+10}\right)\left(\frac{32}{29}\right)\left(\frac{1100\text{ J/g}}{1\text{ J/g K}}\right)e^{-4240.9(1/T_s - 1/337\text{ K})}$$

LHS 및 RHS가 그림 6.11에 도식화 되어 $T_s = 272$ K 또는 $-1$℃을 나타내었다. 식 (6.30)으로부터

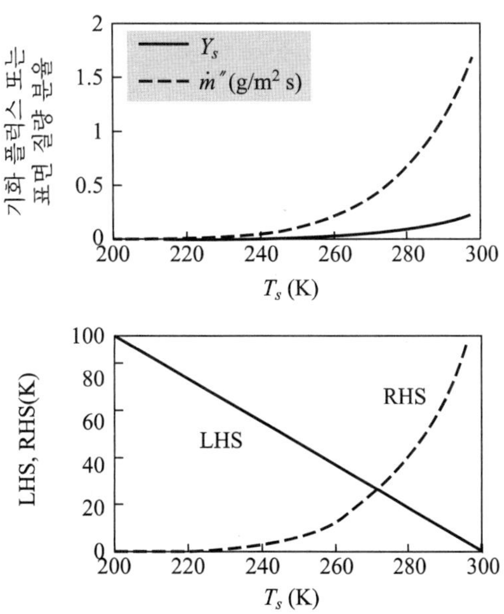


그림 6.11 ≫ 예제 6.3, $T_s$에 대한 해

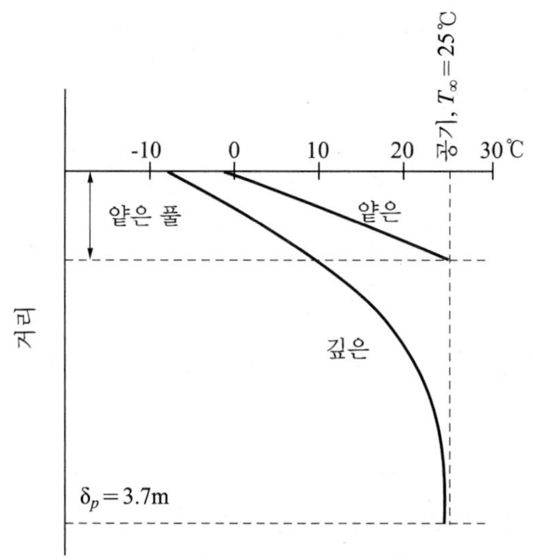


그림 6.12 ≫ 자연 대류 하에서 25℃에서 메탄올의 공기로의 기화

$$Y_s = \left(\frac{32}{29}\right)e^{-4,240.9(1/272-1/337)} = 0.054$$

건조 공기로 기화된 질량 플럭스는 식 (6.29)에 의해,

$$\dot{m}_g'' = \frac{h}{c_g}Y_s = \frac{8\ \text{W/m}^2\ \text{K}}{1\ \text{J/g K}}(0.054)$$

또는

$$\dot{m}_g'' = 0.44\ \text{g/m}^2\ \text{s}$$

그러한 결과들은 $T_s = 277$ K, $Y_s = 0.074$ 및 $\dot{m}_g'' = 0.58$ g/m$^2$ s의 표면에서 이론적인 연소 한계 조건에 근접한다(예제 6.1 참조).

메탄올에 대한 예제 6.2 및 6.3의 열역학은 그림 6.12에 스케치 되어 있다.

## 참고문헌


1. Setchkin, N.P., Self-ignition temperature of combustible liquids, *J. Research, National Bureau of Standards*, 1954, **53**, 49-66.
2. Kanury, A.M., Ignition of liquid fuels, in *The SFPE Handbook of Fire Protection Engineering*, 2nd edn, (eds P.J. DiNenno *et al.*), Section 2, *National Fire Protection Association*, Quincy, Massachusetts, 1995, pp. **2**-164 to **2**-165.
3. Turns, S.R., *An Introduction to Combustion*, 2nd edn, McGraw-Hill, Boston, Massachusetts, 2000.
4. Bolz, R.E. and Tuve, G.L. (eds), *Handbook of Tables for Applied Engineering Science*, 2nd edn, CRC Press, Cleveland, Ohio, 1973.

## | 연 | 습 | 문 | 제 |

**6.1** 달리기주자가 흐린 날 긴 레이스 중 땀을 흘리고 있다. 조깅하는 사람의 피부온도는 공기온도 보다 _____ 높거나 또는 _____ 낮다? 하나를 체크하시오.

**6.2** 액체 연료의 증기압이 연료의 점화 원인을 평가하는 데 왜 중요한가?

**6.3** 가스상태의 가열로 인해 대류하고 있는 기화상태 하에서, 액체 표면온도는 주위 보다 _____ 낮거나 또는 _____ 높다. 빈 곳에 체크하시오.

**6.4** 어떤 물질의 끓는점에서, 그램당 액체로부터 증기로 상태가 변할 때 벤젠의 엔트로피 변화는 얼마인가? 표 6.1을 사용하라.

**6.5** 0℃의 아래와 같은 순수 액체의 증기압을 계산하시오. Clausius–Claperyon 식 및 표 6.1을 사용하라.

(a) *n*-옥탄

(b) 메탄올

(c) 아세톤

**6.6** 대기압에서 *n*-hexane의 캔 안의 액체 표면 위에서 증기 - 공기 혼합물이 발화 될 수 있는 온도 범위를 계산하시오. 데이터는 표 4.5에서 볼 수 있다. *n*-데케인(*n*-$C_{10}H_{22}$)의 캔 속의 액체 표면 위의 증기/공기 혼합물이 25℃에서 발화될 때 주위 압력 범위를 계산하시오.

**6.7** 표 6.1의 데이터를 사용하여, *n*-옥탄의 폐쇄 컵 인화점을 계산하시오. 표 6.1에 주어진 값과 귀하의 결과를 비교하시오.

**6.8** *n*-데케인의 증기압이 화학양론적 증기 - 공기 혼합물에 상응하는 온도를 계산하시오. 귀하의 결과를 표 6.1의 *n*-데케인의 연소점으로 인용된 값과 비교하시오.

**6.9** 벤젠 $C_6H_6$의 엎질러 진 액체가 태양열을 받는 철로에 떨어지고 40℃로 가열되었다. 안전 요원은 차량으로부터 벤젠의 표면에 발생할 스파크를 우려하고 있다. 요원의 우려가 옳은지 여부를 계산으로 보이시오. 필요 시 아래의 데이터를 사용한다:

| | | |
|---|---|---|
| $T_{boil}$ = 353 K | $M$ = 78 | $h_{fg}$ = 432 kJ/kg |
| $\Delta h_c$ = 40.7 kJ/g | $X_{lower}$ = 1.2% | $X_{upper}$ = 7.1% |
| $R$ = 8.314 J/mole K | | |

**6.10** 사용된 청소 걸레의 묶음과 그것의 화염이 일정하게 나프탈렌 통($C_{10}H_8$)에 부딪히고 있다. 액체 나프탈렌은 반경 1 m의 반구 안에 가장자리까지 차 있다. 화염은 얇은 금속 통을 500℃의 일정한 온도와 대류 열전달계수 20 W/m² K로 가열하고, 통 속의 액체는 순환하여 일정한 온도로 유지될 수 있도록 되어 있다. 액체의 표면으로부터 열 전달은 무시될 수 있고 금속 통은 무시할 정도의 질량이다. 통의 상단에 있는 고장 난 스위치는 계속하여 전기 방전을 한다. 나프탈렌의 특성을 사용하여, 액체가 점화할 때까지의 시간을 결정하시오. 그 프로세스에서 점화의 근거가 되는 액체의 온도를 계산하여야 한다. 초기온도는 35℃이다.

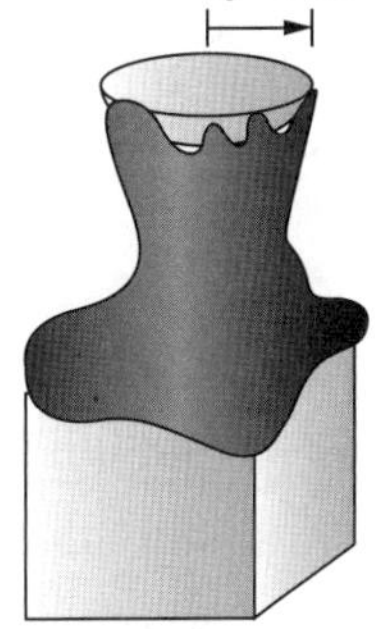


특성:

| | |
|---|---|
| 액체 밀도, $\rho$ = 1160 kg/m³ | 액체 비열, $c$ = 1.2 J/g K |
| 기화열, $h_{fg}$ = 0.32 kJ/g | 발화 하한, $X_L$ = 0.9% |
| 끓는점, $T_b$ = 491 K | 기체상수, $R$ = 8.315 J/mole K |
| 구의 표면적 = $4\pi r^2$ | 구의 부피 = $(4/3)\pi r^3$ |

(a) 점화에 필요한 온도를 밝히시오.

(b) 점화시간을 밝히시오.

**6.11** $n$-옥탄이 여름 날 낮에 뜨거운 도로위로 쏟아졌다. 도로는 40℃이고 옥탄을 그 온도까지 가열한다. 바람의 온도는 33℃ 그리고 압력은 1기압이다. 표 6.1을 사용하시오.

데이터:

주위 조건은 온도 33℃ 그리고 압력 760 mmHg이다.
공기의 밀도는 1.2 kg/m³ 그리고 비열은 1.04 J/g K이다.

옥탄 특성:

| | |
|---|---|
| 끓는 온도는 125.6℃ | 기화열은 0.305 kJ/g |
| 비열(액체)은 2.20 J/g K | 비열(기체)은 1.67 J/g K |
| 밀도(액체)는 705 kg/m$^3$ | 공기 중 인화 하한은 0.95% |
| 공기 중 인화 상한은 3.20% | |

(a) 엎질러진 액체 표면에서 옥탄 증기의 몰 농도를 결정하시오.

(b) 표면에서 스파크가 일어났다면, 엎질러진 것이 점화될 것인가? 귀하의 답에 대한 이유를 설명하시오.

(c) 경계층이 4 cm 두께인 경우 그 위의 옥탄 증기는 선형 분포로 가정한다. 혼합물이 발화될 수 있는 4 cm 두께의 경계층 상의 수직 영역을 결정하시오.

**6.12** 이 문제는 지루할 수 있거나 또는 흥미로울 수 있다. 이론적인 계산에 의하여 젖은 청소용 천의 건조 특성을 결정하시오.

천은 우선 물로 포화된다, 그 다음 무게를 재고 매달아 40분 동안 건조한다. 그 후 무게를 다시 잰다. 방 온도와 습도가 기록된다. 귀하의 분석의 가정과 규격을 기술하면서 이론적으로 다음을 계산하시오:

(a) 수직 방향으로 걸려 있는 천에 대한 열 전달 및 질량 전달 계수.

(b) 같은 위치로 계속 걸려있다고 가정하고, 단위면적당 평균 기화 속도 및 건조 시간.

(c) 표면온도 및 천의 표면에서 수증기의 질량분율.

데이터:

| | |
|---|---|
| 방 온도: 23℃ | 방 습도: 29.5% |
| 청소 전 질량: 55.48 g | 치수: 33 cm × 32.5 cm × 3 cm |
| 초기 젖은 청소용 천의 질량: 135.8 g | 시간: 오전 11:25 |
| 최종 질량: 122.6 g | 시간: 오후 12:05 |

**6.13** 미국 법무장관은 '비가연성 최루가스'의 사용을 승인하고 포위된 빌딩으로부터 광신적 종교 집단 회원을 제압하였다. 최루가스(CS)는 에어로졸로서 메틸렌 클로라이드(다이클로로메틸렌, $CH_2Cl_2$)의 방울로 전달되었다. 20통의 최루 가스가 동시에 전달되었고, 각각은 메틸렌 클로라이드 0.5리터를 포함하고 있었다. $CH_2Cl_2$의 특성이 아래에 열거되어 있다:

$CH_2Cl_2$의 특성:

액체 비열 = 2 J/g K

끓는점 = 40℃

액체 밀도 = 1.33 g/cm$^3$

기화열 = 7527 cal/g mole

발화 하한 = 12% (몰의)

(a) 액체 $CH_2Cl_2$의 인화점을 계산하시오.

(b) 빌딩에서 용기를 터트림으로써 방출된 $CH_2Cl_2$의 단위면적당 기화 속도를 계산하시오. 공기온도는 28℃이고 이전에 최루 가스가 유입된 적이 없었다. 깊은 풀에서와 같이 엎질러짐도 고려될 수 있다고 가정하며, 바닥과 공기 사이의 열전달계수는 10 W/m$^2$ K이다.

(c) 그것이 잘 혼합되었다고 가정하면 빌딩 내의 $CH_2Cl_2$의 최대 농도는 얼마인가. 빌딩은 60 ft × 30 ft × 높이 8 ft이고, 8개의 깨진 유리창은 3 ft × 높이 5 ft다. 각각의 용기는 1 m 직경으로 쏟아졌고, 빌딩 속으로 공기 유속은 $0.05 A_0 H_0^{1/2}$로 해도 된다. 여기서 $A_0$는 창의 전체 면적이고 $H_0$는 창의 높이다.

**6.14** 강도가 밤에 귀중품이 보관되어 있는 보석 상점의 뒷방에 들어간다. 방은 32℃이고 3.5 m × 3.5 m × 높이 2.5 m이다. 그는 0.8 m × 높이 0.8 m의 창문을 통하여 들어간다. 더 추운 외부 온도는 아래 식에 근거하여 공기를 창문을 통하여 방안으로 흘러들어 가게 한다.

$$\dot{m}_{\text{air}}\,(\text{g/s}) = 110 A_0 \sqrt{H_0}$$

여기서 $A_0$는 m$^2$로 표시한 창의 면적이고 $H_0$는 m로 표시한 높이다.

강도가 돌아다니다 그의 플래시 등을 깨뜨리고 또한 메탄올이 담긴 큰 병을 깨뜨려 1.8 m의 저장 탱크로 흘러들어 간다. 그 때 그는 담배용 라이터를 사용하여 본다. 제6장의 표에서 특성 데이터를 사용하시오. 기체 비열은 항상 1.2 J/g K이고, 방안의 기체 밀도는 1.18 kg/m$^3$으로 일정하다고 고려할 수 있고 메탄올 표면의 열전달계수는 15 W/m$^2$ K다.

(a) 만약 강도가 즉시 불이 켜진 라이터를 메탄올 탱크에 떨어뜨렸다면, 어떤 일이 일어날 것인지 계산으로 설명하시오. 귀하는 메탄올의 농도를 계산할 필요가 있다.

(b) 메탄올의 초기 기화 속도는 g/s로 표시하여 얼마인가?

(c) 만약 강도가 그의 불 붙은 라이터를 떨어뜨리지 않았다면, 그러나 그것을 계속 사용하여 본다면, 점화가 일어날 것인가 그렇다면 언제 일어날 것인가? 계산으로 귀하의 결과를 설명하시오. 기화된 메탄올의 구성은 방안으로 일정하게 혼합된다고 가정하고 또한 메탄올의 표면온도는

일정하게 유지된다고 가정하고 방안에 메탄올 증기가 없을 경우에 그 온도에서 그러한 추정을 택해도 된다.

**6.15** 동유는 0.5 cm 두께의 면 천에 완전히 흡수된다. 그리고 일정한 온도에서 건조 공기에 걸려 있다. 동유와 젖은 천의 특성은 아래와 같다:

| | |
|---|---|
| 연소열 | 40 kJ/g |
| 기화열 | 43.0 kJ/mole 동유 |
| 동유의 연소 하한 | 1% (부피의) |
| 동유의 끓는점 | 159℃ |
| 젖은 천의 열전도도 | 0.15 W/m K |
| 활성화 에너지, $E$ | 75 kJ/mole |
| 앞-지수 인자, $A$ | $0.38\times10^8$ g/m$^3$ s |
| 기체상수, $R$ | 8.315 J/mole K |

(a) 작은 불꽃이 천에 다가오면 점화가 일어난다. 불꽃 점화가 날 수 있는 천의 최소 표면온도는 얼마인가?

(b) 만약 천이 (a)에서의 그 최소 온도에서 공기에 노출된다면 천으로 다가오는 불꽃이 없이 점화로 이어질 수 있는가? 정량적인 항으로 설명하시오.

Chapter

07

# 고체의 발화

## Ignition of Solids

## 7.1 소개

지금까지 우리는 자동 및 유도 발화된 사례에 대한 기체 혼합에 관련된 발화 현상(제4장), 대형 제품의 자연 발화에 필요한 조건(제5장), 그리고 액체 발화에 필요한 조건을 살펴보았다. 발화의 발생 시간은 면밀하게 연구되지 않았다. 화재 시나리오에서, 전형적인 고체 물품(commodities)과 가구에 대한 발화는 화재 성장에 중요한 역할을 한다. 특히, 물질이 발화되는 시간은 화재에서 발생하는 사건들의 시간 순서(타임 라인) 설명이나 예측에 도움이 될 수 있다. 사실, 우리는 고체 발화 시간이 화염의 확산속도에 반비례한다는 사실을 알게 될 것이다(제8장). 이 장에서는 고체의 발화에 대한 논의로 국한시키겠지만, 액체가 대부분 정지된 상태에서 화재가 발생된다는 가정하에, 액체 발화도 부분적으로 포함될 수 있다. 다공성 고체에 흡수되는 액체 연료의 혼합 사례는 발화과정을 제어하는 액체와 고체의 두 가지의 물성들을 조합할 수도 있다.

고체 연료의 발화를 통제하는 요인들을 이해하기 위해, 몇 가지 단계를 고려하려 한다. 이러한 단계들은 그림 7.1에 나타내었다.

**단계 1.** 고체가 가열되어, 온도가 상승하면 기체 연료가 포함된 열분해 생성물이 발생한다. 기체 연료를 생성하는 이러한 분해는 아레니우스(Arrhenius) 유형의 반응으로 표현될 수 있다.

$$\dot{m}_F''' = A_s e^{-E_s/(RT)} \tag{7.1}$$

여기서, $A_s$와 $E_s$는 고체의 물성이다. 순수한 액체 증발을 사용하는 경우와 같이(등식 6.35), 이는 온도의 비선형적 함수로, 여기에서는 발화가 가능하도록 만들기 충분한 연료 증기 농도를 허용하는 임계온도 $T_{py}$가 존재할 수 있다. 깊이로 가열되는 납작한 고체의 경우, 표면을 떠나는 연료 질량속은 다음과 같이 기술할 수 있다.

$$\dot{m}_F'' = \int_0^{\delta_{py}} A_s e^{-E_s/(RT)} dx \tag{7.2}$$

여기서, $\delta_{py}$는 가열된 임계 깊이이다. 이 과정은 그림 7.1에 나타내었다. 여기서, 표면온도가 $T_{py}$에 도달하기 전에는 상당한 양의 연료 증기의 방출은 없는 것으로 간주한다. $T_{py}$에서 값은 유도 발화(piloted ignition)를 허용하기에 충분하다.

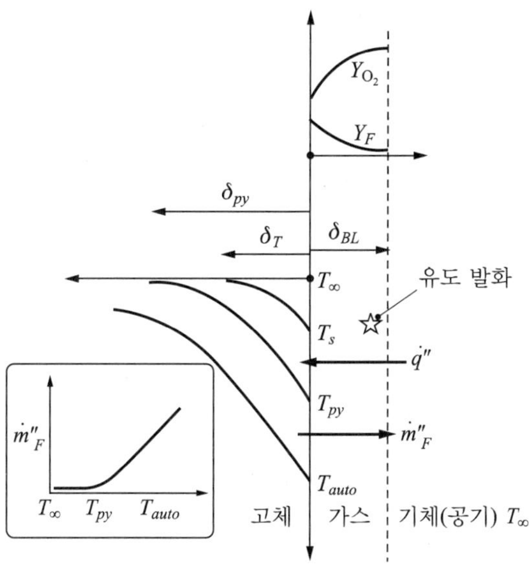


**그림 7.1 ≫ 고체 발화 관여 요인들**

**단계 2.** 방출된 연료 증기는 주변 공기가 연료와 혼합되는 유체 경계층을 통해 전달되어야 한다. 유도 발화의 경우, 혼합된 연료가 인화될 수 있는 장소($X_F \geq X_L$)에 전기 스파크나 작은 화염과 같은 충분한 에너지원이 위치해야 한다. 자동 발화의 경우, 근사 화학량론적(near stoichiometric) 혼합물을 얻어야 할 뿐만 아니라, 충분한 체적의 증기 혼합물이 해당 자동 발화온도(~300~500℃)에 도달해야 한다. 고체가 복사열로 가열될 경우, 표면으로부터의 열 전달이나 경계층에서의 복사 흡수가 혼합물의 온도를 해당 자동 발화값까지 상승시켜야 한다. 이는 유도 발화에 필요한 전형적인 표면온도 $T_{py}$보다 실제적으로 더 높게 된다. 탄화 물질의 경우, 기체 단계 결과에서 발화되기 이전에 표면 산화가 발생할 수 있다. 이는 특히 자동 발화 사례나 낮은 열유속의 경우에 가능하게 된다. 예를 들어, Spearpoint[1]은 불씨가 존재할 경우 복사열에 의해 두꺼운 목재가 8 kW/m$^2$ 정도로 낮은 상태에서 발화되는 것을 알게 되었다. 하지만, 이러한 화염 유도 발화는 목재의 표면 작열이 선행된다. 즉, 이러한 산화에 대한 반응에너지가 복사 가열을 증대시켰다고 볼 수 있다. 불꽃이 없더라도, 작열 현상이 화염 발화를 유도할 수도 있다. 이러한 작열 발화와 해당 영향을 논의에서는 무시하겠지만, 탄화 물질의 발화에서는 중요한 메커니즘이 될 수 있다.

유도 발화의 경우만을 생각해보자. 그렇다면, $T_{py}$에서, 충분한 연료 질량유속이 표면에서 방출된다. 전형적인 화재 조건에서는, 연료 증기는 경계층 내의 유입 공기를 만나기 위하여 난류 자연대류에 의해 확산될 것이다. 이러한 상황은 불씨를 일으키기까지 약간의 시간을 소요하며, 이때 표면온도는 계속 상승한다.

**단계 3.** 일단 가연성 혼합물이 불씨에 놓이게 되면, 화학적 반응이 '열 폭주(thermal runaway)' 또는 화염 조건까지 진행하기 위한 추가 시간이 소요된다.

이러한 3단계 과정을 사용하여 발화 시간을 다음과 같은 세 개의 모든 단계들의 합[2]으로 표현할 수 있다:

$$t_{ig} = t_{py} + t_{mix} + t_{chem} \tag{7.3}$$

여기서, $t_{py}$ : 고체가 $T_{py}$를 얻기 위한 전도 가열 시간

$t_{mix}$ : 가연성 연료 농도와 산소가 불씨가 되는 데 필요한 확산 또는 전달 시간

$t_{chem}$ : 가연성 혼합물이 불씨에서 한 번 연소에 도달하는 데 필요한 시간

## 7.2 발화 시간을 구성하는 요소들의 추정

식 (7.3)에 의해 기술되는 과정은 복잡하며, $t_{ig}$를 정확하게 판별하려면 정교한 분석이 필요하다. 시간 구성 요소들 각각의 적절한 추정을 통해, 가장 전형적인 화재 적용 분야에 대해 실제적인 발화 분석을 상당히 단순화할 수 있다. 또, 우리는 유도 - 화염 발화만 고려하고 있지만, 자동 발화도 비슷하게 기술될 수 있다.

### 7.2.1 화학적 시간

화학적 시간 구성 요소, $t_{chem}$을 고려해보자. 식 (5.22)로부터, 우리는 가연성 혼합물(즉, 반경이 $r_o$인 구면체)에 대한 발화 시간을 다음과 같이 추정했다.

$$t_{chem} = 0.21 r_o^2 / \alpha \tag{7.4}$$

여기서, $\alpha$는 가스 혼합물의 열 확산도이다. 열 폭주 반응의 경우, 이 구면체에 대해 임계 Damkohler 수를 얻어야 한다. 그러므로, $r_o$에 대해 대입하면,

$$\delta_c = \left(\frac{E}{RT_\infty}\right) \frac{r_o^2 A \Delta h_c e^{-E/(RT_\infty)}}{kT_\infty} = 3.32 \tag{7.5}$$

결합하면,

$$t_{chem} = \frac{(0.21)(3.3)kT_\infty}{\alpha[E/(RT_\infty)]A\Delta h_c e^{-E/(RT_\infty)}} \tag{7.6}$$

우리는 공기 중에 전형적인 가연성 혼합물로 다음을 선택하고, 다음과 같은 방식으로(표 4.2를 사용하여) 이 시간을 추정한다.

$E = 160$ kJ/mole
$A = 10^{13}$ g/m$^3$ s
$k = 0.10$ W/m K
$\alpha = 16 \times 10^{-6}$ m$^2$/s
$\Delta h_c = 45$ kJ/g

그리고, 가연성 연소를 얻기 위해 공기 중 연료 혼합물에 대한 단열 화염온도로 $T_\infty = 1{,}600$ K (~1,300℃)를 선택한다. 일반적으로, 에너지 방출률을 조사해야 한다.

$$\dot{Q}_{chem}(t) = A\,\Delta h_c e^{-E/(RT)}\left(\frac{4}{3}\pi r_o^3\right) \tag{7.7}$$

그리고, 가연성 혼합물이 도달한 후에 불씨 스파크에 상당한 양의 에너지와 빛이 관찰될 때 $t = t_{chem}$을 찾는다. 이와 같은 상황을 상세하게 설명하는 것은 너무 번거로운 일이므로, 대표적인 연소 온도로 $T_\infty = 1{,}600$ K를 선택한다. $E/(RT_\infty) = 12.0$을 사용하고, 이러한 값들을 대입하면,

$$\begin{aligned} t_{chem} &= \frac{(0.21)(3.32)(0.10\ \text{W/m K})(1{,}600\ \text{K})}{(16\times 10^{-6}\ \text{m}^2/\text{s})(12.0)(10^{13}\ \text{g/m}^3\ \text{s})(45\ \text{kJ/g})e^{-12.0}} \\ &= 2.1\times 10^{-4}\ \text{s} \end{aligned}$$

그러므로, 전형적인 화학적 반응 시간은 매우 빠르다. 화학적 기체 단계 지연이 존재하거나, 산소 농도가 주위에서 감소될 경우, $A$가 영향을 받아 감소한다. 그러므로, 화학적 시간은 더 길어질 수도 있거나, 연소가 전혀 가능하지 않을 수도 있다.

### 7.2.2 혼합 시간

이제, 혼합 시간 $t_{mix}$에 대해 생각해보자. 이는 경계층 두께 $\delta_{BL}$에 대해 확산이 발생하는 크기를 예측함에 의해 추정될 것이다. 난류 자연대류의 조건일 경우, 높이 $l$의 수직 플레이트에 대한 누셀트수(Nusselt number)의 관점에서 열 전달을 다음과 같이 나타내는 것이 일반적이다.

$$GrPr > 10^9 \text{의 조건에서} \quad \frac{h_c l}{k} = 0.021(GrPr)^{2/5} \tag{7.8}$$

여기서, $Gr$은 기체에 대한 그라쇼프수(Grashof number) $g[(T_s - T_\infty)/T_\infty](l^3/\nu^2)$이며, $Pr$은 프란틀수(Prandtl number) $\nu/\alpha$로, 기체의 운동 점성은 $\nu$이다. 열전달계수 $h_c$는 대략 다음과 같은 기체 도전성 $k$와 연관될 수 있다.

$$h_c \approx \frac{k}{\delta_{BL}} \tag{7.9}$$

그리고 $l = 0.5$ m의 가열된 표면에 대해, $T_s = 325$℃와 $T_\infty = 25$℃($\overline{T} = 175$℃)에서의 전형적인 공기 값들에 대해 식 (7.8)과 (7.9)를 결합하면,

$$Pr = 0.69$$
$$\alpha = 45 \times 10^{-6}\ \mathrm{m^2/s}$$
$$\nu = 31 \times 10^{-6}\ \mathrm{m^2/s}$$
$$k = 35 \times 10^{-3}\ \mathrm{W/m\ K}$$
$$Gr = (9.81\ \mathrm{m/s^2})\,\frac{300\ \mathrm{K}}{298\ \mathrm{K}}\,\frac{(0.5\ \mathrm{m})^3}{(31 \times 10^{-6}\ \mathrm{m^2/s})^2} = 1.28 \times 10^9$$
$$\frac{\delta_{BL}}{l} = \frac{1}{(0.021)[(1.28 \times 10^9)(0.69)]^{2/5}} = 0.0126$$

또는

$$\delta_{BL} = (0.0126)(0.5\ \mathrm{m}) = 6.29 \times 10^{-3}\ \mathrm{m}$$

$\delta_{BL}$에 대해 확산이 발생하는 시간은 다음과 같이 추정된다.

$$\delta_{BL} \approx \sqrt{Dt_{mix}} \tag{7.10}$$

여기서, $D$는 공기 중 에탄올의 층류 확산에 대한 확산 계수, 즉, $1.02 \times 10^{-5}\ \mathrm{m^2/s}$이다. 난류 확산의 경우, 유효 $D$는 더 크다. 하지만, 층류값은 전통적으로 더 큰 시간을 보인다. 식 (7.10)은 시간 $t_{mix}$에서 확산 침투 깊이를 제공한다. 그러므로, 다음과 같이 추정된다.

$$t_{mix} \approx \frac{(6.29 \times 10^{-3}\ \mathrm{m})^2}{1.02 \times 10^{-5}\ \mathrm{m^2/s}} = 3.9\ \mathrm{s}$$

그러므로, 우리는 이러한 혼합 시간도 매우 작은 것을 알게 된다. 하지만, 이러한 분석 의미는,

연료 증기가 전개된 곳에 불씨가 존재하는 것으로 간주한다. 하향 불씨는 이 과정에서 전달시간을 추가시킨다.

### 7.2.3 열분해

마지막으로, 표면에서의 $T_{py}$를 얻기 위해 가열된 고체의 시간 스케일을 추정한다. 이는, 고체의 분해 및 기화(또는 응결 단계)를 무시할 수 있을 정도라는 전제하에, 열 전도에 주된 문제가 된다. 우리는 유도 발화에 전형적으로 낮은 연료 농도가 필요하므로($X_L$ 0.01～0.10), 낮은 질량 유속($\dot{m}_F''$ 1～5 g/m$^2$ s)이 필요함을 알고 있다. 그러므로, 순수한 전도 추정은 충족된다. 열 전도에 대한 열 투과 깊이는 다음과 같이 추정할 수 있다.

$$\delta_T = \sqrt{\alpha t} \tag{7.11}$$

여기서, $\alpha$는 응축 단계의 열 확산도이다. 우리는 전형적인 $\delta_T$를 결정하여 열분해 시간을 추정할 수 있다.

표면에서의 순 입사 열유속은 $\dot{q}''$에 의해 주어진다. 단계 변화 또는 분해 에너지를 무시한, 표면에 대한 에너지 보존은 다음과 같다.

$$\dot{q}'' = -\left(k\frac{\partial T}{\partial x}\right)_{x=0} \tag{7.12}$$

열분해 시간에서, 우리는 다음과 같은 도함수를 추정한다.

$$-\left(k\frac{\partial T}{\partial x}\right)_{x=0} \approx \frac{k(T_{py}-T_\infty)}{\delta_T} \tag{7.13}$$

식 (7.11)로부터 다음과 같이 열분해 시간을 추정할 수 있다.

$$t_{py} \approx k\rho c\left(\frac{T_{py}-T_\infty}{\dot{q}''}\right)^2 \tag{7.14}$$

특성 $k\rho c$는 열 관성이다. 이 값이 높을수록, 고체의 온도를 높이기가 더 어려워진다. 목재에 대한 전형적인 조건에 대해 $t_{py}$를 추정한다.

$k\rho c = 0.5\ (\mathrm{kW/m^2\ K})^2\ \mathrm{s}$

$T_{py} = 325$℃

$\dot{q}'' = 20\ \mathrm{kW/m^2}$ (발화 조건에 대해 상대적으로 낮은 값)

그러면, 식 (7.14)로부터

$$t_{py} \approx (0.5)\left(\frac{325-25}{20}\right)^2 = 113 \text{ s}$$

그러므로, 전도 시간이 가장 중요하며, 발화를 제어한다.

일반적으로, 열전도는 고체에 대한 밀도에 직접적으로 연관되어 있으므로,

$$k\rho c \sim \rho^2$$

폼 플라스틱과 같은 가벼운 고체가 빠르게 발화될 수 있는 이유를 설명한다. 또, $k$와 $c$는 고체의 온도가 증가함에 따라 증가한다. 그러므로, 상승된 온도에서 $k\rho c$에 사용하기 위해 선택되는 값들은 일반 주변 조건보다 더 높아야 한다.

## 7.3 발화에 대한 순수 전도 모델

그러므로, 유도 발화의 경우, 다음과 같이 말할 수 있다.

$$t_{ig} \approx t_{py}$$

그리고, 발화에 대해 합리적인 표면온도를 선택한다. 분해가 발생하더라도, 대개는 전도 말미에 발생하므로, 특히 유도 발화의 경우에는 짧은 기간이다. 발화 온도는 실험실 측정으로부터 해석되는 것으로 순수 전도열에 대응되는 표면온도로 선택할 수 있다. 이는 그림 7.2에 나타내었으며, 유도 발화나 자동 발화에 적용할 수 있다. $T_{ig}$가 더 높으면 발화 근처에서 순수 전도열 곡선이 더 많이 일그러지는 자동 발화로 나타난다. 그럼에도 불구하고, 고체 발화에 대한 순수 전도 모델에 대한 추정은 충족된다.

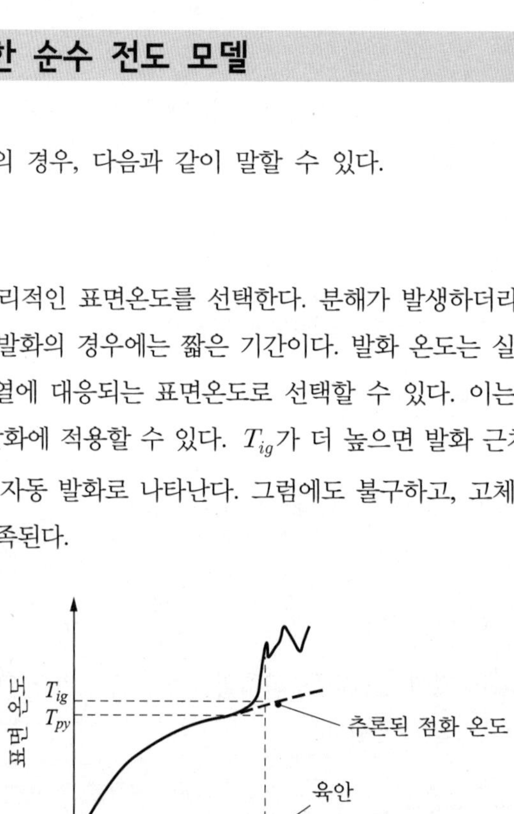


그림 7.2 ≫ 발화에 대한 표면온도 반응

물론, $T_{ig}$와 열 특성 $k$, $\rho$ 및 $c$에 대한 정보도 얻을 수 있어야 한다. 이러한 정보는 '물성'으로 간주될 수 있으며, 열 전도 이론에 대해 '고정 상수'로 도출될 수 있다. 이러한 관점에서, 발화 온도는 액체 인화점의 기초적인 열역학적 특성이 아니지만, 난류에 대한 와류 점성이나, 뉴튼 흐름(Newtonial flow) 행동에 근사하는 유체에 대한 운동 점성($\nu$)을 모델링하는 변수로 사용할 수 있다. 발화 온도를 사용하는 개념은, 발화 문제 뿐만 아니라, 화염 전파에 대한 해를 구현하는 데 매우 강력하다. 전도 모델을 사용하여 $T_{ig}$를 결정하면 다양한 가열 조건의 쇠퇴 변화와 단계 변화의 과정을 허용하기 때문에, 모든 경우에 대해 정확하게 측정된 $T_{ig}$를 예상할 수는 없다. 그림 7.3은 K를 사용하여 측정된 목재 입자 보드의 온도 결과를 나타낸다.
사이토(Saito)는 표면에 미세한 와이어 열전쌍을 삽입했다[3]. 분산된 결과는 분해 변수와 이렇게 어려운 측정의 정확도가 가장 유력한 원인이다. (여기의 표면 온도는 목재와는 다른 특성을 갖는 유한한 크기의 열전대 비드(bead)를 사용하여 측정되는 것에 주의하시오.) 특성과 같이, 최소한 온도 변동으로 인해 변화를 초래하게 되므로, $k$, $\rho$ 및 $c$를 일반적인 재질에 대한 문헌에서 발견할 수 있는 값과 동일할 것으로 예상할 수 없다. 우리는 $k$와 $c$가 온도에 따라 증가하며, $c$는 분해, 단계 변화 및 흡수된 물의 증발로 인해 유효하게 증가한다고 예상한다. 이러한 영향들을 모두 모델링하는 것이 아니므로, 발화 거동을 설명하기 위해 $T_{ig}$, $k$, $\rho$ 및 $c$의 유효 특성을 사용할 수 있다.

예를 들면, $T_{ig}$가 증가함에 따라 $t_{ig}$가 증가한다(반응 지연제를 첨가하면, 화재 저항 중합체가 더 많아진다);

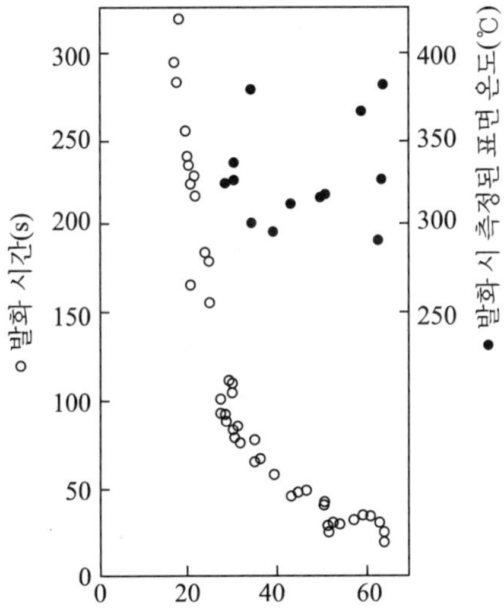


그림 7.3 ≫ 복사 가열에 의한 목재 파티클 보드(수직)의 유도 발화[3]

$k$, $\rho$가 증가함에 따라 $t_{ig}$가 증가한다;

$c$가 증가함에 따라 $t_{ig}$가 증가한다(단계 변화, 물의 분해 증발).

## 7.4 화재의 열유속

화재 조건에서 접하는 열유속을 살펴보기 위해 고체에 대한 논의를 잠시 멈추는 것이 좋겠다. 화재 성장의 세 가지 구성 요소인 발화, 화염 전파 및 연소율을 촉진하는 것이 이러한 열유속이다.

### 7.4.1 전형적인 열유속 레벨

표 7.1은 화재에서 흔히 발생하는 열유속의 범위를 나타내며, 인지 가능한 값과 대비한다. 유도 발화를 발생시키는 최저 열유속은 얇은 물질의 경우는 약 10 kW/m$^2$, 두꺼운 물질의 경우는 20 kW/m$^2$이라는 것이, 일반적인 물질에 대해 전형적으로 알려져 있다. 이러한 임계 유속에서의 발화 시간은 이론적으로 무한하지만, 현실적으로는 $O$(1분)이 될 수 있다(분 단위의 크기). 인화, 또는 더 정확하게는 구획 화재가 바닥에 대해 20 kW/m$^2$의 열유속과 연관된다. 이러한 열유속은 500℃(천장에 대한 20 kW/m$^2$)와 600℃(바닥에 대한 20 kW/m$^2$, 유효 연기층 방사율과 형태계수 곱 0.6을 사용하여 추정됨)의 전형적인 실내 연기층 온도와 연관될 수 있다.

**표 7.1** 일반적인 열유속 값

| 공급원 | kW/m$^2$ |
|---|---|
| 지구표면에 있어서의 태양의 복사 | ≤ 1 |
| 피부통증의 하한(상대적으로 짧게 노출) [4] | ~1 |
| 화상의 하한(상대적으로 짧게 노출) [4] | ~4 |
| 일반적으로 얇은 물품을 점화하는데 필요 | ≥ 10 |
| 일반적으로 일반가구들을 점화하는데 필요 | ≥ 20 |
| 작은 층류 화염으로부터의 표면 가열 [5] | 50 ~ 70 |
| 난류 벽 화염으로부터의 표면 가열 [6-8] | 20 ~ 40 |
| ISO 9705 룸-코너 테스트 버너(벽) | |
| (0.17 m$^2$ 프로판버너) 100 kW의 경우 | 40 ~ 60 |
| (0.17 m$^2$ 프로판버너) 300 kW의 경우 | 60 ~ 80 |
| 최성기 거실 화재 내(800 ~ 1000℃) | 75 ~ 150 |
| 대형 풀 화재 내(800 ~ 1200℃) | 75 ~ 267 |

태양으로부터의 가장 높은 가능성의 열유속은 일반적인 고체를 발화시킬 수 없다. 그러나, 어항을 통과한 햇빛의 크기는 실화로 인한 화재에서 얇은 커튼을 발화한 것으로 나타났다.

### 7.4.2 화재 표면의 복사 특성

복사 가열의 경우, 온도 상승을 결정하기 위해 입사 열유속 크기만을 아는 것으로는 충분하지 않다. 입사 소스의 스펙트럼 특성과 물질의 스펙트럼 특성(흡수율 $\alpha_\lambda$, 투과율 $\tau_\lambda$ 및 반사율 $\rho_\lambda$)도 요지해야 한다. 다음 등식을 기억하시오.

$$\alpha_\lambda + \rho_\lambda + \tau_\lambda = 1 \tag{7.15}$$

물질에 대해 주어진 표면온도에서의 평형에 의해

$$\epsilon_\lambda = \alpha_\lambda \tag{7.16}$$

그림 7.4(a), (b) 및 (c)는 (a) 지구 표면에서의 태양, (b) JP-4 풀 화재, 그리고 (c) 전형적인 실내 화재 조건(800~1,100 K)에서의 흑체 소스라는 세 가지 소스의 스펙트럼 특성을 나타낸다. 태양 복사는 대개 약 0.3~2.4 μm에 포함되며, 화재 조건은 약 1~10 μm에 걸쳐 나타난다.

그림 7.5와 7.6은 직물의 측정된 스펙트럼 반사율과 투과율을 보여준다. 그림 7.5로부터, 컬러(6, 백색; 7, 흑색; 1, 황색)가 태양열 복사를 반사하는 데 유의한 영향을 준다는 사실이 분명하며, 이러한 컬러가 0.6 μm의 가시 스펙트럼 영역에서 식별될 이유도 알게 된다. 하지만, 화재 조건과 관련된 스펙트럼 범위에서, 컬러는 거의 영향을 주지 않는다. 또, 어둡거나(5a) 젖은(5b) 직물의 반사율도 0.1 이하까지 떨어진다. 그러므로, 다른 정보를 사용할 수 없는 화재 분석의 특별한 목적을 위해, 반사율을 제로 값으로 취하거나, 흡수율을 1과 같은 것으로 하는 것이 합리적이다. 얇은 직물(그림 7.6)만 0.2 이하의 투과도를 나타내며, 2 μm 이후에는 제로 값에 가깝게 감소하므로, 이 조건이 허용 가능하다.

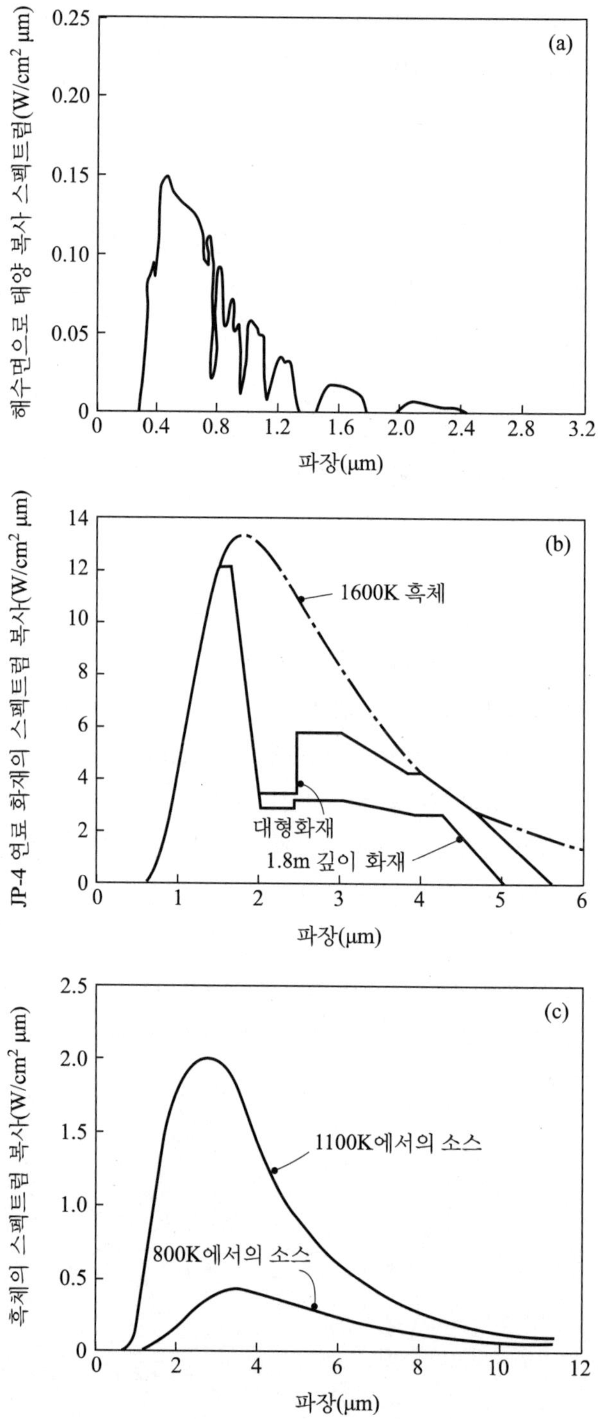


그림 7.4 ≫ 소스들의 스펙트럼 특성: (a) 지구 표면의 태양[9], (b) JP-4 연료 화재[10], (c) 흑체[11]

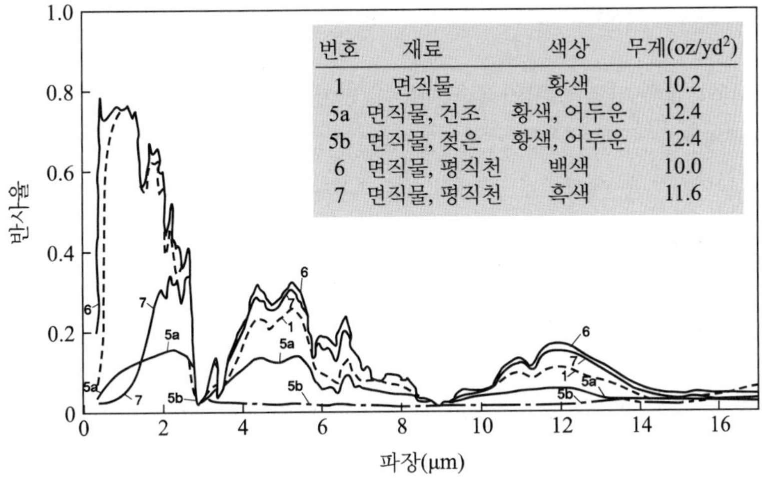


그림 7.5 ≫ 면직물의 스펙트럼 반사율[11]

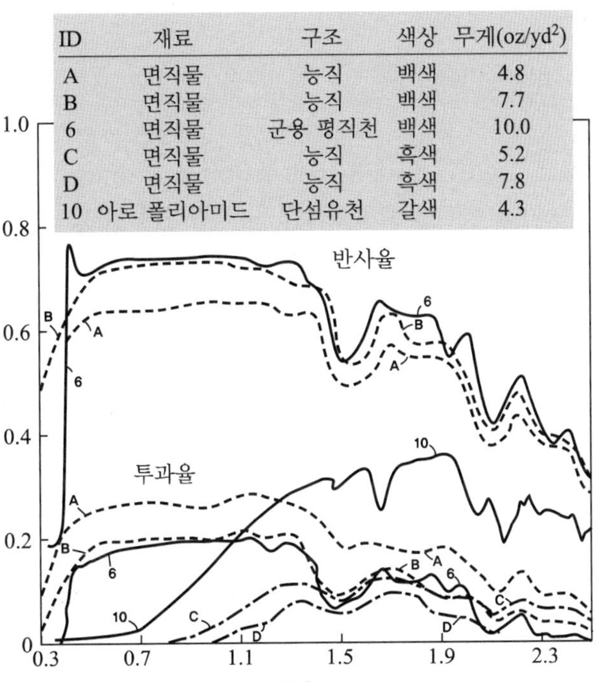


그림 7.6 ≫ 섬유의 스펙트럼 반사율[11]

### 7.4.3 화재의 대류 가열

화재 조건에서의 대류 가열은 자연적인 대류 조건에서 주된 역할을 하며, 난류의 경우, 약 10 W/m$^2$의 열전달계수가 전형적이다. 그러므로, 800℃의 전형적인 난류 평균 화염온도에서는 약 8 kW/m$^2$의 대류 열유속을 예상한다. 결과적으로, 난류 조건에서는 복사 가열 전달이 화재 성장에 더 중요하게 된다. 이것이 화재 성장을 쉽게 예측할 수 없는 한 가지 이유가 된다.

### 7.4.4 화염 복사

화염과 연소 생성물의 복사에는 복잡한 과정이 포함되며, 온도의 시간적 및 공간적 분포, 검댕 크기 분포 및 농도, 그리고 방출 및 흡수 기체 농도에 대한 지식에 의해 판단한다. 이러한 수량을 완전히 알 경우, 복사열 전달을 계산할 수 있지만, 실제 화재 시나리오에서는 스펙트럼에 실제적으로 적용되지 않는다. 그러므로, 합리적인 추정, 경험적 상관관계나 측정만 사용해야 한다. 아래 식에서 화염으로부터 방출되는 평균 시간 열유속을 나타내어 이러한 어려움들을 평가할 수 있다.

$$\overline{\dot{q}''} = \overline{(\overline{\epsilon}_g + \epsilon_g{}')\sigma(\overline{T} + T')^4} \tag{7.17}$$

여기서, 윗줄 표시는 평균 시간을 나타내며, 프라임 표시는 불안정 난류 구성 요소를 나타낸다. 여기에 고려되지 않은 공간적 변수들 포함시키면 더 복잡하게 된다. 또, 방출률은 연료 특성과 화염 모양에 좌우된다. 화염이나 기체 방출은 다음과 같은 단순화된 형식으로 나타낼 수 있다.

$$\epsilon_g = 1 - e^{-\kappa_g l} \tag{7.18}$$

여기서, $\kappa_g$는 흡수 계수로, 화재의 전형적인 연료의 경우 $O(1)\ \mathrm{m}^{-1}$이 전형적일 수 있으며, $l$은 화재에 대한 평균 빔(beam) 길이 또는 특성 길이 척도가 된다[12]. 1~2 m의 길이를 갖는 화염은 흑체 방사체(emitter) $\epsilon_g \approx 1$에 접근하게 된다.

### 7.4.5 열유속 측정

화재의 열유속은 안정된 상태(빠른 응답 시간)의 장치, 즉 슈미트 - 벨터(Schmidt-Boelter) 열유속계나 고든(Gordon) 열유속계를 사용하여 주로 측정되어 왔다. 전자는 제어된 뒷면 온도를 사용하여 알려진 전도성의 얇은 필름에 대한 열전쌍열을 사용하며, 후자는 고정된 모서리 온도를 갖는 매달린 포일(suspended foil)을 사용한다. 포일 중심과 모서리 사이의 온도차는 가해진

고른 열유속에 직접 비례한다. 고든 계측기는 표면에 대해 고른 온도를 갖지 않기 때문에, 대류 열유속을 정확하게 측정할 수 없다.

포일 반경 $R$, 두께 $d$, 그리고 전도성 $k$에 대해, 고든 계측기 온도차는 다음과 같이 나타낼 수 있다.

$$T(0) - T(R) = \left[\frac{\dot{q}_r'' + h_c(T_\infty - T(R))}{h_c}\right][1 - 1/I_o(mR)]$$
$$\approx \left\{\frac{\dot{q}_r''}{h_c} + [T_\infty - T(R)]\right\}\left(\frac{R^2}{4kd}\right)$$

작은 $mR$의 경우, $m = \sqrt{h_c/kd}$, $I_o$은 베젤(Bessel) 함수이며, $\dot{q}_r''$와 $h_c(T_\infty - T(R))$는 $T(R)$에서 냉각된 계기에 대한 순 복사 및 대류 열유속이다[6].

## 7.4.6 열유속의 경계 조건

열유속은 화재 성장에 중요한 변수이므로, 많은 문제에 대해 판별하는 것이 필요하다. 일반적으로, 이는 규모(층류 또는 난류, 빔 길이 $l$), 물질(검댕, 연소 생성물), 그리고 흐름 특징(기하학적, 자연적 또는 강제적)에 좌우된다. 우리는 정량적 논의와 문제에 필요한 것으로 열유속에 대해 대략적으로 추정할 것이지만, 이에 대한 판단은 화재의 과학적 및 공학적 발전을 기다려야 한다. 우리는 다음과 같이 일반적인 순 화재 열유속 조건을 나타내려 한다.

$$\dot{q}'' = \left(-k\frac{\partial T}{\partial x}\right)_{x=0}$$
$$= \dot{q}_e'' + \dot{q}_f'' + h_c[T_\infty - T(0,t)] - \epsilon\sigma[T^4(0,t) - T_\infty^4] \qquad (7.19)$$

이는 일반적인 표면 경계 조건을 제공한다.

여기서, $\dot{q}_e''$ : 외부 입사 복사 열유속

$\dot{q}_f''$ : 전체(복사+대류) 화염 열유속

$h_c(T_\infty - T(0,t))$ : 화염이 존재하지 않을 때 대류 열유속

$\epsilon\sigma(T^4(0,t) - T_\infty^4)$ : $T_\infty$에서의 넓은 주변 환경에 대한 순 재복사 열유속

이 순 유속이 주변 온도 $T_\infty$에서 냉각된 열유속계에 대한 것일 경우, 계기가 외부 입사 복사 유속과 화염 열유속을 직접 측정한다.

## 7.5 열적 특성이 얇은 고체의 발화

열 전도 모델을 사용한 발화 시간 예측에 대한 우리의 논의로 돌아가 보자. 이 문제는 많은 것들이 분석적으로 해결된(예, 참고문헌[13] 참조) 열 전도 문제의 예측으로 경감된다. 그러므로, 디지털 컴퓨터와 소프트웨어를 사용하면 유한차분법에 의해 특히 더 많은 것들이 발생할 수 있기 때문에, 이렇게 수많은 해에 머무르지 않을 것이다. 이 장에서는 상대적으로 단순한 문제들에 대한 기본적인 이론을 예시하여, 해당 해의 정확한 속성과 데이터에 대한 적용 가능성을 나타낼 것이다.

### 7.5.1 열적 특성이 얇은 기준

우선, 얇은 대상들(더 구체적으로는 공간적인 내부 온도 변화도가 없는 것으로 추정할 수 있는 것들)을 고려한다. 이러한 종류의 문제는 열적 특성이 얇다고 말한다. 해당 영역은 식 (7.11)~(7.12)로부터 추정할 수 있는데, 여기서 물리적 두께 $d$는 열적 투과 깊이보다 작아야 한다. 이는 그림 7.7에 나타내었다. 온도 변화도가 영역 $d$에 대해 작으려면, 다음과 같은 조건이 필요하다.

$$d << \delta_T \approx \sqrt{\alpha t} \approx \frac{k(T_s - T_o)}{\dot{q}''} \tag{7.20a}$$

$$Bi \equiv \frac{dh_c}{k} \ll \frac{h_c(T_s - T_o)}{\dot{q}''} \tag{7.20b}$$

여기서 $Bi$는 비오수(Biot number)이다. $\dot{q}''$가 대류 가열만 기준으로 한다면 즉, $h_c(T_\infty - T_s)$, 식 (7.20b)는 다음과 같다.

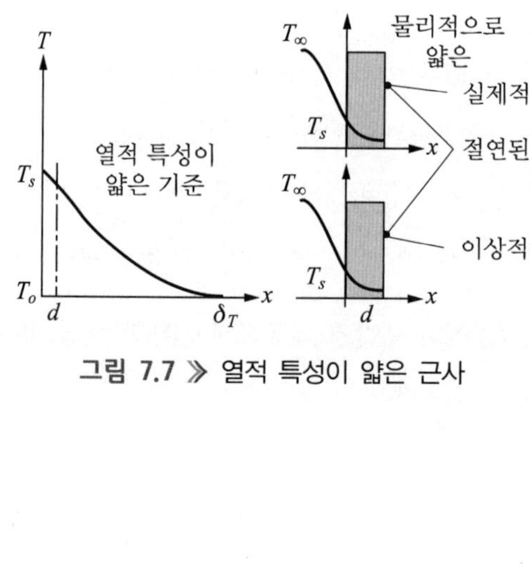


그림 7.7 ≫ 열적 특성이 얇은 근사

$$Bi \ll \frac{T_s - T_o}{T_\infty - T_s} \text{ (순수한 대류)} \tag{7.21}$$

이는 열적 특성이 얇은 경우(여기서, $d$는 충분히 작음), 내부 온도차는 경계층에 대한 차이보다 훨씬 더 작아야 한다. 고체 연료에 대한 전형적인 발화 조건의 경우,

$$k \sim 0.2 \text{ W/m K}$$

$$T_s = T_{ig} \sim 325℃$$

$$T_o = T_\infty = 25℃$$

$$\dot{q}'' = 20 \text{ kW/m}^3$$

그러면,

$$d \ll (0.2 \times 10^{-3})(325 - 25)/20 = 3 \text{ mm}$$

전형적으로, 약 1 mm보다 작은 두께를 갖는 항목은 열적 특성이 얇은 것으로 간주할 수 있다. 이는 한 장의 종이, 직물, 플라스틱 필름 등으로 구성된다. 이는 비절연성 물질에 대한 얇은 코팅이나 박막에 적용되지 않는다. 왜냐하면, 기판의 전도 효과가 박막을 얇은 물질처럼 작용하도록 만들기 때문이다. 섬유 유리 단열 배팅(batting) 위를 덮는 종이는 얇지만, 덮은 책 속의 페이지들은 그렇지 않다.

## 7.5.2 열적 특성이 얇은 이론

열적 특성이 얇은 발화 이론은 명확하므로, (a) 한 측면이 단열된 두께 $d$의 물질이나 (b) 대칭적으로 가열되는 두께 $2d$의 물질에 적용될 수 있다. 경계 조건은 다음과 같이 주어진다.

$$\dot{q}'' = \left(-k\frac{\partial T}{\partial x}\right)_{x_s} \text{ (표면)}$$

그리고

$$\left(\frac{\partial T}{\partial x}\right)_{x_i} = 0 \text{ (중심 또는 단열면)}$$

하지만, 열적 특성이 얇은 근사를 적용하면, $T(x, t) \approx T(t)$에 불과하다. 가해진 에너지가 보존되는 얇은 두께 주변의 검사체적에 대해, 식 (3.45)는 다음과 같다(주변의 압력이 고른 고체의 경우).

$$\rho c_p d \frac{dT}{dt} = \dot{q}'' = \dot{q}_e'' - h_c(T - T_\infty) - \epsilon(T^4 - T_\infty^4) \tag{7.22}$$

여기서, 순 열유속은 초기온도 $T_\infty$를 갖는 $T_\infty$에서의 주변 환경에서의 복사열을 나타낸다. 식 (7.20)으로부터, 화염 열유속을 상수로 취할 경우, 더 일반적인 형태를 적용할 수 있다. 이러한 비선형 문제는 분석적 해를 도출할 수 없다. 이러한 어려움을 피하기 위해, $T - T_\infty$가 작은 경우, 복사 손실 항목은 유효계수 $h_r$을 사용하여 선형화된 관계로 추정된다:

$$h_r \equiv \frac{\epsilon\sigma(T^4 - T_\infty^4)}{T - T_\infty} \approx 4\epsilon\sigma T_\infty^3 \tag{7.23}$$

그러므로, $h_t \equiv h_c + h_r$을 사용하면, 다음을 얻게 된다.

$$\rho c_p d \frac{dT}{dt} = \dot{q}_e'' - h_t(T - T_\infty) \tag{7.24}$$

여기서,

$$\theta = \frac{T - T_\infty}{\dot{q}_e''/h_t} \text{과} \qquad \tau \equiv \frac{h_t t}{\rho c_p d} \tag{7.25}$$

그러면,

$$\frac{d\theta}{d\tau} = 1 - \theta, \qquad \theta(0) = O \tag{7.26}$$

이는, 입사 복사 열유속에 의해 가열된 두께 $d$의 단열된 고체의 경우, 다음과 같이 풀 수 있다.

$$T - T_\infty = \frac{\dot{q}_e''}{h_t}\left[1 - \exp\left(-\frac{h_t t}{\rho c_p d}\right)\right] \tag{7.27}$$

일반적으로, 화염 열유속을 여기에 포함시킬 수 있다. $t \to \infty$일 때의 식 (7.27)로부터, 안정된 상태에 도달하며, $t \to 0$일 때, $e^{-\tau} \approx 1 - \tau$이다. 이를 통해, $T = T_{ig}$일 때 발생하는 발화 시간 $t_{ig}$에 대한 단순한 표현이 가능하다.

$1 - e^{-\tau} \approx \tau$이므로, 작은 발화 횟수의 경우,

$$t_{ig} \approx \frac{\rho c_p d(T_{ig} - T_\infty)}{\dot{q}_e''} \tag{7.28}$$

$\dot{q}_e'' \gg h_t(T_{ig} - T_\infty)$인 높은 가열 사례를 묵시적으로 고려했기 때문에, 냉각 효과는 전적으로 배제되었음에 주목한다.

다음을 고려하면,

$$h_c = 0.010\ \mathrm{kW/m^2\ K}$$

$$h_r = 4(1)(5.671 \times 10^{-11}\ \mathrm{kW/m^2\ K^4})(298\ \mathrm{K})^3 = 0.006\ \mathrm{kW/m^2\ K}$$

$$T_{ig} = 325℃$$

표면 냉각으로 인한 열유속은

$$h_t(T_{ig} - T_\infty) = (0.010 + 0.006)(325 - 25) = 4.8\ \mathrm{kW/m^2}$$

그러므로, 이러한 추정은 최소한 $\dot{q}_e'' > 5\ \mathrm{kW/m^2}$에 대해 유효한 것으로 증명될 수 있다.

긴 냉각 시간의 경우(궁극적으로는 $t \to \infty$ 에서), 이 온도는 $T_{ig}$에 도달한다. 그러므로, 발화를 위한 이 임계 열유속 아래의 열유속 $\dot{q}_{ig,crit}''$의 경우, 전도 모델을 사용하면 아무런 발화도 가능하지 않다. 식 (7.27)에 대한 안정된 상태 조건에 의해 임계 유속이 주어진다.

$$\dot{q}_{ig,crit}'' = h_t(T_{ig} - T_\infty) \tag{7.29a}$$

또는, 보다 정확한 형태($\epsilon = 1$)일 경우,

$$\dot{q}_{ig,crit}'' = h_c(T_{ig} - T_\infty) + \sigma(T_{ig}^4 - T_\infty^4) \tag{7.29b}$$

### 7.5.3 얇은 물질 측정

그림 7.8(a)와 (b)는 25 mm 섬유 유리 배팅에 대한 0.2 mm 두께의 금속화 폴리비닐 불화물(MPVF) 필름에 대한 유도 발화 결과를 보여준다[14]. MPVF 필름은 늘어나고 리핑(ripping)되는 것을 방지하기 위해 (접착제를 사용하지 않거나 유의한 두께로 증가된) 깎아낸(shear) 유리 스크림(scrim)에 부착된다. 부착되지 않은 MPVF 필름도 실험했다. 이를 통해 본 이론을 확증하고 문제를 나타내기도 하는 몇 가지 특징이 나타났다.

발화 데이터와 리핑 시간 데이터는 모두 각각 약 25 및 11 kW/m²의 임계 열유속을 제공한다. 분명히, 두 가지 경우 모두 필름을 발화하거나 찢는 데 필요한 최소값을 나타내는 임계 열유속을 나타낸다. 이러한 결과들을 통해, 식 (7.29b)로부터 $T_{ig}$ 또는 $T_{rip}$ 임계온도를 결정할 수 있으며 $h_c$는 알려져야 한다.

그림 7.8(b)에서, 데이터는 $\dot{q}_e''$에 대한 $1/t$로 표시되며, 식 (7.28)에 의해 제안된 선형 거동을 나타낸다. 작은 시간 이론을 통해 선형 결과들은 '긴 시간'에 대해서도 적용되는 것으로 나타난다. 임계 열유속에 근접한 측정된 시간들은 60초 미만이다. 그러므로, 이러한 작은 시간 이론은 현실적인 범위의 발화 시간에 유효한 것으로 나타난다. 일반적으로 넓은 시간 범위에 대한 식 (7.28)의 적용 가능성은 현실적으로 가능한 것으로 나타난다. 또, 이러한 직선의 기울기는 $[\rho c d(T_{ig} - T_\infty)]^{-1}$로 나타나므로, $c$에 대한 직접적인 결정이 가능하다($\rho d$는 단위면적당 면(face)중량이므로 쉽게 측정할 수 있다).

이러한 필름(부착되지 않음)이 복사열에 노출될 경우, 먼저 리핑된다. 리핑되고 늘어난 필름의 최종 특성에 따라, 발화되지 않을 수도 있다. 이와 같은 문제들은 소규모 화염 발화 시험에서 두드러지며, 잘못된 결과를 도출할 가능성이 있다. 시험에 관련된 화재 시나리오와 해당 관련성을 면밀하게 고려해야 한다.

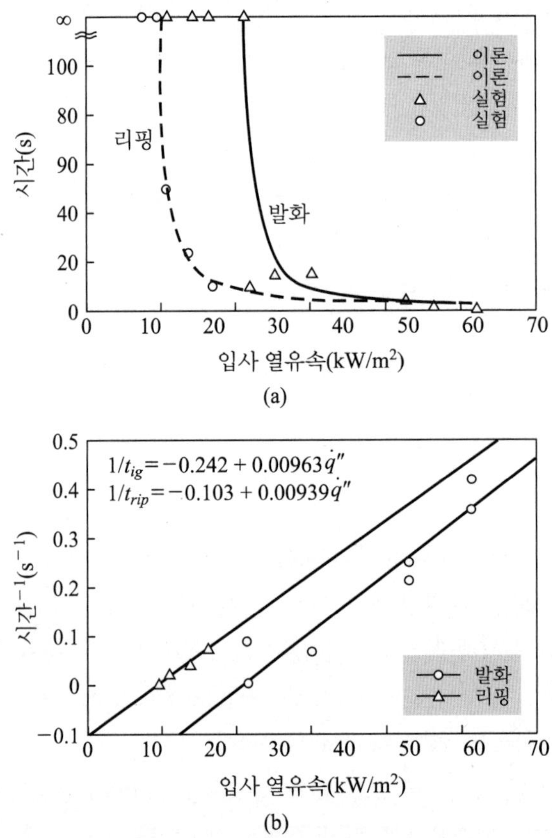


**그림 7.8** ≫ (a) 섬유 유리 배팅(batting)에 대한 복사열로 인한 부착되지 않은 MPVF($d$ = 0.2 mm)에 대한 유리 접착 MPVF 및 리핑(ripping) 시간의 유도 발화. (b) 얇은 MPVF($d$ = 0.2 mm)의 발화 및 리핑에 대한 상호 작용 시간 결과

## 7.6 열적 특성이 두꺼운 고체의 발화

열적 특성이 얇은 경우는 약 1 mm의 $d$에 해당한다. 반 무한 매체를 사용하여 고체의 발화를 추정할 수 있다. 즉, 배면(backface) 경계 조건이 해에 미치는 영향을 무시할 수 있는 경우이다. 이 경우는 열적 특성이 두껍다고 한다. 이러한 경우에 해당하는 $d$의 값들을 추정하기 위해, 열적 투과 깊이 $\delta_T$가 $x = d$에 도달하기 전에 발화가 발생하기를 원한다. 다음을 사용하여 이를 추정하도록 하자.

$$d \geq \delta_T \approx \sqrt{\alpha t_{ig}} \tag{7.30}$$

일반 가연물에 대한 화재실험을 통해, 발화를 위한 시간 범위는 대개 5분(300초) 미만이다. 대표값 $\alpha = 2\times 10^{-5}$ m$^2$/s를 취하면, 다음을 계산할 수 있다.

$$d \geq \sqrt{(2\times 10^{-5}\ \mathrm{m}^2/\mathrm{s})(300\ \mathrm{s})} = 0.078\ \mathrm{m}$$

그러므로, 우리는 고체가 발화 기간 동안 열적 특성이 두껍게 거동하며, $t_{ig} = 300$초일 경우 약 8 cm, 30초일 경우 약 2.5 cm일 것으로 기대할 수 있다. 그러므로, 반 무한(semi-infinite) 해는 실제적인 활용성을 가질 수 있으며, 더 복잡한 유한 두께의 해에 대한 필요성을 감소시킨다. 하지만, 두께와 다른 기하학적 효과가 중요한 경우, 이러한 해들은 더 정확하게 다뤄야 한다.

### 7.6.1 두꺼운 이론

표면에서의 일정한 온도에 대해 반 무한한(열적 특성이 두꺼운) 전도 문제를 고려해보자. 지배적인 공간 차이 등식은 에너지의 보존으로부터 나오며, 표준 열 전달 자료(예, 참고문헌[13])에 기술되어 있다:

$$\frac{\partial T}{\partial t} = \alpha \frac{\partial^2 T}{\partial x^2} \tag{7.31}$$

경계 조건을 사용하면:

$$x = 0, \quad T = T_s, \quad \text{상수}$$
$$x \to \infty, \quad T = T_\infty$$

그리고, 초기 조건:

$$t = 0, \quad T = T_\infty$$

다음과 같은 형식의 해를 찾게 된다:

$$\frac{T - T_\infty}{T_s - T_\infty} = \theta(\eta) \tag{7.32}$$

여기서

$$\eta = \frac{x}{2\sqrt{\alpha t}}$$

대입하여 다음과 같이 나타낼 수 있다.

$$\left(\frac{\partial T}{\partial t}\right)_x = (T_s - T_\infty)\frac{d\theta}{d\eta}\left(-\frac{\eta}{2t}\right)$$

$$\frac{\partial}{\partial x}\left(\frac{\partial T}{\partial x}\right) = (T - T_\infty)\frac{d^2\theta}{d\eta^2}\left(\frac{1}{2\sqrt{\alpha t}}\right)^2$$

식 (7.31)은 다음과 같이 된다:

$$\frac{d^2\theta}{d\eta^2} + 2\eta\frac{d\theta}{d\eta} = 0 \tag{7.33}$$

여기서,

$$\eta = 0, \quad \theta = 1$$

$$\eta \to \infty, \quad \theta = 0$$

이러한 종류의 해를 상사해(similarity solution)라고 하고, 문제의 영향을 받는 영역은 $\sqrt{\alpha t}$(성장하는 투과 깊이)에 비례하며, 무차원 온도분포는 시간에 대하여 비슷하며, $\eta$변수에서는 동일하다. 유체 역학적 경계층 문제는 이와 동일한 특성을 갖는다.

우리는 식 (7.33)을 다음과 같이 푼다.

$$\psi = \frac{d\theta}{d\eta}$$

그러면,

$$\frac{d\psi}{d\eta} = -2\eta\psi$$

적분하면,

$$\ln\psi = -\eta^2 + c_1$$

또는

$$\psi = c_2 e^{-\eta^2}$$

여기서, 우리는 적분 상수를 변경했다. 다시 적분하면 다음과 같다.

$$\theta - \theta(0) = c_2 \int_0^{\eta} e^{-\eta^2} d\eta$$

또는

$$\theta = 1 + c_2 \int_0^{\eta} e^{-\eta^2} d\eta$$

다른 경계 조건, $\eta \to \infty$, $\theta = 0$을 적용하면 다음과 같다.

$$c_2 = \frac{-1}{\int_0^{\infty} e^{-\eta^2} d\eta}$$

적분은 다음과 같이 주어진 오차함수의 관점에서 정의된다.

$$\mathrm{erf}(\eta) \equiv \frac{2}{\sqrt{\pi}} \int_0^{\eta} e^{-\eta^2} d\eta \tag{7.34}$$

여기서, $\mathrm{erf}(\infty) = 1$이며 $\mathrm{erf}(0) = 0$이다. $c_2$는 $(-2/\sqrt{\pi})$로 찾아지며, 해는 다음과 같다.

$$\theta = 1 - \mathrm{erf}(\eta) \tag{7.35}$$

$\delta_T$의 더 정확한 추정을 이제 이 해에서 찾을 수 있다. 우리는 $\theta = 0.01$일 때 $\delta_T$를 $x$라고 임의로 정의할 수 있다. 즉, $T = T_\infty + 0.01(T_s - T_\infty)$. 이는 $\eta = 1.82$ 또는 다음과 같을 경우 발생한다.

$$\delta_T = 3.6\sqrt{\alpha t} \tag{7.36}$$

우리가 $\delta_T$에 대한 우리의 기준을 $\theta = 0.5$에서 $x$로 줄일 경우, 우리가 처음에 추정했던 것처럼 $\delta_T \approx \sqrt{\alpha t}$.

**표 7.2** 오차함수(Error function) [13]

| $\eta$ | erf $(\eta)$ | erfc $(\eta)$ | $\frac{2}{\sqrt{\pi}}e^{-\eta^2}$ |
|---|---|---|---|
| 0 | 0 | 1.00 | 1.128 |
| 0.05 | 0.0564 | 0.944 | 1.126 |
| 0.10 | 0.112 | 0.888 | 1.117 |
| 0.15 | 0.168 | 0.832 | 1.103 |
| 0.20 | 0.223 | 0.777 | 1.084 |
| 0.25 | 0.276 | 0.724 | 1.060 |
| 0.30 | 0.329 | 0.671 | 1.031 |
| 0.35 | 0.379 | 0.621 | 0.998 |
| 0.40 | 0.428 | 0.572 | 0.962 |
| 0.45 | 0.475 | 0.525 | 0.922 |
| 0.50 | 0.520 | 0.489 | 0.879 |
| 0.55 | 0.563 | 0.437 | 0.834 |
| 0.60 | 0.604 | 0.396 | 0.787 |
| 0.65 | 0.642 | 0.378 | 0.740 |
| 0.70 | 0.678 | 0.322 | 0.591 |
| 0.75 | 0.711 | 0.289 | 0.643 |
| 0.80 | 0.742 | 0.258 | 0.595 |
| 0.85 | 0.771 | 0.229 | 0.548 |
| 0.90 | 0.797 | 0.203 | 0.502 |
| 0.95 | 0.821 | 0.170 | 0.458 |
| 1.00 | 0.843 | 0.157 | 0.415 |
| 1.1 | 0.880 | 0.120 | 0.337 |
| 1.2 | 0.910 | 0.090 | 0.267 |
| 1.3 | 0.934 | 0.066 | 0.208 |
| 1.4 | 0.952 | 0.048 | 0.159 |
| 1.5 | 0.966 | 0.034 | 0.119 |
| 1.6 | 0.976 | 0.024 | 0.087 |
| 1.7 | 0.984 | 0.016 | 0.063 |
| 1.8 | 0.989 | 0.011 | 0.044 |
| 1.9 | 0.993 | 0.007 | 0.030 |
| 2.0 | 0.995 | 0.005 | 0.021 |

표 7.2는 다른 반 무한 전도 문제들의 해에서 오류 기능 및 관련된 기능들의 표 값을 제공한다. 예를 들면, 표면 열 손실을 포함하여 식 (7.27)의 것과 비슷한 더 일반적인 경계 조건은 다음과 같으며,

$$\left(-k\frac{\partial T}{\partial x}\right)_{x=0} = \dot{q}'' = \dot{q}_e'' - h_t(T - T_\infty) \tag{7.37}$$

(초기 조건, $t=0$, $T=T_\infty$), 표면온도($T_s$)에 대한 해를 제공한다.

$$\frac{T_s - T_\infty}{(\dot{q}_e''/h_t)} = 1 - \exp(\gamma^2)\mathrm{erfc}(\gamma) \tag{7.38}$$

여기서

$$\gamma = h_t\sqrt{t/(k\rho c)}$$

수량 erfc($\eta$)는 상호보완적인 오차함수라고 하며, 다음과 같이 정의된다.

$$\mathrm{erfc}(\eta) = 1 - \mathrm{erf}(\eta) \tag{7.39}$$

우리가 열적 특성이 얇은 해의 짧은($t \to 0$) 거동과 긴($t \to \infty$) 거동을 점검한 것과 같이, $t_{ig}$에 대해 더 간단한 결과를 찾기 위해 $T_s = T_{ig}$에 대한 식 (7.38)을 점검한다. 급수 전개[13]에 의한 함수들의 거동으로부터,

$$\gamma \to \text{증가}, \quad \mathrm{erfc}(\gamma) \approx \frac{1}{\sqrt{\pi}}\frac{\exp(-\gamma^2)}{\gamma} \tag{7.40}$$

그러므로, 식 (7.38)은 다음과 같다.

$$\frac{T_s - T_\infty}{(\dot{q}_e''/h_t)} \approx 1 - \frac{\exp(\gamma^2)\exp(-\gamma^2)}{\sqrt{\pi}\gamma} = 1 - \frac{1}{\sqrt{\pi}\gamma} \tag{7.41}$$

시간에서의 발화 시간에 대해

$$t_{ig} \approx \frac{k\rho c}{\pi}\frac{(\dot{q}_e''/h_t)^2}{[\dot{q}_e'' - h_t(T_{ig} - T_\infty)]^2} \tag{7.42}$$

열적 특성이 얇은 경우, $t_{ig} \to \infty$ 인 것과 같이, 발화에 대한 임계 유속은 다음과 같다.

$$\dot{q}_{ig,crit}'' = h_t(T_{ig} - T_\infty) \tag{7.43}$$

비슷하게, 작은 시간 거동을 검사하면서, 급수 전개[13]로부터 근사를 적용한다.

$$\gamma \rightarrow \text{감소}, \quad \text{erf}(\gamma) \approx \frac{2}{\sqrt{\pi}}\gamma$$

$$\exp(\gamma^2) \approx 1+\gamma^2$$

그러면,

$$\frac{T_s - T_\infty}{\dot{q}_e''/h_t} \approx 1-(1+\gamma^2)\left(1-\frac{2}{\sqrt{\pi}}\gamma\right)$$

$$= +\frac{2}{\sqrt{\pi}}\gamma - \gamma^2 + \frac{2}{\sqrt{\pi}}\gamma^3$$

$$\approx \frac{2}{\sqrt{\pi}}\gamma$$

작은 시간에서의 발화 시간의 경우,

$$t_{ig} \approx \frac{\pi}{4}k\rho c\left(\frac{T_{ig}-T_\infty}{\dot{q}_e''}\right)^2 \tag{7.44}$$

다시, 열적 특성이 얇은 경우에서와 같이, 이는 $\dot{q}_e''$가 큰 경우에만 적용된다는 전제 하에, 열 손실 항목은 포함되지 않는다.

## 7.6.2 두꺼운 물질의 측정

그림 7.9(a)와 (b)는 Spearpoint[1]에 의해 방출된 미송(Douglas fir, 평방 96 mm × 50 mm 두께)에 대해 취한 유도 발화 데이터를 보여준다. 나뭇결을 가로질러 또는 나란히 가열된 샘플들 사이에는 구분이 존재한다(그림 7.10). 실험적인 임계 발화 유속은 12.0 kW/m$^2$(가로질러)와 9.0 kW/m$^2$(나란히)로 추정되었다. 하지만, 발화를 위해 거의 1시간 동안 기다리는 대신, 실제로 아무런 발화도 식별될 수 없는 유속은 판별되지 않았다. 그림 7.9(b)에서, 식 (7.44)에 의해 나타낸 것처럼, 입사 복사열유속에 대해 데이터가 $1/\sqrt{t_{ig}}$으로 표시되었다. '높은' 열유속 데이터가 이론에 따른다. 소위, '낮은' 열유속 데이터에는 표면 산화가 포함될 가능성이 매우 높으므로, 이러한 추가 열 첨가로 인해 직선의 높은 열유속 데이터의 왼쪽으로 치우쳤다. 그림 7.9(b)에 있는 높은 열유속 라인의 임계 유속과 기울기로부터, $T_{ig}$와 $k\rho c$를 결정할 수 있다. 이러한 것들은 측정된 해당 밀도들과 함께 Spearpoint[1]가 실험한 몇 개의 목재 견본에 대해 표 7.3에 나타내었다.

그림 7.10에서, Virgin wood에 대한 분석이 그림 7.9와 표 7.3에 사용된 나뭇결에 '나란히' 및 '가로질러' 가열된 정의와 함께 표시되었다. '나뭇결에 나란한' 가열의 경우, 나뭇결 방향과 나란하게 휘발성 물체가 나뭇결을 피하기 쉽다. 이는 '나란한' 방향으로 더 낮은 $T_{ig}$에 대해서도 비슷하게 적용된다. 나뭇결과 평행인 전도(나란히)는 나뭇결에 수직인 것(가로질러)에 비해 약 두 배이다. 이는 $k\rho c$ 값들에 대한 차이로 인한 것이다.

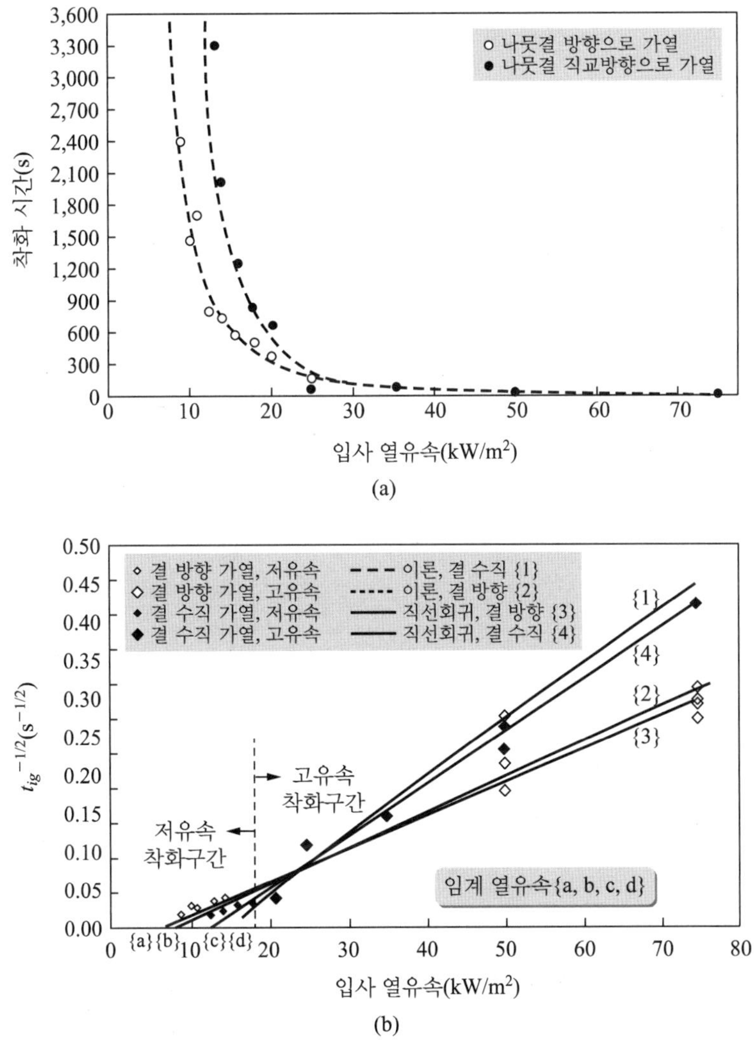


**그림 7.9** ≫ (a) 유도 발화와 (b) 50 mm 두께 미송에 대한 $\dot{q}_e''$ 대 $1/\sqrt{t_{ig}}$ (Spearpoint[1]로부터)

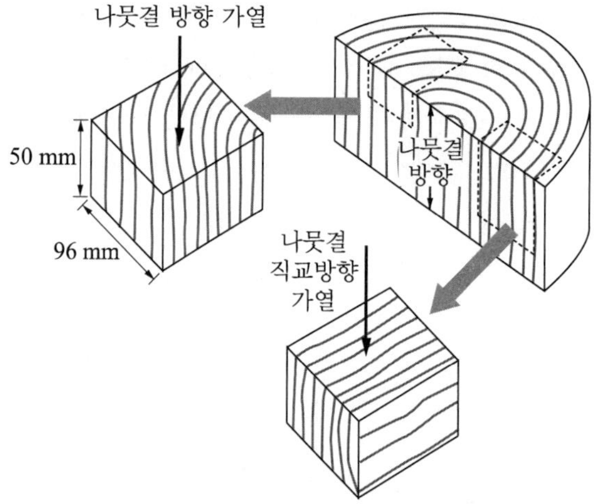


그림 7.10 ≫ 목재 나뭇결 방향

표 7.3 목재 종류의 유도 발화 특성[1][a]

| 품종 | 가열 | 밀도 (kg/m$^3$) | $\dot{q}''_{ig,crit}$ 측정 (kW/m$^2$) | $\dot{q}''_{ig,crit}$ 유도[b] (kW/m$^2$) | $T_{ig}$ (℃)[c] | $k\rho c$ ([kW/m$^2$ K]$^2$ s) |
|---|---|---|---|---|---|---|
| 삼나무 | 직교 | 354 | 13.0 | 15.0 | 375 | 0.22 |
| | 결 방향 | 328 | 9.0 | 6.0 | 204 | 2.1 |
| 미송 | 직교 | 502 | 12.0 | 16.0 | 384 | 0.25 |
| | 결 방향 | 455 | 9.0 | 8.0 | 258 | 1.4 |
| 참나무 | 직교 | 753 | - | 11.0 | 305 | 1.0 |
| | 결 방향 | 678 | - | 9.0 | 275 | 1.9 |
| 단풍나무 | 직교 | 741 | 12.0 | 14.0 | 354 | 0.67 |
| | 결 방향 | 742 | 8.0 | 4.0 | 150 | 11.0 |

[a] 50 mm 두께 샘플, 수분 함량 5～10%
[b] 데이터로부터 이론적으로 유도됨.
[c] $\dot{q}''_{ig}$의 이론적 값들을 기반으로 함.

## 7.6.3 자동 발화와 표면 발화

Boonmee[15,16]는 목재에 대한 낮은 유속에서 Spearpoint[1]가 관찰한 표면 산화의 영향을 조사했다. 자동 발화와 표면 발화의 시작('작열(glowing)')이 복사 가열되는 삼나무(red-wood)에 대해 연구되었다. 작열 발화는 삼나무의 표면에 대한 컬러 인식을 기반으로 하지 않았으며, 불활성 가열로부터 시작되었다. 이러한 과정은 화염에 대비되는 발화에서 훈소(smoldering)

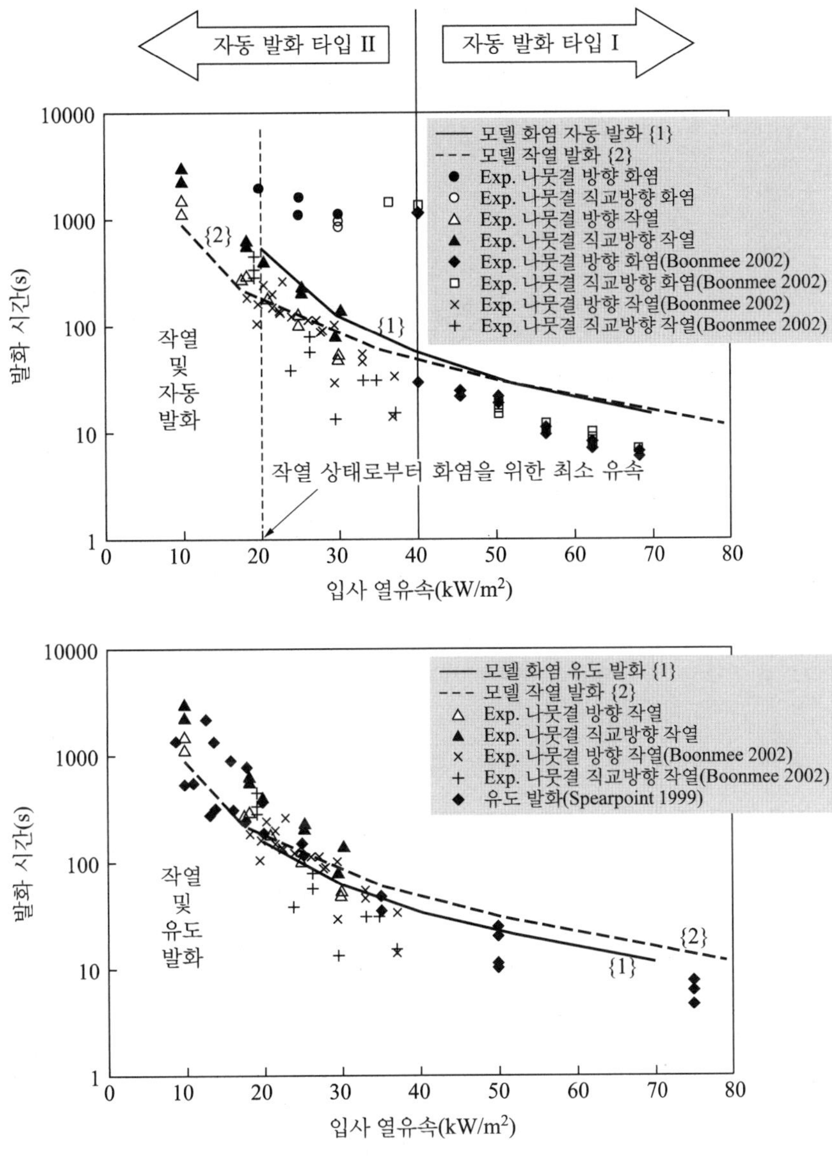


**그림 7.11** ≫ 입사 열유속 함수로써의 발화 시간[15]

**표 7.4** 삼나무에 대한 추정된 발화 온도와 임계 유속

| | 결 방향 가열 (℃) | 결 수직 가열 (℃) | 임계 유속 ($kW/m^2$) |
|---|---|---|---|
| 유도 발화 | 204 | 375 | 9～13 |
| 작열 발화 (< 40 $kW/m^2$) | 400±80 | 480±80 | 10 |
| 자동 발화 (> 40 $kW/m^2$) | 350±50 | 500±50 | 20 |

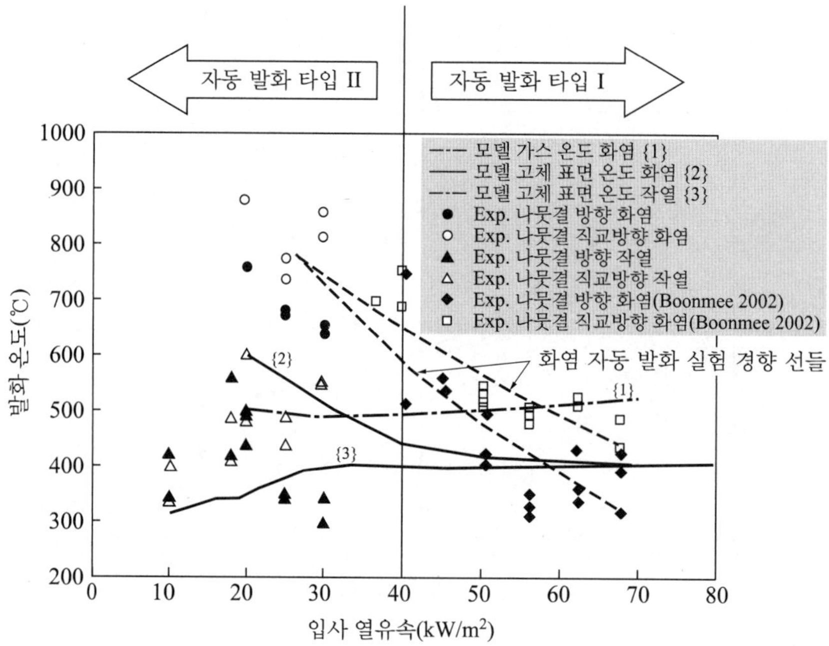


**그림 7.12 ≫ 입사 열유속 함수로서의 화염 자동 발화 및 작열 발화 온도[15]**

까지의 필수적인 과정이다. 높은 열유속에서, 훈소 또는 나뭇결 쇠퇴는 산소 확산에 의해 제어되는 반면, 낮은 열유속에서는, 분해 화학적 운동에 의해 제어된다. 화염 자동 발화의 시작은 약 40 kW/m$^2$ 아래의 열유속에서의 훈소에 의해 공급되는 에너지에 좌우됨을 보여주었다. 이러한 결과는 유도 발화, 자동 발화 및 작열 발화에 대한 시간에 대해 그림 7.11에 나타내었다. 40 kW/m$^2$에서의 자동 발화에 대한 임계 유속이 있는 것처럼 나타나지만, 이러한 값 아래에서 화염 발화는 여전히 작열 발화 이후에 상당한 시간이 지난 후 발생할 수 있다. 자동 발화에 대한 이러한 작열 효과는 20 kW/m$^2$의 측정된 임계 유속에 존재한다. 작열 화염으로의 전이는 식 (7.44)에 의해 주어진 단순한 열 전도 모델에 의해 예측할 수 없다. 하지만, 데이터의 나머지 부분은 전도 이론에 따른다. 40 kW/m$^2$을 넘을 경우, 측정 정확도 이내에서 인식할 수 있는 발화 시간 차이가 발견되지 않는다. 데이터의 전도 이론 영역에 있는 발화 온도들은 그림 7.12에 주어진 Spearpoint와 Boonmee의 측정값에 대해 취한 표 7.4에 나타낸 값들을 제안한다.
이러한 데이터의 분산도(scatter)가 정확도를 나타내지만, 이러한 자료는 가장 이른 시간에 발화되고, 작열한 다음, 자동 발화된다는 것을 가정한다. 이러한 상황은 40 kW/m$^2$에서 자동 발화와 함께 발생하기 때문에 매우 낮은 열유속에서의 유도된 발화에 의한 훈소의 영향을 배제하지 못할 수도 있다.

표 7.4는 유도 발화보다 자동 발화에 대한 발화 온도가 상당히 더 높다는 것을 분명히 보여준

다. 이러한 거동에 대해, 필요한 해당 연료 질량이 삼나무의 점화(pilot)와 자연 발화에 대해 각각 약 0.10 및 0.45±0.15라고 Boonmee[15]는 말한다.

## 7.7 보통 물질의 발화 특성

표 7.5에 제시된 값들은 많은 일반 가구 중 대표적인 것이다. 표준시험방법 ASTM E-1321 [17]이 재질과 제품에 대한 $T_{ig}$와 $k\rho c$를 결정하기 위해 개발되어 왔다. 이러한 항목들은 시험에서 단열 보드를 덧대기 때문에 분석에서는 열적 특성이 두꺼운 것으로 취급된다. 이러한 것들은 표준시험에서 불활성 기판의 두께를 사용하여 시험된 물질의 두께 효과를 결합한다. 그림 7.13은 두께가 1.27 mm인 재질에서 얻은 발화 사례와 수평(lateral) 화염 확산율 데이터를 보여준다. 발화 데이터(우측)를 통한 고체 곡선은 열적 특성이 두꺼운 이론(식 (7.44))에 따른다. 여기 표시된 확산 데이터의 속도는 긴 복사열 시간 동안 얻은 것으로, 발화를 위한 임계 유속에 대한 발화 시간 데이터에 점근적으로(asymptotically) 대칭적인 것으로 나타난다. 이는 표면 화염 속도가 표면이 발화 온도에 있을 때 무한함을 의미한다. 실제로, 여기에서는 화염 확산이 가연성 하한값의 기체 단계에서 발생한다.

그림 7.14는 $T_s = f(\dot{q}_e'')$일 경우, 식 (7.29)에 대한 이 표준시험장치의 관계를 보여준다.

$$T_s - T_\infty = \frac{\dot{q}_e''}{h_t} = \frac{\dot{q}_e''}{h_c} - \frac{\sigma(T_s{}^4 - T_\infty{}^4)}{h_c} \tag{7.45}$$

$\dot{q}_e'' = \dot{q}_{ig,crit}''$일 때, $T_s = T_{ig}$이므로, 재질 특성을 결정할 수 있다. 표 7.5에서는 다양한 재질에 대해 이렇게 결정된 유효한 특성값들을 보게 된다. 표 7.6은 정상 실내 조건에서의 재질에 대한 일반 데이터를 제공한다. 정상 실내 온도에서 일반 합판의 경우 $k\rho c = 0.16\ (\text{kW/m}^2\ \text{K})^2\ \text{s}$인 반면, 발화 조건에서는 더 높은 값 $0.5\ (\text{kW/m}^2\ \text{K})^2\ \text{s}$인 것을 알 수 있다. 온도에 대한 $k$와 $c$를 증가시키면 부분적으로 이러한 차이를 설명할 수 있다. 데이터와 특성 결과는 Quintiere와 Harkleroad[18]를 인용했다.

ASTM E-1321에 사용된 발화 상관관계의 대체 형식은 식 (7.44)와 (7.45)를 따른다.

$$\frac{\dot{q}_{ig,crit}''}{\dot{q}_e''} = \left[\frac{4}{\pi}\frac{h_t^2}{k\rho c}t_{ig}\right]^{1/2} \tag{7.46}$$

여기서, $h_t = \dot{q}_{ig,crit}''/(T_{ig} - T_\infty)$.

섬유판에 대한 결과는 그림 7.15에 나타내었다.

**표 7.5** ASTM 1321[18]의 유도 발화 및 화염 확산 특성

| 재료 | $T_{ig}$ (℃) | $k\rho c$ ([kW/m$^2$ K]$^2$ s) | $\Phi$ ([kW]$^2$/m$^3$) | $T_{s,\min}$ (℃) | $\Phi/(k\rho c)$ ([m K$^2$]/s) |
|---|---|---|---|---|---|
| PMMA 폴리캐스트, 1.59 mm | 278 | 0.73 | 5.45 | 120 | 8 |
| 폴리우레탄 (535M) | 280 | - | - | 105 | 82 |
| 하드보드, 6.35 mm | 298 | 1.87 | 4.51 | 170 | 2 |
| 카펫(아크릴) | 300 | 0.42 | 9.92 | 165 | 24 |
| 섬유판, 저밀도 (S119M) | 330 | - | - | 90 | 42 |
| 연질섬유판 | 355 | 0.46 | 2.25 | 210 | 5 |
| 하드보드, 3.175 mm | 365 | 0.88 | 10.97 | 40 | 12 |
| 하드보드 (S159M) | 372 | - | - | 80 | 18 |
| PMMA 타입 G, 1.27 cm | 378 | 1.02 | 14.43 | 90 | 14 |
| 아스팔트 싱글 | 378 | 0.70 | 5.38 | 140 | 8 |
| 미송 파티클보드, 1.27 cm | 382 | 0.94 | 12.75 | 210 | 14 |
| 우드패널 (S178M) | 385 | - | - | 155 | 43 |
| 합판, 일반, 1.27 cm | 390 | 0.54 | 12.91 | 120 | 24 |
| 칩보드 (S118M) | 390 | - | - | 189 | 11 |
| 합판, 일반, 0.635 cm | 390 | 0.46 | 7.49 | 170 | 16 |
| 연질 발포체, 2.54 cm | 390 | 0.32 | 11.70 | 120 | 37 |
| 유리/폴리에스터, 2.24 mm | 390 | 0.32 | 9.97 | 80 | 31 |
| 광물면, 텍스타일페이퍼 (S160M) | 400 | - | - | 105 | 34 |
| 하드보드 (마감용 광택도료), 3.4 mm | 400 | 1.22 | 3.58 | 320 | 3 |
| 하드보드 (나이트로셀룰로오스 도료) | 400 | 0.79 | 9.81 | 180 | 12 |
| 유리/폴리에스터, 1.14 mm | 400 | 0.72 | 4.21 | 365 | 6 |
| 파티클보드, 1.27 cm 재고품 | 412 | 0.93 | 4.27 | 275 | 5 |
| 석고보드, 벽지 (S142M) | 412 | 0.57 | 0.79 | 240 | 1 |
| 카펫 (나일론/울 혼방) | 412 | 0.68 | 11.12 | 265 | 16 |
| 카펫 #2 (울, 보존처리 하지 않은 것) | 435 | 0.25 | 7.32 | 335 | 30 |
| 경질 발포체, 2.54 cm | 435 | 0.03 | 4.09 | 215 | 141 |
| 경질우레탄(PIR), 5.08 cm | 445 | 0.02 | 4.94 | 275 | 201 |
| 유리섬유 너와판 | 445 | 0.50 | 9.08 | 415 | 18 |
| 카펫 #2 (울, 보존처리 된) | 455 | 0.24 | 0.98 | 365 | 4 |
| 카펫 #1 (울, 재고품) | 465 | 0.11 | 1.83 | 450 | 17 |
| 항공기패널 에폭시 판지 | 505 | 0.24 | - | 505 | - |
| 석고보드, FR, 1.27 cm | 510 | 0.40 | 9.25 | 300 | 23 |
| 폴리카보네이트, 1.52 mm | 528 | 1.16 | 14.74 | 455 | 13 |
| 석고보드, 일반, 1.27 mm | 565 | 0.45 | 14.44 | 425 | 32 |
| 합판, FR, 1.27 cm | 620 | 0.76 | - | 620 | - |
| 폴리스티렌, 5.08 cm | 630 | 0.38 | - | 630 | - |

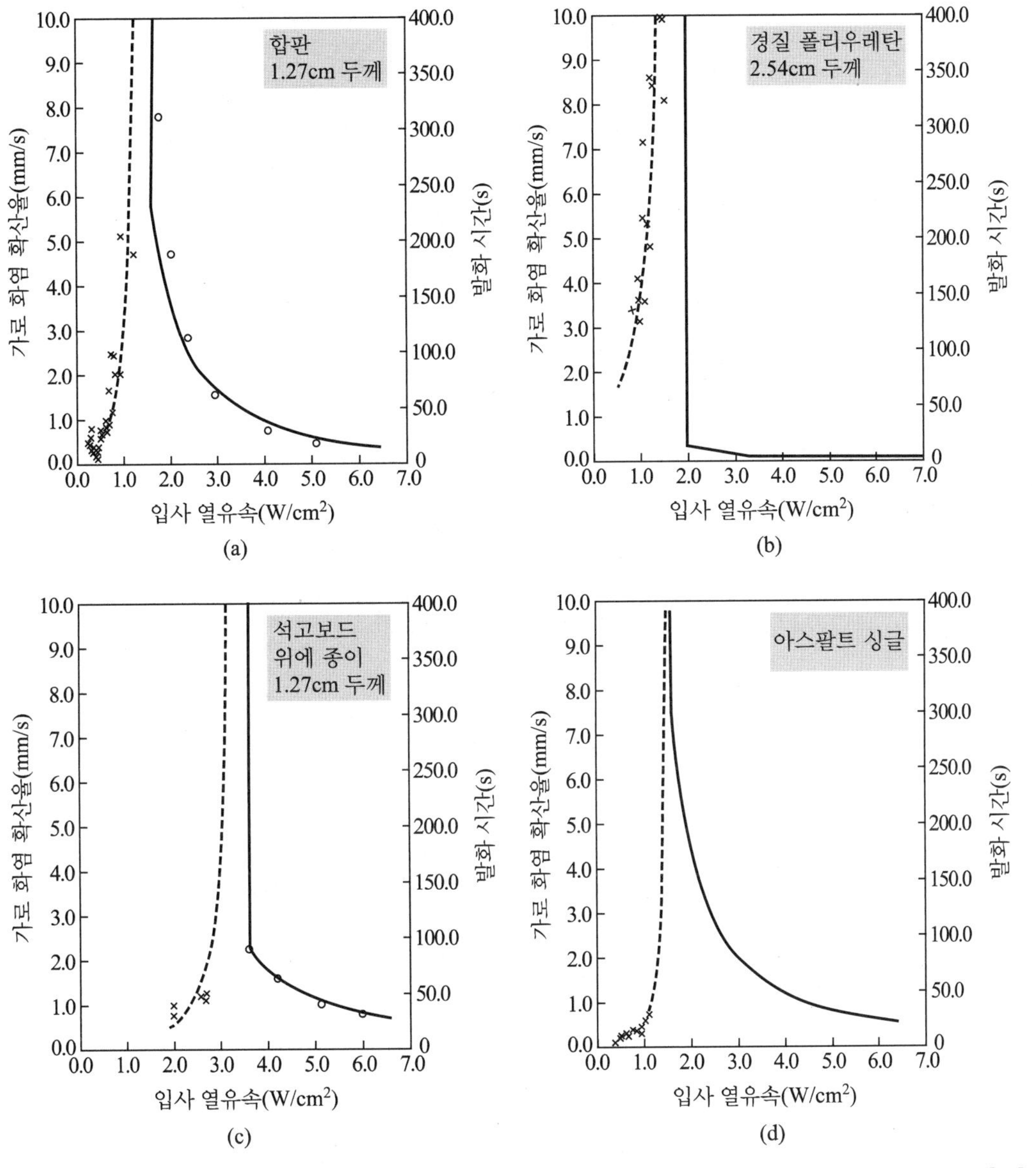


그림 7.13 ≫ (a) 합판, (b) 경질 폴리우레탄 폼, (c) 석고보드 및 (d) 아스팔트 싱글의 확산 및 발화 결과[18]

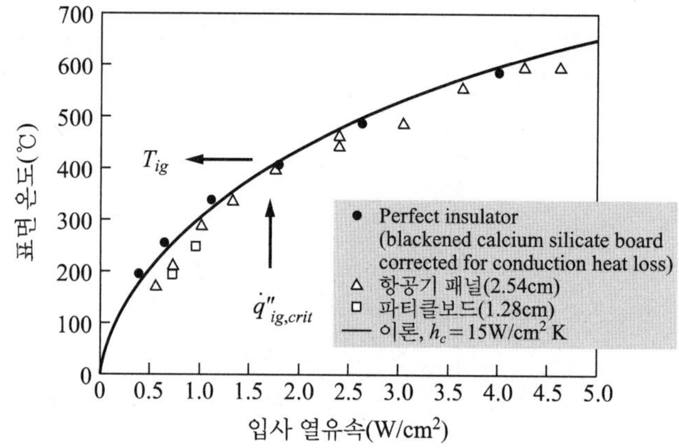


그림 7.14 ≫ 시험 장치의 외부 복사 가열 함수로써의 평형 표면온도[17]

표 7.6 ◀ 일반 실내 온도에서의 보통 재질의 열 특성[a]

| 재료 | 밀도, $\rho$ (kg/m³) | 열전도율, $k$ (W/m K) | 비열, $c$ (kJ/kg K) | $k\rho c$ ([kW/m² K]² s) |
|---|---|---|---|---|
| 콘크리트, 석조 | 2200 | 1.7 | 0.75 | 2.8 |
| 폴리메틸 메타크릴산 (PMMA) | 1200 | 0.26 | 2.1 | 0.66 |
| 석고보드 | 950 | 0.17 | 1.1 | 0.18 |
| 규산칼슘보드 | 700 | 0.11 | 1.1 | 0.085 |
| 파티클보드 | 650 | 0.11 | 2.0 | 0.14 |
| 합판 | 540 | 0.12 | 2.5 | 0.16 |
| 코르크보드 | 200 | 0.040 | 1.9 | 0.015 |
| 발사보드 | 160 | 0.050 | 2.9 | 0.023 |
| 폴리우레탄, 강체 | 32 | 0.020 | 1.3 | 0.0008 |
| 폴리스티렌, 확장된 | 20 | 0.034 | 1.5 | 0.0010 |

[a] 다양한 소스에서 편집됨.

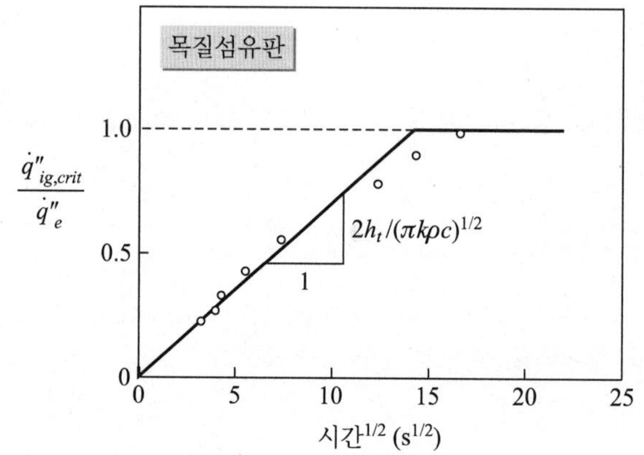


그림 7.15 ≫ 섬유판에 대한 발화 결과의 상관관계[18]

# | 참 | 고 | 문 | 헌 |


1. Spearpoint, M.J., Predicting the ignition and burning rate of wood in the cone calorimeter using an integral model, MS Thesis, Department of Fire Protection Engineering, University of Maryland, College Park, Maryland 1999.
2. Fernandez-Pello, A.C., The solid phase, in *Combustion Fundamentals of Fire*, (ed. G. Cox), Academic Press, London, 1994.
3. Quintiere, J.G., The application of flame spread theory to predict material performance, *J. Research of the National Bureau of Standards*, 1988 **93**(1), 61.
4. Stoll, A.M. and Greene, L.C., Relationship between pain and tissue damage due to thermal radiation, *J. Applied Physiology*, 1959, **14**, 373-82.
5. Ito, A. and Kashiwagi, T., Characterization of flame spread over PMMA using holographic interferometry, sample orientation effects, *Combustion and Flame*, 1988, **71**, 189.
6. Quintiere, J.G., Harkleroad, M.F. and Hasemi, Y., Wall flames and implications for upward flame spread, *J. Combus. Sci. Technol.*, 1986, **48**(3/4), 191-222.
7. Ahmad, T. and Faeth, G.M., Turbulent wall fires, in 17th Symposium. (International) on *Combustion*, The Combustion Institute, Pittsburg, Pennsylvania, 1978, p. 1149.
8. Orloff, L., Modak, A.T. and Alpert, R.L., Turbulent wall fires, in 16th Symposium (International) on *Combustion*, The Combustion Institute, Pittsburg, Pennsylvania, 1979, pp. 1149-60.
9. Gast, P.R., *Handbook of Geophysics*, (ed. C.F. Campen), Macmillan Company, London, 1960, pp. 14-30.
10. Graves, K.W., *Fire Fighter Exposure Study*, Technical Report AGFSRS 71-1, Wright-Patterson Air Force Base, 1970.
11. Quintiere, J.G., Radiative characteristics of fire fighters' coat fabrics, *Fire Technol.*, 1974, **10**, 153.
12. Tien, C.L., Lee, K.Y. and Stratton, A.J., Radiation heat transfer, *The SFPE Handbook of Fire Protection Engineering*, 2nd edn (eds P.J. DiNenno *et al.*), Section 1, National Fire Protection Association, Quincy, Massachusetts, 1995, p. **1**-65.
13. Carslaw, H.S. and Jaeger, J.C., *Conduction of Heat in Solids*, 2nd edn, Oxford University Press, London, 1959, p. 485.
14. Quintiere, J.G., The effects of angular orientation on flame spread over thin materials, *Fire Safety J.*, 2001, **36**(3), 291-312.
15. Boonmee, N., Theoretical and experimental study of the auto-ignition of wood, PhD Dissertation, Department of Fire Protection Engineering, Univerity of Maryland, College Park, Maryland, 2004.
16. Boonmee, N. and Quintiere, J.G., Glowing and flaming auto-ignition of wood, in 29th Symposium (International) on *Combustion*, The Combustion Institute, Pittsburg, Pennsylvania, 2002, pp. 289-96.
17. ASTM E-1321, *Standard Test Method for Determining Material Ignition and Flame Spread Properties*, American Society for Testing and Materials Philadelphia, Pennsylvania, 1996.
18. Quintiere, J.G. and Harkleroad, M.F., New concepts for measuring flame spread properties, in *Fire Safety Science and Engineering*, ASTM STP882, (ed. T.-Z. Harmathy), American Society for Testing and Materials, Philadelphia, Pennsylvania, 1985, p. 239.

## | 연 | 습 | 문 | 제 |

**7.1** 고체 연료 발화 시간은 주로 다음 요소에 의해 제어된다.

| | 예 | 필요 없음 | 아니오 |
|---|---|---|---|
| (a) 고체의 가열 시간 | ______ | ______ | ______ |
| (b) 공기 중 확산 시간 | ______ | ______ | ______ |
| (c) 기체의 반응 시간 | ______ | ______ | ______ |
| (d) 발화 온도 | ______ | ______ | ______ |
| (e) 밀도 | ______ | ______ | ______ |

**7.2** 고체 발화에 대한 시간이 전도 이론을 기반으로 할 수 있는 방법을 설명하시오.

**7.3** 두꺼운, 움직임이 없는 유체로서의 등유가 대형 탱크 안에 있다.

> 표면에서의 대류 및 복사 냉각에 대한 전체 열전달계수는 12 W/$m^2$ K이다.
> 등유의 열 전도성은 0.14 W/m K.
> 등유의 밀도는 800 kg/$m^3$.
> 액체 등유의 비열은 1.2 J/g K.
> 다른 특성은 필요에 따라 표 6.1에 나타내었다.
> 주변 온도는 25℃.

입사 열유속이 10 kW/$m^2$일 경우, 점화 화염이 존재하는 상태에서 등유가 발화되는 데 소요될 시간은?

**7.4** 800℃의 기체 온도와 2 W/$cm^2$의 복사열을 갖는 화염이 천장에 접촉하고 있다. 천장은 오크나무(oak) 재질이다. 발화되는 시점까지의 시간을 구하시오. 단, $h = 30$ W/m K, $T_\infty = 20$를 가정하고, 표 7.4와 7.5를 사용한다.

**7.5** 복사가 30 kW/$m^2$이고 초기온도가 25℃일 경우, 아래 일람된 재질에 대한 발화(유도 점화) 시간을 계산하시오. 재질은 두껍고, 대류열전달계수는 15 W/$m^2$ K이다. 발화를 위한 임계 유속도 계산하시오.

| 재질 | $T_{ig}$ (℃) | $k\rho c$ ((kW/m$^2$ K)$^2$ s) |
|---|---|---|
| PMMA | 380 | 1.0 |
| 섬유판 | 330 | 0.46 |
| 합판 | 390 | 0.54 |
| 목재 카펫 | 435 | 0.25 |
| 폴리우레탄 거품재 | 435 | 0.03 |
| 석고판 위의 종이 | 565 | 0.45 |

**7.6** 메이소나이트(Masonite, 목재 베니어)의 얇은 층이 유리 솜의 단열 층에 부착되었다. 메이소나이트 두께는 2 mm이며, 다음과 같은 특성을 갖는다:

| | |
|---|---|
| $k = 0.14$ W/m K | $\rho = 0.640$ g/m$^3$ |
| $c_p = 2.85$ J/g K | $T_{ig} = 300$℃ |

25℃에서 여전히 공기 중에 있는 전체 복사-대류 열전달계수는 30 W/m$^2$ K이다.

(a) 50 kW/m$^2$의 복사 열유속이 가해질 때 메이소나이트에 대한 발화 시간을 계산하시오.

(b) 발화를 위한 임계 또는 최소 열유속은?

(c) 발화 이후, 화염 열유속이 30 kW/m$^2$에서 고르고, 화염이 0.1 m의 발화된 영역을 벗어나 0.2 m 확장될 경우, 최초 상향 확산 속도는?

**7.7** 화염이 해당 에너지의 40%를 복사한다. 연료 공급은 100 g/s이며, 해당 연소열은 30 kJ/g이다. 얇은 커튼이 화염으로부터 3 m 떨어져 있다. 유도 발화를 가정할 때, 커튼이 발화될 시간은? 주변 온도는 20℃이며, 커튼의 열전달계수는 10 W/m$^2$ K이다. 커튼 특성은 다음과 같다:

| | |
|---|---|
| $\rho = 40$ kg/m$^3$ | $c_p = 1.4$ J/g K |
| $T_{ig} = 350$℃ | 두께 = 2 mm (얇다고 가정) |

입사 화염 열유속은 $X_r \dot{Q}/(4\pi r^2)$라고 가정할 수 있는데, 여기서 $X_r$은 화염 복사 부분이며, $r$은 화염으로부터의 거리이다.

**7.8** 목재의 수직 블록이 휘발성물질을 생성할 정도로 가열되었다. 휘발성물질은 아래 나타낸 것처럼 경계층에 반출된 공기와 함께 혼합된다. 충분한 에너지의 스파크가 경계층 내부의 목재 상단 모서리에 위치한다. 스파크에 있는 경계층에 대한 온도는 고른 것으로 가정할 수 있다. 반출된 공기

속도($v_a$), 공기 밀도($\rho_a$) 및 온도($T_a$)는 그림에 주어져 있다. 모든 기체는 고정된 비중 $c_p = 1$ J/g K를 갖는다. 목재 너비는 10 cm이며, 높이도 10 cm이다. 목재의 표면온도($T_s$)는 400℃에 도달한다.

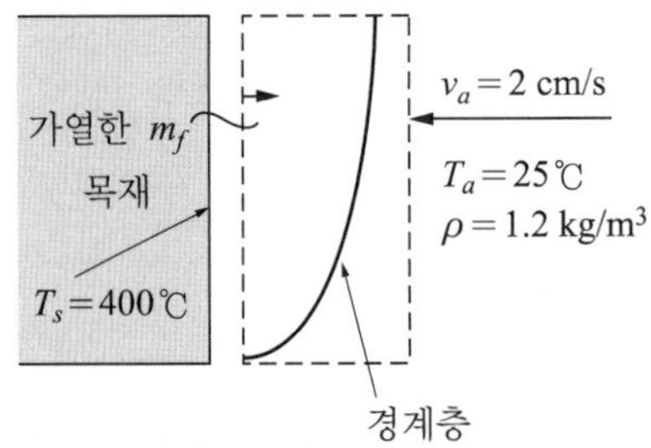


혼합물의 발화에 필요한 최소 화염온도의 가정을 사용하여, 경계층을 통한 화염 전파를 초래할 수 있는 단위표면적 ($\dot{m}_f''$)당 최소 연료 질량 손실률을 결정하시오. 휘발성 목재가 생산하는 연소열 ($\Delta h_c$)은 15 kJ/g이다. (힌트: 경계층에 있는 혼합물에 대한 인화 하한값에서의 단열 화염온도는 최소한 1,300℃여야 한다.)

**7.9** 짧은 시간에 아래 주어진 대략적인 등식을 사용하여 고른 열유속에 노출된 두꺼운 목재의 구석 모서리의 온도는 시간의 관점에서 표현할 수 있다:

$$T_s - T_\infty \approx \frac{4.2}{\sqrt{\pi}} \dot{q}_e'' \sqrt{t/k\rho c}$$

표기법은 본문 전체에 일관된다. 목재 특성은 다음과 같다:

| | |
|---|---|
| 열 전도성 | 0.12 W/m K |
| 밀도 | 510 kg/m$^3$ |
| 비열 | 1,380 J/kg K |
| 유도 발화 온도 | 385℃ |
| 자동 발화 온도 | 550℃ |
| 주변 온도 | 25℃ |

45 kW/m$^2$의 복사 열유속만 목재의 모서리에 가해진다. 발화될 시간은 언제인가?

**7.10** 얇은 종이 한 조각을 오븐에 넣고, 60℃까지 가열한다. 오븐에서 꺼냈을 때, 30 kW/m$^2$에 놓고 50초 이내에 발화시킨다. 20℃에서 비슷하게 30 kW/m$^2$에 비슷하게 적용했을 때, 130초 이내에 발화되는 것으로 알려져 있다. 해당 발화 온도 값은?

Chapter 08

# 고체 표면의 화재 확산

## Fire Spread on Surfaces and Through Solid Media

## 8.1 개요

제4장에서 예혼합화염의 확산율을 고찰하고, 해당 속도 $S_u$는 화학적 에너지 방출률 $\dot{m}_F''' \Delta h_c$에 좌우된다는 것을 알 수 있었다. 층류 화염의 경우, 이상화된 화염 속도는 다음과 같다:

$$S_u \approx \frac{\dot{m}_F''' \Delta h_c \delta_R}{\rho c_p (T_f - T_\infty)} \tag{8.1}$$

여기서, $T_f$ : 화염온도

$T_\infty$ : 혼합물의 초기온도

$\delta_R$ : 화학적 반응 영역의 두께

즉, 다음과 같이 나타낼 수 있다:

$$\text{화염 속도} = \frac{[\text{화학적 에너지 방출률}]}{[\text{해당 발화점까지 물질을 올리는 데 필요한 에너지}]} \tag{8.2}$$

우리는 착화하는 즉시 열분해(또는 증발) 선단의 속도($v_p$)에 관심이 있기 때문에, '화염온도($T_f$)'에 '착화온도'를 대입한다. 고체의 착화에 대해 제7장에서 살펴본 것처럼, 이러한 임계 표면온도는 연소 하한값에 대응되는 착화온도로 임계 표면온도를 취할 수 있다. 사실, 우리는 분해 및 위상 변화의 복합 화학반응을 제거하는 것과 동일한 방법을 사용하여 적절한 '착화온도'를 선택할 수 있다. 고체의 착화를 추정할 때 전도 기반 모델을 사용할 경우, $T_{ig}$를 식별하기 위해 동일한 측정 방법들을 적용할 수 있다.

표면(고체와 액체)에 대한 확산 메커니즘을 검사하기 위해 매우 기초적인 이론적 및 실험적 연구들이 수행되어 왔지만, 간단한 열 모델을 사용하여 많은 화재 확산 현상들을 기술할 수 있다. 이는 고체, 액체 및 여러 겹의 다공성 재료의 훈소에 대한 화염 확산을 Forman Williams[1]가 논문에서 다루었다. 화염 확산과 화재 성장에 대한 내용은 Fernandez-Pello[2]와 Thomas[3]가 뛰어나게 다뤘다. 바람에 대한 표면 화염 확산에 대해 주목할 만한 기본 연구들은 deRis[4]에 의한 첫 번째 포괄적인 해, Fernandez-Pello, Ray 및 Glassman[5,6]에 의한 풍속과 주변 산소 농도의 영향을 나타내기 위한 실험적 상관관계, 그리고 Altenkirch, Eichhorn 및 Shang[7]에 의한 유도된 중력장의 효과 등이 포함된다. 바람(또는 부력)과 동일한 방향의 표면 화염 확산의 경우, 층류 사례는 유속과 산소 농도에 대해 Loh와 Fernandez-Pello[8,9]에 의해, 자연 대류 상향 층류 화염 확산의 경우 Sibulkin과 Kim[10]이 연구해 왔다. 화염 확산에 대한 많은 특성들이 연구되어 왔다. 이러한 연구에는 방향, 풍속, 중력 변화, 층류 및 난류, 고체, 액체 또는 다공성 매체, 화염 크기 및 복사, 그리고 기하학적 효과(구석, 통로, 배관 및 수목에서 도시 지형까지)가 포함된다.

그림 8.1은 고체 표면에 대한 몇 가지 종류의 화염 확산을 나타낸다. 우리는 $x_p$에서의 열분해 선단이 유도된 부력 또는 압력 구동 주변 흐름 속도 $u_\infty$의 방향으로 움직이는 바람에 편승한(또는 동시에 발생하는) 화염 전파를 경험할 수 있다. 열 모델과 일치하도록 하려면, $x = x_p$에서 $T_s$가 착화온도 $T_{ig}$와 동일해야 한다. 일반적으로, $T_s(x)$는 순수한 물질의 상향 또는 하향 표면 온도이다. 바닥에 대해 바람에 이끌린 화염은 천장의 경우와는 달라지게 된다. 바닥의 경우, 화재가 더 커질수록, 더 많은 부력이 성장하여, 바람과 상관없이 화염을 수직으로 만든다. 이러한 현상은 개방된 바닥 위에 있는 것과는 통로에서 매우 많이 다르다. 천장의 경우, 중력 벡터의 영향으로 화염은 천장에 머물게 되며, 심지어, 화염의 난류를 감소시키기도 한다.

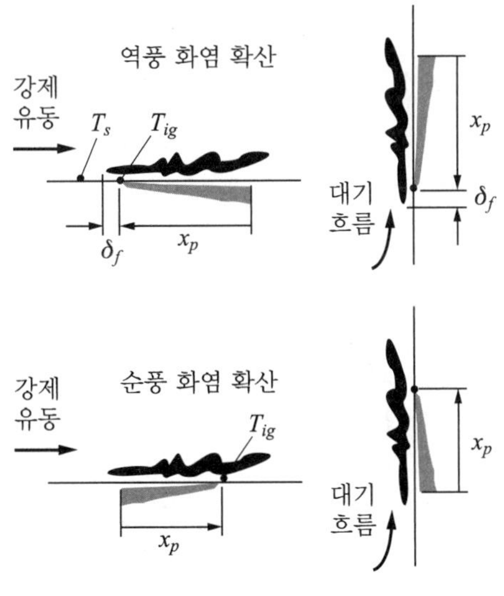


그림 8.1 ≫ 표면 화염 확산 종류

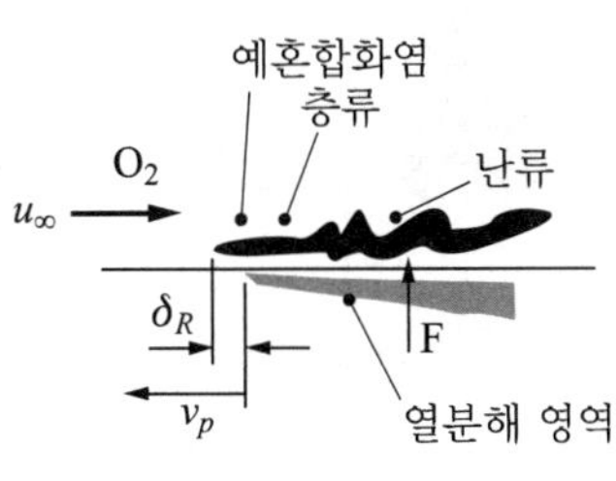


그림 8.2 ≫ 역류 표면 화염 확산의 동역학

주변 흐름이 진행 화염을 향한다면, 이를 역류 화염 확산이라고 한다. 이 흐름은 자연 또는 강제 형태가 될 수 있다. 우리는 역류 확산이 순류 확산보다 훨씬 더 느리고, 꾸준한 경향이 있음을 알게 될 것이다. 이는 성냥개비 위의 하향 또는 측면(수평) 화염 확산을 관찰하면 쉽게 볼 수 있다. 하지만, 성냥개비를 뒤집어 화염이 위로 확산되도록 하면, 거의 측정할 수 없는 반응을 보게 된다(우리가 성냥개비를 그대로 잡고 있을 수 있다는 가정하에!). 역류 확산에서는, 전형적인 범위의 착화온도(250～450℃)가 기화 연소를 가능하게 하지 않을 것이기 때문에, 화염이 표면 가까이에서 꺼지는 것을 알게 된다. 그러므로, 이러한 갭은 연소되기 전에 공기와 연료가 만나도록 하여, 그림 8.2에 나타낸 것처럼, 미리 혼합된 화염이 전진하는 확산 화염을 이끄는 것처럼 보인다. 주변 속도 $u_\infty = 0$일 경우, 움직이는 화염을 바라보는 관찰자(또는 열분해 선도 모서리 위치, $x_p$)에게는 역류가 화염 속도 $v_p$로 화염으로 들어오는 것처럼 보인다. 중력이 0인 조건에서도, 이것은 사실이다. 그러므로, 역류 확산은 우주선(무중력상태) 화재에서 유의한 역할을 할 수도 있다. $u_\infty$가 증가함에 따라, 연료와 산소 혼합이 강화될 수 있어, 더 높은 $\dot{m}_F'''$를 예상하게 되므로, $v_p$가 증가할 것으로 예상하게 된다. 하지만, 높은 속도에서, 반응 영역을 통한 공기나 산소의 흐름 시간($\delta_R$)이 흐름 시간 $t_{flow} = \delta_R / u_\infty < t_{chem}$으로 만들 수도 있다. 그러므로, 선도하는 예혼합화염을 통한 산소의 속도가 너무 커서, 화학적 반응 속도를 방해할 수도 있다. 이는 $v_p$를 감소시킬 수 있다. 비슷한 주장이 $v_p$에 대한 주변 산소 농도의 효과를 기술할 수 있다. 즉, $Y_{O_2,\infty}$가 증가함에 따라, $\dot{m}_F'''$가 증가하므로, $v_p$가 증가한다. 우리는 $v_p$에 대한 더 명확한 열 모델에서 이러한 효과들 중 일부를 나중에 살펴볼 것이다.

우연한 화재 확산은 건물과 공간 내부의 자연 대류 조건에서 대부분 발생하기 때문에, 역풍 또는 순풍 확산에 이르는 몇 가지 사례를 그림 8.3에 나타내었다. 발생할 수 있는 흐름 조건이 다양하기 때문에 화염 확산 계산은 어렵다. 또, 화재의 크기와 규모가 난류와 복사 열 전달의 복잡성을 초래한다. 우리는 이러한 복잡함들을 모두 직접 다룰 수 없다. 모든 경우에 대해 존재하는 실제적이고 사용할 수 있는 해는 없다. 본 장에서, 우리는 가장 단순한 형태로 화염 확산

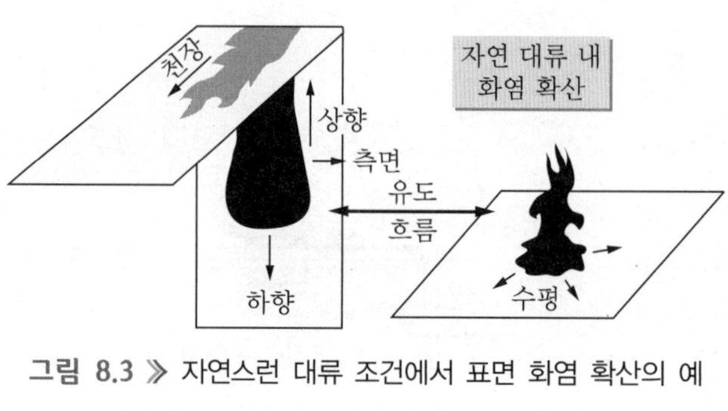


그림 8.3 ≫ 자연스런 대류 조건에서 표면 화염 확산의 예

이론을 제시하려 한다. 하지만, 우리는 데이터와 실험 관계를 기반으로 재료에 대한 실제적인 공학적 추정이 어떻게 가능한지 나타내 보일 것이다. 우리가 산불 화재 확산을 취급하지 않겠지만, 비슷한 실제적인 공학적 접근이 산불 화재 방지에 유용한 것으로 입증되었다. 이는 숲 식물 데이터, 습도, 바람, 지형의 기울기, 그리고 실험실 공식에 의존한다[11]. 우리는 이러한 모든 산불 화재 상세 내용을 다루지는 않을 것이지만, 풀밭, 숲의 쓰레기 등과 같은 다공성 물질을 통한 화염 확산 중 일부를 다룰 것이다. 이 장에서, 우리는 액체 위에서의 화염 확산과 다실 주택의 화재 성장도 다루게 될 것이다. 화재 확산의 범위는 매우 광범위하다. 이것이 바로 '재료 가연성' 문제가 그렇게 복잡한 이유이다.

## 8.2 표면 화염 확산 - 열적 특성이 얇은 경우

우리는 식 (8.2)에 나타낸 분석적 공식을 자세히 살펴볼 것이다. 이는 고체에 대한 표면 화염 확산을 다루겠지만, 더 일반화시켜 사용할 수 있다[1]. 고체 착화의 경우와 같이, 열적 특성이 얇은 고체와 두꺼운 고체의 제한된 사례들을 고려하는 것이 유용할 것이다. 실제로, 이러한 해들은 1차 추정에 적합할 것이다. 하지만, 다음과 같은 이유로 이 모델이 모든 효과를 고려하지는 못한다:

(a) 융해 : 적하(dripping), 융해 열 및 증발에 관여
(b) 탄화 : 열분해와 착화 사이의 표면온도 증가를 초래
(c) 변형 : 늘어남, 수축, 찢어짐, 구부러짐 등으로 나타남.
(d) 이질성(inhomogeneity) : 기재, 복합재, 다공성 및 복사에 대한 투명성 흡수에 관여.

요인 (a), (b) 및 (d)는 모두 특성 변수 $T_{ig}$와, $k$, $\rho$ 및 $c$로 표현된다. 변형 (c)는 무시되지만, 실제로는 중요할 수도 있다. 구부러지는 재질은 확산을 증가시키는 반면, 찢어지는 재질은 이를 늦춘다. 요인 (a)의 적하는 샘플의 방향과 확산의 방향에 따라 두 가지 작용을 다 할 수도 있다. 착화에 대한 열 특성에 연관되는 시험 결과와 확산에 대한 것으로 식별되는 것들은 현장사용 조건과 공간에서 재질에 대한 화재 시나리오에 적용되어야 한다. 예를 들면, 얇은 시트로서의 그 자체만의 벽지 시험으로 최성기 화재에 도달한 실내 복도의 석고보드에 부착된 경우의 화염 확산 가능성을 평가하는 것은 부적절하다.

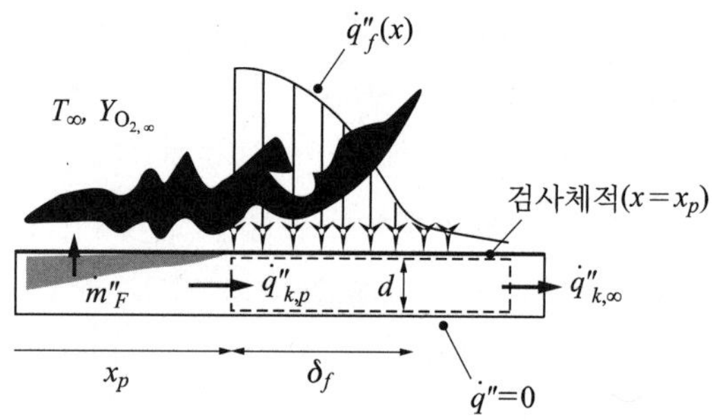


**그림 8.4 ≫ 표면 화염 확산에 대한 열 모델**

그림 8.4는 뒷면이 단열되고 표면 화염 확산이 진행되는 두께 $d$인 열적 특성이 얇은 고체를 나타낸다. 그림 8.1에 나타낸 모든 경우가 적용 가능하다. 우리는 꾸준한 화염 확산 사례를 고려하지만, 이러한 제약 조건을 완화할 수 있다. 표면 화염 확산 속도는 다음과 같이 정의된다:

$$v_p = \frac{dx_p}{dt} \tag{8.3}$$

그림 8.4에서, 검사체적이 고체를 둘러싸고 있고, $x = x_p$에서 고정되었으며, 고체의 화염 열 전달 영향을 받은 영역의 앞에 충분히 멀리 떨어져 있다. 가능한 열유속은 다음을 포함한다.

$\dot{q}_f''$ : 화염 입사 대류 및 복사 열유속

$\dot{q}_{k,p}''$ : 열분해된 영역으로부터의 전도

$\dot{q}_{k,\infty}''$ : 검사체적에서 $T_s$까지의 전도

여기서, $T_s$는 화염 가열에 의해 영향을 받지 않는 고체의 표면온도를 의미한다. $T_s$가 상수이거나 $x(\partial T/\partial x \approx 0)$와 함께 서서히 변한다면, $\dot{q}_{k,\infty}'' = 0$으로 설정할 수 있다. $\dot{q}_{k,p}''$의 중요성을 평가하기 위한 많은 연구가 진행되어 왔고, 그 결과는 유의할 수 있다. 하지만, 느린 역방향 확산에서 조차 지배적인 열 전달은 $\dot{q}_f''$이다. 순풍 확산의 경우에 화염 표면 가열 거리가 매우 길고, $x = x_p$ 근처에서 $\partial T/\partial x \approx 0$이므로, 이러한 추정이 매우 정확하다. 우리는 유도 착화에 필요한 고체 온도를 착화온도로 채택해야 한다. 이는 진행하는 화염 자체가 되는 불씨(pilot)를 사용하여 전개된 연료의 착화를 초래하는 열분해의 시작을 염두에 둔 것이다.

우리는 $x = x_p$로 고정된 검사체적에 대해 식 (3.45)를 적용한다. 밀도 $\rho$와 비열 $c_p$를 갖는 고체가 들어와, 검사체적에 화염 속도인 $v_p$를 남기고 떠난다. 그러므로,

$$\rho c_p d v_p (T_{ig} - T_s) = \int_{x_p}^{\infty} \left[ \dot{q}_f''(x) - \sigma (T^4(x) - T_\infty^4) \right] dx \tag{8.4}$$

여기서, 우리는 표면을 흑체로 추정하고, 복사를 $T_\infty$에서의 주변 환경으로 고려한다. 우리가 $\dot{q}_f'' \gg \sigma(T_{ig}^4 - T_\infty^4)$를 기대했으므로, 이러한 비선형 온도 항목은 무시한다. 또, 유효 가열 길이 $\delta_f$에 대한 평균 또는 특성 $\dot{q}_f''$를 다음과 같이 정의한다.

$$\dot{q}_f'' \delta_f \equiv \int_{x_p}^{\infty} \dot{q}_f''(x)\, dx \tag{8.5}$$

물리적으로, $\delta_f$는 새로운 물질이 착화하기 위한 화염의 연장이다. 이는 그림 8.5에서 상향 또는 하향으로 확산되는 성냥개비 화염에 대해, 또는 그림 8.1에서는 제안되는 것으로 나타내었다. 난류 화염의 화염 선단에서는 연속 화염 영역에서 800℃에서 약 350℃까지 떨어질 수 있으므로, 가시적인 화염이 $\delta_f$에 대한 척도임을 알게 될 것이다. 그러므로, 연속 화염과 난류 화염 선단 사이의 포인트가 $\delta_f$에 대한 추정을 형성하게 된다. 어떠한 경우에도, 평균값 이론에 따라, 식 (8.5)는 연속 함수 $\dot{q}_f''(x)$에 대해 수학적으로 허용될 수 있다. 식 (8.4)와 (8.5)를 통해 다음과 같은 해를 유도할 수 있다.

$$v_p = \frac{\dot{q}_f'' \delta_f}{\rho c_p d (T_{ig} - T_s)} \tag{8.6}$$

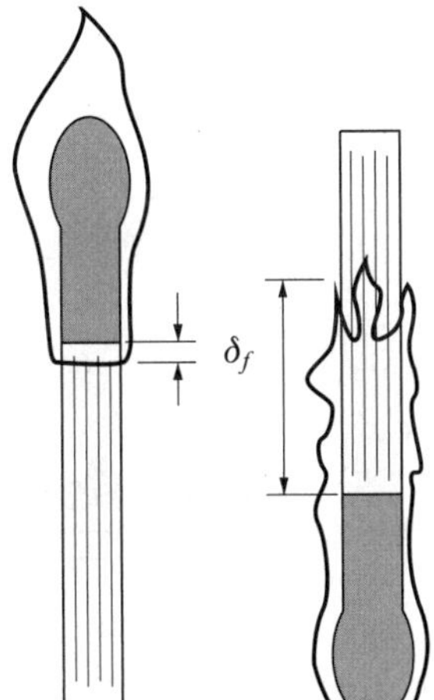


그림 8.5 ≫ 성냥개비의 화염 가열 확장

이는 착화에 대한 화염 확산의 관계를 나타내는 다음과 같은 다른 형식으로 표현될 수 있다.

$$v_p = \frac{\delta_f}{t_f} \tag{8.7a}$$

$$t_f = \frac{\rho c_p d(T_{ig} - T_s)}{\dot{q}_f''} \tag{8.7b}$$

이는 고체의 열적 특성이 얇은 경우에서 높은 열유속에서의 착화 시간에 대한 우리의 결과와 동일하다. 이는 화염 속도(열적 특성으로 유도된)를 최초로 $T_s$에서 이렇게 가열된 물질을 착화시키는 데 필요한 시간에 대한 화염 확장 길이의 비율로 나타낼 수 있다고 일반화시킬 수 있다.

식 (8.6)은, 면(face) 중량 $\rho d$가 감소함에 따라, 확산 속도가 증가함을 나타낸다. 또, 실내 화재의 연기 복사에서 발생하는 것처럼 확산되고 있는 물질이 화염으로부터 먼 곳에서 가열되는 경우, $T_s$는 시간이 지남에 따라 증가한다. $T_s \to T_{ig}$이므로, 점근적인 무한 속도가 제안된다. 이는 물리적으로 발생할 수 없다. 그 대신, 표면 온도는 연소하한에서 연료 증발을 초래하기에 충분한 열분해 온도에 도달하게 된다. 그런 다음, 표면에서의 가시적인 화염의 속도가 예혼합된 속도와 동일하게 된다. 기체 단계에서의 이 속도는 약 0.5 m/s로 시작하여, 난류로 인해 가속될 수 있다(그림 8.6 참조). 우리는 이러한 조건들을 통해, 약 20 kW/m$^2$의 연기층 복사 열유속이 실내 화재 기간 시 바닥에 있는 물체들을 통해 빠른 화염 전파를 초래할 수 있는 이유를 알게 된다. 이러한 메커니즘은 공간 전체 화재로 빠르게 진행되어 플래시오버를 초래할 수 있다.

식 (8.6)은 열적 특성이 두꺼운 물질과 마찬가지로 $T_s > T_{s,\min}$(확산을 위한 최소 표면온도)인 경우에만 해당한다는 것에 유의해야 한다. 피적분 함수(integrand)에 대한 평균값 추정에 의해 식 (8.4)에 열 손실 항목을 포함시킨다면,

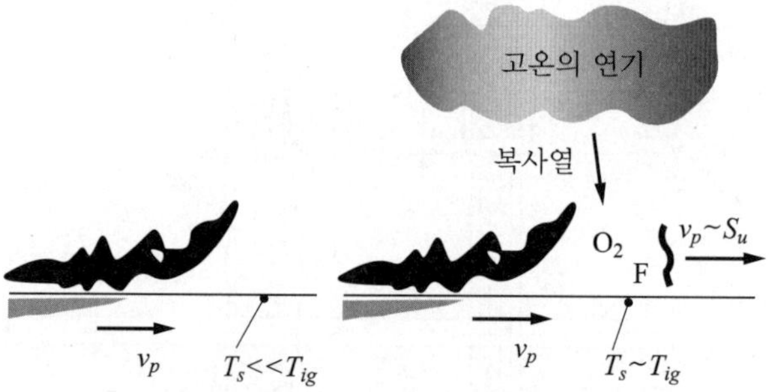


그림 8.6 ≫ 예열로 인해 강화된 화염 확산

$$\frac{T_{ig}^4 + T_s^4}{2}$$

다음과 같이 모든 $T_s$에 대해 분자가 양수인 경우 여전히 가능한 물리적으로 유효한 해를 얻게 된다.

$$v_p = \frac{\dot{q}_f''\delta_f - \sigma[(T_{ig}^4 + T_s^4)/2]\delta_f}{\rho c_p d(T_{ig} - T_s)} \tag{8.8}$$

대개, $T_s = T_{s,\min}$에서, 실험에서 결정된 것처럼 $v_p > 0$이다. 이는 수직 표면에 대한 수평 확산 및 상향 확산에 대해 그림 8.7과 8.8에 나타내었다(PMMA와 목재의 열적 특성이 두꺼운 거동에 대해 각각). 입사 외부 복사 열유속은 평형 상태에서 안정된 상태 $T_s$에 대한 대체물이다. 그러므로, (착화에서와 같이) 화염 확산에 대한 임계 열유속은 다음과 같이 주어진다.

$$\dot{q}_{s,crit}'' = \sigma(T_{s,\min}^4 - T_\infty^4) + h_c(T_{s,\min} - T_\infty) \tag{8.9}$$

이는 화염 가열 영역 $\delta_f$외부의 $\dot{q}_e''$에 의해 가열된 표면의 안정된 상태 에너지 균형을 따른다. 이는 얇은 물질과 두꺼운 물질에 대해 순풍과 역풍 유형에서의 화염 확산에 대한 임계온도가 존재하는 것으로 나타난다. $T_{s,\min}$은 고유한 물질 특성을 갖는 것으로 나타나지 않았지만, 최소한 주어진 확산 유형에 대해 일정한 것으로 나타난다. 일시적이고 화학적인 효과가 $T_{s,\min}$에 의해 나타나는 이러한 화염 확산 한계의 원인으로 나타난다. 예를 들어, 충분히 낮은 속도 $v_p$에서, 열분해를 위한 시간은 유효 연소 시간보다 더 느릴 수도 있다:

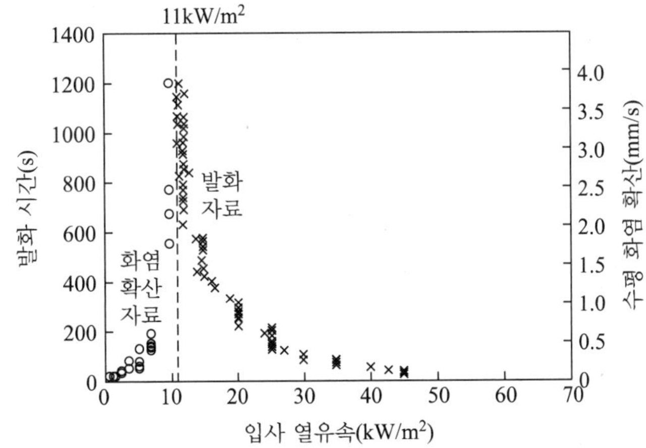


그림 8.7 ≫ PMMA에 대한 자연스런 안정된 화염 속도와 파일럿 점화(수직) (Long[12])

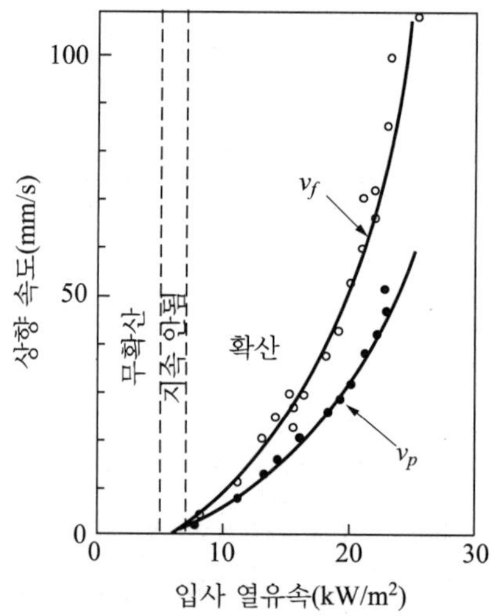


**그림 8.8 ≫** 목재 샘플에 대한 2분 동안의 예열 시간 $t_p$에 대한 입사 복사 열유속의 함수로서의 열분해 전면 전파 속도 $v_p$와 화염 선단 전파 속도 $v_f$[13]

$$t_f = \frac{\delta_f}{v_p} > t_b \tag{8.10}$$

그리고, 이러한 불균형으로 인해 직접 소화로 이어진다. 순풍 확산의 경우, 한계 조건은 화염 확장과 연소 시간에 좌우된다. 역풍 확산의 경우, 화염 선단면에서 가연성 기체를 가지는 것이 핵심이다. 또, 일시적인 효과가 이러한 모든 요소들에게 영향을 주게 된다.

## 8.3 일시적인 효과

화염 확산 문제의 일시적인 측면을 고려하는 것이 유용할 수 있다. 대표적인 값으로 특성 길이 $d$를 기반으로 한 고체와 기체 단계에 대한 특성 시간의 비율은 다음과 같다.

$$\frac{t_{gas}}{t_{solid}} = \frac{d^2/\alpha_{gas}}{d^2/\alpha_{solid}} = \frac{\alpha_{solid}}{\alpha_{gas}} \approx \frac{10^{-7}\ \mathrm{m^2/s}}{10^{-5}\ \mathrm{m^2/s}} = 10^{-2}$$

그러므로, 기체 단계 반응은 매우 빠르기 때문에, 고체의 일시적인 변화에 빠르게 적응할 수 있다. 그러므로, $\dot{q}_f''$에 대한 안정된 상태의 열 전달 데이터 또는 화염 확산 상관관계들(예, 상향, 천장 또는 순풍 화염)을 고체에 대한 화염 확산의 일시적인 문제에 직접적으로 적용할 수 있다.

하지만, 우리는 식 (8.4)에서 안정된 상태의 고체 모델만 고려해 왔다. 일시적인 항목(식 (3.40))을 추가할 경우, 검사체적에서의 단위면적당 엔탈피 비율은 다음과 같다:

$$\frac{dH''}{dt} \equiv \rho d c_p \frac{d}{dt} \int_{x = x_p(t)}^{x = x_f(t)} T dx \tag{8.11}$$

여기서, $x_f$는 화염 끝단에서의 위치 $x_p + \delta_f$이다. 여기서, $T_\infty$는 기준 온도, 즉, 25℃이다. 역풍 확산의 경우, 우리는 $\delta_f$가 열분해 진행 영역인 $x_p$에 좌우될 것이라고 예상하지 않는다. 여기서, $x = x_b < x_p$에 대해 연소가 발생했을 수도 있다 하더라도, $x = 0$부터 $x = x_p$는 열분해되는 것으로 고려한다. 우리는 여기서 연소 효과를 무시한다. 역풍 확산의 경우, $\delta_f$는 느리게 반대로 이동하는 화염($v_p$)과 더불어 유도된 흐름($u_\infty$)의 유체 역학에 따르게 된다. 하지만, 순풍 확산의 경우, $\delta_f$는 열분해 영역의 확대(즉, $x = 0$에서 $x = x_p$까지 생성된 더 많은 연료들에 대한 더 긴 화염)에 좌우된다.

일시적인 항목은 다음과 같이 추정할 수 있다. 여기서, $c_p \approx c_v$:

$$\begin{aligned} \frac{dH''}{dt} &\approx \rho d c_p \frac{d}{dt}\left[\left(\frac{T_{ig} + T_s}{2}\right)\delta_f\right] \\ &= \rho d c_p \left[\frac{dT_s}{dt}\frac{\delta_f}{2} + \left(\frac{T_{ig} + T_s}{2}\right)\frac{d\delta_f}{dt}\right] \end{aligned} \tag{8.12}$$

$T_s$가 시간에 따라 느리게 변하는 경우를 고려할 경우, 다음과 같은 것이 합리적이다.

$$\frac{dT_s}{dt} \approx 0$$

역풍의 경우, $\delta_f \neq \delta_f(x_p(t))$이므로, $d\delta_f/dt = 0$이다. 하지만, 그림 8.8의 순풍(상향) 확산의 경우, $\dot{q}_e''$가 증가함에 따라, 다음과 같으므로, $d\delta_f/dt > 0$으로 나타난다.

$$\frac{d\delta_f}{dt} \approx v_f - v_p$$

그러므로, 역풍 확산의 경우, 안정된 상태의 열 화염 확산 모델은 유효한 것으로 나타난다. 순풍 화염 확산에서는, 다음과 같이 열적 특성이 얇은 사례에 대해 지배방정식은 수정하는 것이 적절한 것처럼 보인다:

$$\rho d c_p \left(\frac{T_{ig} + T_s}{2}\right)\frac{d\delta_f}{dt} + \rho d c_v v_p (T_{ig} - T_s) = \dot{q}_f''\delta_f \tag{8.13}$$

왜냐하면,

$$\frac{d\delta_f}{dt} = \frac{dx_f}{dt} - \frac{dx_p}{dt} = v_p\left(\frac{dx_f}{dx_p} - 1\right) \tag{8.14}$$

얇은 물질에 대해 순풍 확산의 경우, 결합하면,

$$v_p \approx \frac{\dot{q}_f''\delta_f}{\rho d c_p\left[(T_{ig} - T_s) + \left(\frac{dx_f}{dx_p} - 1\right)\left(\frac{T_{ig} + T_s}{2}\right)\right]} \tag{8.15}$$

그림 8.8로부터, $v_f > v_p$이므로, $dx_f/dx_p > 1$이다. 그러므로, 일시적인 효과는 순풍 확산의 경우 속도가 더 느려진다. 또, 기체 단계 반응 시간은 고체에 비해 훨씬 더 빠르기 때문에, 표면에서의 화염 확산에 대해 이러한 공식들에 $\dot{q}_f''$와 $\delta_f$에 대해 안정된 기체 단계 결과를 사용할 수 있다.

## 8.4 열적 특성이 두꺼운 고체의 표면 화염 확산

이제, 열적 특성이 두꺼운 고체의 경우로 되돌아 가보자. 물론, 두께의 영향은 중요하지만, 화염 가열로 인한 열적 투과 깊이가 뒷면에 도달한 후(즉, $t = t_f$), $\delta_T(t_f) = d$인 경우에 중요하게 된다. 착화에서와 같이, $t_f$가 상대적으로 작을 경우(즉, 10초에서 심지어 100초까지), 열적 특성이 두꺼운 추정은 $d \le 1$ cm인 고체까지도 적용할 수 있다. 또, 우리는 $T_{ig}$, $k$, $\rho$ 및 $c$의 효과적인 특성들이 개입된 열적 추정으로 모든 과정을 나타낸다. 재료들은 동질의 것으로 간주되며, 이들에 대한 특성은 용도의 일관된 조건 하에 측정해야 한다. 이러한 유도에 대한 다른 가정 조건은 다음과 같다:

1. $\dot{q}_f''$는 영역 $\delta_f$와 제로를 넘는 경우 일정하다.
2. 무시할 만한 표면 열 손실, 즉, $\dot{q}_f'' \gg \sigma T_{ig}^4$.
3. $y = \delta_T$에서, $\dot{q}'' = 0$과 $T = T_\infty$.
4. 초기 및 상향 온도는 모두 $T_\infty$.
5. 안정된 화염 확산, $v_p =$ 상수.

열적 특성이 두꺼운 사례를 순풍 유형에서 인용했지만, 역류 사례에 대해서도 일반적으로 적용되는, 그림 8.9의 검사체적을 고려해보자. 검사체적은 화염 가열된 길이 $\delta_f$를 확장하여, 깊이 $\delta_T$

까지 확대되도록 선택되었다. 이는 표면 $P$에 고정된다. $t_f$가 $T_\infty$에서 $T_{ig}$까지 증가된 $P$에서의 온도가 $t_f$이므로, 특정 깊이는 $\delta_T = \delta_T(t_f)$이다. 하지만, $t_f$도 화염이 이동하는 시간 $\delta_f$가 된다.

$$\delta_f = \int_0^{t_f} v_p dt = v_p t_f \tag{8.16}$$

여기서 $v_p$는 상수이다. 검사체적에 대한 에너지의 보존은 다음과 같다.

$$\rho c_p v_p \int_0^{\delta_T} (T - T_\infty) dy = \dot{q}_f'' \delta_f \tag{8.17}$$

이제, 온도 프로파일을 다음과 같이 추정하자:

$$\frac{T - T_\infty}{T_{ig} - T_\infty} = \left(1 - \frac{y}{\delta_T}\right)^2 \tag{8.18}$$

이는 다음을 만족시킨다:

$$y = 0, \quad T = T_{ig}$$

$$y = \delta_T, \quad T = T_\infty \quad \text{및} \quad \frac{\partial T}{\partial y} = 0$$

이러한 추정은 경계 조건을 만족시켜 다음 적분을 수행할 수 있는 합리적인 프로파일을 제공한다.

$$\int_0^{\delta_T} (T - T_\infty) dy = (T_{ig} - T_\infty)\delta_T / 3 \tag{8.19}$$

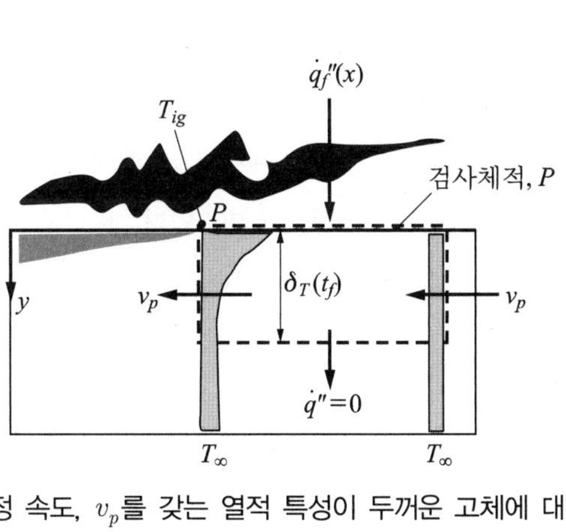


그림 8.9 ≫ 화염 확산 안정 속도, $v_p$를 갖는 열적 특성이 두꺼운 고체에 대한 검사체적의 에너지 보존

우리는 투과 깊이에 대해 합리적인 추정이 다음과 같음을 알았다.

$$\delta_T = C\sqrt{\left(\frac{k}{\rho c_p}\right)t} \tag{8.20}$$

여기서, $C$는 $T$가 $T_\infty$에 얼마나 근접한지에 대한 정의에 따라 1～4까지의 값이 될 수 있다. 합리적인 추정값으로 $C=2.7$을 취하자. 이제, 식 (8.16), (8.19) 및 (8.20)의 결과를 식 (8.17)로 대입하면 다음을 얻을 수 있다.

$$\rho c_p v_p \frac{(T_{ig} - T_\infty)}{3} 2.7\sqrt{\left(\frac{k}{\rho c_p}\right)\left(\frac{\delta_f}{v_p}\right)} \approx \dot{q}_f'' \delta_f$$

또는

$$v_p \approx \frac{(\dot{q}_f'')^2 \delta_f}{(0.81)(k\rho c_p)(T_{ig} - T_\infty)^2} \tag{8.21}$$

식 (8.16)의 형태로 되돌아가면, 다음을 추정할 수 있다.

$$t_f \approx 0.81 k\rho c_p \left(\frac{T_{ig} - T_\infty}{\dot{q}_f''}\right)^2 \tag{8.22}$$

우리는 정확한 열적 특성이 두꺼운 높은 열유속(짧은 시간) 결과도 사용할 수 있는데, 여기서 0.81은 $\pi/4 = 0.785$로 대치된다. 우리는 다음을 사용할 수 있다:

$$v_p \approx \frac{4(\dot{q}_f'')^2 \delta_f}{\pi(k\rho c_p)(T_{ig} - T_s)^2} \tag{8.23}$$

여기서, 우리는 연기와 화재 조건에 따라 변할 수 있는 $T_s$로 일반화했다. 그러므로, 식 (8.23)은 준정상(quasi-steady) 형태로 사용할 수 있는데, 여기서, 화염이 성장하고 화재 조건이 악화됨에 따라, $\dot{q}_f''$, $\delta_f$ 및 $T_s$는 모두 시간에 따라 변할 수도 있다. 또, 식 (8.23)은 식 (8.7)에 따른다. 즉, 화염 확산은 착화 시간으로 나눈 화염 가열 거리가 된다.

## 8.5 고체 표면 확산에 대한 실험 고려 사항

실제적 적용을 위해 식 (8.6)과 (8.23)을 적용할 수 있다. 이러한 결과들은 대응되는 열적 특성이 얇은 착화와 두꺼운 착화 해를 보상하므로, 주어진 재료에 대한 열 특성이 착화 및 화염 확산 모두에 대해 동일해야 한다.

### 8.5.1 역류

자연스런 대류 조건의 역류 확산에 대해, Ito와 Kashiwagi[14]는 여러 각도에서 PMMA($d=$ 0.47 cm)에 대한 $\dot{q}_f''(x)$ 프로파일을 측정했다. 그림 8.10에 나타낸 결과는 다음 값을 제안한다:

$$\dot{q}_f'' \approx 70\ \mathrm{kW/m^2}$$

그리고

$$\delta_f \approx 2\ \mathrm{mm}$$

이는 실험 프로파일을 위한 대략적인 추정이다(예, $\phi=90°$). 또, 확산이 하향($\phi=0°$)에서 수평($\phi=90°$)으로 진행되며, 약간 위를 향함에 따라, $\delta_f$가 증가한다. 이러한 각도들은 모두 자연스런 대류 역류 화염 확산을 형성한다.

역류 확산에 대한 결과를 도출하기에 더 현실적인 방법은 다음과 같은 변수가 주어진 흐름 조건에 대한 물질 특성으로 간주될 수 있음을 인식하는 것이다.

$$\Phi \equiv \frac{4}{\pi}(\dot{q}_f'')^2\delta_f \tag{8.24}$$

이는 화염온도에 관련된 열유속과 소염(quenching) 길이에 관련된 거리를 갖는 선도 화염에 대한 층류 예혼합 조건으로부터 주장할 수 있다. 자연스런 대류 유도 흐름 속도에서, $\Phi$는 상수가 될 수 있다. 그림 8.11은 입사 복사 열유속의 함수로써 두꺼운 PMMA에 대해 표시된 안정된 속도 데이터를 나타낸다[12,15].

안정된 조건에서,

$$v_p = \frac{\Phi}{k\rho c_p(T_{ig}-T_s)^2}, \qquad T_s > T_{\min} \tag{8.25}$$

$T_s$가 장시간의 복사 가열에 의해 초래되는 경우, 다음과 같이 표현할 수 있다.

$$\dot{q}_e'' = h_t(T_s - T_\infty) \tag{8.26}$$

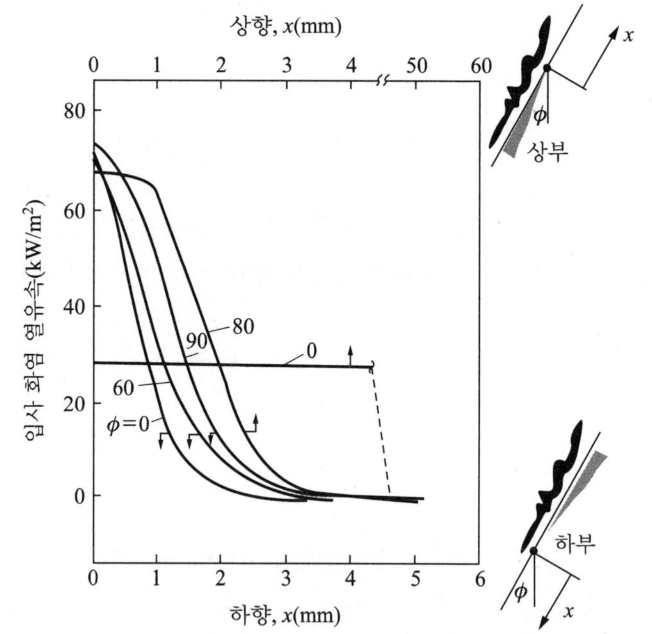


그림 8.10 ≫ 0.47 cm 두께의 PMMA에 대한 열분해 전면 앞의 거리에 나란한 표면에서의 정상 열유속 분포[14]

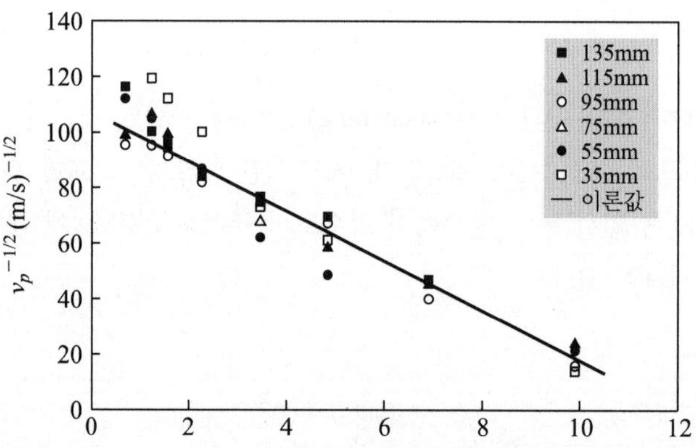


그림 8.11 ≫ LIFT[12]로부터 $\Phi$의 평가

상수로 추정된 $h_t$의 경우, 식 (8.25)를 다음과 같이 표시할 수도 있다:

$$v_p^{-1/2} = \left(\frac{k\rho c_p}{h_t^2 \Phi}\right)^{1/2} (\dot{q}_{ig,crit}'' - \dot{q}_e'') \qquad (8.27)$$

여기서, $\dot{q}_{ig,crit}''$는 식 (7.28)에 의해 주어진 착화에 대한 임계 열유속이다. $k\rho c_p$는 물질에 대한 착화 데이터로부터 평가될 수 있으며, $\dot{q}_{ig,crit}''$에서 평가된 $h_t$의 경우, $\Phi$는 그림 8.11에 나타낸 데이터의 기울기에서 결정할 수 있다. 또, 가로축의 절편은 $\dot{q}_{ig,crit}''$이며, 더 낮은 유속 한계는 $\dot{q}_{ig,crit}''$ 또는 그림 8.11로부터 $T_{s,\min}$이 된다. LIFT[15,16]의 수직 샘플에 대한 수평 화염 확산의 조건 하의 여러 물질들에 대한 데이터는 표 8.1에 나타내었다(표 7.4도 참조). PMMA에 대해 주어진 $\Phi$의 값은 14.0 $kW^2/m^3$이다. 이는 Ito와 Kashiwagi[14]의 데이터에서 추정된 값과 비교할 수 있다. 우리는 식 (8.24)를 사용하여 추정한다:

$$\begin{aligned}\Phi &\approx \frac{4}{\pi}(70\ \text{kW/m}^2)^2(0.002\ \text{m}) \\ &= 12.5\ \text{kW}^2/\text{m}^3\end{aligned}$$

이는 14 $kW^2/m^3$의 측정된 값과 비교된다. 이는 $\Phi$에 대해 예상되는 일관성 수준이다.

불안정한 수평 화염 확산의 경우, 식 (8.25)를 거의 안정된(quasi-steady) 형태로 적용할 수 있다. 우리는 표면온도에 대한 단시간 추정(식 (7.40))을 사용한다:

$$T_s - T_\infty \approx \left(\frac{\dot{q}_e''}{h_t}\right) F(t) \qquad (8.28)$$

**표 8.1** 수직 표면의 수평 화염 확산에 대한 역류 특성값[16]

| 재료 | $T_{ig}$ (℃) | $k\rho c$ ($[kW/m^2\ K]^2\ s$) | $\Phi$ ($[kW]^2/m^3$) | $T_{s,crit}$ (℃) |
|---|---|---|---|---|
| PMMA | 380 | 1.0 | 14.0 | ~20 |
| 섬유판(Fiberboard) | 330 | 0.46 | 2.3 | 210 |
| 합판(Plywood) | 390 | 0.54 | 13.0 | 120 |
| 섬유카펫(Wool carpet) | 435 | 0.25 | 7.3 | 335 |
| 폴리우레탄 폼(Polyurethane foam) | 435 | 0.03 | 4.1 | 215 |
| 석고보드 위 종이 | 565 | 0.45 | 14.0 | 425 |

여기서

$$F(t) = \frac{2h_t}{\sqrt{\pi}}\sqrt{\frac{k\rho c_p}{t}} \le 1$$

그러면, 식 (8.25)는 다음과 같이 표현할 수 있다:

$$v_p^{1/2} \approx \left(\frac{k\rho c_p}{h_t^2 \Phi}\right)^{1/2}\left[\dot{q}_{ig,crit}'' - \dot{q}_e'' F(t)\right] \tag{8.29}$$

그림 8.12(a)와 (b)에 나타낸 것처럼 파티클 보드에 대한 자연스런 대류 수평 수직 표면 확산에서 취한 데이터를 살펴보자[17]. 식 (8.29)를 기반으로 하는 이러한 데이터들의 상관관계는 착화에 대한 임계 유속이 다음과 같음을 나타낸다.

$$\dot{q}_{ig,crit}'' \approx 16\ \mathrm{kW/m^2}$$

그리고, 화염 확산의 경우는,

$$\dot{q}_{s,crit}'' \approx 5\ \mathrm{kW/m^2}$$

평균 $h_t = 42\ \mathrm{W/m^2\ K}$ 및 $T_\infty = 25℃$의 경우, 다음을 얻는다:

$$T_{ig} = 25 + \frac{16}{0.042} = 406℃$$

그리고

$$T_{s,\min} = 25 + \frac{5}{0.042} = 144℃$$

그림 8.12(b)의 데이터의 기울기로부터 다음을 추정할 수 있다:

$$\left(\frac{k\rho c_p}{h_t^2 \Phi}\right)^{1/2} = 240\ (\mathrm{mm\ s})^{3/2}/\mathrm{J}$$

$h_t = 42\ \mathrm{W/m^2\ K}$와 $k\rho c_p = 0.93\ (\mathrm{kW/m^2\ K})^2\ \mathrm{s}$(표 7.4)를 사용하면, $\Phi$를 다음과 같이 추정할 수 있다:

$$\Phi = \frac{k\rho c_p}{h_t^2 (240)^2}$$

$$= \frac{0.93\ (\mathrm{kW/m^2\ K})^2\ \mathrm{s}}{(0.042\ \mathrm{kW/m^2\ K})^2[240\ (\mathrm{mm\ s})^{3/2}/\mathrm{J} \times (10^{-3}\ \mathrm{m/mm})^{3/2} \times (10^3\ \mathrm{J/kJ})]^2}$$

$$= 9.15\ \mathrm{kW^2/m^3}$$

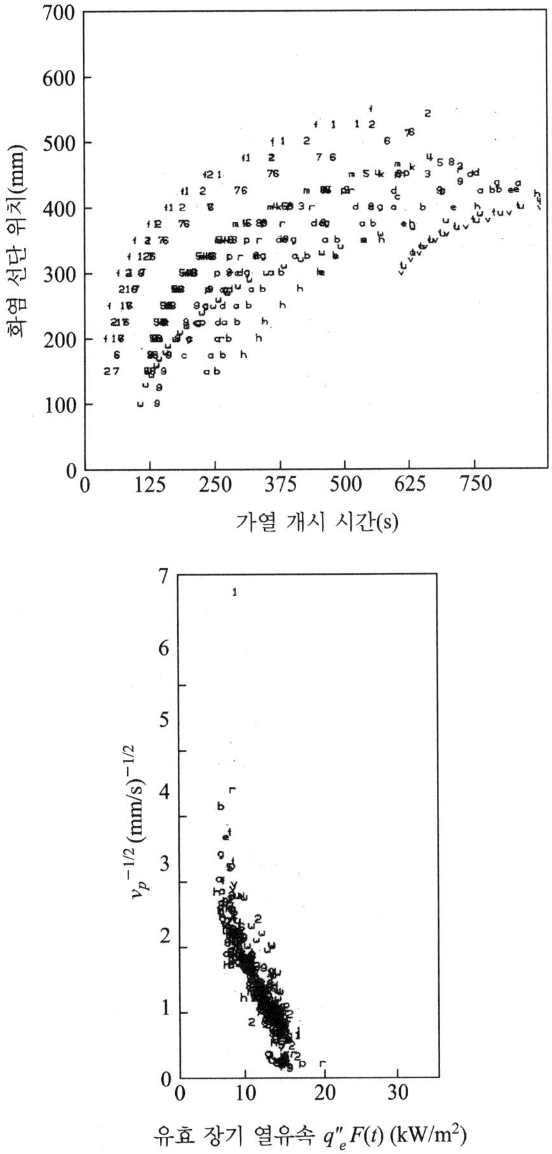


**그림 8.12 ≫** (a) 다양한 외부 가열 분포 하에서 공기 중의 역류 확산에 의한 목재 파티클보드에 대한 화염 전면 이동. 기호 $t$, $u$, $v$, $w$는 하향 확산에 대한 것이며, 나머지 모든 것들은 수직 샘플에 대한 수평 확산에 대한 것이다[17]. (b) 식 (8.29)를 기반으로 한 상관관계[17]

이는 표 7.4의 또 다른 파티클 보드에 대한 5 $kW^2/m^3$의 $\Phi$와 비교된다.

$\Phi$은 물질의 열적 및 화학적 특성에 더하여 흐름 현상을 나타내는 변수이다. 따라서, $\Phi$는 열적 특성이 얇은 역류 확산은 물론, 순풍 확산에도 사용할 수 있다. 하지만, 순풍에서는, $\dot{q}_f''$와 $\delta_f$를 $\Phi$함수와 현실적으로 연결할 수 없다. 이러한 흐름 조건에서는, $\dot{q}_f''$와 $\delta_f$는 독립 변수이다.

## 8.5.2 순풍 흐름

난류 벽 화재의 경우, Ahmad와 Faeth[18]의 연구로부터, 다음과 같이 나타낼 수 있다:

$$\dot{q}_f'' = f[\, x_p,\ Y_{O_2,\infty},\ Gr,\ Pr,\ \text{연료 특성},\ \text{화염 복사}(X_r),\ \phi\,]$$

여기서, $x_p$ : 열분해 영역의 길이

$Y_{O_2,\infty}$ : 주변 산소 질량 분율

$Gr$ : 그라쇼프수 $(= g\cos\phi\, x_p^3/\nu_\infty^2)$

$Pr$ : 프란틀수 $(= \nu_\infty/\alpha_\infty)$

$\phi$ : 수직으로부터의 벽 방향 각도

$X_r$ : 복사 부분의 화염

복사 영향성은 $X_r$만 사용하여 단순화시켰지만, 일반적으로, 매우 복잡하며, 모든 벽 화염(>1 m)에 중요하다.

해당 화염 길이는 다음과 같이 나타낼 수 있다[19]:

$$x_f = x_p + \delta_f = \frac{1.02\, l_c}{Y_{O_2,\infty}(1 - X_r)^{1/3}} \tag{8.30a}$$

여기서, 대류 플룸(plume) 길이 범위는 다음과 같다:

$$l_c = \left( \frac{\dot{m}_F''\, \Delta h_c\, x_p}{\rho_\infty c_p T_\infty \sqrt{g\cos\phi}} \right)^{2/3} \tag{8.30b}$$

cos $\phi$로 포함되는 방향 효과는 경계층 이론에서 추론되지만, 경계층이 분리될 수 있는 커다란 $\phi$에서의 상향 표면에는 적절하지 않다. 바닥면 위의 화염 길이에 적용하는 것이 더 나을 수 있으며, 상부면 위로 올라온 화염에는 적용되지 않는다. 비슷한 결과를 층류 벽 화염에 적용할 수 있지만, $Gr < 0.5 \times 10^8$ 또는 약 $x_p < 100$ mm에 대응된다. 하지만, 고르지 않은 모서리나 거친 지점은 $x_p$에 대해 50 mm 정도 낮게 흐름을 난류로 바꿀 수 있다. 그러므로, 어떠한 의미의 우

발적인 화재도 빠르게 난류가 된다. 단위면적당 연소율 $\dot{m}_F''$는 전술한 $\dot{q}_f''$와 동일한 변수들에 좌우된다.

Ahmad와 Faeth[18]의 데이터는, $x_p$는 최대 150 mm까지, $x_f$는 최대 450 mm까지의 불활성 벽에 포화된 알코올을 포함한다. 전형적으로, $\dot{q}_f''$는 20～30 kW/m$^2$의 값들을 갖는 가시적인 화염 확대($\delta_f$)에 대한 대략적인 상수이다. 동일한 거동이 고체 물질의 복사가 강화된 연소에 대해 관찰된다. 이는 최대 1.5 m의 $x_f$에 대한 $\delta_f$에 관해 20～30 kW/m$^2$의 $\dot{q}_f''$값들을 보여준다. 이러한 데이터는 그림 8.13에 나타내었다. 화염 열유속에 대한 이러한 실험 결과들은 벽에 대한 상향 화염 확산을 현실적으로 추정하는 데 유용하다.

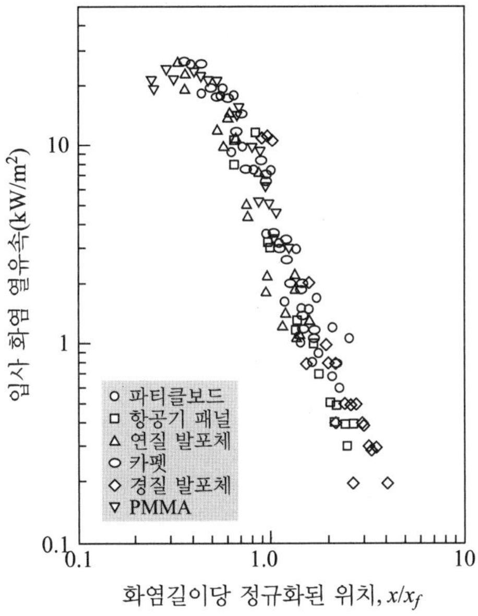


**그림 8.13 ≫ 벽 열유속 분포[20]**

**예제 8.1**

수직 벽에 대한 화염길이는 다음과 같이 추정할 수 있는 것으로 나타났다:

$$y_f = (0.01\ \mathrm{m^2/kW})(\dot{Q}''y_p)$$

여기서, $\dot{Q}''$는 연소하는 벽의 kW/m$^2$ 단위의 에너지 방출 유속이다. 표 8.1에 나열된 두꺼운 폴리우레탄 폼의 경우, 다음을 계산하시오.

(a) 최초로 착화된 영역이 0.1×0.1 m 높이라고 가정한, 상향 확산 속도

(b) 벽표면이 225℃에 도달한 경우, 수평 확산 속도

25℃에서 공기 중에서 연소하는 폴리우레탄 폼에 대해 $\dot{Q}'' = 425\ \text{kW/m}^2$을 취한다. 확산되는 화염 바로 바깥의 인접한 표면은 225℃까지 가열된다.

**풀이** (a) 그림 8.14에 나타낸 것처럼 수직 좌표로 $y$를 사용한다. 그러므로, 식 (8.24)은 다음과 같다:

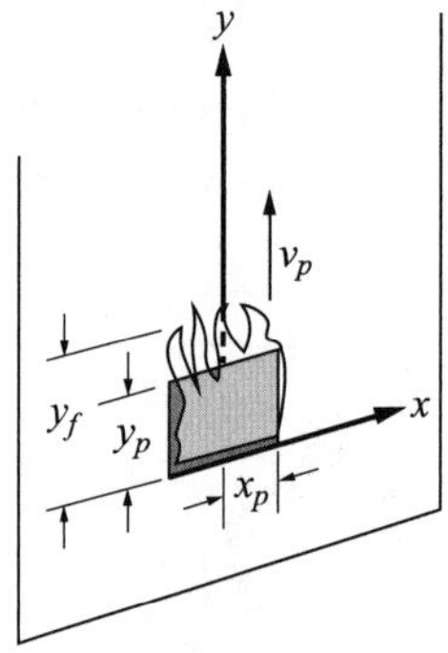


**그림 8.14 ≫ 예제 8.1**

$$\frac{dy_p}{dt} = \frac{(\dot{q}_f'')^2 (y_f - y_p)}{\pi/4 k\rho c_p (T_{ig} - T_s)^2} = \frac{y_f - y_p}{t_f}$$

다음과 같이 주어지면,

$$y_f = 0.01 \dot{Q}'' y_p = (0.01)(425) y_p = 4.25 y_p$$

그림 8.13을 기반으로, 다음과 같이 추정한다:

$$\dot{q}_f'' \approx 25\ \text{kW/m}^2$$

그러면, 다음과 같이 계산할 수 있다:

$$t_f = \frac{\pi}{4} k\rho c_p \left( \frac{T_{ig} - T_s}{\dot{q}_f''} \right)^2 = \frac{\pi}{4} (0.03\ (\text{kW/m}^2\ \text{K})^2\ \text{s}) \left( \frac{(435 - 225)\ \text{K}}{25\ \text{kW/m}^2} \right)^2 = 1.66\ \text{s}$$

미분 방정식으로 대입하면, 다음을 얻게 된다:

$$\frac{dy_p}{dt} = \frac{3.25 y_p}{1.66} = 1.95 y_p$$

또는, $t = 0$, $y_p = 0.1$ m를 사용하여 풀면,

$$y_p(m) = 0.1 e^{1.95 t(s)}$$

속도는,

$$v_p = \frac{dy_p}{dt} = 0.195e^{1.95t}$$

2초에서, $y_p = 4.9$ m, 그리고 $v_p = 9.67$ m/s. 상향 확산은 매우 빠르다. 하지만, 실험 결과에서는,

$$y_f \approx 0.01\dot{Q}'' y_p$$

$\dot{Q}'' > 100$ kW/m$^2$인 경우 확산이 발생한다. 재료의 에너지 방출 유속은 일반적으로 상향 및 순풍 화염 확산에 매우 중요한 변수이다.

(b) 수평 확산은 일정하므로, 다음과 같이 주어진다:

$$u_p = \frac{\Phi}{k\rho c_p (T_{ig} - T_s)^2}$$
$$= \frac{4.1\ (\mathrm{kW/m})^2}{(0.03\ (\mathrm{kW/m^2\ K})^2\ \mathrm{s})(435-225)^2} = 0.003\ \mathrm{m/s} = 3\ \mathrm{mm/s}$$

이는 상향 화염 속도보다 훨씬 느리며, 위험성은 유의하게 상대적으로 더 낮다.

## 8.6 표면 확산에 대한 주요 결과

deRis[4]가 표면에서의 역풍 화염 확산에 대한 완벽한 이론적 해를 최초로 얻었다. 그의 해를 여기에 나타내기에는 너무 복잡하지만, 얇은 물체의 열적 특성에 대한 우리의 공식을 통해 동일하게 정확한 결과를 도출할 수 있다. 그림 8.15를 고려해보자. 다음과 같이 열 전달 길이를 추정한다:

$$\delta_g \sim \delta_f \sim \delta_{BL} \sim \frac{\alpha_g}{u_\infty} \tag{8.31}$$

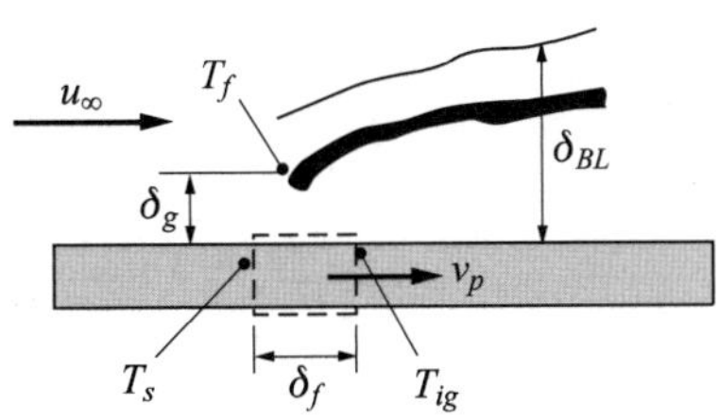


그림 8.15 ≫ deRis 모델

여기서, $\delta_{BL}$은 층류 경계층 두께이다. 이러한 것들은 크기만을 추정하기 위한 것이다. 화학적 역학 효과는 deRis의 해에서 무시되었으므로, 화학반응 시간이 기체 입자 이동 시간 $\delta_g$보다 더 길 경우에만, 해당 요인이 된다. 우리의 크기 추정에 의해, 이러한 흐름 시간은 $\delta_{BL}/u_\infty$로 나타낼 수 있다. 화학적 시간에 대한 흐름의 비율은, 식 (4.23)과 (4.24)에 정의된 것처럼, Damkohler 수 $Da$라고 한다. 식 (8.31)을 사용하여, 이를 다음과 같이 표현할 수 있다:

$$\text{Damkohler 수, } Da = \frac{t_{FLOW}}{t_{REACTION}} = \frac{\delta_{BL}/u_\infty}{\rho c_p T_\infty / [E/(RT_\infty)] \Delta h_c A e^{-E/(RT_\infty)}}$$

또는

$$Da = \frac{\alpha_g A \Delta h_c}{u_\infty^2 \rho c_p T_\infty} \left( \frac{E}{RT_\infty} \right) e^{-E/(RT_\infty)} \tag{8.32}$$

여기서, $\alpha_g$, $\rho$, $c_p$는 기체 단계 특성이다. 작은 $Da$의 경우, 기체 단계 역학이 중요하며, 확산 과정을 제어한다고 예상한다. $Da$가 클 경우, 열 전달이 과정을 제어한다고 예상한다. 이 경우 deRis 해와 우리의 단순한 열 모델은 일치한다. 이 부분을 살펴보자.

식 (8.31)로부터, 화염 열유속은 다음과 같이 추정된다:

$$\dot{q}_f'' = k_g \left( \frac{T_f - T_{ig}}{\delta_g} \right) \tag{8.33}$$

여기서, $T_f$는 화염온도이다. 열적 특성이 얇은 경우에 대해 식 (8.6)을 결합하여 대입하면,

$$v_p = \frac{[k_g (T_f - T_{ig})/\delta_g] \delta_f}{\rho c_p d (T_{ig} - T_s)}$$

$\delta_f = \sqrt{2}\,\delta_g$일 경우, 열적 특성이 얇은 경우에 대해 deRis 해를 정확하게 얻게 된다.

$$v_p = \frac{\sqrt{2}\, k_g (T_f - T_{ig})}{\rho c_p d (T_{ig} - T_s)} \tag{8.34}$$

열적 특성이 두꺼운 경우는(식 (8.21)),

$$v_p = \frac{[k_g (T_f - T_{ig})/\delta_g]^2 \delta_f}{(k\rho c_p)(T_{ig} - T_s)^2} = \frac{(k_g^2 u_\infty / \alpha_g)(T_f - T_{ig})^2}{(k\rho c_p)(T_{ig} - T_s)^2}$$

또는

$$v_p = \frac{(k\rho c_p)_g u_\infty (T_f - T_{ig})^2}{(k\rho c_p)(T_{ig} - T_s)^2} \tag{8.35}$$

이는 deRis[4]의 이론적 결과와 정확히 일치한다.

deRis 해들은 Fernandez-Pello, Ray 및 Glassman[5,6]에 의한 실험으로 확인되었다. 결과는 $u_\infty$와 $Y_{O_2,\infty}$의 함수로 그림 8.16[6]에서 두꺼운 PMMA에 대해 나타내었다. $T_f$는 자유 기류 산소 질량 부분인 $Y_{O_2,\infty}$에 의해 좌우되며, 선지수 인자(pre-exponential factor)인 $A$는 $Y_{F,s}$와 $Y_{O_2,\infty}$에 좌우된다. 이러한 실험 결과에 따르면, 큰 $u_\infty$에 대해 데이터의 상승 및 하강의 경우, deRis 모델에 따르지 않는 것으로 나타났다. 이는 화학적 반응 시간이 상대적으로 커지기 때문이다($Da \rightarrow$ 감소). 사실, 결과는 다음과 같은 상관관계를 가질 수 있다:

$$\frac{v_p (k\rho c_p)(T_{ig} - T_s)^2}{u_\infty (k\rho c_p)_g (T_f - T_{ig})^2} = f(Da) \rightarrow 1 \quad \text{as} \quad Da \rightarrow \text{증가} \tag{8.36}$$

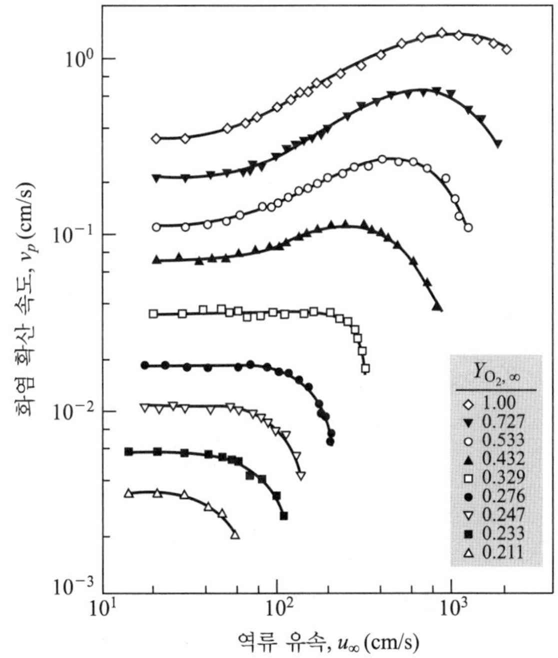


그림 8.16 ≫ 다양한 유동 산소 질량 부분에 대한 강제 역풍 함수로써의 두꺼운 PMMA 시트에 대한 화염 확산 속도 (Fernandez–Pello, Ray 및 Glassman[6])

여기서, $f(Da)$는 1차 함수이며, $Da$가 커짐에 따라 1에 접근한다. 화염온도는 다음과 같이 추정할 수 있다:

$$T_f - T_{ig} = \frac{Y_{O_2,\infty} \Delta h_c}{c_{p,g} r} \tag{8.37}$$

Loh와 Fernandez-Pello[8]는, 식 (8.30)의 형태가 평판위에서 층류 순풍 확산을 잘 나타내주고 있음을 확인하였다. 데이터는 그림 8.17에 나타내었으며, 식 (8.36)과 (8.37)에 따른다:

$$v_p \sim u_\infty Y_{O_2,\infty}^2$$

그림 8.16과 8.17로부터

$$u_\infty = 1\ \text{m/s} \quad \text{및} \quad Y_{O_2,\infty} = 1$$

$$\text{역풍의 경우,}\ v_p \approx 0.6\ \text{cm/s}$$

그리고

$$\text{순풍의 경우,}\ v_p \approx 0.6\ \text{m/s}$$

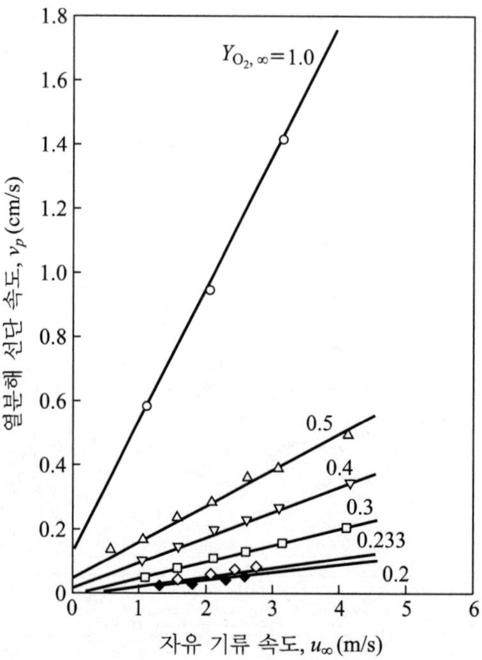


그림 8.17 ≫ 다양한 유동 산소 질량 부분에 대한 순풍 함수로써의 두꺼운 PMMA 시트에 대한 화염 확산 속도 (Fernandez-Pello, Ray 및 Glassman[8])

## 8.7 기타 화염 확산 조건 예

많은 화재 확산 문제들은 다음과 같이 단순한 표현식을 사용하여 표현할 수 있다:

$$\text{화염 속도}(v_p) = \frac{\text{화염 가열 길이}(\delta_f)}{\text{착화 시간}(t_f)}$$

특별한 화염 확산 현상을 성공적으로 도출하기에 중요한 것은 $\delta_f$와 $t_f$에 대한 표현의 관점에서 확산을 제어하는 메커니즘을 설정하는 것이다. 우리는 이렇게 대략적인 표현식을 계속 전개하지 않겠지만, 데이터와 경험적 분석을 기반으로 한 몇 가지 결과를 나타내고자 한다.

### 8.7.1 방향 효과

그림 8.18은 다양한 방향으로 위아래로 확산되는 섬유 유리 위에 놓은 얇은 필름(~0.2 mm)의 폴리에틸렌 테라프탈레이트(PET)와 종이에 대해 측정한 확산 속도를 나타낸다[19]. 이러한 결과는 다음 식과 식 (8.31)로부터 모멘텀(momentum)을 부력에 연관시켜 부분적으로 설명할 수 있다.

$$\rho u_\infty^2 \sim \rho(g\cos\phi)\delta_{BL} \tag{8.38}$$

$$u_\infty \sim (\alpha_g g \cos\phi)^{1/3} \tag{8.39}$$

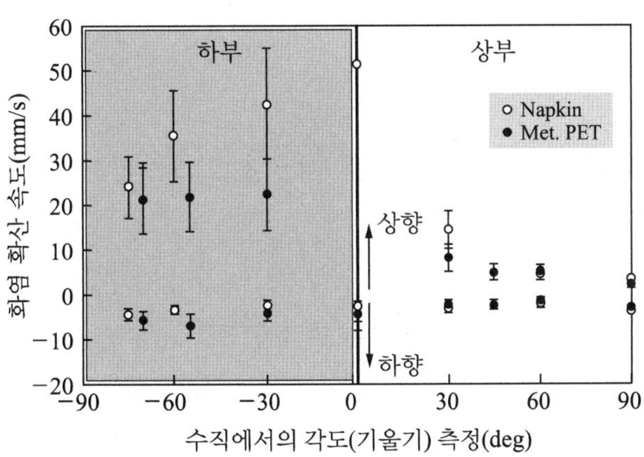


**그림 8.18 ≫** 방향과 각도의 함수로써의 확산[19]

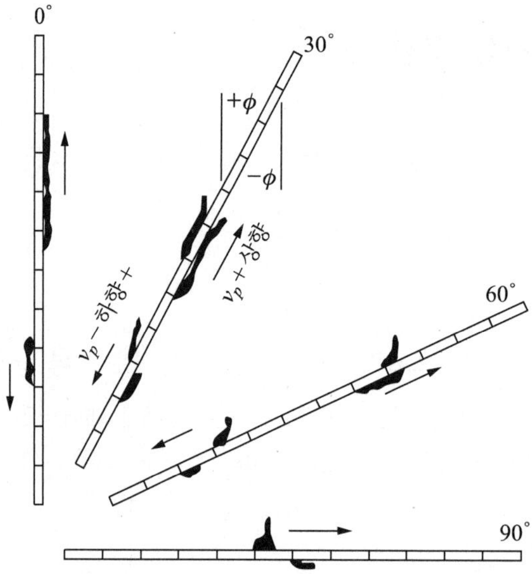


그림 8.19 ≫ 그림 8.18에 대한 확산 기간 동안의 화염 모양[19]

그러므로, 우리는 식 (8.36)에서 $u_\infty$를 대체하여, 이를 역풍 사례와 순풍 사례에 적용할 수 있다. 상향 또는 순풍 확산의 경우, cos $\phi$가 수직 방향으로 증가함에 따라 속도가 증가한다. 하향 또는 역류 확산의 경우, 수평 기울기가 바닥 방향으로 접근할 때까지($-90 \le \phi \le -60$), 속도는 $\phi$의 변화에 의해 유의하게 영향을 받지 않는다. 이러한 영역에서는, 바닥으로부터 흐름이 지체됨에 따라, 하향 확산이 바람에 편승한다. 그림 8.19는 이러한 방향들 중 일부 조건에서 확산에 대한 화염 모양을 나타낸다. 바닥면에 대한 확산의 경우, 항상 상대적으로 큰 $\delta_f$를 갖게 된다. 상부에 대한 확산의 경우, $\phi = 30° \sim 60°$ 사이에서 화염이 '들려 올려진다(lift-off)'.

## 8.7.2 다공성 매체

Thomas[21,22]는 숲 쓰레기, 풀밭, 가옥, 심지어는 목재 가옥의 조각들을 대표하는 다공성 목재에 대한 데이터를 분석하여 상관관계를 연구했다. 그는 순풍 경우는 $v_p \sim u_\infty / \rho_b$, 그리고 자연스런 대류에 대해서는 $v_p \sim \rho_b^{-1}$을 발견했는데, 여기서 $\rho_b$는 연소된 연료의 밀도이다. 그림 8.20은 순풍 사례 데이터를 나타내며, 그림 8.21은 바람이 없는 경우에 해당한다. Thomas[21,22]로부터, 이러한 데이터 중 많은 부분을 추정할 수 있는 경험적 공식을 찾을 수 있었다:

$$\rho_b v_p = c(1 + u_\infty) \qquad [\text{단위 : m, kg 및 s}] \tag{8.40}$$

여기서, $c$의 범위는 목재($\rho_b$ 10~100 kg/m$^3$)에 대한 약 0.05로부터 숲 연료($\rho_b$ 1~5 kg/m$^3$)에 대한 최대 0.10이 될 수 있다. 도시 건물 데이터는 그림 8.20에 10 kg/m$^3$으로 나타내었다.

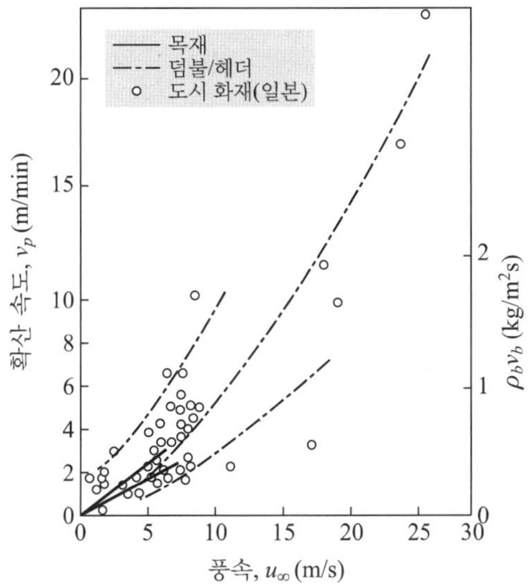


그림 8.20 ≫ 풍속의 함수로써의 다공성 배열을 통한 순풍 화재 확산[21]

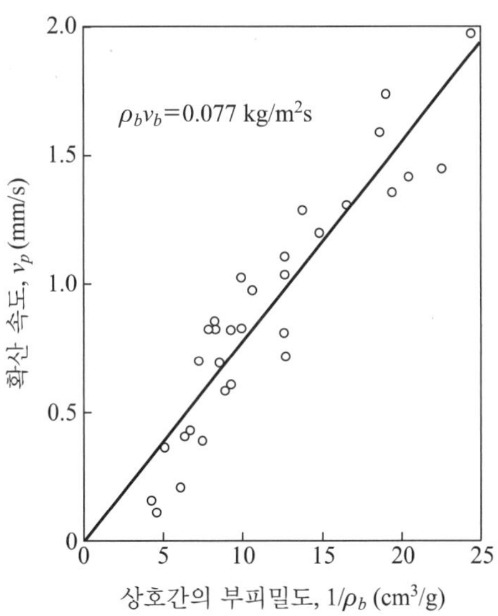


그림 8.21 ≫ Thomas[22]의 다공성 연료 bed를 통한 자연스런 대류 화재 확산

### 8.7.3 액체 화염 확산

액체 연료가 깊이 담긴 풀 위의 화염 확산은 액체의 흐름 효과에 좌우된다. 이러한 흐름 효과는 (a) 장력($\sigma$)이 온도($T$)에 따라 감소하기 때문에 표면 장력에 의해 유도된 흐름과, (b) 표면 아래에서 부력에 의해 유도된 흐름으로 구성된다. 얕은 웅덩이의 경우, 바닥에 대한 점성과 열전달 효과가 요인이 될 것이다. 그림 8.22는 이러한 메커니즘을 보여준다. 액체를 착화시키려면, 해당 인화점까지 증가시켜야 한다. 그런 다음, 해당 에너지 전달 메커니즘을 사용한 확산 화염이 온도 $T$의 액체를 해당 인화점 $T_L$까지 가열해야 한다. 그림 8.23의 Akita[23]에 의한 데이터는 확산 속도에 대한 액체 온도($T$) 증가 효과를 보여준다. 메탄올 액체의 경우 $T = -10$℃에서, 표면 장력과 점성 효과가 발전하는 화염 앞에 인화성 혼합물을 형성시키고, 착화를 통해

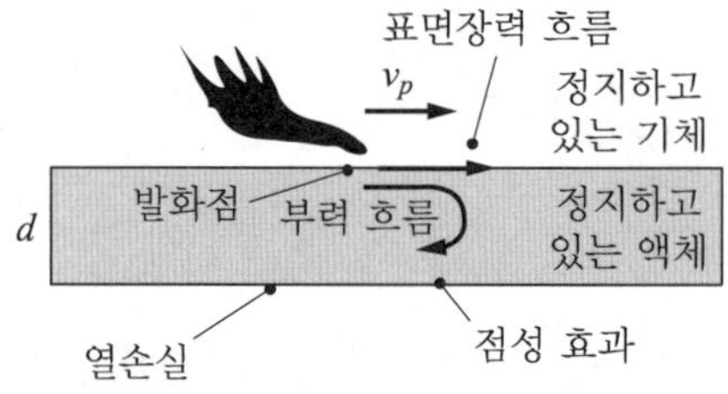


**그림 8.22** ≫ 액체에서의 화염 확산 메커니즘

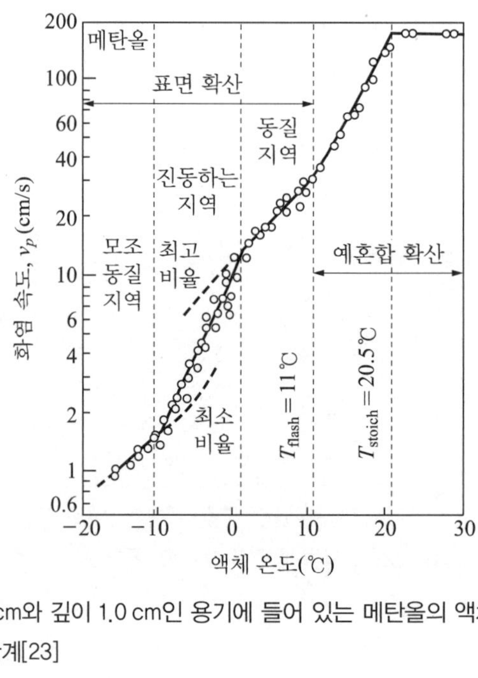


**그림 8.23** ≫ 너비 2.6 cm와 깊이 1.0 cm인 용기에 들어 있는 메탄올의 액체 온도와 화염 확산 속도 사이의 관계[23]

화염 속도가 갑작스레 증가된다. 이러한 과정은 속도가 안정되는 $T=1$℃가 될 때까지 진동하는 화염으로 반복된다. $T=11$℃(인화점)이 된 후에, 화염 확산은 더 이상 표면에서 발생하지 않는다. 이제, 미리 혼합된 연료와 기체 단계의 공기를 통해 화염이 전파된다. 속도가 증가하면 화학량적 상태(20.5℃)에 대응되는 액체 온도까지 $T$에 따라 속도가 증가하는데, 그 이후에 혼합물은 일정한 속도에서 풍부한 연료로 변한다.

## 8.7.4 주택에서의 화재 확산

Labes[24]와 Waterman[25]가 화염 체적을 사용하여 측정한 화염 성장 속도의 흥미로운 상관관계를 제시했다. 이들은 체적 $V_0$의 방에서 인화점에 도달한 후에, 화재 체적($V_f$)는 다음과 같이 성장한다:

$$\frac{dV_f}{dt} = k_f V_f \tag{8.41}$$

여기서, $k_f$는 구조, 내용물 및 환기에 좌우된다. 두 개의 그림(그림 8.24와 8.25)이 두 가지 거주지에서 얻은 자료를 보여준다. 식 (8.41)의 간단한 설명은 그림 8.26에서 검사체적에 대해 표시된 화재 확산을 고려하여 공식화할 수 있다. 검사체적에 대한 에너지 보존은 다음과 같이 나타낸다:

$$\rho c_p v_p A(T_{ig} - T_\infty) = \dot{q}_f'' A \tag{8.42}$$

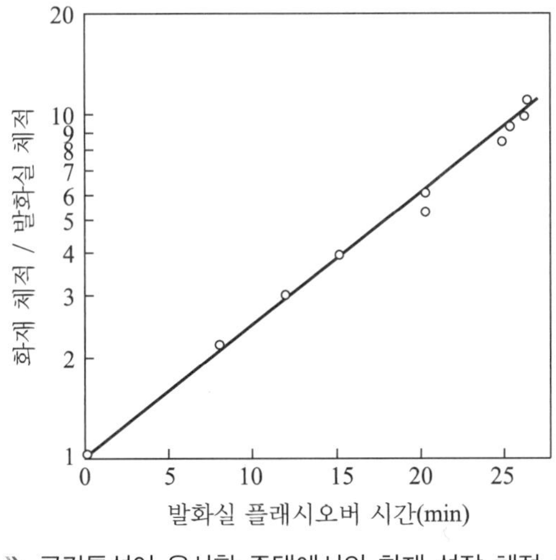


그림 8.24 ≫ 공간특성이 유사한 주택에서의 화재 성장 체적 상관관계[24]

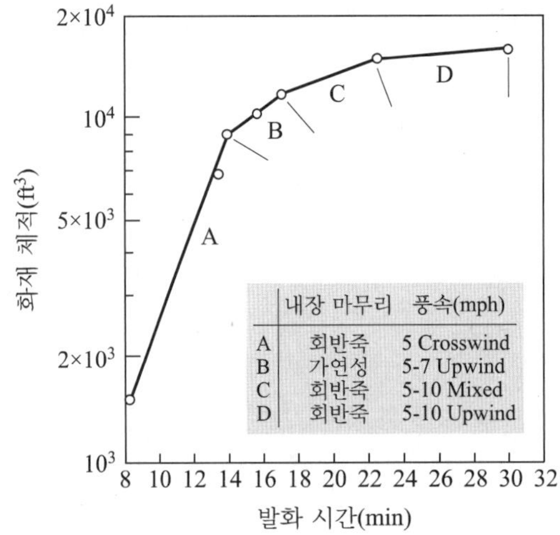


그림 8.25 ≫ 변화하는 조건에서 거주지에 대한 화재 성장 체적의 상관관계[25]

화염 체적 변화율과 상수 $A$에 대한 화염 확산과의 관계는 다음과 같다:

$$\frac{dV_f}{df} = v_p A \tag{8.43}$$

열적 특성이 '얇은' 화염 모델에 대한 열유속은 다음과 같이 표현할 수 있다:

$$\dot{q}_f'' = \epsilon_f \sigma T_f^4 \tag{8.44}$$

여기서,

$$\epsilon_f = 1 - e^{-\kappa_f (V_f / A)} \approx \kappa_f \left( \frac{V_f}{A} \right) \tag{8.45}$$

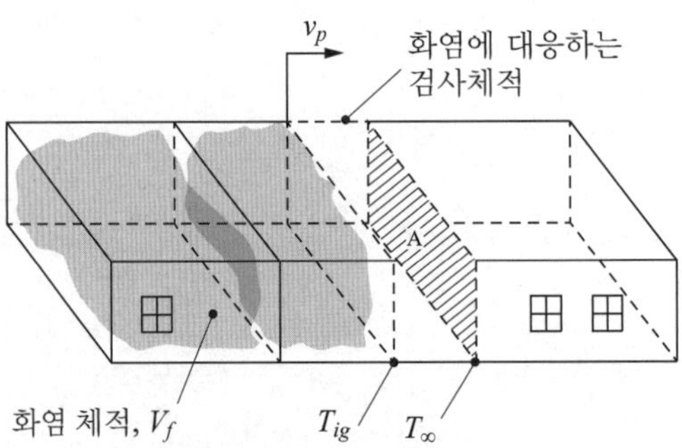


그림 8.26 ≫ 플래시오버 이후 주택 화재 확산

여기서, $\kappa_f$는 화염에 대한 복사 흡수 계수이다. 결과들을 결합하면,

$$\frac{dV_f}{dt} = \left[\frac{\sigma \kappa_f T_f^4}{\rho c_p (T_{ig} - T_\infty)}\right] V_f \tag{8.46}$$

또는, 실험 상관관계인 식 (8.41)의 형태가 된다. 화재 배가 시간은 거주지의 경우 약 7.5분에서 일정하게 되며, 그림 8.24의 비슷한 격실을 갖는다. 배가 시간은 거주지 및 바람 조건의 다양한 범위에 대해 대략 1~10분이 될 수 있다.

## 참 고 문 헌


1. Williams, F.A., Mechanisms of fire spread, *Proc. Comb. Inst.*, 1976, **16**, p. 1281.
2. Fernandez-Pello, A.C., The solid phase, in *Combustion Fundamentals of Fire* (ed. G. Cox), Academic Press, London, 1995.
3. Thomas, P.H., The growth of fire-ignition to full involvement, in *Combustion Fundamentals of Fire* (ed. G. Cox), Academic Press, London, 1995.
4. deRis, J.N., Spread of a laminar diffusion flame, *Proc. Comb. Inst.*, 1969, pp. 241-2.
5. Fernandez-Pello, A.C., Ray, S.R. and Glassman, I., A study of heat transfer mechanisms in horizontal flame propagation, *J. Heat Transfer*, 1980, **102**(2), 357-3.
6. Fernandez-Pello, A.C., Ray, S.R. and Glassman, I., Flame spread in an opposed forced flow: the effect of ambient oxygen concentration, *Proc. Comb. Inst.*, 1980, **18**, pp. 579-9.
7. Altenkirch, R.A., Eichhorn, R. and Shang, P.C., Buoyancy effects on flames spreading down thermally thin fuels, *Combustion and Flame*, 1980, **37**, 71-3.
8. Loh, H.T. and Fernandez-Pello, A.C., A study of the controlling mechanisms of flow assisted flame spread, *Proc. Comb. Inst.*, 1984, **20**, pp. 1575-2.
9. Loh, H.T. and Fernandez-Pello, A.C., Flow assisted flame spread over thermally thin fuels, in Proceedings of 1st Symposium on Fire Safety Science, Hemisphere, New York, 1986, p. 65.
10. Sibulkin, M. and Kim, J., The dependence of flame propagation on surface heat transfer. II. Upward burning, *J. Combust. Sci. Technol.*, 1977, **17**, 39.
11. Rothermel, R.C., Modeling fire behavior, in 1st International Conference on *Forest Fire Research*, Coimbra, Portugal, November 1990.
12. Long Jr, R.T., An evaluation of the lateral ignition and flame spread test for material flammability assessment for micro-gravity environments, MS Thesis, Department of Fire Protection Engineering, University of Maryland, College Park, Maryland, 1998.

13. Saito, K., Williams, F.A., Wichman, I.S. and Quintiere, J.G., Upward turbulent flame spread on wood under external radiation, *Trans. ASME, J. Heat Transfer*, May 1989, **111**, 438-445.
14. Ito, A. and Kashiwagi, T., Characterization of flame spread over PMMA using holographic interferometry sampling orientation effects, *Combustion and Flame*, 1988, **71**, 189.
15. ASTM E-1321-90, *Standard Method for Determining Material Ignition and Flame Spread Properties*, American Society for Testing and Materials, Philadelphia, Pennsylvania, 1990.
16. Quintiere, J.G. and Harkleroad, M., *New Concepts for Measuring Flame Spread Properties*, NBSIR 84-2943, National Bureau of Standards, Gaithersburg, Maryland, 1984.
17. Quintiere, J.G., Harkleroad, M. and Walton, D., Measurement of material flame spread properties, *J. Combust. Sci. Technol.*, 1983, **32**, 67-689.
18. Ahmad, T. and Faeth, G.M., Turbulent wall fires, in *17th Symposium (International) on Combustion*, The Combustion Institute, Pittsburgh, Pennsylvania, *Proc. Comb. Inst.*, 1979, **17**, p. 1149-1162.
19. Quintiere, J.G., The effects of angular orientation on flame spread over thin materials, *Fire Safety J.*, 2001, **36**(3), 291-312.
20. Quintiere, J.G., Harkleroad, M. and Hasemi, Y., Wall flames and implications for upward flame spread, *Combust. Sci. Technol.*, 1986, **48**, 191-1222.
21. Thomas, P.H., Rates of spread of some wind driven fires, *Forestry*, 1971, **44**(2), 155-7.
22. Thomas, P.H., Some aspects of growth and spread of fires in the open, *Forestry*, 1967, **40**(2), 139-964.
23. Akita, K., Some problems of flame spread along a liquid surface, in 14th Symposium (International) on *Combustion*, The Combustion Institute, Pittsburgh, Pennsylvania, *Proc. Comb. Inst.*, 1975, **14**, p. 1075.
24. Labes, W.G., The Ellis Parkway and Gray Dwelling burns, *Fire Technol.*, May 1966, **2**(4), 287.
25. Waterman, T.E., *Experimental Structure Fires*, IITRI Final Technical Report J6269, Chicago,Ilinois, July 1974.

## | 연 | 습 | 문 | 제 |

**8.1** 얇은 수직 커튼이 착화되었다. 화염은 상하 양쪽 방향으로 확산된다. 대칭축은 단열 경계와 동일하다. 커튼의 특성은 다음과 같이 나타내었다:

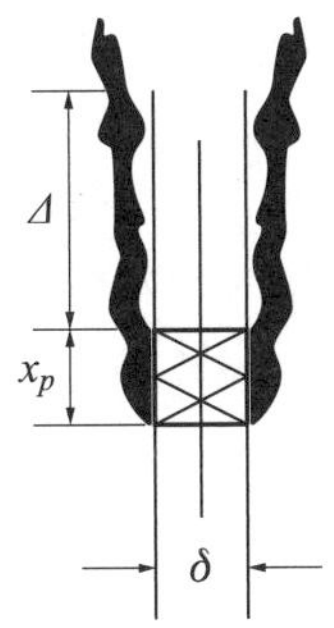


$T_\infty = 25℃$
$Y_{ox,\infty} = 0.233$
$k = 0.08$ W/m K
$c = 1.5$ J/g K
$\rho = 100$ kg/m$^3$
$T_{ig} = 400℃$
$T_o = 25℃$, 초기온도
두께 = 2 mm

분석에서 두 개의 치수만 고려하시오(즉, 페이지에 표기된 단위깊이).

(a) $c_{p,g} = 1$ J/g K와 $k_g = 0.03$ W/m K를 사용하여 얇은 확산 화염 이론으로부터 화염온도를 계산하시오.

(b) 하향 확산 화염 속도를 계산하시오.

(c) 화염 확대 $\Delta = ax_p$일 경우, 최초의 상향 확산 화염 속도를 계산하시오. 여기서, $x_p$는 열분해 길이이며, $a = 1$. 화염의 열유속은 4 W/cm$^2$이며, 최초 열분해 영역의 길이는 2 cm이다.

확산 화염 이론은 화염온도가 $T_f \approx T_\infty + Y_{ox,\infty}(\Delta h_{ox}/c_p)$에 의해 대략적으로 주어졌음을 나타내는 것임에 주목하시오. 여기서, $\Delta h_{ox}$는 소모된 산소의 단위질량당 연소열이다.

**8.2** PMMA의 1 m 높이의 조각(slab)이 바닥에서 착화되어, 위로 확산된다. 착화는 5 cm 높이에 적용된다. 조각(slab) 두께가 1 mm이고, 양쪽 면에서 착화된 경우, 완전히 열분해되는 데 얼마나 시간이 소요될 것인가? 화염높이는 $x_f \cong 0.01\dot{Q}'$에 의해 지배되는데, 여기서 $x_f$는 미터 단위이며, $\dot{Q}'$는 kW/m 단위이다. 화염 열유속은 25 kW/m$^2$인데, $\dot{m}'' = \dot{q}''/L$인 것으로 간주하되, $L = 1.6$ kJ/g이다. $T_\infty = 20℃$으로 놓고, 표 2.3, 7.5, 7.6 및 8.1로부터 PMMA에 대한 데이터를 얻으시오.

**8.3** 50 mm 두께의 PMMA를 사용하여 문제 8.2를 다시 푸시오.

**8.4** 문제 8.2의 PMMA가 두꺼운 경우에 대해 상부에서 착화된 경우, 전체 전개에 대한 시간을 계산하시오. $\Phi = 14\ (\text{kW})^2/\text{m}^3$로 가정한다.

**8.5** 두꺼운 목재 조각(slab)이 0.1 mm/s에서 화염을 하향으로 확산한다. 이 조각의 초기온도는 20℃였다. 이 조각을 100℃까지 예열할 경우, 확산 속도는? $T_{ig} = 450$℃로 간주한다.

**8.6** 한 번 착화된 종이 성냥개비가 250 kW/m$^2$을 방출하며, 60초 동안 연소된다. 이 성냥개비는 얇고 납작하고, 두께 0.5 mm, 너비 0.5 cm, 그리고 길이는 4 cm이다(아래 그림 참조). 성냥개비를 켜는 사람이 상부로부터 1 cm 부분을 잡고, 상하를 뒤집는다. 모서리 효과는 무시하시오.

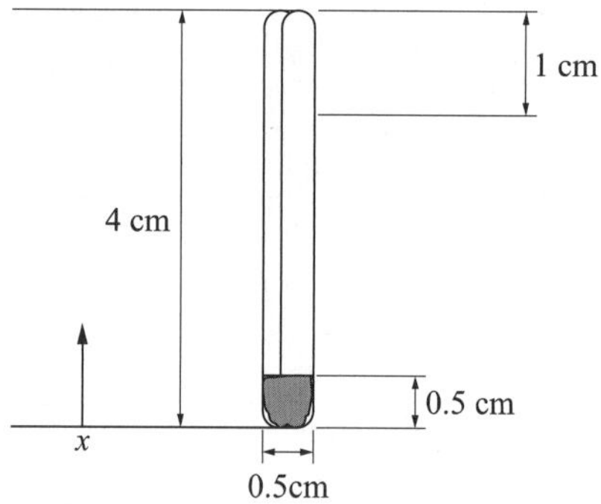


착화되는 최초 영역은 0.5 cm이며, 주변 온도는 20℃이다. 화염이 확산되는 동안 화염높이 $x_f = (0.01\ \text{m}^2/\text{kW})\dot{Q}'$로 주어지는데, 여기서 $\dot{Q}'$는 단위너비당 에너지 방출률이다(단위: kW/m).

| 성냥개비 특성: | |
|---|---|
| 밀도 = 100 kg/m$^3$ | 비열 = 1.8 J/g K |
| 착화온도 = 400℃ | 화염 열유속 = 25 kW/m$^2$ |

(a) 이 성냥개비가 25 kW/m$^2$의 열유속에 노출되고, 반대면이 단열된 경우, 착화되기까지 시간은 얼마나 걸릴까?

(b) 손가락 시나리오를 설명하기 위해, 화염 끝단이 손가락 끝에 도달하는 즉시 열분해 위치를 판별하시오.

(c) 화염이 손가락 끝에 도달하는데 소요될 시간은?

**8.7** 두꺼운 물질의 착화와 화염 확산을 시험한다.

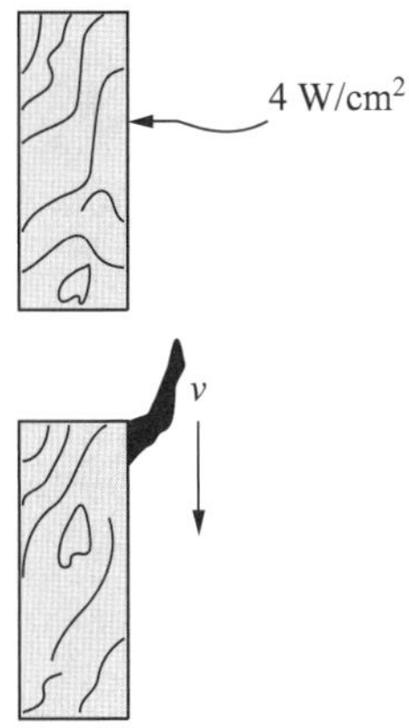


(a) 착화 시험은 4 W/cm$^2$의 복사 열유속에서 수행된다. 초기온도는 20℃이다. 표면온도는 3초 안에 100℃까지 상승하는 것으로 나타났다. 착화(온도?)는 420℃에서 발생한다.

( i ) 물질의 특성 $k\rho c$를 추정하시오.

(ii) 착화될 시간은?

(b) 하향 확산 속도를 확인하기 위해 두 번의 화염 확산 실험이 수행되었다. 두 번의 실험에서 재질을 오븐에 넣고 100℃와 200℃로 각각 예열되었다. 두 실험에 대한 확산 속도의 비율을 계산하시오($v_{100℃}/v_{200℃}$).

**8.8** 두꺼운 폴리스티렌 벽판(wainscotting)이 바닥으로부터 방의 벽을 최대 1 m까지 덮는다. 0.2 m 지역을 넘어서 착화되어 확산되기 시작한다. 방에서 발생하는 연기층은 1 m 아래로 내려가지 않으며, 연기층과 하한점 사이에서는 혼합이 발생하지 않는다. 최초 온도는 20℃이며, 주변 산소 질량률은 0.233이고, 공기의 비중은 1 J/g K이다.

폴리스티렌 특성:

밀도, $\rho = 40$ kg/m$^3$

비율, $c_p = 1.5$ J/g K

도전성, $k = 0.4$ W/m K

증발($T_v$)과 착화온도($T_{ig}$)는 둘 다 400℃에서 발생

연소열, $\Delta h_c = 39$ kJ/g

연료에 대한 산소의 화학량론적 비율, $r = 3$ g/g

기화열, $L = 1.8$ kJ/g

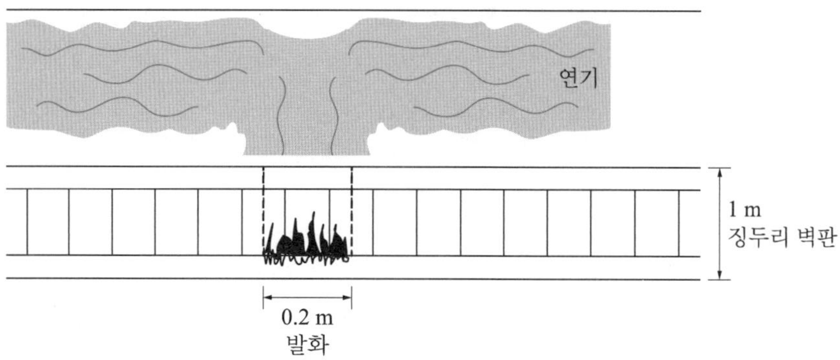


바닥에서 0.5 m 지점의 상향 확산 속도를 계산하시오. 바닥으로부터 화염까지의 높이는 1.8 m이며, 화염의 열유속은 3 W/cm$^2$에서 추정된다.

**8.9** 벽은 벽 - 바닥 경계를 따라 흘려진 가솔린에 의해 착화된다. 엎질러진 너비는 0.5 m이다. 가솔린의 에너지 방출률은 300 kW/m (너비)이다. 모든 계산에서, 지배적인 열유속은 화염으로부터 벽까지이다. 이 열유속만 고려하시오. 이는 모든 화염으로부터 30 kW/m$^2$이다. 초기온도는 20℃이다. 벽 화염높이와 단위너비당 에너지 방출률($\dot{Q}'$) 사이의 관계는 다음과 같다:

$$y_f(m) = 0.01\dot{Q}'\ (\mathrm{kW/m})$$

벽 재질의 특성은 다음과 같다:

| | |
|---|---|
| $T_{ig} = 350$℃ | $T_{s,\min} = 20$℃ |
| $\Delta h_c = 25$ kJ/g | $\Phi = 15$ kW$^2$/m$^3$ |
| $L = 1.8$ kJ/g | $k\rho c = 0.45$ (kW/m$^2$ K)$^2$ s |

(a) 가솔린 화재가 시작된 후, 벽이 착화되는 시점은, 그리고 착화되는 영역은?

(b) 벽이 착화된지 60초 후의 벽 화재의 최대 너비는?

(c) 벽이 착화된지 60초 후에 화염의 높이는?

(d) 벽이 착화된지 60초 후에 열분해 전면의 최대 높이는?

(e) 벽이 착화된지 60초 후에 벽의 에너지 방출률은?

(f) 벽이 착화된지 60초 후에 가솔린 화염이 그친다. 벽은 계속 연소되며 확산된다. 가솔린 화염이 그친지 30초 후에 최대 열분해 높이는?

**8.10** 화염이 가정용 방의 구석에 있는 패널을 붙인 벽에서 착화되기 시작한다. 그 후에, 구석 맞은편에 있는 대형 전망창이 깨진다. 플러시(plush) 천으로 만든 두꺼운 카펫이 바닥을 덮고 있고, 대형 소파가 전망창 정면에 있다. 천장은 비가연성 회반죽이다. 창이 깨어져 부서지게 한 가장 그럴 듯한 시나리오를 설명하시오.

**8.11** 가연성 액체 탱크가 착화되어, 천장에 종이를 댄 1 m 반경의 절연체에 접촉하는 화염을 만들어낸다. 화염온도는 500℃이며, 50 W/m$^2$ K의 열전달계수를 갖는 천장을 대류 작용으로 가열한다. 초기온도는 35℃이다. 종이를 댄 천장 두께는 1 mm로, 다음과 같은 특성을 갖는다:

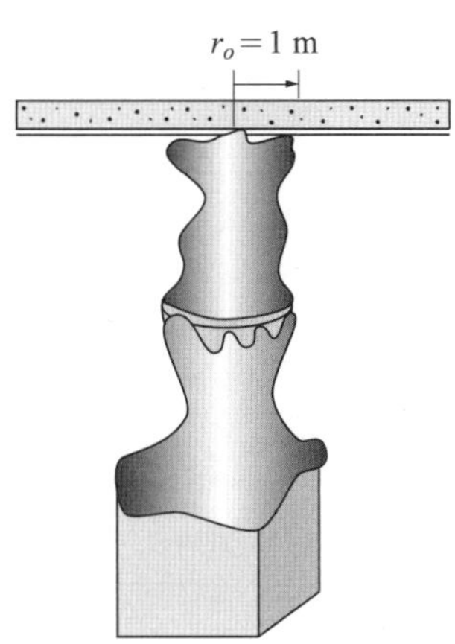


착화온도, $T_{ig} = 350$℃
밀도, $\rho = 250$ kg/m$^3$
비열, $c = 2{,}100$ J/kg K

(a) 종이가 착화되는 시간을 계산하시오.

(b) 천장 아래의 최초 화염 전파율을 계산하시오. 화염은 착화된 지역으로부터 0.5 m 확산되어, 30 kW/m$^2$의 열유속을 표면에 가한다.

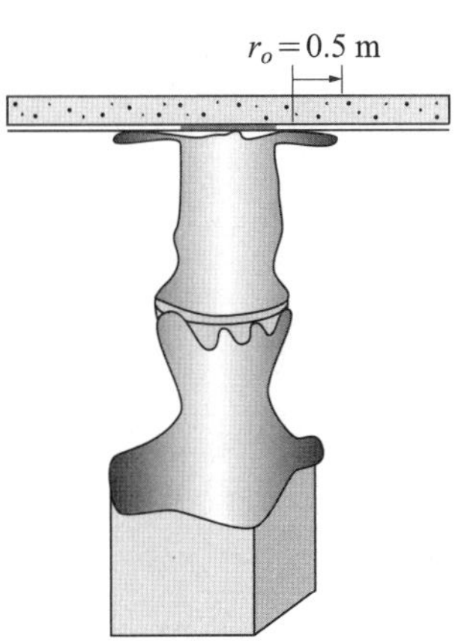

**8.12** 바람으로 확산되는 화염은 다음 조건에 좌우될 수 있다 (최상의 답에 체크하시오):

| | 예 | 필요 없음 | 아니오 |
|---|---|---|---|
| (a) 풍속 | ______ | ______ | ______ |
| (b) 화염온도 | ______ | ______ | ______ |
| (c) 바람 방향의 화염 길이 | ______ | ______ | ______ |
| (d) 열분해 영역 열유속 | ______ | ______ | ______ |

**8.13** 고른 열유속에 노출된 두꺼운 목재의 모서리 온도는, 짧은 시간 동안 아래에 주어진 추정 등식을 사용하여, 시간의 관점에서 표현할 수 있다:

$$T_s - T_\infty \approx \frac{4.2}{\sqrt{\pi}}\dot{q}_e'' \sqrt{t/k\rho c}$$

표기법은 본문의 내용과 동일하다. 목재의 특성은 다음과 같다:

| | |
|---|---|
| 열 전도성 = 0.12 W/m K | 밀도 = 510 kg/m$^3$ |
| 비열 = 1,380 J/kg K | 유도 착화온도 = 385℃ |
| 주변 온도 = 25℃ | |

모서리에서 착화된 후, 외부 열유속은 제거되며, 어떤 식으로든 목재에는 더 이상 영향을 주지 않는다. 모서리를 따라 수평 방향으로 안정적으로 확산될 때, 목재가 연소되기에 앞서, 연구원이 화염의 열유속을 측정한다. 이러한 측정 내용은 아래에 나타내었다. 이러한 측정 내용을 기반으로 목재에 대한 화염 속도를 계산하시오.

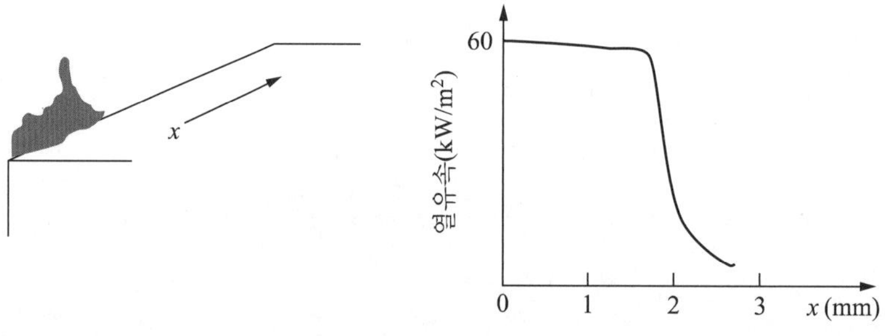


**8.14** ASTM Steiner Tunnel Test가 착화 지역의 시작점으로부터 3.2 m의 결합된 화염 길이를 사용하여 해당 버너에서 1.5 m 위에서 물질을 착화시킨다. 화염이 버너 영향권으로부터 멀어짐에 따라, 해당 연소율은 0.3 m 길이에 대해 안정되며, 화염은 이러한 연소 길이 위로 0.2 m만 확대된다. 화염 열유속은 25 kW/m$^2$에서 일정하게 된다. 복사 피드백은 무시하고, 터널 공기온도를 증가시킨다. 버너에 의해 유도된 최초 속도에 대한 안정된 속도의 비율은? 재질은 두꺼운 것으로 간주된다.

Chapter

09

# 연소율

Burning Rate

## 9.1 개요

연소율은 보통 배타적인 것은 아니지만 기체상에서 화학반응에 의하여 소비된 연료에 대한 질량비율로 엄격히 정의된다. 고체 및 액체의 불꽃 연소에서 연소율은 연료의 응축된 상에 대한 질량의 손실 비율을 의미한다. 그러나 그러한 두 개의 양(질량감소율 및 연소율)은 반드시 같을 필요는 없다.

| [연료 질량감소율] = [연료 연소율]<br>+ 연료와 함께 방출된 불활성 기체의 방출률<br>+ 불꽃으로 연소되지 않은 연료 기체의 손실률(그리고 그을음) |
|---|

또는

$$\dot{m}_F = \dot{m}_{F,R} + \dot{m}_{F,I} + \dot{m}_{F,U} \tag{9.1}$$

본 장에서는 오직 모든 연료가 연소되고 발전된 연료에는 불활성 성분이 없다고 가정하고

$$\dot{m}_F = \dot{m}_{F,R} \tag{9.2}$$

만 고려한다. 후자의 가정은 $Y_{F,o}$(응축된 상에서 연료의 질량 농도)가 지표이며, 일반적으로 $Y_{F,o} \le 1$이기 때문에 안심해도 된다. 현실에서는 모든 연료는 어느 정도 타지 않는 연소 생성물을 갖고 있다. 그것은 암묵적으로 고려될 것이다. 자연발화 조건 하에서 연료에 대한 화학적 특성이 연료 질량감소율의 측정에 근거하기 때문이다. 따라서, 본 장은 그리고 본 내용 이후부터는 발화 조건에 대하여 단위 연료 질량감소당 방출에너지의 화학적 비율(화력)로 연소열을 고려한다.

$$\Delta h_c \equiv \frac{\dot{Q}_{chem}}{\dot{m}_F} \tag{9.3}$$

유사하게 종의 수율은 아래와 같이 주어진다.

$$y_i \equiv \frac{\dot{m}_{i,chem}}{\dot{m}_F} \tag{9.4}$$

여기서 $\dot{m}_{i,chem}$은 불로부터 종 $i$의 질량 생산율이다.

'연료 패키지'의 연소율에 영향을 주는 요인은 (1) 표면에서 받는 순수 열유속 $\dot{q}''$, 그리고 (2)

연료의 기화 또는 분해 관계이다. 각각을 아래와 같이 나타낼 수 있다.

(1) 순수 열유속

$$\dot{q}'' = \text{불꽃대류열유속 } \dot{q}_{f,c}'' + \text{불꽃복사열유속 } \dot{q}_{f,r}'' + \text{외부 환경의 복사열유속 } \dot{q}_e'' - \text{표면복사열손실 } \epsilon\sigma T_s^4 \quad (9.5)$$

(2) 연료휘발 질량유속

$\dot{m}_F'' = f$ (화학적 분해 운동학, 열전도, 탄화 및 가능한 기타의 물리적, 화학적 및 열역학 특성)

연소율에 영향을 주는 열적 및 유체의 요인 중 일부가 그림 9.1에 나타나 있다. 대류 열유량은 흐름 조건에 따라 다르고 연소 경계층 흐름 및 연기 흐름 모두 연소 연료패키지에 대하여 가능하다. 두꺼운 두께(예를 들면 ≥ 5 cm, 그러면 $\epsilon_f \geq 0.05$)의 불꽃에서 불꽃복사가 중요하고 불꽃가열을 지배할 수 있다. 특별한 흐름 영역이 불꽃 모양을 제어하기 때문에 불꽃복사는 흐름뿐만 아니라 불 크기($\dot{m}_F$)에 따라 달라진다. 외부복사가열은 화재로 인한 가열된 방으로부터 올 수도 있다. 따라서 그것은 시간에 따라 변하고 또한 그것이 시험과 같은 고정된 열소스로부터 올 경우 그것은 거리에 따라 변할 수 있다. 복사손실항은 표면온도에 따라 다르고, 그것은 액체 또는 비탄화 고체에 대해 상수로 근사될 수 있다. 액체에 대해서는 그 표면온도는 거의 끓는점이고, 그것으로 표현한다. 탄화재료에 대해 표면온도는 탄화층이 커질수록 증가하고 재료를 절연시킨다. 그것은 열유속($\approx \dot{q}_r''/\sigma)^{1/4}$ 또는 숯 산화에 따라 500에서 800℃까지의 범위를 가질 수 있다.

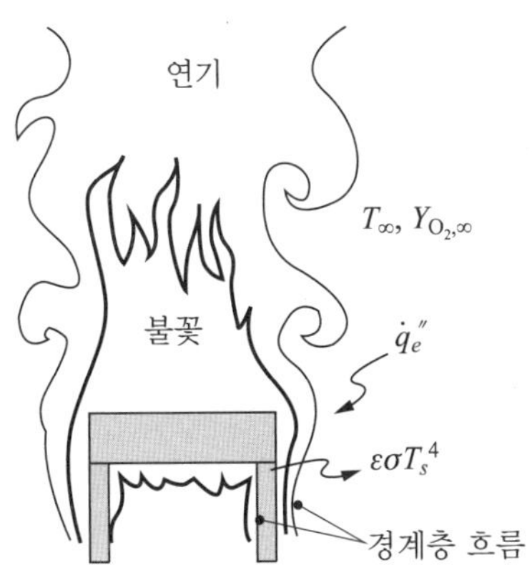


그림 9.1 ≫ 연소율에 영향을 주는 요인

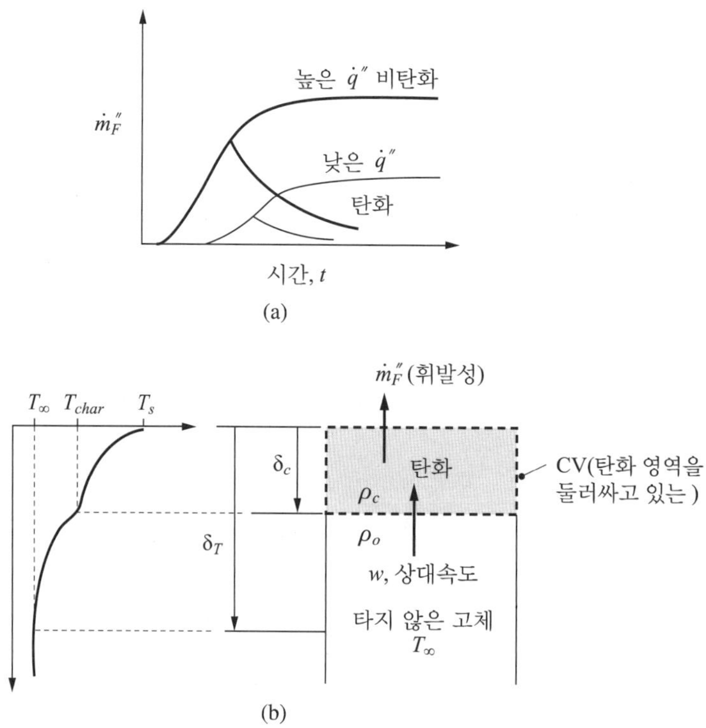


**그림 9.2 ≫** 두꺼운 탄화 재질 및 비탄화 재질의 이상적인 연소율 그래프: (a) 질량감소그래프 그리고 (b) 온도그래프

연료 휘발에 영향을 주는 응축된 상의 특성은 복잡하고 일반적으로 재료 및 제품에 대하여 특징짓는 것은 매우 어렵다. 질량감소속도는 시간뿐만 아니라 부과된 표면 열유속에 따라 다르다. 그림 9.2는 탄화 및 비탄화 재료의 질량감소속도에 대해 이상화 한 실험적 데이터를 보여준다. 그림 9.3 및 9.4는 그러한 재료 급에 대한 실제 데이터를 표면온도 정보와 함께 제공한다. 초기에 얇은 탄화 층은 효과가 거의 없기 때문에 두 유형의 재료 모두 같은 방식으로 활동한다. 그러나, 어떤 탄화두께에서 탄화 층 두께의 효과가 중요해지면서 탄화재료의 질량감소속도가 갑자기 감소하기 시작한다. 연소율의 감소 거동은 대략 $t^{-1/2}$을 따른다. 그러한 거동은 탄화의 시작을 나타내는 정해진 온도, $T_{char}$에 의해 정의되는 열적 침투깊이를 고려함으로써 유도될 수 있다. 순수전도모델에서, $\delta_T \sim \sqrt{\alpha t}$로 알려져 있고 따라서 $\delta_c \sim \sqrt{\alpha_c t}$라고 예상한다. 여기서 $\alpha_c$는 탄화 확산도이다. 관리부피(그림 9.2b)에 대한 질량 평형에 의해 아래와 같이 근사할 수 있다.

$$\frac{d}{dt}(\rho_c \delta_c) + \dot{m}_F'' - \rho_o w = 0$$

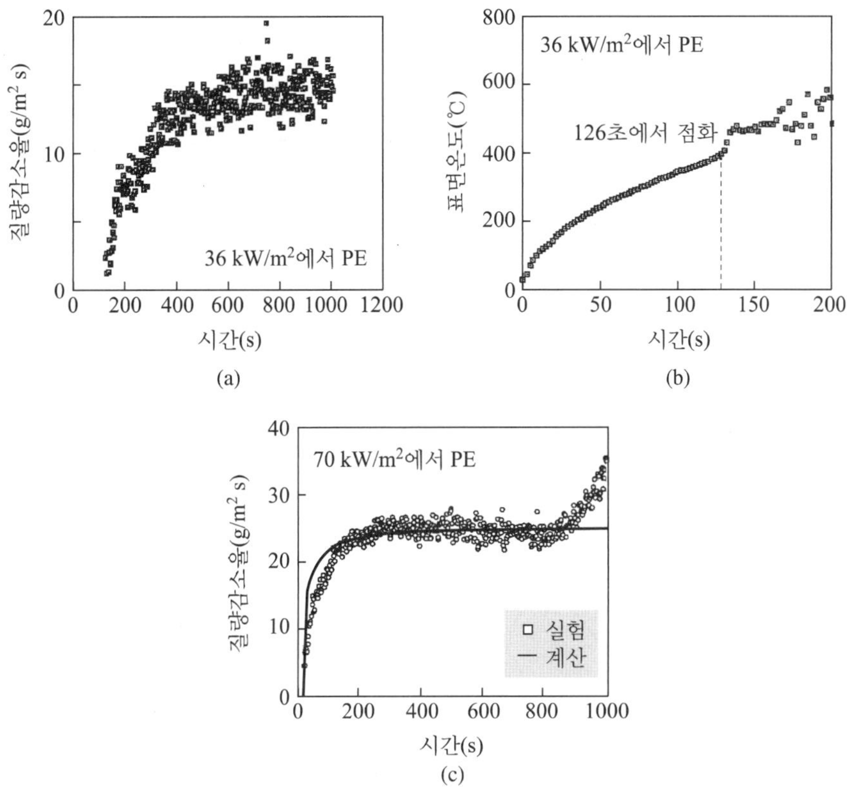


그림 9.3 ≫ (a) 36 kW/m$^2$에 노출된 폴리에틸렌의 과도 질량감소율 (b) 36 kW/m$^2$ 복사 조도에서 폴리에틸렌의 표면온도 결과 (c) 복사 조도 70 kW/m$^2$에 노출된 과도 질량감소율[1]

여기서, $w = d\delta_c/dt$ 그리고 $\rho_o = \rho_c + \rho_{volatiles}$이다. 따라서, $\dot{m}_F'' = (\rho_o - \rho_c)(d\delta_c/dt)$ 또는 $\dot{m}_F'' \sim [(\rho_o - \rho_c)/2]\sqrt{\alpha_c/t}$, 여기서 $t$는 정점 도달 후 시간이다.

대조적으로, 비탄화 '액체기화 유형' 재료는 안정된 정점연소율에 도달한다. 재료의 두 유형 모두에서 한정된 두께효과 및 그것들의 배면 경계조건은 시간적으로 늦게 그러한 곡선에 영향을 미친다. 그것은 70 W/m$^2$에서 그림 9.3(c)의 2.5 cm 두께의 폴리프로필렌의 증가된 연소율을 통해 알 수 있지만 75 kW/m$^2$에서 그림 9.4(a)의 5 cm 두께 북가시나무 재료에서는 그렇지 않다.

과도 연소 및 연료패키지 특성의 복잡성을 다루는 대략적이면서 효과적인 방법은 액체와 같이 안정된 연소를 고려하는 것이다. 식 (6.34)에 의해 액체의 안정된 연소에 대한

$$\dot{m}_F'' = \frac{\dot{q}''}{L} \tag{9.6}$$

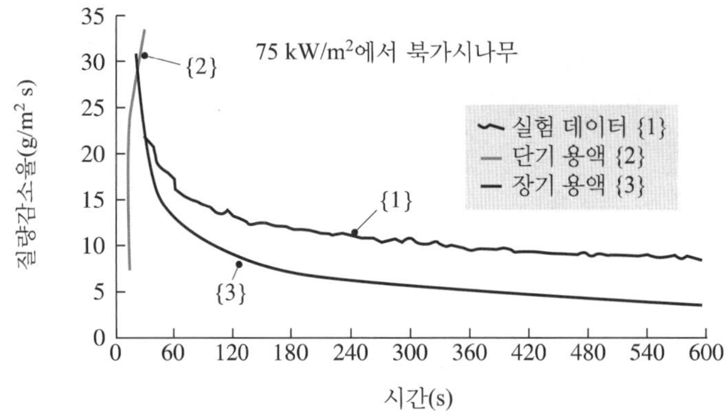

(a)

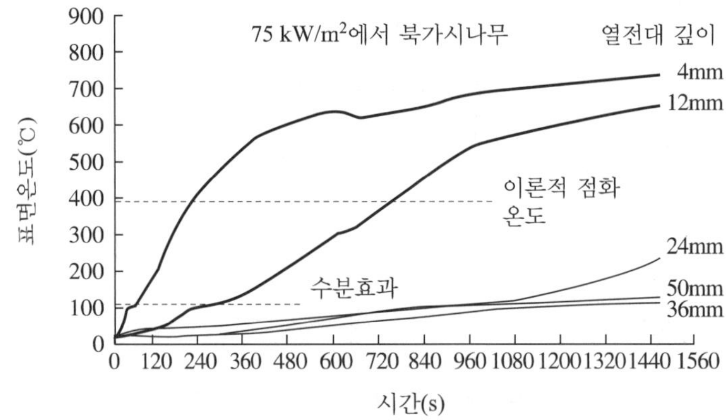

(b)

**그림 9.4** ≫ (a) 75 kW/m$^2$에서 북가시나무의 연소율 (b) 75 kW/m$^2$에서 북가시나무의 측정온도[2]

식을 도출하였다. 여기서 $L$을 유효 기화열이라고 부른다.

이러한 전반적 특성은 정점 $\dot{m}_F''$ 대 $\dot{q}''$ 데이터의 기울기($1/L$)로부터 결정될 수 있다. 그러한 데이터는 그림 9.5에서 증가하는 복사 열유속 하에서 타고 있는 10 cm$^2$의 수평 폴리프로필렌 샘플에 대하여 볼 수 있다[1]. 따라서, 그 폴리프로필렌 시료에 대해서 $L = 3.07$ kJ/g이다. 그림 9.6에 Douglas 전나무에 대한 정점 데이터에 대하여, 최적 직선은 곡물을 따라 가열 시 $L$이 6.8 kJ/g이고 곡물 맞은편에서 가열 시 12.5 kJ/g이다. 나무 섬유와 영양소 전달 경로가 그러한 가열 방향(그림 7.10 참조)이기 때문에 곡물 방향을 따라 가열된 것에서 휘발이 쉽다. 안정된 연소 하에서 비탄화 재료에 대한 $L$ 표시는 매우 유효한 반면에, 탄화 재료에 대한 $L$은 많은 현상을 숨기고 있다. 비탄화 재료는 모든 연료를 증기로 변환한다고 간주될 수도 있는 반면에, 탄화 재료는 오직 일부만 변환된다는 것을 지적하는 것은 흥미롭다.

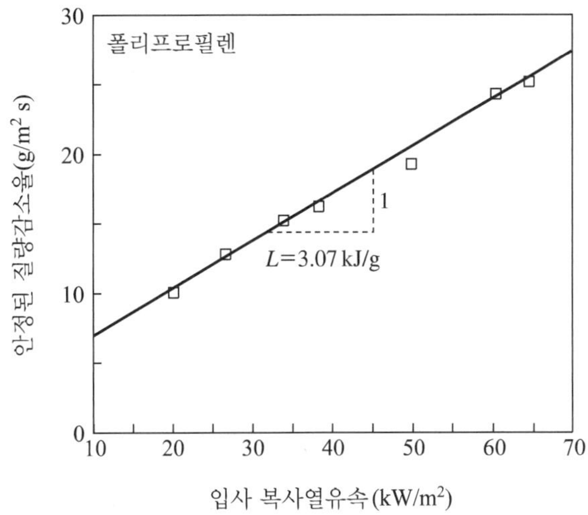


그림 9.5 ≫ 폴리프로필렌의 안정된 질량감소율[1]

따라서 원래의 연료 질량($L_o$)에 근거한 $L$값은, 다음과 같은 질량감소에 근거한 공통 값과 관련이 있다.

$$L_o(\text{원래 kJ/g}) = L(\text{휘발 kJ/g})(1 - X_c) \tag{9.7}$$

여기서 $X_c$는 탄화분율 즉, 원래 재료의 단위질량당 탄화 질량이다. 탄화분율은 Douglas 전나무 시료에 대하여 곡물을 따라 0.25 ± 0.07 그리고 곡물 수직쪽을 따라 0.45 ± 0.15로 측정되었다. 따라서,

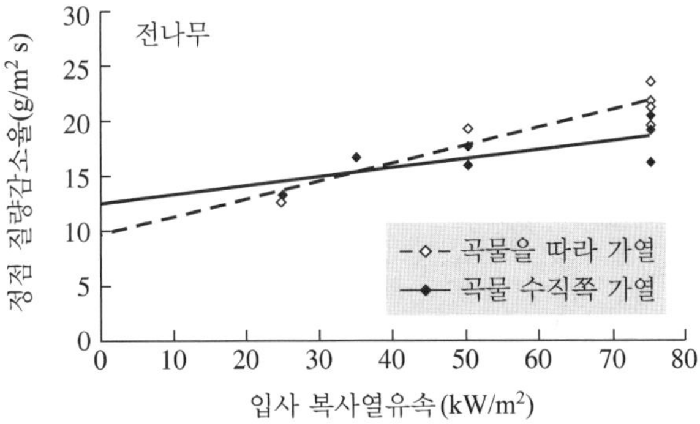


그림 9.6 ≫ 전나무에 대한 열유속의 함수에 따른 정점 연소율[2]

표 9.1 유효 기화열

| 재료 | 출처 | kJ/g 손실된 질량 |
|---|---|---|
| 폴리에틸렌(Polyethylene) | [1] | 3.6 |
| 폴리에틸렌 | [3] | 1.8, 2.3 |
| 폴리프로필렌(Polypropylene) | [1] | 3.1 |
| 폴리프로필렌 | [3] | 2.0 |
| 나일론(Nylon) | [1] | 3.8 |
| 나일론 | [3] | 2.4 |
| 폴리메틸메타크릴레이트(Polymethylmethacrylate) | [1] | 2.8 |
| 폴리메틸메타크릴레이트 | [3] | 1.6 |
| 폴리스티렌(Polystyrene) | [3] | 1.3~1.9 |
| 폴리스티렌 | [4] | 4.0, 7.3 |
| 유연한 폴리우레탄 폼(Polyurethane foam) | [3] | 1.2~2.7 |
| 견고한 폴리우레탄 폼 | [3] | 1.2 |
| 견고한 폴리우레탄 폼 | [4] | 5.6 |
| Douglas 전나무(Douglas fir) | [2] | 12.5, (6.8)[a] |
| 세콰이어(Redwood) | [2] | 9.4, (4.6) |
| 북가시나무(Red oak) | [2] | 9.4, (7.9) |
| 단풍나무(Maple) | [2] | 4.7, (6.3) |

[a] 나무 곡물에 평행한 열 전도

$$L_o = \begin{matrix} (6.8)(1.0-0.25) = 5.1\text{ kJ/g} \\ (12.5)(1.0-0.45) = 6.9\text{ kJ/g} \end{matrix} \quad \text{또는}$$

이 형태에서, 원래의 폴리머본드의 성질을 파괴하고, 외부에 본래의 형상을 노출하거나 또는 탄화와 함께 휘발하도록 하는데 필요한 에너지는 비탄화 고체폴리머의 대표값에 근접한다. 표 9.1은 기화열에 대하여 알려진 일부의 대표값을 제공한다.

표 9.1로부터 $L$값을 주어진 재료에 대한 대표값으로 사용하여야 한다는 것을 명심해야 한다. 값은 단지 실험 데이터의 해와 관계된 문제로 인한 것만이 아니라 리스트 되어 있는 재료가 상업적 제품이고 순도, 수분, 곡물 방향, 수령, 등과 같은 제조 및 환경 요인에 따라 변할 수 있다.

기화열이 진실한 연료 특성인 경우 액체연료의 안정된 연소에 대한 분석을 고려함으로써 $L$의 사용을 공식화 하여야 한다.

## 9.2 액체 연료 확산 연소

### 9.2.1 정체층

액체의 안정된 기화에 대한 연구에서, 식 (6.34)에서 도출하여 식 (9.6)처럼 주어졌다.

$$\dot{m}_F'' = \frac{\dot{q}''}{L}$$

여기서, $L = h_{fg} + \int_{T_i}^{T_s} c_{p,1} dT$

$h_{fg}$ : 온도 $T_s$에서 단위액체질량당 기화에 필요한 에너지

$\int_{T_i}^{T_s} c_{p,1} dT$ : 단위액체질량당 그것의 원래의 온도 $T_i$로부터 표면에서의 증발온도 $T_s$까지 상승에 필요한 에너지. 이 후자의 에너지는 그것이 온도 변화에 의하여 실현되기 때문에 종종 '현열에너지'라고도 한다.

처음에 단지 안정된 연소만을 고려한다. 또한, 가열을 단지 기체상으로부터 받은 대류가열에 한정한다. 그것이 불꽃가열이다. 따라서, 순수하게 대류가열은 다음과 같이 주어진다.

$$\dot{q}'' = -\left(-k\frac{dT}{dy}\right)_{y=0} = \dot{m}_F''L \tag{9.8}$$

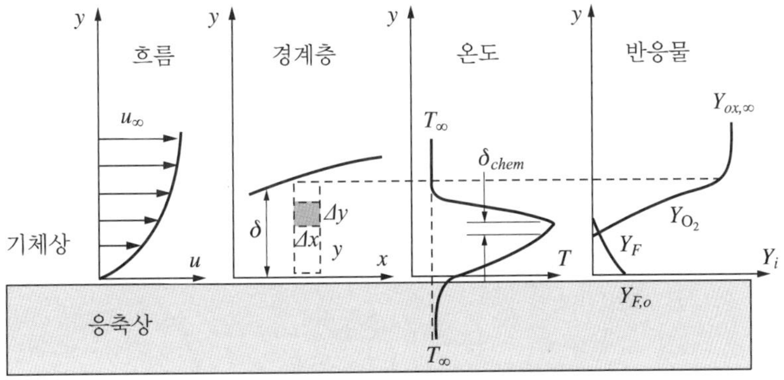


그림 9.7 ≫ 정체층 모델 – 순수 대류 연소

여기서 $k$는 기체상 열전도도이다. 좌표계는 그림 9.7과 같다. 특수 근사가 정체층 모델로 알려진 기체상 식에 대하여 행해진다. 관심 영역은 묘사된 관리 부피다. 그것은 폭 $\Delta x$ 및 두께 $\delta$의 평평한 영역이다. 여기서 $\delta$는 열, 질량 및 운동량의 모든 확산 변화가 일어나는 유체역학적 경계층을 대표하는 곳으로 상상할 수 있다. 그림 9.7에서 온도, 연료 및 산소농도 프로파일의 묘사로 그러한 변화를 나타낸다. 연소는 경계층 안에서 일어나고 있다. 연소율은 경계층의 각 위치에서 해석적인 지표와 함께 반응물 농도 및 온도의 함수 $A$가 있는 Arrhenius 법칙

$$\dot{m}_F''' = A(Y_F,\ Y_{O_2})e^{-E/(RT)} \tag{9.9}$$

에 의하여 지배 받을 수 있다. 그러나, 그러한 확산불꽃에 대하여 묘사된 것처럼, 연료 및 산소농도는 서로 과거와 같이 많이 침투할 수 없을 것이다. 실제 화학적 반응 시간이 확산시간(식 (8.32))에 비해 매우 빠른 경우

$$\frac{t_{chem}}{t_{Diff}} = \frac{1}{Da} = \frac{u_\infty^2 \rho c_p T}{\alpha A \Delta h_c [E/(RT)] e^{-E/(RT)}}$$

또는

$$\frac{t_{chem}}{t_{Diff}} = \left(\frac{u_\infty x}{\nu}\right)^2 \frac{\nu^2 \rho c_p T}{\alpha x^2 A \Delta h_c [E/(RT)] e^{-E/(RT)}}$$

$$= Re_x^2 Pr^2 \frac{kT}{A \Delta h_c x^2 [E/(RT)] e^{-E/(RT)}} \tag{9.10}$$

여기서 $Re_x$는 Reynolds 수, $u_\infty x/\nu$ 그리고 $Pr$은 Prandtl 수, $\nu/\alpha$다. 다른 한편으로 화학적 길이를 아래와 같이 조사함으로써 추론할 수 있다.

$$\delta_{chem} = \sqrt{\frac{kT}{A \Delta h_c}} \tag{9.11}$$

따라서,

$$\frac{t_{chem}}{t_{Diff}} = \frac{Re_{chem}^2 Pr^2}{[E/(RT)] e^{-E/(RT)}} \tag{9.12}$$

여기서 $Re_{chem} \equiv u_\infty \delta_{chem}/\nu$, 화학적 Reynolds 수이다.

$\delta_{chem}$의 물리적 해는 그 안에서 대부분의 화학반응이 일어나는 경계층 두께 $\delta$보다 매우 엷은 영역이다. 이 영역의 외부에서 $A$는 거의 0이고, 반면 영역 내에서 $A$는 상대적으로 크다. 함수

$A$ 및 $E/(RT)$의 경험으로부터, $t_{chem} \ll t_{Diff}$이라고 예상한다. 불꽃영역($\delta_{chem}$)에서, $Re_{chem}$은 작고 확산 및 점성효과가 그 반응영역의 특징을 지배한다고 예상할 수 있다. 실제로, 화학적 시간이 대략 0이라면, $\delta_{chem}$은 무한 시트일 것이다. 시트 - 불꽃시트 근사. $Y_{O_2}$ 및 $Y_F$의 농도 프로파일은 시트에서 더 이상 겹치지 않지만, 0일 것이다. 그러한 결과를 사용한다.

확산 효과가 가장 중요하기 때문에 기체상에서 그러한 프로세스를 강조하는 것이다. 그림 9.7에서 선택된 관리 부피에서 $x$방향에서 횡면에 수직으로 이동하는 프로세스는 변하지 않는다거나 또는 매우 천천히 변한다는 대담한 가정을 하였다. 따라서 오직 $y$방향에서의 변화만을 고려한다. 이 근사는 메인 흐름속도($u$)의 직접적인 효과가 표현되지 않았기 때문에 정체층 모델이라고 알려져 있다. 미분 관리 부피 $\Delta y \times \Delta x \times$ 단위길이가 선택되었다.

질량 보존을 종 및 에너지 관리 부피($\Delta y \times \Delta x \times$ 단위길이)에 적용하는 프로세스에 의하여, 그리고 모든 변수를 $y + \Delta y$에서 테일러의 전개 정리를 사용하여 아래와 같이 표현하면,

$$f(y+\Delta y) \approx f(y) + \frac{df}{dy}\Delta y + O(\Delta y)^2$$

다음과 같이 된다:

질량 보존

$$\frac{d}{dy}(\rho v) = 0 \tag{9.13}$$

종의 보존

$$\frac{d}{dy}(\rho v Y_i) = \frac{d}{dy}\left(\rho D \frac{dY_i}{dy}\right) + \dot{m}_i''' \tag{9.14}$$

여기서 Fick의 확산법칙이 사용되었다. $\dot{m}_i'''$는 종 $i$의 단위부피당 생산속도이다.

확산질량플럭스

$$\dot{m}_{i,Diff}'' = -\rho D \frac{dY_i}{dy} \tag{9.15}$$

에너지 보존

$$c_p \frac{d}{dy}(\rho v T) = \frac{d}{dy}\left(k \frac{dT}{dy}\right) + \dot{m}_F''' \Delta h_c \tag{9.16}$$

Fourier의 법칙에서 고려된 전도에 의한 열전도만 있는

$$\dot{q}'' = -k\frac{dT}{dy} \tag{9.17}$$

여기서 $\dot{m}_F'''$는 단위부피당 기체상 연료소비속도이고 $\Delta h_c$는 연소열이다.

추가적인 가정을 하였다.

1. 복사열 전도는 무시한다.
2. 비열은 일정하고 모든 종에서 같다.
3. 오직 횡 $y$방향으로 층류이동 프로세스만 고려한다.

또한, 모든 기타의 특성을 상수 및 온도에 무관한 것으로 취한다. 예상된 고온에 기인한 이러한 가정들은 나중에 궁극적으로 약간의 조정을 하지 않는다면 정확하고 정량적인 결과로 이어지지 않을 것이다. 그러나, 오직 순수 전도 확산만 있는 이 정체층에 대한 해는 확산불꽃의 정확한 특징을 보여 준다. 해의 양상을 지침으로 삼아 복잡한 난류성의 불안정한 흐름에서도 동역학과 유체 이동 및 연소의 상호 작용에 관한 통찰을 제공할 수 있다. 또한, 운동량 보존은 암묵적으로 정체층 모델에 사용된다. 왜냐하면,

운동량 보존

$$\frac{dp}{dy} = 0 \tag{9.18}$$

는 $\delta$가 작다면 운동량 보존에 대한 표현이다. 경계층 흐름을 회상하자.

$$\frac{\delta}{x} \sim \frac{1}{Re_x^{\,n}} \tag{9.19}$$

층류에서 $n = 1/2$ 그리고 난류에서 약 4/5이다. 자연대류 하에서 $Re_x$를 $Gr_x^{1/2}$로 대치할 수 있다($Gr_x \equiv gx^3/\nu^2$). 따라서, 경계층흐름에서 $Re_x$가 충분히 크다면, 즉 $Re_x > 10^3$, $\delta$는 작다는 것을 알 수 있다.

### 9.2.2 정체층 해석

간단하지만 대표적인 화학반응을 하는 제품을 $P$로 보고 다음과 같이 고려한다.

$$1\ \text{g}\ F(\text{연료}) + r\ \text{g}\ O_2(\text{산소}) \rightarrow (r+1)\ \text{g}\ P(\text{제품}) \tag{9.20}$$

더 많은 제품의 포함은 단지 결과에 관한 기본 내용에 변경없이 더 많은 상세함을 줄 뿐이다.

지배 미분 방정식의 적분을 조사하자. 식 (9.13)으로부터,

$$\int_0^y \frac{d}{dy}(\rho v) = 0$$

이것은

$$\dot{m}_F'' = \rho v = \text{상수} \tag{9.21}$$

를 제공한다. $y=0$에서, 질량플럭스 $\rho v$는 응축상에서 진화한 연소율 중 질량감소속도이다. 또 식 (9.18)에서 일정한 압력 프로세스

$$p(y) = p_\infty \tag{9.22}$$

를 가질 수 있다. 남아 있는 에너지 및 종 방정식은 아래와 같이 요약될 수 있다.

$$c_p \dot{m}_F'' \frac{dT}{dy} - k\frac{d^2 T}{dy^2} = \dot{m}_F''' \Delta h_c \tag{9.23}$$

$$\dot{m}_F'' \frac{dY_i}{dy} - \rho D \frac{d^2 Y_i}{dy^2} = \begin{cases} -\dot{m}_F''', & i = F \quad (9.24a) \\ -r\dot{m}_F''', & i = O_2 \quad (9.24b) \\ (r+1)\dot{m}_F''', & i = P \quad (9.24c) \end{cases}$$

4개의 식이 있지만 미지수는 5개다. 안정된 상태인 경우에서 비록 상수이기는 하지만, $\dot{m}_F''$는 미지수다. 각각의 변수에 대한 두 개의 경계조건을 지정할 필요가 있다. 그것은 조건벽($y=0$) 그리고 경계층 외부 환경의 자유 흐름이다($y=\delta$). 보통 환경조건은 알려져 있다. $y=\delta$에서,

$T = T_\infty$

$Y_{O_2} = Y_{O_2,\infty}$ (공기에서 0.233)

$Y_P = Y_{P,\infty}$ (공기에서 $\approx 0$)

$Y_F = 0$ (만약 연료가 남아있지 않다면) (9.25)

$y=0$에서,

$T = T_v$, 증발온도

$Y_F = Y_{F,o}$ 응축상 내에서, 즉 $y=0^-$ (9.26a)

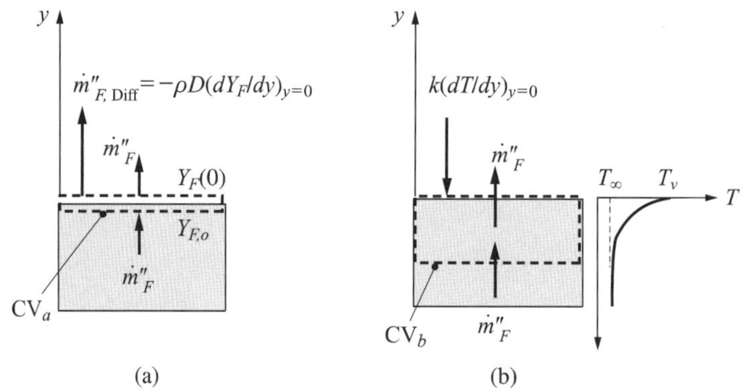


그림 9.8 ≫ 표면 경계조건 (a) 및 (b)

그러나, 기체상에서 $Y_F$를 $y=0^+$로 쓰기를 원한다. 그것은 표면을 둘러싸고 있는 (그림 9.8) 관리부피 분석에 대해 좀 더 신중한 분석을 필요로 한다.

그림 9.8(a)에서, 액체(응축상태 연료)의 질량흐름속도는 흐름속도 $\dot{m}_F''$로 기체상 벌크이동과 기체상에서의 농도구배에 의한 확산속도와 평형을 이루어야 한다. 액체에는 농도구배가 없다는 것을 유념하여야 한다. 왜냐하면 그것은 일정한 농도이기 때문이다. 순수 응축상 연료라면, $Y_{F,o}=1$; 일반적으로, 연료의 표면농도는 아래와 같이 된다.

$$y=0 \text{ 양단에서:} \quad \dot{m}_F'' Y_{F,o} = \dot{m}_F'' Y_F(0) - \left(\rho D \frac{dY_F}{dy}\right)_{y=0} \tag{9.26b}$$

유사하게, $P$가 없을 경우 응축상에서 흡수된 $O_2$에 대하여 아래와 같이 쓸 수 있다.

$$y=0, \quad 0 = \dot{m}_F'' Y_{O_2} - \rho D \frac{dY_{O_2}}{dy} \tag{9.26c}$$

$$y=0, \quad 0 = \dot{m}_F'' Y_P - \rho D \frac{dY_P}{dy} \tag{9.26d}$$

에너지에 대한 상응하는 경계조건은 근본적으로 식 (9.8a)이고, 그것은 그림 9.8(b)로부터, 다음을 따른다.

$$y=0, \quad 0 = \dot{m}_F'' L - k\frac{dT}{dy} \tag{9.26e}$$

$T$ 및 $Y_i$값에 대한 이러한 식과 경계조건에 확실한 유사성이 있다. 이러한 인식이 우리로 하여금 어떤 변수를 변환하도록 하여 식과 궁극적으로 해를 단순하게 한다. 우리는 이것을 표준화하여 단순화 하고자 한다.

우선 공기와 공기 중 확산에 대하여 아래를 인식하자.

$$D \approx \nu \approx \alpha \approx 10^{-5}\ \mathrm{m^2/s}$$

또는

$$Pr = \frac{\nu}{\alpha} \approx 1$$

그리고 Schmidt 수 $Sc \equiv \nu/D \approx 1$, 따라서,

$$\text{Lewis 수 } Le \equiv \frac{Sc}{Pr} = \frac{\alpha}{D} \approx 1 \tag{9.27}$$

이것을 $Le = 1$ 가정이라고 부르고, 공기 중 연소에 대한 합리적인 근사이다. 따라서, $\gamma \equiv \rho D = k/c_p$를 정의한다.

변환은 여러 단계를 밟는다.

1. 다음과 같이 둔다.

$$\theta_T \equiv T - T_\infty, \quad \theta_i \equiv Y_i - Y_{i,\infty} \tag{9.28}$$

2. 식 (9.23) 및 (9.24) 중 하나에서 한 식을 뺀다. 예를 들면, $T$ 그리고 $i = F$에 대해,

$$\dot{m}_F'' \frac{d\theta_T}{dy} - \gamma \frac{d^2\theta_T}{dy^2} = \dot{m}_F''' \frac{\Delta h_c}{c_p} \tag{9.29a}$$

다음과 같이 정리하면

$$\left(\frac{\Delta h_c}{c_p}\right) \times \left[\left(\dot{m}_F'' \frac{d\theta_F}{dy} - \gamma \frac{d^2\theta_F}{dy^2}\right) = -\dot{m}_F'''\right] \tag{9.29b}$$

$$\dot{m}_F \frac{d\beta_{FT}}{dy} - \gamma \frac{d^2\beta_{FT}}{dy^2} = 0 \tag{9.30}$$

으로 되고 여기서

$$\beta_{FT} \equiv \theta_T + \frac{\Delta h_c}{c_p}\theta_F$$

또는

$$\beta_{FT} = (T - T_\infty) + \frac{\Delta h_c}{c_p} Y_F \tag{9.31}$$

( $Y_{F,\infty}=0$임을 상기하라).

$\beta$식은 이제 경계조건이 아래와 같은 동종의 식(우변=0)이다.

$$y=\delta, \quad \theta=\theta_F=0 \text{ 또는 } \beta_{FT}=0$$

$$y=0, \quad 0=\frac{\dot{m}_F''L}{c_p}-\gamma\frac{\theta_T}{dy} \tag{9.32a}$$

그리고

$$\dot{m}_F''Y_{F,o}=\dot{m}_F''Y_F(0)-\gamma\frac{d\theta_F}{dy}$$

$y=0$에서 $\beta$ 포맷은

$$0=\dot{m}_F''\left[\frac{L}{c_p}+\frac{\Delta h_c}{c_p}(Y_F(0)-Y_{F,o})\right]-\gamma\frac{d\beta_{FT}}{dy} \tag{9.32b}$$

우변의 괄호 안의 항은 일정하기 때문에, 편리하게 $\beta_{FT}$를 아래와 같이 표준화 할 수 있다.

$$b_{FT}\equiv\frac{\beta_{FT}}{L/c_p+(\Delta h_c/c_p)(Y_F(0)-Y_{F,o})}$$

또는

$$b_{FT}=\frac{c_p(T-T_\infty)+\Delta h_c Y_F}{L-\Delta h_c(Y_{F,o}-Y_F(0))} \tag{9.33}$$

순수 연료 응축상에서 $Y_{F,o}=1$임을 상기하자. 그리고 $Y_F(0)$는 미지수다. 액체연료에서, $T(0)$를 안다고 가정하면 $Y_F(0)$는 Clausius-Clapeyron 식으로부터 구할 수 있다.

$b$ 포맷에서, 적절한 대수의 추가로 3개가 된 모든 식은 다음과 같은 형태이다.

$$y=\delta, \quad b=0$$

그리고

$$y=0, \quad 0=\dot{m}_F''-\gamma\frac{db}{dy}$$

에서

$$\dot{m}_F''\frac{db}{dy}-\gamma\frac{d^2b}{dy^2}=0 \tag{9.34}$$

이다.

다른 $b$ 값의 공식은 아래와 같음을 알 수 있다.

$$b_{OT} = \frac{c_p(T - T_\infty) + (Y_{O_2} - Y_{O_2,\infty})(\Delta h_c / r)}{L} \tag{9.35}$$

$$b_{OF} = \frac{Y_F - (Y_{O_2} - Y_{O_2,\infty})/r}{Y_F(0) - Y_{F,o}} \tag{9.36}$$

이것은 식 (9.34)와 같이 동일한 조건을 따른다. 만약 좀 더 완벽한 경계층식 또는 완전한 Navier-Stokes 식이 고려되었다면, 식 (9.34)는 추가적인 독립 변수 $x$, $z$ 및 시간 $t$를 포함한 편미분식이 될 것이라는 것을 유념한다. 그러나, 그것도 여전히 이러한 좀 더 간편한 형태로 될 수 있다. $\dot{m}_F'''$을 포함하고 있는 비선형 화학적 소스(source) 항을 근본적으로 제거한 그러한 변수 변환은 Shvab-Zeldovich 변수 변환(S-Z)으로 알려져 있다.

경계조건을 사용하여 식 (9.34)을 적분한다. 일단 $a = \dot{m}_F''/\gamma$로 적분하면,

$$ab - \frac{db}{dy} = ac_1$$

$\eta = b - c_1$으로 하면 $\int \frac{d\eta}{\eta} = \int_0^y a\,dy$은 $y = \delta,\ 0 - c_1 = \eta(0)e^{a\delta}$ 및 $y = 0,\ 0 = a - \eta(0)ae^0$으로부터 $\eta = \eta(0)e^{ay}$이 된다. 따라서, $\eta(0) = 1$ 및 $c_1 = -e^{a\delta}$ 또는

$$b = e^{ay} - e^{a\delta} \tag{9.37}$$

이다. 그러나, 의미있는 답에서 멀리 떨어져 있다. 목적은 '연소율' $\dot{m}_F''$ 및 그것의 의존성을 알아내는 것이다.

## 9.2.3 연소율 - 고유값

주어진 환경 및 연료 특성 조건 세트를 만족하는 오직 하나의 $\dot{m}_F''$값(고유값)이 있다. 어떻게 그것을 알 수 있을까? 창조적이어야 한다. 문제로부터 이미 화학적 운동학적 용어를 추진했지만, 확실히 현실에서 그것들은 사라졌을 것이다.

액체기화의 논의로부터 열역학적으로 연료 증기농도 및 표면온도 간의 특성 관계를 알고 있

음을 상기하자.

$$Y_F(0) = f(T(0)) \quad \text{또는} \quad b_{OT}(0) = b_{OF}(0)$$

식 (9.37)으로부터, $y=0$에서의 $b$를 계산하여 표현하면

$$\dot{m}_F'' = \left(\frac{k}{c_p\delta}\right)\ln[1-b(0)] \tag{9.38}$$

만약 $b(0)$를 알고 있다면, 답을 알 수 있으나 $b$: $b_{FT}$; $b_{OT}$ 또는 $b_{OF}$의 여러 다른 대안을 갖고 있다. 이들 중 어느 것이라도 좋다. 가장 편리한 근사치의 해를 줄 수 있기 때문에 $b_{OT}$를 선택한다.

$$b_{OT}(0) = \frac{c_p(T(0)-T_\infty)+(Y_{O_2}(0)-Y_{O_2,\infty})(\Delta h_c/r)}{L} \tag{9.39}$$

불꽃 반응이 빠르고 산소가 남아 있지 않기 때문에 $Y_{O_2}(0)$가 경계층 내의 연소를 위한 표면에서 0이 될 것으로 예상한다. 비록 화학반응이 그렇게 빠르지 않더라도 그것은 명확하게 충족되어야 한다. 더구나, 단열 불꽃 온도에 근접하는 불꽃 옆에서 표면을 가열하고 있기 때문에 높은 표면을 예상한다. 액체연료에서, 반드시

$$p_\infty \text{에서} \quad T(0) \le T_{boil}$$

이고 그리고 추정치로 끓는점과 동등한 온도를 사용한다. 고체에서,

$$T(0) \ge T_{ig}$$

이라고 생각하고 다시 동등 또는 약간 높은 온도를 사용할 수 있다. 일반적으로,

$$T(0) = T_v \tag{9.40}$$

지정된 증발 온도이다. 비록 그것이 검증 되지 않았다 하더라도 끓는점이 유효한 경우 순수 액체의 안정된 연소가 아니라면 그 선택은 실험적으로 된다. 그것을 증명하기 위하여 열역학 평형을 사용하여 포화 조건에서의 $Y_F(T)$를 확보하여 $b_{OT}(0)$와 $b_{OF}(0)$를 풀 수 있다.

진행하여, 식 (9.38)으로부터 다음을 얻는다.

$$\dot{m}_F'' = \left(\frac{k}{c_p\delta}\right)\ln(1+B) \tag{9.41}$$

무차원 그룹에서 그것의 조기 사용을 보여준 Brian D. Spalding 교수의 이름을 따서 Spalding $B$ 수라고 부른다[5]. 식 (9.39)으로부터, 표면조건은 아래 식을 제공한다.

$$B \equiv \frac{Y_{O_2,\infty}(\Delta h_c/r) - c_p(T_v - T_\infty)}{L} \tag{9.42}$$

이 그룹은 연료(단위연료질량당)를 기화하는 데 필요한 에너지로 방출된 화학적 에너지의 비를 나타낸다. 지속 가능한 연소를 달성하기 위해서 이것이 1보다 커야 한다는 것은 명확한 것이다. $B$는 환경 및 연료특성요소 모두를 포함하고 있다. 분자에 있는 $c_p$는 기체상에 대한 비열이고 반면

$$L \equiv h_{fg} + c_{p,o}(T_v - T_i)$$

에서 $c_{p,o}$는 응축상의 비열이라는 미묘한 점에 유의한다.

## 9.3 확산불꽃변수

### 9.3.1 농도 및 혼합물 분율

식 (9.41)은 정체층에서의 순수하게 대류 질량 연소플럭스에 대한 근본적인 해를 구성한다. S-Z 변환을 통하여 분류하는 것은 $T$ 및 $Y_i$에 대한 특정정체층의 해를 얻을 수 있도록 해준다. 그러나, 새로운 변수의 도입(혼합물 분율)은 혼합물 분율공간에서 그것들이 보편적인 경우에 그러한 프로파일을 표현할 수 있도록 해준다. 그것들은 단지 공간적 혼합물 분율 $f$의 일시적 결정만을 필요로 한다. 혼합물 분율은 원래 연료 원자의 질량분율로 정의된다. 그것은 연료원자가 모두 적색으로 도색되어 있는 것과 같아 그것들이 이동되고 화학적으로 재결합 될 때 기체상 혼합물 질량에 대해 그것들의 질량을 추적한다. 그러한 연료원자는 파괴될 수 없고 그러한 원자는 벌크 이동 및 연료 원자를 포함한 종의 확산을 갖고 있기 때문에 그것들의 질량보존의 지배식은 다음과 같아야 한다.

$$\dot{m}_F''\frac{df}{dy} - \rho D\frac{d^2 f}{dy^2} = 0 \tag{9.43}$$

비록 혼합물 분율이 물리적 의미를 갖고 있고 화학적으로 측정될 수 있더라도 그것은 또한 원래

의 연료 원자로 구성된 불활성 종처럼 질량보존의 식을 만족하는 허구적인 특성으로 생각될 수도 있다. 경계조건은 다음과 같아야 한다.

$$y = \delta \text{에서} \quad f = 0 \ (\text{자유 기류로 연료 없음}) \tag{9.44a}$$

$$y = 0 \text{에서} \quad f = f(0) \tag{9.44b}$$

또한 식 (9.26b)로부터 $y=0$에서 연료의 이동은

$$\dot{m}_F'' Y_{F,o} = \dot{m}_F'' f(0) - \rho D \frac{df}{dy} \tag{9.44c}$$

만약 아래 식

$$b_f \equiv \frac{f}{f(0) - Y_{F,o}} \tag{9.45}$$

을 정의한다면, $b_f$는 완벽하게 모든 $b$ 값이 그런 것처럼 동일 경계조건을 갖는 식 (9.34)를 만족한다는 것이 증명될 수 있다. 따라서,

$$b_{FT} = b_{OT} = b_{OF} = b_{PF} = \cdots = b_f = e^{c_p \dot{m}_F'' y/k} - e^{c_p \dot{m}_F'' \delta/k} \tag{9.46}$$

이 분석을 면밀히 하기 전에 일부 미완성 일을 돌아봐야 한다. 화학적 운동학적 항, 즉 $\dot{m}_F'''$는 변환되었다. 그것들을 어떻게 다룰 수 있을까?

가정 $t_{chem} \ll t_{Diff}$(또는 난류라면 $t_{mix}$)을 회상하자. 층류확산불꽃(그을음이 거의 없는) 예를 들어 말하자면 위스키 병 안의 작은 양의 알코올의 연소를 주의 깊게 관찰했던 사람은 누구나 반응대에서 가열된 그을음으로부터 CH 라디칼로부터의 파란 열 또는 약간 노란 열은 불꽃(시트)을 감지할 수 있다. 사전에 혼합된 불꽃(층류폭연)에서와 같이, 그러한 불꽃은 두께 1 mm 정도의 불꽃이다. 금속 스크린의 삽입에 의하여 생성된 담금질 촛불불꽃 역시 그러한 엷은 노란(그을음) 색의 빛을 띤 컵 모양의 불꽃시트를 발한다. 비록 바람 또는 난류가 그러한 불꽃시트를 구부리거나 둘둘 말 수도 있지만, 만약 $t_{chem} \ll t_{mix}$라면 국부적으로 그것의 구조는 보존된다. 빠른 화학적 운동학적 시간의 결과로, 불꽃시트를 무한 시트로 이상화 시킬 수 있다. 그러면 반응은 우리의 1차원 모델의 $y = y_f$에서 일어난다.

$y_f$의 위치는 다음을 요하는 자연조건에 의하여 결정된다.

$$y = y_f \text{에서} \quad Y_F = Y_{O_2} = 0 \tag{9.47}$$

이 조건은 얇은 불꽃의 추정치를 정의하고, 불꽃이 연료 및 산소 둘 다의 공급이 가능한 장소에

서 일어난다는 것을 암시한다. 이 조건은 또한 기타의 모든 해가 따르기 때문에 수학적 폐쇄이고 이것을 설명한다.

혼합물 분율공간에서 $Y_F$ 및 $Y_{O_2}$에 대한 해를 생각해 보자. 식 (9.45) 및 (9.46)으로부터 모든 $b$에 대해,

$$b = \frac{f}{f(0) - Y_{F,o}}$$

그리고

$$b(0) = \frac{f(0)}{f(0) - Y_{F,o}}$$

또는

$$f(0) = \frac{b(0)\,Y_{F,o}}{b(0) - 1}$$

그리고 최종적으로

$$b = \frac{f}{b(0)\,Y_{F,o}/[b(0)-1] - Y_{F,o}} = \frac{(b(0)-1)f}{Y_{F,o}}$$

또는

$$f = \frac{Y_{F,o}b}{b(0) - 1} \tag{9.48}$$

$b = b_{OF}$를 선택한다. 따라서, 식 (9.36)으로부터,

$$f = \frac{Y_{F,o}\left[\dfrac{Y_F - (Y_{O_2} - Y_{O_2,\infty})/r}{Y_F(0) - Y_{F,o}}\right]}{\dfrac{Y_F(0) - (Y_{O_2}(0) - Y_{O_2,\infty})/r}{Y_F(0) - Y_{F,o}} - \dfrac{Y_F(0) - Y_{F,o}}{Y_F(0) - Y_{F,o}}}$$

그리고 다시 정리하고, $Y_{O_2}(0) = 0$를 취하면,

$$f = \frac{Y_F - (Y_{O_2} - Y_{O_2,\infty})/r}{Y_{O_2,\infty}/(r\,Y_{F,o}) + 1} \tag{9.49}$$

불꽃시트 $Y_{O_2} = Y_F = 0$이기 때문에, 그것은 화학량론적 시스템의 정의로 다음과 같이 된다.

$$f(y_f) \equiv f_{st} = \frac{Y_{O_2,\infty}/r}{Y_{O_2,\infty}/(rY_{F,o})+1} \tag{9.50}$$

식 (9.50)을 식 (9.49)에 대입하면, 다음과 같이 된다.

$$f = \left(Y_F - \frac{Y_{O_2}}{r}\right)\left(\frac{Y_{F,o} - f_{st}}{Y_{F,o}}\right) + f_{st} \tag{9.51}$$

$Y_{O_2}$ 및 $Y_F$를 $y$로 또는 $f(y)$ 표현하기 위하여 식 (9.46)에 주어진 대로 변수를 선택할 수 있다. 불꽃의 연료측에서 식 (9.51)로부터,

$$0 \le y \le y_f, \quad Y_{O_2} = 0$$

$$Y_F = \frac{f - f_{st}}{1 - f_{st}/Y_{F,o}} \tag{9.52}$$

유사하게 산소측에서 $y_f \le y \le \delta$,

$$Y_F = 0$$

그리고

$$Y_{O_2} = \frac{-r(f - f_{st})}{1 - f_{st}/Y_{F,o}} = \frac{Y_{O_2,\infty}(f_{st} - f)}{f_{st}} \tag{9.53}$$

$y = 0$에서

$$Y_F(0) = \frac{f(0) - f_{st}}{1 - f_{st}/Y_{F,o}}$$

식 (9.45b)에 의해, 그리고 $y = \delta$에서,

$$Y_{O_2} = \frac{+rf_{st}}{1 - f_{st}/Y_{F,o}} = \frac{Y_{O_2}/[Y_{O_2}/rY_{F,o} + 1]}{1 - \dfrac{[Y_{O_2,\infty}/(rY_{F,o})]}{[Y_{O_2,\infty}/(rY_{F,o}) + 1]}}$$

$$= \frac{Y_{O_2,\infty}}{Y_{O_2,\infty}/(rY_{F,o}) + 1 - Y_{O_2,\infty}/(rY_{F,o})} = Y_{O_2,\infty}$$

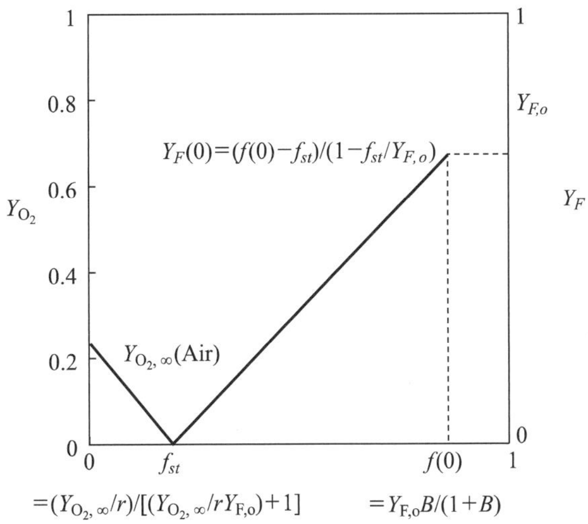


**그림 9.9 ≫ 혼합물 분율공간에서 산소 - 연료 질량 농도**

결과는 그림 9.9에 도식화 되어있다. 공기에서 $f_{st}$의 전형적인 값은, ($Y_{O_2,\infty}=0.233$) 및 $r=1$에서 3, 대략 0.05∼0.2다. 결과는 $f$에 대해 선형적이지만 $y$에 대해서는 비선형적이다. 그것은 모든 변수 $Y_{P_i}$ 및 $T$에 대해서도 참이다. 만약 얇은 불꽃(층류) 가정이 성립된다면 $f$에서 $Y_i$와 $T$의 관계는 보편적으로 형상, 흐름조건 등에 독립적이다. 불안정한 난류 유동에서 조차도 국부적인 엷은 불꽃 근사하에서 이 결론은 여전히 유지된다.

요점을 되풀이 하자. 안정된 액체와 같은 연료의 경계층 연소에 대한 결과를 얻었다. 엷은 불꽃 또는 빠른 연료와 산소의 혼합에 관련된 화학반응을 가정한다. 모든 복사 효과는 무시되었다 - 두꺼운 두께의 불꽃에 대한 심각한 생략. 이러한 복사문제는 쉽고 정확하게 해결될 수 없다. 그러나 이것의 효과를 대략적으로 포함하는 방법으로 우리는 돌아가게 될 것이다.

## 9.3.2 불꽃온도 그리고 위치

불꽃시트의 위치 $y_f$는 간단한 방법으로 결정될 수 있다. 식 (9.45), (9.46) 및 (9.50)으로부터,

$$e^{\mu}-e^{\mu(y_f/\delta)}=\frac{Y_{O_2,\infty}/r}{[Y_{O_2,\infty}/(rY_{F,o})+1](Y_{F,o}-f(0))} \tag{9.54}$$

여기서 $\mu\equiv c_p\dot{m}_F''\delta/k$. 식 (9.39), (9.42) 및 (9.46)으로부터, $b_f(0)=B$, Spalding 수. 따라서, 그것은 식 (9.45)으로부터 아래와 같이 나타낼 수 있다.

$$Y_{F,o} - f(0) = \frac{Y_{F,o}}{1+B}$$

식 (9.41)으로부터 $e^{\mu} = 1+B$을 실현하면, 그것은 아래와 같다.

$$e^{\mu y_f/\delta} = \frac{1+B}{Y_{O_2,\infty}/(rY_{F,o})+1}$$

또는

$$\frac{y_f}{\delta} = \frac{\ln\left[(1+B)/(Y_{O_2,\infty}/(rY_{F,o})+1)\right]}{\ln(1+B)} \tag{9.55}$$

불꽃온도는 $y=y_f$ 또는 $f=f_{st}$에서 평가한, 식 (9.35), (9.48) 및 (9.50)을 사용하여 알 수 있다.

$$\frac{Y_{O_2,\infty}/r}{\dfrac{Y_{O_2,\infty}}{rY_{F,o}}+1} = \frac{\dfrac{Y_{F,o}\left[c_p(T_F - T_\infty) - Y_{O_2,\infty}\Delta h_c/r\right]}{L}}{\dfrac{c_p(T_v - T_\infty) - Y_{O_2,\infty}(\Delta h_c/r)}{L} - 1}$$

다시 정리하면, 불꽃엔탈피상승은 다음과 같음을 알 수 있다.

$$c_p(T_f - T_\infty) = \frac{Y_{F,o}\Delta h_c - L + c_p(T_v - T_\infty)}{1 + rY_{F,o}/Y_{O_2,\infty}} \tag{9.56a}$$

또한, 그것은 아래와 같이 표현할 수 있다.

$$\frac{c_p(T_f - T_\infty)}{L} = \frac{B - \tau_o(r_o - 1) - r_o}{1 + r_o}$$

$$r_o = \frac{Y_{O_2,\infty}}{rY_{F,o}}$$

$$\tau_o = \frac{c_p(T_v - T_\infty)}{L} \tag{9.56b}$$

$rY_{F,o}/Y_{O_2,\infty}$는 화학량론적 산소 대 가용한 또는 연료 질량분율에 공급된 산소로 나눈 연료질량비의 비율이다. 대조적으로, 사전 혼합된 단열불꽃온도에서, 식 (4.54)와 유사한

$$c_p(T_{f,ad} - T_\infty) = Y_{F,u}\Delta h_c \tag{9.57}$$

$T_{f,ad} = 1{,}300$℃를 요구함으로써 사전혼합 불꽃이 존재하도록 하는 농도 하한을 예측할 때처럼, 유사한 요구사항이 확산 불꽃을 유지하기 위한 조건을 정의하는 데 부과될 수 있다. 소화조건을 예측하기 위하여 이것을 사용할 것이다.

## 9.4 특정 흐름 조건에서 대류연소

정체층 분석은 확산 연소의 본질을 제시하기 위한 교육적 체계를 제공한다. 대부분, 1차원 정체층은 흐름방향 $x$로 $\delta = \delta(x)$인 2차원 경계층을 추정한 것이다. 대류경계층에서, 열전도계수 $h_c$는 아래와 같이 정의된다.

$$h_c(T_R - T_s) = -k\left(\frac{dT}{dy}\right)_{y=0} \tag{9.58}$$

여기서 $T_R$은 참조온도이고 $T_s$는 벽온도이다. 불꽃에서 이것은 정체층에서 $T_R$ = 불꽃온도 $T_f$로 아래와 같이 근사될 수 있다.

$$h_c(T_f - T_s) \approx \frac{k(T_f - T_s)}{\delta}$$

또는

$$h_c \approx \frac{k}{\delta} \tag{9.59}$$

이러한 개략적인 추정치는 정체층 해를 연소문제 대응 대류열전도의 호스트로 확장할 수 있도록 해준다. 식 (9.41) 및 (9.42)을 회상하여,

$$\dot{m}_F'' \approx \frac{h_c}{c_p}\ln(1+B) \tag{9.60}$$

이것은 아래와 같이 쓸 수 있다.

$$\dot{m}_F'' = \frac{h_c}{c_p}\left[\frac{\ln(1+B)}{B}\right]B \tag{9.61}$$

여기서 괄호 요소 $\ln(1+B)/B$의 의미는 분명해 질 것이다. 식 (9.6), 식 (9.61)으로부터 $B$를 대체하고 열유속을 회상하면 다음과 같이 된다.

$$\dot{q}'' = h_c\left[\frac{\ln(1+B)}{B}\right]\left[\frac{Y_{O_2,\infty}\Delta h_c}{c_p r} - (T_v - T_\infty)\right] \tag{9.62}$$

따라서 참조온도는 식 (9.56a)과 약간 다른 $Y_{O_2,\infty}\Delta h_c/(c_p r) + T_\infty$ 으로 되었어야 했다는 것을 알 수 있다. 그럼에도 불구하고,

$$\dot{q}'' = h_c\left[\frac{\ln(1+B)}{B}\right](T_R - T_v)$$

임을 알았다. 괄호 안의 요소는 식 (9.60)과 달리 다음과 같이 쓸 수 있다.

$$\frac{\ln(1+B)}{B} = \frac{c_p\dot{m}_F''/h_c}{\exp(c_p\dot{m}_F''/h_c) - 1} \tag{9.63}$$

이것은 $\dot{m}_F'' \to 0$로 가면 1로 근접한다. 따라서 질량전도가 있을 때 열전도계수는 질량전도 없는 열전도계수 $h_c$ 보다 작다. 괄호 안의 요소는 나중에 기화된 연료에 의해서 야기된 바람에 의해 경계를 확장하는 역할을 한다. 그러한 횡류는 경계층을 가로지르는 전도열을 해결하는 것을 더욱 어렵게 한다. 더구나, 식 (9.61)에서 연소에서 질량전도에 대하여 질량전도계수는 아래와 같음을 알 수 있다.

$$h_m \equiv \frac{h_c}{c_p}\frac{\ln(1+B)}{B} \tag{9.64}$$

그리고 그러한 전도의 구동력은 $B$다. $B$는 열 대신 $\Delta T$, 질량 대신 $\Delta Y$ 또는 전류 대신 $\Delta$voltage 같은 역할을 한다.

근사값을 얻으려면 대류 가열 문제에서 단지 $h_c$에 대한 이론적 또는 실험적 상관관계가 주어진 열전도 문제를 확인할 필요가 있다. 그것은 보통 Nusselt 수($Nu$)의 형태로 주어진다.

$$\frac{h_c x}{k} \equiv Nu_x = f(Re_{x_1},\ Gr_{x_2} Pr) \tag{9.65}$$

그 다음 상응하는 무차원 연소율(순수 질량전도에서 Sherwood 수($Sh$)라 함)은 다음과 같은 형태의 함수 관계를 제공하거나

$$\frac{\dot{m}_F'' c_p x}{k} = f(Nu_x,\ B) \tag{9.66}$$

또는 더 일반적으로 알고 있는 예를 들면 $\tau_o = c_p(T_v - T_\infty)/L$, $r_o = Y_{O_2,\infty}/(rY_{F,o})$ 등과 같

은 다른 요소를 포함할 수도 있다. 그림 9.10은 일부의 순수대류 열전도식 및 그것과 관련된 형상을 제공한다. 열전도식이 Grashof 수에 $\Delta T/T_\infty$를 포함하고 있기 때문에 즉,

$$Gr_x = \frac{g\Delta T x^3}{T_\infty \nu^2}$$

1에서 7까지의 값이 그러한 유형의 근사를 위하여 사용되어야 한다는 것이 논란이 있을 수 있기 때문에 $\Delta T/T_\infty \approx 3$을 취할 것을 제안한다. 그것은 단지 근사 절차임을 기억하라. 난류효과는 단지 $h_c$에만 있는 것이 아니고, $r$에도 있다. 난류에서 연료와 산화제의 혼합이 안 되어 $r$은 $nr$로 대체될 수 있고 거기서 $n$은 과잉 산화제분율이다.

식 (9.65)의 형태로 대류 연소의 많은 직접적인 해가 있었다. 그것들은 이론적으로 정확한 또는 경계층식으로의 필요불가결한 추정치, 또는 실험에 근거한 실험데이터와의 상관관계이었다. 약간의 예가 아래에 열거되어 있다.

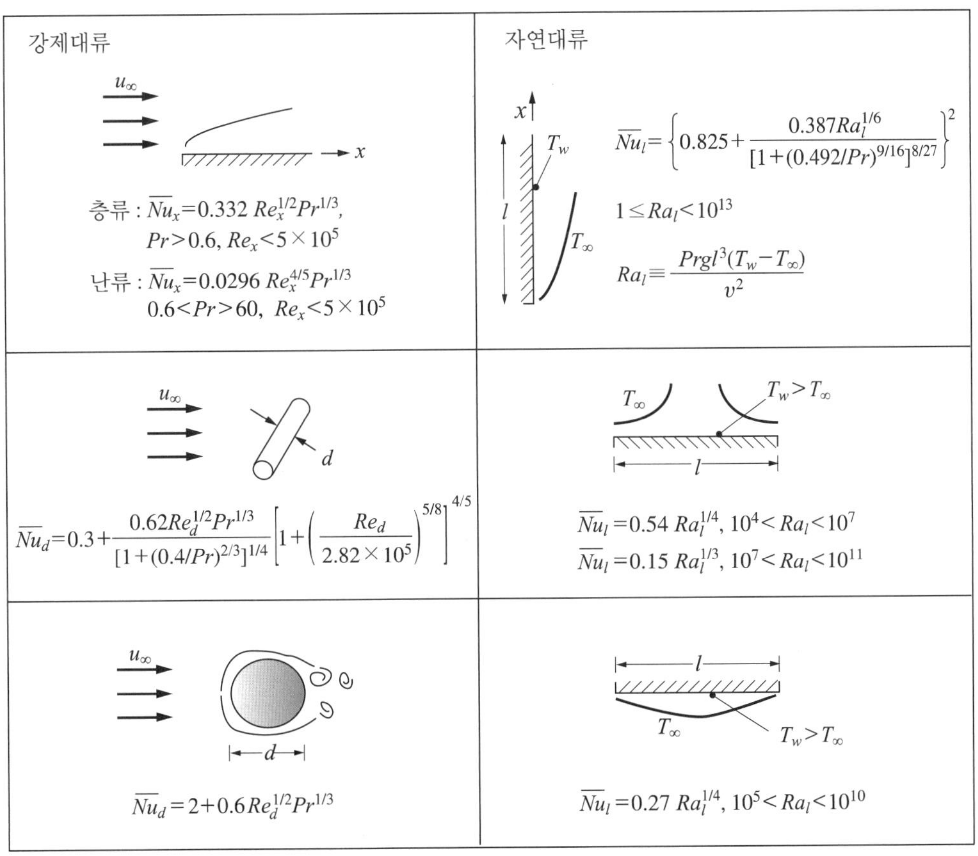


그림 9.10 ≫ 순수 대류열전도[6]

1. **강제대류,** 평평한 판의 연소. 1956년에 Emmons에 의해서 행해진 비압축성흐름에 대한 잘 알려진 Blasius해를 따르는 고전적인 정확한 분석[7]. 그것은 변수, 밀도 및 점성 2가지 모두를 포함하고 있다. Glassman[8]는 다음과 같은 해에 적합한 함수를 제공한다.

$$\frac{\dot{m}_F'' c_p x}{k} = 0.385\left(\frac{u_\infty x}{\nu}\right)^{1/2} Pr \frac{\ln(1+B)}{B^{0.15}} \tag{9.67}$$

2. 수직 표면에서 **층류 자연대류**에 상응하는 연소율은 Kosdon, Williams 및 Buman[9] 그리고 Kim, deRis 및 Kroesser[10]에 의하여 행해졌다. 후자는 아래와 같은 식을 제공한다.

$$\frac{\dot{m}_F'' c_p x}{k_w} = 3Pr_w Gr_w^{*1/4} F(B, \tau_o, r_o) \tag{9.68}$$

여기서 이동특성은 $T_w$에서 평가되었고 $F$는 그림 9.11(a)에 주어져 있다.

3. **수직 판의 난류대류연소.** 데이터에 맞는 근사 해가 Ahmad 및 Faeth[11]에 의하여 제공되었다. 판의 시작에서 측정된 거리 $x$에서의 평균연소율 $\overline{\dot{m}_F}''$는 아래 식으로 주어진다:

$$\frac{\overline{\dot{m}_F}'' x c_p}{k} = \frac{0.0285\, Gr_x^{*0.4} Pr^{0.73}}{\Sigma} \tag{9.69}$$

여기서

$$Gr^* = \left(\frac{L}{4c_p T_\infty}\right)\left(\frac{g\cos\phi\, x^3}{\nu^2}\right) \quad \text{(수직으로부터 측정된 } \phi)$$

$$\Sigma = \left[\frac{1+B}{B\ln(1+B)}\right]^{1/2}\left[\frac{1+0.5Pr/(1+B)}{3(B+\tau_o)\eta_f+\tau_o}\right]^{1/4}$$

$$\tau_o = \frac{c_p(T_v - T_\infty)}{L}$$

$$\eta_f = 1-\theta_{FO_f}^{1/3}$$

$$\theta_{FO_f} = \frac{r_o(B+1)}{B(r_o+1)}$$

$$r_o = \frac{Y_{O_2,\infty}}{rY_{F,o}}$$

$$\overline{\dot{m}_F}'' = \frac{1}{x}\int_0^x \dot{m}_F'' dx$$

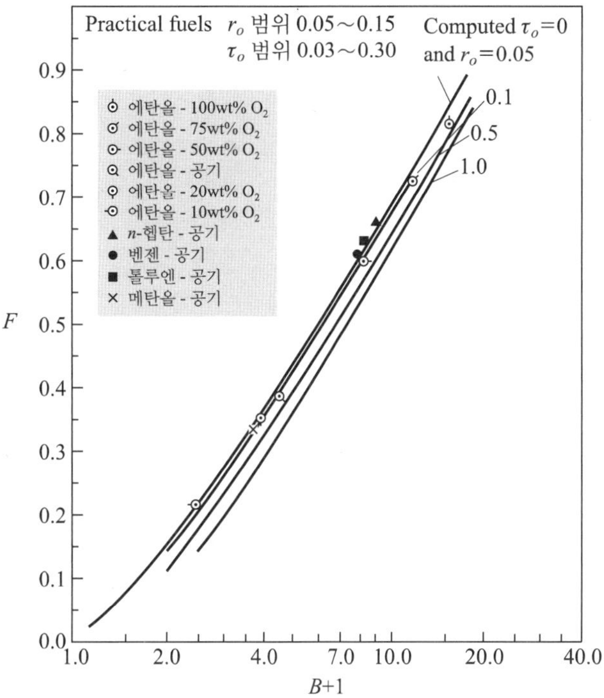


(a)

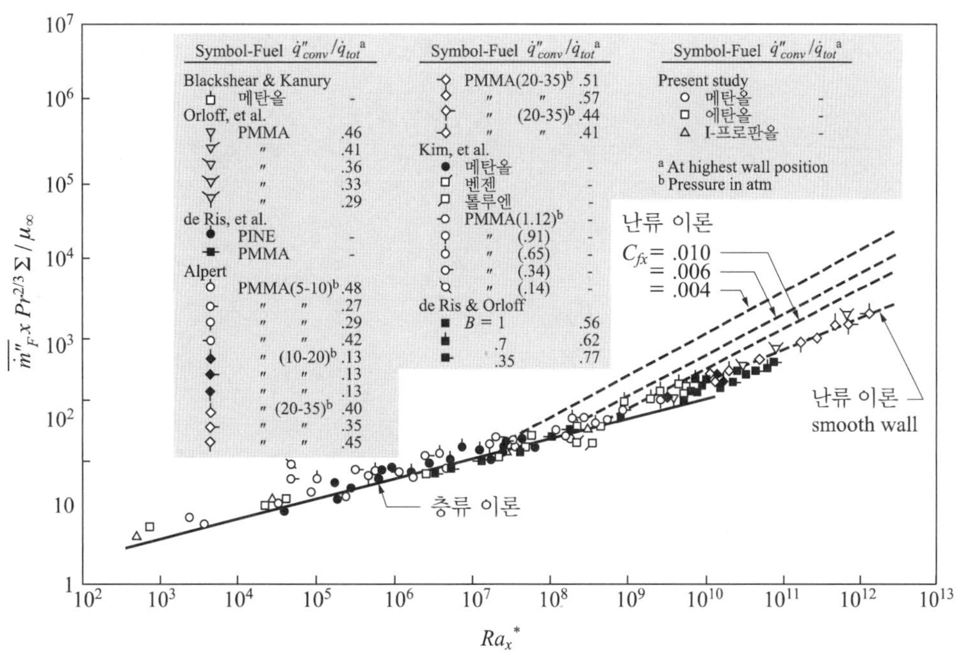


(b)

그림 9.11 ≫ (a) 자연대류 하에서 수직 판의 층류연소율, Kim, deRis 및 Kroesser[10].
(b) 자연대류 하에서 수직 판의 난류연소율, Ahmad 및 Faeth[11]

표 9.2 $B$수 예측을 위한 예측된 연료특성 (여러 출처로부터)

| 재료 | $\Delta h_c$[a] (kJ/g) | $L$ (kJ/g) | $T_v$[b] (℃) | $B$-예측[c] |
|---|---|---|---|---|
| | | 액체 | | |
| $n$-핵산 | 42 | 0.45 | 69 | 6.7 |
| $n$-헵탄 | 41 | 0.48 | 98 | 6.2 |
| $n$-옥탄 | 41 | 0.52 | 125 | 5.7 |
| 벤젠 | 28 | 0.48 | 80 | 6.2 |
| 톨루엔 | 28 | 0.50 | 110 | 5.9 |
| 나프탈렌 | 30 | 0.55 | 218 | 5.2 |
| 메탄올 | 19 | 1.2 | 64 | 2.5 |
| 에탄올 | 26 | 0.97 | 78 | 3.1 |
| $n$-부탄올 | 35 | 0.82 | 117 | 3.6 |
| 아세톤 | 28 | 0.58 | 56 | 5.2 |
| | | 고체 | | |
| 폴리에틸렌 | 38 | 3.6 | 360 | 0.75 |
| 폴리프로필렌 | 38 | 3.1 | 330 | 0.89 |
| 나일론 | 27 | 3.8 | 500 | 0.68 |
| 폴리메틸메타크릴레이트 | 24 | 2.0 | 300 | 1.4 |
| 폴리스티렌 | 27 | 3.0 | 350 | 0.91 |
| | | 탄화하는 고체 | | |
| 견고한 폴리우레탄 폼 | 17 | 5.0 | 300 | 0.56 |
| Douglas 전나무 | 13 | 12.5 | 380 | 0.22 |
| 세콰이어 | 12 | 9.4 | 380 | 0.29 |
| 북가시나무 | 12 | 9.4 | 300 | 0.30 |
| 단풍나무 | 13 | 4.7 | 350 | 0.58 |

[a] 불꽃 조건 및 실제 연소열에 근거 함.
[b] 액체의 끓는 온도 고체의 예측점화온도.
[c] $Y_{F,o}=1$, $Y_{O_2,\infty}=0.233$, $T_\infty = T_i = 25℃$, $c_p = 1$ kJ/kg K.

이해는 약간 지루하지만, 그림 9.11(b)에 표시된 바와 같이 불활성판으로 포화된 액체연료의 데이터에 완벽하고 일관된 해이다.

표 9.2는 $B$수를 계산하기 위한 일부의 전형적인 예측 또는 정확한 특성을 제공한다. 일부의 경우, 특히 탄화재료의 경우에, 공기 중 연소에 대한 $B$수가 1보다 작다는 것을 알 수 있다. 그것은 순수한 대류연소가 가능하지 않다는 것을 암시한다. 실제로, 표면복사손실을 무시하였다. 그것은 상대적으로 (350℃, 8.5 kW/m$^2$에서) 클 수 있다. 오로지 '안정된' 연소를 달성하고자 하는 희망은 연소가 그 자체로 가능하지 않다면 추가적인 열유속을 제공하여야 한다. 따라서, 점화를 일으키기 위한 최소 열유속뿐만 아니라 연소를 유지하기 위하여 필요한 최소외부 열유속이 필요하다.

### 예제 9.1

메탄올 기공이 있는 세라믹섬유의 두꺼운 기판으로 포화되었다. 기판은 20℃의 주위온도의 공급과 함께 습윤 상태를 유지하고 있다. 안정된 공기 흐름은 수평 기판을 3 m/s로 가로 질러 흐르고 있다. 기판은 흐름방향으로 10 cm다. 그리고 바닥과 수평으로 놓여 있다. 다음의 특성데이터를 사용하라:

> 공기에 대해:
> $\nu = 15 \times 10^{-6}\ m^2/s$ $k = 25 \times 10^{-3}$ W/m K $Pr = 0.7$
> $\rho = 1.1\ kg/m^3$ $c_p = 1.05$ kJ/kg K
> 메탄올 끓는점 = 337 K = 64℃ 증발열, $h_{fg} = 1.1$ kJ/g 액체비열 = 2.5 kJ/kg K
> 안정된 연소라고 가정하고 복사효과는 무시한다.

(a) 흐름은 층류인지 평가한다.
(b) $B$수를 계산하시오.
(c) 만약 판의 폭이 20 cm라면 안정된 연소율(g/s)은 얼마인가? 식 (9.67)에서 주어진 Emmons 결과를 사용하시오.
(d) 표면으로의 평균순열유속을 계산하시오.
(e) 흑체를 가정한다면 방출된 표면복사열유속은 얼마인가?
(f) 점화 및 안정된 연소에서 세라믹기판의 역할은 무엇인가?

**풀이**

(a) $Re_x = \dfrac{u_\infty x}{\nu} = \dfrac{(3\ \mathrm{m/s})(0.1\ \mathrm{m})}{15 \times 10^{-6}\ \mathrm{m^2/s}} = 2 \times 10^4$

$Re < 5 \times 10^5$ 전환이기 때문에 흐름은 층류다.

(b) $B = \dfrac{Y_{O_2,\infty}\Delta h_c / r - c_p(T_v - T_\infty)}{L}$

표 2.3으로부터,

$$\Delta h_c = 20.0\ \mathrm{kJ/g}$$

완전 연소에 대한 화학양론적 식으로부터,

$$CH_4O + 1.5O_2 \rightarrow CO_2 + 2H_2O$$

$$r = \frac{(1.5)(32)}{32} = 1.5\ \mathrm{g\ O_2/g}\ \text{연료}$$

$$Y_{O_2,\infty}\Delta h_c / r = (0.233)(20.0\ \mathrm{kJ/g})/1.5 = 3.11\ \mathrm{kJ/g}$$

$$c_p(T_v - T_\infty) = (1.05\ \mathrm{kJ/kg\ K} \times 10^{-3}\ \mathrm{kg/g})(64 - 20) = 0.046\ \mathrm{kJ/g}$$

$$L = h_{fg} + c_1(T_v - T_\infty)$$

$$= 1.10\ \mathrm{kJ/g} + (2.5 \times 10^{-3}\ \mathrm{kJ/g\ K})(64 - 20) = 1.21\ \mathrm{kJ/g}$$

$$B = (3.11 - 0.046)/1.21 = 2.3$$

(c) 기체에 대한 공기 특성을 사용하여 식 (9.67)으로부터,

$$\dot{m}_F''(x) = \left(\frac{25\times10^{-3}\,\mathrm{W/m\ K}}{1.05\,\mathrm{J/g\ K}}\right)(0.385)\left(\frac{3\,\mathrm{m/s}}{15\times10^{-6}\,\mathrm{m^2/s}}\right)^{1/2}(0.7)\times\frac{\ln(1+2.53)}{(2.53)^{0.15}}x^{-1/2}$$

($x$단위 : m)

$$= 1.097/\sqrt{x(m)} \qquad (\text{단위 : g/m}^2\ \text{s})$$

폭 0.20 m의 $x = 0.10$ m 이상에서 연소율,

$$\dot{m} = (0.20\,\mathrm{m})\int_0^{0.10\,\mathrm{m}}\frac{1.097}{x^{1/2}}dx = 0.139\,\mathrm{g/s}$$

(d) 식 (9.6)으로부터,

$$\overline{\dot{q}''} = \overline{\dot{m}''}L$$

$$= \left(\frac{0.139\,\mathrm{g/s}}{0.20\times0.10\,\mathrm{m^2}}\right)(1.21\,\mathrm{kJ/g}) = 8.4\,\mathrm{kW/m^2}$$

(e) $\dot{q}_r'' = \sigma(T_v^4 - T_\infty^4)$, 주위 조건을 가정하면

$$= 5.67\times10^{-11}\,\mathrm{kW/m^2\ K^4}\,[(337)^4-(293)^4] = 0.313\,\mathrm{kW/m^2}$$

따라서, 재복사는 무시할 수 있다.

(f) 안정된 연소에서, 세라믹기판은 심지로서의 기능을 하고 메탄올 액체의 온도를 깊은 곳까지 도달하게 한다. 점화과정에서, 세라믹기판은 흡수된 메탄올을 따라 열싱크로 기능을 한다. 표면온도는 메탄올의 인화(또는 발화)점에 도달하여야 파일럿과 함께 점화된다. 점화프로세스는 불안정연소 문제에서 초기 조건을 형성하기 때문에 무시될 수 없다.

## 9.5 연소에 대한 복사효과

복사열 전도효과의 포함은 정체층 모델에 의해 수용될 수 있다. 그러나, 오직 그러한 효과를 선행적으로 설명 또는 계산할 수 있는 경우에만 가능하다. 불꽃에서 복사열 전도의 복잡성이 그림 9.12에 나타나 있다. 그 그림은 단지 개략적인 것이며 완전하게 스펙트럼형 및 연속효과를 나타내지는 않는다. 불꽃에서 복사열 전도에 좀 더 완전한 개요는 Tien, Lee 및 Stretton[12]에서 볼 수 있다. 그림 9.12에서, 열유속이($T_\infty$에 있는 센서로) 입사되고 그리고 표면에서 흡수되는 것으로($T_v$에서) 표시되어 있다. 복사가열에 대하여 더 이상 구분하려는 시도는 지루하고 세세한 것에 얽매이는 것으로 입증될 것이다. 그것은 표면 및 기체상 복사방사율, 반사율, 흡수율

및 투과율의 효과가 있다는 열전도 원리로부터 분명하다. 복사의 스펙트랄특성에 의해 복잡해지고, 그을음 및 연소는 온도 및 농도분포, 그리고 표면의 분리를 만든다. 단순화 하는데 기여하는 합리적인 근사에는 다음과 같은 것이 있다.

1. 표면은 불투명하고 방사율과 흡수율은 1에 근접한다.
2. 외부복사유속은 불꽃 예를 들면 엷은 불꽃에 의해 영향을 받지 않는다.
3. 불꽃은 복사유속($\dot{q}_{f,r}''$)을 입사하고 총복사에너지($X_r\dot{Q}$)는 측정으로부터 예측될 수 있다.
4. 외부복사열유속($\dot{q}_e''$)은 $T_\infty$로 유지되는 열유속메타로 측정된 것으로 표현된다. 그에 상응하여, 표면손실은 $T_\infty$에 대하여 $\sigma(T_v^4 - T_\infty^4)$로 주어진다.

그림 9.12에 열유속 규격이 있는, 안정된 연소(식 (9.6) 및 (9.8) 참조)의 $y=0$에서 에너지경계조건은 다음과 같이 된다.

$$\dot{m}_F''L = k\left(\frac{dT}{dy}\right)_{y=0} + \dot{q}_{f,r}'' + \dot{q}_e'' - \sigma(T_v^4 - T_\infty^4) \tag{9.70}$$

만약 실험적으로 복사항을 정의할 수 있다면, 단순하게 우측항에 상수를 추가할 것이다. 편리한 변환은 원래의 대류 형태에 대한 경계조건을 줄여 준다.

$$\dot{m}_F''L_m = k\frac{dT}{dy} \quad \text{at } y=0 \tag{9.71}$$

여기서 다음 식이

$$L_m \equiv L - \frac{\dot{q}_{f,r}'' + \dot{q}_e'' - \sigma(T_v^4 - T_\infty^4)}{\dot{m}_F''} \tag{9.72}$$

동등하지만 변경된 '$L$'로 정의된다. 예상하는 바대로 복사열의 순수 추가 연소율을 증가시킨다.

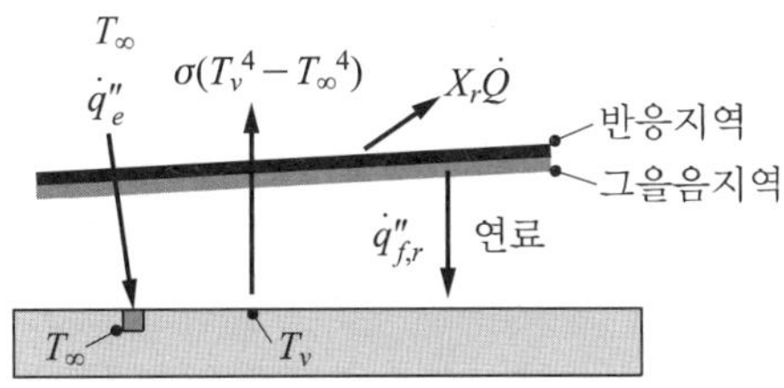


그림 9.12 ≫ 연소에서 복사열 전도

그것은 또한 재료가 정상적이 아닐 경우 그것을 태울 수 있다. 그것은 많은 보통의 재료 및 제품들이 추가적인 열유속 없이는 타지 않기 때문에 중요한 지적이다. 반면 그러한 추가는 예술적으로 보일 수도 있지만, 특수 구성은 불의 확산을 촉진시킬 수 있는 열 피드백($\dot{q}_e''$)을 주기 때문에 불의 확산으로의 열쇠가 된다. 작은 불꽃의 적용으로 재료의 한정된 시험은 점화를 일으킬 수 있지만, 지속적인 연소 또는 확산은 필요하지는 않다. 그것이 불에 대한 재료의 일반적 성능의 평가를 오도할 수도 있다.

식 (9.26e) 대신 식 (9.71)의 도입은 그것을 연소율에 대한 순수 확산/대류 모델링을 위하여 행해진 것과 동일한 새로운 문제로 만든다. 따라서 $L$을 단순히 $L_m$으로 대체하여 복사효과가 있는 해를 얻는다. 정체층 케이스를 약간 재정리한다면 매우 이해하기 쉽다. 식 (9.61)과 (9.42)로부터 $\lambda = c_p \dot{m}_F''/h_c$로 그리고 불꽃에서 제거된 복사된 에너지($X_r \dot{Q}$)를 고려하여$(1 - X_r)$을 추가하였다. 다음과 같이 쓸 수 있다.

$$\dot{m}_F'' = \frac{h_c}{c_p}\frac{\ln(1+B)}{B}\frac{Y_{O_2,\infty}\Delta h_c/r - c_p(T_v - T_\infty)}{L - \left[\dot{q}_{f,r}'' + \dot{q}_e'' - \sigma(T_v^4 - T_\infty^4)\right]/\dot{m}_F''}$$

또는

$$\dot{m}_F'' L = \frac{h_c}{c_p}\left(\frac{\lambda}{e^\lambda - 1}\right)\left[\frac{Y_{O_2,\infty}\Delta h_c}{r}(1 - X_r) - c_p(T_v - T_\infty)\right] + \dot{q}_{f,r}'' + \dot{q}_e'' - \sigma(T_v^4 - T_\infty^4) \tag{9.73}$$

비록 이것은 $\dot{m}_F''$에 대한 반복적인 해를 필요로 하지만 그것의 형태는 분명히 증발에 열유속이 기여하는 것을 보여준다. 좌측은 안정된 연소 하에서 증발에 필요한 에너지이고 우측은 첫 번째 항이 대류 열유속 항인 순 흡수표면 열유속이다. 전형적 대류는 난류부력흐름에 대한 것으로 그 범위가 5에서 10 kW/m$^2$이지만 층류 자연대류에서는 50~70 kW/m$^2$만큼 크다. 작은 제트불꽃과 같은 강제대류 층류불꽃에서, 대류 열유속은 100~300 kW/m$^2$까지 될 수 있다. 따라서, 대류효과는 비록 그것이 난류 자연 연소에서는 상대적으로 작은 부분일지라도 일반적으로 무시될 수 없다.

그림 9.13은 0.15에서 1.2 m 직경을 가진 PMMA의 연소 풀에 대한 평균 불꽃대류와 복사 부분을 보여 준다. 복사는 크기에 따라 증가하는 반면에 대류는 직경이 증가할수록 떨어진다. 4 m 수직벽의 PMMA연소에 대한 그러한 불꽃열유속의 국부적인 해는 Orloff, Modak 및 Alpert[15]에 의해서 예측되었다. 불꽃복사효과가 대류에 비해 상당히 크다는 것을 분명히 알 수 있다.

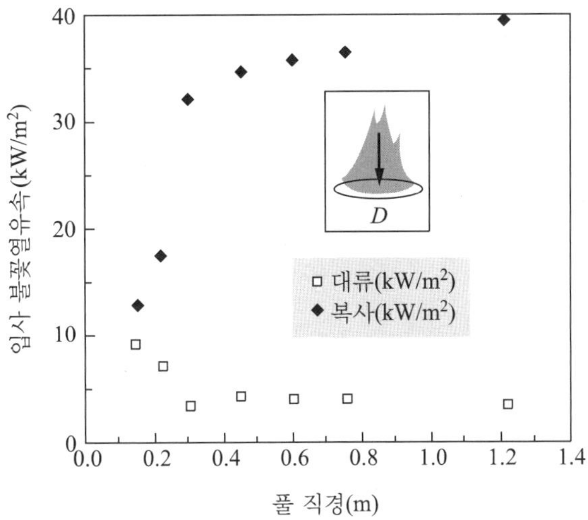


그림 9.13 ≫ PMMA의 풀 연소에서 평균 불꽃열유속
(Modak 및 Croce[13] 그리고 Iqbal 및 Quintiere[14]로부터)

그림 9.14에서 풀 연소의 연소율그래프의 범위에 대한 좀 더 고전적인 표현을 볼 수 있다. 25 cm 이하의 직경에서 연소율은 $h_c \propto D^{-1/4}$의 층류이다. 그 후 그것은 기껏해야 $h_c \propto D^0$ 또는 $D^{1/5}$인 난류다. 그러나, 직경의 증가와 함께, 연소율의 증가의 1차 원인은 불꽃복사에 의한 것이다.

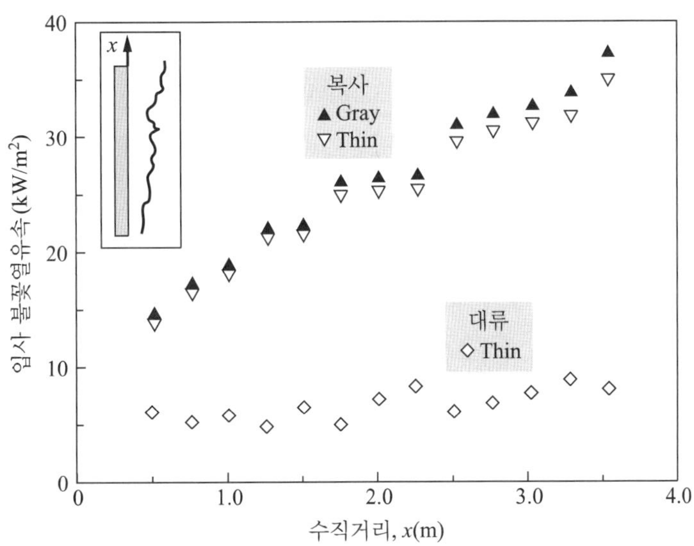


그림 9.14 ≫ PMMA 수직 표면의 연소에서의 국부 불꽃열유속 (Orloff, Modak 및 Alpert[15])

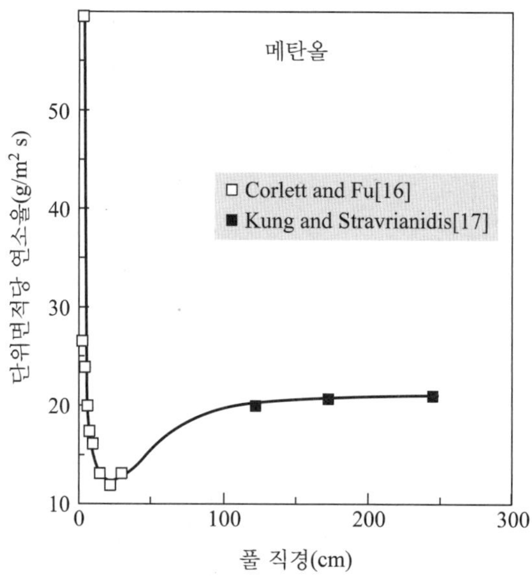


**그림 9.15** ≫ 메탄올에서 안정된 연소율의 상:
$D$<25 cm 층류, $D$>25 cm 난류, $D$>100 cm 포화된 복사[16,17]

불꽃방사율은 다음과 같이 거동하며,

$$\epsilon_f \approx 1 - e^{-\kappa D}$$

약 $D \geq 100$ cm일 때 1에 접근한다. 메탄올에서 $L = 1.21$ kJ/g이기 때문에, 그림 9.15로부터 (1) 약 $D = 5$ cm에서 최대 순표면 열유속은

$$\dot{q}'' = (27\ \mathrm{g/m^2\ s})(1.21\ \mathrm{kJ/g}) = 32.7\ \mathrm{kW/m^2}$$

(2) 난류의 시작에서 최소는

$$\dot{q}'' = (12\ \mathrm{g/m^2\ s})(1.21\ \mathrm{kJ/g}) = 14.5\ \mathrm{kW/m^2}$$

그리고 (3) '포화된' 불꽃복사 조건 하에서 최대는

$$\dot{q}'' = (21\ \mathrm{g/m^2\ s})(1.21\ \mathrm{kJ/g}) = 25.4\ \mathrm{kW/m^2}$$

이다. $T_b = 64$℃의 메탄올표면으로부터 재복사손실은 오직 약 0.3 kW/m$^2$임을 유념하라.

포화된 불꽃복사 조건하에서 점근선의 연소율 그래프는 유용한 사실이다. 그것은 전형적으로 1~2 m 직경의 풀 같은 연료구성에서 연소플럭스에 대한 상한을 제공한다. 액체뿐만 아니라 고체에 대한 실험값은 연소 문헌에 존재한다. 그것들은 설계 및 분석용으로 사려 깊게 사용되어야 한다. 일부에 대한 최대값이 표 9.3에 리스트 되어 있다.

**표 9.3** 점근연소율 (여러 출처로부터)

| | $g/m^2$ s |
|---|---|
| 폴리비닐클로라이드 (알갱이) | 16 |
| 메탄올 | 21 |
| 유연한 폴리우레탄 폼 | 21~27 |
| 폴리메티메타크릴레이트 | 28 |
| 폴리스티렌 (알갱이) | 38 |
| 아세톤 | 40 |
| 가솔린 | 48~62 |
| JP-4 | 52~70 |
| 헵탄 | 66 |
| 헥산 | 70~80 |
| 부탄 | 80 |
| 벤젠 | 98 |
| 액화천연가스 | 80~100 |
| 액화프로판 | 100~130 |

식 (9.73)은 불꽃복사 및 대류의 역할 관점에서 연소거동을 설명하는 데 사용될 수 있다. 그것은 또한 산소 및 외부 복사열유속의 추가효과를 설명할 수 있다. 그러한 효과는 연소하는 수평의 작은 사각 PMMA 시트에 대한 Tewarson 및 Pion[18]의 변화하는 산소 몰분율의 흐름의 데이터로부터 제안된 상관관계에 의하여 생생하게 볼 수 있다. 안정된 연소에 대한 결과 세트는 그림 9.16의 $L = 1.62$ kJ/g에서 $\dot{q}_e''$와 $X_{O_2}$의 선형 상관관계로 설명된다. 그것은 식 (9.73)에 따라

$$\dot{m}_F'' - \dot{m}_{F,\infty}'' = \frac{h_c\left(\dfrac{\lambda}{e^{\lambda}-1}\right)\left(\dfrac{\Delta h_c}{c_p r}\right)(1-X_r)(Y_{O_2} - Y_{O_2,\infty}) + \dot{q}_e''}{L}$$

여기서 $\dot{m}_{F,\infty}''$은 주위공기조건 $Y_{O_2,\infty} = 0.233$ 및 $\dot{q}_e'' = 0$ 이하에서의 연소율이다. 이 결과는 질량전도계수가 $\dot{m}_F''$의 그러한 범위에서 거의 일정한 값을 유지하고, $\dot{q}_f''$는 산소 및 복사의 모든 조건에서 일정하다고 가정한다. 유효한 불꽃의 길이가 클 때(적어도 $L_f > 2D$) $\dot{q}_f'' = 0$가 일정하고 색이 변하지 않는(그을음 특성은 유지된다) 이유에 대한 논쟁이 있을 수 있다. 길이가 길고 회색의 원통형 불꽃은 그것의 베이스에 대해 $L_f > 2D$에서 일정한 방사율을 달성할 것이다.

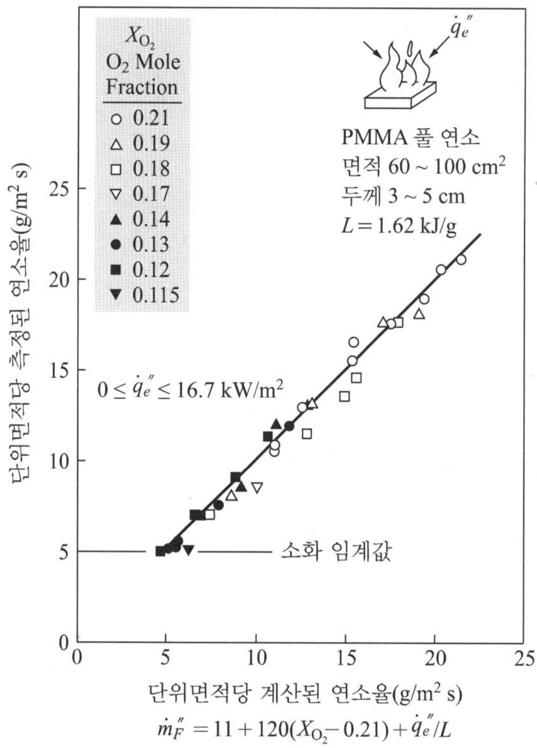


그림 9.16 ≫ 산소 및 외부 복사의 함수로서 PMMA의 풀 화재 연소율[18]

## 9.6 연소율 계산을 위한 특성값

PMMA는 안정된 연소율이론의 여러 양상을 설명하는 데 사용되고 있다. 그 이유는 그것이 이상적으로 거동하기 때문이다. PMMA는 그것의 기본 단위체로 분해된다. 비록 그것이 녹을 지라도, 그것의 증발된 단위체로의 전이는 유연하다. 그것의 분해 운동학은 연소 중에 합리적으로 일정한 표면온도를 제공한다. 그리고 안정된 연소를 달성하기 쉽다. 그러나, PMMA의 모든 브랜드가 동일하지 않고 $L$값의 범위는 1.6에서 2.8 kJ/g까지다. 재료가 자신의 분해에서 좀 더 복잡해지면 이론으로 이상화는 충족될 수 없다. 특히, 탄화재료에서 안정된 연소는 물리적으로 불가능하다. 그러나, 안정된 연소이론에 대한 일관된 '특성들'을 정의한다면, 그것은 탄화재료 조차에서도 합리적인 시간 평균 유효연소율을 제공할 수 있다. 그러한 안정된 모델링접근 법의 특성을 근사하는 것을 항상 염두에 두고 적절하게 사용하여야 한다.

이미 언급했듯이 발화 조건 하에서 실질적 데이터는 연료패키지의 질량감소관점(즉, 식 (9.3),

(9.4) 및 (9.6))에서 설명한다. 효과적으로, 가구, 복합재료, 플라스틱 상품 등과 같은 자연 발화 시나리오에서 그것은 연료에 관한 것을 의미한다. 다음과 같은 방법으로 안정된 연소이론을 설명하여야 한다.

1. $\Delta h_c$ 및 $L$ 모두 질량감소에 근거한다. 즉, 질량감소 kJ/g.
2. $Y_{F,o}$는 1로 한다.
3. $r$은 $\Delta h_c/r \approx 13$ kJ/g $O_2$가 사용된다고 가정하여 평가한다.
4. 복사분율 $X_r$은 불꽃크기에 따라 증가할 수 있고 불의 직경에 따라 감소할 수 있다. 그것의 범위는 0.10에서 0.60까지다.
5. 유체특성은 온도 효과를 고려 또는 고려하지 않은 공기의 유체 특성을 취할 수 있다. 연소의 큰 온도 범위 때문에 온도와 함께 참 특성효과는 완벽하게 고려되지 않는다. 그러나, 필름 온도에서 특성을 선택하는 표준 열 전달 법칙에 따라, 다음과 같은 것들이 권장된다:

1,000℃의 공기:

$\rho = 0.26$ kg/m$^3$ $\quad$ $c_p = 1.2$ kJ/kg K $\quad$ $k = 0.081$ W/m K

$\nu = 1.8\times10^{-4}$ m$^2$/s $\quad$ $Pr = 0.70$

## 9.7 연소의 억제 및 소화

식 (9.73)은 연소율의 감소에 대한 변수의 효과를 설명하는 기준을 제공한다. 그림 9.16에서 산소의 감소가 연소율을 줄여 소화값 즉 PMMA에서 약 5 g/m$^2$ s로 이어질 수 있다는 것을 이미 보았다. 또한, 상관관계는 만약 임계 질량플럭스가 실제로 일정하다면 산소농도($X_{O_2}$)와 소화 시의 외부 열유속($\dot{q}_e''$) 사이의 관계가 존재한다는 것을 보여 준다. 소화가 되기 전에 $\dot{q}_e''$가 높을수록, $X_{O_2}$가 낮아질 수 있다. $\dot{q}_e''=0$에서, 그림 9.16에서 상관관계에 의한 $X_{O_2}$의 소화값은 0.16 또는 16%이다. 이러한 실험에서 주위온도 $T_\infty$는 약 25℃였음을 유념한다.

### 9.7.1 화학적 및 물리적 요인

우리는 그러한 억제효과를 일반화하고자 노력하고 확산염의 소화에 대한 온도기준을 채택할 것이다. 분명히 소화시에 화학적 운동학적 효과가 중요하게 되고 반응은 '꺼진다'. 반응의 특정 화학적 동역학에서 열손실은 매우 크게 될 것이다. 그것은 식 (9.12)의 항에서 정성적으로 설명 될 수 있다:

$$\frac{t_{chem}}{t_{Diff}} \approx \frac{(Re_{chem}^2 Pr^2)}{R_T} \tag{9.74}$$

여기서 무차원 지표는 아래와 같다:

1. 화학적 Reynold수,

$$Re_{chem} = \frac{u_\infty \delta_{chem}}{\nu}$$

$$\delta_{chem} = \sqrt{\frac{kT}{A\Delta h_c}}$$

여기서 $\delta_{chem}$은 사전 혼합 불꽃의 반응 폭과 다른 반응길이스케일이다.

2. 무차원 반응속도지표

$$R_T = \frac{E}{RT} e^{-E/(RT)}$$

3. Prandtl 수, $Pr = \nu/\alpha$.

$t_{chem}/t_{Diff}$가 커지고 또는 $R_T$가 작아지거나 또는 $Re_{chem}$이 커지면서 소화가 되기 쉽다.

만약 $u_\infty$이 그렇게 높지 않고 $A(Y_{F,o}$ 및 $Y_{O_2,\infty}$에 종속되어 있는 기하급수적 계수)가 비지연 탄화수소 - 베이스의 연료에 대해 정상 범위에 있다면, 상대적인 시간을 제어하는 주요 요인은 실온($R_T$)이다. 사전 혼합불꽃의 전파를 제약하는 실험적 조건은 적어도 $T \approx 1{,}300$℃이다. 낮은 온도에서, $t_{chem}$은 $t_{Diff}$(또는 $t_{mix}$)에 비해 너무 커지고 반응속도는 너무 낮아진다. 그 결과는 국부적인 열손실이 느린 반응을 지배하고 $T$가 떨어지면서 그것을 더욱 느리게 하여 소화를 향하여 갑작스런 축소 나선형을 야기시키기 때문이다.

한편, 높은 $u_\infty$값도 동일한 결과를 일으킨다. 이것은 '불꽃스트레치' 효과라고 인용되기도 하고 보통속도구배, 예를 들면 경계층에서의 $u_\infty/\delta$로 표현된다. 불꽃을 불어서 끄는 것이 그 효과의 대표적인 것이다. 그것은 또한 불꽃 시트 양단의 속도구배에 의하여 산소로부터 연료를 분리하는 역할을 한다. 자연 발화조건에서 불꽃스트레치는 상용 연소제에 비해 상대적으로 작다. 그러나, 불꽃스트레치는 여전히 높은 전단영역에서 회선형 불꽃 시트를 국부적으로 끄는 역할을 하면서 난류연소의 요인이 될 수 있다. 그러나, 난류 불꽃에서 종 및 온도 분야의 요동치는 특성은 불꽃스트레치 단독으로 설명되는 것보다 더욱 복잡한 역할을 한다.

또한, 기체상태 난연재의 효과는 $A$ 및 $E$ 모두를 변화시킬 수 있다. 만약 $E$가 증가하면 소화에 대한 임계온도기준도 따라서 증가되어 효과적으로 $E/T$에 대한 임계 항상성을 유지할 수 있어야 한다. 이러한 화학적 효과는 복합적이고 특정한 것이며, 그것들을 적절하게 정량화 할 수 없다. 속도(불꽃스트레치) 및 화학물질의 구성(억제제 운동학) 모두가 소화에 영향을 줄 수 있다는 것을 기억하는 것만으로 충분하다. 여기서는 온도 소화기준만을 조사할 것이다.

## 9.7.2 물 및 희석제에 의한 억제

물이 일반적인 소화제로 사용되기 때문에, 그것이 억제 분석에 명확히 포함될 것이다. 기타 물리적(비화학적으로 작용하는) 제재의 효과 또한 어느 정도 포함될 수 있다. 오직 물에 대해서 설명할 것이다. 물은 다음과 같은 2가지 방법으로 작용한다고 가정한다:

1. 불꽃 속의 물방울은 기화된다.
2. 표면 위의 물방울은 기화된다.

수증기의 추가는 설명되지 않는다. 적어도 $CO_2$ 및 $H_2O$ 생성물에 대한 종 보존 식은 특별히 고려하여야 한다. 많은 양의 물이 불 위에 뿌려질 수 있으나 오직 분율만이 그 표시를 알려 준다는 것을 인식하며 오로지 기화된 물만 고려한다. 불꽃기화효과 (1)를 고려하려면, 에너지식(식 (9.23))이 기체상으로부터 물방울 기화로 인한 에너지 손실을 포함하여야 한다. 기체상에서의 순 에너지방출속도는

$$\dot{Q}_{net}''' = \dot{m}_F''' \Delta h_c - X_r \dot{m}_F''' \Delta h_c - \dot{m}_w''' L_w \tag{9.75}$$

여기서 복사손실을 불꽃복사분율 $X_r$로 그리고 에너지손실을 불꽃에서 단위부피당 물의 기화속도인 $\dot{m}_w'''$로 간주하고, 물의 기화열을 $L_w$라고 간주한다. 물에 대해 $L_w = h_{fg} + c_p(T_b - T_\infty) = 2.6$ kJ/g으로 한다. $\dot{m}_w'''$의 결정이 쉽지 않다는 것은 명확하지만, 잘 제어된 실험 또는 CFD (컴퓨터 유체역학) 모델은 그러한 정보를 개발할 능력을 갖고 있다. 불꽃에서의 물의 열손실을 불꽃에너지의 분율($X_{w,f}$)로 나타내면,

$$\dot{Q}_{net}''' = (1 - X_r - X_{w,f}) \dot{m}_F''' \Delta h_c \tag{9.76}$$

표면기화효과 (2)로부터, 표면에너지평형(식 (9.26e))을 전달된 (순)열이 표면에서 연료 및 물을 기화하는 데 사용되도록 재구성하여야 한다.

$$y=0, \quad k\frac{dT}{dy} = \dot{m}_F''L + \dot{m}_w''L_w \tag{9.77}$$

식 (9.73)으로 이어지는 일반화에서 직접 다음과 같이 쓸 수 있다.

$$\dot{m}_F'' = \left(\frac{h_c}{c_p}\right)\ln(1+B)$$

여기서

$$B = \frac{Y_{O_2,\infty}(1-X_r-X_{w,f})\Delta h_c/r - c_p(T_v - T_\infty)}{L_m} \tag{9.78}$$

그리고

$$L_m = L - \frac{\dot{q}_{f,r}'' + \dot{q}_e'' - \sigma(T_v^4 - T_\infty^4) - \dot{m}_w''L_w}{\dot{m}_F''}$$

다시 말해, 정체층 해의 모든 곳에 $\Delta h_c$를 $(1-X_r-X_{w,f})\Delta h_c$로 그리고 $L$을 $L_m$으로 대체한다. 불꽃온도에 대한 해는 식 (9.56)으로부터 다음과 같이 된다.

$$c_p(T_f - T_\infty) = \frac{Y_{F,o}(1-X_r-X_{w,f})\Delta h_c - L_m + c_p(T_v - T_\infty)}{1 + rY_{F,o}/Y_{O_2,\infty}} \tag{9.79}$$

이 식들은 산소 또는 물의 추가에 의한 물리적 억제효과를 예측할 수 있는 수단을 제공한다. 1300℃로 선택된 임계값의 불꽃온도에 대한 식은 소화조건을 수립하는 기준을 제공한다.

### 예제 9.2

PMMA의 소화에 필요한 임계주위 산소질량분율을 예측하시오. 외부복사 또는 물은 추가되지 않고 $T_\infty$ = 25℃이다. $h_c$ = 8 W/m$^2$ K로 가정하고 소화 시에 질량연소플럭스를 계산하시오. PMMA에 대해 $L$ = 1.6 kJ/g, $\Delta h_c$ = 25 kJ/g 그리고 $T_v$ = 360℃를 사용한다.

**풀이** 소화 시 불꽃이 작을 것으로 예상하여 불꽃복사 열유속이 없다고 가정할 수 있고 $X_r = 0$다. 이것은 소화가 될 즈음에는 그을음이 줄어들고 청색불꽃이 보통이기 때문에 그렇게 나쁜 근사가 아니다. PMMA에서, $Y_{F,o} = 1$. 이 값을 식 (9.79)에 대체하면, 다음을 얻을 수 있다($L_m = L$로 근사).

$$(1.2\times 10^{-3}\ \mathrm{kJ/g\ K})(1{,}300-25)\ \mathrm{K}$$
$$=\frac{(1)(1)25\ \mathrm{kJ/g}-1.6\ \mathrm{kJ/g}+(1.2\times 10^{-3}\ \mathrm{kJ/g\ K})(360-25)\ \mathrm{K}}{1+(25/13)(1)/Y_{O_2,\infty}},$$

$$1.53=\frac{23.8}{1+1.92/Y_{O_2,\infty}}$$

$$1.53+\frac{2.94}{Y_{O_2,\infty}}=23.8$$

$$Y_{O_2,\infty}=0.132$$

또는

$$X_{O_2,\infty}=(0.132)(29/32)=0.12\ \mathrm{molar}$$

이 몰 질량값은 그림 9.16에 있는 데이터의 상관관계에 대한 0.16과 비교된다. 이것은 0 외부플럭스에서의 상관관계로부터 그리고 소화 시 임계질량플럭스 5 g/m$^2$ s에 대해 성립한다.

연소율은 기본 일반식(식 (9.78))으로부터 알 수 있다. 거기서

$$B=\frac{Y_{O_2,\infty}\Delta h_c/r-c_p(T_v-T_\infty)}{L}$$
$$=\frac{(0.132)(13)-(1.2\times 10^{-3})(360-25)}{1.6}=0.821$$

그러면 소화 시

$$\dot{m}_F''=\frac{h_c}{c_p}\ln(1+B)$$
$$=\frac{8\ \mathrm{W/m^2\ K}}{1.2\ \mathrm{J/g\ K}}\ln(1.82)=4.0\ \mathrm{g/m^2\ s}$$

이것은 그림 9.16의 5 g/m$^2$ s과 비교된다.

수직 PMMA 슬래브의 연소 위에 물 스프레이를 한 효과가 Magee 및 Reitz[19]에 의해서 조사 되었다. 그들의 결과는 그림 9.17에서 표시된 것과 같이 외부복사 가열 및 PMMA 표면의 단위면적당 적용된 물의 속도에서 연소율의 선형그래프를 보여준다. 실험에서 추구했던 안정된 연소를 가정한다면, 식 (9.78) 및 (9.79)에 적용할 수 있다. 그러한 양에 대한 정보가 없기 때문에 단순화를 위하여 다음과 같이 가정한다.

$$X_r=0$$

$$X_{w,f}=0$$

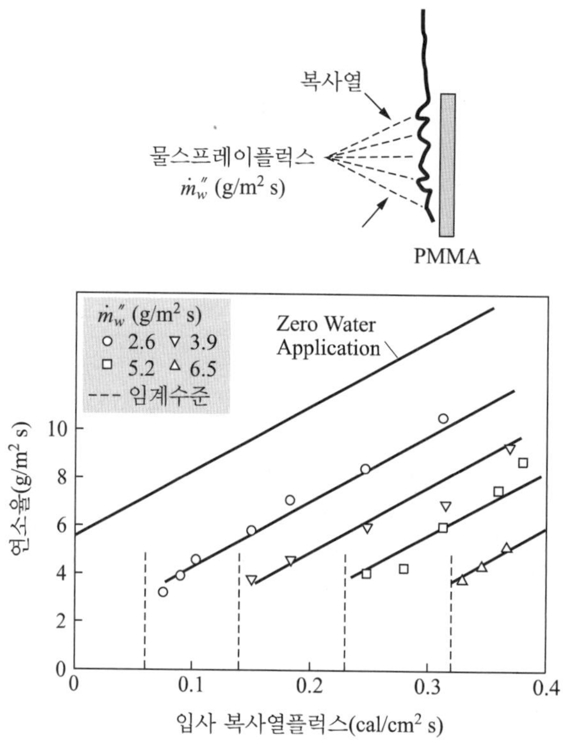


그림 9.17 ≫ 다양한 물 적용 속도에서 수직 PMMA 슬래브의 연소율 대 외부복사플럭스[19]

그러나, 벽 불꽃에서, 그것들은 작다고 예상된다. 식 (9.78)에 의해 다음과 같이 쓸 수 있다.

$$\dot{m}_F''L = \frac{h_c}{c_p}\left(\frac{\dot{m}_F''c_p/h_c}{e^{\dot{m}_F''c_p/h_c}-1}\right)\left[\frac{Y_{O_2,\infty}\Delta h_c}{r-c_p(T_v-T_\infty)}\right] + \dot{q}_{f,r}'' + \dot{q}_e'' - \sigma(T_v^4 - T_\infty^4) - \dot{m}_w''L_w \tag{9.80}$$

그리고 식 (9.79)으로부터 $L_m$을 대체하면,

$$\dot{m}_F''\left[c_p(T_f-T_\infty)\left(1+\frac{rY_{F,o}}{Y_{O_2,\infty}}\right)-c_p(T_v-T_\infty)\right]$$
$$= \dot{m}_F''Y_{F,o}\Delta h_c - \dot{m}_F''L + \dot{q}_{f,r}'' + \dot{q}_e'' - \sigma(T_v^4 - T_\infty^4) - \dot{m}_w''L_w$$

또는

$$\dot{m}_F''\left[c_p(T_f-T_\infty)\left(1+\frac{rY_{F,o}}{Y_{O_2,\infty}}\right)-c_p(T_v-T_\infty)+L-Y_{F,o}\Delta h_c\right]$$

$$= \dot{q}_{f,r}'' + \dot{q}_e'' - \sigma(T_v^4 - T_\infty^4) - \dot{m}_w'' L_w \tag{9.81a}$$

$T_f = 1{,}300$℃, $T_\infty = 25$℃ 및 $Y_{F,o} = 1$과 함께 두 개의 미지수에 대해 두 개의 식을 갖는다. 소화 조건에 대한 $\dot{m}_w''$ 및 $\dot{m}_F''$. 그러나, 연소율 억제하에서만, $\dot{q}_e''$ 및 $\dot{m}_w''$ 뿐만 아니라 $Y_{O_2,\infty}$의 항에서 거의 선형적인 결과를 주는 식 (9.80)을 적용한다. 1차 근사에서와 같이 억제효과의 비선형성은 무시될 수 있고 실험결과는 그 이론과 일치될 수 있다. 식 (9.80)으로부터 식 (9.81a)를 빼면, 임계질량 감소플럭스를 다음과 같이 표현할 수 있다.

$$\begin{aligned}&\dot{m}_{F,crit}\left[Y_{F,o}\Delta h_c + c_p(T_v - T_\infty) - c_p(T_f - T_\infty)\left(1 + \frac{rY_{F,o}}{Y_{O_2,\infty}}\right)\right]\\&= \frac{h_c}{c_p}\left(\frac{\dot{m}_F'' c_p/h_c}{e^{\dot{m}_F'' c_p/h_c} - 1}\right)\left[\frac{Y_{O_2,\infty}\Delta h_c}{r - c_p(T_v - T_\infty)}\right]\end{aligned} \tag{9.81b}$$

억제요인을 무시하면 이것은, $h_c = 8\ \mathrm{W/m^2\ K}$에서,

$$\begin{aligned}&\dot{m}_{F,crit}''[(1)(25\ \mathrm{kJ/g}) + (1.2\times10^{-3}\ \mathrm{kJ/g\ K})(360-25)\ \mathrm{K}\\&\qquad - (1.2\times10^{-3})(1{,}300-25)\left(1+\frac{25/13}{0.233}\right)\Big]\\&= \left(\frac{8\ \mathrm{W/m^2\ K}}{1.2\ \mathrm{J/g\ K}}\right)(1)[0.233(13) - (1.2\times10^{-3})(260-25)]\\&11.24\,\dot{m}_{F,crit}'' = 17.51\\&\dot{m}_{F,crit}'' = 1.56\ \mathrm{g/m^2\ s}\end{aligned}$$

이 결과를 소화 시 Magee 및 Reitz[19]의 약 4 g/m² s 데이터와 일치시키려면 약 16~20 W/m² K의 $h_c$에 해당하는 값(원래의 예측치 8을 초과하는 합리적인 선택)이 요구된다.

소화에 필요한 임계 물흐름속도 또한 알 수 있다. 데이터를 좀 더 적절하게 일치시키려면 $\dot{m}_w''$에 상응하는 $\dot{m}_F''$로 5.7 g/m² s를 선택하고 그림 9.17에서 $\dot{q}_e''$를 0으로 한다. 이것은 전체 불꽃 순표면 열유속이 $L = 1.6$ kJ/g에서 다음과 같이 될 것을 요한다.

$$\dot{q}_{f,net}'' = (5.7\ \mathrm{g/m^2\ s})(1.6\ \mathrm{kJ/g}) = 9.12\ \mathrm{kW/m^2}$$

따라서, 만약 그러한 불꽃 열유속이 눈에 띄게 변하지 않는다면 식 (9.80)으로부터 수직표면에 대하여 합리적인 수식

$$\dot{m}_w'' L_w = \dot{q}_{f,net}'' + \dot{q}_e'' - \dot{m}_F'' L$$

또는

$$\dot{m}_{w,crit}'' = \frac{9.12 + \dot{q}_e'' - (1.56\ \mathrm{g/m^2\ s})(1.6\ \mathrm{kJ/g})}{2.6\ \mathrm{kJ/g}} = 0.38\dot{q}_e'' + 2.55$$

따라서, 5.2 g/m$^2$ s(0.0076 gpm/ft$^2$)의 물로, 임계(최소)외부플럭스가 불꽃을 살릴 수 있는 것은 다음과 같다.

$$\dot{q}_e'' = \frac{5.2 - 2.55}{0.38} = 7.0\ \mathrm{kW/m^2}$$

이것은 Magee 및 Reitz의 데이터에서 제안된 대략 0.23 cal/cm$^2$ s 또는 9.6 kW/m$^2$과 같다. 그것은 이론이 소화를 잘 표현한다는 것을 입증하는 것이다. 소화에 대한 물의 플럭스 범위가 일반적인 스프링클러 설계규격에서 요구하는 것보다 대략 10~100배 적다는 것을 유념해야 한다. Magee 적용속도는 약 0.005 gpm/ft$^2$이고 반면에 앞에서 설명한 일반적인 스프링클러 밀도범위는 0.05 gpm/ft$^2$(경)에서 0.5 gpm/ft$^2$(극도로 위험한)까지다.

## 9.8 복합 재료의 연소율

화재에 사용하는 일반적인 재료 및 제품의 연소율은 측정을 통해서만 특별히 그리고 정확하게 수립될 수 있다. 여러 출처로부터의 추정이 표 9.4에 리스트 되어 있다. 또한, 산소 소비 칼로리미터가 복합연료 패키지의 에너지방출 속도를 측정하는데 직접 사용된다. 대부분의 경우,

**표 9.4** 다양한 연료 시스템에 대한 연소율의 추정치[20]

| | g/s |
|---|---|
| 쓰레기 용기 (사무실 사이즈) | 2~6 |
| 쓰레기 용기 (큰 산업용) | 4~12 |
| 겉천을 깐 의자 (싱글) | 10~50 |
| 겉천을 깐 소파 | 30~80 |
| 침대/매트리스 | 40~120 |
| 거주용 옷장 | ~40 |
| 거주용 침실 | ~130 |
| 거주용 부엌 | ~180 |
| 거주용 주택 | ~4×10$^4$ |

결과는 효과의 조합이다(점화, 확산 및 연소율).

현재까지 이론에서 묘사한 바대로 목재 및 탄화 재료의 연소는 불안정하다. 그림 9.4는 그러한 연소거동을 보여준다. 거기에서 탄화 효과가 중요하게 되면서

$$\dot{m}_F'' \sim \frac{1}{\sqrt{t}} \quad (t\text{는 시간})$$

그러나, 목재에 대한 불꽃 조건 하에서 평균 또는 연소피크는 간단하게 아래와 같이 묘사될 수 있다.

$$\overline{\dot{m}_{wood}}'' = C_w D^{-n} \tag{9.82}$$

여기서 $n$은 실험적으로 약 1/2로 알려졌고 $D$는 직경 또는 막대의 두께 치수와 동등한 값이다. 이것은 사탕소나무의 $C_w$는 0.88 mg/cm$^{1.5}$ s 그리고 폰데로사소나무의 $C_w$는 1.03 mg/cm$^{1.5}$ s를 갖는 실험적인 결과이다[21]. 고밀도(0.34 g/cm$^3$)의 견고한 폴리우레탄 폼에서 1.3의 $C_w$값을 갖는다는 것도 알려져 있다[22].

비록 식 (9.82)이 단순 막대에 대해서만 적용되는 것처럼 보이지만 꼭 그렇지만은 않다. 대략 (0.233)(12)/6 ≈ 0.46의 유효 $B$를 갖는 탄화재료는 외부 열유속 없이는 쉽게 불꽃을 유지할 수 없다. 목재연료 시스템에서, 이것은 벽난로에서 통나무의 정리, 방안 또는 '크립'이라고 알려진 가구/팰릿스타일 배열에서 열 피드백에 의해서 달성될 수 있다. 목재 크립은 동일 크기의 목재 막대를 동일한 간격의 층으로 질서 정연하게 배열한 것이다. 목재 내의 막대는 식 (9.82)에 따라 그리고 노출된 막대 표면 면적($A$)은 적은 다공성 크립에서 열분해된 연료의 불완전 연소에 의해 크립 내에서 생성된 열유속에 의해 연소된다. 통기가 제약된 후자의 경우 크립 내의 평균 기체온도는 공기 질량 흐름속도와 관련이 있다. 그 경우, 크립평균 - 피크불꽃질량감소속도는 실험적으로

$$\dot{m}_{air} \sim \rho_{air} A_o \sqrt{H}$$

에 비례한다는 것이 밝혀졌다.

여기서 $H$ : 크립의 높이

$A_o$ : 수직크립샤프트의 단면적

따라서, 시간 - 평균연소율은 아래 식으로

$$\frac{\overline{\dot{m}}_{crib}}{C_w D^{-1/2} A} = f\left(\frac{\rho_{air} A_o \sqrt{H}}{C_w D^{-1/2} A}\right) = f\left(\frac{A_o \sqrt{sD}}{A}\right) \tag{9.83}$$

나타낼 수 있다고 밝혀졌다. 여기서 $s$는 막대 사이의 간격이다. 그것은 Heskestad[23]에 의해 수립된 상관관계에 의하여 그림 9.18에서 볼 수 있다. 그리고 매릴랜드 대학[24]에서 학급 학생들에 의해 취해진 실험실 데이터와 비교되었다. 키 큰 크립에 대해 이론에 따르면 그것의 높이가 요인이 될 수 있지만, 그것이 상관관계에 포함되지 않았다는 것을 유념하라.

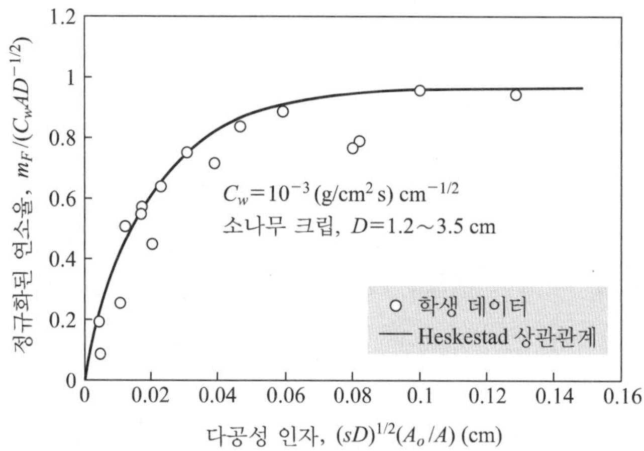


그림 9.18 ≫ 학생 데이터[24]와 Heskestad[23]에 따른 목재 크립의 연소율 상관관계

## 9.9 확산적 연소의 이론에 대한 대안, 검사체적

본 장에서는 액체의 안정된 연소의 논의를 시작하고 그 다음 좀 더 복잡한 조건으로 이론을 확장하였다. 정체층 모델로의 대안적 접근방법으로, 처음부터 좀 더 복잡한 경우를 고려할 수 있다. 물리적 및 화학적 현상이 거시적 관점에서 서술되었고 상세히 표현되었지만 상대적으로 간단한 수학(보다 일반적인 문제에 대한 대수적인 해를 제공할 수 있는)이다.

접근방법은 검사체적에 대한 보존법칙을 사용하여 전체연소문제를 공식화하는 것이다. 응축상은 증발선단과 함께 이동하는 검사체적을 이용할 것이다. 그 선단은 회귀하는 액체 또는 탄화가 없는 고체의 표면이거나 또는 원래 그대로의 (버진)재료로 연장되는 탄화선단이다. 원래의 두께 l은 변하지 않는다. 반면 응축상은 불안정하고 기체상은 낮은 밀도이기 때문에 안정 또는 그것으로 인해 안정된 해가 응축상의 순간적인 압력에 대하여 조정되는 과도 안정이다.

응축상(고체 또는 액체)은 질량분율 $Y_{F,o}$를 갖는 기체 형태의 연료로 증발할 일반적 상으로 간주된다. 그리고 ( )$_c$로 지정되는 특성을 갖는 탄화를 형성할 수 있다. 원래 그대로의 연료 특성은 아래첨자 없이 지정된다. 물을 고려할 것이고 시스템 안으로 살포될 것이며 일부는 표면 $(1-X_w)$에 도달하고 일부는 불꽃 속에 기화되어 있다($X_w$ = 불꽃 속의 기화된 물의 분율).

살포된 물은 불꽃 속 또는 표면에 완전히 기화된 것으로 간주된다. 물론 실제로 적용된 일부 물은 결코 연료에 도달하지 못하고, 그것은 궁극적으로 효율 요인으로 간주되어야 한다. 따라서 물은 완벽하게 억제에 기여한다고 고려한다. 물은 응축상 표면의 단위면적당 적용되고 표면에서 기체상태의 연료의 흐름속도에 영향을 주지 않는다고 가정한다. 물 또는 고려될 수 있는 기타 다른 소화제의 모든 방어효과는 여기서 무시될 수 있는 효과이지만 일반적으로 포함될 수 있다. 그러한 효과는 표면 방어뿐만 아니라 에너지를 흡수하는 재제에 대하여 고려되어야 한다.

고려한 검사체적관계는 속도 $\boldsymbol{w}$로 이동하는 검사체적표면에 근거하고 반면 매체속도는 $\boldsymbol{v}$다. 질량보존은 아래와 같이 주어진다.

$$\frac{d}{dt}\iiint_{\mathrm{CV}}\rho\, dV+\oiint_{\mathrm{CS}}\rho(\boldsymbol{v}-\boldsymbol{w})\cdot\boldsymbol{n}\, dS=0 \tag{9.84}$$

종의 보존은

$$\frac{d}{dt}\iiint_{\mathrm{CV}}\rho Y_i\, dV+\oiint_{\mathrm{CS}}\rho Y_i(\boldsymbol{v}-\boldsymbol{w})\cdot\boldsymbol{n}\, dS=\iiint_{\mathrm{CV}}(-\dot{m}_F''')s_i\, dV \tag{9.85}$$

여기서 $Y_i$는 종 $i$의 질량분율이고, $\dot{m}_F'''$는 단위부피당 연료의 소비속도이고 $s_i$는 $i$번째 종의 반응된 연료의 단위질량당 화학양론적 계수이다. 에너지 보존은 매체의 단위질량당 현열엔탈피 $h(=c_pT$, 식 (3.40)에 근거)에 근거한다.

$$\frac{d}{dt}\iiint_{\mathrm{CV}}\rho h\, dV+\oiint_{\mathrm{CS}}\rho h(\boldsymbol{v}-\boldsymbol{w})\cdot\boldsymbol{n}\, dS-V\frac{dp}{dt}$$
$$=\iiint_{\mathrm{CV}}\dot{m}_F'''\Delta h_c\, dV-\oiint_{\mathrm{CS}}\dot{\boldsymbol{q}}''\cdot\boldsymbol{n}\, dS \tag{9.86}$$

여기서 압력항은 응축 및 기체상 모두에서 적은 정역학적 변화를 제외하고, 압력이 일정하기 때문에 다음에는 무시될 것이다. 단위 법선 $\boldsymbol{n}$은 검사체적표면 $S$로부터 외부방향을 양으로 취한다. 따라서 식 (9.86)의 마지막항은 검사체적에 추가된 순열이다.

문제의 특정 형상이 그림 9.19에 나타나 있다. 자유 흐름은 $(\ )_\infty$으로 그리고 배면은 $(\ )_o$으로 지정한다. 탄화선단, 또는 탄화가 없을 경우 표면회귀속도는 $d\delta_c/dt$로 주어진다. 우선 응축상과 3개의 검사체적을 고려한다. 탄화, 증발 경계표면 그리고 원래 그대로의 재료(버진재료). 버진재료 검사체적의 두 개의 변동만 사용될 것이다. 하나는 재료내에서 프로세스가 안정된 것이고

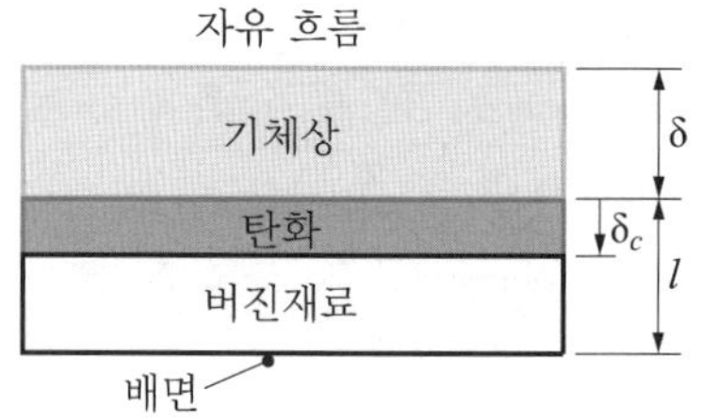


그림 9.19 ≫ 일반적인 기체 상 및 고체 상 구성

배면(열적으로 두꺼운)의 영향이 없다. 그리고 다른 하나는 배면(열적으로 얇은)의 영향이 있는 곳이다. 물에 대해 구분된 검사체적이 고려될 것이다. 액체물이 그 검사체적에 도달하고 물의 끓는점 $T_b$에서 증기로 변환된다. 물은 안정된 프로세스로 기화한다고 가정한다. 결국, 검사체적은 그것의 두께가 일정한 경계층 또는 불꽃대를 나타내는 기체상에 대하여 고려될 것이다.

## 9.9.1 응축상

응축상의 검사체적은 그림 9.20에서 볼 수 있다. 검사체적은 영역으로 묘사된 표면에서 기화된 물을 포함하기 위하여 선택되었지만, 그것은 표면 전체에 일정하게 분포되어 있다고 가정한다. 표면면적은 실제로 미분의 작은 면적이다. 탄화 검사체적만이 일정한 밀도, $\rho_c$의 탄화를 포함한다. 유사하게, 버진재료는 일정한 밀도, $\rho$를 갖고 있다. 경계면 검사체적은 0부피이고 그것은 응축상에서 기체 연료(그리고 탄화)로 전이가 그 작은 영역에서 신속하게 일어난다고 가정한다. 화재에서 높은 열유속 조건에 대하여, 그것은 좋은 가정이라고 알려져 있지만, 그러한 프로세스는 영역 전체에 분포되어 있다는 것이 인식되었다. 버진 고체에서 2개의 대안적인 검사체적이 있다. (a) 영역, 배면의 효과를 포함하고 있는 그리고 열적으로 엷은 고체를 나타내는 전체 영역, 또는 (b) 둘 모두 $d\delta_c/dt$와 동일한 속도로 이동하는 $\delta_c$ 그리고 $\delta_s$로 둘러싸인 영역. 그 부피 내의 재료는 $\delta_s$가 배면에 도달하지 않는 한 시간에 대하여 불변이고 고정되어 있다. 이 조건이 만족되는 한, 고체는 열적으로 두껍다고 고려할 수 있다. 그 조건이 만족되는 시간은 $1-\delta \geq \sqrt{\alpha t}$ 일 때 충족된다. 여기서 $\alpha$는 열적확산성이다. $\delta_c$와 접하고 있는 표면은 $\boldsymbol{w} = d\delta_c/dt\boldsymbol{j}$으로 이동하고 있는 제어표면이라는 것을 유념하여야 한다. 여기서 $\boldsymbol{j}$는 $y$방향으로 양의 아랫방향이다. 세부내용은 다음과 같다. 기호 명명은 교재 전체에서 사용된 것이다. 분석은 다음과 같다.

탄화에 대한 에너지 보존

$$\frac{d}{dt}\int_0^{\delta_c} \rho_c h_c dy + \sum_{\mathrm{CS}} \rho h(\boldsymbol{v}-\boldsymbol{w}) \cdot \boldsymbol{n} = \sum_{\mathrm{CS}} \dot{q}_{added}''$$

$$\int_0^{\delta_c} \frac{\partial}{\partial t}(\rho_c h_c)dy + \rho_c h_c(T_v)\frac{d\delta_c}{dt} + \rho_c h_c(T_v)\left(0 - \frac{d\delta_c}{dt}\right)$$

$$+ \dot{m}_F''[h_g(T_s) - h_g(T_v)] = \dot{q}_{net}'' - \dot{q}_k'' - \dot{q}_w'' \quad (9.87)$$

물에 대한 에너지 보존

$$0 + (1 - X_w)\dot{m}_w''h_{w,g}(T_b) - (1 - X_w)\dot{m}_w''h_w(T_\infty) = \dot{q}_w'' \quad (9.88)$$

엔탈피는 물의 증발열의 항으로 표현될 수 있다.

$$h_{w,g}(T_b) - h_w(T_\infty) = c_{w,lig}(T_b - T_\infty) + h_{w,fg} \equiv L_w \quad (9.89)$$

여기서 $h_{w,fg}$는 증발열이다.

증발접점에 대한 에너지 보존

$$0 + \dot{m}_F''h_g(T_v) + \rho_c\left(0 - \frac{d\delta_c}{dt}\right)(-1)h_c(T_v) + \rho\left(0 - \frac{d\delta_c}{dt}\right)(+1)h(T_v) = \dot{q}_k'' - \dot{q}_{k,o}'' \quad (9.90)$$

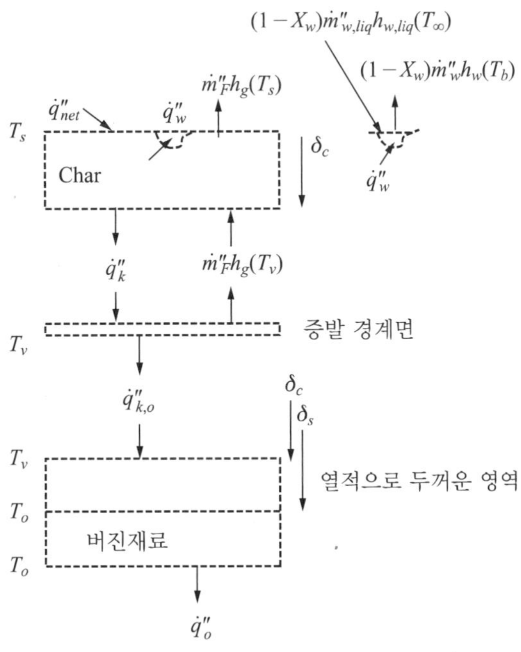


그림 9.20 ≫ 응축상에서 선택된 검사체적

배면을 포함한 버진고체에 대한 에너지 보존

$$\frac{d}{dt}\int_{\delta_c}^{l}\rho h\,dy+\rho\left(0-\frac{d\delta_c}{dt}\right)(-1)h(T_v)+0=\dot{q}_{k,o}''-\dot{q}_o'' \tag{9.91}$$

시간에 종속인 $\delta_c$를 인식하고 적분을 미분하면,

$$\int_{\delta_c}^{l}\frac{\partial}{\partial t}(\rho h)dy=\dot{q}_{k,o}''-\dot{q}_o''$$

증발 경계면에 대한 질량의 보존

$$0+\dot{m}_F''+\rho_c\left(0-\frac{d\delta_c}{dt}\right)(-1)+\rho\left(0-\frac{d\delta_c}{dt}\right)(+1)=0$$

또는

$$\dot{m}_F''=(\rho-\rho_c)\frac{d\delta_c}{dt} \tag{9.92}$$

안정된, 열적으로 두꺼운 조건에 대한 버진고체에서의 에너지 보존

$$l-\delta_c\geq\sqrt{\alpha t}$$

이 경우 $y=\delta_s$에서 열 전달은 없다:

$$\frac{d}{dt}\int_{\delta_c}^{\delta_s}\rho h\,dy+\rho\left(0-\frac{d\delta_c}{dt}\right)(-1)h(T_v)+\rho\left(0-\frac{d\delta_c}{dt}\right)(+1)h(T_o)=\dot{q}_{k,o}'' \tag{9.93}$$

식 (9.92)와 탄화분율 $X_c=\rho_c/\rho$의 정의를 결합하면 다음과 같이 된다.

$$\frac{\dot{m}_F''}{1-X_c}c(T_v-T_o)=\dot{q}_{k,o}''$$

여기서 $c$는 고체의 비열이다.

위의 식은 결합되어 표면 $y=0$에서의 연소율에 대한 조건을 형성한다. 그것은 연소가 일어나는 기체상에 대한 경계조건으로 된다. 식 (9.87), (9.88), (9.90) 및 (9.91)을 추가함으로써 최선으로 된다. 그렇게 할 때, 증발 경계면에서 엔탈피를 그룹핑하면 다음과 같이 되고 그것은 버진고체의 단위질량당 에너지항(관례상)으로 정의된 증발엔탈피를 나타낸다.

$$\Delta h_{py}\equiv(1-X_c)h_g(T_v)+X_ch_c(T_v)-h(T_v) \tag{9.94}$$

연소율에 대한 최종 결과는 버진고체의 기화열 $L_o$항으로 표현될 수 있다.

$$L_o \equiv \Delta h_{py} + c(T_v - T_o) \tag{9.95}$$

순표면 열유속은 명쾌하게 다음과 같이 주어진다.

$$\dot{q}_{net}'' = \dot{q}_{f,c}'' + \dot{q}_{f,r}'' + \dot{q}_{e,r}'' - \sigma(T_s^4 - T_\infty^4) \tag{9.96}$$

여기서 $\dot{q}_{f,c}''$ : 불꽃대류열유속

$\dot{q}_{f,r}''$ : 불꽃복사열유속

$\dot{q}_{e,r}''$ : 외부복사열유속

$\sigma(T_s^4 - T_\infty^4)$ : 재복사 손실

$$\frac{\dot{m}_F'' L_o}{1 - X_c} = \dot{q}_{f,c}'' + \dot{q}_{f,r}'' + \dot{q}_{e,r}'' - \sigma(T_s^4 - T_\infty^4) - \int_0^{\delta_c} \frac{\partial}{\partial t}(\rho_c h_c)dy - (1 - X_w)\dot{m}_w'' L_w + \left[\frac{\dot{m}_F'' c(T_v - T_o)}{1 - X_c} - \int_{\delta_c}^{l} \frac{\partial}{\partial t}(\rho h)dy - \dot{q}_o''\right] \tag{9.97}$$

여기서, [ ]의 양은 안정된, 열적으로 두꺼운 고체의 경우 0이다. 만약 버진고체가 충분히 두껍다면, 그것은 안정된 상태로 될 수 있지만, 탄화층이 두꺼워지면서 표면온도 증가는 불안정효과를 지속한다. 탄화엔탈피를 포함하고 있는 불안정항은 탄화밀도가 작기 때문에 매우 크지는 않을 것이다. 탄화의 경우에서 특히 $T_v$에서 $T_s$까지의 표면온도 증가 및 탄화분율에 의한 감소를 고려한다면 연소율의 감소는 분명하다. 실험적으로 측정된 시간 - 평균, 질량 감소 또는 열량 측정기로부터 탄화재료($L$)의 유효 기화열이 비탄화고체의 그것에 비해, 즉 $L = L_o/(1 - X_c)$, 식 (9.7) 보다 높은 이유를 알 수 있다.

## 9.9.2 기체상

기체상(그림 9.19)에서 검사체적은 정적이고, 안정된 것으로 간주되고 응축상으로부터 전달된 모든 변화에 신속히 반응한다. 억제에 사용된 물은 불꽃 속에서 기화된다. 불꽃은 경계층 내에서 두께 $\delta_R$이다. 운동학적 효과는 근본적으로 모든 연소가 일어나는 그러한 영역에서 중요하다. 보존관계는 다음을 따른다.

특히 불꽃 및 표면으로부터 기화에 의한 수증기의 기여를 강조하는

질량 보존

$$\dot{m}_P'' = \dot{m}_F'' + \dot{m}_\infty'' + X_w \dot{m}_w'' + (1 - X_w)\dot{m}_w'' \tag{9.98}$$

종의 보존

화학적 식이 화학양론적 산소 대 반응연료 질량비, $r$의 항으로 표시된다:

$$1\text{ g } F + r\text{ g } O_2 \rightarrow (r+1)\text{ g } P \tag{9.99}$$

(만약 이 반응이 난류에서 있었다면, 난류흐름에서 연료 및 산소의 '미혼합'에 기인한 잉여산화제가 존재할 것이다. 따라서, $r$은 특히 난류 반응에서 분자적인 화학적 제약 보다 클 것이다.)

불꽃에서 균일한 반응속도를 가정하면, 다음을 얻을 수 있다:

$$\text{연료} : -Y_{F,o}\dot{m}_F'' = -\dot{m}_F'''\delta_R \tag{9.100}$$

$$\text{산소} : -Y_{ox,\infty}\dot{m}_\infty'' = -r\dot{m}_F'''\delta_R \tag{9.101}$$

운동학

Arrhenius 운동학을 적용하면 그것들은 다음과 같이 표현된다.

$$\dot{m}_F''' = Ae^{-E/(RT)} \tag{9.102}$$

불꽃영역의 두께는 사전 혼합불꽃에서 사용된 것과 유사한 방법으로 추정될 수 있다. 검사체적은 응축상 표면과 반응영역 바로 전 지점 사이에서 선택된다. 그것은 '예열 지역'이며, $T_i$까지 가열된다. 열전달은 불꽃으로부터 그 지역에서 전도에 의해 받은 것이다. 결과는 다음과 같다.

$$\dot{m}_F''c_p(T_i - T_s) = k(T_f - T_i)\delta_R \tag{9.103}$$

식 (9.103)은 식 (9.100)을 사용한 사전 혼합 불꽃에 대한 것과 유사한 불꽃두께에 대한 추정치를 제공할 수 있으며 온도 비에서 추정치 3을 제공한다:

$$\delta_R \approx \left(\frac{3kY_{F,o}}{c_p\dot{m}_F'''}\right)^{1/2} \tag{9.104}$$

연소율 및 불꽃온도에 대한 해를 푸는데 있어서 앞으로는 운동학을 배제할 것이지만, 그것은 소화를 이해하는 데 있어서 중요한 것이다. 기체상에서 연소율 및 불꽃온도에 대한 해는 과도 또는 안정된 해이다. 안정된 조건이 존재하지 않는 경우 불은 꺼진다. 소화는 나중에 9.10절에서 설명될 것이다.

에너지 보존

제품은 표면에서 기화된 물 및 불꽃에서 기화된 물로부터 온도 $T_f$의 불꽃과 수증기 흐름을 남긴다. 검사체적은 불꽃 검사체적으로부터 열, $\dot{q}_{f,w}''$를 받은 물방울을 제외한다. 불꽃에서 현재 기화된 물의 분율에 대한 식 (9.88)에서 계산된 바와 같이,

$$\dot{q}_{f,w}'' = X_w \dot{m}_w'' h_{w,g}(T_b) + X_w \dot{m}_w'' h_w(T_\infty) = X_w \dot{m}_w'' L_w \tag{9.105}$$

불꽃 검사체적에 대한 에너지 평형은 아래와 같이 주어진다.

$$\begin{aligned}&\dot{m}_p'' c_p T_f - \dot{m}_\infty'' c_p T_\infty - X_w \dot{m}_w'' c_p T_b - \dot{m}_F'' c_p T_f - (1 - X_w)\dot{m}_w'' c_p T_b \\ &= -\dot{q}_{f,c}'' - \dot{q}_{f,w}'' - X_r \dot{m}_F''' \delta_R \Delta h_c + \dot{m}_F''' \delta_R \Delta h_c\end{aligned}$$

또는

$$\begin{aligned}&\dot{m}_p'' c_p T_f - \dot{m}_\infty'' c_p T_\infty - \dot{m}_w'' c_p T_b - \dot{m}_F'' c_p T_f \\ &= -\dot{q}_{f,c}'' - X_w \dot{m}_w'' L_w + (1 - X_r)\dot{m}_F''' \delta_R \Delta h_c\end{aligned} \tag{9.106}$$

이 경우, 응축상의 표면이 받은 것을 포함하여 불꽃으로부터의 모든 복사 손실은 $X_r$로 계상된다. 따라서 불꽃복사 열유속은 여기에 보이지 않는다.

식 (9.106)은 연소율(플럭스)항을 위해 모든 질량항을 제거하여 수정될 수 있다. 그것은 다음 식을 제공한다.

$$\begin{aligned}&\dot{m}_F''\left\{c_p(T_f - T_\infty) - c_p(T_s - T_\infty) + \left(\frac{rY_{F,o}}{Y_{ox,\infty}}\right)c_p(T_f - T_\infty)\right. \\ &\left.+\left(\frac{\dot{m}_w''}{\dot{m}_F''}\right)[c_p(T_f - T_\infty) - c_p(T_b - T_\infty) + X_w L_w] - (1 - X_r) Y_{F,o} \Delta h_c\right\} \\ &= -\dot{q}_{f,c}''\end{aligned} \tag{9.107}$$

식 (9.97)과 함께 이 식은 대류불꽃 열유속을 제거하여 불꽃온도에 대한 식을 전개할 수 있도록 한다. 이 식은 여전히 유효 기화열, $L_m$의 항에서 연소율을 포함하고 있다. 식 (9.97)로부터, 다음과 같이 '수정된' 기화열 $L_m$을 정의한다.

$$\begin{aligned}\dot{q}_{f,c}'' &= \dot{m}_F'' L_m \\ &\equiv \dot{m}_F''\left(\frac{L_o}{1 - X_c} - \frac{1}{\dot{m}_F''}\left\{\dot{q}_{f,r}'' + \dot{q}_{e,r}'' - \sigma(T_s^4 - T_\infty^4)\right.\right.\end{aligned}$$

$$
-\int_{0}^{\delta_c}\frac{\partial}{\partial t}(\rho_c h_c)dy-(1-X_w)\dot{m}_w''L_w
+\left[\frac{\dot{m}_F''c(T_v-T_o)}{1-X_c}-\int_{\delta_c}^{l}\frac{\partial}{\partial t}(\rho h)dy-\dot{q}_o''\right]\Bigg\}\Bigg) \tag{9.108}
$$

이것은 수정된 기화열이 질량 감소속도를 증가 또는 감소시키는 모든 효과를 포함하고 있다는 것을 보여준다. [ ] 속의 항이 만약 고체가 열적으로 두껍고 버진고체가 안정된 상태로 되면 0으로 된다는 것을 기억해라. 식 (9.107) 및 (9.108)을 풀어 불꽃온도에 대한 식을 얻는다:

$$
\begin{aligned}
&c_p(T_f-T_\infty)=\\
&\frac{1}{1+(rY_{F,o}/Y_{ox,\infty})+(\dot{m}_w''/\dot{m}_F'')}\\
&\times\left\{(1-X_r)Y_{F,o}\Delta h_c-\frac{L_o}{1-X_c}+c_p(T_s-T_\infty)-\left(\frac{\dot{m}_w''}{\dot{m}_F''}\right)[L_w+c_p(T_b-T_\infty)]\right.\\
&\left[\dot{q}_{f,r}''+\dot{q}_{e,r}''-\sigma(T_s^4-T_\infty^4)-\int_0^{\delta_c}\left(\frac{\partial}{\partial t}\right)(\rho_c h_c)dy\right]\\
&\left.+\frac{-\left[\dot{m}_F''c(T_v-T_o)/(1-X_c)-\displaystyle\int_{\delta_c}^{l}(\partial/\partial t)(\rho h)dy-\dot{q}_o''\right]}{\dot{m}_F''}\right\}
\end{aligned} \tag{9.109}
$$

이것은 정확하게 정체층 1차원 순수확산문제(식 (9.56))로 축소된다.

정체층 해에서, 불꽃에서 기화된 물 및 복사 손실에 대한 계산은 식 (9.23)과 같은 수정된 에너지식으로 된다.

$$
\begin{aligned}
c_p\dot{m}_F''\frac{dT}{dy}-k\frac{d^2T}{dy^2}&=\dot{m}_F'''(1-X_r)\Delta h_c-X_w\dot{m}_w'''L_w\\
&=\dot{m}_F'''\left[(1-X_r)\Delta h_c-\left(\frac{\dot{m}_w''}{\dot{m}_F''}\right)X_wL_w\right]
\end{aligned} \tag{9.110}
$$

괄호 안의 항은 좀 더 완전한 문제에 대한 연소열로 간주될 수 있다. 만약 식 (9.108)에서 주어진 좀 더 완전한 경계조건을 갖는 일반적인 미분식의 정체층 해에서 그러한 효과가 있다면, $B$ 수는 다음과 같이 된다.

$$B = \frac{Y_{ox,\infty}[(1-X_r)\Delta h_c - (\dot{m}_w''/\dot{m}_F'')X_w L_w]/r - c_p(T_s - T_\infty)}{L_m} \tag{9.111}$$

연소율은 아래와 같이 된다.

$$\dot{m}_F'' = \frac{h_c}{c_p}\ln(1+B) \tag{9.112a}$$

또는

$$\frac{\dot{m}_F'' c_p}{h_c} \equiv \gamma = \frac{\gamma}{e^\gamma - 1}B \tag{9.112b}$$

그리고

$$\frac{\dot{m}_F'' c_p x}{k} = \frac{h_c x}{k}\frac{\gamma}{e^\gamma - 1}B \tag{9.112c}$$

대안으로, 식 (9.108)에서, 대류열유속은 아래와 같이 근사될 수 있다.

$$\dot{q}_c'' = h_c(T_f - T_s) \tag{9.113}$$

그리고 식 (9.109)을 사용하여 연소율에 대한 근사 결과를 얻을 수 있다. 요약하면, 식 (9.111) 및 (9.112)은 연소율에 대한 좀 더 완전한 해를 표시한다. 식 (9.109) 상응하는 불꽃온도를 제공한다.

## 9.10 운동학에 근거한 소화에 대한 일반적인 고려 사항

소화에 대한 임계불꽃 온도기준을 고려해 보자. 불꽃 소화의 검토에서 Williams[25]은 역류 확산 불꽃 실험에서 다른 연료에 대한 이론적인 단열불꽃온도를 보고하였다. 그러한 온도는 스트레인율($u_\infty/x$)과 함께 감소하고, 범위는 1700에서 2300 K이다. 그러나, 실험측정온도는 엄격히 말해 매우 낮은 경향이 있다(예를 들면 Williams[25]은 메탄이 1650 K, 이소옥탄이 1880 K 그리고 메틸메트라크릴레이트 및 헵탄이 1500 K라고 보고하였다). 1500 ± 50 K가 '화학적 억제제가 없는 산소 - 질소 혼합물에서 많은 탄소 - 수소 - 산소 연료연소'에 대한 대략적인 소화온도를 나타낼 수 있다고 결론을 내렸다.

Macek[27] 사전 혼합 연료 - 공기시스템 및 자연 대류 조건 하에서 작은 확산불꽃에 대한 가연성 한계를 조사하고, 그러한 불꽃 시스템에 대한 평형불꽃온도를 계산하였다. 측정된 사전 혼합 가연성하한에서의 그리고 표준 제한산소지수(LOI) 방법으로 소화를 위해 측정된 그것들의 산소농도에서의 알칸 및 알코올에 대한 데이터를 고려한다.

LOI 방법은 제어된 산소방 내에 뒤집어진 반구 버너장치에서 확산불꽃에 대한 소규모의 시험방법이다. 그림 9.21은 완전 연소에 대한 제약조건에서 그리고 CO 및 물의 대안적인 최악의 연소조건에 대한 계산된 단열불꽃온도를 보여준다. Macek 확산불꽃의 소화가 두 화학양론적 한계사이 어디에서라도 발생하여야 한다는 것을 주장하였고, 따라서 엄격하게 사전 혼합불꽃에 대하여 일반적으로 제안된 것처럼, 임계불꽃온도는 약 1600 K라는 암시를 준다. 그러한 기준은 종종 일정한 비열의 단열불꽃온도가 다음과 같은 식 (4.55)를 따르는 사전 혼합불꽃에 대하여 적용된다.

$$c_p(T_{f,ad} - T_\infty) = Y_{F,o}\Delta h_c \tag{9.114}$$

여기서 공급된 연료 질량분율은 $Y_{F,o}$다. 확산불꽃에 상응하는 표현은 식 (9.109)과 같이 더욱 복잡하다. LOI 조건은 확산불꽃의 특성으로 적어도, 거의 화학양론적 연료농도와 일치하고, 따라서 소화온도는 그림 9.21의 LFL 사전 혼합불꽃에 대한 온도 보다 높다. 1600 K의 값은 그림 9.21의 결과와 일치하는 것으로 나타났고, 사전 혼합불꽃이 소화 시 확산불꽃 보다 더 완전하게 연소될 수 있다고 제안한다. 열전달프로세스가 시스템의 사전 혼합 여부에 관계없이 영향을 받지 않기 때문에, 동일한 운동학이 두 불꽃 구성 모두에 적용되어야 한다. 자연 발화조건에서의

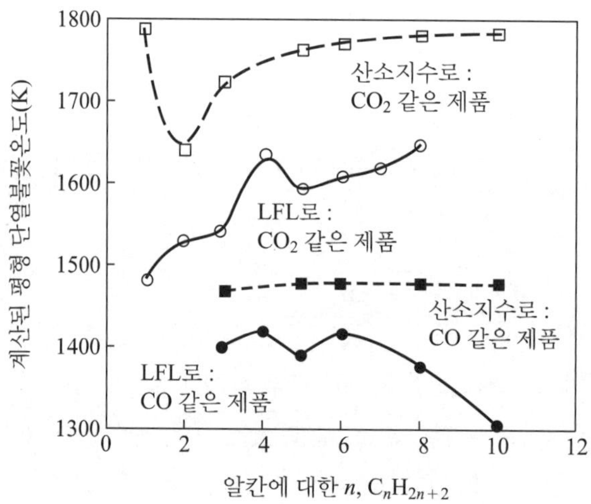


그림 9.21 ≫ 사전 혼합 및 확산불꽃에 대한 소화시 단열불꽃온도 (Macek[26]로부터)

불꽃은 자신 고유의 난류구조와 함께 상대적으로 낮은 속도의 중력 - 유도흐름에 의하여 영향을 받는다. 따라서, 흐름분야는 자연대류불꽃에 작은 영향을 주고, 임계소화온도는 Williams[25]이 제안한 1200~1300℃에 더욱 잘 일치한다고 가정할 수 있다. 다음부터 확산불꽃에 대해 1300℃(~1600 K)를 사용할 것이다. 실제로, Roberts 및 Quince[27]은 성공적으로 연소를 유지하는데 필요한 액체온도(연소점)를 예측하면서 1600 K가 대략적인 소화한계라고 결론을 지었다. 그들은 $b_{OF}$ 및 $b_{OT}$를 풀고 그 임계불꽃온도에 따라 Clausius-Clapeyron 식을 사용하였다.

## 9.10.1 사전 혼합 및 확산불꽃에서 소화의 유사성에 대한 검증

4.5.4절의 사전 혼합불꽃의 검사체적 분석은 9.9절의 분석과 함께 확산불꽃을 두 프로세스에 관련짓기 위하여 사용될 수 있다. 운동학은 각각에 대하여 동일하고 식 (9.102)에서와 같이 주어진다고 가정한다. 소화에 관심이 있기 때문에, 불꽃으로부터의 열 손실은 흡수계수 $\kappa$의 광학적으로 얇은 불꽃의 복사에 의한다고 가정하는 것이 합리적이다:

$$\dot{q}_{loss}'' = 4\kappa\sigma(T_f^4 - T_\infty^4)\delta_R \tag{9.115}$$

사전 혼합의 경우, 식 (4.42)를 따라,

$$\left(\frac{\dot{m}_F'''}{Y_{F,o}}\right)[Y_{F,o}\Delta h_c - c_p(T_f - T_o)] = 4\kappa\sigma(T_f^4 - T_\infty^4) \tag{9.116}$$

유사한 식이 확산불꽃에 대해서 도출될 수 있다. 여기서, 단순화를 위하여 물의 적용 및 탄화가 없다고 고려한다. 광학적으로 얇은 불꽃열 손실은 다음과 같은 명확하게 표현할 수 있고

$$X_r \dot{m}_F''\Delta h_c = 4\kappa\sigma(T_f^4 - T_\infty^4)\delta_R \tag{9.117}$$

대칭에 의해서, 이것의 반은 입사표면 불꽃복사 $\dot{q}_{f,r}''$이다. 따라서 식 (9.100) 및 (9.107)로부터, 그것은 다음을 따른다.

$$\left(\frac{\dot{m}_F'''\delta_R}{Y_{F,o}}\right)\left[Y_{F,o}\Delta h_c - \left(1 + \frac{rY_{F,o}}{Y_{ox,\infty}}\right)c_p(T_f - T_\infty) + c_p(T_s - T_\infty)\right]$$
$$= \dot{q}_{f,c}'' + 4\kappa\sigma(T_f^4 - T_\infty^4)\delta_R \tag{9.118}$$

식 (9.108)에서 불꽃대류 열유속을 안정된 조건 및 외부열유속 없음(그리고 탄화 및 물 없음)으로 대체하면, 확산불꽃에 대하여 식 (9.116)과 유사하게 다음을 따른다.

$$\left(\frac{\dot{m}_F'''}{Y_{F,o}}\right)\left[Y_{F,o}\Delta h_c - L - \left(1+\frac{rY_{F,o}}{Y_{ox,\infty}}\right)c_p(T_f - T_\infty) + c_p(T_s - T_\infty)\right]$$
$$= 2\kappa\sigma(T_f^4 - T_\infty^4) + \frac{\sigma(T_v^4 - T_\infty^4)}{\delta_R} \tag{9.119}$$

식 (9.116) 및 (9.119)의 오른편(RHS)은 순열 손실을 표시하고 왼편(LHS)은 에너지이득을 나타낸다. 이득과 손실 항은 'Semenov' 연소 다이어그램과 같이 확산 및 사전 혼합불꽃 모두에 대한 불꽃온도의 함수로 도식화 될 수 있다. 이득과 손실 곡선의 교점은 한정된 해를 나타내고, 반면에 접선은 소화를 나타낸다.

그러한 Semenov 다이어그램을 합리적인 정량적 항으로 보여주기 위해 다음의 특성을 가진 *n*-헵탄이 선택되었다:

| | |
|---|---|
| $\Delta h_c = 41.2$ kJ/g (표 2.3) | $r = 3.15$ |
| $T_v = 98$℃ (표 9.2) | $k = 0.117$ W/m K |
| $L = 0.477$ kJ/g | $c_p = 1.3$ J/g K |
| $\rho_o = 1.18$ kg/m$^3$ | $T_o = T_\infty = 25$℃ |
| $E/R = 19{,}133$ K (참고문헌[25]로부터) | $A = 1.41\times10^8$ g/m$^3$ s |

식 (4.40)을 사용하여 $Y_F = 0.0355$의 가연성 하한에 맞게 $A$값이 선택되었다. 계산된 결과는 그림 9.22 및 9.23에서 볼 수 있다. 그림은 결과한 불꽃온도에 대한 안정된 상태 해를 보여준다. 사전 혼합 전달에서, 화학양론적 연료조건에서의 계산된 온도는 이득곡선의 가파른 특성으로 인해 거의 단열불꽃온도와 같다. 연료농도가 떨어지면서 불꽃온도도 떨어진다. 그림 9.22(b)에 0.035의 연료농도에서 그 이하에서 더 이상 안정된 해가 없는 임계조건을 나타내는 손실 및 이득곡선의 접선이 있다는 것을 명확하게 볼 수 있다. 그것은 계산된 LFL이고 실험값과 잘 부합한다. 그림 또한 명확하게 일반적으로, 두 개의 안정된 해가 가능하지만($S$ 및 $U$), 위의 것은 안정하고($S$) 아래 것은 불안정($U$)하다는 것을 보여준다. 지속적 전달이 불가한 임계온도는 약 1050℃이고, 반면 횡좌표상의 상응하는 단열불꽃은 약 1150℃이다. 그것은 보통 가정한 그리고 처음에 표시한 값 1300℃과 대조적이다. 그러나, 계산이 근사값이고, 특별히 계산에서 사용된 비열에 대해 일정한 값이 적용되었다는 것이 강조되어야 한다. 유사한 결과가 *n*-헵탄 액체의 안정된 연소 하에서 확산불꽃에 대해서 계산되었다. 그 결과 불꽃온도가 그림 9.23(a) 및 (b)에 주어져 있다.

상응하는 연소율은 식 (9.112)으로부터 결정될 수 있다. 주위공기조건(0.233)에서, 불꽃온도는 단열불꽃온도와 유사하다. 주위산소농도가 떨어지면서 불꽃온도는 임계값 $c$, 또는 약 950℃로 될 때까지 감소하였다. 그것의 상응하는 단열불꽃온도는 약 1100℃이다. 이러한 결과는 근사값이다. 그러나, 그것들이 헵탄의 사전 혼합과 확산불꽃의 소화 임계온도는 유사함을 보여준다. 따라서, 실험적 임계값 약 1300℃는 믿을 만하다.

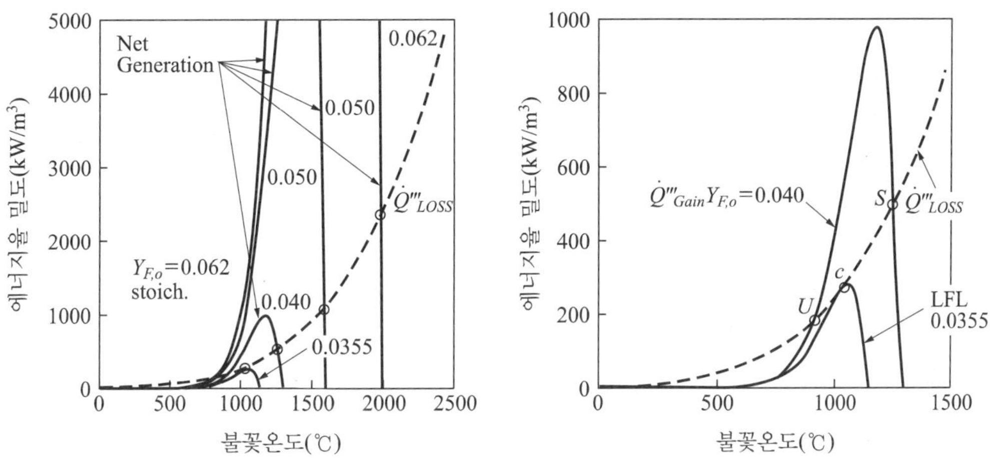


그림 9.22 ≫ (a) 사전 혼합 $n$–헵탄전달에 대해 계산된 안정된 상태 해
(b) 헵탄전달에 대한 계산된 임계조건(LFL)

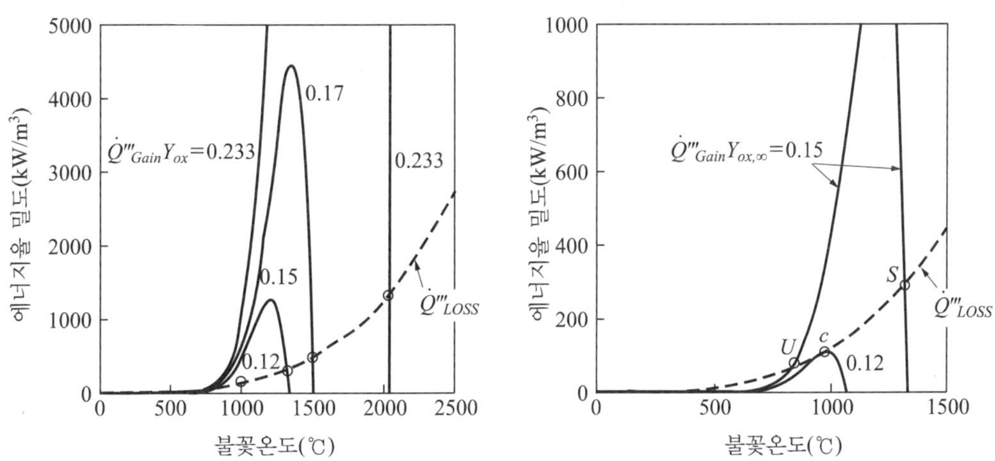


그림 9.23 ≫ (a) 주위 산소 질량분율의 함수로 $n$–헵탄에 대해 계산된 안정된 연소
(b) 소화 시 임계조건

## 9.11 확산 연소 소화에 적용

산소 및 외부복사에 의존하는 임계조건을 어떻게 알 수 있는지 확산 연소에서 불꽃소화의 조건으로 1,300℃ 기준을 조사하자. 무엇보다도, 그러한 두 개의 지표(산소 및 복사)는 대부분의 고체를 연소시키는 두 개의 중요한 변수이다. 이 응용에 고정시키기 위한 몇 가지 데이터를 조사할 것이다.

Tewarson 및 Pion[18]은 FMRC 가연성 장치에서 재료의 연소에 대한 시험을 실시하였다. $O_2/N_2$를 50～70 L/min의 안정된 흐름 또는 약 0.5 cm/s 속도로 주입하여 산소농도를 변경하면서 복사 가열 하에서 안정된 연소율을 측정하기 위하여 60～100 $cm^2$의 수평 샘플을 시험하였다. 그러한 속도는 기본적으로 자연대류 연소조건을 구성하고, 그리고 약 9 $W/m^2$ K의 열전달계수는 9.10절의 이론적 결과를 적용하여 추정되었다. 장비에 대한 계수는 정확하게 알려지지 않은 반면, 결과에서 어느 정도 불확실성에 기여한다. 그들은 산소농도가 소화에 원인이 된다. 그리고 일부의 경우에서 여러 외부복사 가열조건에 대해 그렇게 되었다고 결정하였다. PMMA에 대해 후자가 약간 상세하게 수행되었다. 9.10절에 근거하여 Tewarson 및 Pion이 고려한 일부의 재료에 대해 계산이 수행되었고 여기에서 설명될 것이다[28]. 소화이론을 적용하는 데 있어서 다음과 같이 가정한다.

1. 연소율은 상대적으로 작아, $B$수는 작고 $\ln(1+B)=B$.
2. 불꽃 크기가 소멸하기 때문에 불꽃복사는 0으로 한다.
3. 연료는 순수하여 $Y_{F,o}=1$이다.
4. 소화 시 불꽃온도는 1300℃.
5. 열전달계수는 9 $W/m^2$ K.
6. 달리 지정하지 않았다면 주위온도는 25℃이다.

표 9.5 재료 특성

| 재료 | $\Delta h_c$ (kJ/g) | $L$ (kJ/g) | $T_v$ (℃) | $r$ (g $O_2$/g fuel) |
|---|---|---|---|---|
| 헵탄 | 41.2 | 0.477 | 98 | 3.17 |
| 스티렌 | 27.8 | 0.64 | 146 | 2.14 |
| PMMA | 24.2 | 1.6 | 397 | 1.86 |
| 메틸알코올 | 19.1 | 1.195 | 64.5 | 1.51 |
| 폴리옥시메틸렌 (POX) | 14.4 | 2.43 | 425 | 1.107 |
| 목재 (Douglas 전나무) | 12.4 | ～6.8 | 382 | 0.95 |

7. 필요한 특성은 일관성을 위하여 참고문헌[28]에서 취하였고 표 9.5에 나와 있다. 목재의 기화열은 불안정한 그리고 탄화이기 때문에 근사되었다.

이 소화기준을 적용하기 위하여, 탄화가 없고, 물 및 배면 손실도 없는 식 (9.112)의 안정된 상태형식을 추가로 가정한다. 결과적으로 연소율은 아래와 같이 묘사될 수 있다.

$$\dot{m}_F'' = \frac{1}{L}\left[\frac{h_c}{c_p}\left[\frac{Y_{ox,\infty}\Delta h_c}{r - c_p(T_v - T_\infty)}\right] + \dot{q}_{e,r}'' - \sigma(T_v^4 - T_\infty^4)\right] \tag{9.120}$$

탄화 및 물이 없는 조건 하에서 그러한 순수 재료에 대하여 식 (9.109)을 적용한다.

$$c_p(T_f - T_\infty) = \frac{\Delta h_c - L + c_p(T_v - T_\infty) + [\dot{q}_{e,r}'' - \sigma(T_v^4 - T_\infty^4)]/\dot{m}_F''}{1 + (r/Y_{ox,\infty})} \tag{9.121}$$

아래와 같은 외부복사, 산소 및 불꽃온도 사이의 관계를 얻기 위하여 식 (9.120) 및 (9.121)으로부터 연소율을 제거한다.

$$\frac{(h_c/c_p)[(Y_{ox,\infty}\Delta h_c/r) - c_p(T_v - T_\infty)](Y_{ox,\infty}/r)}{\begin{aligned}&\langle\{[(Y_{ox,\infty}\Delta h_c/r) - c_p(T_v - T_\infty)] - [1 + (r/Y_{ox,\infty})]c_p(T_f - T_\infty)\}\\ &\times\{(h_c/c_p)[(Y_{ox,\infty}\Delta h_c/r) - c_p(T_v - T_\infty)] + \dot{q}_{e,r}'' - \sigma(T_v^4 - T_\infty^4)\}\rangle\end{aligned}} = \frac{1}{L} \tag{9.122}$$

분모에 불꽃을 지속하기 위한 최소값 이상의 순에너지이고 괄호 안의 두 번째 항은 연료로의 순수 열유속이다. 그러한 두 항 모두 유효한 물리적 해를 갖기 위해서 양이어야 한다.

외부복사 가열기 없고, 다음의 항이 모두 작기 때문에: $\sigma(T_v^4 - T_\infty^4)$, $c_p(T_v - T_\infty)$, $Y_{ox,\infty}/r$, 식 (9.122)은 풀릴 수 있고 임계산소농도에 대한 근사 해를 제공한다.

$$Y_{ox,\infty} \approx \frac{c_p(T_f - T_\infty)}{(\Delta h_c - L)/r} = \frac{1.53}{13.1 - L/r} \tag{9.123}$$

이것은 소화 시 근사의 산소 질량분율을 제공한다. 액체연료에서, 전형적으로 $L < 1$ kJ/g의 경우, 가장 적은 임계산소 질량분율은 0.12일 수 있고, 또는 몰분율로 0.11이다. 또한, 이 근사 결과는 임계산소농도가 $L$과 함께 증가하고 주위온도와 함께 감소하는 이유를 설명해 준다. 그림 9.24는 폴리스티렌에 대한 실험 결과를 식 (9.122)를 사용하여 기준에 근거한 이론적 값과 비교하여 제공한다[28].

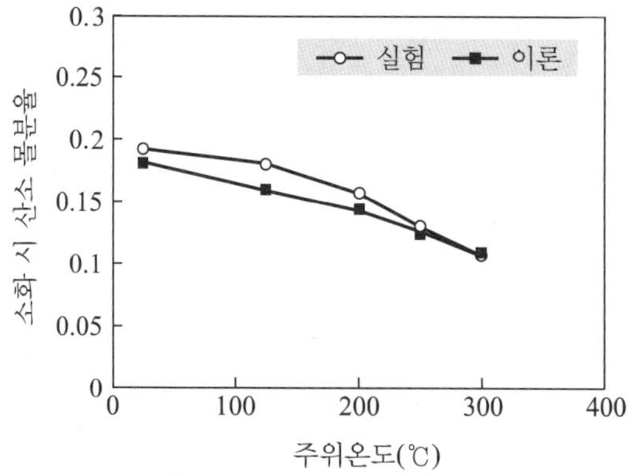


그림 9.24 ≫ 주위온도의 함수로서 폴리스티렌에 대한 산소지수[18,27]

식 (9.122)는 임계소화관계와 외부열유속 그리고 25℃에서의 산소농도 사이의 일반적인 관계를 제공한다. 실험결과는 그림 9.25에서 폴리메틸메타크릴레이트(PMMA)에 대한 식 (9.122)의 이론과 비교된다. 열전달계수는 이론적 결과에 대해 작은 영향을 주지만, 더욱 흥미있는 효과는 약 0.12의 질량분율에 있는 특이점이다. 그것은 불꽃을 유지하는 데 필요한 에너지가 연소로부터의 에너지와 똑같을 경우에, 즉 식 (9.122)의 분모에 있는 첫 번째 괄호가 0일 때 일어난다. 그러한 특이점은 대략 다음과 같이 주어진다.

$$Y_{ox,\infty} \approx \frac{c_p(T_f - T_\infty)}{\Delta h_c / r} = 0.12 \tag{9.124}$$

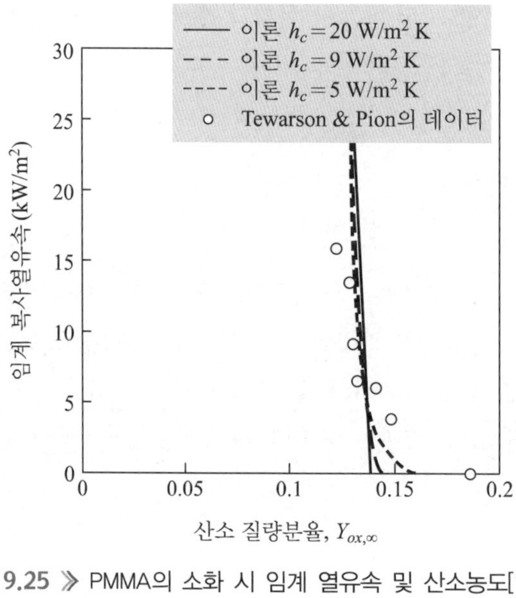


그림 9.25 ≫ PMMA의 소화 시 임계 열유속 및 산소농도[18,28]

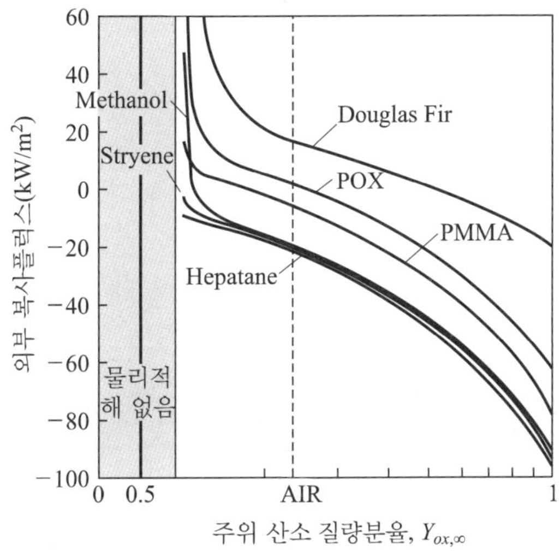


그림 9.26 ≫ 25℃에서 연료 연소에 대해 계산된 임계조건[28]

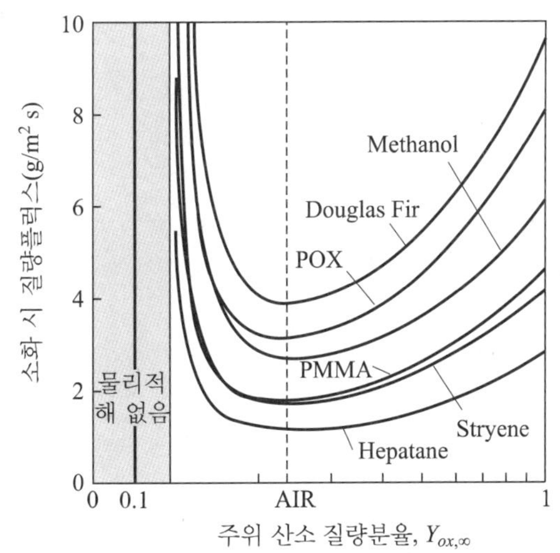


그림 9.27 ≫ 소화 시 임계 질량플럭스[28]

그러한 특이점은 연료와는 무관하다. 그림 9.26은 표 9.5에 열거된 연료에 대한 산소농도의 전체 범위에 대한 결과를 보여준다. 그것은 Douglas 전나무는 약 18 kW/m$^2$를 필요로 하고 공기 중에서 연소하기 위하여 반면 대부분의 다른 연료는 외부가열 없이 공기 중에서 쉽게 연소하는 것을 보여준다. 헵탄은 점근 산소분율 0.12까지 외부가열 없이 연소를 계속할 것이다. 산소분율 0.18 이하에서 PMMA의 연소를 유지하기 위해서 외부가열이 필요하다.

소화 시 임계연소 질량플럭스는 공기 중 연소의 경우 그림 9.27이 이론적 도식에서 보는 바와 같이 2와 4 g/m$^2$ 사이이다. 소화 시 호기심이 많은 최소 질량플럭스는 보여준 거의 모든 연료에서 공기와 연관된 산소에서 발생하는 것으로 보인다. 소화 시 임계 질량플럭스는 정확하게 측정하기가 어렵지만, 실험문헌값은 공기에 대해 이론적인 크기 수준을 만족시킨다. 0.12에서 점근선은 검증되지 않았다. 그러한 이론적인 표현은 현재 정성적으로 취해야 한다.

## 참 고 문 헌


1. Hopkins, D. and Quintiere, J.G., Material fire properties and predictions for thermoplastics, *Fire Safety J.*, 1996, **26** 241-268.
2. Spearpoint, M.J. and Quintiere, J.G., Predicting the ignition and burning rate of wood in the cone calorimeter using an integral model, Masters Thesis, Department of Fire Protection Engineering, University of Maryland, 1999.
3. Tewarson, A., Generation of heat and chemical compounds in fires, in *The SFPE Handbook of Fire and Protection Engineering*, 2nd edn (eds P. J. DiNenno), Section 3, National Fire Protection Association Quincy, Massachusetts, 1995, p. **3**-68.
4. Dillon, S.E., Quintiere, J.G. and Kim, W.H., Discussion of a model and correlation for the ISO 9705 room-corner test, in *Fire Safety Science - Proceedings of the 6th International Symposium*, IAFSS, 2000, p. 1015-1026.
5. Spalding, D.B., The combustion of liquid fuels, *Proc. Comb. Inst.*, 1953, **4**, pp. 847-864.
6. Incoperra, F.P. and deWitt, D.P., *Fundamentals of Heat and Mass Transfer*, 4th edn, John Wiley & Sons, New York, 1996.
7. Emmons, H.W., The film combustion of liquid fuel, Z. *Angew Math. Mech.*, 1956, **36**(1), 60-71.
8. Glassman, I., *Combustion*, Academic Press, New York, 1977, p. 185.
9. Kosdon, F.J., Williams, F.A. and Buman, C., Combustion of vertical cellulosic cylinders in air, *Proc. Comb. Inst.*, 1968, **12**, pp. 253-64.
10. Kim, J.S., deRis, J. and Kroesser, F.W., Laminar free-convective burning fo fuel surfaces, *Proc. Comb. Inst.*, 1969, **13**, pp. 949-61.
11. Ahmad, T. and Faeth, G.M., Turbulent wall fires, *Proc. Comb. Inst.*, 1979, **17**, pp. 1149-60.
12. Tien, C.L., Lee, K.Y. and Stretton, A.J., Radiation heat transfer, in *The SFPE Handbook of Fire Protection Engineering*, 2nd edn (eds P.J. DiNenno *et al.*), Section 1, National Fire Protection Aassociation, Quincy, Massechusetts, 1995, pp. 1-65 to 1-79.
13. Modak, A. and Croce, P., Plastic pool fires, *Combustion and Flame*, 1977 **30**, 251-65.

## 연습문제

**9.1** 20℃ 및 안정된 상태의 공기 중 PMMA의 순수대류연소에서 $l_1 = 2$ cm 그리고 $l_2 = 20$ cm의 수직 슬래브의 단위면적당 질량감소속도를 결정하시오. 공기의 기체특성을 사용한다. 표 2.3으로부터 PMMA 특성은 다음과 같다: $\Delta h_c = 25$ kJ/g, $L = 1.6$ kJ/g, $T_v = 380$℃ 그리고 $\Delta h_{ox} = 13$ kJ/g $O_2$.

**9.2** 폴리옥시메틸렌이 질량 12% 산소 및 질소가 존재한 혼합물에서 타고 있다. 그것을 열전달계수 8 $W/m^2$ K로 순수하게 대류적으로 연소한다고 가정한다. $\dot{m}''$는 얼마인가?

> 폴리옥시메틸렌 특성:
>
> $T_\infty = 20$℃ $L = 2.4$ kJ/g
>
> $T_v = 300$℃ $\Delta h_{ox} = 14.5$ kJ/g $O_2$

**9.3** *n*-옥탄이 여름 날 뜨거운 포장도로에 엎질러졌다. 포장도로는 40℃이고 옥탄을 그 온도로 가열시켰다. 바람온도는 33℃이고 기압은 1기압이다.

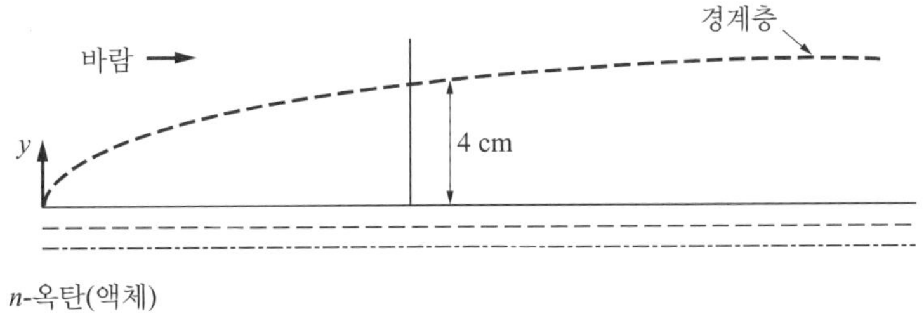


> *n*-옥탄 (액체)
>
> 데이터:
>
> 주위조건은 온도 33℃ 그리고 기압은 760 mmHg이다. 공기 밀도는 1.2 $kg/m^3$ 그리고 비열은 1.04 J/g K이다.
>
> 옥탄 특성:
>
> 끓는점은 125.6℃ 증발열은 0.305 kJ/g
>
> 비열(액체)은 2.20 J/g K 비열(기체)은 1.67 J/g K
>
> 밀도(액체)는 705 $kg/m^3$ 공기 중 가연성 하한은 0.95%
>
> 공기 중 가연성 상한은 3.20%

표 6.1의 데이터를 사용하시오.

엎질러진 옥탄이 대류 열전도계수 20 $W/m^2$ K를 일으키는 바람이 부는 가운데 연소한다. 위에서 주어진 동일한 데이터가 여전히 적용된다.

(a) 옥탄의 기화열을 계산하시오.

(b) 순수한 대류연소에 대한 $B$수를 계산하시오. 단, 복사효과는 무시한다.

(c) 복사로부터의 모든 효과를 무시하고 단위면적당 안정된 연소율을 계산하시오.

(d) 불꽃으로부터의 대류열유속을 계산하시오.

(e) 엎질러진 옥탄 두께가 감소하면서 표면으로부터의 열유속 손실로 인해 2 $g/m^2$ s의 연소율에서 소화가 일어난다. 연소율을 소화조건에 도달하도록 하는 열유속 손실을 계산하시오. 복사효과는 여전히 중요하지 않다.

**9.4** 양초가 안정된 속도로 탄다(아래 그림 참조). 심지를 따라 녹은 왁스는 직경 $D=0.5$ mm이고 열분해는 길이 $l_p=1$ mm 이상에서 일어난다. 심지를 폭 $\pi D$의 평평한 면의 높이 $l_p$로 취급하고 그것의 대류열전도계수 $h=3$ $W/m^2$ K으로 한다. 모든 복사효과는 무시한다.

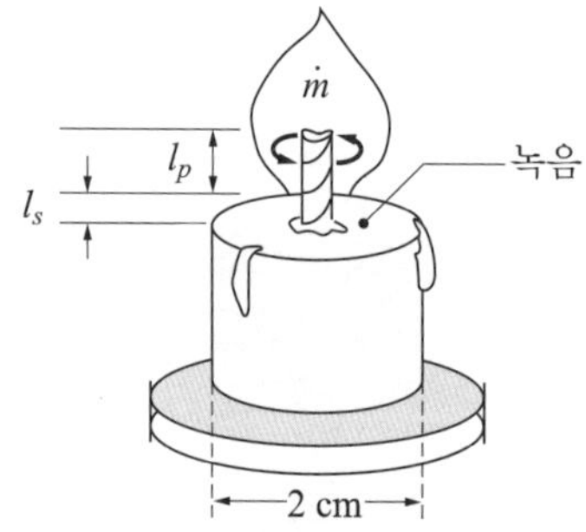


<u>왁스의 특성</u>:

| | |
|---|---|
| 액체왁스의 연소열 = 48.5 kJ/g | 화학양론적 공기 대 연료질량비 = 15 |
| 고체 및 액체상의 밀도 = 900 $kg/m^3$ | 고체 및 액체상의 비열 = 2.9 J/g K |
| 증발열 = 318 J/g | 융합(녹는)열 = 146 J/g |
| 녹는점 = 52℃ | 증발온도 = 98℃ |
| 양초의 직경은 보이는 바대로 2 cm | |

<u>또한</u>:

| | |
|---|---|
| 공기 중에서 초기 및 주위온도 = 25℃ | |
| $c_{p,g}$(공기에 대해) = 1 J/g K | $k_g = 0.03$ W/m K |

(a) 질량 연소율을 g/s로 나타내시오. 심지 초기온도는 녹는점이라고 가정한다.

(b) 양초불꽃으로부터 녹아있는 왁스풀로의 순수 전도 열 전달과 엷은 일정한 녹는 층이 왁스 위에 있다고 가정하고, 불꽃과 녹는 층사이의 거리(즉 $l_s$)를 추정하시오. 또한, 유효 열 전달 면적을 양초심지직경, 즉 0.5 mm에 근간을 두고 있다고 가정한다.

**9.5** 두꺼운 폴리스티렌 징두리벽판이 방의 벽을 바닥면으로부터 1 m까지 덮고 있다. 그것이 0.2 m에서 점화되어 퍼져 나가고 있다. 그 결과 방 안의 연기층은 1 m 아래로는 내려가지 않고 연기층과 아래의 공기 사이에 혼합도 일어나지 않는다.

<u>폴리스티렌 특성</u>:

| | |
|---|---|
| 밀도, $\rho = 40\ \text{kg/m}^3$ | 비열, $c_p = 1.5\ \text{J/g K}$ |
| 전도도, $k = 0.4\ \text{W/m K}$ | 증발 및 점화온도, $T_v = 400℃$ |
| 연소열, $\Delta h_c = 39\ \text{kJ/g}$ | 화학양론적 산소 대 연료비, $r = 3\ \text{g/g}$ |
| 기화열, $L = 1.8\ \text{kJ/g}$ | |

<u>기타정보</u>:

| | |
|---|---|
| 초기온도, $T_\infty = 20℃$ | 주위산소 질량분율, $Y_{\text{ox},\infty} = 0.233$ |
| 공기비열, $c_p = 1\ \text{J/g K}$ | |

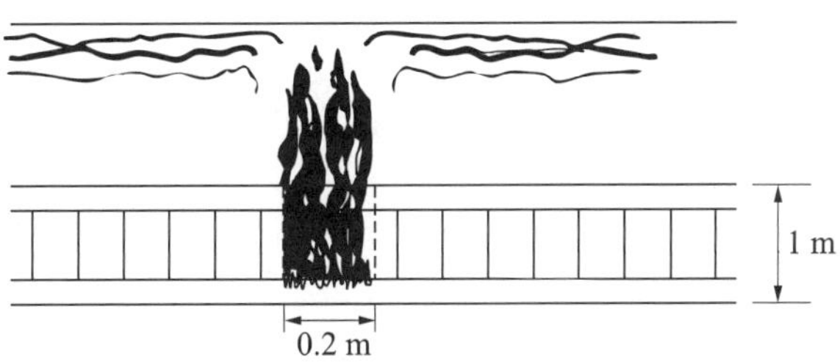


(a) 불이 징두리벽판의 상단까지 퍼지지만 횡방향으로는 퍼지지 않는다. 안정된 상태라고 가정하고 그 영역에서 폴리스티렌의 연소(열분해)속도는 얼마인가? 수직자연대류 열전달계수, $h = 15\ \text{W/m}^2\ \text{K}$이다.

(b) 나중에 불이 횡방향으로 2 m까지 퍼지고 표면은 가열된 방으로부터 1.5 W/cm$^2$의 복사로 인한 열유속을 받는다. $B$수를 작다고 근사하고, 모든 복사효과를 고려하여 폴리스티렌의 단위면적당 질량 감소속도를 계산하시오.

**9.6** PMMA가 공기 중에서 평균 $\dot{m}'' = 15\ \text{g/m}^2\ \text{s}$로 타고 있다. 공기온도는 20℃이고 열전달계수는 15 W/m$^2$ K이다. 연료 표면으로의 순 복사 열유속을 결정하시오. 불꽃으로부터 얼마의 양이 나오는가?

**9.7** 공기 중의 직경 $D = 1$ cm, 10 cm 및 1 m의 헵탄연소 풀들에 대한 $\dot{m}''$을 계산하시오. $\Delta h_c / r = 13$ kJ/g, $T_v = 98℃$, 공기 특성은 20℃에서의 특성이고 표 9.2 및 10.4를 사용한다. 작은 $B$수 근사를 사용한다. $\dot{q}_{r,f}'' = \sigma(1 - e^{-\kappa D})\, T_f^{\,4}$라고 가정한다.
여기서, $T_f = 1{,}600$ K, 유효복사온도. $\kappa = 12\ \text{m}^{-1}$, 불꽃흡수계수

**9.8** PMMA로 된 수직슬래브가 공기 중에서 평균질량 감소속도 15 g/m$^2$ s로 타고 있다. 공기온도는 20℃다. 슬래브의 열전달계수는 15 W/m$^2$ K라고 가정한다. 표면으로의 순 복사 열유속을 결정하시오. 불꽃으로부터 나오는 양은 얼마인가?

> PMMA 특성은 다음과 같다:
>
> $\Delta h_c = 25$ kJ/g
>
> $L = 1.6$ kJ/g
>
> $T_{ig} = 380$℃

**9.9** 필요한 특성:

> 액체 *n*-데칸:
>
> | | |
> |---|---|
> | 끓는점 = 447 K | 증발열 = 0.36 kJ/g |
> | 인화점 = 317 K | 가연성 하한(부피로) = 0.6% |
> | 비열 = 2.1 kJ/kg K | 밀도 = 730 kg/m$^3$ |
> | 연소열 = 44.7 kJ/g | 화학양론적 산소 대 유체질량비 = 3.4 |
> | 열전도도 = 0.5 W/m K | |
>
> 공기:
>
> | | |
> |---|---|
> | 운동학적 점성 = 0.5 W/m K | 밀도 = 1.2 kg/m$^3$ |
> | 비열 = 1.0 kJ/kg K | 중력가속도, $g = 9.81$ m/s$^2$ |
> | Stefan-Boltzman 상수, $\sigma = 5.67\times10^{11}$ kW/m$^2$ K$^4$ | |
>
> *n*-데칸이 20℃의 대기온도 그리고 1기압에 노출되어 있다.

위의 데이터를 사용하여 아래에 대해 답하시오:

(a) 데칸은 20℃다. 액체 표면에서 연료 증기농도를 결정하시오. 그러한 조건 하에서 데칸은 인화가능한가?

(b) 만약 데칸이 공기 대기에 대해 가연성 하한에 있을 경우, 필요한 표면온도를 계산하시오. 액체는 그 온도에서 자동 점화 할 것인가?

(c) 초기 20℃에서 그리고 끓는점에서의 데칸의 기화열을 계산하시오.

(d) 15 W/m$^2$ K의 대류 열전달계수($h$)로 공기로부터 80℃로 대류 열전달에 대하여, 데칸이 막 인화하려는 경우의 온도에서 그것의 단위면적당 기화 질량속도를 계산하시오 이것은 연소 전에 일어난다. 액체의 벌크온도는 여전히 20℃라고 가정한다.

(e) 만약 데칸이 30 kW/m$^2$의 외부복사 열유속에 노출되었다면, 불씨점화에 의하여 점화하는 데까지 얼마나 오래 걸리는가? $h = 15$ W/m$^2$ K, $T_\infty = 20$℃라고 가정한다. 또한, 액체는 매우 깊고,

정체된 상태이며 고체처럼 행동한다.

(f) 순수하게 $h = 15$ W/m$^2$의 대류 - 제어연소에서 20℃ 공기 중에 있는 깊은 데칸 풀의 안정된 조건 하에서 단위면적당 연소 그리고 20℃에서 질량비로 산소 50%인 대기에서의 단위면적당 연소율을 계산하시오.

(g) 1.5 m 직경의 깊은 데칸풀이 공기($T_\infty = 20$℃) 중에서 꾸준히 타고 있다. 그것의 복사분율은 총 화학적 에너지 방출의 0.25이고 그 복사 손실의 5%가 풀이 표면에 일정하게 입사되고 있다. 모든 복사효과를 고려하면, 풀연소의 총 에너지 방출은 얼마인가? 열전달계수는 15 W/m$^2$ K이다. (작은 $B$ 근사를 사용하시오.)

(h) 데칸이 깊은 접시 속의 영역 $x_o = 0.5$ m에서 점화되었다. 공기 20℃의 강한 바람이 $v_\infty = 10$ m/s로 트레이 위에 불고 있다. 대류열전도계수는 50 W/m$^2$ K로 알려졌다.

(i)

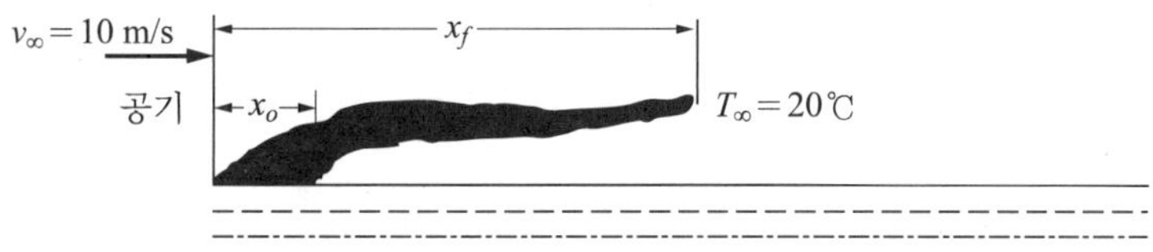


데칸불꽃은 고체표면에서처럼 퍼진다고 가정한다. 즉, 액체에서의 순환효과를 무시한다.
순수대류연소라고 가정한다. 불꽃으로부터 표면으로의 대류 열유속을 계산하고 또한 $x_o$ 위에서 점화 직후의 불꽃 퍼짐 속도를 계산하시오. 불꽃길이, $x_f$는 다음 식에 의해 알 수 있다.

$$\frac{x_f}{x_o} = 11.6\left(\frac{\dot{m}''}{\rho_\infty\sqrt{gx_o}}\right)^{2.7}\left(\frac{v_\infty}{\sqrt{gx_o}}\right)^{-0.25}\left(v_\infty\frac{x_o}{\nu}\right)^{0.89}$$

여기서, $\dot{m}''$ : 단위면적당 질량 연소율　　$\rho_\infty$ : 공기 밀도
$g$ : 중력가속도　　$\nu$ : 운동학적 점성

**9.10** D. B. Spalding은, 제4차 연소에 대한 국제 심포지엄에서 '액체연료의 연소'라는 세미나 자료를 공표하였다(참고문헌[5]). 거기에서 그는 기공이 있는 구를 사용하여 자연 및 강제대류 흐름 하에서 액체방울의 연소를 설명하였다. 오른쪽 그림은 자연대류 조건 하에서 1.5인치 직경의 구 위에서 케로센의 연소를 보여준다. Spalding은 실험적으로 그의 데이터로부터 단위면적당 연소율은 다음과 같이 표현될 수 있음을 발견하였다.

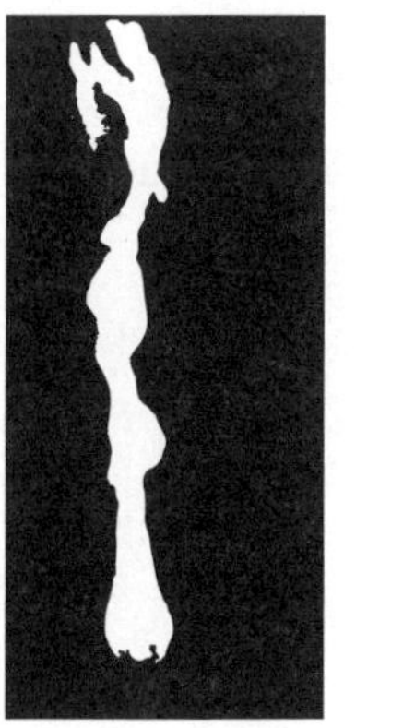

$$\frac{\dot{m}_F'' D c_p}{k} = 0.45 B^{3/4}\left(\frac{gD^3}{\alpha^2}\right)^{1/4}$$

기호는 교재의 9.2절과 일치한다. 적절한 근사와 함께 연소에 대한 정체층

이론을 사용하여 자연대류에서 액체방울의 연소를 분석하고자 한다. 공기 중에 머물러 있으면서 연소하는 액체방울은 직경, $D$의 구 모양을 유지한다고 가정한다.

(a) 순수대류연소에서 정체층 이론으로부터, 유사한 대안 $\dot{m}_F'' Dc_p/k$에 대한 식을 개발하였다. 열전달결과로부터 다음을 알게 되었다.

$$Nu_D = 2 + \frac{0.589(GrPr)^{1/4}}{[1+(0.469Pr)^{9/16}]^{4/9}}$$

(b) 직경 10 mm로 시작한 $n$-데칸의 방울, $C_{10}H_{22}$이 25℃의 공기 중에서 연소한다. $n$-데칸의 특성은 아래와 같다:

| | |
|---|---|
| 끓는점 174℃ | 액체밀도 730 kg/m$^3$ |
| 액체비열 1.2 J/g K | 증발열 0.360 kJ/g |
| 연소열 44.2 kJ/g | 화학양론적 ox/연료 질량비 3.5 g/g |

귀하의 식을 세워, 순수 대류 연소에서 초기연소율을 계산 g/s 단위로 하시오.

(c) 다음과 같은 추가정보가 가용하다. 연소 액체방울 위의 소생영역에서 불꽃높이는

$$z_f = 0.23\dot{Q}^{2/5} - 1.02D$$

로 추정될 수 있다.

여기서 $z_f$는 액체방울의 중심으로부터 m 단위로 측정한 값이고, $\dot{Q}$은 kW 단위의 화력이다. 그리고 $D$는 m 단위의 직경이다. 불꽃흡수계수, $\kappa$는 0.45 m$^{-1}$로 추정될 수 있다. 그것의 베이스 대비 불꽃의 평균길이는 아래와 같이 표현될 수 있다.

$$\frac{L_e}{D} = 0.65(1-e^{-2.2z_f/D})$$

전체복사분율, $X_r$은 0.15이다. 복사효과를 포함하여 초기연소율을 계산하시오. 귀하의 모든 작업을 보이고 모든 가정을 명확하게 표시하시오.

(d) 액체방울은 액체연료가 없어질 때까지 연소한다. 몇 시간이 걸릴까? 가장 완전한 연소율 묘사를 사용하시오. 시간에 대한 $D$의 변화를 어떻게 포함할 것인지를 보여주시오. 거기에 적분 프로세스가 필요하다.

**9.11** 직경 1 m의 PMMA 풀이 공기 중에서 연소하고 있다. 복사효과가 포함되어야 한다. 문제 9.1에서의 특성을 사용함과 더불어, $X_r = 0.25$, $T_f = 1{,}500$ K 및 $\kappa = 0.5$ m$^{-1}$로 한다. 만약 PMMA에 대한 임계질량 감소속도가 4 g/m$^2$ s라고 알려졌을 경우, 그 화재를 끄는 데 필요한 물의 플럭스($\dot{m}_w''$)를 계산하시오. 대신 산소가 감소된다면 어느 질량분율에서 꺼질 것인가?

**9.12** 폴리옥시메틸렌이 방 안 화재의 상부 연기층에서 연소하고 있다. 폴리옥시메틸렌의 소화 시 단위면적당 임계질량 감소속도는 2 g/m$^2$ s이라고 알려졌다. 연기층 온도는 700℃다.

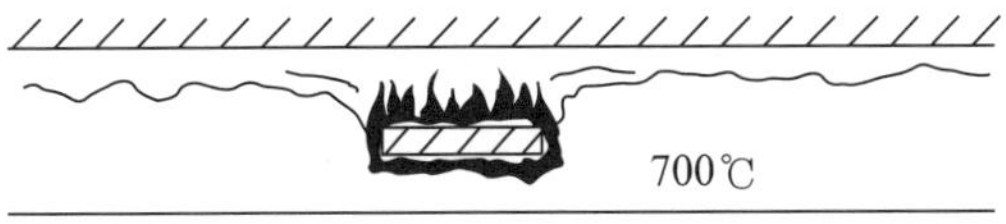


특성:

| | |
|---|---|
| 기화열 = 2.43 kJ/g | 연소열 = 15.5 kJ/g |
| 구성에서 대류열전달계수 = 15 W/m$^2$ K | 기체층의 비열 = 1 kJ/kg K |
| 소모된 산소의 질량단위당 연소열 = 14.5 kJ/g $O_2$ | 증발온도 = 250℃ |

순수대류연소 그리고 무시할 수 있는 복사라고 가정한다.

(a) 소화를 일으킬 수 있는 산소 질량분율을 계산하시오.

(b) 층연기산소 질량분율이 0.20일 경우 1 m$^2$의 표면 연소에서 에너지 방출속도를 계산하시오.

**9.13** 표준명함에서, 수직길이 치수로, 에탄올로 포화된 명함의 한 면에 대한 안정된 연소율(g/s)을 결정하시오. 오직 에탄올만 연소한다. 귀하의 분석과 모든 가정을 보여주시오. 그것은 비록 실험이 수행될 수 있다하더라도 실험으로 결정한 것이 아니라 계산으로 된 것이어야 한다. 모든 데이터 및 사용한 출처를 기술하시오. 귀하의 분석에서 양에 대한 추정과 근사를 행하여야 한다.

**9.14** 한 변의 길이가 0.3 m인 폴리프로필렌 사각슬래브가 안정된 방식으로 연소하고 있다. 폴리프로필렌은 탄화하지 않고, 그것의 복사특성도 불꽃복사분율 0.38로 변하지 않는 것으로 간주될 수 있다. 그리고 불꽃이 25 kW/m$^2$로 열유속을 연료 표면에 입사한다. 그것은 보이는 바와 같이 여러 지정 조건에서 바람 속에서 연소한다. 그것의 대류열전달계수는 50 W/m$^2$ K로 취할 수 있다. 폴리프로필렌의 특성은 아래 열거되어 있다.

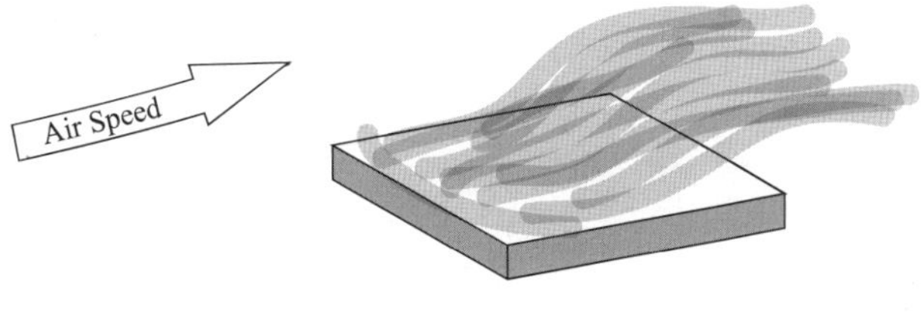


특성:

| | |
|---|---|
| 연소열, $\Delta h_c = 38$ kJ/g | 기화열, $L = 3.1$ kJ/g |
| 증발온도, $T_v = 330$℃ | |

기타 다른 데이터 또는 특성은 교재에서 인용되어야 한다. 다음과 같은 모든 것에 대한 귀하의 계산에서 $B$-수 또는 $\dot{m}_F'' c_p / h_c$는 작다고 가정한다.

(a) 만약 그것이 주위온도 10℃ 공기에서 연소할 경우, 연소플럭스를 g/m$^2$ s 단위로 계산하시오.

(b) 그것이 동일한 바람조건으로 오븐을 통과한 흐름 속에 놓여 있다. 공기온도는 60℃다. 오븐은 45 kW/m$^2$를 연소슬래브로 복사한다. 화력을 kW 단위로 계산하시오.

(c) 문제 (b)에서 단위면적당 얼마나 많은 물 살포가 화력을 50% 줄이기 위해 필요한가?

(d) 현재 순수산소가 동일한 주위 및 흐름 그리고 가열조건으로 문제 (b)의 오븐에 사용된다. 연소율을 g/s 단위로 계산하시오.

(e) 문제 (d)에서 대류 열유속은 얼마인가?

**9.15** PMMA가 20 kW/m$^2$의 외부조사 하에서 수평 구성(30×30 cm)으로 25℃의 보통의 공기 중에서 타고 있다. 불을 끌 수 있는 각각의 빙점(1기압에서)의 모두 고체 조각으로 된 드라이아이스($CO_2$) 및 얼음($H_2O$)의 능력을 정량적으로 평가하여야 한다.
밑면이 완벽하게 절연된 원래 25℃ 샘플로 안정된 연소를 한다고 가정한다. 소화 시 불꽃복사를 무시할 수 있다. 모든 조각들은 표면을 때린다고 가정하고 소화제재의 기체상효과는 무시한다. $CO_2$ 및 $H_2O$의 열역학 특성과 표 9.2로부터 PMMA의 특성 데이터를 사용한다.
계산하시오:

(a) 소화에 필요한 드라이아이스 및 얼음 대 연소율의 흐름속도 비.

(b) 얼음 및 드라이아이스 둘 모두에 대한 소화 시 단위면적당 임계연소율.

(c) 불을 끄는 데 필요한 드라이아이스 및 얼음의 흐름속도.

**9.16** 떠나가는 생성물의 불꽃온도를 도출하기 위하여 보여주는 확산불꽃의 검사체적을 사용하시오.

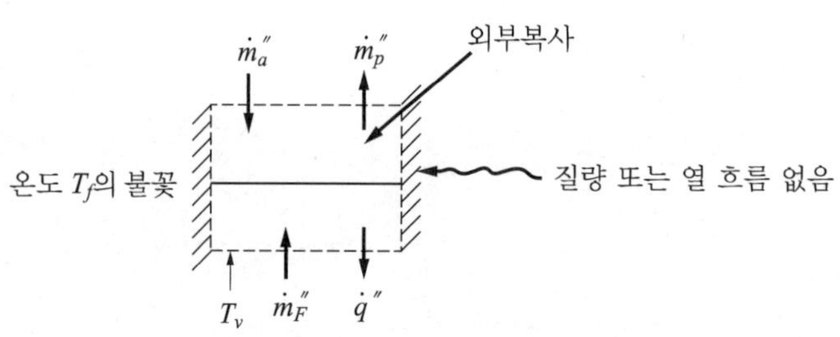


여기서, $\dot{m}_a''$ : 불꽃 쪽으로 확산하는 공기의 질량플럭스

$\dot{m}_p''$ : 불꽃으로부터 확산하여 달아나는 생성물의 질량플럭스

$\dot{q}''$ : $\dot{m}'' L$, 연료로의 열 손실

$\dot{m}_F''$ : 불꽃 쪽으로 확산하는 기화된 연료

$$c_g(T_f - T_v) = \frac{Y_{\text{ox},\infty}[(\Delta h_c - L)/r] + c_g(T_\infty - T_v)}{1 + Y_{\text{ox},\infty}/r}$$

**9.17** 다음의 플라스틱재료와 그것들의 특성을 고려한다. 그러한 재료는 탄화하지 않는다. 그것들은 녹고 증발한다.

| 재료 | $L^a$ (kJ/g) | $L^b$ (kJ/g) | $L^c$ (kJ/g) | $\Delta h_c^{\ b}$ (kJ/g) | $T_v^{\ b}$ (℃) | $T_v^{\ c}$ (℃) | $X_r^{\ b}$ | 외부복사가 없는 속도 $\dot{m}_{F,o}''$ (g/m$^2$ s) |
|---|---|---|---|---|---|---|---|---|
| 폴리메틸메타크릴레이트 (PMMA) | 1.61 | 1.63 | 2.0 | 24.2 | 391 | 300 | 0.31 | 5.8 v, 7.5 h[a] |
| 폴리옥시 - 메틸렌 (POM) | 2.93 | 2.43 | - | 14.4 | 419 | - | 0.22 | 6.2 v, 6.0 h |
| 폴리스티렌 (PS) | 2.09 | 1.70 | 3.0 | 27 | 419 | 350 | 0.59 | 10.8 h |
| 폴리에틸렌 (PE) | 2.31 | | | | | | | |

[a] R. S. Magee 및 R. D. Reitz[19].
[b] A. Tewarson[3].
[c] J. G. Quintiere[1].
[d] 방향: v, 수직 샘플; h, 수평 샘플.

다음의 계산에서 이러한 데이터를 사용하여야 한다. 다른 출처로부터 그것들의 변경이 있는 것과 같이, 그러한 값은 어느 정도 불확실성을 갖고 있기 때문에 $L$에 대해서 Magee 데이터를 $T_v$에 대해서 Tewarson 데이터를 사용한다. 그러한 차이는 측정 또는 재료에서의 변화에 기인한 것일 수도 있다. 플라스틱에 변화하는 양의 첨가제가 있을 수 있지만 여전히 한 폴리머로서 기재되었다. 각각의 재료 및 연소방향에 대해서 다음을 계산하시오. 모든 계산에서 안정된 연소로 가정한다.

(a) 수평 및 수직샘플에 대하여 측정된 연소율을 근거로, 어떠한 추가 복사 가열 없이, 불꽃대류 및 복사열유속 성분을 밝히시오.

수직샘플은 7인치 폭 및 14인치 높이이고 수평샘플은 7인치의 사각이다.

(b) 불꽃가열은 일정하다고 가정하고, 연소율에 대한 표현을 외부 복사열유속 $\dot{q}_{e,r}''$로, 그리고 물적용플럭스 $\dot{m}_w''$의 관점에서 적으시오. 그러한 실험에서 모든 물은 표면에 도달하고 불꽃으로 아무것도 흡수되지 않는다.

(c) 소화 시점에서 외부 복사열유속과 물적용플럭스 사이의 관계를 결정하고 원한다면 도식화 하시오. 소화 시, 연소 연료의 질량플럭스는 작다고 고려할 수 있다.

(d) 소화 시, 연소플럭스를 계산하시오. 그리고 그것이 복사열유속 및 물플럭스에 어떻게 의존하는지를 보이시오.

**9.18** 다음의 데이터가 WTC 타워에 대하여 제공되었다:

빌딩:

| | |
|---|---|
| 110층, 층당 11 ft | 208 ft × 208 ft 층 공간 |
| 7 lb/ft$^2$의 목재 베이스 가구의 층 면적 | |

제트 연료, JP-4:

| | |
|---|---|
| 액체밀도 = 760 kg/m$^3$ | 연소열 = 43.5 kJ/g |
| 기화열 = 0.80 kJ/g | 유효증발온도 = 230℃ |
| 복사 손실 분율 = 0.20 | |

목재:

| | |
|---|---|
| 연소열 = 12.0 kJ/g | 기화열 = 6.0 kJ/g |
| 유효증발온도 = 380℃ | 복사 손실 분율 = 0.35 |

변환 상수:

| | |
|---|---|
| 1 ft = 0.308 m | 1 gal = 0.00375 m$^3$ |
| 1 lb/ft$^2$ = 4.88 kg/m$^2$ | |

대기:

| | |
|---|---|
| 바람 없음 | 25℃ |

건조공기, 밀도 = 1.1 kg/m$^3$

(a) 20,000 gal의 JP-4 연료가 건물의 87층 바닥에 완전히 엎질러졌다. 연료는 불꽃 및 객실 효과로 인해 15 W/m$^2$ K 대류열전달계수, 그리고 150 kW/m$^2$의 총 복사열유속의 입사를 받는다. 차단요소는 1이라고 가정한다.

(i) 연소율을 추정하시오.

(ii) 에너지방출속도를 계산하시오.

(iii) JP-4의 화재기간을 계산하시오.

(b) 제트 연료의 연소를 끈 다음, 목재 베이스의 가구가 탄다. 목재 연료 적재는 불꽃에 노출된 면적이층 면적의 0.65가 되도록 분포되어 있다.

(i) JP-4를 1로 한 것과 같은 동일한 불꽃 가열조건 하에서 층 위에 놓은 목재 연료의 연소율을 계산하시오.

(ii) 그 연료는 얼마나 오래 연소할 것인가?

Chapter

10

# 화재 플룸

Fire Plumes

## 10.1 개요

화재 플룸(fire plume)은 대략적으로 화염으로 인하여 수직 상승하는 기체들의 기둥으로 표현될 수 있다. 플룸의 용어는 일반적으로 비연소 영역을 나타내기 위하여 사용된다. 이 영역에서는 연소 발생지점에서 흘러나오는 유동이 지배적일 수 있으며, 특히 연소 발생영역이 작다면 이러한 현상은 더욱 명확해질 것이다. 화재 플룸은 기본적으로 부력에 의해 발생된다. 이것은 유동이 온도의 증가 또는 이에 따른 밀도의 감소로 인하여 플룸 내부로 유도된다는 것을 의미한다. 화재 플룸은 층류보다는 난류가 될 가능성이 높다. 재떨이에 남겨진 담배에서 발생된 흰 연기가 상승하는 기다란 줄 모양을 발생시키는 것을 관찰할 수 있다. 이를 통해 높이 1 ft (30.48 cm) 보다 작은 난류의 넓은 플룸 내에서 연기의 기다란 줄 모양이 부서지면서 방출되는 물결모양의 얇은 조각이 되는 것을 회상해보자.* 이와 같이, 대부분의 우발적인 화재에서 심부화재(smoldering fire)에 이르기까지 모두 난류 플룸과 연관될 것이다. 화염 근처에서는 연소를 포함하고 있는 플룸이 다루어져야 할 것이다. 그러나 화염으로부터 떨어진 영역에서는 연소의 전반적인 세부사항이 충분히 무시될 수 있다. 화염으로부터 충분히 멀리 떨어져 있는 플룸(far-field fire plume)은 마치 $\dot{Q}$(kW) 강도의 열원에 의해 가열된 것처럼 거동한다. 화염으로부터의 복사에너지는 플룸에 도착할 때까지 손실될 것이며, 플룸의 상태는 단지 $(1-X_r)\dot{Q}$에 의해 대응할 것이다. 여기서 $X_r$은 초기에 실제 방출된 화학적 에너지에서 손실된 복사에너지의 분율이다. $X_r$은 연료와 화염의 기하학적 형상의 경험적 함수임을 알 수 있을 것이다. 실제로, 화재 플룸에 관한 많은 연구는 경험적이라 할 수 있으며, 이는 이들 결과들이 상관성을 바탕으로 이루어진 것을 의미한다. 종종 이 상관식들은 포함되지 않은 어떤 2차 변수에 의해 불완전할 수 있다. 그 이유는 이들 2차 변수들이 실험연구에서 명확하게 나타나지 않았기 때문이다. 다른 경우에서도, 상관식들은 다소 불명확할 수 있다. 왜냐하면 이들은 시간 평균된 물성을 포함하거나 또는 정확하거나 일관성 있게 정의되지 않는 길이 스케일(즉, 플룸의 폭, 화염높이)을 묘사하고 있기 때문이다. 그러나 화재 플룸에 관한 결과들은 전적으로 이론을 기반으로 두지 않고, 실험에 의한 측정결과에 근거를 두기 때문에, 설계와 위험성 평가를 위하여 실용적이고 매우 유용하다.

---

* $Gr = \dfrac{\Delta T}{T_\infty}\dfrac{gz^3}{\nu^2} \approx (5)\dfrac{(9.81\ \mathrm{m/s^2})(0.3\ \mathrm{m})^3}{(20\times10^{-6}\ \mathrm{m^2/s})^2} = 3.3\times10^9$. 특히 대기의 교란과 함께 $Gr > 10^9$에서는 난류 플룸일 것으로 예측된다.

난류 화재 플룸의 기초적인 일부 연구들은 아래에서 언급되는 연구자들의 결과를 포함한다.

1. Rouse, Yih 그리고 Humphries(1952) [1]의 측정은 작은 열원에서 발생되는 난류 플룸에 대한 온도와 속도 상관식을 일반화시키는데 도움을 주었으며, 무차원 수직속도($w$)와 온도($T$)에 대한 적절한 표현으로써 가우시안 형태 근사법(Gaussian profile approximation)을 제시하였다. 즉,

$$\frac{w}{w_m} = \exp\left[-\left(\frac{r}{b(z)}\right)^2\right] \tag{10.1a}$$

그리고

$$\frac{T - T_\infty}{T_m - T_\infty} = \exp\left[-\beta\left(\frac{r}{b(z)}\right)^2\right] \tag{10.1b}$$

여기서 $(\ )_m$은 최대 또는 중심선 상의 값을 의미하며, $r$은 반경을 나타낸다. 여기서, 축대칭 플룸에 대하여, $b$는 수직 좌표 $z$에 의존하는 플룸의 유효반경을 의미한다. 척도 변수(scaled variable), $\eta = r/b(z)$의 이러한 형태는 상사해(similarity solution)로써 알려져 있다. 즉, 분포 형태(profiles)는 어떠한 위치 $z$에서도 같은 형상을 갖는다. 유선이 반듯이 수직 방향을 따라가지 않는 열원 근처에서, 상사해를 적용하는 것은 불가능할 것이다. 식 (10.1b)에 포함된 상수 $\beta$는 거의 1이다.

2. Morton, Taylor와 Turner(1956) [2]에 의한 이론적 분석을 통해 균일하고 안정되게 성층화된 대기 조건에서 이상적인 점 열원(idealized point source)에 대한 근사적 상사해가 제시되었다.
3. Yokoi(1960) [3]는 주택화재와 창문에서 발생한 화재 플룸으로부터의 위험성에 대한 최종 적용과 함께 점(point), 선(line) 그리고 유한 크기의 열원(finite heat source)을 주의 깊게 연구한 보고서와 같은 소책자를 단독으로 발간하였다.
4. Steward(1964) [4] 그리고 (1970) [5]는 축대칭 그리고 이차원의 가느다란 조각 형태의 화재 플룸에 대하여 연소와 밀도변화 효과를 포함한 정밀분석과 내재적 근사 해석(implicit approximate analysis) 결과를 각각 발표하였다.

연소효과를 포함한 Navior-Stokes 비정상 방정식의 완전 해만이 유일하게 근본적인 결과를 제공하기 때문에, 모든 해는 근사값에 해당된다. 완전 해를 통한 해석은 현재에서는 불가능하지만, 미래에는 가능할 것이다. 이들 화재 플룸은 난류 주파수의 모든 스케일과 부력에 의한 고유의 특성을 갖는다: 미세한 스케일 – 높은 주파수를 갖는 난류는 연료-산소의 혼합 그리고 국부적으로 발생되는 연소에 대한 원인이 된다; 큰 난류 스케일 – 상대적으로 낮은 주파수는 부력이 지배하는 플룸의 외부를 따라 말리는(roll-up) 큰 에디(eddy, 또는 와) 또는 와류 구조(vortex structures)에 의해 넓은 영역에 걸쳐 플룸 내부로 공기를 흡입(engulfment)하는 원인이 된다. 이 현상은 그림 10.1에 체계적으로 도시되었으며, 발광하는 화염구조에 대하여 MaCaffrey[6]에 의해 수행된 고속으로 촬영된 연속적인 사진들을 보여주고 있다(그림 10.2). 에디의 크기는 화재의 직경($D$)과 에너지 방출률($\dot{Q}$)에 의존한다. 그림 10.3의 Pagni[7]에 의해 제시된 바와 같이 에디 주파수 $f$는 특성 시간의 역수와 상관관계가 있음을 보여준다.

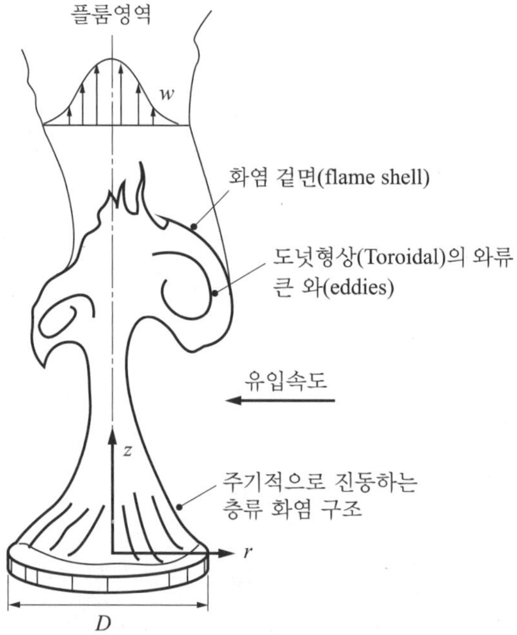


그림 10.1 » 난류 화염에 의한 플룸의 개략도

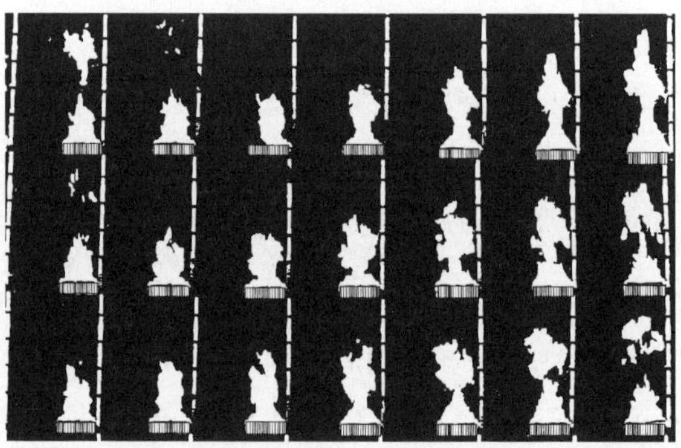


그림 10.2 » 다공 버너 0.3 m 위에서 연소되는 부력이 지배적인 확산화염의 간헐성.
연속된 사진은 1.3 s 동안 3 Hz의 진동을 갖는 화염을 보여준다(McCaffrey[6]에서 인용).

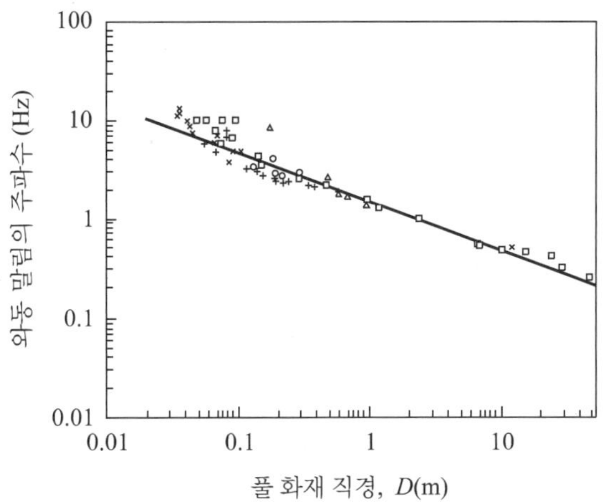


**그림 10.3** ≫ 부력이 지배적인 축대칭 플룸의 에디 방출 주파수(Pagni[7]에서 인용)

$$f = 0.48\sqrt{\frac{g}{D}}\ (\mathrm{Hz}) \tag{10.2}$$

부력이 지배적인 플룸 내부로 공기를 가져오는 난류 혼합의 원리(메커니즘)는 유입(entrainment)이라 불린다. 유입되는 공기의 운동량(모멘텀)을 수직방향의 운동량(평균 또는 중심선)과 비례적으로 관련지음에 의해 다음과 같이 경험적으로 표현될 수 있다.

$$-\lim_{r\to\infty}(\rho_\infty r v^2) \propto \frac{d}{dz}(\rho_m w_m^2 b^2)$$

또는 차원적으로, 유입 속도는 일반적으로 다음과 같이 주어진다.

$$-\lim_{r\to\infty}(rv) = \alpha_o\sqrt{\frac{\rho_m}{\rho_\infty}}\,w_m b \tag{10.3}$$

여기서, $\alpha_o$는 상수이며, Boussinesq 또는 '일정한 밀도' 플룸에 대한 유입 상수이다(즉, 플룸의 밀도 상수는 부력항 $\Delta\rho gz$를 제외하고 모든 위치에서 적용된다). 많은 연구와 상관식들은 식(10.3)에 포함된 밀도 비의 항을 무시하였으며, 이를 1로써 처리하였다. 유입 상수는 일반적이지 않으며, 사용되는 수학적 모델에 의존한다. 명목상 이 값은 $O(10^{-1})$이다. 이 값은 일관성 있는 데이터와 함께 모델링 전략에 의해 결정되어야 한다.

화재 플룸에 대한 모든 이론적 결과들은 실험결과에 의존하기 때문에, 상관식의 정확도는 데이터의 정확도에 의존함을 알아야 한다. 열전대를 이용한 온도의 측정은 soot에 의한 부착물 그리고 복사 오차를 갖기 쉽다. 화염온도에서, 오차는 ~100℃만큼 상당히 클 수 있다. 게다가, 물성들의 변동하는 성질은 ±500℃ 또는 그 이상으로의 변동을 가져올 수 있다. 난류 화염에서 시간 평균된 최대 온도는 800~1,200℃이나 더 높게 될 수도 있으며, 화염의 크기에 의존한다. 그렇지만, 층류 화염은 대략 1,300℃ 이상의 화염의 온도 이상에서만 관찰될 수 있다. 이런 이유로 난류 화염은 크고 작은 에디들이 존재하는 난류 유동장에서 빠르게 펄럭거리는 대단히 복잡한 구조를 갖는 흐트러진 층류 화염면의 집합체로써 보이게 된다. 소염은 열적 소염(quenching), 화염 신장(stretch) 그리고 국부적 공간에서 연료와 공기의 소모에 의해 간헐적으로 발생된다. 사실 '난류 확산화염'의 용어는 그 사용이 거의 사라져가며, '난류 비예혼합화염'의 용어에 의해 대체되고 있다.

부력이 지배적인 난류화염은 매우 복잡한 구조를 갖고 있다. 즉, 화염면은 진동하는 층류 하부에서부터 발광부의 중심까지 상승하며, 끊어진 화염의 끝부분이 간헐적 화염영역에서 마감된다(그림 10.2). $D=0.3$ m의 버너를 이용하여 MaCaffrey에 의해 측정된 화염구조의 진동 주파수인 3 Hz는 Pagni 상관식(식 (10.2))의 와류 발산 주파수와 일치함을 주목하자. 그림 10.4에서 Zukoski[8]에 의해 발표된 간헐성(가시적 화염의 지속시간/화염 주기시간)은 $I=0.5$에서 평균을 갖는 화염진동을 보여준다. $D=0.1$ m에서 화염높이 $z_f$는 약 ±20%까지 변한다는 것을 확인하였다. 그러나, 간헐성이 나타나는 영역은 $D$에 따라 확장된다: $D=0.10$, 0.19 그리고 0.50 m에서 각각 $z_f \pm \Delta_f/2$, $\Delta_f=0.40z_f$, $0.60z_f$ 그리고 $0.80z_f$. 또한 Zukoski[8]에 따르면, 사람의 눈에 의해 평균된 화염높이는 $I=0.50$에서의 $z_f$보다 약 20% 더 긴 경향을 보인다.

화재 플룸 내부의 속도를 측정하는 것은 상당히 어렵다. 피토튜브(pitot tube)에 의한 측정은 온도에 의존하며, 명확하지 않은 측정방향의 영향을 가질 수 있다. 열선유속계(hot-wire anemometry) 또한 상당한 문제점을 가질 수 있으며, 부력효과에 대한 교정을 요구한다. 레이저 등을 이용한 측정법 또한 많은 노력이 시도되고 있으나, 화재 측정에서 충분히 사용되지 않고 있다.

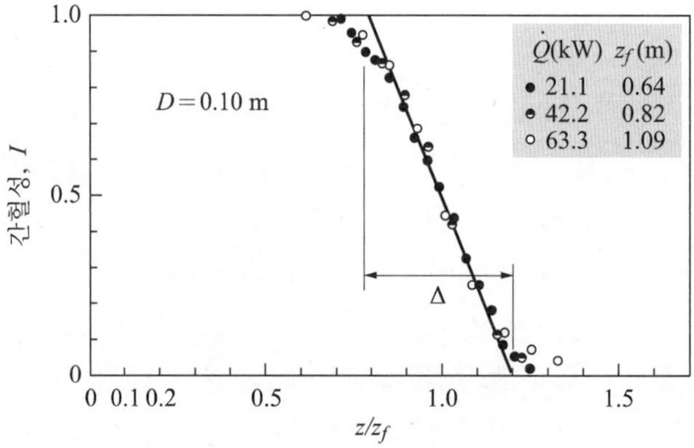


그림 10.4 ≫ Zukoski에 의해 측정된 화염높이의 간헐성[8]

화재 플룸의 가장자리와 같은 저속 유동의 속도 측정은 특별히 더 큰 어려움을 갖는다. 속도 측정을 위해 압력 측정이 요구되는 위치에서는 압력과 온도 신호들의 적절한 시간평균값이 측정될 필요가 있다. 화재 플룸 내에서 동압은 10에서 $10^3$ Pa의 범위를 가질 수 있다. 1 atm이 대략 $10^5$ Pa임을 상기하면, 플룸은 일정한 압력과정에서 발생된다고 간단하게 근사할 수 있다. 플룸에서 발생되는 부력으로 인하여 오직 수직 방향의 정압차이만이 중요시 된다. 큰 직경의 플룸, 특히 플룸의 하부 근처에서 유선의 곡률에 의한 압력 차이는 주위 유입에 의해 야기되는 유동에 의해 발생되는 것 같다. 그러나 하부 근처에서 유입효과에 관한 이들 연구는 아직 명확하지 않다. 물론, 유선이 수직방향과 평형을 이루는 하부에서 떨어진 위치에서 압력효과는 발생되지 않으며, 난류 플룸에 의한 유입은 부력과 난류에 의해 내부로 흡입되는 과정이라 할 수 있다.

가스 화학종 및 soot와 같은 추가적인 측정 역시 화재 플룸에서 중요하지만, 본 교재에서는 논의되지 않을 것이다. 간단한 확산화염에서 확인된 바와 같이, 혼합분율은 이들의 공간적 분포를 일반화시키는데 사용될 수 있다. 그 결과, 유동장에서의 혼합분율이 결정되면, 주요 화학종의 농도 분포에 대한 예측은 가능하다.

앞에서 언급된 바와 같이, 화재 플룸에 관한 많은 연구들이 발표되었다. Zukoski[8], Heskestad [9], Delichatsios[10] 그리고 McCaffrey[11]에 의한 우수한 보고서들이 있다. 화재 플룸에 대한 다양한 방식의 설명이 존재하며 각 학생들마다 보다 더 유용한 방식이 있을 수 있기 때문에, 위 문헌들을 모두 읽어보기를 권장한다. 본 교재에서는 위 문헌에 제시된 모든 내용을 다루지는 않겠지만, 제시된 선택 가능한 많은 상관식에 대한 기초를 이해할 수 있는 이론적 체계를 제공하기 위해 노력할 것이다.

## 10.2 부력을 갖는 플룸

점으로 가정된 플룸의 발원(source)에 공급된 열과 함께 부력을 갖는 플룸에 대한 지배방정식을 유도할 것이다. 2차원 평면 플룸에 대하여, 이 발원은 선이 될 것이다. 담배의 끝, 전기적 저항기를 이상적으로 표현한다면, 작은 화염이나 발원의 세부사항이 더 이상 중요하지 않은 큰 화재로부터 멀리 떨어진 플룸이 될 수 있다. 적용되는 가정들을 정리하면 다음과 같다.

1. 화력($\dot{Q}$)과 손실되는 복사분율 $X_r$을 갖는 이상적인 발원점(point source) 또는 발원선(line source)이 있다.
2. 플룸에는 Boussinesq 근사가 적용될 수 있다. 또는 체적력 항을 제외하고 일정한 밀도 $\rho_\infty$가 적용될 수 있다.

3. 플룸의 임의 높이에서의 압력은 정지된 주위에 의해 결정된다. 즉, 유체정역학에 의해 결정된다.
4. 주위의 온도 $T_\infty$는 균일하다.
5. 임의의 높이 $z$에서 플룸 단면의 물성들은 균일하다고 가정된다. 식 (10.1)에 주어진 경험적으로 보다 정확한 가우시안 분포와 비교했을 때, 이러한 물성들의 분포형태를 top-hat 분포라 부른다.
6. 모든 물성들은 일정하며, $c_{p_i} = c_p$이다.

### 10.2.1 지배방정식

이후에 연소와 화염의 복사효과를 고려하겠지만, 아직까지는 위의 가정 2~5를 유지할 것이다. Top-hat 분포와 Boussinesq 가정을 통해 문제의 기본적인 물리적 특성을 유지하면서 수학적 단순화를 가져올 수 있다. 그러나 이론은 실험 데이터가 얻어지지 못하는 부분에 대하여 검토되기 전까지만 적용될 수 있기 때문에, 이들 단순화의 정도는 결과의 일반성을 감소시키지 않아야 한다. 고정된 검사체적과 정상상태 조건에서 검사체적 내부에 다음과 같은 지배방정식이 적용될 것이다:

질량 보존식 (식 (3.15))

$$\sum_{net\ out}^{j} \dot{m}_j = 0 \tag{10.4}$$

수직방향($z$)의 운동량 보존식 (식 (3.23))

$$+z\uparrow \sum F_z = \sum_{net\ out}^{j} \dot{m}_j w_j \tag{10.5}$$

에너지 보존식 (식 (3.48))

$$c_p \sum_{net\ out}^{j} \dot{m}_j T_j = \dot{Q} - \dot{q}_{loss} \tag{10.6}$$

그림 10.5에 제시된 바와 같이 반경 $b$와 높이 $dz$를 갖는 작은 검사체적에 이들 방정식을 적용할 것이며, $z$에서 $z+dz$의 범위에서 물성들을 표현하기 위하여 테일러 전개이론(Taylor expansion theorem)을 적용할 것이다:

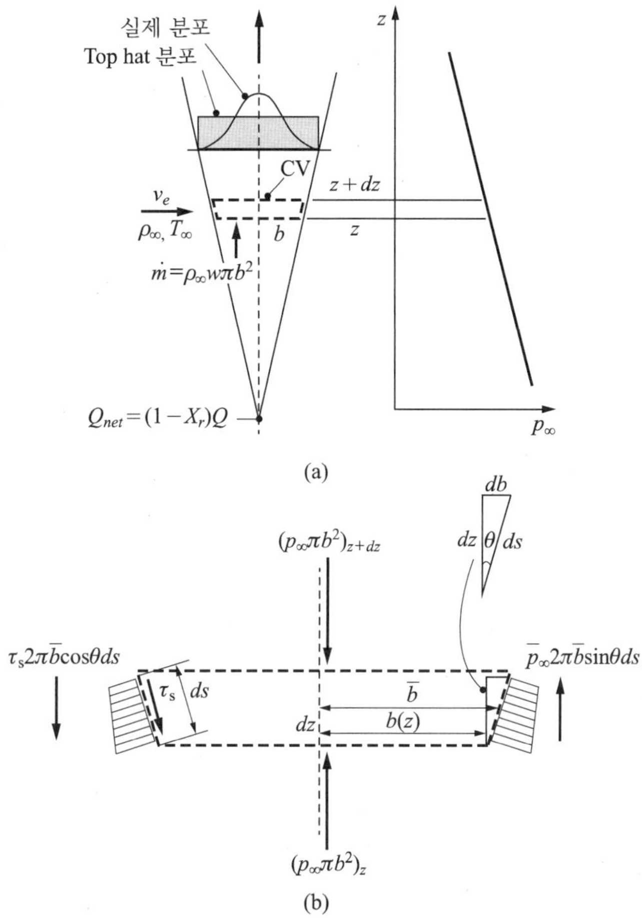


그림 10.5 ≫ (a) 플룸 발원점의 모식도와 (b) 특정 표면

$$F(z+dz) = F(z) + \frac{dF}{dz}dz + O(dz)^2 \tag{10.7}$$

Top-hat 분포에 있어서 유입 관계식(식 (10.3))을 사용하면,

$$v_e = \alpha_o w \tag{10.8}$$

이때 질량 보존식은 다음과 같이 표현될 수 있다.

$$\dot{m}(z+dz) - \dot{m}(z) - \rho_\infty v_e 2\pi b = 0 \tag{10.9}$$

Boussinesq top-hat 가정에 있어서 질량 유량은 다음과 같이 주어진다.

$$\dot{m} = \rho_\infty w \pi b^2 \tag{10.10}$$

그 결과, 아래의 연산과 함께 식 (10.7)~식 (10.10)을 사용한 질량 보존식은

$$\lim_{dz \to 0} \frac{1}{dz}$$

다음과 같이 표현된다.

$$\frac{d}{dz}(\rho_\infty w \pi b^2) = \rho_\infty \alpha_o w \pi b$$

또는

$$\frac{d}{dz}(w b^2) = 2\alpha_o w b \tag{10.11}$$

$+z$방향으로 양의 힘을 갖는 $z$방향에 대한 운동량 보존식은 다음과 같이 표현될 수 있다.

$$\bar{p}_\infty 2\pi \bar{b} db + (p_\infty \pi b^2)_z - (p_\infty \pi b^2)_{z+dz} - \rho g \pi \bar{b}^2 dz - \tau_s 2\pi \bar{b} dz = (w\dot{m})_{z+dz} - (w\dot{m})_z \tag{10.12}$$

압력 힘(pressure forces)은 둘레영역(perimeter region) $2\pi \bar{b} ds$에서 압력을 고려한 그림 10.5 (b)에서 유도된다. 여기서 $\bar{b}$는 $z$와 $z+dz$ 사이의 평균높이이다. $\bar{p}$ 역시 $z$와 $z+dz$ 사이의 평균압력을 의미한다. 전단력의 수직 성분 또한 유사한 방법을 통해 얻어진다. 그러나 플룸의 가장자리에서 유체는 정지되어 있거나 수직방향의 속도성분에 대하여 $dw/dr=0$의 값을 갖는다. 다음과 같은 관계식에 의해

$$\tau_s \propto \frac{dw}{dr}$$

시간 평균된 난류 물리량들이 고려되고 있음을 인지할 때, $r=b$에서 $\tau_s=0$이다. 따라서 $dz \to 0$일 때 극한에서

$$p_\infty 2\pi b \frac{db}{dz} - \frac{d}{dz}(p_\infty \pi b^2) - \rho g \pi b^2 = \frac{d}{dz}(\rho_\infty w^2 \pi b^2) \tag{10.13}$$

그러나 정지된 주위에서는

$$\frac{dp_\infty}{dz} = -\rho_\infty g \tag{10.14}$$

위 두 식을 결합하면

$$\frac{d}{dz}(\rho_\infty w^2 \pi b^2) = (\rho_\infty - \rho) g \pi b^2 \tag{10.15}$$

이때 완전기체 상태방정식을 적용하면

$$\rho T = \rho_\infty T_\infty \tag{10.16}$$

비선형적인 영향을 저감시키기 위하여, 다음과 같은 추가적인 가정이 적용된다.

7. **온도 또는 밀도의 변화는 작다.** (이 가정은 완전한 Boussinesq 모델의 적용을 의미한다.)

위 가정은 온도와 밀도의 큰 변화가 동반되는 높은 온도의 연소조건에서도 적용될 것이다. 그러나 이 가정에 의한 오차는 최종 실험적 상관식을 통해 명확하게 보완될 것이다. 가정 7을 적용함으로써,

$$\frac{\rho_\infty - \rho}{\rho_\infty} = 1 - \frac{T_\infty}{T} = \frac{T - T_\infty}{T} = \left(\frac{T - T_\infty}{T_\infty}\right)\left(\frac{T_\infty}{T}\right)$$

$$T/T_\infty \to 1\text{에 대해 } \frac{\rho_\infty - \rho}{\rho_\infty} \approx \frac{T - T_\infty}{T_\infty} \tag{10.17}$$

따라서, 식 (10.15)는 다음과 같이 표현된다.

$$\frac{d}{dz}(w^2 b^2) = \left(\frac{T - T_\infty}{T_\infty}\right) g b^2 \tag{10.18}$$

그림 10.5의 검사체적에 대한 에너지 보존식 (10.6)은 다음과 같다.

$$c_p[(\dot{m}T)_{z+dz} - (\dot{m}T)_z] - \rho_\infty v_e c_p T_\infty 2\pi b\, dz \tag{10.19}$$

CV 내에서는 연소를 고려하지 않았기 때문에 공급된 열은 0이며, 모든 열은 이상적으로 $z=0$에서 공급된다. 위에서와 같은 연산을 통해 다음과 같은 식을 얻을 수 있다.

$$c_p \frac{d}{dz}[(\rho_\infty w \pi b^2) T] - \rho_\infty v_e c_p T_\infty 2\pi b = 0 \tag{10.20}$$

식 (10.11)로부터, 다음과 같이 표현될 수 있다.

$$c_p \frac{d}{dz}(\rho_\infty w \pi b^2 T) - c_p \frac{d}{dz}(\rho_\infty w \pi b^2 T_\infty) = 0$$

또는

$$\rho_\infty c_p \frac{d}{dz}[w\pi b^2(T-T_\infty)] = 0 \tag{10.21}$$

위 식은 적분될 수 있으며, $z=0$을 포함하는 검사체적을 적용하면 다음 식을 얻을 수 있다.

$$\rho_\infty c_p w\pi b^2(T-T_\infty) = \dot{Q}(1-X_r)$$

여기서, $\dot{Q}$는 발원의 화력을 나타내는 항이다. 그 결과

$$wb^2\frac{T-T_\infty}{T_\infty} = \frac{\dot{Q}(1-X_r)}{\rho_\infty c_p T_\infty \pi} \tag{10.22}$$

$w$, $b$ 그리고 $\phi=(T-T_\infty)/T_\infty$를 구하기 위하여 3개의 식 (10.11), (10.18) 그리고 (10.22)가 적용된다. 이러한 이상적 플룸에 대한 초기 조건들은 $z=0$에서 다음과 같이 선택된다.

$b = 0$ (발원점)

그리고

$w^2 b = 0$ (운동량을 고려하지 않음)

만약 발원점에서 상당한 운동량 또는 질량 유량이 존재한다면, 플룸은 제트로 분류될 것이며, 초기 운동량은 식 (10.3)에 의해 표현된 바와 같이 유입을 제어할 것이다. 이러한 제트 거동은 무시할만한 초기 운동량을 갖는 자연적 발생 화재의 화염높이와 비교할 때, 상당한 크기의 화염높이를 갖게 될 것이다.

## 10.2.2 플룸의 특성 규모

무차원항을 이용하여 지배방정식을 표현하면 중요 변수들을 최소화시킬 수 있어 매우 유용하다. 이를 위해 $z$를 무차원시키기 위한 특성길이에 대한 정보가 요구된다. 만약 유한크기의 발원 직경 $D$를 알고 있다면, 이것은 당연한 선택이 될 것이다. 그러나 이 직경은 발원점 문제에서는 존재하지 않는다. 적절한 길이 규모 $z_c$는 방정식의 차원을 검토함에 의해 결정될 수 있다. 차원의 동일 설정과 함께 식 (10.22)로부터

$$w_c z_c^2 \overset{D}{=} \frac{\dot{Q}}{\rho_\infty c_p T_\infty}$$

또는

$$w_c \overset{D}{=} \frac{\dot{Q}}{\rho_\infty c_p T_\infty z_c^2}$$

식 (10.18)에 대입을 통해

$$w_c^2 z_c \overset{D}{=} g z_c^2$$

또는

$$\left( \frac{\dot{Q}}{\rho_\infty c_p T_\infty z_c^2} \right)^2 z_c^{-1} \overset{D}{=} g$$

그 결과 적절한 길이 규모는 다음을 얻을 수 있다.

$$z_c = \left( \frac{\dot{Q}}{\rho_\infty c_p T_\infty \sqrt{g}} \right)^{2/5} \tag{10.23}$$

유한크기의 화재에서 $D$에 의한 큰 와구조(large eddy structures)의 크기와 화염높이에 미치는 영향과 더불어 이 길이규모는 이들을 지배하는 중요한 변수이다. 또한 무차원 화염높이는 다음과 같이 표현되어야 함을 짐작할 수 있다.

$$\frac{z_f}{D} = f\left(\frac{z_c}{D}\right)$$

그런데, 만약 발원의 강도가 선으로 된 발원의 단위길이당 에너지방출률인 $\dot{Q}'$으로 표현될 필요가 있는 발원선을 검토하고 있다면, 식 (10.23)은 다음과 같이 차원적으로 재검토될 수 있다.

$$z_c \overset{D}{=} \left( \frac{\dot{Q}/L}{\rho_\infty c_p T_\infty \sqrt{g}/z_c} \right)^{2/5}$$

또는

$$z_{c,\,line} = \left( \frac{\dot{Q}'}{\rho_\infty c_p T_\infty \sqrt{g}} \right)^{2/3} \tag{10.24}$$

이것이 선 플룸(line plume)의 특성길이 규모이다.

완전한 발원점 무차원을 위하여, 일반적으로 특성속도(characteristic velocity)는 다음과 같이 결정된다.

$$w_c = \sqrt{g z_c} \tag{10.25a}$$

또는 발원점에 대하여 특별하게

$$w_c = g^{1/2} \left( \frac{\dot{Q}}{\rho_\infty c_p T_\infty \sqrt{g}} \right)^{1/5} \tag{10.25b}$$

여기서 $\dot{Q}$은 이 규모에서 화력(fire power)을 의미한다.

### 10.2.3 해(Solutions)

축대칭 발원점과 발원선에 대한 식 (10.1)은 다음과 같이 표현된다.

$$\frac{w}{w_m} = \exp\left[ -\left( \frac{y}{b} \right)^2 \right] \tag{10.26a}$$

그리고

$$\frac{T - T_\infty}{T_m - T_\infty} = \exp\left[ -\beta \left( \frac{y}{b} \right)^2 \right] \tag{10.26b}$$

이들에 대한 가우시안 형태(Gaussian profile)의 해들은 그림 10.6에 도시된 차원들을 이용하여 표 10.1[12]에 제시되었다. 검토된 무차원 변수들은

$$\begin{aligned} \Phi &= (T_m - T_\infty)/T_\infty \\ W &= w_m / w_c \\ B &= b / z_c \\ \zeta &= z / z_c \end{aligned} \tag{10.27}$$

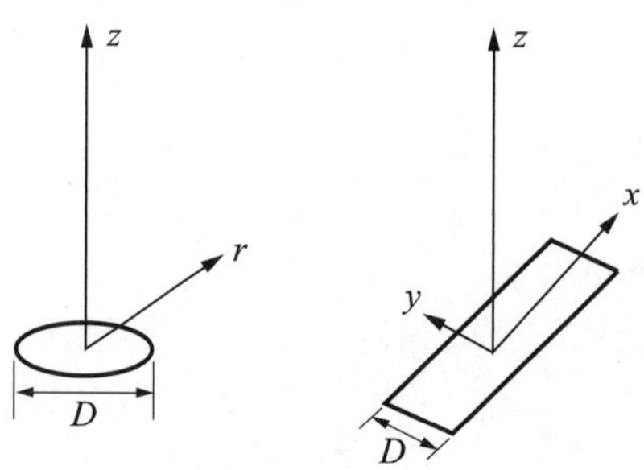


그림 10.6 ≫ 유한크기의 발원(finite source)

**표 10.1** 화염으로부터 먼 플룸에서 가우시안(Gaussian) 플룸 상관식[12]

| 무차원 변수 | 축대칭 ($X_r = 0.20$) | 무한 선 ($X_r = 0.30$) |
|---|---|---|
| $B$ | $C_l \zeta$<br>$C_l = \frac{6}{5}\alpha$, 0.118 | $C_l \zeta$<br>$C_l = \frac{2}{\sqrt{\pi}}\alpha$, 0.103 |
| $W$ | $C_v \zeta^{-1/3}$<br>$C_v = \left[\left(\frac{25}{24\pi}\right)\left(\frac{\beta+1}{\beta}\right)\alpha^{-2}(1-X_r)\right]^{1/3}$<br>$C_v = 4.17(1-X_r)^{1/3}$ | $C_v \zeta^0$<br>$C_v = \left[\left(\frac{\beta+1}{2\beta}\right)^{1/6}\alpha^{-1/3}(1-X_r)^{1/3}\right]$<br>$C_v = 2.25(1-X_r)^{1/3}$ |
| $\Phi$ | $C_T \zeta^{-5/3}$<br>$C_T = \left[\frac{2}{3}\left(\frac{25}{24\pi}\right)^{2/3}\frac{(\beta+1)^{2/3}}{\beta^{-1/3}\alpha^{4/3}}(1-X_r)^{2/3}\right]$<br>$C_T = 10.58(1-X_r)^{1/3}$ | $C_T \zeta^{-1}$<br>$C_T = \left[\frac{(\beta+1)^{1/3}}{2^{5/6}\beta^{-1/6}}\alpha^{-2/3}(1-X_r)^{2/3}\right]$<br>$C_T = 3.30(1-X_r)^{2/3}$ |
| $\frac{W^2}{\Phi\zeta}$ | $\frac{3/2}{\beta}$, 1.64 | $\sqrt{\frac{2}{\beta}}$, 1.54 |
| $\alpha$ | 0.098 | 0.091 |
| $\beta$ | 0.913 | 0.845 |

표 10.1의 해들은 Yokoi[3]가 사용한 연료 발원에 대하여 예측된 복사분율 $X_r$과 함께 작은 화원으로부터 얻어진 데이터를 피팅(fitting)한 것이다. 복사 열손실에 대한 고려가 적용되지 않은 ($X_r = 1$) Zukoski[8]의 데이터 피팅은 축대칭 발원에 대하여 $\alpha_o = 0.11$과 $\beta = 0.91$의 값을 제공한다. Yuan과 Cox[13]는 많은 연구들로부터 얻어진 데이터 검토를 통해 $\alpha_o$와 $\beta$는 각각 $0.12 \sim 0.16$과 $0.64 \sim 1.5$의 범위를 갖는다고 확인하였다. 그림 10.7과 10.8은 발원점과 발원선에 대하여 Yokoi[3]에 의해 측정된 실험결과의 비교를 통해 유사한 결과들과 중심선상의 특성들을 보여주고 있다.

이상적 조건들인 발원점과 발원선에서 대형 화재 플룸에 대한 원거리장에서의 데이터(far-field data)가 서로 일치하는 일부 특성은 상당히 흥미롭다. 점 플룸의 중심선에서 속도와 온도는 높이에 따라 감소하며, 두 값 모두 시작점(origin)에서 유일한 값을 갖는다. 선 플룸의 경우에는 단지 온도만이 위와 같은 경향을 갖으며, 속도는 중심선을 따라 일정한 값을 갖게 된다. 국소 위치의 Froude 수($Fr$)는 변함이 없으며, 두 플룸에 대하여 거의 같다. 이 국소 $Fr$ 수는 표 10.1에서 확인된 바와 같이 다음 식과 같이 표현된다.

$$Fr \equiv \frac{\text{운동에너지}}{\text{위치에너지}}$$

$$= \frac{w_m^2/gz_c}{[(T_m - T_\infty)/T_\infty](z/z_c)} = \frac{w_m^2}{g[(T_m - T_\infty)/T_\infty]z}$$

$$= \frac{W^2}{\Phi\zeta} \approx 1.6 \pm 0.05 \tag{10.28}$$

위 식에서 속도는 부력과 직접적으로 관련됨을 알 수 있다. 점성의 효과는 자유 플룸(free plume)의 해석에서 적용되지 않음을 기억하자. 실제로, 중심의 유선에 베르누이 방정식을 적용하면 $Fr = 2.0$의 값을 갖게 된다. 벽면의 플룸(wall plume) 또는 천장 플룸(ceiling-plume)의 상호작용을 통해 $Gr = (gz^3/\nu^2)[(T_m - T_\infty)/T_\infty]$의 영향을 볼 수 있을 것으로 예측된다. 층류 플룸에서 점성은 주위 공기가 플룸 유동 내부로 유입되기 위한 유일한 메커니즘이기 때문에, 점성효과는 존재되어야 한다.

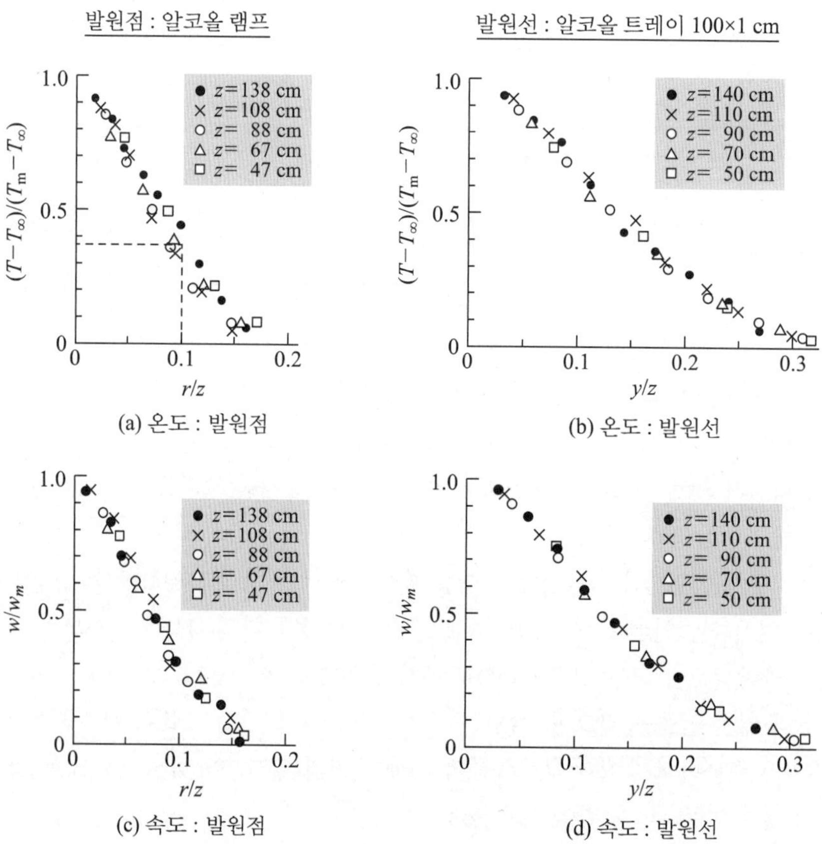


그림 10.7 ≫ 발원점과 발원선에 대한 Yokoi(BRI, Japan)의 실험 결과[3]

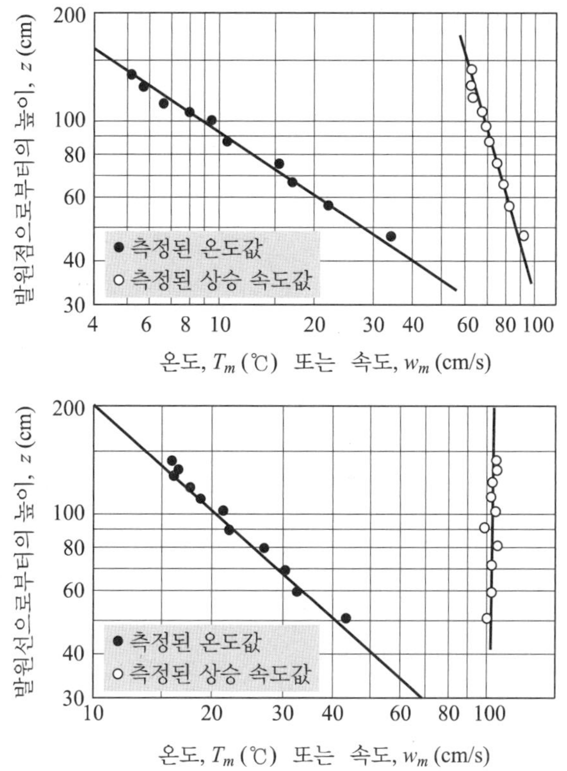


**그림 10.8** ≫ 축(axis)에서 시간 평균된 속도와 온도 상승 값을 나타내는 Yokoi 결과[3]

## 10.3 플룸 연소

이 장에서는 플룸의 연소 측면을 검토하고 좀 더 현실적인 결과들을 보여주기 위해 노력할 것이다. 이전의 접근은 전개 방법론에 대한 가이드를 제공한다. 연소는 매우 복잡하여 어떤 기초적인 방법을 통해 고려하기 어렵기 때문에, 추가적인 가정과 함께 단순한 '발원점(point source)'의 접근법이 적용된다.

8. 연료가 존재하는 한 연소는 플룸 전반에 걸쳐 균일하게 일어난다.

이때 고려되는 식들은 그림 10.5의 차분 요소에 $(1 - X_r)\dot{Q}'''$와 같은 단위체적당 순유효열 추가항(a net effective heat addition per unit volume)을 제외하고 이전과 동일하다. 식 (10.11),

(10.18)과 (10.21)로부터, top-hat 축대칭의 경우에 질량, 운동량 그리고 에너지 보존식은 다음과 같이 표현된다.

$$\frac{d}{dz}(wb^2) = 2\alpha_o wb \tag{10.29a}$$

$$\frac{d}{dz}(w^2b^2) = \left(\frac{T-T_\infty}{T_\infty}\right) g\, b^2 \tag{10.29b}$$

그리고

$$\rho_\infty c_p \frac{d}{dz}[w\pi b^2(T-T_\infty)] = (1-X_r)\dot{Q}'''\pi b^2 \tag{10.29c}$$

그림 10.5(a)의 검사체적($dz$)에서 연소할 수 있는 연료의 최대 유량은 유입되는 산소 또는 이미 알고 있는 산소와 연료의 이론양론비 $r$과 함께 완전히 반응하게 된다. 따라서 $\dot{Q}'''$은 다음과 같이 표현될 수 있다.

$$\dot{Q}''' = \frac{\rho_\infty(\alpha_o w)(2\pi b\, dz)(\Delta h_c Y_{O_2,\infty})}{(\pi b^2 dz)(r)} \tag{10.30}$$

식 (10.29c)에 대입함에 의해

$$\rho_\infty c_p \frac{d}{dz}[wb^2(T-T_\infty)] = \frac{(1-X_r)2\alpha_o\rho_\infty wb\Delta h_c Y_{O_2,\infty}}{r} \tag{10.31}$$

식 (10.29a)를 사용하면, 위 식은

$$\frac{d}{dz}[wb^2(T-T_\infty)] = (1-X_r)\frac{\Delta h_c Y_{O_2,\infty}}{c_p r}\frac{d}{dz}(wb^2) \tag{10.32}$$

위 식에서 $z=0$에서 $b=0$과 함께 적분하면,

$$T-T_\infty = (1-X_r)Y_{O_2,\infty}\left(\frac{\Delta h_c}{rc_p}\right) \tag{10.33}$$

그러나, 유입되는 모든 공기가 연료와 반응하는 것은 쉽지 않다. 화염의 난류구조는 연료와 공기의 순간적인 혼합을 허용하지 않는다. 즉, 때때로 비혼합도(unmixedness)로 표현되는 지연(delay)이 존재하게 된다. 이러한 이유로 양론혼합비보다 더 많은 산소(또는 공기)가 유입되며, 완전히 연소되지 않을 것이다. 이것을 과잉 유입분율(excess entrainment fraction)이라 부른다.

$$n \equiv \frac{\text{유입된 공기의 질량}}{\text{반응된 공기의 질량} } \tag{10.34}$$

과잉공기에 의한 희석으로 화염 내부에 더 낮은 온도를 제공하도록 식 (10.33)은 수정되어야 한다.

$$T - T_\infty = \frac{(1 - X_r) Y_{O_2,\infty} \Delta h_c}{n c_p r} \tag{10.35}$$

위 식에서 인자 $n$은 약 10으로 발견되었으며, 화재 플룸의 분야에서는 어느 정도 보편적인 상수로 인식된다. 이 상수가 적용될 수 있는 조건들은 아직 상세하게 규명되지 않았다. 이 결과의 주요 핵심은 시간과 공간적으로 평균된 화염온도는 이론적으로 단지 $X_r$에만 의존하며 일정하다는 것이다. 그 이유는 넓은 범위의 연료들에 대하여 공기 1 g이 소모될 때 발생되는 에너지인 $Y_{O_2,\infty} \Delta h_c / r \approx 2.9$ kJ/g은 거의 일정하기 때문이다. 실제로 화염온도는 연료의 복사 물성들을 제외하고 연료에 무관하며, 복사열을 거의 방출하지 않는 연료의 화염은 더 높은 온도를 갖게 된다. 이 결과는 $n$이 특정 유동조건에 의존하는 것을 제외하고 모든 화재 플룸 형상에 적용된다. 부력이 지배적인 난류화염에서 무차원 항들은 다음과 같이 표현될 수 있다.

$$\frac{T_m - T_\infty}{T_\infty} = f(\Psi / n) \tag{10.36}$$

여기서,

$$\Psi \equiv \frac{(1 - X_r) Y_{O_2,\infty} \Delta h_c}{c_p T_\infty r}$$

이 식은 감지 엔탈피에 대한 흡수된 화학적 엔탈피의 비를 나타내는 무차원 변수이다.

표 10.2는 축대칭 그리고 선 - 화재 플룸들[12]에서 $\beta$ 값을 1로 선택할 때, 가우시안 형태를 기반으로 한 상관식 결과들을 나타낸 것이다. 국소 Froude 수 $W^2/(\Phi\zeta)$는 화염 근거리 및 원거리장의 플룸에 대하여 거의 같은 값인 1.60±0.1의 값을 갖는다는 것은 상당히 놀라운 일이다. 유입계수(entrainment coefficient)는 훨씬 더 큰 값을 갖는다. 이 값에는 축대칭 화재의 기부(base) 근처의 압력효과, 그리고 실제로 3차원의 구조를 갖는 선 - 화재에 대한 '토네이도 - 화염 - 필라멘트' 효과가 포함되어 있다. 이들 상관식에 해당되는 데이터는 유한 크기의 화재에 대한 결과(즉, 이상적인 발원이 아닌 $D > 0$)들이 포함되었음을 인지해야 한다. 표 10.1과 10.2의 상관식들은 같은 유형의 공식들이며, 동등한 타당성을 갖는 상관식들도 존재한다.

표 10.2 연소영역에서 화염의 상관식[12]

| 무차원 변수 | 축대칭 ($X_r = 0.20$) | 무한 선 ($X_r = 0.30$) |
|---|---|---|
| $B$ | $C_l \zeta$<br>$C_l = \frac{4}{5}\alpha$, 0.179 | $C_l \zeta$<br>$C_l = \frac{4\alpha}{3\sqrt{\pi}}$, 0.444 |
| $W$ | $C_v \zeta^{1/2}$<br>$C_v = 2.02$ 또는 $0.720\sqrt{\Psi}$ | $C_v \zeta^{1/2}$<br>$C_v = 2.3$ 또는 $0.877\sqrt{\Psi}$ |
| $\Phi$ | $C_T \zeta^0$<br>$C_T = 2.73$ 또는 $0.347\Psi$ | $C_T \zeta^0$<br>$C_T = 3.1$ 또는 $0.450\Psi$ |
| $\frac{W^2}{\Phi\zeta}$ | 1.49 | 1.70 |
| $\alpha$ | 0.22 | 0.590 |
| $\beta$ | 1 | 1 |

## 10.4 유한크기의 실제 화재 효과

이 장에서는 대안 가능한 결과들을 검토하고 화염 바닥면의 차원 $D$의 영향을 고려해보자. Yokoi[3]에 의한 측정은 그림 10.9에서와 같이 반경 20 cm($r_o = D/2$)의 화원에서 이루어졌다. 다음의 온도분포는 그림 10.9에 제시되었다.

$$\frac{z}{r_o} \text{와 } \frac{r}{r_o} \text{에 대한 } \frac{T - T_\infty}{T_m - T_\infty}$$

비록 가우시안 형태가 화재영역에서 유지되지 않지만, 상사성(similarity)은 보존된다. 또한 플룸 반경은 연소영역에서 좀 더 느리게 성장한다. 단순한 유입이론은 연소영역에는 적절하지 않기 때문에 위의 더 느린 성장은 표 10.2에 제시된 바와 같이 $C_l$ 값들이 일정한 이론과는 일치하지 않는다.

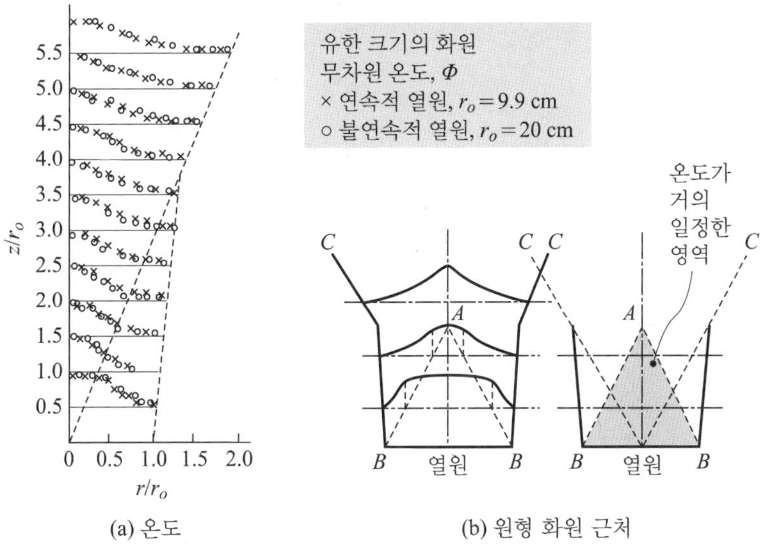


그림 10.9 ≫ 유한크기의 화원에 대한 무차원 온도분포 $(T-T_\infty)/(T_m-T_\infty)$ (Yokoi[3]로부터 인용됨)

### 10.4.1 난류 축방향 화염온도

McCaffrey[6]는 메탄을 연료로 사용한 0.3 m 한 변의 사각버너에서 축대칭 화재에 대한 실험 결과를 제공하였다. 그림 10.10의 결과는 3가지 영역을 명확하게 설명하고 있다: (1) 연속적인 발광화염(luminous flame), (2) 진동하는 화염영역 그리고 (3) 비연소 플룸영역. 유사한 결과들이 그림 10.11에 제시된 Quintiere와 Grove[12]에 의한 연구결과에서도 확인될 수 있다. 이 그림에서 폭 $D$는 0.1 mm에서 20 cm의 범위를 갖으며 $\dot{Q}'$은 $10^{-2}$에서 350 kW/m를 갖는 유한크기의 선 화재가 적용되었다.

이들 규모의 화재에서 최대 화염온도는 800～900℃로 나타남을 기억하자. 더 큰 규모의 화재에서 이 화염온도는 직경에 따라 증가될 수 있다. 즉, $D$=2 m에 대하여 900℃; 6 m, 1,000℃; 15 m, 1100℃; 그리고 30 m, 1200℃[14]. 이에 대한 설명은 큰 직경의 화재에서 검정색의 soot 에디들(eddies)이 화염으로부터의 복사열을 차단하기 때문에 $X_r$이 감소됨을 보여준 Koseki[15]의 연구결과에서 제시되었다. 에디의 크기 또는 soot 경로길이(path length)는 화재 직경증가에 따라 증가하여, 외부 에디들의 투과율은 감소하고 화염을 떠나는 흑체복사 역시 감소하게 된다. 표 10.2로부터, 화염온도는 다음 식에 의해 예측될 수 있다.

$$\frac{T_f - T_\infty}{T_\infty} = C_{T,f}(1-X_r)\left(\frac{Y_{O_2,\infty}\Delta h_c}{r c_p T_\infty}\right) \tag{10.37}$$

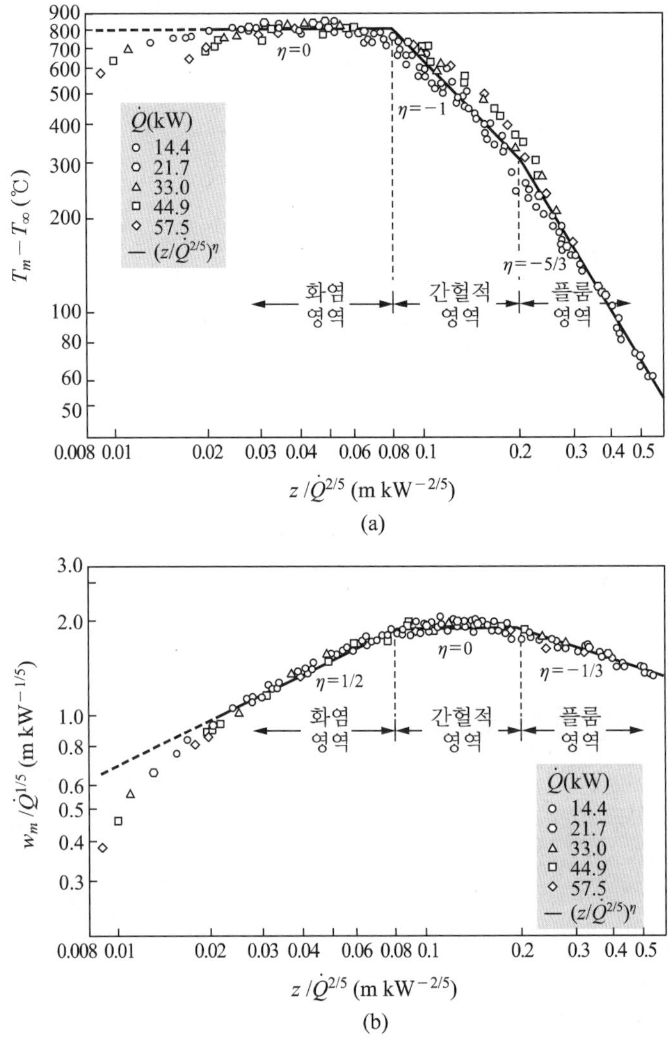


**그림 10.10** ≫ 중심선에서 화재 플룸의 (a) 온도 상승과 (b) 속도 (McCaffrey[6]로부터 인용됨)

표 10.3은 주의 깊게 측정된 온도(50 μm Pt-Rh[16]와 1 mm[17] 열전대) $C_{T,f}$의 값들을 제공한다; $c_p = 1$ kJ/kg K의 조건에서 $C_{T,f} = 0.50$의 값이 추천된다. 이 값은 연소가 항상 존재하는 $z < z_f$의 화염 중심부 영역에서 허용된다. Koseki의 그림 10.12로부터,

$$\frac{(T_f - T_\infty)_{D=30\,\mathrm{m}}}{(T_f - T_\infty)_{D=0.3\,\mathrm{m}}} = \frac{1 - X_r(30\ \mathrm{m})}{1 - X_r(0.3\ \mathrm{m})} \approx \frac{1 - 0.06}{1 - 0.45} = 1.7$$

이 값은 Baum과 McCaffrey[14]에 의해 보고된 온도 측정값과 일치한다.

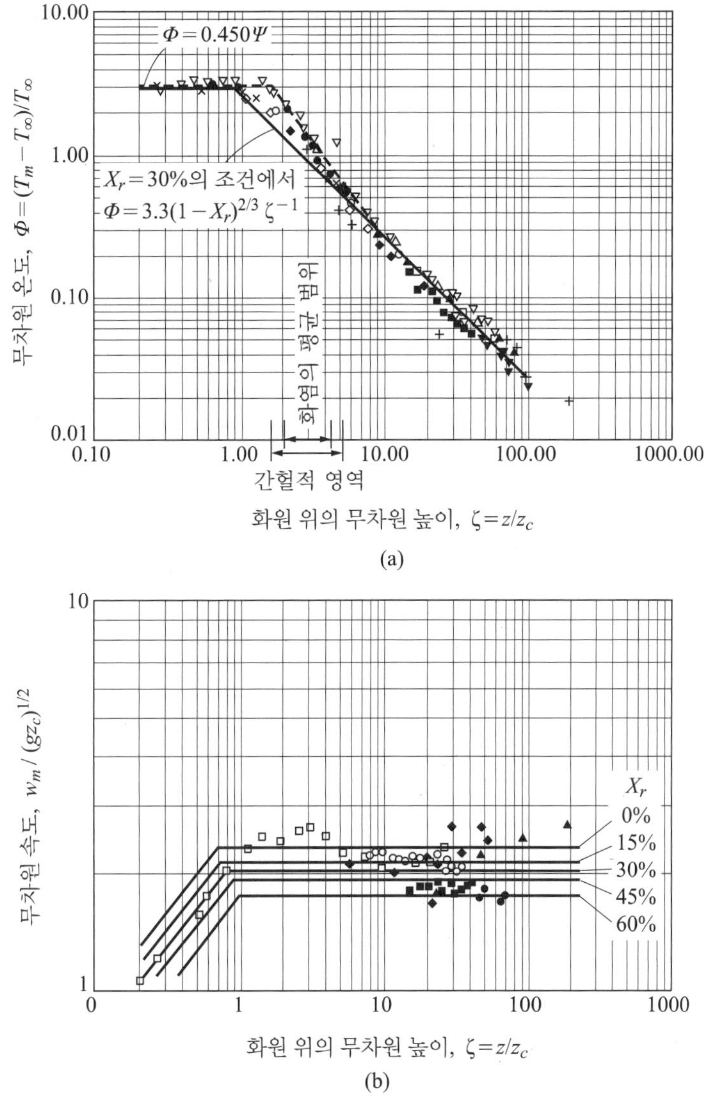


그림 10.11 ≫ 폭 $D$를 갖는 유한크기의 선 화재에 대한 중심선에서 무차원 화재 플룸의 (a) 온도 상승과 (b) 속도[12]

$$\frac{(T_f - T_\infty)_{D=30\,\mathrm{m}}}{(T_f - T_\infty)_{D=0.3\,\mathrm{m}}} \approx \frac{1,200℃}{800℃} = 1.5$$

식 (10.37)의 적용은 다음과 같이 $X_r = 0$에 해당되는 화염온도 상승의 최대값을 제공한다.

$$T_f - T_\infty \approx 1,450℃$$

비록 이러한 값은 보고되지 않았으나, 큰 화재에서 정확한 측정값을 얻기 위하여 일반적으로 충분한 주의를 갖지 않았다.

**표 10.3** 중심선에 측정된 최대 화염온도

| 시간 평균된 중심선 상의 최대 온도 (℃) | 연료 | $\Delta h_c/s$ (kJ/g air) | $D$ (m) | $\dot{Q}$ (kW) | $X_r$ | 출처 | $C_{T,f}$ |
|---|---|---|---|---|---|---|---|
| 1260 | 천연가스 | 2.91 | 0.3 | 17.9 | 0.15 | Smith and Cox[17] | 0.50 |
| 1100 | 천연가스 | 2.91 | 0.3 | 70.1 | 0.25 | Smith and Cox[17] | 0.48 |
| 930 | 헵탄 | 2.96 | 1.74 | 7713 | 0.43 | Kung and Stavrianidis[18] | 0.52 |
| 990 | 헵탄 | 3.07 | 1.74 | 973 | 0.18 | Kung and Stavrianidis[18] | 0.59 |

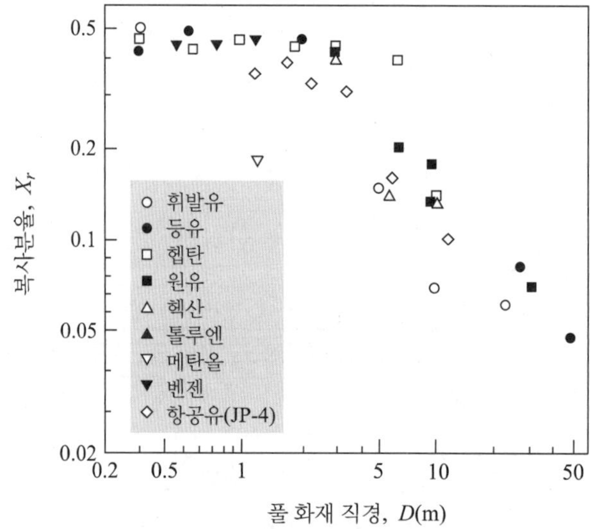


**그림 10.12** 다양한 연료 화재에 대한 복사분율과 팬(pan) 직경사이의 관계 (Koseki[15]로부터 인용됨)

## 10.4.2 플룸 온도

화재 플룸에 대한 발원점 또는 발원선 모델들의 이상적 분석은 한계를 가지고 있음은 분명하다. 이들 모델들은 화원으로부터 충분히 먼 거리에서만 적용되어야 한다. 이들 이상적 모델들을 유한 직경의 화재 효과에 적응시키기 위한 한 가지 접근은 가상의 시작점 $z_o$를 이용한 분석법을 수정하는 것이다. 유한 크기의 발원에 대하여, 단순한 구조의 적용은 실제 화원의 직경 $D$ 아래의 거리 $z_o$에서 에너지 방출의 유효 발원점을 위치시키는 것이다. 이러한 방법은 그림 10.13

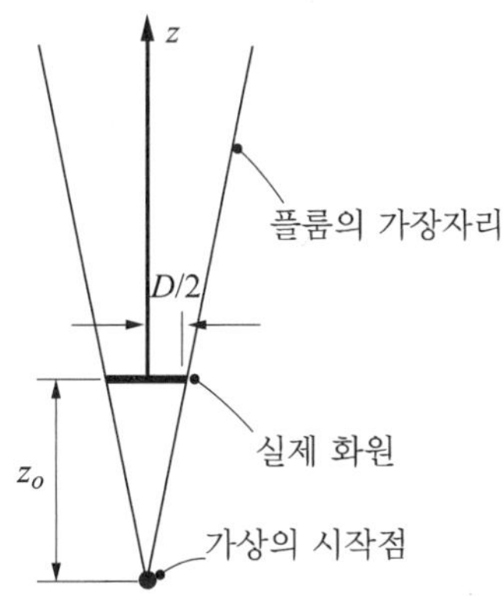


그림 10.13 ≫ 가상의 시작점

에 도시되었다. 이 그림에서 $z_o$의 위치는 $z=0$에서 플룸의 폭을 $D$에 일치시킴으로서 결정될 수 있다. 여러 가지 기준들이 화재 플룸 데이터로부터 $z_o$를 결정하기 위해 사용되었다. 실제 발원 아래에 위치하는 가상의(무차원의) 시작점에 대한 수정된 온도의 원거리장 해를 이용하여, 표 10.1의 무차원 플룸 온도는 일반적으로 다음과 같이 표현될 수 있다.

$$\frac{T-T_\infty}{T_\infty} = C_T(1-X_r)^{2/3}(\zeta+\zeta_o)^{-5/3} \tag{10.38}$$

여기서, $\zeta_o = z_o/[\dot{Q}/(\rho_\infty c_p T_\infty \sqrt{g})]^{2/5}$이다. 위 방정식은 새로운 온도 변수가 $z$의 선형적 함수 그래프로 표현될 수 있도록 재배열 될 수 있다:

$$z = -z_o + (10.58)^{3/5} \frac{\left[\dfrac{\dot{Q}(1-X_r)}{\rho_\infty c_p T_\infty \sqrt{g}}\right]^{2/5}}{\left(\dfrac{T-T_\infty}{T_\infty}\right)^{3/5}} \tag{10.39}$$

이러한 데이터의 그래프는 그림 10.14와 같이 Cox와 Chitty[18]에 의해 제시되었다. 회귀선은 간헐성을 갖는 화염영역과 화염 바로 위의 플룸에서 얻어진 데이터에 더 잘 맞는다. 이들 데이터에서 가상의 시작점은 버너 아래의 0.33 m이다. $z=0.4$ m 아래의 연속화염영역에서, 화염온도는 예상했던바와 같이 일정하다. $z=1.2$ m 위의 데이터에 대한 선형적 피팅은 0에 가까운 $z_o$를 가져오며, 이는 원거리장에 대한 데이터의 더 큰 일관성을 의미한다. 교정계수 $z_o$에 대한 이런 추정의 불확실성 정도는 분명하게 제시되어야 한다.

$z_o$의 결과는 데이터가 얻어진 정보로부터 특정 데이터 상관식 도출 과정에 사용되어야 한다. 예를 들어, Heskestad[19]는 다음과 같이 가상의 시작점에 대한 상관식을 유도하였다.

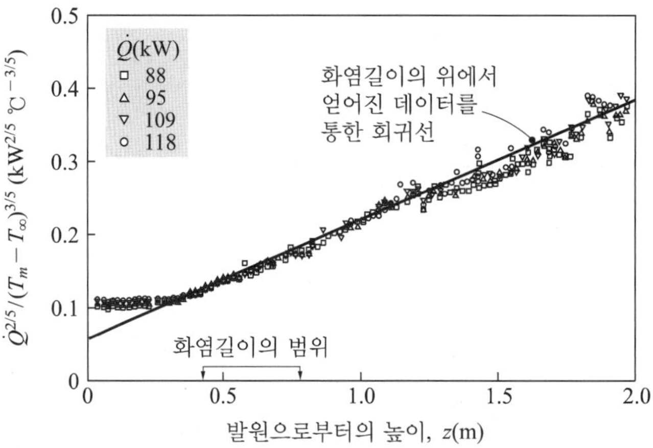


그림 10.14 ≫ 가상의 시작점을 알기 위해 도시된 축방향 온도 데이터 (Cox와 Chitty[18]의 데이터 인용)

$$\frac{z_o}{D} = 1.02 - \frac{0.083\dot{Q}^{2/5}}{D} \tag{10.40a}$$

여기서 $z_o$와 $D$는 m의 단위를 가지며, $\dot{Q}$는 kW의 단위를 갖는다. 무차원의 형태에서 이 식은

$$\frac{z_o}{D} = 1.02 - 1.38\,Q_D^{*\,2/5} \tag{10.40b}$$

여기서

$$Q_D^* \equiv \frac{\dot{Q}}{\rho_\infty c_p T_\infty \sqrt{g}\, D^{5/2}} \tag{10.41}$$

이 결과는 $z \geq z_f$에 해당되는 중심선에서 원거리장 플룸 온도 상관식의 사용에 적합하도록 Heskestad[19]에 의해 도출되었으며, 다음과 같이 적용되었다.

$$\frac{T - T_\infty}{T_\infty} = 9.1(1 - X_r)^{2/3}(\zeta + \zeta_o)^{-5/3} \tag{10.42}$$

이 식은 식 (10.38)의 최적의 표현을 나타낸 것이다. Heskestad는 $T - T_\infty \leq 500$℃ 또는 평균 화염높이 이상의 위치에서 이 상관식의 사용을 제한하였다. 식 (10.40)과 (10.42)의 유도과정에 검토된 데이터는 표 10.4에 제시되었으며, 넓은 범위의 조건에 대하여 나타내었다.

표 10.4 참고문헌 [16], [17] 그리고 [19]로부터 얻어진 연료와 직경 변화에 따른 축대칭 화재 플룸 데이터

| 연료 | $Q_D^*$ | $D$ (m) | $Q$ (kW) | $X_r$ | $z_o/D$ | $z_f/D$ |
|---|---|---|---|---|---|---|
| 실리콘 액 | 0.038 | 2.44 | 406 | 0.19 | − 0.30 | 0.14 |
| 실리콘 액 | 0.049 | 1.74 | 211 | 0.19 | − 0.50 | 0.11 |
| 천연가스, sq.[a] | 0.19 | 0.34 | 14.4 | - | − 0.29 | - |
| 메탄올 | 0.19 | 2.44 | 1963 | 0.24 | 0.14 | 0.98 |
| 메탄올 | 0.22 | 1.74 | 973 | 0.18 | − 0.16 | 0.98 |
| 메탄올 | 0.26 | 1.22 | 467 | 0.12 | − 0.36 | 0.74 |
| 천연가스, sq.[a] | 0.29 | 0.34 | 21.7 | - | − 0.18 | - |
| 천연가스, sq.[a] | 0.44 | 0.34 | 33.0 | - | − 0.06 | - |
| 탄화수소 유체 | 0.49 | 1.74 | 2151 | 0.28 | 0.43 | 2.1 |
| 천연가스, sq.[a] | 0.60 | 0.34 | 44.9 | - | 0.09 | - |
| 탄화수소 유체 | 0.61 | 1.22 | 1101 | 0.28 | 0.10 | 1.8 |
| 천연가스, sq.[a] | 0.77 | 0.34 | 57.5 | - | 0.09 | - |
| 헵탄 | 1.75 | 1.74 | 7713 | 0.43 | 0.71 | 3.2 |
| 헵탄 | 1.93 | 1.22 | 3569 | 0.41 | 0.43 | 3.2 |
| 헵탄 | 1.93 | 1.22 | 3517 | 0.36 | 0.43 | 3.2 |

[a] sq.는 원형 버너가 아닌 사각 버너가 사용되었음을 암시한다.

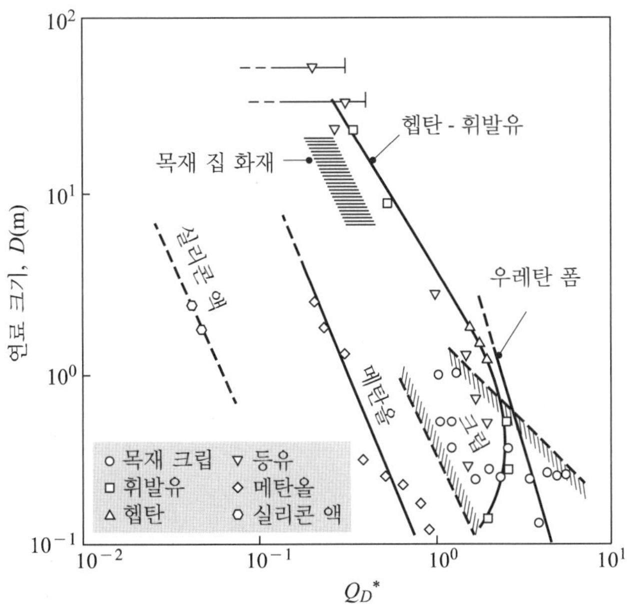


그림 10.15 ≫ Hasemi와 Tokunaga[20]에 측정된 $Q_D^*$에 관한 자연적 화재

변수 $Q_D^*$는 무차원된 화재의 에너지 방출률이다. 이 변수는 길이 규모 $D$와 관련된 부력 유동에 의해 발생된 유효 대류 에너지 전달 유량에 의해 나누어진 화학적 에너지 방출률을 의미한다. (Zukoski[8]의 연구를 통해 널리 사용되었으며, Zukoski 수, $Zu \equiv Q^*$로 지정되었다.) 자연적 화재에서, 공칭 직경 $D$를 갖는 풀 화재의 에너지 방출률은 화염으로부터의 열전달에 의존한다. 이때 고정된 직경에서 에너지 방출률은 연료 공급률을 제어함으로써 넓게 변화될 수 있다. 따라서 버너를 이용한 화염은 약간 인공적인 자연 화재라 할 수 있다. Hasemi와 Tokunaga[20]는 그림 10.15에서 보여주는 바와 같이 연료 유형, 공칭 직경 $D$ 그리고 $Q_D^*$를 이용하여 자연적 화재의 범위를 그래프로 표현하였다. 결과로서 자연적 화재의 $Q_D^*$ 범위는 대략 0.1에서 10이다.

### 10.4.3 유입률

식 (10.10)은 플룸 내의 질량 유량을 나타낸다. 만약 연료의 질량 유량이 무시된다면 플룸 내의 질량 유량은 유입률과 정확하게 같아진다. 특히 $z$의 증가에 따라 연료의 질량 유량은 작아진다. 이상적인 발원점에서, 표 10.1의 원거리장 결과들과 일치하는 유입률은

$$\frac{\dot{m}_e}{\rho_\infty \sqrt{g}\, z^{5/2}} = C_e \zeta^{-5/6} \tag{10.43a}$$

또는 $Q_D^*$을 이용하여, 원거리영역 유입률은 다음 식을 통해 확인된다.

$$\frac{\dot{m}_e}{\rho_\infty \sqrt{g}\, z^{5/2}} = C_e Q_D^{*\,1/3} \left(\frac{z}{D}\right)^{-5/6} \tag{10.43b}$$

계수 $C_e$는 $X_r$에 의존하며 표 10.1의 경험적 상수들을 대신하여 $X_r = 0.2$일 때 0.17의 값을 갖는다; Zukoski[8]는 0.21 그리고 Ricou와 Spalding[21]은 0.18로 보고하였다. 원거리장 그리고 화염높이 이상의 위치에서 검증을 위해, Heskestad[22]는 다음의 경험식을 전개하였다.

$$\dot{m}_e\,(\text{kg/s}) = 0.071\left[(1-X_r)\dot{Q}\right]^{1/3}(z+z_o)^{5/3} \times \left\{1+0.026\left[(1-X_r)\dot{Q}\right]^{2/3}(z+z_o)^{-5/3}\right\} \tag{10.44}$$

여기서 $\dot{Q}$는 kW, $z$와 $z_o$는 m의 단위를 갖는다; $z_o$는 식 (10.4)에 의해 얻어진다. 식 (10.43)은 $D$에 독립적인 반면에, 식 (10.44)에서는 가상의 시작점 항을 이용하여 화재의 유한 직경에 대한 정확도 개선이 이루어졌다.

화염영역에서 유입 상관식의 전개는 훨씬 더 복잡하다. 데이터가 제한적이며 일반적으로 단일 상관식이 허용되지 않는다. Delichatsios[10]은 0.1～0.5 m 직경을 갖는 버너의 화재에서 화염 유입률에 관한 데이터는 화염길이가 크거나 작음에 따라 $z/D$의 지수함수에 의해 3가지 영역에 대하여 상관될 수 있음을 보여주었다. 그림 10.9의 Yokoi의 데이터뿐만 아니라 표 10.2를 통해서 플룸 폭은 $z$의 선형적 함수임을 이미 알 수 있다. 비록 눈에 보이는 화염은 안쪽으로 잘록해지는 'neck' 형상을 갖으며 화염 끝부분이 닫혀 있지만, 난류 화염 플룸의 가장자리(edge)는 일반적으로 화염의 기부에서 확장된다. 따라서 유한크기의 직경을 갖는 화재에서 플룸의 반경 $b$를 다음과 같이 표현하는 것은 타당할 수 있다.

$$b = \frac{D}{2} + C_l z \tag{10.45}$$

여기서 $C_l$은 경험적 상수이다. 항상 일정한 $W^2/\Phi\zeta$로 인하여, 화염영역에서 $w$는 $z^{1/2}$에 비례하게 된다(표 10.2와 그림 10.10(b)를 확인해라). 따라서 식 (10.10)에 $b$와 $w$의 관계식을 대입하면 다음 식을 얻을 수 있다.

$$\dot{m}_e = \pi\rho_\infty C_v z^{1/2}\left(\frac{D}{2} + C_l z\right)^2 \tag{10.46a}$$

또는 무차원된 표현으로서 화염 내부로의 유입은 다음 식을 통해 확인될 수 있다.

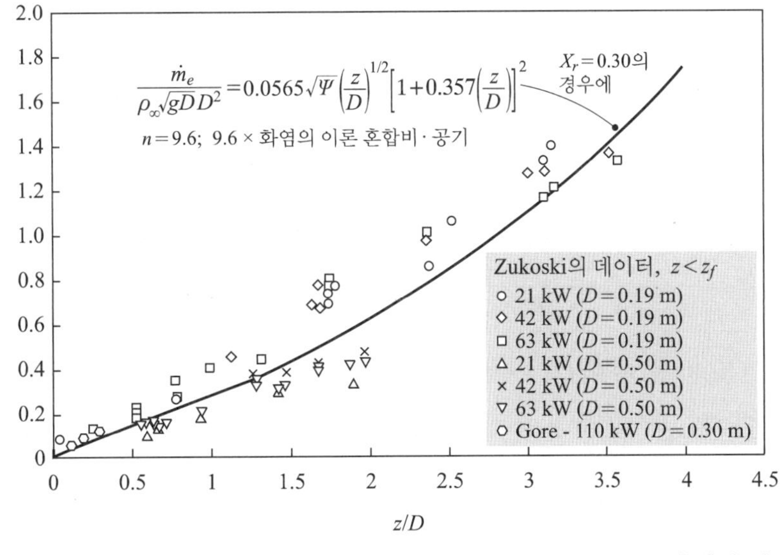


그림 10.16 ≫ Zukoski[8]에 의해 측정된 화염 유입률과 Quintiere와 Grove[12]의 상관식

$$\frac{\dot{m}_e}{\rho_\infty \sqrt{g}\, D^{5/2}} = C_e\left(\frac{z}{D}\right)^{1/2}\left[1+2C_l\left(\frac{z}{D}\right)\right]^2 \tag{10.46b}$$

여기서 대략적으로 $C_l = 0.179$ 그리고 $C_e = 0.057\Psi^{1/2}$이다. 이들 계수들은 Zukoski[8]에 의해 제안되었으며, 0.19 그리고 0.5 m 버너에서 얻어진 데이터의 피팅을 통해 발견되었다. 결과는 그림 10.16에 도시되었다. 속도는 플룸 온도에 의존하며 온도는 복사분율에 의존하기 때문에, $C_e$는 $X_r$에 의존한다는 것은 예측될 수 있다. 그러나 이것은 완전히 명확하지 않으며, 일반적으로 허용되지 않는다. 결과적으로 화염 유입률은 $\dot{Q}$에 독립적이다. 이러한 사실은 과거에 Thomas, Webster 그리고 Raftery[23]에 의해 확인되었으며, 그 근거는 $\dot{Q}$에 상관없는 일정한 화염온도에 기인한 것으로 설명되었다. 본질적으로 화염영역의 경계(주위)는 유입을 위해 중요하다.

### 10.4.4 화염높이

화염높이는 유입률과 직접적으로 관련되어진다. 실제로도 화염높이는 유입률에 의존한다. 연소를 위해 필요한 공기의 $n$배를 유입할 수 있는 난류화염(식 (10.34))과 질량 기준의 공기와 연료의 양론혼합비인 $r$에 대해, 화염 길이 $z_f$까지 반응하는 연료의 질량률은

$$\dot{m}_F = \frac{\dot{m}_e Y_{O_2,\infty}}{nr} \tag{10.47}$$

여기서 $\dot{m}_e$는 $z = z_f$일 때 식 (10.46)으로부터 얻어지며, $Y_{O_2,\infty}$는 주위의 산소 질량분율을 의미한다. 연소열 $\Delta h_c$를 식 (10.47)에 곱함에 의해 다음과 같은 무차원된 형태가 전개될 수 있다.

$$Q_D^* = \frac{\left(\dfrac{\dot{m}_e}{\rho_\infty \sqrt{g}\, D^{5/2}}\right)\left(\dfrac{Y_{O_2,\infty}\Delta h_c}{rc_p T_\infty}\right)}{n} \tag{10.48}$$

$z = z_f$와 식 (10.46)을 대입함에 의해 화염높이에 관한 상관식을 얻을 수 있다. 공기 중($Y_{O_2,\infty} = 0.233$) 데이터의 최적 피팅을 통해 확인된 $n$값은 9.6이다. 공기 중 $z_f$의 음함수 방정식은 다음과 같다.

$$Q_D^* = 0.00590\left(\frac{\Psi^{3/2}}{1-X_r}\right)\left(\frac{z_f}{D}\right)^{1/2}\left[1+0.357\left(\frac{z_f}{D}\right)\right]^2 \tag{10.49a}$$

공기 중 $z_f/D>0.1$의 위치에서, $z_f/D$의 함수에 대한 근사식은 다음과 같이 주어진다.

$$\frac{z_f}{D} \approx 16.8 \frac{Q_D^{*\,2/5}}{[(\Delta h_c/s)/(c_p T_\infty)]^{3/5}(1-X_r)^{1/5}} - 1.67 \tag{10.49b}$$

그리고 $z_f/D<0.1$의 위치에서, 하프파워(half-power)를 강조하며,

$$\frac{z_f}{D} \approx 2.87\times 10^4 \frac{Q_D^{*\,2}}{[(\Delta h_c/s)/(c_p T_\infty)]^{3}(1-X_r)} \tag{10.49c}$$

여기서 $s$는 이론 혼합(화학양론)의 공기 - 연료비이다.

위 식의 대안으로서, 가상의 시작점 교정(식 (10.40)을 참조해라)을 바탕으로 하는 Heskestad [24]에 의해 제시된 $z_f$의 양함수 방정식은 다음과 같다.

$$\frac{z_f}{D} = 15.6 Q_D^{*\,2/5}\left(\frac{s c_p T_\infty}{\Delta h_c}\right)^{3/5} - 1.02 \tag{10.50a}$$

또는

$$z_f(\mathrm{m}) = 0.23\dot{Q}^{2/5} - 1.02D(\mathrm{m}), \qquad \dot{Q}\ (\mathrm{kW}) \tag{10.50b}$$

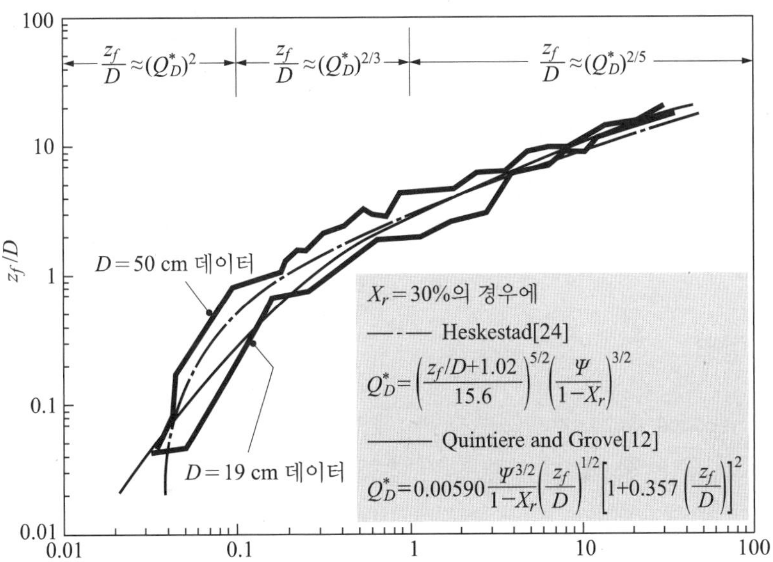


그림 10.17 ≫ $Q_D^*$로 표현된 축대칭 화염높이

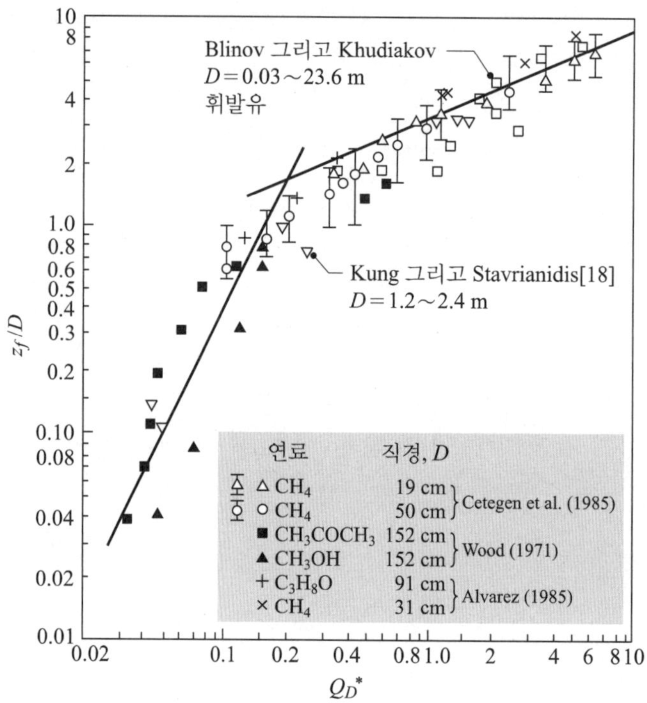


그림 10.18 ≫ Zukoski[25]에 의해 제시된 작은 $Q_D^*$의 범위에서 화염길이

위 식들은 Zukoski[8]로부터 얻어진 데이터 영역을 따라 그림 10.17에서 비교되었다. 작은 $Q_D^*$ 범위에서 Zukoski[25]에 의해 발표된 추가적 데이터는 그림 10.18에 제시되었다. 그림에서 직선은 식 (10.49)와 일치하는 의존성을 보여준다. 즉, 작은 $Q_D^*$에서는 $z_f/D \sim Q_D^{*2}$ 그리고 큰 $Q_D^*$에서는 $z_f/D \sim Q_D^{*2/5}$의 관계를 갖는다. 그러나 이 큰 $Q_D^*$ 거동은 단지 초기 연료 운동량 효과들이 부력에 의한 유속에 비해 무시될 수 있을 때에만 적용된다. 즉, $w_F$(연료속도)$\ll \sqrt{gz}$. 일단 연료의 분사속도가 커지게 되면, 이 현상은 제트화염이 된다.

## 10.4.5 제트화염

Hawthorne, Weddell and Hottel[26]은 난류 제트화염의 높이는 주어진 연료와 노즐직경에 대하여 대략적으로 일정함을 확인하였다. 만약 운동량이 지배적인 조건이라면, 화염길이는 연료 유량증가에 따라 변하지 않을 것이다. 이것은 10.4.4절에서와 유사한 원인을 적용함에 의해 대략적으로 예측될 수 있다. 그러나 화염영역에서 연료 노즐유속 $w_F$는 매우 높음을 기억하자. $w = w_F$와 함께 식 (10.10)과 (10.45)로부터, 제트화염의 유입에 관한 식은 다음과 같다.

$$\dot{m}_e \approx \pi\rho_\infty w_F\left(\frac{D}{2}+C_{l,j}z\right)^2 \tag{10.51}$$

난류 제트화염은 $z_f \gg D$를 갖는다. 그러므로 식 (10.51)의 $D$는 무시될 수 있다. 그 결과, 연료의 질량 유량은 다음 식에 의해 얻어질 수 있다.

$$\dot{m}_F = \rho_F\frac{\pi}{4}D^2 w_F \tag{10.52}$$

여기서, $\rho_F$는 연료의 밀도이다. 식 (10.51)과 (10.52)를 식 (10.47)에 대입함에 의해 다음 식을 얻을 수 있다.

$$\dot{m}_F \approx \left(\frac{\rho_\infty}{\rho_F}\right)\dot{m}_F Y_{O_2,\infty}\frac{C_{l,j}^2(z_f/D)^2}{n_j r}$$

또는

$$\frac{z_f}{D} \approx \frac{\sqrt{n_j}}{2C_{l,j}}\left(\frac{\rho_F}{\rho_\infty}\frac{r}{Y_{O_2,\infty}}\right)^{1/2} \tag{10.53}$$

여기서 $n_j$와 $C_{l,j}$는 상수이다. 따라서 난류 제트화염의 높이는 노즐직경, 연료밀도 그리고 화학양론비에 의존한다. McCaffrey[6]는 이러한 거동은 $Q_D^*$의 $10^5 \sim 10^6$ 사이의 조건에서 일어남을 확인하였다. 다음 식 (10.54)에서 $Q_D^*$는 연료의 Froude 수[$w_F^2/(gD)$]와 관련됨을 기억하자.

$$Q_D^* = \frac{\pi}{4}\left(\frac{\rho_F}{\rho_\infty}\right)\left(\frac{w_F}{\sqrt{gD}}\right)\left(\frac{\Delta h_c}{c_p T_\infty}\right) \tag{10.54}$$

### 10.4.6 다양한 형상에서의 화염높이

다양한 연소형상과 기하학적인 제한조건에서 난류 화염높이를 결정하는 것은 중요하다. 화염길이는 공기 또는 산소의 유입과 반비례적 관계를 갖기 때문에, 벽이나 모서리(corner)에서의 화재와 같이 유입을 제한하는 조건들은 동일한 $\dot{Q}$의 조건에서 더 긴 화염길이를 발생시킬 것이다. 예를 들어, Hasemi와 Tokunaga[20]는 직각의 모서리에 위치한 한 변이 $D$인 사각버너에서의 화염을 통해 다음과 같은 경험적 관계식을 확인하였다.

$$z_f/D = C_f Q_D^{*\,2/3}, \qquad \dot{Q}\ \text{(kW)} \tag{10.55}$$

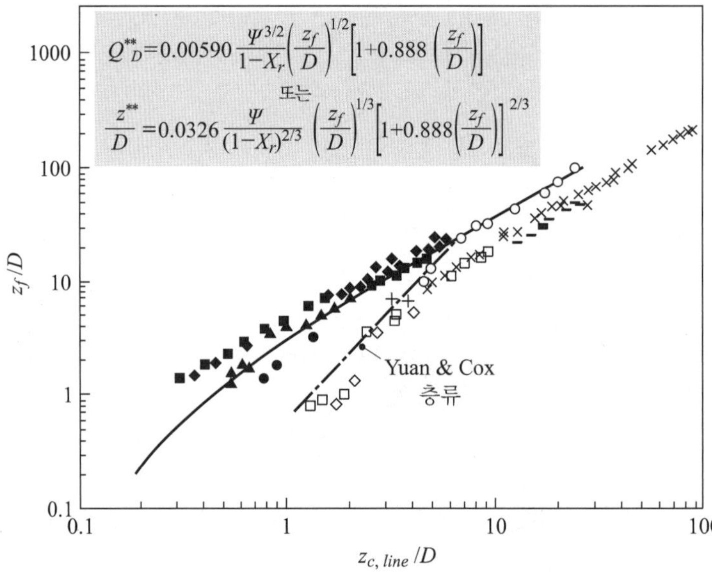


그림 10.19 ≫ 폭($D$)의 선 화재에 대한 화염높이[12]

여기서 화염 끝단에서의 $C_f$는 4.3이며, 연속된 화염높이에서는 $C_f=3.0$이다.

축대칭 화염과 천장과의 상호작용을 통한 반경방향으로의 화염 확장(extension)은 대략적으로 다음이 제안되었다.

$$R_f \approx C_f(z_{f,o}-H) \tag{10.56}$$

여기서 $C_f$는 0.5에서 1의 범위를 가지며, $z_{f,o}$는 천장이 없는 자유 화염의 높이 그리고 $H$는 화원에서 천장까지의 높이를 의미한다[27,28].

$D/L \le 0.1$의 좁은 선화재에서(그림 10.6을 확인해라) 식 (10.24)를 따라 다음과 같이 나타낼 수 있다.

$$\frac{z_f}{D}=f\left(\frac{z_{c,\,line}}{D}\right)$$

그림 10.19에 제시된 데이터들의 경험적 피팅을 통해 다음 식을 얻을 수 있다[12].

$$\frac{\dot{Q}'}{\rho_\infty c_p T_\infty \sqrt{g}\,D^{3/2}}=0.00590\frac{\Psi^{3/2}}{1-X_r}\left(\frac{z_f}{D}\right)^{1/2}\left[1+0.888\left(\frac{z_f}{D}\right)\right] \tag{10.57}$$

작은 $D$(1.5 cm)와 $z_f/D<10$의 일부 데이터는 층류화염의 조건으로 보여진다; 다른 데이터는 $z_f/D$에 대하여 상관식보다 낮게 위치하고 있다. 이 결과는 일관성이 없는 화염길이의 정의를

암시하고 있다. 축대칭의 조건에서 식 (10.57)은 식 (10.49)와 대응관계에 있으며, 유사한 방법에 의해 전개되었다.

벽면 화재(wall fire)는 자유 플룸 선과 축대칭 화재의 확장이라 할 수 있다. Ahmad and Faeth [29]의 데이터를 바탕으로 난류 벽면 화재에서는 다음과 같은 결과가 확인되었다.

$$z_f = \frac{1.02}{Y_{O_2,\infty}(1-X_r)^{1/3}}\left(\frac{\dot{Q}'}{\rho_\infty c_p T_\infty \sqrt{g}}\right)^{2/3} \tag{10.58}$$

벽면에 설치된 한 변의 길이가 $D$인 사각버너에서의 화재를 통해 Hasemi and Tokunaga[20]는 다음의 식을 제시하였다.

$$\frac{z_f}{D} = C_f\, Q_D^{*\,2/3} \tag{10.59}$$

여기서 화염 끝단에서의 $C_f$는 3.5이며, 연속된 화염에서는 $C_f = 2.2$이다.

## 10.5 화재 플룸의 비정상적 현상

단순하게 이상적인 점(또는 선)을 갖는 비정상 플룸을 생각해보자. 이때 식 (10.27)을 확장함에 의해, 플룸의 무차원 변수들은 아래와 같이 축방향 위치와 시간에 의존하게 됨을 알 수 있다.

$$\{\Phi,\ W,\ B\}\text{는 } \left\{\frac{z}{z_c},\ \frac{t}{\sqrt{z_c/g}}\right\}\text{의 함수}$$

한 가지 접근법은 준정상 해(quasi-steady solution)에 의해 비정상 해를 근사시키는 것이며, 여기서 $\dot{Q}(t)$는 시간의 함수이며 시간은 조절된다. 이것은 시작점에서 $z$의 위치까지 전달시간(transport time, $t_o$)을 결정함에 의해 다음과 같이 근사될 수 있다.

$$t_o = \int_o^z \frac{dz}{w} \tag{10.60}$$

여기서 $w$는 $\dot{Q} = \dot{Q}(t)$와 함께 정상상태 해로서 얻어진다. 이때 비정상 해는 $z$의 위치에서 $t$를 $t + t_o$까지 조절함에 의해 근사될 수 있다. 즉,

$$\Phi\left(\frac{z}{z_c},\ \frac{(t+t_o)}{\sqrt{z_c/g}}\right) \approx \phi_{steady}\left(\frac{z}{z_c},\ \dot{Q}(t)\right) \tag{10.61}$$

보다 구체적인 결과는 플룸에 대한 본 교재의 제한된 설명의 범위를 벗어난다. 그러나 비정상 플룸의 일부 전반적인 특징들은 검토될 것이다; 즉, (a) 성장하는 플룸(starting plume)의 상승과 (b) 기체연료의 저장탱크 파열로 인한 급격한 방출에 의해 발생되는 '파이어 볼(fire ball)'의 동적 특성. 다시 말해서, 본 교재에서의 목적은 정확한 해를 전개하는 것이 아니라 근사해석을 통해 관련된 물리적 현상을 설명하는 것이다. 이를 통해 현상에 대한 실험적 상관식의 의미를 더 잘 이해하게 될 것이다.

## 10.5.1 성장하는 플룸

그림 10.20에 도시된 바와 같이 발원점 축대칭 예제가 검토될 것이다. 이때 시간의 함수로서 플룸의 상승거리 $z_p$를 검토해보자. 시간 $t=0$에서 시작된 발원 $\dot{Q}$로 인하여 고온 기체가 상승할 때, 선단 또는 가장 앞부분에서의 기체는 더 차가운 주위의 공기와 접하게 된다. 그림 10.20에 표현된 바와 같이, 공기로 인하여 진행의 방해를 받은 가장 앞부분의 고온 기체는 재순환영역을 형성한다. 공기의 유입은 수직 플룸 기둥과 선단 전반에 걸쳐 발생하게 된다. 이때 유입된 공기의 온도는 증가되며, 플룸 내부의 기체를 형성한다.

상승하는 플룸의 높이는 검사체적에 대한 질량보존식으로부터 결정될 수 있다. 식 (3.15)로부터, 다음 식이 전개될 수 있다.

$$\frac{dm_p}{dt} = \dot{m}_e + \dot{m}_F \tag{10.62}$$

여기서, $m_p$ : 플룸의 질량

$\dot{m}_e$ : 유입된 공기의 질량 유량

$\dot{m}_F$ : 공급된 연료의 질량 유량

위의 각항들을 예측하기 위하여 다음과 같은 가정이 이루어졌다.

1. 연료의 공급 유량은 유입되는 공기 유량에 비해 작다, $\dot{m}_F \approx 0$.
2. 플룸의 물성들은 준정상상태로서 취급될 수 있다. 이것은 $t_o$가 작거나 $t$에 비해 무시될 수 있을 때 식 (10.60)을 적용하는 것과 같은 의미이다. 이때 각 시간(순간)에 정상상태의 해가 적용될 수 있다.

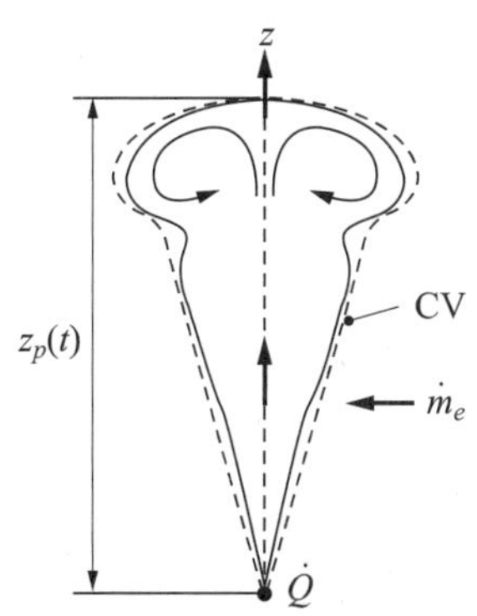


그림 10.20 ≫ 성장하는(개시되는) 플룸

3. 가정 2가 유지되면 플룸의 가장 앞부분에서 발생되는 재순환 유동구조(cap)는 무시되며, 상승하는 플룸의 선단은 $z_p$에서 단절된 정상상태 플룸으로서 다루어진다.
4. 상승하는 플룸은 주위와 동일한 균일한 밀도 $\rho_\infty$를 갖는다.
5. 상승하는 플룸은 반경 $b$를 갖는 역방향의 원뿔 형상으로써 처리될 수 있으며, 표 10.1에 제공된 바와 같이 이때 $b = \dfrac{6}{5}\alpha_o z$이다.

결과적으로 플룸의 질량은 다음과 같이 표현될 수 있다.

$$m_p = \rho_\infty \frac{\pi}{3}\left(\frac{6}{5}\alpha_o z_p\right)^2 z_p \tag{10.63}$$

$\dot{m}_e$에 대한 식 (10.43)과 함께 위 식을 식 (10.62)에 대입하면, 다음과 같은 식을 얻을 수 있다.

$$\rho_\infty \frac{13\pi}{25}\alpha_o^2 \frac{d}{dt}(z_p^3) = \rho_\infty \sqrt{g}\, C_e z_c^{5/6} z_p^{5/3} \tag{10.64}$$

여기서 $z_c$는 식 (10.23)에서 주어진 플룸의 특성길이 규모이다. 식 (10.23)에 주어진 $z_c$는 플룸 길이 범위의 특징을 가진다. $\alpha_o$와 $C_e$는 상승하는 플룸의 유입 특성과 관련되는 특정한 상수라는 것을 인지하고, 재배열하면 다음과 같이 표현될 수 있다.

$$\frac{dz_p^3}{dt} = C_p' \sqrt{g}\, z_c^{5/6} z_p^{5/3} \tag{10.65}$$

여기서 $C_p'$는 경험적 상수이다. $t=0$, $z_p=0$에서부터 적분을 취하면 다음 식을 얻을 수 있다.

$$\int_0^{z_p} z_p^{1/3} dz_p = C_p' \sqrt{g}\, z_c^{5/6} t$$

또는

$$\frac{3}{4} z_p^{4/3} = C_p' \sqrt{g}\, z_c^{5/6} t \tag{10.66}$$

무차원의 형태로, 새로운 경험적 상수 $C_p$를 도입하면

$$\left(\frac{z_p}{z_c}\right)^{4/3} = C_p \left(\frac{\sqrt{g}\, t}{\sqrt{z_c}}\right) \tag{10.67}$$

Zukoski[8]는 $C_p$가 3에서 6까지 범위를 가질 수 있다고 언급하였으며, Turner[30]에 의한 실험으로부터 3.5의 값을 제안하였다. 그림 10.21에 제시된 바와 같이, 상승하는 화재 플룸에 대한 Tanaka, Fujita and Yamaguchi[31]의 최근 결과들은 $C_p$의 값이 대략적으로 2임을 확인하였다.

이들 결과는 균일한 온도를 갖는 공기의 긴 개방된 공간에서 상승하는 플룸에 적용된다. 이 결과는 화재감지와 스프링클러 반응에 관한 문제에서 중요시 될 수 있다. 열적으로 성층화된 안정된 대기($dT_\infty/dz > 0$)에서 플룸 상승은 무기한 지속적으로 발생되지 않을 것이다. 대신에 점차 느려지고 결국 정지되며 수평 층을 형성하게 될 것이다. 즉, 플룸의 온도가 국소 대기온도와 대략적으로 같아질 때, 상승하는 플룸의 운동량이 0이 되는 위치에서 정지하게 될 것이다.

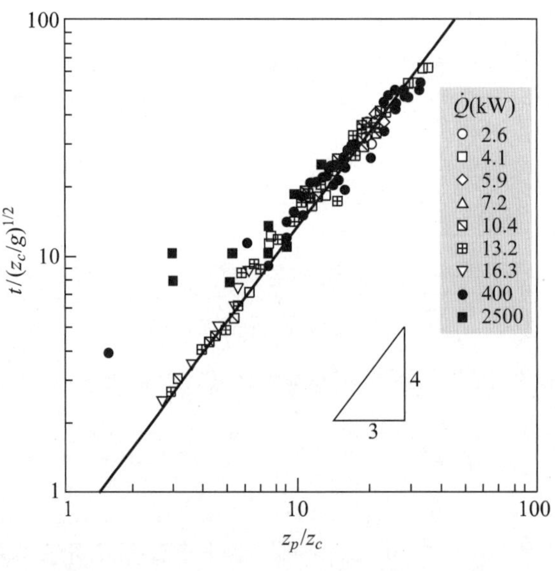


그림 10.21 ≫ 성장하는 화재 플룸의 상승 시간 (Tanaka, Fujita 그리고 Yamaguchi[31]에서 데이터 인용)

## 10.5.2 파이어 볼 또는 상승 열기류

한정된 양의 에너지가 급격하게 방출함에 의해 발생되며 상승하는 고온 기체가 크게 뭉쳐져 이루어진 것을 상승 열기류(thermal)라 부른다. 한정된 체적을 갖는 기체 연료가 방출됨에 의해 이러한 현상이 발생되고, 점화가 이루어진다면 이때 상승 열기류는 초기에 연소영역이 되어 상승하게 된다. 이러한 현상은 Fay와 Lewis[32]에 의해 발표된 그림 10.22의 사진에 묘사되어 있다. 소화(burnout)가 발생되기 전, 연소영역은 구의 형상 또는 파이어 볼과 비슷하다. 파이어 볼의 최종 직경($D_b$), 소화될 때까지의 최종 높이($z_b$) 그리고 소화까지 소요되는 시간($t_b$)을 설명하기 위해 Fay와 Lewis[32]의 분석방법을 적용해 보자.

그림 10.23에 도시된 바와 같이, 전체적인 상승흐름과 함께 움직이는 검사체적에서 상승하는 파이어 볼을 고려해보자. 방출되는 연료는 온도 $T_\infty$ 그리고 대기압력 $p_\infty$에서 체적 $V_F$를 갖는다. 다음과 같은 가정들이 적용된다:

1. 파이어 볼은 균일한 물성들을 가진다.
2. 상대적, 수직 유입속도는 파이어 볼 전반에 걸쳐 균일하며 상승속도 $dz/dt$에 비례한다. 즉, 유입상수 $\alpha$와 함께 $v_e = \alpha_o dz/dt$.

화염전개 사진을 통한 개략도
초기 연료 체적, $V_F = 185.4\ \text{cm}^3$
총 연소시간, $t_b = 0.702$ s

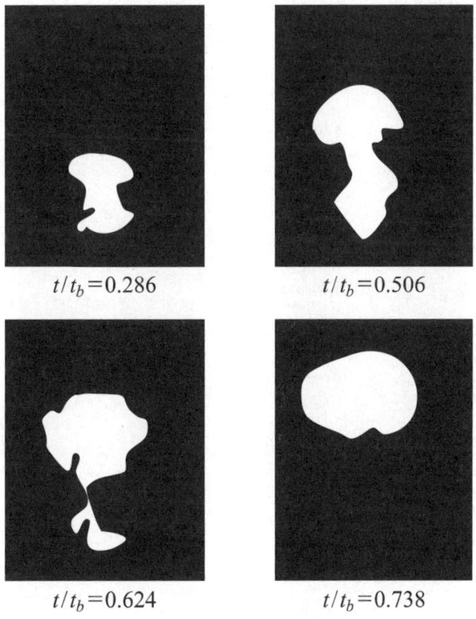


그림 10.22 ≫ 상승하는 '파이어 볼'의 사진 개략도 (Fay 그리고 Lewis의 [32] 결과 인용)

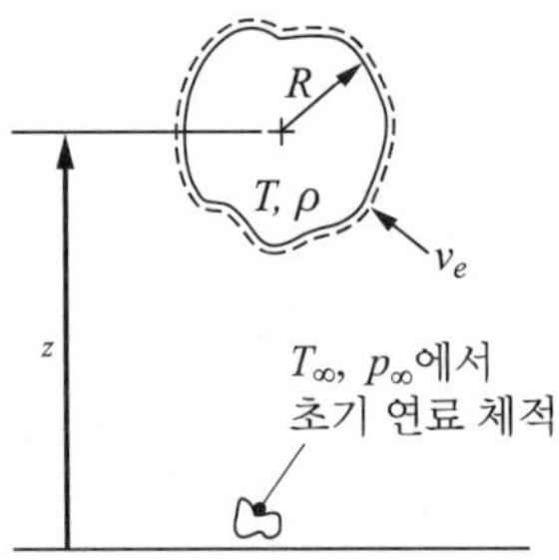


그림 10.23 ≫ 구 형상을 갖는 파이어 볼의 동적거동

3. 파이어 볼에서의 압력은 부력에 의한 압력 효과를 제외하고 균일하다.
4. 유입되는 실제 공기량은 연소를 위해 요구되는 화학양론비 공기의 $n$배이다.

식 (3.15)로부터 질량 보존식에 의해,

$$\frac{d}{dt}\left(\rho\frac{4}{3}\pi R_b^3\right) = \rho_\infty \alpha_o \frac{dz}{dt} 4\pi R_b^2 \tag{10.68}$$

식 (10.35)의 전개와 유사하게 식 (3.48)로부터 에너지 보존식은

$$\rho c_p \frac{4}{3}\pi R_b^3 \frac{dT}{dt} + \dot{m}_e c_p (T - T_\infty) = (1 - X_r)\dot{m}_e Y_{O_2,\infty} \frac{\Delta h_c}{nr} \tag{10.69}$$

파이어 볼의 질량은 작고 온도의 변화는 느릴 가능성이 있기 때문에, 식 (10.69)의 비정상 항은 무시될 것이다. 이러한 과정은 식 (10.35)의 화재 온도와 동일한 값을 갖는 일정한 파이어 볼의 온도를 가져 온다:

$$T - T_\infty = \frac{(1 - X_r) Y_{O_2,\infty} \Delta h_c}{n r c_p} \tag{10.70}$$

이상기체법칙과 분자량의 변화가 없다는 가정을 통해 ($p = \rho RT/M$) 밀도는 항상 일정하다. 결과적으로, 식 (10.68)은 다음과 같이 표현된다.

$$\rho \frac{dR_b}{dt} = \rho_\infty \alpha_o \frac{dz}{dt} \tag{10.71}$$

또는 $t = 0$일 때 $R_b = \left(\frac{3}{4\pi} V_b\right)^{1/3} \approx 0$과 함께 적분을 취하면:

$$z \approx \left(\frac{\rho}{\alpha_o \rho_\infty}\right) R_b = \left(\frac{T_\infty}{\alpha_o T}\right)\left(\frac{3}{4\pi} V_b\right)^{1/3} \tag{10.72}$$

이제 수직 운동량 보존식을 적용해 보자. 예제 3.3의 결과에서와 같이 파이어 볼의 무게에 대응하는 부력은 대체된 주위 공기의 무게와 동일하다. 파이어 볼의 체적, $V_b = \frac{4}{3}\pi R_b{}^3$에 대하여,

$$\frac{d}{dt}\left(\rho V_b \frac{dz}{dt}\right) = (\rho_\infty - \rho) g V_b \tag{10.73}$$

여기서 항력(drag force)효과는 무시되었다. 식 (10.72)로부터 $z$를 대입하고 적분을 취하면, 다음과 같은 식을 얻을 수 있다.

$$R_b = \left(\frac{\alpha_o}{14}\right)\left(\frac{T}{\rho_\infty}\right)\left(\frac{T}{T_\infty} - 1\right)t^2 \tag{10.74}$$

파이어 볼의 최대 높이와 직경은 모든 연료가 연소되는 $t = t_b$의 순간에 발생된다. 이 순간에 파이어 볼의 질량은 모든 연료($m_F$)와 파이어 볼의 높이에까지 유입된 모든 공기($m_e$)를 포함한다. 유입된 공기의 질량은 과잉 공기인자 $n$, 화학양론의 산소와 연료의 질량비 $r$ 그리고 주위 공기의 질량분율 $Y_{O_2,\infty}$와 관련될 수 있다. 그 결과 소화 순간에 파이어 볼의 질량은

$$\begin{aligned} m_b &= m_F + m_e \\ &= m_F\left(1 + \frac{nr}{Y_{O_2,\infty}}\right) \end{aligned} \tag{10.75}$$

일정한 압력에서의 완전기체 관계식과 거의 일정한 분자량의 가정에 의해 $T_\infty$와 $p_\infty$에서 초기 연료의 체적 $V_F$의 항으로 표현하면,

$$V_b = \frac{m_b}{m_F}\frac{T}{T_\infty}V_F = \left(1 + \frac{nr}{Y_{O_2,\infty}}\right)\left(\frac{T}{T_\infty}\right)V_F \tag{10.76}$$

주어진 연료에 대하여, 식 (10.70), (10.72), (10.74) 그리고 (10.76)는 다음과 같은 최대 파이어 볼의 높이와 직경의 거동을 제시해준다.

$$z_b \text{ 그리고 } D_b \sim V_F^{1/3} \tag{10.77}$$

그리고 소화시간은 다음과 같다.

$$t_b \sim V_F^{1/6} \tag{10.78}$$

이 결과는 그림 10.24(a)에서 (c)에 제시된 Fay와 Lewis[32]의 데이터를 통해 재확인될 수 있다.

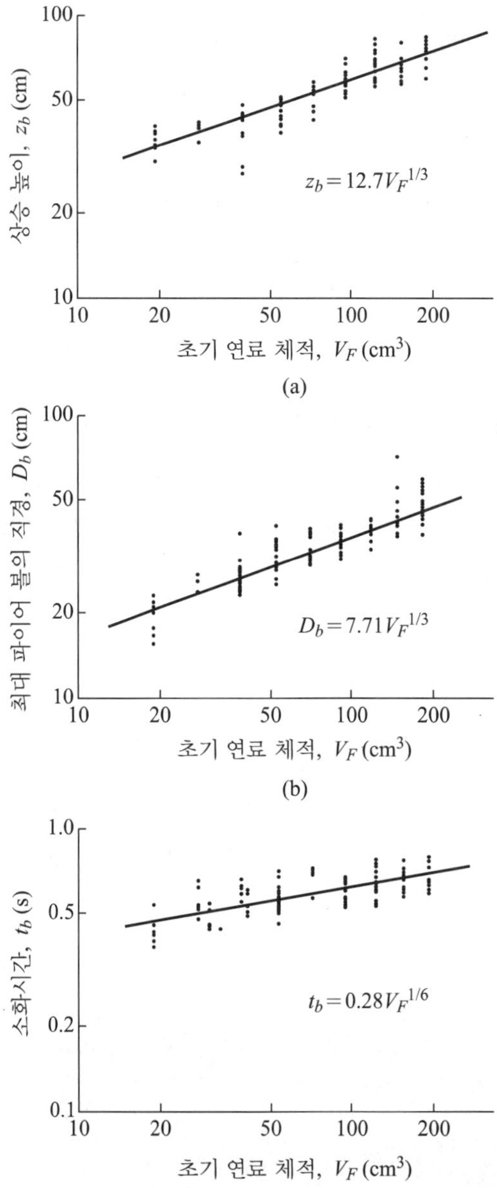


**그림 10.24** ≫ 프로판의 파이어 볼 동적거동 (Fay와 Lewis[32]의 데이터 인용):
(a) 최대 파이어 볼의 높이 $z_b$, (b) 최대 파이어 볼의 지름 $D_b$, (c) 소화시간 $t_b$

# | 참 | 고 | 문 | 헌 |


1. Rouse, H., Yih, C.S. and Humphries, H.W., Gravitational convection from a boundary source, *Tellus*, 1952, **4**, 202-10.
2. Morton, B.R., Taylor, G.I. and Turner, J.S. Turbulent gravitational convection from maintained and instanteous sources, *Proc. Royal Soc. London*, *Ser.* A, 1956, **234**, 1-23.
3. Yokoi, S., Study on the prevention of fire spread caused by hot upward current, Building Research Report 34, Japanese Ministry of Construction, 1960.
4. Steward, F.R., Linear flame heights for various fuels, *Combustion and Flame*, 1964, **8**, 171-78.
5. Steward, F.R., Prediction of the height of turbulent buoyant diffusion flames, *Combust. Sci. Technol.*, 1970, **2**, 203-12.
6. McCaffrey, B.J., *Purely Buoyant Diffusion Flames: Some Experimental Results*, NBSIR 79-1910, National Bureau of Standards, Gaithersburg, Maryland, 1979.
7. Pagni, P.J., Pool fire vortex shedding frequencies, *Applied Mechanics Review*, 1990, **43**, 153-70.
8. Zukoski, E.E., Properties of fire plumes, in *Combustion Fundamentals of Fire* (ed. G. Cox), Academic Press, London, 1995.
9. Heskestad, G., Fire plumes, in *The SFPE Handbook of Fire Protection Engineering*, 2nd edn, (eds P.J. DiNenno *et al.*) Section 2, National Fire Protection Association, Quincy, Massachusetts, 1995, pp. **2**-9 to **2**-19.
10. Delichatsios, M.A., Air entrainment into buoyant jet flames and pool fires, in *The SFPE Handbook of Fire Protection Engineering*, 2nd edn (eds P.J. DiNenno *et al.*), Section 2, National Fire Protection Association, Quincy, Massachusetts, 1995, pp. **2**-20 to **2**-31.
11. McCaffrey, B., Flame heights, in *The SFPE Handbook of Fire Protection Engineering*, 2nd edn (eds P.J. DiNenno *et al.*), Section 2, National Fire Protection Association, Quincy, Massachusetts, 1995, pp. **2**-1 to **2**-8.
12. Quintiere, J.G. and Grove, B.S., A united analysis for fire plumes, *Proc. Comb. Inst.*, 1998, **27**, pp. 2757-86.
13. Yuan, L. and Cox, G., An experimental study of some fire lines, *Fire Safety J.*, 1996, **27**, 123-39.
14. Baum, H.R. and McCaffrey, B.J., Fire induced flow field: theory and experiment, in *2nd Symposium (International) on Fire Safety Science*, Hemisphere, New York, 1988, pp. 129-48.
15. Koseki, H., Combustion characteristics of hazardous materials, in The Symposium for the NRIFD 56th Anniversary, Mitaka, Tokyo, National Research Institute of Fire and Disaster, 1 June 1998.
16. Smith, D.A. and Cox, G., Major chemical species in buoyant turbulent diffusion flames, *Combustion and Flame*, 1992, **91**, 226-38.
17. Kung, H.C. and Stavrianidis, P., Buoyant plumes of large scale pool fires, *Proc. Comb. Inst.*, 1983, **19**, p. 905
18. Cox, G. and Chitty, R., Some source-dependent effects of unbounded fires, *Combustion and Flame*,

1985, **60**, 219-32.

19. Heskestad, G., Virtual origins of fire plumes, *Fire Safety J.*, 1983, **5**, 109-14.
20. Hasemi, Y. and Tokunaga, T., Flame geometry effects on the buoyant plumes from turbulent diffusion flames, *Combust. Sci. Technol.*, 1984, **40**, 1-17.
21. Ricou, F.P. and Spalding, B.P., Measurements of entrainment by axial symmetric turbulent jets, *J. Fluid Mechanics*, 1961, **11**, 21-32.
22. Heskestad, G., Fire plume air entrainment according to two competing assumptions, *Proc. Comb. Inst.*, 1986, **21**, pp. 111-20.
23. Thomas, P.H., Webster, C.T. and Raftery, M.M., Experiments on buoyant diffusion flames, *Combustion and Flame*, 1961, **5**, 359-67.
24. Heskestad, G., A reduced-scale mass fire experiment, *Combustion and Flame*, 1991, **83**, 293-301.
25. Zukoski, E.E., Fluid dynamics of room fires, in *Fire Safety Science*, *Proceedings of the 1st International Symposium*, Hemisphere, Washington, DC, 1986.
26. Hawthorne,W.R.,Weddell, D.S. and Hottel, H.C., Mixing and combustion in turbulent gas jets, *Proc. Comb. Inst.*, 1949, **3**, pp. 266-88.
27. You, H.Z. and Faeth, G.M., Ceiling heat transfer during fire plume and fire impingment, *Fire and Materials*, 1979, **3**, 140-7.
28. Gross, D., Measurement of flame length under ceilings, *Fire Safety J.*, 1989, **15**, 31-44.
29. Ahmad, T. and Faeth, G.M., Turbulent wall fires, *Proc. Comb. Inst.*, 1978, **17**, p. 1149-1162.
30. Turner, J. S., The 'starting plume' in neutral surroundings, *J. Fluid Mechanics*, 1962, **13**, 356.
31. Tanaka, T., Fujita, T. and Yamaguchi, J., Investigation into rise time of buoyant fire plume fronts, *Int. J. Engng Performanced-Based Fire Codes*, 2000, **2**, 14-25.
32. Fay, J.A. and Lewis, D.H., Unsteady burning of unconfined fuel vapor clouds, *Proc. Comb. Inst.*, 1976, **16**, pp. 1397-1405.

## | 연 | 습 | 문 | 제 |

**10.1** 폴리스티렌 알맹이가 쏟아진 직경 1.5 m의 영역에서 38 g/m$^2$ s로 연소된다. 이 화염의 복사분율은 0.54이다.

(a) 바닥면 위로 0.5 m의 위치에서 중심선상의 온도를 계산하라.

(b) 바닥면 위로 4.0 m의 위치에서 중심선상의 온도를 계산하라.

(c) 화염높이를 계산하라.

**10.2** 난류 화재플룸의 온도는 일반적으로 1000℃를 넘지 않는다. 이 값은 연료들의 단열화염온도보다 상당히 낮다. 그 이유는 무엇인가?

**10.3** 직경 10 m의 헵탄 풀화재는 66 g/m$^2$ s로 연소된다. 이 화염의 복사분율은 0.10이며 연소열은 41 kJ/g이다.

(a) 이 화염높이를 계산하라.

(b) 이 화염길이의 2배가 되는 위치에서 중심선상의 온도를 계산하라.

**10.4** 주어진 조건: 축대칭 화재가 다음의 속도에서 연소된다.

| 직경 $D$ (m) | $\dot{m}''$ (g/m$^2$ s) |
|---|---|
| 0.5 | 20 |
| 1.0 | 45 |
| 2.0 | 60 |

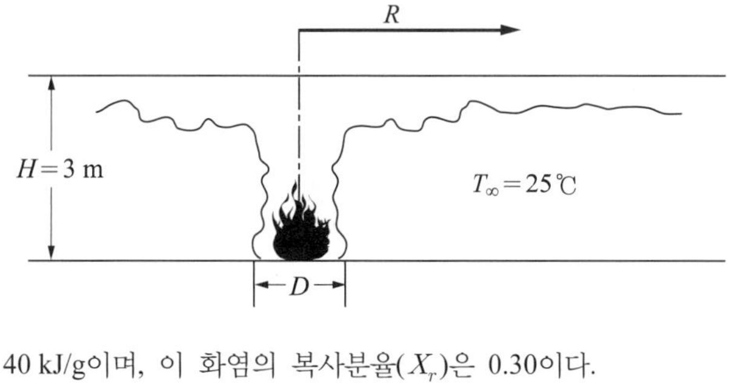


연료의 연소열은 40 kJ/g이며, 이 화염의 복사분율($X_r$)은 0.30이다.

각 직경에 대하여, 다음을 계산하라.

(a) 화재 위의 천장에서의 기체 온도 (최대값)

(b) 화재 위의 천장에 충돌하는 최대 속도

(c) 천장과 상호작용을 일으킬 수 있는 화염길이

(d) 풀 화재의 중심에서부터 반경 $r$의 목표물에 가해지는 최대 복사열유속은 $X_r\dot{Q}/(4\pi r^2)$에 의해 예측될 수 있다. 3 m에서 열유속을 계산하라.

**10.5** 일정한 에너지 방출률을 갖는 화재에서, 코너와 개방된 공간 중에 어디에서 화염길이가 더 길어지는가? 그 답에 대한 이유를 설명하라.

**10.6** 화재의 직경이 작다고 가정하자. 이때 화염높이가 천장높이의 (a) 1/3, (b) 2/3 그리고 (c) 동일한 조건일 때 천장에서 온도를 예측하라. 화재는 바닥면에서 발생되며, 천장까지의 거리는 3 m이다. 또한 (a), (b) 그리고 (c)에 대한 해당되는 화재의 에너지 방출률을 계산하라. 이때 주위 온도는 $T_\infty = 25$℃이다.

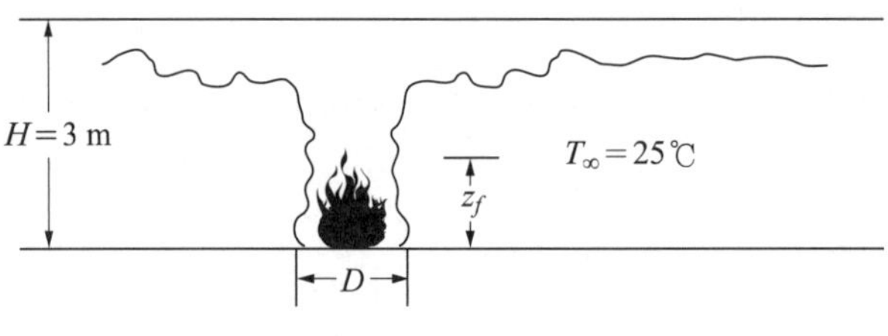


**10.7** 구형상의 강철(steel)이 500 kW의 화원위에 바로 위치되어 있다. 이 강철의 높이는 3 m이며, 물성값들은 아래에 주어졌다:

| 초기온도, $T_o = 20℃$ | 비열, $c_p = 460$ J/kg K |
| --- | --- |
| 밀도, $\rho = 7850$ kg/m$^3$ | 반경, $R = 1$ cm |
| 구의 체적 $= (4/3)\pi R^3$ | 구의 표면적 $= 4\pi R^2$ |

(a) 구의 위치에서 가스의 온도는 얼마인가?

(b) 구의 위치에서 가스의 속도는 얼마인가?

(c) 구의 온도가 100℃에 도달하기까지 어느 정도의 시간이 요구되는가?

이때 구는 일정한 대류열전달계수 $h = 25$ W/m$^2$ K을 갖는 대류열에 의해서만 가열된다고 가정하자.

**10.8** 1 MW의 화재가 15 m 높이의 아트리움의 바닥면에서 발생되었다. 화재의 직경은 2 m이다. 화재 바로 위의 천장에 설치된 조기 반응형 스프링클러 링크는 가스 온도가 60℃에 도달할 때 작동하도록 설계되어 있다. 이 화재에서 스프링클러는 작동할 것인가? 그 답을 설명하라. 이때 주위 온도는 20℃이다.

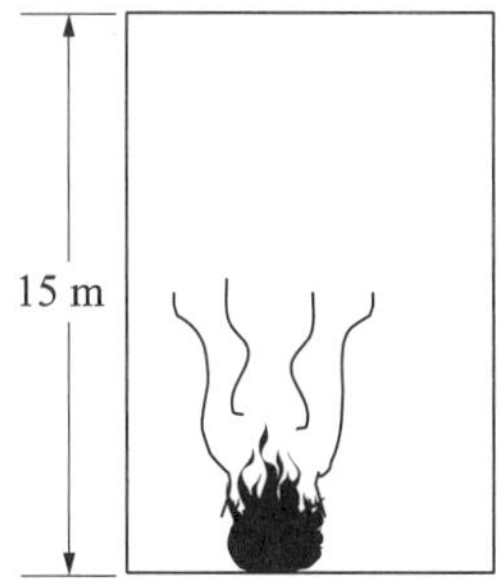


**10.9** 아트리움 내부에서 스프링클러가 화재 바로 위의 8 m에 설치되어 있다. 이 스프링클러는 작동되기 위하여 최소 60℃의 온도 상승치가 요구된다. 화재 직경은 2 m이고 화염의 복사분율은 40%이다.

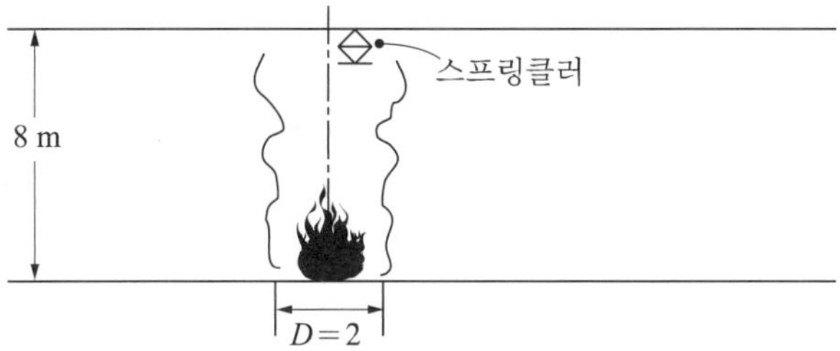

(a) 스프링클러로부터의 열손실은 없다고 가정할 때, 스프링클러 작동을 위해 요구되는 최소 에너지 방출률을 계산하라.

(b) 화염높이는 얼마인가?

(c) 6 m 떨어진 물체에 입사되는 최대 복사 열유속을 예측하라.

**10.10** 기름 팬 화재(pan fire)가 난로 윗면에서 발생되었다. 화염은 천장에 정확히 닿았다. 팬은 바닥면으로부터 1 m 위에 있으며, 천장의 높이는 2.4 m이다. 팬의 직경은 0.3 m이다.

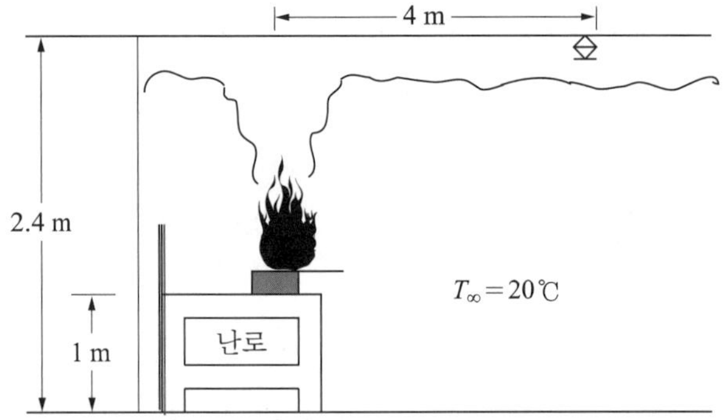


(a) 화재의 에너지 방출률을 예측하라.

(b) 국소 온도가 80℃에 도달하면 순간적으로 작동하도록 설계된 스프링클러는 4 m 떨어진 거리에 설치되어 있다. 이 스프링클러는 작동할 것인가? 그 이유를 설명하시오.

**10.11** 세계무역센터(WTC) 재앙에서 초고층건물의 한 층에서 10 GW의 제트연료가 연소된 것으로 예측된다. 만약 화재가 208×208 ft의 한 개의 층에 해당되는 동일한 원형 면적 위에서 발생되고, 장애물이 없는 개방된 공간에서 화재 플룸이 생성되었다고 가정하면, 이때 화염의 높이와 바닥면에서부터 직경 2배가 되는 수직 위치에서의 온도를 계산하라.

**10.12** WTC 초고층건물의 한 개 층에 강타한 비행기는 항공연료 JP-4를 약 28,500 kg 싣고 있었다. 충돌로 인하여 3개의 파이어 볼(fireballs)이 관찰되었다. 파이어 볼의 최대 직경은 각 60 m에 이르렀다. 미국표준기술연구원(NIST)은 연료의 10～25%가 파이어 볼 내부에서 연소되었다고 예측하였다. 이들 파이어 볼에서 연소된 연료의 양을 예측하고, NIST의 예측이 정확한지를 검토하라. 25℃에서 JP-4 증기의 밀도로서 2.5 kg/m$^3$의 값을 적용해라. 이 연료의 액체 밀도는 760 kg/m$^3$이다.

Chapter 11

# 구획실 화재

## Compartment Fires

## 11.1 개요

구획실 화재에서 다뤄지는 주제는 화재성장과 관련된 모든 특성들을 포함한다. 여기서 구획실(compartment)은 최대 공기 공급량과 화재의 열적환경을 제어하는 임의의 제한된 공간을 의미한다. 이들 인자들은 화재의 확산, 성장 그리고 화재의 최대 연소율(burning rate) 및 지속시간을 제어한다. 비록 단순한 방(room)의 형상이 본 장의 한계가 될 수 있지만, 터널, 탄광 그리고 지하 화재와 같은 다른 응용으로 확대될 수 있다. 구획실들 사이의 화염전파는 본 교재에서 다루지 않지만, 최근의 연구범위에 포함되어 있다. 구획실 화재에 대한 더 폭 넓은 논의는 Karlsson과 Quintiere의 저서[1]에서 확인될 수 있다. 이 책에서는 보존식을 통한 현상들의 상호작용, 그리고 유용한 경험식과 상관식의 개념적인 내용을 다룰 것이다. 건물 내의 화재안전설계 또는 화재조사의 교육과정에서 이들 모든 효과들은 연료의 화재성장 특성에 따라 이해되어야 한다. 근사 수학을 이용하여 관련된 물리적 현상을 표현하기 위한 능력은 특별한 상황에서 주요 요소들에 초점을 맞추기 위하여 필수적이다. 화재조사 분석에서 이 과정은 우선적으로 정성적인 묘사를 전개하기 위하여 유용하며, 그 다음이 시간에 따른 사건들의 예측이다. 화재안전 설계에 있어서, 화재성장의 거동은 생명안전의 주요 사안을 결정하며, 화재의 온도와 지속시간은 화재로부터 건축소방의 요구조건들을 제어한다. 이러한 설계해석은 현재 법적 규정(prescriptive regulations)에는 다루지 않지만, 성능 코드(performance code)에서는 이러한 방향으로 발전되고 있다. SFPE Guide to Fire Exposures[2]가 대표적인 예이다. 우리의 지식은 아직까지 부족하며

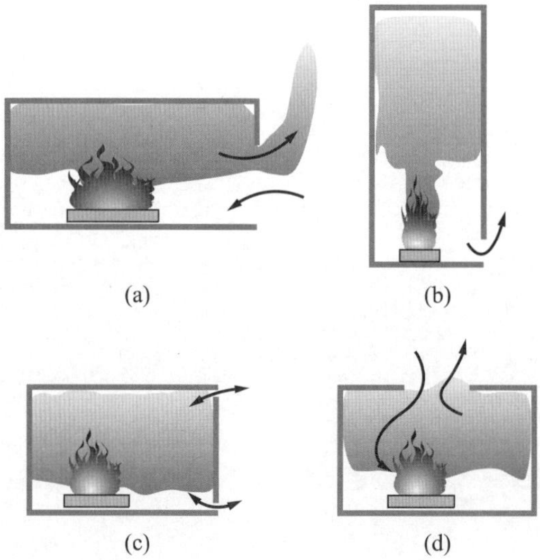

그림 11.1 ≫ 구획실 화재 시나리오

연구되어야 하는 건물 화재의 많은 특징들이 있다. 본 장에서는 기본적인 물리적 현상들을 설명할 것이다. 삽화 및 정보를 제공하기 위하여 문헌들이 인용되지만, 매우 상세한 설명이 이루어지지는 않을 것이다. 오히려 Thomas의 연구는 (a) 목재 크립(wood crib) 화재[3], (b) 플래시오버와 화재거동의 불안정성[4,5] 그리고 (c) 구획에서의 풀 화재[6]에 관한 많은 이론들을 제공하고 있다.

### 11.1.1 범위

본 장의 범위는 방의 높이가 공칭 약 3 m인 거실이나 작업공간을 대표하는 일반적인 건물에서의 구획화재에 초점을 맞출 것이다. 이러한 시나리오는 다른 경우와 함께 그림 11.1(a)에 묘사되었다. 제시된 다른 형상들 또한 중요하지만 여기서는 필수적으로 다루지 않을 것이다. 이들 형상들은 다음의 특성을 포함하고 있다.

(a) 포함된 산소량이 중요한 높고 큰 공간물
(b) 완전 밀폐가 되지 않아 누설이 발생되어 소화나 진동 연소가 관찰되는 구획실
(c) 환기구가 오직 천장에만 있는 구획실, 즉 선박이나 지하공간 등.

시나리오 (a)는 점화, 전파, 플래시오버를 통한 성장에서부터 완전 발달된 상태(최성기)를 갖는 화재거동의 완전한 범위에 대하여 검토될 것이다. 여기서, 플래시오버는 화재가 구획실 내부에서 매우 빠른 속도로 뚜렷하게 큰 성장을 보이는 과도기적 현상(transition)으로 정의된다. 최성기는 산소 또는 연료 한계에 따라 모든 가용 연료가 최대 규모까지 관여되는 상황을 의미한다.

### 11.1.2 구획실 화재의 성장 단계

구획실에서 화재는 3가지 단계로 특징지을 수 있다. 첫 번째 단계는 작은 초기 화재로부터 화재의 크기가 증가하는 화재성장 단계이다. 만약 화재를 진압하기 위한 행동이 이루어지지 않는다면, 화재는 결국 존재하는 연료의 양(연료지배형) 또는 환기 개구부를 통해 유용한 공기의 양(환기지배형)에 의해 제어되는 최대 크기까지 성장할 것이다. 모든 연료가 소모되었을 때, 화재의 크기는 감소할 것이다. 화재성장의 이들 단계들은 그림 11.2에서 확인될 수 있다.

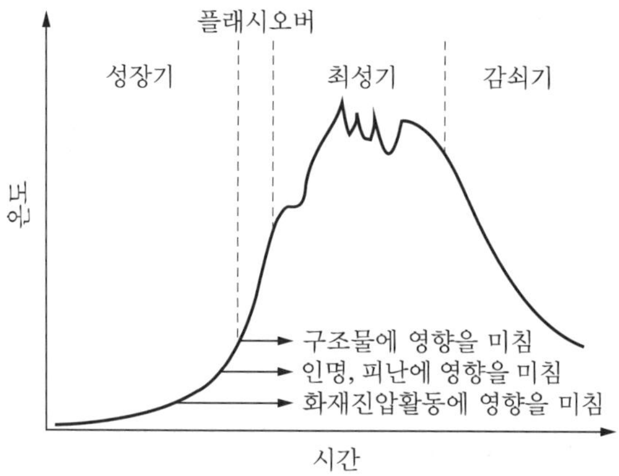


그림 11.2 ≫ 화재의 성장 단계

최성기 화재는 (a) 구획실의 크기와 형상, (b) 구획실 내부의 연료 양, 분포 및 종류, (c) 구획실 환기의 양, 분포 및 유형 그리고 (d) 구획실의 천장, 벽 및 바닥을 구성하는 건축 자재의 종류와 유형에 의해 영향을 받는다. 구획실 화재의 각 성장 단계의 중요성은 고려된 화재안전시스템을 구성하는 설비에 의존한다. 감지기나 스프링클러와 같은 설비가 적용될 때, 화재의 성장 단계는 이들이 작동되는 시간에 큰 영향을 미칠 것이다. 최성기와 감쇠기는 구조물 요소들의 보존을 위해 특히 중요하다.

플래시오버는 좀 더 많은 주의가 필요한 용어로서, 일반적으로 화재성장이 명확하게 나타나는 현상을 의미한다. 플래시오버는 개시와 종결이 있지만, 본 교재에서 언급되는 플래시오버는 개시되는 순간을 의미한다. 일반적으로 플래시오버는 초기 단계의 성장하는 화재와 최성기 화재 사이의 과도기적 단계라 할 수 있다. 또한 일반적으로 연료지배형(fuel-controlled) 또는 과환기 화재(well-ventilated fire)와 환기지배형화재(ventilation-limited fire) 사이의 차이를 나타내기도 한다. 연료지배형화재에서 당량비는 1보다 작으며, 환기지배형화재는 연료가 과농하기 때문에 당량비는 1보다 크다. 플래시오버는 관찰자에게 화재 분출은 같은 현상으로 보일 수 있으나, 다양한 원리에 의해 개시될 수 있다. 관찰자는 구획실 내부의 모든 연료가 관여되는 화재 성장과 진행의 급격한 변화를 보게 될 것이다. 만약 구획실에 완전연소를 위한 충분한 공기가 공급되지 않으면, 화재는 구획실 외부에 큰 화염을 생성시킬 수 있다. 환기지배형화재는 대부분의 화염이 환기구 근처에서 존재하며, 불완전한 연소과정 때문에 다량의 유독성 물질이 발생될 수 있다. 플래시오버의 원리는 다음과 같다.

1. **원격 점화**(Remote ignition). 이것은 화염으로부터의 복사열로 때문에 발생된 자기 점화(autoignition) 또는 불씨 점화(piloted ignition)에 의한 급격한 점화이다. 복사열은 주로 넓은 영역의 구획실 천장과 고온 상층부의 가스로부터 발생된다. 다양한 일반 가연물에 대하여 불

씨점화를 위한 임계값은 약 20 kW/m$^2$이다. 바닥면에서 측정된 이 열유속(heat flux)값은 일반적으로 플래시오버의 발생기준으로써 인식되고 있다. 또한 이 값은 500~600℃의 가스온도에 해당된다.

2. **빠른 화염전파**(Rapid flame spread). 이미 알고 있는 바와 같이 가연물을 예열하는 복사열은 표면의 온도를 불씨 점화온도까지 증가시킬 수 있다. 이것은 더 낮은 가연범위에서 연료/공기의 예혼합기가 겉불꽃(surface flame)의 선단에서 발생된다는 물리적 의미를 갖는 단순한 화염전파이론의 특이성(singularity)의 원인이 된다. 그 결과 1 m/s 크기의 빠른 화염전파가 발생하게 된다.
3. **화염 불안전성**(Burning instability). 타는 물질에서부터 화염 확산이 없을 때에도, 적절한 조건 하에서 화염은 급격하게 발생될 수 있다. 타고 있는 물질과 구획실 사이에 열적 피드백(feedback)은 가열되지 않는 주위조건 하에서 연소하는 초기 안정된 상태로부터 구획실의 가열과 연료의 연소가 평형을 이룬 이후 새로운 안정된 상태로의 급격한 변경의 원인이 된다.
4. **산소 공급**(Oxygen supply). 이 원리는 백드래프트(back-draft)를 촉진시킬 수 있으며, 환기가 매우 제한된 상태에서의 화재와 관련된다. 창문의 갑작스런 파손이나 문의 개구부는 신선한 공기가 바닥면을 따라 들어가게 할 것이다. 유입된 공기가 연료-과농한 고온의 가스와 혼합할 때, 연소의 급격한 증가가 발생된다. 그 결과 큰 압력 상승이 동반되며, 이는 벽이나 다른 창문들의 파괴를 야기할 수 있다. 이러한 현상은 예혼합가스의 폭발과 다르지 않다.
5. **보일오버**(Boilover). 물보다 더 높은 끓는점을 갖는 비중이 더 낮은 가연성 액체에 물이 분무되었을 때 발생되는 현상이다. 물 입자는 액체 표면 아래로 하강하며 액체 연료를 밖으로 분무될 수 있는 매우 빠른 속력의 팽창을 동반하는 순간적 증기로 변화될 수 있다. 액체 연료의 분무로 인한 면적의 추가적 증가는 화재의 엄청난 증가를 생성시킬 수 있다. 표면에서 발생되지 않는다고 할지라도, 연료 탱크의 바닥면에서 더 큰 비중을 갖는 다량의 물은 액체 연료가 바닥면으로부터 멀어지는 동안 급격히 비등할 수 있다. 이러한 이유로 이 용어를 보일오버(boilover)라 한다.

## 11.2 유체역학

구획실에서의 화재 연구는 기본적으로 다음의 3가지 기본 원리를 포함한다: (a) 유체역학, (b) 열전달 그리고 (c) 연소. 이 모든 문제들은 이론적으로 기본적인 보존방정식들의 유한차분해를 통해 해결될 수 있다. 그러나 난류, 반응화학 그리고 충분한 격자수와 관련된 문제들은 정확한 해의 도출에 많은 한계를 발생시킨다. 그럼에도 불구하고 구획실 화재의 유동 특성은 예측을 위한 포괄적인 접근을 통해 이들 3가지 기본 원리의 대략적인 묘사를 가능하게 한다. 개별 그리고 중첩된 현상들의 포괄적인 용어들을 이용하여 구획실 화재의 역학(dynamics)을 가시화하기 위한 능력은 결과적으로 유동특성에서부터 시작된다.

## 11.2.1 일반적인 유동 패턴

열적으로 유도된 부력에 의한 유동장의 성층화 성질은 구획실 유동장 발생의 주요 원인이다. 그림 11.3은 구획실 내부의 일반적 유동 패턴을 도시한 것이다.

강한 부력은 화재의 유동을 지배한다. 난류와 압력은 대기 공기가 화재 플룸 내부로 혼합(유입)되는 것을 발생시킨다. 운동량과 열적 부력은 비교적 얇은 천장 제트가 천장 전체로 퍼지게 하는 원인이 된다. 천장 제트의 두께는 대략 방 높이의 1/10이다. 이에 대응하는 차가운 바닥 제트 또한 발생된다. 이들 제트 사이의 대부분 공간에는 재순환 유동이 형성되며 4단 층의 유동패턴을 발생시킨다. 이 4단 층 시스템의 중간지점에는 상대적으로 뜨거운 상층부와 차가운 하층부 사이의 열성층화로 인한 매우 급격한 경계(층 인접면)가 존재한다. 이들 유동의 특성들은 그림 11.4에서와 같이 흰 연기의 흐름에 의해 가시화된 복도 유동에 관한 Rinkinen[10]의 사진에 제시되어 있다. 그림 11.5는 가스 또는 벽온도에 관한 두 층의 급격한 열성층(thermal stratification)을 보여주고 있다.

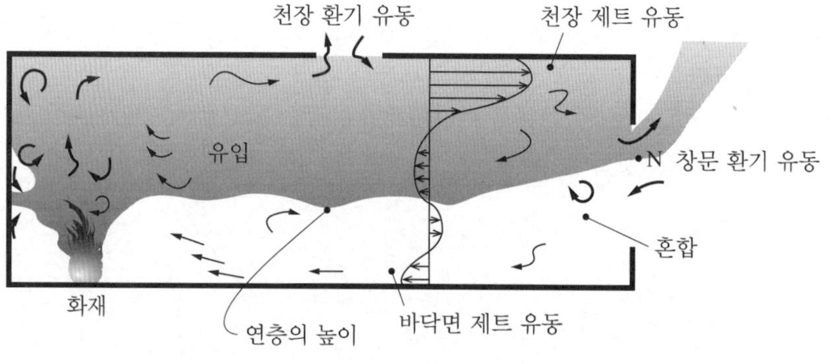


그림 11.3 ≫ 구획실 화재의 유동 패턴

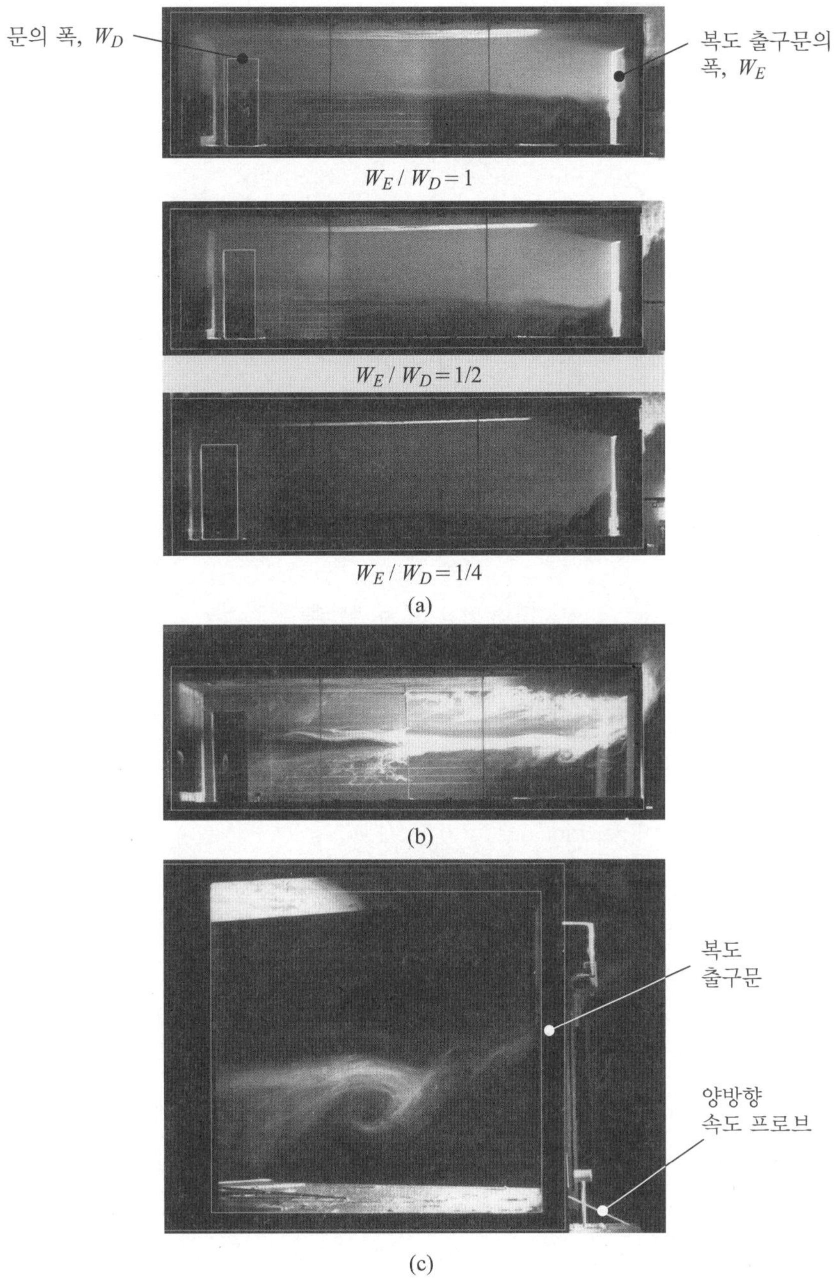


**그림 11.4 ≫** (a) 출구문의 폭에 따른 복도 모형에서의 연기 층, (b) 4방향의 유동을 보여주는 연기 흐름선, (c) 복도 상층부에 설치된 환기구에서 우측에서부터 입구 유동의 혼합을 보여주는 연기 흐름선[10]

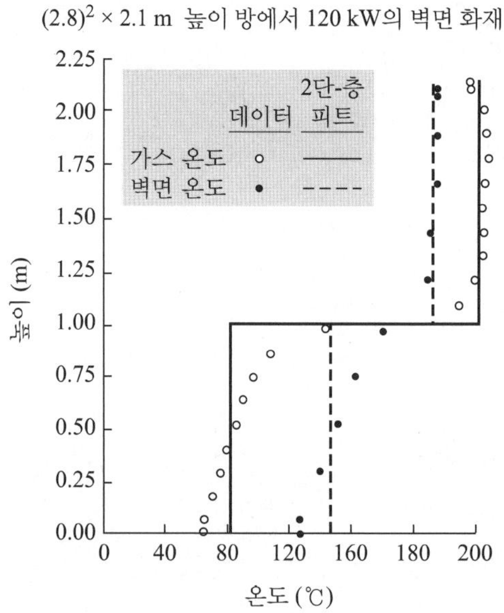


그림 11.5 ≫ 열 경계층

### 11.2.2 환기 유동(Vent flows)

밀도 차이에 의한 칸막이(partitions)에 설치된 개구부를 통과하는 유체의 유동은 오리피스와 유사한 유동과 같이 다양한 방법에 의해 표현될 수 있다. 오리피스 유동은 유동계수 $C$를 이용한 실험적 보정과 함께 비점성 베르누이 유동으로써 모델 될 수 있다. 이때 유동계수는 일반적으로 수축비와 Reynolds 수에 의존한다. Emmons[12]는 이들 유동의 일반적 이론을 기술하였다. 압력변화가 거의 발생되지 않는 수평 칸막이를 통과하는 유동에 대하여, 유동은 불안정하고 진동하는 양방향 유동이 발생될 것이다. 이러한 형상에서 단방향 베르누이 유동이 발생하는 분출압력(flooding pressure)이 존재한다. Epstein[13]은 수평 칸막이를 통과하는 유동에 대한 상관식을 전개하였다. Steckler, Quintiere 그리고 Rinkinen[14]은 화재조건에서 수직 칸막이를 통과하는 속도 및 유동장을 가장 처음 성공적으로 측정하였다. 대표적 공간단위의 구획실 화재에 대한 그들의 측정된 유동장의 예는 그림 11.6에서 확인될 수 있다.

수직 환기유동을 촉진시키는 압력차는 오직 온도 성층화 때문이며, 유체 정역학적 근사로 설명된다. 다시 말해서 수직방향의 운동량 방정식은 본질적으로 느린 유동에 때문에:

$$\frac{\partial p}{\partial z} = -\rho g \tag{11.1}$$

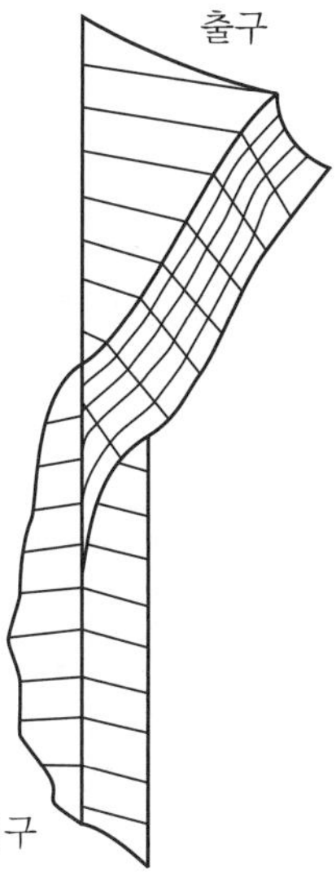


그림 11.6 ≫ 구획화재의 출입구에서 측정된 유동장[14]

그림 11.3에서 확인되듯이, 자유 대류조건 하에서 유속이 0이 되는 환기구의 높이 N이 존재할 것이다. 여기서 $N$은 중성대(neutral plane)로 불린다. 내부($i$)에서부터 외부($o$)로 환기구를 가로지르는 압력차는 다음 식과 같이 중성대를 포함하여 표현될 수 있다.

$$p_i - p_o = \int_0^z (\rho_o - \rho_i) g\, dz \tag{11.2}$$

이러한 압력차는 수직방향 높이 $z \sim 1$ m에 대하여 10 Pa의 크기이기 때문에 이들 유동은 본질적으로 일정한 압력이라 할 수 있다(1 atm ≈ $10^5$ Pa). 수직 칸막이를 통과하는 화재 유동을 계산하기 위한 처리방법은 다음과 같다: (a) 식 (11.2)를 이용한 베르누이 방정식으로부터 속도를 계산한다, (b) 이상기체상태방정식을 이용하여 밀도를 온도로 치환한다. 마지막으로 (c) 질량 유량을 계산하기 위하여 적분한다. 이때 이상 유량(ideal flow rate)은 일반적으로 0.7로 확인된 유량계수[12,14]에 의해 조절된다. 특별한 경우에 대한 여러 가지 예제 유동해들은 아래에서 기술될 것이며, 유도과정은 Rockett[15]에 의한 논문에서 확인될 수 있다. 두 가지 특별한 경우는 그림 11.7(a)에 보여지는 바와 같이 고온 상층부와 하층 저온의 균일한 층이 존재하는 2-존(two zone) 모델을 고려한다; 이 경우는 성장기 화재(developing fire)의 특징을 나타낸다. 그림 11.7(b)은 균일한 1-존 모델로서 최성기 화재(fully developed fire)의 특징을 나타낸다.

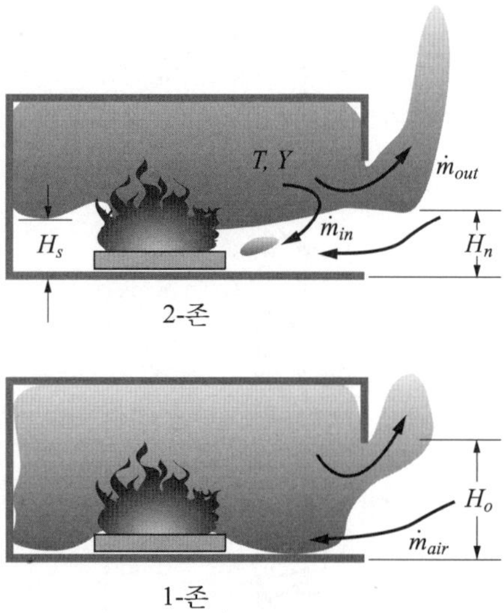


**그림 11.7 ≫ 존 모델의 개념**

2-존 모델은 출입구의 환기면적($A_o$)과 높이($H_o$)에 대하여 중성대 높이($H_n$)와 연층 높이($H_s$)에 관한 결과들을 제공한다. 주위 및 방 내부의 온도비는 $\theta \equiv T_o / T$로 표기되었다:

$$\dot{m}_{out} = \frac{2}{3}\sqrt{2g}\, C\rho_o A_o \sqrt{H_o}\,[(\theta)(1-\theta)]^{1/2}\left(\frac{1-H_n}{H_o}\right)^{3/2} \tag{11.3}$$

$$\dot{m}_{in} = \frac{2}{3}\sqrt{2g}\, C\rho_o A_o \sqrt{H_o}\,[1-\theta]^{1/2}\left(\frac{H_n}{H_o}-\frac{H_s}{H_o}\right)^{1/2}\left(\frac{H_n}{H_o}+\frac{H_s}{2H_o}\right) \tag{11.4}$$

유입되는 유동은 일반적으로 주위 공기이며, 배출 유동은 연소생성물과 과잉 공기 또는 연료로 이루어진다.

정상상태 화재조건 하의 1-존 모델에서, 유입되는 공기의 질량 유량은 공급된 연료와 공기 유량의 비($\mu$)의 항으로 다음과 같이 계산될 수 있다.

$$\dot{m}_{air} = \frac{\frac{2}{3}\rho_o C A_o \sqrt{H_o}\sqrt{g}\sqrt{2(1-\theta)}}{\left[1+\{(1+\mu)^2/\theta\}^{1/3}\right]^{3/2}} \tag{11.5}$$

양방향 그리고 불안정한 유동에 대하여, 식 (11.6)과 같이 Epstein[13]에 의해 유도된 수평 환기구에서의 공기 질량 유량이 식 (11.5)와 뚜렷한 차이가 있다는 것은 흥미로운 사실이다:

$$\dot{m}_{air} = \frac{0.068\rho_\infty A_o^{5/4}\sqrt{g}\sqrt{2(1-\theta)}}{(1+\theta)^{1/2}} \tag{11.6}$$

이러한 수평 환기유동은 같은 크기의 수직 환기구에 대하여 약 1/10에 해당된다. 따라서 건물의 지하층이나 선박화재에서와 같이 불안정한 유동을 갖는 수평 환기구는 화재를 위한 공기 공급이 상대적으로 비효율적이라 할 수 있다.

수직 환기구내부로 유입되는 공기 유량에 대한 유용한 극한 근사치는 다음과 같은 최대 유량을 제공한다.

$$\dot{m}_{air} = k_o A_o \sqrt{H_o}, \qquad \text{여기서 } k_o = 0.5\ \mathrm{kg/s\ m^{5/2}} \tag{11.7}$$

이 식은 $\theta < \frac{2}{3}$ 그리고 작은 $H_s$에 한정되어 사용될 수 있다. 일반적으로 출입문에 대하여 $H_n/H_o$는 0.3에서 0.7 그리고 $H_s/H_o$는 0에서 0.6의 사이에 있다[15].

## 11.3 열전달

구획실의 경계 표면으로의 열전달은 대류 및 복사에 의해 일어나며, 그 이후 벽면을 통한 전도 열전달이 이루어진다. 이해를 돕기 위하여, 아래의 그림과 같이 고체 경계 요소는 두께 $\delta$, 열전도도 $k$, 비열 $c$ 그리고 밀도 $\rho$를 갖는 균일한 재료로서 표현될 것이다. 재료의 뒤 표면은 $T_o$의 고정된 온도를 갖는다고 가정될 것이다.

표면적 $A$를 통한 열전달 경로는 그림 11.8에서와 같이 전기등가회로(equivalent electric circuit)써 표현될 수 있다. 열저항들 또는 그들의 역수인 컨덕턴스(conductances)는 표준 열전달법을 이용하여 계산될 수 있다. 일부 내용은 설명을 위하여 그림이 활용될 것이다.

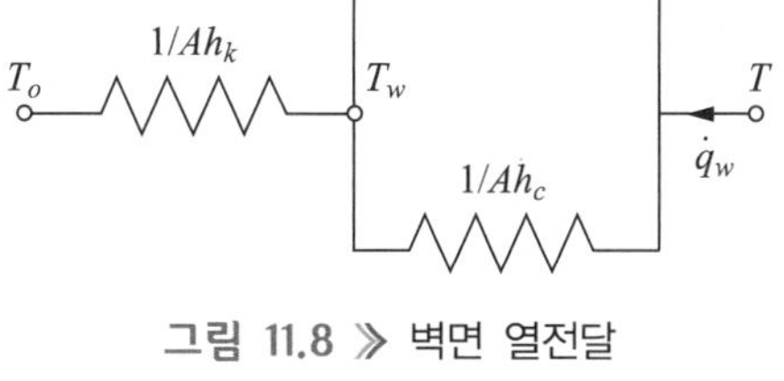


그림 11.8 ≫ 벽면 열전달

### 11.3.1 대류

화재환경에서 물체에 대한 대류는 보통 자연대류 조건 하에서 일어난다. 난류 자연대류는 규모(scale)에 무관하며 다음 식에 의해 예측될 수 있다.

$$Nu = \frac{h_c H}{K} = 0.13\left[\left(\frac{g(T-T_o)H^3}{T\nu^2}\right)Pr\right]^{1/3} \tag{11.8a}$$

여기서 $\nu$는 동점성계수이며 $Pr$는 Prandt 수이다. $h_c$는 약 10 W/m$^2$ K의 값을 갖는다. 더 높은 유동조건에서 $h_c$는 40 W/m$^2$ K와 같은 높은 값을 가질 수 있다. 이 결과는 바닥에서 천장 계수들이 약 5에서 40 W/m$^2$ K로 변화될 때 Tanaka와 Yamada[16]에 의한 측정결과에서 확인되었다. 그들은 다음 식과 같은 평균 구획실 대류계수에 대하여 경험적 상관식을 제시하였다.

$$\frac{\bar{h}_c}{\rho_\infty c_p \sqrt{gH}} = \begin{cases} 2.0\times 10^{-3}, & Q_H^* \le 4\times 10^{-3} \\ 0.08\,Q_H^{*2/3}, & Q_H^* > 4\times 10^{-3} \end{cases} \tag{11.8b}$$

$Q_H^*$는 높이 $H$의 함수이다(식 (10.41) 참조).

### 11.3.2 전도

유한차분 수치해가 전도에 대한 정확한 해를 제공할 수 있지만, 종종 다음과 같은 근사법을 통해 적절히 예측될 수 있다. 비정상 경우에 대하여, 일정한 열유속을 받는 반영구적 고체를 가정할 때 열전도율의 엄밀해는 다음과 같다.

$$\dot{q}_w = A\sqrt{\frac{\pi}{4}\frac{k\rho c}{t}}\,(T_w - T_o) \tag{11.9}$$

또는 그림 11.8에 따라

$$h_k = \sqrt{\frac{\pi}{4}\frac{k\rho c}{t}} \tag{11.10}$$

정상 열전도에 대하여, 정확한 결과는

$$h_k = \frac{k}{\delta} \tag{11.11}$$

식 (7.35)를 통해 대략적으로 다음의 시간동안 유지되어야 정상상태결과로 고려되어진다.

표 11.1 일반적 건축물 자재의 대략적인 열적 물성값

| | 콘크리트/벽돌 | 석고 | 미네랄 울(단열재) |
|---|---|---|---|
| $k$ (W/m K) | 1 | 0.5 | 0.05 |
| $k\rho c$ ($W^2$ s/$m^4$ $K^2$) | $10^6$ | $10^5$ | $10^3$ |
| $k/\rho c$ ($m^2$/s) | $5\times10^{-7}$ | $4\times10^{-7}$ | $5\times10^{-7}$ |

$$t > \frac{\delta^2}{4[k/\rho c]} \tag{11.12}$$

표 11.1은 일부 물질의 일반적 물성값을 보여준다. 가장 공통적으로 사용되는 건축물 자재에 대하여 6인치의 벽면두께 또는 $\delta \approx 0.15$ m의 경우에 식 (11.12)로부터 열침투시간(thermal penetration time)은

$$t = \frac{\delta^2}{4[k/\rho c]} = 3.1 \text{ hr}$$

따라서 구획실 화재는 일반적으로 3시간보다 작은 지속시간을 가짐을 고려할 때, 대부분의 경계면들은 열적으로 두꺼운 재료로 간주될 수 있다.

대부분의 화재와 건축물 조건에서 가연물들은 열적으로 두꺼운 재료이기 때문에, 컨덕턴스는 식 (11.10)으로부터 예측될 수 있다. 표 11.1의 물질 특성치에 대한 값들은 표 11.2에 제시되었다. 시간이 지남에 따라 전도 열손실은 감소한다.

표 11.2 일반적인 벽면 컨덕턴스 값

| $t$ (min) | $h_k$ (W/$m^2$ K) |
|---|---|
| 10 | 0.8～26 |
| 30 | 0.3～10 |
| 120 | 0.2～5 |

## 11.3.3 복사

복사 열전달은 매우 복잡하고 기본적인 계산을 위하여 온도와 수트(soot)의 분포에 관한 정보가 요구된다. 보통, 이들 현상은 정확한 화재 계산을 위한 최신의 기술력 한계를 넘어선다. 그러나 화염과 연기발생 영역에서 균질 회색가스 근사법(homogeneous gray gas approximations)을

통해 대략적인 근사치를 얻을 수 있다. 일반적으로 잘 알려진 교재(Karlsson and Quintiere[1])에서 제공된 방법들을 통해, 관련 공식들은 유도될 수 있다. 예를 들어, 그림 11.9에 도시된 바와 같이, 회색 균일벽면들과 균질 회색가스를 갖는 격리된 구조물에서 복사를 받고 있는 작은 물체를 생각해보자. 이 물체가 받은 순 복사열유속은 다음과 같다.

$$\dot{q}_r'' = \epsilon\left[\sigma(T_g^4 - T^4) - \epsilon_{wg}\sigma(T_g^4 - T_w^4)\right] \tag{11.13}$$

그리고

$$\epsilon_{wg} = \frac{(1-\epsilon_g)\epsilon_w}{\epsilon_w + (1-\epsilon_w)\epsilon_g}$$

여기서, $\epsilon$ : 목표물의 방사율

$\epsilon_w$ : 벽면의 방사율

$\epsilon_g$ : 가스의 방사율

$T$ : 목표물 온도

$T_w$ : 벽면 온도

$T_g$ : 가스온도

그리고

$\sigma$ : Stefan-Boltzmann 상수 ($=5.67\times10^{-11}$ kW/m$^2$ K$^4$)

만약 물체 자체가 벽면이라며, 식 (11.13)은 벽면에 의해 받은 복사율에 대하여 다음과 같이 간략화된다.

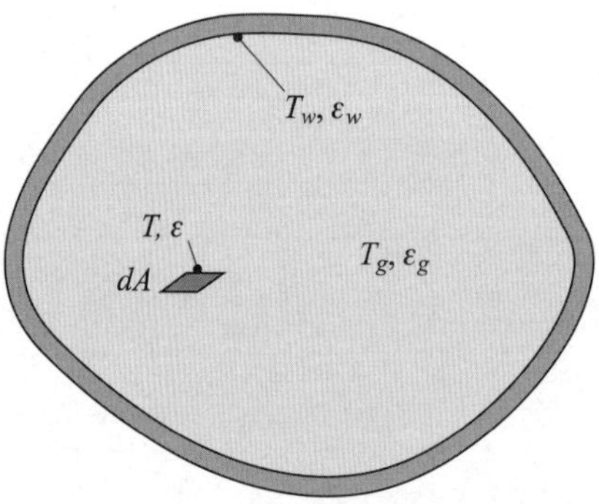


그림 11.9 ≫ 격리된 구조물에 있는 작은 물체의 복사

$$\dot{q}_r = \frac{A\sigma(T^4 - T_w^4)}{1/\epsilon_g + 1/\epsilon_w - 1} \tag{11.14}$$

화재가 최성기로 성장할 때 경계면은 주로 수트에 의해 덥혀있기 때문에, $\epsilon_w = 1$로 설정하는 것은 적절할 것이다.

가스의 방사율은 다음 식에 의해 근사될 수 있다.

$$\epsilon_g = 1 - e^{-\kappa H} \tag{11.15}$$

여기서, $H$는 격리된 구조물의 평균광로(mean beam length)를 의미하며, 일반적으로 구조물의 높이로서 근사될 수 있다. 연기 또는 화염의 흡수계수(absorption coefficient), $\kappa$는 0.1에서 1 $m^{-1}$의 범위 내에 있다. 최성기 화재의 연기조건에서, $\kappa = 1\ m^{-1}$은 타당한 예측이며, 따라서 $\epsilon_g$은 소규모의 실험 구조물 0.5에서 건축물 화재에서는 약 1의 범위를 가질 수 있다.

최성기 조건에서, 복사 컨덕턴스는 다음과 같이 표현될 수 있다.

$$h_r = \epsilon_g \sigma(T^2 + T_w^2)(T + T_w) \tag{11.16}$$

$\epsilon_g = 1$과 $T = T_w$의 조건에서, $T = 500 - 1200$℃에 대하여 $h_r = 104 - 725\ W/m^2\ K$로 추정될 수 있다.

### 11.3.4 총괄 벽면 열전달

그림 11.8의 회로를 통해, 등가 컨덕턴스 $h$를 이용하여 총 열유량(total heat flow rate)은 다음과 같이 표현될 수 있다.

$$\dot{q}_w = hA(T - T_o) \tag{11.17a}$$

여기서

$$\frac{1}{h} = \frac{1}{h_c + h_r} + \frac{1}{h_k} \tag{11.17b}$$

최성기 화재에 대하여, 보통 전도는 대류와 복사에 비해 크게 중요하지 않다; 따라서 $h \approx h_k$ ($T_w \approx T$를 의미)의 제한적 근사가 가능하다. 이 결과는 단열되었거나 또는 콘크리트 구조 요소의 구조물 또는 경계면에 적용된다. 이 경계조건은 최대 가능한 구획실 온도가 주어졌을 때 '보수적(conservative)'이라 할 수 있다.

### 11.3.5 환기구를 통한 복사 열손실

Karlsson과 Quintiere[1]의 연구결과로부터, 흑체(blackbody) 표면($\epsilon_w = 1$)을 갖는 구조물에서 면적이 $A_o$인 환기구의 밖으로 나가는 복사 열전달률은 다음과 같다.

$$\dot{q}_r = A_o \epsilon_g \sigma (T_g^4 - T_o^4) + A_o (1-\epsilon_g) \sigma (T_w^4 - T_o^4) \tag{11.18}$$

최성기 화재에서 $\epsilon_g$는 거의 1이고 $T_w \approx T_g$이기 때문에, 다음 식과 같이 간략화 된다.

$$\dot{q}_r = A_o \sigma (T^4 - T_o^4) \tag{11.19}$$

위 식은 개구부가 흑체와 같이 작용되었음을 보여주고 있다. 환기구에 대한 이 흑체 거동은 $H$가 1.5 m인 작은 규모의 구획실에서 크립(crib) 화재의 많은 데이터를 통해 검증되었으며, 그림 11.10에 제시되었다.

그 결과 최성기 화재에서 총 열손실은 다음 식과 같이 근사될 수 있다.

$$\dot{q} = \dot{q}_w + \dot{q}_r = h_k A (T - T_o) + A_o \sigma (T^2 + T_o^2)(T + T_o)(T - T_o) \tag{11.20}$$

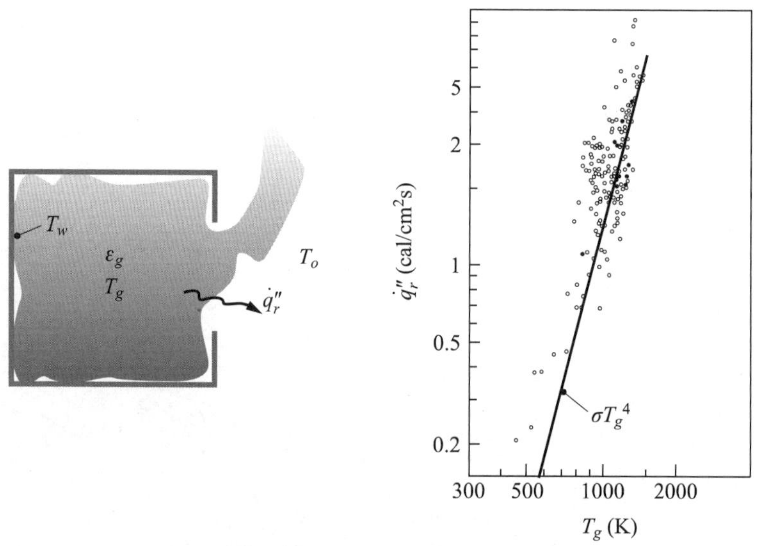


그림 11.10 》 구획실 환기구로부터의 복사[17]

## 11.4 연료 거동(Fuel behavior)

구획실에서 가연물 연소에 대한 이해는 구획실의 열적효과와 화염의 방출 열을 제어하는 산소농도에 따른 통상 공기 중의 가연물 연소율로부터 시작된다. 제9장에서 이들 효과에 대한 설명이 이루어졌으며, 식 (9.73)은 다음의 표현으로 '정상' 연소를 나타내고 있다.

$$\dot{m}'' = \frac{\dot{q}''}{L} \tag{11.21}$$

만약 연료가 구획실 변화에 빠르게 반응한다면, 이러한 '준-정상' 연소율 모델은 구획실에서 연료 질량의 소모를 설명하기에 충분할 것이다. 연료에 의해 생성된 열유속은 화염과 구획실 외부로의 열손실로 구성된다. 화염온도는 산소의 질량분율($Y_{O_2}$)에 의존하며, 외부로의 복사열은 구획실 온도에 의존한다.

### 11.4.1 열적효과(Thermal effects)

고온 상층부에 위치한 연료에 의해 받아지는 흑체 벽면과 연료 표면으로의 구획실 순 열유속은 식 (11.13)으로부터 다음과 같이 표현될 수 있다.

$$\dot{q}_r'' = \epsilon_g \sigma_g (T_g^4 - T_v^4) + (1-\epsilon_g)\sigma(T_w^4 - T_v^4) \tag{11.22}$$

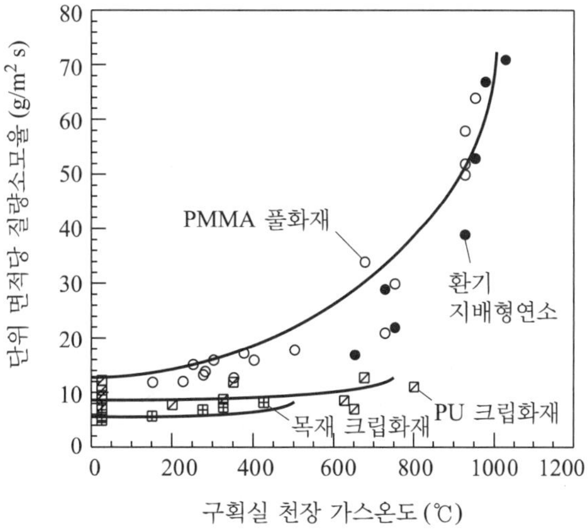


그림 11.11 ≫ 목재 크립(wood cribs)과 풀화재(pool fire)에 대한 연소율에 미치는 구획실 열적효과

여기서, $T_v$는 연료 표면의 기화온도이다. 하층부에 위치한 연료에 대하여, 적절한 시계인자(view factor)는 식 (11.22)에 주어진 열유속을 감소시켜야 한다.

다양한 연료부하(양)와 환기조건에 하에서 목재 크립(wood cribs)과 PMMA 풀화재에 대한 준-정상 최대 연소율이 그림 11.11에 제시되었다[18,19]. 크립은 내부 연소효과와 스틱(sticks) 사이의 복사 열전달에 의해 지배되는 대표적인 연료이다. 그림 11.11에 제시된 풀화재는 작은 규모이며 낮은 흡수율(absorptivity)의 화염을 갖는다. 그 결과, 작은 풀은 구획실의 열적 피드백에 매우 민감한 연료의 한 부류를 대표한다. 일반적으로 작은 규모의 풀화재는 경계층을 갖는 표면이나 바람에 날리는 화염과 동일한 민감도를 갖는 다른 연료 형상들을 나타내는데 유용하다. 크립과 풀화재 형상은 실질적 건축물 연료의 여러 측면을 나타낸다. 이들은 구획실 온도에 대한 연료 민감도의 두 가지 극단적 결과를 제공한다.

## 11.4.2 환기효과(Ventilation effects)

환기구가 감소되면, 두 층 사이에서 혼합은 증가할 것이고 화재로의 산소 공급은 감소할 것이다. 또한 이에 상응하여 연소율이 감소될 것이다. 이 현상은 그림 11.11의 일부 결과에서 확인되며, 환기지배형연소를 나타낸다. 그림 11.12는 작은 규모의 구획실에서 헵탄 풀화재 실험을 통한 환기의 보다 뚜렷한 영향을 보여주고 있다[20]. 이들 실험에는 단일 천장 환기구 또는 두 개의 동일 면적을 갖는 상부와 하부 벽면 환기구의 조건들이 포함되었다. 표기된 화염 소화

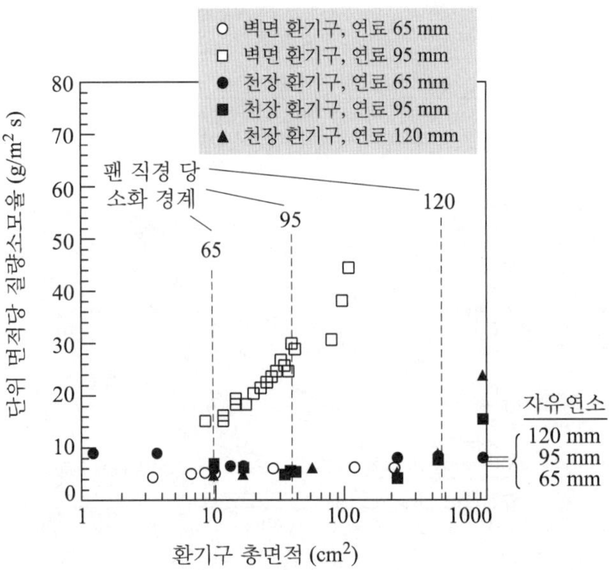


그림 11.12 ≫ 천장과 벽면 환기구를 이용한 환기지배형화재[20]

경계치보다 낮은 환기구 면적 조건에서는 화염이 스스로 소화된다. 95 mm의 연료 직경에서 천장 환기구와 관련되는 질량소모율은 벽면 환기구의 조건에 비하여 크게 낮다. 식 (11.5)와 (11.6)에 의해 확인되는 공기 공급량의 차이는 천장 환기구의 경우에 연료의 질량소모율이 공기 유량에 의해 제한되었음을 시사한다.

### 11.4.3 에너지 방출률(화력, Fire power)

구획실에서 화재의 에너지 방출률은 구획 내부에서 일어날 수도 있고, 일반 화염의 확대 또는 구획실로 유입되는 공기가 충분하지 않을 때 구획 외부에서도 일어날 수 있다. 에너지 방출률은 보통 열발생률(heat release rate, HRR)로 불리고 있다; 열발생률은 에너지 응용분야에서 채택되고 있는 공통적인 용어이기 때문에, 이 장에는 화력(fire power)이라는 용어의 사용을 시작하고자 한다. 추가로 화학반응과 관련된 에너지는 엄밀한 열역학적 전문용어의 열이 아니다. 그러나 화재관련 전문가들의 사용은 '열발생률'로 인식되어 있다. 그럼에도 불구하고, 구획화재 해석에서 중요한 인자는 구획 내부와 외부에 연소를 허용할 수 있는 조건들을 이해하는 것이다. 화염과 연기의 열은 연료가 특정 질량 유량 $\dot{m}_F$으로 기화되는 원인이다. 연료의 모든 것이 최종적으로 다 타더라도, 반듯이 구획 내부에서 완전히 타지 않을 수 있다. 이것은 공기 공급속도에 따라 결정된다. 모든 연료가 다 타거나 구획실 내부로 유입되는 공기의 모든 산소가 완전히 소모되든지 둘 중에 하나이다. 내부에서의 화염은 구획실 내부에 화력을 제공하며, 다음과 같이 표현된다.

$$\dot{Q} = \begin{cases} \dot{m}_F \Delta h_c, & \phi < 1 \\ \dot{m}_{air} \Delta h_{air}, & \phi \geq 1 \end{cases} \tag{11.23}$$

여기서 $\dot{m}_{air}$는 구획으로 공급되는 공기의 질량 유량이며, $\Delta h_{air}$는 공기의 단위질량당 연소열로서 대부분 연료들에 대한 유효 계수는 약 3 kJ/g이다. 화력은 공급된 기체 연료의 모든 것 또는 공기의 모든 것이 연소됨을 기초로 한다. 당량비 $\phi$는 연료-희박과 연료-과농 연소영역 사이의 경계를 결정한다:

$$\phi = \frac{s\dot{m}_F}{\dot{m}_{air}} \tag{11.24}$$

여기서 $s$는 이론반응(stoichiometric) 공기와 연료의 비이다. 이론반응비는 실제 연료의 경우 완전히 연소되지 않기 때문에 일반적으로 명확하지 않다. 그러나 $s$는 다음 식으로부터 계산될 수 있다.

$$s = \frac{\Delta h_c}{\Delta h_{air}} \tag{11.25}$$

여기서, $\Delta h_c$는 연소열(표 2.3에 제시된 화학적 연소열)이다.

구획실 내부에서 연료의 질량소모율 또는 공급속도와 연료의 연소율(burning rate)사이의 구별은 중요하다. 식 (11.23)과는 다르게 질량소모율은 다음과 같다.

$$\dot{m}_F = \begin{cases} \dot{m}_{F,b}'' A_F, & \phi < 1 \\ \dfrac{\dot{m}_{air}}{s} + \dfrac{F\dot{q}_r''}{L}, & \phi \geq 1 \end{cases} \tag{11.26}$$

여기서, $\dot{m}_{F,b}''$는 단위면적당 연소되는 연료의 질량 유량이며, $A_F$는 가용한 연료의 면적 그리고 $F\dot{q}_r$은 시계인자(view factor) - 수정된 순 복사 유속(식 (11.22)). 환기지배형화재($\phi > 1$)에서 실제 타는 면적은 일반적으로 가용한 면적보다 작으며, 다음과 같이 제안된다.

$$\frac{\dot{m}_{air}}{s} = \dot{m}_{F,b}'' A_{F,b} \tag{11.27}$$

환기부족화재의 과도기적 거동은 화재가 초기 구획실 공기를 소모시킬 때 충분한 공기와 함께 시작되지만, 이후 환기구에서의 공기 유량에 의해 제한된다. 그 결과 화재는 환기구 방향으로 이동할 수 있으며, 연료가 모두 소진되어갈 때 다시 구획실 안쪽으로 화염면이 들어갈 수 있다. 이러한 현상은 만약 약 화재가 완전히 연소되기 전에 소화가 발생된다면, 화염의 전후 위치가 매우 큰 두 개의 영역을 가져올 수 있다.

## 11.5 존 모델링과 보존방정식(Zone modeling and conservation equations)

위에서 논의된 내용들은 구획실 화재과정들의 물리 및 화학적 측면을 제시한 것이다. 이들은 서로 연관되어 있는 현상들이며, 각 현상 자체에 대한 엄밀해가 필수적으로 제공되지 않는다. 복잡한 각 현상들은 제3장에서 전개된 바와 같이 보존방정식들의 응용을 통하여 연관되어야 한다. 화재응용에 있어 방정식들의 최종 시스템은 보통 '존 모델링'으로써 인용된다. 이 형태의 모델링이 가능한 많은 컴퓨터 코드가 있다. 이들 코드들은 만약 화재 과정들이 완벽하고 정확하게 묘사된다면 화재 예측을 위해 효과적일 수 있다. 기본 방정식들의 완전한 유한차분 모델링은 존 모델링보다 더욱 정교한 단계이며, 또한 한계점들을 가지고 있지만, 여기서는 논의되지 않을 것이다. 존 모델링은 단지 물리적으로 적절한 검사체적에 대하여 보존법칙들의 전개에 지나지 않는다. 화재는 이 체적 내에 포함된다. 그림 11.13은 1-존 또는 2-존의 선택을 위한 검사체적을 정의하기 위하여 사용될 수 있다. 2-존에서는 하층부는 또 다른 검사체적이 된다. 간략하게, 1-존 모델은 여기서는 단지 그림을 통해서만 고려될 것이다. 이 제한된 전개는 방법론을 제시하고 이후에 나타나는 경험적 상관식들의 기초적 내용을 설명하기에 간단하다.

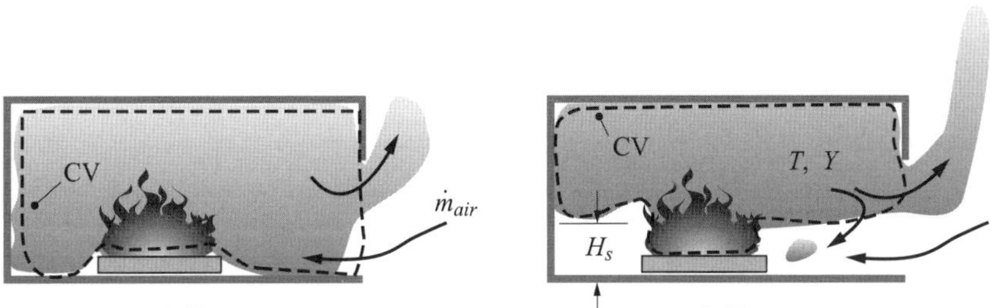


그림 11.13 ≫ 보존방정식들에 대한 검사체적

### 11.5.1 보존식들의 관계(Conservation relationships)

구획실에 대한 에너지보존은 주로 연료로의 열적 피드백 정도(양)를 규명하기 위한 중요한 관계를 제공한다. 질량과 산소의 보존은 추가적인 방정식들을 제공한다. 앞에서 주어졌던 '과정(process)'의 관계들은 질량과 에너지의 중요한 전달률을 규명해준다. 이들 구성요소들의 관계는 모든 화재 시나리오를 묘사하기 위하여 항상 충분히 완전하지 않을 수 있다.

보존방정식들은 3장을 통해 전개될 수 있다. 아래는 방정식만 간략히 나열한 것이다.

1. **질량**. 식 (3.15)를 이용한 이상기체에 대한 1-존 모델에서, 질량보존은 다음과 같이 표현될 수 있다.

$$-\frac{pV}{RT^2}\frac{dT}{dt}+\dot{m}=\dot{m}_{air}+\dot{m}_F \tag{11.28}$$

2. **산소**. $Y$에 의한 질량분율 표현을 통해 산소의 보존은 식 (3.22)에 따라 다음과 같다.

$$\frac{d(mY)}{dt}+\dot{m}Y-\dot{m}_{air}(0.233)=-\frac{0.233s\dot{Q}}{\Delta h_c} \tag{11.29}$$

정상조건 또는 비정상 항이 무시될 수 있는 조건에서, 위 식은 간단하게

$$\phi \le 1\text{의 조건에서} \qquad Y = \frac{0.233(1-\phi)}{1+\phi/s} \tag{11.30}$$

그리고

총괄당량비가 $\phi > 1$의 조건에서 $Y = 0$

3. **에너지**. 에너지 방정식은 식 (3.45)로부터 전개되며, 이때 열과 엔탈피 전달률 모두를 $\dot{Q}_1$에 포함시키기 위하여 손실(loss) 항들은 그룹화되었다.

$$c_v \frac{d(mT)}{dt} = \frac{c_v V}{R}\frac{dp}{dt} = \dot{Q} - \dot{Q}_1 \tag{11.31}$$

비정상항은 대부분의 경우에 무시될 수 있으나, 에너지의 어떤 급격한 변화는 압력변화를 가져올 것이다. 이것은 구획실 화재에서 보여지는 퍼핑(puffing) 효과의 원인이 될 수 있다.

### 11.5.2 해의 무차원 인자(Dimensionless factors in a solution)

정상 방정식을 공기 유량으로 무차원시키고 모든 손실을 온도와 선형적으로 표현함에 의해 (식 (11.31)), 온도 상승은 다음과 같이 나타낼 수 있다.

$$T - T_o = \frac{\dot{Q}/(c_p \dot{m}_{air})}{x_o + x_w + x_r} \tag{11.32}$$

무차원된 $x$-손실 인자들은 온도에 영향을 주는 매개변수들이며, 구획실 화재온도에 대한 문헌의 많은 상관식에서 수정된 형태로 존재한다.

1. **유동 – 손실 인자**. 유동인자 $x_o$는 배출되는 유동과 공기 유동의 비이다:

$$x_o = 1 + \frac{\dot{m}_F}{\dot{m}_{air}} = 1 + \frac{\phi}{s} \tag{11.33}$$

그리고 탄화(charring)에서 액체 연료의 $s$는 각각 3에서 13의 범위를 갖기 때문에 $\phi < 1$에서 약 1의 값을 갖는다.

2. **벽면 – 손실 인자**. 벽면 - 손실 인자 $x_w$는 구획실 열전달 표면적 $A$와 총괄 열전달계수 $h$의 항들로 주어지며, 식 (11.17)에 의해 다음과 같다.

$$x_w = \frac{hA}{\dot{m}_{air} c_p} \geq \frac{hA}{k_o c_p A_o \sqrt{H_o}} \tag{11.34}$$

여기서, 위 식에 최대 공기 유량을 나타내는 식 (11.7)이 삽입될 수 있다. 일반적으로 $h$는 대류($h_c$), 복사($h_r$) 그리고 벽면 내부로의 전도($h_k$)에 의존한다. 그들의 일반적인 값들은 $h_c$ = 10～30, $h_r$ = 5～100 그리고 $h_k = (k\rho c/t)^{1/2}$ = 5～60 W/m$^2$ K와 같은 범위를 갖는다; 따라서, $h$ = 1～100 W/m$^2$ K은 일반적으로 예측되는 범위이다. 벽면 컨덕턴스는 두꺼운 벽면에서 시간에 따라 감소하며, 결국 온도의 증가를 가져온다는 것을 주지하는 것은 중요하다.

3. **환기구 – 복사 인자.** 그림 11.10에 제시된 바와 같이, 환기구로부터 복사 유속이 가스온도 $T$에서 흑체로써 표현되는 것이 타당하다. 그 결과, 환기구 복사 손실은 다음과 같이 추정될 수 있다.

$$x_r = \frac{\dot{q}_{r,o}''}{\dot{m}_{air} c_p (T - T_o)}$$

$$\geq \frac{\sigma (T^4 - T_o^4) A_o}{c_p k_o A_o \sqrt{H_o} (T - T_o)} \approx \frac{\sigma T^3}{c_p k_o \sqrt{H_o}} \quad (\text{작은 } T_o / T\text{의 조건에서}) \tag{11.35}$$

이 인자는 25℃에서 1,200℃의 범위를 갖는 $T$에 대하여 각각 약 $10^{-2}$에서 $10^{-1}$의 범위를 가질 수 있으며, 3개의 인자들 중에 가장 낮은 중요도를 갖는다.

## 11.6 상관식(Correlations)

컴퓨터 모델들은 구획실 화재의 여러 측면에 대한 해를 제공하고 있지만, 실험결과를 근거로 하는 기초보다 더 가치있는 것은 없다. 이러한 실험결과와 적절한 무차원 그룹들을 기반으로 하는 경험적 상관식들은 많은 연구자들에 의해 개발되었다. 이들 경험적 상관식들은 설계자와 연구자들에게 매우 유용하게 사용될 수 있다. 컴퓨터 모델들과 비교했을 때, 이들 상관식들은 다소 불완전한 측면을 가지고 있다; 변수들에 대하여 충분히 넓은 범위에 대하여 검토되지 않았거나, 중요한 인자들이 배제되었거나 고려된 연료나 형상에 한정되어 유효할 수 있다. 그럼에도 불구하고 이들 상관식들은 대수학적 또는 도식적 간단함 그리고 정확도 측면에서 매우 효과적이다. 최성기 구획실 화재를 다루고 있는 SFPE 지침서는 대부분 상관식들이 잘 정리되어 있는 유용한 참고문헌이다.

### 11.6.1 화재 성장단계(Developing fires)

화재 성장단계는 플래시오버까지 적용되며, 그 결과 최대 600℃의 상층부 평균온도까지 적용될 수 있다. McCaffrey, Quintiere 그리고 Harkleroad[21]는 이 분야에서는 MQH 상관식으로 알려진 유명한 상관식을 개발하였다. MQH 상관식은 바닥면 중앙에 연료가 위치한 0.3에서 3 m의 높이 규모를 갖는 구획실 화재의 대용량 데이터베이스(database)를 통해 개발되었다[21]. 다른 연구자들도 벽면이나 코너 근처의 바닥면 화재, 벽면이나 천장 내장재의 화재에 대하여 이 상관식의 형식을 따르고 있다[22-25]. 이 상관식은 식 (11.32)의 형식을 갖고 있으나, 멱법칙(power law) 형태로 표현된다. 관련된 무차원 그룹은 다음과 같은 형식의 무차원 질량과 에너지 유량(flow rate)이다;

$$m^* = \frac{\dot{m}}{\rho_o \sqrt{g}\, A_o \sqrt{H_o}} \qquad \text{그리고} \qquad Q^* = \frac{\dot{Q}}{\rho_o c_p T_o \sqrt{g}\, A_o \sqrt{H_o}} \tag{11.36}$$

따라서 무차원 연료 공급과 공기 유입률은 각각 $m_F^*$와 $m_a^*$로 표현될 수 있다. 유입률(entrainment rate)은 유입이 발생되는 높이 $H_s$와 화재의 형상에 의존한다. 이 인자는 여기서 단순하게 $G$에 의해 표현된다. 그 결과 유입률과 공기 유량은 다음과 같이 함수형태로 표현될 수 있다.

$$m_A^* = f\left(G, \frac{H_s}{H_o}\right) \tag{11.37}$$

식 (11.4)를 이용하여 $H_s$의 의존성을 제거함에 따라, 고온층의 온도는 일반적으로 다음과 같은 함수형태로 표현될 수 있다.

$$\frac{T}{T_o} = f(Q_o^*,\ Q_w^*,\ m_F^*,\ G) \tag{11.38}$$

고온층의 온도 상승치에 대한 MQH 상관식은 실험 데이터의 경험적 처리를 통해 발견된다.

$$\Delta T = C_T(G, m_F^*) Q_o^{*2/3} Q_w^{*-1/3} \tag{11.39}$$

여기서, 식 (11.36)으로부터 $Q_o^*$는 화력을 의미하는 $\dot{Q}$를 가지며, $Q_w^*$는 식 (11.10)과 (11.11)로부터 $h_k A T_o$로 처리되는 $\dot{Q}$를 가진다. 이들 $Q^*$ 값들은 식 (11.32)의 $x_o$와 $x_w$에 해당된다; 즉,

표 11.3 다른 화재형상에서 $C_T$의 값

| 화재 형상 | $C_T$ | 출처 |
|---|---|---|
| 분리된 중앙에서의 화재 | 480 | McCaffrey *et al.*[21] |
| | 686 | Azhakesan *et al.*[23] |
| 분리된 벽면에서의 화재 | 615 | Mowrer *et al.*[22] |
| 분리된 코너에서의 화재 | 804 | Azhakesan *et al.*[23] |
| | 856 | Mowrer *et al.*[22] |
| 벽면 내장재 단독 화재 | 1200 | Azhakesan *et al.*[25] |
| | 1060～1210 | Karlsson[24] |
| 벽면과 천장 내장재의 화재 | 1000 | Azhakesan *et al.*[25] |
| | 940 | Karlsson[24] |

$$Q_o^* = \frac{\dot{Q}}{\rho_\infty c_p T_\infty \sqrt{g}\, A_o \sqrt{H_o}} \qquad \text{그리고} \qquad Q_w^* = \frac{h_k A}{\rho_\infty c_p \sqrt{g}\, A_o \sqrt{H_o}}$$

$C_T$는 표 11.3에 분명하게 확인된 바와 같이 유입률이 감소할 때 증가를 나타내주는 경험적 상수이다. 또한 식 (11.32)으로부터 무차원 연료 공급률이 증가함에 따라 온도는 감소됨을 알 수 있다. 과환기영역에서 식 (11.39)의 사용은 허용되지 않는다. 따라서 최소한의 $Q_o^*$의 수정없이 $\dot{m}_F/\dot{m}_{air} = 1/s$ 또는 $\phi = 1$의 조건에서는 사용되지 않아야 한다.

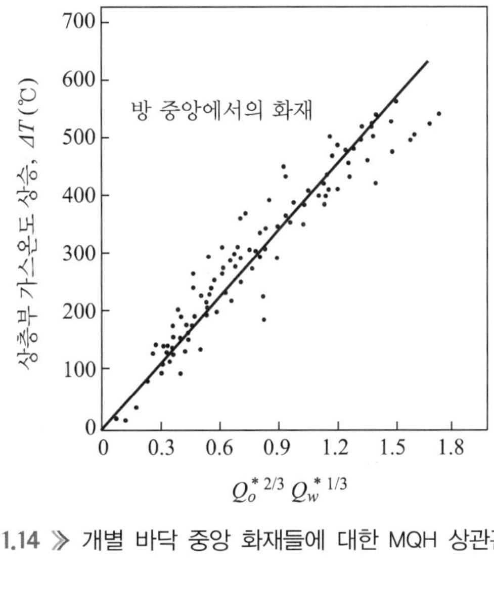


그림 11.14 ≫ 개별 바닥 중앙 화재들에 대한 MQH 상관관계[21]

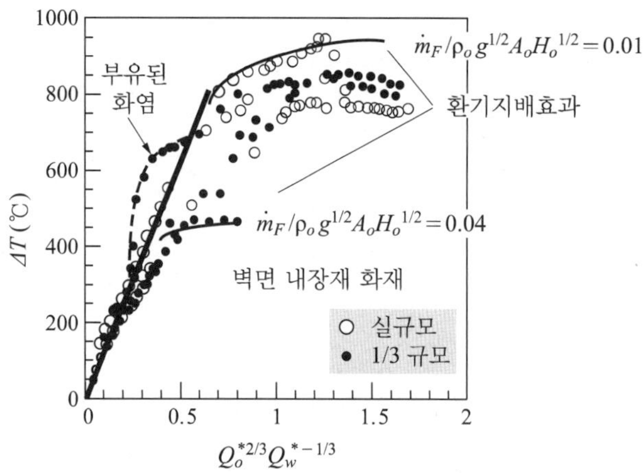


그림 11.15 ≫ 벽면 내장재 화재에 대한 온도[25]

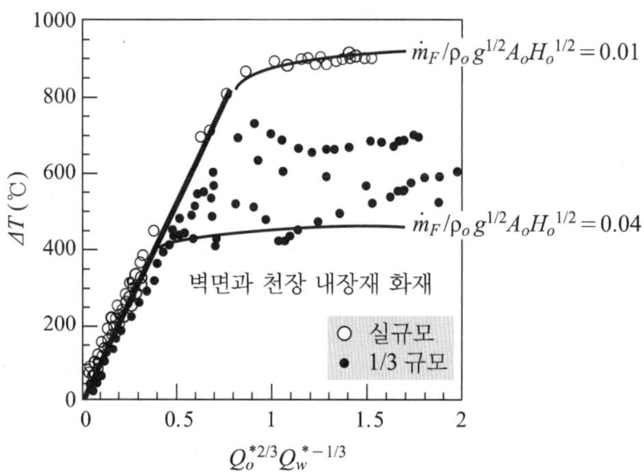


그림 11.16 ≫ 벽면과 천장 내장재 화재에 대한 온도[25]

그림 11.14는 원래의 MQH 데이터의 근사선(fitting line)을 보여주고 있으며, 그림 11.15와 11.16은 구획실 내장재(lining materials) 화재들에 대한 결과를 보여주고 있다. 다양한 내장재가 사용되었으며, 화력은 산소소모열량계에 의해 측정되었다. 구획실 내부와 외부의 총 화력을 기반한 상관식에서 선형적 기울기 거동에서 벗어난 시점은 환기지배형화재의 개시를 의미하며, 이 상관식이 더 이상 적용될 수 없다. 내장재 화재에 대한 결과들은 또한 단순한 MQH 상관식에서 생략된 $m_F^*$ 인자의 중요성을 보여주고 있다.

### 11.6.2 최성기 화재(Fully developed fires)

최성기 화재는 화재에 참여할 수 있는 모든 연료가 반응하는 상태로 정의된다. 공기의 부족은 화재를 억제할 수 있기 때문에 반듯이 모든 연료가 연소되는 것을 의미하지는 않는다. 대부분의 건축물 용도에 있어서, 연료하중(fuel load)은 건축물을 위협할 수 있는 중대한 화재를 발생시킬 정도로 매우 충분하다. 이것은 매우 높은 온도가 오랜 시간동안 생성될 수 있음을 의미한다. 그 결과, 많은 최성기 화재에 관한 연구들은 건축물의 화재저항(내화)을 평가하기 위하여 요구되는 열적특성을 규명하기 위하여 시작되었다. 결론적으로, 이들 연구들은 가스온도와 연료의 연소율(또는 더 정확하게는 연료의 질량 소모율)의 상관관계를 밝히기 위함을 목표로 하고 있다. 연료의 연소율은 공간 내부에 분포된 특정 연료 질량에 대한 화재 지속시간(duration)에 관한 정보를 제공한다. 거주에 관한 연구들은 (바닥면적에 대한 10에서 50 kg/m$^2$의 범위를 가질 수 있는) 전형적인 화재 하중을 제공하기 위하여 간혹 수행되고 있다.

여기서 다루지 않는 최성기 화재의 1가지 측면은 그들의 연소 생성물의 생성이다. 구획실 화재가 환기지배형화재 조건에 도달하였을 때, 불완전연소가 발생되며, CO, soot 그리고 다른 탄화수소 성분들과 같은 불완전한 생성물들이 건축물 전반에 걸쳐 확산될 수 있다. 이들 불완전 생성물들의 생성량(yield)은 당량비가 1에 접근하거나 초과할 때까지 증가된다고 잘 알려져 있다. 이러한 내용의 보다 상세한 정보는 문헌[1]에서 확인될 수 있다.

최성기 화재에 관한 연구들은 넓은 범위의 연료하중과 환기조건들에 대하여 수행되고 있다. 그러나 주로 일반적인 방보다 작은 규모에서 진행되고 있다. 또한 연료는 목재 크립, 액체 또는 플라스틱 풀화재와 같이 이상적인 조건으로 처리되었다. 따라서 이 결과들을 이용하여 완전히 일반화된 결론을 도출하는데 한계가 있다. 식 (11.38)의 무차원 이론적 분석을 통해 특정 연료에 대하여 완전 발달된 환기지배형화재는 다음 식과 같은 의존성이 있음을 쉽게 알 수 있다.

$$\frac{T}{T_o} = f(Q_w^*, m_F^*, G) \tag{11.40}$$

여기서, 식 (11.23)으로부터 $\dot{Q}$는 단지 공기 유량에만 의존하며, 공기 유량은 유동방정식(즉, 식 (11.5))으로부터 온도에만 의존하기 때문에 $Q_o^*$는 위 식에서 제거되었다. 그 결과, ($G$항으로 표현된) 특정 연소형상에 대하여,

$$T \sim \frac{h_k A}{\rho_\infty c_p \sqrt{g}\, A_o \sqrt{H_o}},\ \frac{\dot{m}_F}{\rho_\infty \sqrt{g}\, A_o \sqrt{H_o}} \tag{11.41}$$

식 (11.21)로부터 그리고 연료에 가해지는 열유속은 화염과 구획실 온도에 의존함을 고려할 때, 다음 식이 제안될 수 있다.

$$\dot{m}_F \sim \frac{A_F \dot{q}''(T)}{L} \tag{11.42a}$$

또는

$$\dot{m}_F^* \approx \frac{\dot{m}_F}{\rho_\infty \sqrt{g} A_o \sqrt{H_o}} \sim \left(\frac{A_F \sigma T_\infty^4}{\rho_\infty \sqrt{g} A_o \sqrt{H_o} L}\right)\left(\frac{\dot{q}''(T)}{\sigma T_\infty^4}\right) \tag{11.42b}$$

이들 함수적 의존성을 재배열함에 의해, 특정 연료($L$)에 대하여 다음과 같이 쓰일 수 있다.

$$T \quad \text{그리고} \quad \frac{\dot{m}_F}{\rho_\infty \sqrt{g} A_o \sqrt{H_o}} \sim \frac{A}{A_o \sqrt{H_o}}, \frac{A_F}{A} \tag{11.43}$$

연구자들은 이러한 형태로 실험데이터의 상관식들을 개발하고 있다.

Law는 구획실 바닥면 전체를 덮은 목재 크립을 이용한 대규모의 Conseil International du Batiment(CIB) 연속 시험[17]에 대하여 상관식을 제안하였다[26]. 시험은 폭($W$)과 깊이($D$)를 변화시켜 다양한 구획실 형상에 대한 영향을 검토하였다. 최대온도에 대한 상관식은 다음과 같다.

$$T_{\max} = 6{,}000\left(\frac{1-e^{-0.1\Omega}}{\sqrt{\Omega}}\right)(℃) \qquad \Omega = \frac{A}{A_o\sqrt{H_o}} \quad [\text{단위: m}^{-1/2}] \tag{11.44}$$

CIB 시험의 대부분은 $A_F/A$의 비가 약 0.75를 갖는 크립 배열과 관련된다[2]; 따라서 상관식에서 이 변수를 배제시키는 것은 타당할 수 있다. 그러나 낮은 연료하중의 조건에서, Law는 최대온도는 감소된 연료하중에 따라 감소된다고 제안하였다:

$$T = T_{\max}(1-e^{-0.05\Psi})(℃) \qquad \Psi = \frac{m_F}{\sqrt{AA_o}} \quad [\text{단위: kg/m}^2] \tag{11.45}$$

여기서, $m_F$는 kg 단위의 연료 하중을 의미한다.

질량감소율은 다음과 같이 상관된다.

$$\dot{m}_F = 0.18 A_o\sqrt{H_o}\left(\frac{W}{D}\right)(1-e^{-0.036\Omega}) \quad [\text{단위: kg/s}]$$

$$\frac{\dot{m}_F}{A_o\sqrt{H_o}}\left(\frac{D}{W}\right)^{1/2} < 60\ \text{kg/s m}^{5/2}\text{의 조건에서} \tag{11.46}$$

이들 상관식에 해당되는 데이터는 그림 11.17과 11.19에 제시되었다.

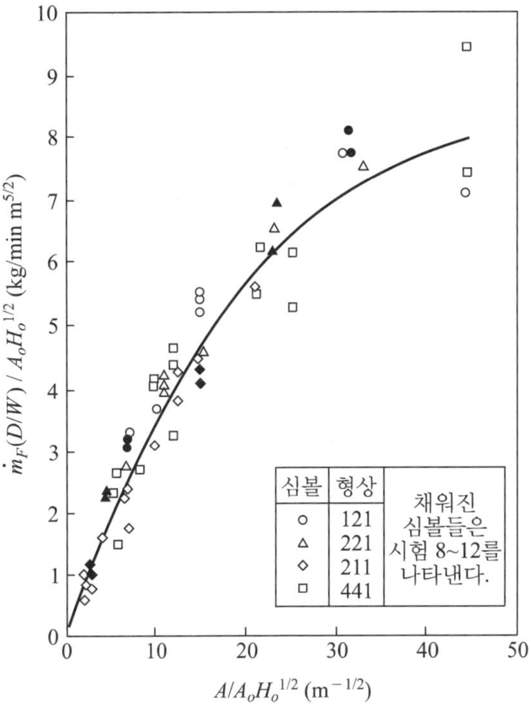


그림 11.17 ≫ CIB 데이터에 대한 무차원된 질량감소율[17]

CIB 시험에서 구획실은 $D/H$, $W/H$, $H/H$의 차원비와 함께 0.5, 1.0 그리고 1.5 m의 범위를 갖는 높이와 함께 구성되었다. 이때 각 형상 조건들은 211, 121, 221 그리고 441로 코드화되었다. 정지된 공기조건에서 총 321회의 실험이 수행되었다. 목재 크립의 연료하중은 10에서 40 kg/m$^2$의 범위를 갖으며, 이때 개별 목재조각(stick) 사이의 공간과 목재조각 두께의 비는 1/3, 1 그리고 3으로 설정되었다. 데이터들은 그림 11.17과 11.19에 제시되었다. 그림의 변수에서 구획실 표면적 $A$를 통해 바닥면적에 관한 인자는 배제되었다.

질량소모율에 관한 또 다른 형태의 그림이 Bullen과 Thomas[6]에 의해 사용되었다. 그림 11.18은 연료 형태에 따른 영향을 보여주고 있다. 이들 데이터는 목재 크립 연료(CIB 데이터를 포함한) 목재 크립 연료에 대하여 Harmathy[27]에 편집된 포괄적 데이터를 포함하고 있다. 여기에는 연료의 면적은 포함되어 있으나, 구획실의 면적은 생략되었다. 그 결과 상관식의 완성도가 부족하지만, 최성기 화재의 정확한 예측을 나타내는데 현재까지 유용하게 사용되고 있다. Harmathy는 다음 식과 같이 그림 11.18을 통해 목재 크립 데이터에 대한 선형적 분석결과를 제공하고 있다.

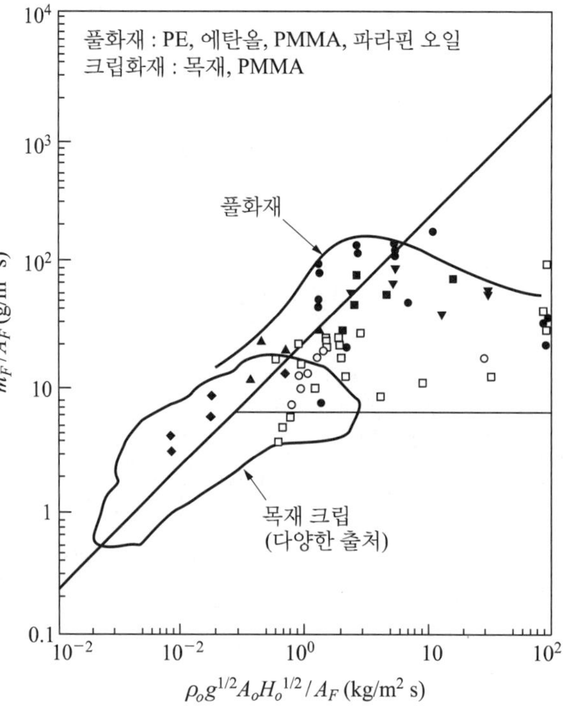


그림 11.18 ≫ 최성기 화재에 대한 연료의 질량감소율[6]

$$\dot{m}_F = \begin{cases} (0.0062\ \mathrm{kg/m^2\ s})A_F, & \dfrac{\rho_\infty \sqrt{g}\, A_o \sqrt{H_o}}{A_F} \ge 0.263\ \mathrm{kg/s} \\ 0.0263\rho_\infty \sqrt{g}\, A_o \sqrt{H_o}\,, & \dfrac{\rho_\infty \sqrt{g}\, A_o \sqrt{H_o}}{A_F} < 0.263\ \mathrm{kg/s} \end{cases} \tag{11.47}$$

두 번째 식은 큰 $A/(A_o\sqrt{H_o})$, 즉 환기지배형화재에 대한 CIB 데이터와 Law의 상관식에 해당된다. 그림 11.18로부터 큰 $A/(A_o\sqrt{H_o})$에 대한 점근선에서, CIB 결과들은 $D=W$의 조건에 해당되며, 대략적으로

$$\dot{m}_F \approx 0.13 A_o \sqrt{H_o} \quad \mathrm{kg/s}$$

그리고 $\rho_\infty = 1.16\ \mathrm{kg/m^3}$이 고려된 Harmathy의 결과에서

$$\dot{m}_F \approx 0.086 A_o \sqrt{H_o} \quad \mathrm{kg/s}$$

이때 $A_o$와 $H_o$의 단위는 각각 $\mathrm{m^2}$과 m이다. 이들의 차이는 결과의 불확실성의 정도를 보여준다.

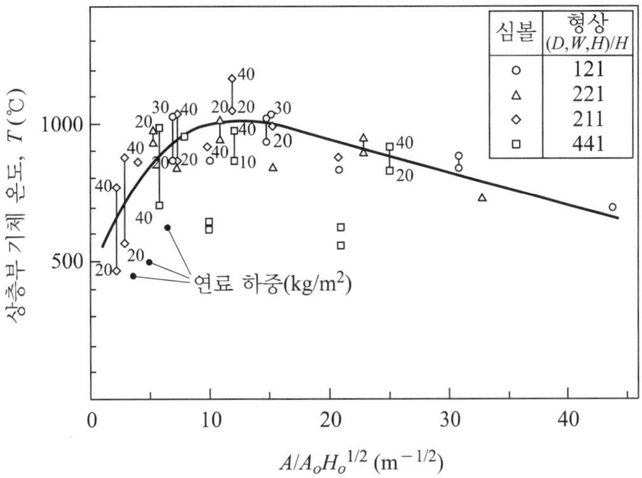


그림 11.19 ≫ CIB 시험에서 구획실 내부의 최성기 온도[17]

## 11.7 Semenov 도표, 플래시오버와 불안정성

본 장에서 고려된 바와 같이 플래시오버의 개시는 연료, 연료의 형상, 점화원 그리고 구획실의 열적 피드백과 관련된 열적 효과에 의해 초래된다. 다양한 화재성장 시나리오는 구획실 온도의 함수로서 화력 $\dot{Q}$과 손실률 $\dot{Q}_1$로 표현되는 Semenov 도표(4장과 9장)를 이용하여 검토될 것이다. 식 (11.31)에 따르면, 열 폭주(thermal runaway) 현상은 $\dot{Q} = \dot{Q}_1$이며 두 곡선이 접점을 이루는 임계온도(critical temperature)에서 발생될 것이다. 화재성장 단계는 $\phi < 1$의 조건에서는 발생되며, 임계조건의 결과는 $\phi > 1$과 함께 최성기 화재를 발생시킬 것이다. 다음의 4가지 시나리오가 검토될 것이다.

1. 모든 연료가 일괄 화재에 참여하는 대표적인 사례에 해당되는 면적이 고정된 화재, 즉, 의자, 크립 및 풀 화재.
2. 초기화재(예를 들어, 의자, 액체 유출)와 인접한 가연물의 점화 예측을 묘사하기 위한 2차 가연물(second item)의 점화.
3. 수평면 위에서의 확산을 묘사하는 대향류(opposed flow) 화염확산, 즉 바닥, 큰 의자, 매트리스 등.
4. 수직 또는 천장 확산을 묘사하는 병류(concurrent flow) 화염확산, 즉 가연성 내장재.

이들 모든 시나리오에서, 임계조건(플래시오버)까지

$$\phi < 1 \quad \text{그리고} \quad \dot{Q} = \dot{m}_F'' A_F \Delta h_c \tag{11.48}$$

여기서 $A_F$는 구획실의 직접 가열을 경험할 수 있는 돌출된 외부 연료 표면적을 나타내기 위하여 적용될 것이다. 식 (11.21)로부터, 구획실 내부에서 산소와 온도의 영향, 그리고 분포의 영향을 대략적으로 설명할 때, 연료의 질량유속은 정성적인 고려를 위하여 다음과 같이 표현될 수 있다.

$$\dot{m}_F'' = \dot{m}_{F,o}''(1-\gamma_o\phi) + \frac{\gamma_T \sigma (T^4 - T_o^4)}{L} \quad (\phi < 1) \tag{11.49}$$

여기서, $\dot{m}_{F,o}''$은 일반 공기에서의 연소 유속(burning flux)을 의미한다. 분포 인자들인 $\gamma_o$와 $\gamma_T$는 연기층이 하강하고 혼합으로 구획실 내부가 균일한 성분이 될 때 약 0.5에서 1의 범위로 예측된다. 산소 분포인자($\gamma_o$)는 매우 대략적인 값이며, 하부 가스층에 유동 흐름 내부의 산소를 고려하기 위하여 도입되었다. 열적 변수인 $\gamma_T$는 복사 시계인자를 의미한다. 이들 모든 시나리오에 대하여, 산소농도가 플래시오버까지는 크게 감소하지 않기 때문에 연소율에 대한 산소의 영향은 작을 것으로 예측된다. 손실률은 식 (11.31)과 (11.32)로부터 다음과 같이 주어진다.

$$\dot{Q}_1 = \dot{m}_{air} c_p [x_o + x_w(t) + x_r(T)](T - T_o) \tag{11.50}$$

손실률은 낮은 온도에서는 $T$에 거의 선형적이며, 또한 시간에 따라 변화될 수 있다. $T$는 시간의 함수이기 때문에, 일반적 독립변수 $t$는 종속변수로 고려되어져야 한다. 그 이유는 이론상으로 역함수 $t = t(T)$가 유효하기 때문이다. 이 함수적 의존성은 더 이상 상세하게 설명하지 않을 것이다.

## 11.7.1 면적이 고정된 화재(Fixed area fire)

그림 11.20은 (벽면과 같이 연료표면으로의 낮은 복사 흡수율을 갖는 화염을 대표하는) 크립과 풀화재의 연료 특성에 관한 구획실 온도의 함수로써 에너지 방출과 손실의 거동(Semenov 도표)을 보여주고 있다. 시간의 증가 또는 환기인자($A/A_o\sqrt{H_o}$)의 증가로 인하여 손실 곡선이 감소할 때, 임계조건($c$)이 발생될 수 있다. 위쪽을 향하는 곡률과 에너지 방출률의 크기는 $A_F \Delta h_c / L$에 따라 증가한다. Thomas 등[4]은 기화열($L$)의 값에 따라 임계온도가 약 300에서 600℃의 범위를 갖는다고 예측했다. 그 결과 액체 연료들은 더 낮은 온도에서 임계온도의 발생이 가능하며, 탄화되는 고체연료들은 더 높은 온도에서 가능하다. 500℃의 경험적 값(20 kW/m$^2$

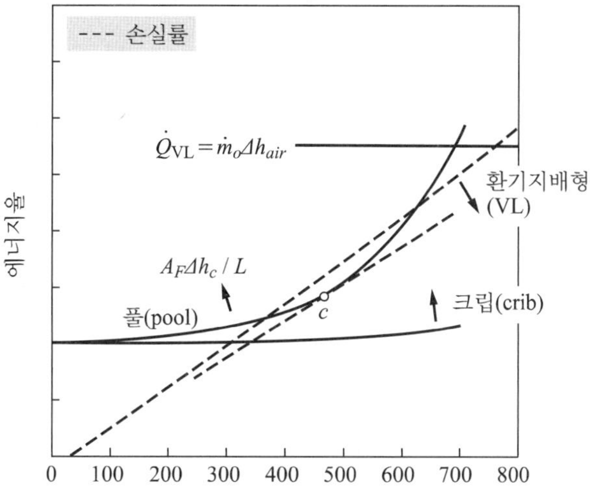


**그림 11.20 ≫ 면적이 고정된 화재**

의 흑체 유속에 해당되는 값)은 일반적으로 플래시오버의 기준으로써 사용된다. 여기서 묘사되는 플래시오버의 형태는 독립된 단독 가연물이기 때문에 연료 자체에서만 발생된다. 플래시오버 이후에 얻어질 수 있는 정상상태 조건은 그림 11.20에 제시된 바와 같이 $\phi = 1$에 대하여 $\dot{Q} = \dot{m}_o \Delta h_{air}$가 되는 환기지배형(ventilation-limited, VL)으로 분류되는 상태이다. 임계조건에서 산소의 상태는 $\phi < 1$의 조건에서 항상 비교적 높은 것을 볼 수 있다. 이것은 산소부족이 강한 효과를 갖지 않음을 분명하게 보여준다. 또한 Thomas 등[4]은 임계조건에서 열적 피드백에 의한 연소율의 증가는 최대 약 1.5임을 확인하였다.

## 11.7.2 2차 가연물의 점화(Second item ignition)

그림 11.21은 개시된 1차 화재로 인하여 관련될 수 있는 근처의 가연물의 거동을 묘사하고 있다. 1차 화재는 시험에서와 같이 고정된 가스버너 또는 독립된 연료, $A_{F,1}$이 될 수 있다. 이해를 돕기 위한 설명을 위하여, 2차 가연물은 $A_{F,1}$과 유사한 물성을 갖는다고 가정하자. 그리고 $A_F$는 점화 이후 두 면적을 합한 면적을 의미한다. 만약 물질이 점화를 위한 임계유속보다 높은 열유속을 받는다면 2차 가연물의 점화가 가능해진다. 아마도 화염의 열($\dot{q}_f''$)과 구획실로부터의 가열에 의해 열을 받게 될 것이다. 점화를 위한 임계조건은 아래 식에 의해 예측된 구획실의 가열과 물질의 열손실이 균형을 이루는 순간에 발생될 것이다.

$$\dot{q}_f'' + \gamma_T \sigma (T^4 - T_o^4) = \sigma (T_{ig}^4 - T_o^4) + h_c (T_{ig} - T_o) \tag{11.51}$$

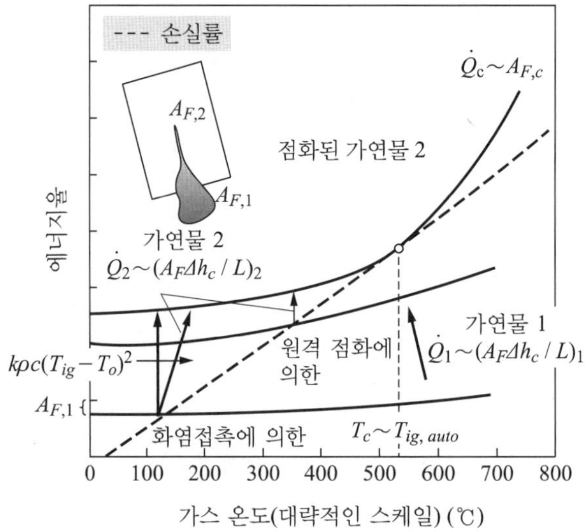


**그림 11.21 ≫ 점화된 2차 가연물**

자기착화의 조건 하의 원격 점화(remote ignition)에서 화염으로부터의 직접 가열은 작거나 거의 0이다. 따라서 임계 구획실 온도는 자기점화 온도와 같거나 그 이상의 값이 요구된다(즉, 일반 고체 연료에 대하여 약 400~600℃).

벽면 또는 천장으로의 화염접촉에 의한 점화에서, 화염 열유속은 $D_F$와 함께 증가되며, 점화원의 화염 두께는 다음에 의해 예측된다.

$$\dot{q}_f'' \sim 1 - \exp(-\kappa D_F) \geq 30\,\mathrm{kW/m^2} \tag{11.52}$$

2차 가연물의 노출된 면적($A_{F,2}$)는 화염길이($z_f$)와 화염직경에 의존한다.

플래시오버를 유발하는 2차 가연물의 점화에 대하여, 반응에 관여될 수 있는 면적은 2차 가연물에 대해 요구되는 총 임계면적과 동일하거나 초과되어야 한다. 점화를 위한 시간은 노출된 열유속에 반비례적으로 의존한다(식 (11.51)). 그림 11.21은 2차 가연물의 점화에 관한 거동을 보여준다. 여기서 $A_{F,1}$은 1차 가연물의 고정된 면적이며, $A_{F,c}$는 요구되는 임계면적이다. 두 연료의 에너지 방출률은 임계순간에 에너지가 급격하게 변동('jump')하는 크기를 제어하며, $A_F \Delta h_c / L$에 직접 의존한다. 만약 2차 가연물의 에너지 'jump'가 연료의 임계면적 $A_{F,c}$에 도달하기에 충분하지 않다면 플래시오버는 발생되지 않을 것이다. Jump를 발생시키거나 플래시오버를 얻기 위한 시간은 연료의 물성, $k\rho c(T_{ig} - T_o)^2$와 직접적으로 관련된다. 화염접촉의 조건에서는 불꽃점화온도가 적용되며 점화시간은 작을 것으로(약 10~100 s) 예측된다.

### 11.7.3 화재의 확산(Spreading fires)

화재 확산속도는 식 (8.7a)로부터 열분해 앞면($x_p$)의 항으로 표현될 수 있다:

$$v = \frac{dx_p}{dt} \approx \frac{\delta_f}{t_{ig}} \tag{11.53}$$

여기서 $\delta_f$는 화염에 의해 가열되는 길이를 의미한다. 속도 $u_o$를 갖는 주위류로 향하는 대향류 확산에서, 이 길이는 확산에 의한 것이며, $\delta_{f,opposed} \sim (k/\rho c)_o / u_o$와 같이 식 (8.31)에 의해 예측될 수 있다. 이 길이는 대부분의 조건 하에서 작으며($\sim$1 mm), 고정된 유동장에서 변하지 않는다. 그러나 병류확산에서 이 가열 길이는 훨씬 커지면 시간에 따라 변화될 수 있다. 여기서 $\delta_f = z_f - x_p$이기 때문에 점화원의 성질에 의해 크게 의존하게 된다. 위 두 가지 경우에서, 화재 확산의 면적은 (이미 타버린 것은 무시할 때) $(vt)^n$과 같이 속도와 시간에 의해 증가한다. 이때 $n$은 1에서 2의 범위를 갖는다.

표면 화염확산의 경우는 그림 11.22에 묘사되어 있다. 대향류 확산에서, 속도는 점화시간에 의존하며, 구획실이 연료 표면을 가열할 때 감소하게 된다. 충분한 시간 이후에, $T_{surface} = T_{ig}$가 되고 성장곡선은 수직 점근선에 접근하게 된다. 점화된 초기 면적을 $A_{F,i}$, 고정된 면적의 화재를 위해 요구되는 임계면적을 $A_{F,c}$라 하자. 화재확산을 위한 면적은 시간과 이에 따른 온도에 따라 의존한다. 낮은 밀도와 빠른 반응성을 갖는 물질에서, 임계면적은 물질의 점화온도만큼

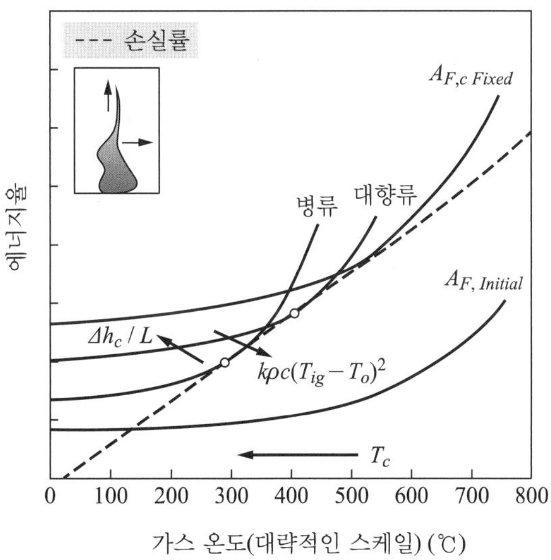


그림 11.22 ≫ 표면 확산에 의한 화재성장

낮은 구획실 온도에서 발생될 수 있다.

병류확산에서 화재 성장속도는 훨씬 더 빠르며, 그 결과 임계조건은 보다 낮은 구획실 온도에서 이루어질 수 있다. $\dot{Q}$와 물질의 표면온도에 대한 병류 화염 확산면적의 의존성은 이 확산방식이 매우 민감한 피드백을 갖도록 만든다.

화재의 확산에 관한 Semenov의 임계 도표는 밀폐된 구조물 효과(enclosure effect)를 갖는 화재 성장 기구들(mechanisms)의 복잡한 상호작용을 이해하기 위해 유용하다. 이들 도표는 정성적으로 사용될 수 있으며, 또한 간단한 정성적인 도식해법(graphical solutions)의 기초가 될 수 있다.

## 참고문헌


1. Karlsson, B. and Quintiere, J. G., *Enclosure Fire Dynamics*, CRC Press, Boca Raton, Florida, 2000.
2. *Engineering Guide to Fire Exposures to Structural Elements*, Society of Fire Protection Engineers, Bethesda, Maryland, May 2004.
3. Thomas, P. H., Behavior of fires in enclosures - some recent progress, in 14th International Symposium on Combustion, The Combustion Institute, Pittsburgh, Pennsylvania, 1973, pp. 1007-20.
4. Thomas, P. H., Bullen, M. L., Quintiere, J. G. and McCaffrey, B. J., Flashover and instabilities in fire behavior, *Combustion and Flame*, 1980, **38**, 159-71.
5. Thomas, P. H., Fires and flashover in rooms - a simplified theory, *Fire Safety J.*, 1980, **3**, 67-76.
6. Bullen, M. L. and Thomas, P. H., Compartment fires with non-cellulosic fuels, in 17th International Symposium on *Combustion*, The Combustion Institute, Pittsburgh, Pennsylvania, 1979, pp. 1139-48.
7. Tewarson, A., Some observations in experimental fires and enclosures, Part II: ethyl alcohol and paraffin oil, *Combustion and Flame*, 1972, **19**, 363-71.
8. Kim, K. I., Ohtani, H. and Uehara, Y., Experimental study on oscillating behavior in a smallscale compartment fire, *Fire Safety J.*, 1993, **20**, 377-84.
9. Takeda, H. and Akita, K., Critical phenomenon in compartment fires with liquid fuels, in 18th International Symposium on *Combustion*, The Combustion Institute, Pittsburgh, Pennsylvania, 1981, 519-27.
10. Quintiere, J. G., McCaffrey, B. J. and Rinkinen, W., Visualization of room fire induced smoke movement in a corridor, *Fire and Materials*, 1978, **12**(1), 18-24.
11. Quintiere, J. G., Steckler, K. D. and Corley, D., An assessment of fire induced flows in compartments, *Fire Sci. Technol.*, 1984, **4**(1), 1-14.
12. Emmons, H. W., Vent flows, in *The SFPE Handbook of Fire Protection Engineering*, 2nd edn(eds

P.J. DiNenno *et al.*), Section 2, Chapter 5, National Fire Protection Association, Quincy, Massachusetts, 1995, pp. **2**-40 to **2**-49.

13. Epstein, M., Buoyancy-driven exchange flow through small openings in horizontal partitions, *J. Heat Transfer*, 1988, **110**, 885-93.
14. Steckler, K. D., Quintiere, J. G. and Rinkinen, W. J., Flow induced by fire in a room, in 19th International Symposium on *Combustion*, The Combustion Institute, Pittsburgh, Pennsylvania, 1983.
15. Rockett, J. A., Fire induced flow in an enclosure, *Combustion Sci. Technol.*, 1976, **12**, 165.
16. Tanaka, T. and Yamada, S., Reduced scale experiments for convective heat transfer in the early stage of fires, *Int. J. Eng. Performanced-Based Fire Codes*, 1999, **1**(3), 196-203.
17. Thomas, P.H. and Heselden, A.J.M., Fully-developed fires in single compartment, a co-operative research programme of the Conseil International du Ba^^timent, Fire Research Note 923, Joint Fire Research Organization, Borehamwood, UK, 1972.
18. Quintiere, J. G. and McCaffrey, B. J., *The Burning Rate of Wood and Plastic Cribs in an Enclosure*, Vol. 1, NBSIR 80-2054, National Bureau of Standards, Gaithersburg, Maryland, November 1980.
19. Quintiere, J. G., McCaffrey, B. J. and DenBraven, K., Experimental and theoretical analysis of quasi-steady small-scale enclosure fires, in 17th International Symposium on *Combustion*, The Combustion Institute, Pittsburgh, Pennsylvania, 1979, pp. 1125-37.
20. Naruse, T., Rangwala, A. S., Ringwelski, B. A., Utiskul, Y., Wakatsuki, K. and Quintiere, J. G., Compartment fire behavior under limited ventilation, in *Fire and Explosion Hazards*, *Proceedings of the 4th International Seminar*, Fire SERT, University of Ulster, Northern Ireland, 2004, pp. 109-120.
21. McCaffrey, B. J., Quintiere, J. G. and Harkleroad, M. F., Estimating room temperatures and the likelihood of flashover using fire test data correlations, *Fire Technology*, May 1981, **17**(2), 98-119.
22. Mowrer, F. W. and Williamson, R B., Estimating temperature from fires along walls and in corners, *Fire Technology*, 1987, **23**, 244-65.
23. Azhakesan, M. A., Shields, T. J., Silcock, G. W. H. and Quintiere, J. G., An interrogation of the MQH correlation to describe centre and near corner pool fires, *Fire Safety Sciences*, *Proceedings of the 7th International Symposium*, International Association for Fire Safety Science, 2003, pp. 371-82.
24. Karlsson, B., Modeling fire growth on combustible lining materials in enclosures, Report TBVV-1009, Department of Fire Safety Engineering, Lund University, Lund, 1992.
25. Azhakesan, M. A. and Quintiere, J. G., The behavior of lining fires in rooms, in *Interflam 2004*, Edinburgh, 5-7 July 2004.
26. Law, M., A basis for the design of fire protection of building structures, *The Structural Engineer*, January 1983, **61A**(5).
27. Harmathy, T. Z., A new look at compartment fires, Parts I and II, *Fire Technology*, 1972, **8**, 196-219, 326-51.

## | 연 | 습 | 문 | 제 |

**11.1** 쓰레기통 화재가 엘리베이터 샤프트(엘리베이터가 승강하는 수직방향의 공간)에서 발생되어, 샤프트 내부에 연기가 균일하게 채워져, 평균온도가 200℃에 이르렀다.

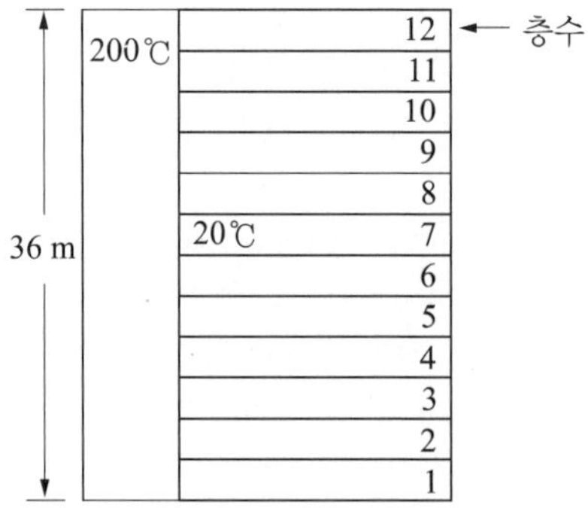


샤프트로부터의 연기 누설은 환기가 잘되고 20℃의 균일한 온도로 유지되는 건물 측으로만 발생되었다. 누설은 전체 36 m의 높은 길이의 샤프트를 따라 2 cm 폭의 수직 틈새로서 유사하게 표현될 수 있다.

(a) 각 층수에 대한 연기의 질량 유량을 계산하라.

(b) 몇 층에서 연기가 유입되는가? 플룸의 중성대 높이를 계산하라.

(c) 샤프트와 건물사이에서 최대 양압(positive pressure)은 얼마이며, 어느 층에서 발생되는가?

**11.2** 구획에서 발생된 500 kW 화재로 연층의 평균 온도는 400℃에 도달하게 되었다. 주위 온도는 20℃이다. 복도 출입문을 통하는 공기와 고온가스가 흐르는 중성대는 바닥면으로부터 1 m 높이 위에서 관찰되었다. 1 cm 높이와 3 m 폭을 갖는 좁은 틈새가 바닥면 위의 2 m 높이에 위치하고 있다.

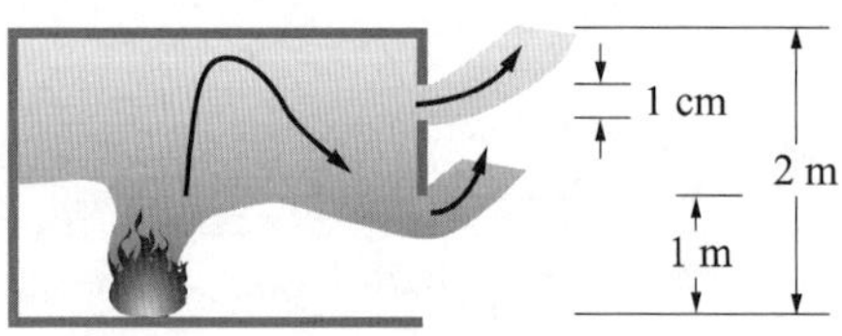


틈새의 높이에 따라 압력은 변하지 않는다고 가정하자.

(a) 틈새 사이의 압력차이를 계산하라.

(b) 틈새를 통한 질량 유량을 계산하라. 틈새의 유량계수는 0.7이다.

**11.3** 두께 2 cm로 만들어진 3 m 정육면체형의 구획 내에서 화재가 발생되었다. 열전도도가 0.2 W/m$^2$ 인 콘크리트를 통한 열손실은 정상상태라 가정한다. 실험에 의해, 연료의 질량감소율 $\dot{m}$은 구획 상부 연층가스의 온도 상승치 $\Delta T$에 의존함이 확인되었다:

$$\dot{m} = \dot{m}_o + \beta(\Delta T)^{3/2}$$

여기서 $\dot{m}_o = 10$ g/s, $\beta = 10^{-3}$ g/s K$^{3/2}$ 그리고 $\Delta T = T - T_\infty$이다. 구획에는 1 m × 1 m 크기를 갖는 창문 개구부가 설치되어 있다. 연료의 연소열은 20 kJ/g이며 주위 공기의 온도는 20℃이다. 이때 가스 온도 상승치 $\Delta T$를 계산하라.

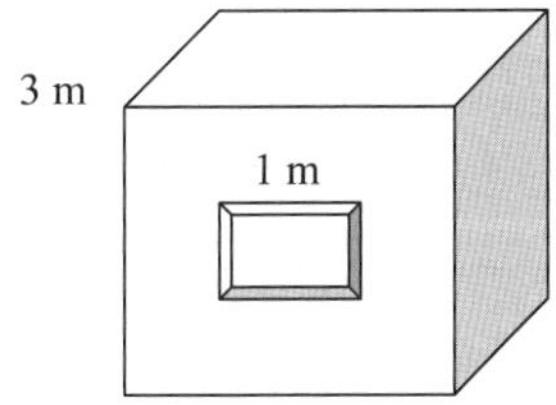


**11.4** 벽면에 설치된 2 m × 2 m 크기의 개구부를 갖는 3 m × 4 m × 3 m 높이의 방에는 헥산 연료가 포함되어 있다. 이 연료는 바닥면 위의 풀화재 형태로 연소될 수 있다. 주위 온도는 25℃이다. 헥산의 연소열은 43.8 kJ/g이다. 방의 건축재료는 단열재이며, 일정한 유효 열손실계수 $h_k = 0.015$ kW/m$^2$ K을 갖고 있다. 방의 전체 열손실을 계산하기 위하여 이 값을 사용하라.

(a) 직경 0.8 m의 풀은 점화되고 화염의 끝단은 정확히 천장에 접촉된다. 이 화재에 의해 발생되는 에너지 방출률은 얼마인가?

(b) 만약 이 화재가 이론혼합비 공기의 10배를 유입시킨다면, 이 방화재에 대한 당량비는 얼마인가?

(c) (a)에서 묘사된 화재에 대하여 고온 상층부의 평균 가스온도는 얼마인가?

(d) 플래시오버는 통상 가스층의 온도 상승치가 600℃이면 개시된다고 언급되고 있다. 이 시점에서, 더 많은 헥산이 반응에 참여할 수 있는가? 또한 이 조건에서 에너지 방출률은 얼마인가?

(e) (d)의 화재에서 화염길이는 얼마나 더 길어지는가? 지금 풀의 직경은 1 m라고 가정하자.

(f) 방의 평균 가스온도 625℃를 근거하여, 개구부를 통한 공기 유량(g/s)은 얼마인가? 개구부의 창문턱은 방의 고온 연층의 높이보다 위에 있다고 가정하자.

(g) 가스온도가 625℃일 때 플래시오버를 개시시킬 수 있는 당량비는 얼마인가? (힌트: 공기의 단위질량당 연소열은 3.0 kJ/g이다.)

(h) 화재가 환지지배형 조건에 도달하는 순간, 즉 당량비가 1이 되는 조건에서 에너지 방출률은 얼마인가? 이때 공기 유량은 (f)에서와 같이 플래시오버의 개시에서의 값과 동일하다고 가정하자.

(i) 화재가 환기지배형 조건에 도달하는 순간에 연료 생성률은 얼마인가?

**11.5** 선박 구획에서의 화재는 일정시간 균일하게 연소한다. 주위 온도 20℃에서 연층의 평균 온도는 420℃에 도달한다. 구획은 1 cm 두께의 강철로 구성되었으며, 이 재질의 열전도도는 10 W/m$^2$ K이다. 복도 출입구의 개구부는 2.2 m 높이에 1.5 m 폭을 갖는다. 구획의 내부 표면적은 60 m$^2$이다. 이론 공기와 연료의 질량비(이론 공연비)는 8이며, 연료의 연소열은 30 kJ/g이다.

(a) 질량 연소속도(mass burning rate)를 계산하라.

(b) 만약 출입구가 닫혀져 있더라도 온도가 변화지 않는다면, 화재가 환기지배형 조건에 도달하는 순간을 발생시키기에 충분한 출입구의 폭을 계산하라(이때 높이는 변하지 않는다).

**11.6** 구획 내에서의 화재가 정상조건 하에서 진행되고 있다. 연료 공급률($\dot{m}_F$)은 고정되었다.

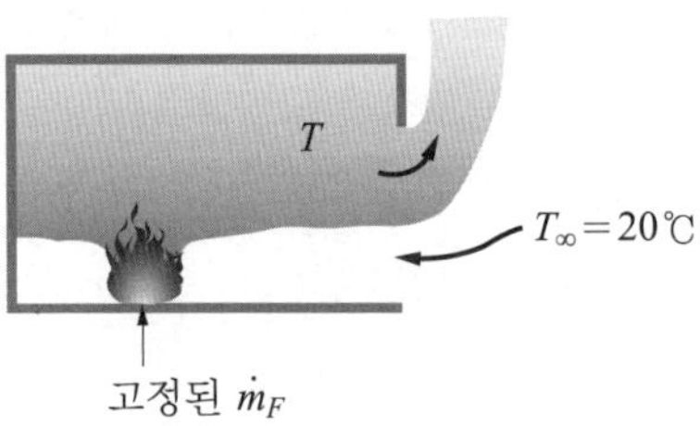


관련된 물성값들은 다음과 같다.

| 연소열 = 45 kJ/g | 이론 공연비 = 15 g air/g fuel |
|---|---|

주위 온도는 20℃이며 가스들의 비열은 1 kJ/kg K으로 일정하다고 가정된다. 연료는 20℃로 공급된다. 모든 연소조건에 대하여 구획 내에서 방출된 에너지의 40%는 열전달에 의해 벽면과 외장재로 손실된다.

(a) 구획에는 2 m 높이의 문이 설치되어 있으며, 0.01 m의 폭의 틈새가 생기도록 약간 열려 있다. 이 개구부의 조건에서 화재는 바로 환기지배형 조건에 도달하게 된다.

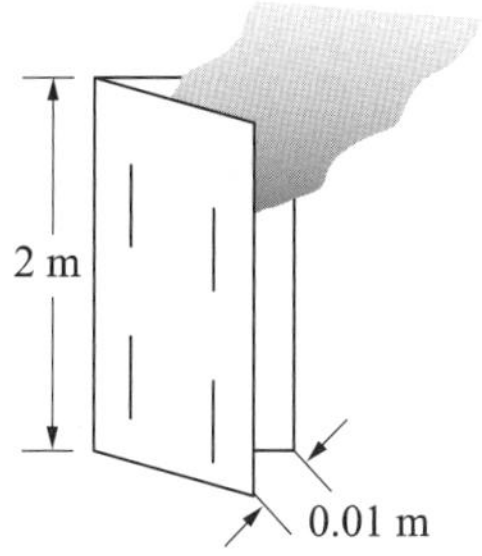


( i ) 출구 가스 온도를 계산하라.
(ii) 공기 유량을 계산하라.
(iii) 연료 공급률을 계산하라.

(b) 문이 1 m의 폭까지 개방되어 있다. 이에 따른 출구 가스온도를 예측하라. 추가적으로 적용되어야 하는 가정들도 언급하라.

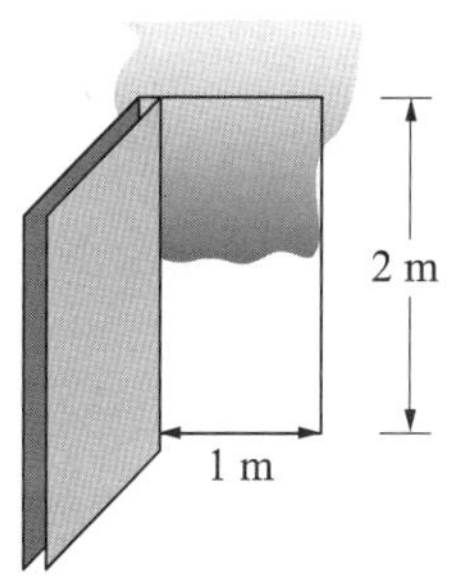


**11.7** 발전소내의 방에 3 m 직경의 제방된 영역위에 디젤 연료가 유출되어 있다. 구획은 20 cm 두께의 콘크리트로 구성되어 있으며, 이의 물성은 아래에 주어져 있다. 유일한 개구부는 폭 3 m와 2.5 m 높이의 복도 출입구이다. 구획의 크기는 10 m × 30 m × 5 m의 높이로 되어 있다. 단지 자연대류조건만이 적용된다. 외기의 공기 온도는 20℃이다. 다른 물성은 아래에 주어진 바와 같다.

콘크리트:

| | |
|---|---|
| $k = 1.0$ W/m K | $\rho = 2000$ kg/m$^3$ |
| $c = 0.88$ kJ/kg K | |

디젤연료:

| | |
|---|---|
| 액체 밀도 = 918 kg/m$^3$ | 액체 비열 = 2.1 J/g K |
| 기화열 = 250 J/g | 증기 비열 = 1.66 J/g K |
| 끓는점 = 250℃ | 이론공연비 = 15 |
| 연소열 = 44.4 kJ/g | |

디젤 연료는 점화되고 표면 위로 빠르게 확산되며, 순간적으로 거의 정상상태의 연소조건에 도달한다. 이 초기조건에서 다음을 계산하라.

(a) 에너지 방출률

(b) 화염길이

(c) 연료 누출지점의 바로 위 온도

(d) 연료 누출영역의 중심으로부터 4 m 떨어진 위치에서 최대 천장제트 온도

100 s가 지난 시점에, 연소율은 크게 변화지 않으며, 구획은 출입문에서의 역류와 함께 준-정상상태에 도달하게 된다. 이 새로운 시간대에, 다음을 계산하라.

(e) 평균 연층 온도

(f) 출입문을 통한 공기 유량

(g) 당량비, $\phi$

400 s에 도달하면, 누출된 연료는 가열된 구획의 영향을 경험하게 된다. 이 시점에서 연료 표면은 연층으로부터의 복사에 의해 $\sigma T^4$와 같이 열유속을 받게 된다. 이 조건에 대하여, 다음을 계산하라.

(h) 연층의 온도 $T$의 함수에 따른 에너지 방출률

(i) 구획의 연층온도에 따른 (열과 엔탈피)의 총 손실률을 계산하라. 단위 면적당 열손실률은 가스 온도로부터 오직 콘크리트로 유입되는 전도에 의해 예측될 수 있다; 즉, $\sqrt{k\rho c/t}$는 콘크리트의 컨덕턴스이다. 여기서 $t$는 400 s가 적용된다.

(j) 구획의 가스 온도를 계산하기 위하여 (h)와 (i)의 결과를 그래프로 표현하라. 이 상태는 환기지배형 조건인가?

**11.8** 세계무역센터(WTC)에서 발생된 다음의 화재로 인한 바닥면에서의 평균 정상상태 온도를 계산하라. 건물의 한 변이 63.5 m이고 각 층의 높이는 2.4 m이다. 센터 중심부는 연소되지 않으며, 외기의 온도 20℃를 유지한다. 중심부의 크기는 24 m × 42 m이다. 각 연료의 화재에 대하여, 화재지속시간과 구획 공간에서 방출되는 과잉 연료 또는 공기의 질량 유량을 계산하라. 구획화재로부터의 열손실은 저온부의 온도 20℃와 함께 총괄열전달계수 20 W/m$^2$ K을 근거로 고려되어야 한다. 환기구는 깨진 유리창과 손상된 개구부이며, 이들은 2.4 m 높이를 갖는 건물 둘레의 1/4에 해당되는 것으로 평가된다. 이들 환기구를 통한 공기 유량은 기하학적인 치수(m 단위)를 통해 $0.5 A_o H_o^{1/2}$ (kg/s)과 같이 주어진다.

(a) 항공연료 10,000갤런이 바닥면위에 균일하게 쏟아졌으며, 이후 점화되었다. 연료는 헵탄과 동일한 물성을 갖는다고 가정하자. 헵탄은 최대 70 g/m$^2$ s의 속도로 반응한다.

(b) 항공연료가 소진된 후에는 가구류들이 연소하게 된다. 그들은 목재로써 간주될 수 있다. 목재는 그림 11.17의 속이 채워진 심볼에 의한 곡선(solid curve)에 따라 연소하게 된다. 형상효과 $W_1/W_2 = 1$로 가정하자. $A$는 바닥면의 면적 그리고 $A_oH_o^{1/2}$은 공기가 들어가는 환기구의 유동면적과 환기구의 높이와 관련되는 환기인자를 나타낸다. 연료의 하중은 바닥 면적의 50 kg/m$^2$이다.

**11.9** 다음의 3가지 화재상태에 대한 손실률과 증가율을 정성적으로 도시하라: (a) 천장에 정확히 접촉한 화염, (b) 플래시오버의 개시 그리고 (c) 화재가 환기지배형화재로 전화되는 순간인 연료/공기의 이론혼합비 상태. $L$ 곡선은 시간에 따라 변하지 않으며, 거의 선형적이라고 가정하자.

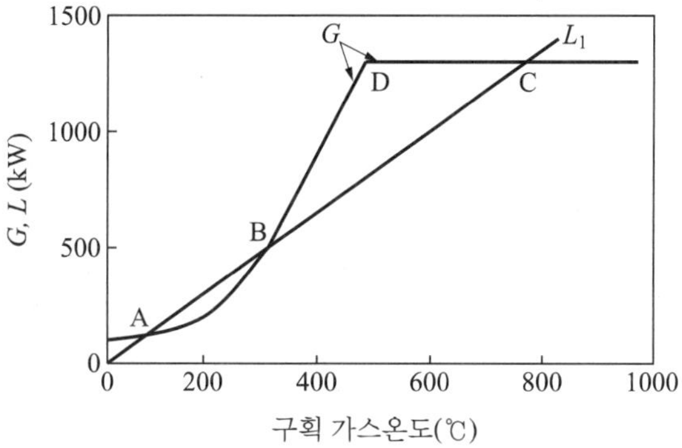


위 그래프를 활용하라. 위 그래프에서 구획의 에너지 생성률은 구획 온도와 에너지 손실률의 함수에 따라 $G$ 곡선에 의해 제공됨을 볼 수 있다; 구획으로부터의 열은 아래와 같이 묘사된다.

(a) $L_1$은 화재가 구획 내에서 시작된 직 후의 손실곡선을 의미한다. 구획실 온도와 에너지 방출률은 얼마인가? 위 그림에서 이 조건에 해당되는 점을 확인하여라.

(b) 구획실 벽면이 가열될 때, 손실은 감소하며, $L$ 곡선은 선형을 유지한다. 화재가 환기지배형 조건으로 전환되는 바로 직전 그리고 직후의 가스 온도는 얼마인가? 곡선을 그리고 각각 점 $VL-$와 $VL+$로 표기하라.

(c) 소방관들이 플래시오버 이후에 도착하여, 열손실을 증가시키도록 화염에 물을 분사하였다. 화재진압이 급격하게 화재를 감소시키기 바로 직전 그리고 직후에 가스 온도는 얼마인가? 이때 $L$ 곡선을 위 그림에 도시하라. 진압을 위한 손실률은 구획실 온도와 외기 온도의 차이, $T_o - T_\infty$에 비례한다고 가정하자.

**11.10** 다음 그래프에 7개의 조건에 대하여 알아보고, 아래 제시된 각 상태에 대하여 간략한 설명을 적으시오.

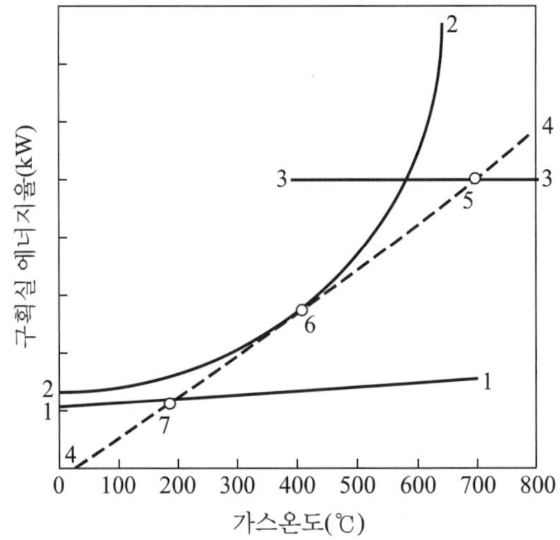


- 열 손실률 ____________________
- 목재 크립 화력 ____________________
- 불안정상태 (unstable state) ____________________
- 최성기 화재 ____________________
- 환기지배형 조건 하의 화력 ____________________
- 플래시오버 ____________________
- 임계상태(critical state) ____________________
- 안정상태(stable state) ____________________
- 열 및 엔탈피 유량 ____________________
- 벽면 연소시의 화력(fire power) ____________________

Chapter 12

# 비례축소와 무차원 수

Scaling and Dimensionless Groups

## 12.1 서론

만약 풍동(wind tunnel)의 사용이 없었더라면 라이트 형제는 첫 비행에 성공 못할 수도 있었다. 심지어 오늘날에도 풍동실험이 없다면 비행기를 설계 및 개발할 수 없다. 유체역학의 기본식이 거의 200년 동안 확립되어 온 반면, 아직도 이러한 식은 가장 큰 대형 컴퓨터로도 완전히 풀 수가 없다. 레이놀즈 수($Re$)를 일정하게 유지하면서 풍동실험을 하면 매우 작은 복잡한 기하학적 모형 표면 위의 유동을 연구할 수 있다. 레이놀즈 수($Re$)는 점성력에 대한 운동량의 비로써 다음과 같다.

$$\frac{\rho u^2 l^2}{\mu(u/l)l^2} = \frac{\rho u l}{\mu}$$

여기서 Newton 점성법칙이 사용되었고(전단응력 = $\mu$ × 속도구배), $\mu$는 점성계수, $\rho$는 밀도, $u$는 속도, $l$은 길이이다. 비록 레이놀즈 수가 원형과 모형 사이의 상사(similarity)를 보증하기 위해 충분하다 할지라도 많은 경우 완전한 상사를 보증하기 위하여 매우 많은 무차원 수의 보존을 요구하게 된다. 화재는 이러한 범주에 속한다. 이러한 상황에도 불구하고 화재 현상을 다른 모형과 조건의 일반화로 확장하기 위하여 축소모델과 무차원 식을 사용하는 것을 배제하지 못한다. 이 불완전 과정이 축소 기술이다.

부분 축소는 지배적인 변수의 삽입과 확인을 위하여 물리적 지식을 요구한다. 많은 분야, 특히 선박설계에서 이 기술을 사용한다. 유동을 난류로 만들만큼 $Re$ 수를 충분히 크게 할 경우 Froude 수, $Fr = u^2/gl$는 유지된다. 이러한 형태의 Froude 모델링은 연기유동과 불구속 화재현상에 매우 효과적이다.

종속변수와 시간, 공간좌표로 구성된 무차원 변수는 (^)로 표시한다. 무차원 배열을 구성하는 상태량과 다른 상수는 그룹으로 명명되어지고 주로 Π로 표시한다. 무차원 변수와 무차원 수 군의 설정은 대략적인 공식을 통하여 실험결과의 확장으로 나아갈 수 있다. 이러한 식을 사용하면 화재현상의 예측이 가능하기 때문에 화재모델링으로 명명되어져 왔다. 이러한 식들은 대개 지수법칙으로 주어지고 지수는 이론 또는 직접적인 곡선맞춤에 의해 결정되어질 수 있으며, 전자가 선호되어진다. 이러한 식 또는 경험식은 매우 가치가 있으며, 정확도는 CFD모델보다 더 우수할 수 있다.

관계식은 소규모 축소 실험으로부터 개발되어졌지만, 대규모 시스템을 모사하기 위하여 반드시 고안되어질 필요는 없다. 이러한 모사 과정을 비례축소 모델링이라 명명한다. 이것은 화재 설계와 사고조사에 대해 매우 강력하다는 것을 증명할 수 있다. 모든 관련 Π가 보존될 수 없기 때문에 상사성의 기초는 불완전할 것이다. 화재에 대한 성공적인 비례축소 모델링은 Heskestad[1],

Croce[2], Quintiere, McCaffrey,와 Kashiwagi[3], Emori와 Saito[4]에 의해 논의되어져 왔다. Thomas[5,6], Quintiere[7]은 이 주제를 자세히 고찰하였다. Alpert[8]의 압력모델링과 Steckler, Baum, Quintiere[9]의 염수모델의 새로운 방법들이 도입되었다. 화재성장은 Parker[10]에 의해 성공적으로 모델 되었다. 이 장에서 몇 가지 설명이 주어지며 관심있는 독자는 관련 문헌을 참고하기 바란다.

## 12.2 무차원 수군 설정법

무차원 함수를 얻기 위하여 3가지 방법이 사용되어진다. 첫째는 Buckingham의 Π정리로써 특정 모델링 응용에 속하는 관련 변수와 매개변수로 시작하고 물리적인 독립변수를 결정한다. 독립 무차원 Π군의 수는 변수의 개수에서 기본 차원의 개수를 뺀 값과 같다. 둘째는 관련된 기본 편미분식을 확인하고 변수는 적절한 무차원 매개변수를 갖는 무차원으로 만들어진다. 셋째는 가장 간단하지만 완전한 형태의 지배적인 물리현상을 확인하고 무차원과 차원 관계를 동차성에 의해 유도한다. 여기서는 마지막 방법을 사용한다.

평판의 비압축성 유동 문제에 대한 3가지 방법의 설명이 주어진다. 일정 속도 $u_\infty$로 다가오는 유동은 정상상태 2차원으로 그림 12.1에 보여준다.

### 12.2.1 Buckingham Π정리

일반적으로 유동의 속도($u$)는 $x$, $y$, $l$, $u_\infty$, $\rho$, $\mu$의 함수이다. 문제에서 7개 변수와 매개변수가 확인된다: $\rho$, $u$, $u_\infty$, $x$, $y$, $l$, $\mu$(점성계수). 3개의 기본차원, $M$(질량), $L$(길이), $T$(시간)으로 4개의 무차원 수 $\Pi_1$, $\Pi_2$, $\Pi_3$, $\Pi_4$가 만들어진다.

다른 변수로부터 무차원 Π군을 형성하기 위하여 3개의 반복변수 $u_\infty$, $l$, $\mu$를 선택한다. $\Pi_1 = u_\infty^a$, $l^b$, $\mu^c$, $\rho$로 두고 차원해석을 하면 무차원 수를 얻을 수 있다. 각 차원의 지수를 일치하도록 하면 다음과 같이 주어진다.

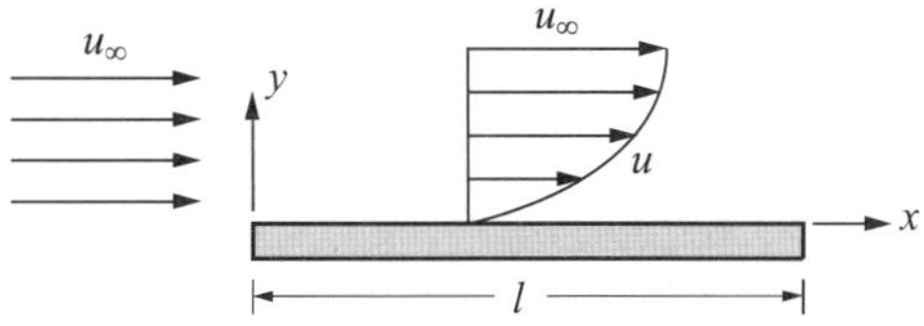


그림 12.1 ≫ 평판 유동

$$M\ :\ 0=c+1 \qquad \therefore\ c=-1$$
$$L\ :\ 0=a+b-c-3 \qquad \therefore\ a+b=2$$
$$T\ :\ 0=-a-c \qquad \therefore\ a=1,\ b=1$$

따라서 $\Pi_1 = u_\infty l\rho/\mu \equiv Re$임을 알 수 있다. ($\mu = ML^{-1}T^{-1}$) 다른 무차원 $\Pi$도 비슷한 방법으로 구할 수 있다.

$$\Pi_2 = u/u_\infty, \quad \Pi_3 = x/l, \quad \Pi_4 = y/l$$

무차원 함수는 다음과 같다.

$$\frac{u}{u_\infty} = f\left(\frac{x}{l},\ \frac{y}{l},\ Re\right)$$

### 12.2.2 편미분방정식(PDE)법

이 방법은 지배방정식의 정보로부터 시작한다. 압력구배가 없는 정상상태 2차원 유동에 대한 지배방정식은

$$\rho\left(u\frac{\partial u}{\partial x} + v\frac{\partial u}{\partial y}\right) = \mu\frac{\partial^2 u}{\partial y^2}$$

이고, 경계조건은

$$y=0, \qquad u=v=0$$
$$y\to\infty, \qquad u=u_\infty$$
$$x=0, \qquad u=u_\infty$$

이다. 질량보존법칙은 또 다른 필요한 식을 제공한다. 하지만 속도의 $y$성분에 대한 비슷한 정보를 얻는 것이 필요하다. 무차원 변수는 다음과 같다.

$$\hat{u} = u/u_\infty, \quad \hat{v} = v/u_\infty$$
$$\hat{x} = x/l, \quad \hat{y} = y/l$$

이것을 식에 대입하면

$$\hat{u}\frac{\partial\hat{u}}{\partial\hat{x}} + \hat{v}\frac{\partial\hat{u}}{\partial\hat{y}} = \left(\frac{\mu}{\rho u_\infty l}\right)\frac{\partial^2\hat{u}}{\partial\hat{y}^2}$$

이다. Buckingham Π정리로부터 얻어진 것과 동일한 무차원 함수가 됨을 알 수 있다.

### 12.2.3 차원해석

경계층내의 유체에 대한 검사체적법을 사용하고 Newton의 점성법칙을 적용할 수 있다고 하자. 구배와 도함수 관계가 적용되어지는 곳에서 단지 차원형태만이 관계식을 유도하기 위하여 사용되어진다. 게다가 검사체적 운동량 방정식의 정확한 공식화는 알 수 없지만 대략적인 함수식만 알 수 있다. 식 (3.34)로부터 (~표시는 차원동차성을 의미함) $z$방향의 단위깊이에 대해 다음과 같이 쓸 수 있다.

$$\rho u^2 (x \times 1) \sim \mu \frac{u}{y} (x \times 1)$$

무차원 식:

$$\rho \left( \frac{u}{u_\infty} \right)^2 \left( \frac{x}{l} \right) \sim \left( \frac{\mu}{u_\infty l} \right) \left( \frac{u/u_\infty}{y/l} \right) \left( \frac{x}{l} \right)$$

따라서 다음 식이 된다.

$$\frac{u}{u_\infty} \equiv \hat{u} = f(\hat{x},\ \hat{y},\ Re)$$

## 12.3 보존식으로부터의 무차원 수군

화재현상에 적용되는 무차원 수군은 보존방정식의 차원형태를 사용하는 세번째 방법으로부터 유도되어진다. 밀도는 부력항을 제외하고 일반성에 손실이 없다면 일정한 것으로 $\rho_\infty$를 취한다. 또한 역시 수직운동량 식은 외향적으로 조사되어진다. 변수에 대한 무차원 매개변수는 $(\ )^*$로 표시한다. 어떤 경우에는 무차원 인자는 변수, $x/l$, 여기서 $l$은 기하학적 길이이며, 물리적 대응이 되지 않는다. 무차원 수군 Π가 유도되어지고 무차원 변수는 유지되어진다. 즉 $\hat{u} = u/u^*$, $\hat{x} = x/l^*$이다. 무차원 수군 $\{\Pi_i\}$을 유도한 후에 관련식의 용도와 비례축소 모델링 작업에 이러한 식을 적용하는 방법에 대해 알아본다. 여기서는 일반적인 표시법이 사용되며 항상 새롭게 정의하지는 않는다.

### 12.3.1 질량 보존

그림 3.5로부터 질량 유량은 그림 12.2에서 볼 수 있듯이 다음과 같이 쓸 수 있다.

$$\dot{m} = \rho u A \tag{12.1}$$

면적은 $A \sim l^2$의 비례축소길이의 항으로 나타낼 것이며, 비슷한 방법으로 체적은 $l^3$로 나타낸다.

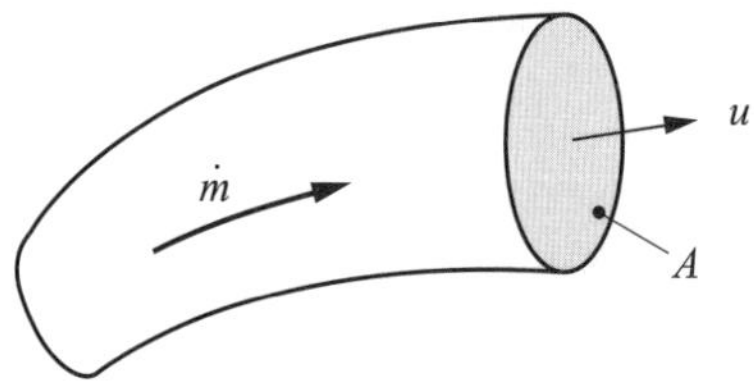


그림 12.2 ≫ 질량 유량

### 12.3.2 운동량 보존

유체 정역학에서 부력과 압력을 갖는 수직운동량의 형태(식 3.24)를 생각하자. 그림 12.3에서 설명한 것처럼 함수형태는 다음과 같다.

$$\rho V \frac{du}{dt} + \dot{m} u \sim (\rho_\infty - \rho) g V + pA + \tau S \tag{12.2}$$

무차원 매개변수를 설정하기 위하여 식 (12.2)의 항 사이의 관계가 사용되어질 수 있다. 예를 들면, 비강제 유동조건하에서 뚜렷한 속도비례축소인자($u_\infty$)는 없다. 그러나 자연대류 조건에서 적절한 것을 결정할 수 있다. 이것에 대하여 알아보자.
운동량 유속 항을 부력과 관련시켜 보면 다음과 같다.

$$\rho u^2 l^2 \sim (\rho_\infty - \rho) g l^3 \tag{12.3}$$

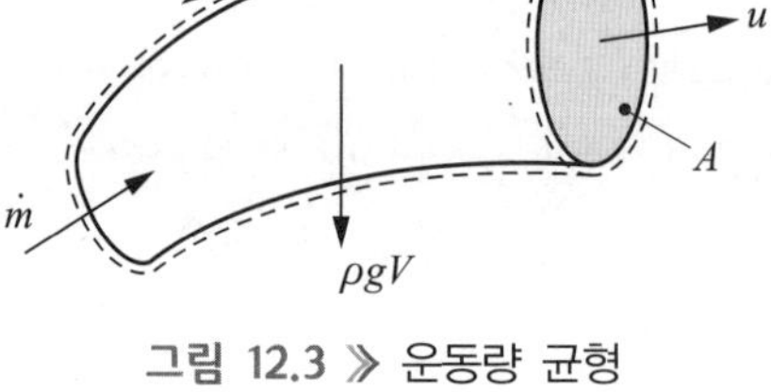


그림 12.3 ≫ 운동량 균형

완전기체방정식(일정 압력 조건)에 의해

$$\frac{\rho_\infty - \rho}{\rho} = \frac{T - T_\infty}{T_\infty} \tag{12.4}$$

이다. 따라서 다음과 같다.

$$u \sim \sqrt{\left(\frac{T - T_\infty}{T_\infty}\right) g l} \sim \sqrt{gl} \tag{12.5}$$

그리고 속도에 대한 적절한 무차원 인자는

$$u^* = \sqrt{gl} \tag{12.6}$$

이다. 이것은 단지 선택이 아니라 자연대류에 대해 매우 적절한 것이고 부력으로 인한 이상적인 최대 속도를 나타낸다.

비슷한 방법으로 부력을 갖는 비정상 운동량을 같게 함으로써 시간축소를 얻을 수 있다.

$$t^* \sim \frac{u^*}{g} \sim \sqrt{\frac{l}{g}} \tag{12.7}$$

압력과 응력도 다음과 같이 무차원화 될 수 있다.

$$\tau^* \sim p^* \sim \rho_\infty g l \tag{12.8}$$

Newton의 점성법칙을 사용하면

$$\tau^* \sim \mu \frac{\partial u}{\partial x} \sim \mu \frac{u^*}{l} \tag{12.9}$$

이다. 그리고 운동량 유속과 응력항을 같게 함으로써

$$\rho_\infty u^{*2} l^2 \sim \mu \frac{u^*}{l} l^2 \tag{12.10}$$

이며, 이때 $Re$ 수와 같은 비를 갖는다.

$$Re = \Pi_1 = \frac{\rho_\infty u^* l}{\mu} \sim \frac{\text{운동량}}{\text{전단력}} \tag{12.11}$$

또 다른 방법으로, 식 (12.10)을 무차원 속도항으로 기술하고 식 (12.5)의 첫 번째 항을 $u^*$에 대하여 사용하면(근사해) 다음과 같다.

$$\hat{u} \sim \left[ \frac{\mu}{\rho_\infty [(T - T_\infty)/T_\infty]^{1/2} \sqrt{gl}\, l} \right]^{1/2} \equiv \left( \frac{1}{Gr} \right)^{1/4} \tag{12.12}$$

여기서 $Gr$은 Grashof 수를 나타낸다. $Gr$은 순수 자연대류 유동의 경우 $Re$ 수의 대체이다.

### 12.3.3 에너지 보존

연소, 열전달, 증발 등의 과정을 통하여 많은 무차원 수군 Π를 만드는 것은 에너지 보존식이다. 이러한 과정을 살펴보자. 그림 12.4는 기본적인 물리화학적 과정으로써 함수형태로 고려되어진다.

질량 유량은 연료($F$), 산소($O_2$), 액체 물($l$), 증발 수증기($g$)와 강제유량(송풍기)을 포함한다. 화학에너지 또는 화력(열방출률)은 $\dot{Q}$, 모든 열손실률은 $\dot{q}$로 각각 표시한다. 그림 12.4는 반드시 실내의 화재를 나타낼 필요는 없지만 11장의 열손실 식이 적용된다. 식 (3.48)로부터 에너지식의 함수형태는

$$\rho c_p V \frac{dT}{dt} + \dot{m} c_p (T - T_\infty) \sim \dot{Q} - \dot{q} - \dot{m}_w h_{fg} \tag{12.13}$$

이며, 여기서 마지막 항은 물 입자의 증발에 필요한 에너지율을 나타낸다. 검사체적내의 화력(열방출률)은 다음과 같음을 상기하자.

$$\dot{Q} = m_F \Delta h_c, \quad \text{연료지배형화재} \tag{12.14a}$$

또는

$$\dot{Q} = \frac{\dot{m}_{O_2} \Delta h_c}{r}, \quad \text{환기지배형화재} \tag{12.14b}$$

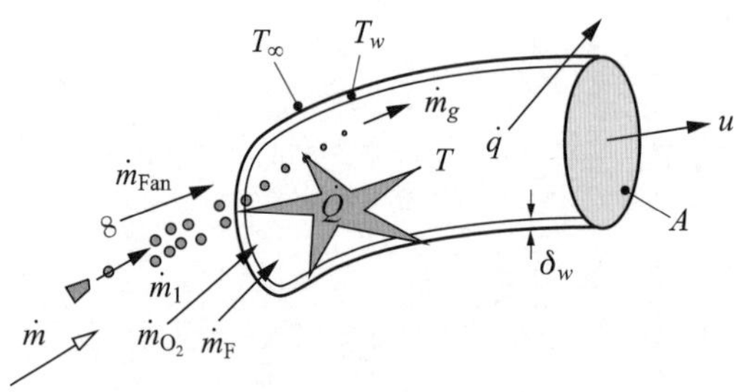


그림 12.4 ≫ 에너지 전달

비정상 에너지항(대류 엔탈피율)을 화력(열방출률)과 관련하면 보통 $Q^*$(또는 Zukoski 수, Edward Zukoski 교수의 공헌을 고려한 무차원 수, 화재에서 관련 무차원 수를 공식적으로 사용)로 언급되는 제2의 무차원 수군 Π를 만들 수 있다.

$$Q_l^* \equiv \Pi_2 = \frac{\dot{Q}}{\rho_\infty c_p T_\infty \sqrt{g}\, l^{5/2}} \sim \frac{\text{화력(열방출률)}}{\text{엔탈피유량}} \tag{12.15}$$

여기서 $Q_l^*$은 길이비례축소 $l$에 기초되어진다. 이 무차원 수군은 자연대류의 화재에 대해 근본적인 길이비례축소를 생기게 한다는 것에 주의하여야 한다.

$$l^* = \left( \frac{\dot{Q}}{\rho_\infty c_p T_\infty \sqrt{g}} \right)^{2/5} \tag{12.16}$$

이 길이비례축소는 화염높이와 화재 열기류의 난류소용돌이 크기와 관련되어질 수 있다. 이것이 화재의 자연 길이비례축소이다.

## 12.3.4 열 손실

11장에서 밀폐구획의 고체 경계로의 열유속에 대해 알아보았다. 여기서는 관련 무차원 수군 Π를 얻기 위하여 해당 내용을 간단히 살펴본다. 먼저, 그림 12.4의 밀폐 기체를 둘러싸고 있는 검사체적의 유동면적 $A$를 통하여 복사열손실을 생각하자.

$$\dot{q}_o = A\sigma\left[\epsilon(T^4 - T_\infty^4) + (1-\epsilon)(T_w^4 - T_\infty^4)\right] \tag{12.17}$$

여기서 $\epsilon$는 기체 방사율이고 벽은 흑체로 가정한다. 기체 방사율은 다음과 같다.

$$\epsilon \sim 1 - e^{-\kappa l} \tag{12.18}$$

여기서 $\kappa$는 흡수계수이다. 따라서 또 다른 무차원 수 Π는 다음과 같다.

$$\Pi_3 = \kappa l \sim \frac{\text{방사된 복사열}}{\text{흑체 복사열}} \tag{12.19}$$

이 무차원 수는 비례축소에서 연기와 화재에 대해 유지하기가 어렵고 취급하기에 문제가 있을 수 있다.

불구속 화재에 대해 사용되는 주위로의 경험적인 복사열손실은 다음의 무차원 수를 만든다.

$$X_r \equiv \Pi_4 = \frac{\dot{q}_o}{\dot{Q}} \tag{12.20}$$

벽과 다른 고체로의 열전달은 복사와 대류처럼 기체상태에서 벽두께 $\delta_w$를 통한 전도까지 평형경로를 취한다. 이 벽 열유속은 다음과 같이 쓸 수 있다.

$$\dot{q}_w = \dot{q}_k = \dot{q}_r + \dot{q}_c \tag{12.21}$$

흑체 벽에 대한 복사 열전달은 다음과 같다.

$$\dot{q}_r \sim \epsilon\sigma(T^4 - T_w^4)S \tag{12.22}$$

그리고 대류는

$$\dot{q}_c \sim h_c S(T - T_w) \tag{21.23}$$

이고, 여기서 $S$는 벽 표면적이다. 열전달계수 $h_c$는 비열전달 식의 항으로 나타낼 수 있다.

$$h_c \sim \frac{k}{l} Re^n Pr^m \tag{12.24}$$

전도 열손실은

$$\dot{q}_k \sim \frac{k_w S(T_w - T_\infty)}{\delta} \tag{12.25}$$

이다. 여기서 열적 두꺼운 벽에 대해 $\delta \sim \sqrt{(k/\rho c)_w t}$ 이고, 열적 얇은 벽에 대해 $\delta = \delta_w$이다.

이제 이러한 관계식으로부터 열전달 무차원 수군 Π를 만들 수 있다. 이것을 $Q^*$, 즉, 열전달에 대한 Zukoski 수로써 생각해보자. 엔탈피 대류로써 무차원화하면, 전도 무차원 수는

$$Q_k^* \equiv \Pi_5 = \frac{k_w T_\infty l^2 / \sqrt{(k/\rho c)_w t^*}}{\rho_\infty c_p T_\infty \sqrt{g}\, l^{5/2}} \sim \frac{\text{벽 전도}}{\text{엔탈피유량}} \tag{12.26a}$$

이다. 식 (12.7)로부터 $t^*$를 대입하면

$$Q_k^* = \frac{(k\rho c)_w^{1/2}}{\rho_\infty c_p g^{1/4} l^{3/4}} \tag{21.26b}$$

이다. 비슷한 방법으로 대류에 대하여 정리하면

$$Q_c^* \equiv \Pi_6 = \frac{h_c}{\rho_\infty c_p \sqrt{g\,l}} \sim \frac{\text{대류}}{\text{엔탈피유량}} \tag{12.27}$$

이다. 또 복사에 대해 정리하면

$$Q_r^* \equiv \Pi_7 = \frac{\sigma T_\infty^3}{\rho_\infty c_p \sqrt{g\,l}} \sim \frac{\text{복사}}{\text{엔탈피유량}} \tag{12.28}$$

이다. 또 유한 벽두께 $\delta_w$에 대하여

$$\Pi_8 = \frac{\delta_w}{\delta} = \left(\frac{\rho c}{k}\right)_w^{1/2}\left(\frac{g}{l}\right)^{1/4}\delta_w \sim \frac{\text{두께}}{\text{열적길이}} \tag{12.29}$$

이다. 화재에 노출되는 일반 벽 물질에 대해 Zukoski 수를 계산하는 것이 중요하다.

$Q_c^*$와 $Q_k^*$ $\sim$ $10^{-3}$에서 $10^{-2}$

$Q_r^*$ $\sim$ $10^{-2}$에서 $10^{-1}$

따라서 어떤 조건하에서는 열손실은 연소항인 $Q^* \sim 10^{-1}$에서 1의 크기에 비해 작기 때문에 무시할 수 있다.

## 12.3.5 질량 유량

질량 유량에 대한 에너지 Zukoski 수에 대응하는 무차원 수가 있다. 그림 12.4에 나타난 현상에 대해 Zukoski 질량수를 쉽게 알 수 있다.

$$m_{Fan}^* \equiv \Pi_9 = \frac{\dot{m}_{Fan}}{\rho_\infty \sqrt{g}\, l^{5/2}} \sim \frac{\text{송풍량}}{\text{부력유량}} \tag{12.30}$$

또 다른 질량 유량 항은 증발 즉, 스프링클러 살수 냉각 또는 응축 상태의 기체연료의 감손의 원인으로 인해 나타날 수 있다. 9장으로부터 다음 식을 얻을 수 있다.

$$m_F^* \equiv \Pi_{10} = \frac{\dot{m}_F}{\rho_\infty \sqrt{g}\, l^{5/2}} \tag{12.31}$$

여기서 $m_F^*$는 $Gr$, $Re$, $Pr$, $B$, $\tau_o = c_p(T_v - T_\infty)/L \equiv \Pi_{11}$, $r_o = Y_{O_2,\infty}/(r Y_{F,o}) = \Pi_{12}$와 화염 열복사($\Pi_3$)와 관련한 다른 인자 및 화재진압에 의존된다.

증발로 인한 증기의 질량 유량은 비슷하게 표현될 수 있다. 식 (6.35)로부터 무차원 증발 질량 유속은

$$m_g^* \equiv \hat{\dot{m}}_g'' = \frac{\dot{m}_g''}{\rho_\infty \sqrt{gl}} = Q_c^* \left(\frac{M_g}{M}\right) \frac{e^{\Pi_{13,b}}}{e^{\Pi_{13,v}}} \tag{12.32}$$

이다. 그리고

$$\Pi_{13,i} = \frac{M_g h_{fg}}{RT_i} \sim \frac{\text{증발}}{\text{열적에너지}} \tag{12.33}$$

이다. 여기서 $b$는 비등, $v$는 표면 증발을 의미한다. 분자량비는 일정하고 모든 경우에 부수적일 수 있다. 따라서 $\Pi_{13}$은 물질 상태량 무차원 수로써 $m_g^*$을 계산하기 위하여 필요하다.

## 12.3.6 액체 입자

액체 입자의 증발로부터 나타나는 질량 유속은 화재비례축소 응용에서 상당히 중요하다. 이러한 비례축소는 Heskestad[11]에 의해 설명되어졌고 후에 특별한 결과가 논의되어질 것이다. 먼저 개략적으로 구 직경 $D_l$와 입자체적밀도 $n'''$의 독립단순분포 입자를 고려할 수 있다.

입자수 $n$의 보존은 함수형태의 보존식으로 나타낼 수 있다.

$$\frac{dn}{dt} \sim -\dot{n}_{col} \tag{12.34}$$

여기서 $\dot{n}_{col}$은 입자상호간 충돌과 벽면과의 충돌로 인한 손실률이다. 이 손실에 대한 구성 식이 요구되지만 여기서는 너무 복잡해서 기술하지 않는다. 이러한 효과로 인한 다른 무차원 수군 $\Pi$가 있다고 단순하게 생각하자.

$$\Pi_{14} = \frac{\dot{n}_{col} t^*}{n_{ref}} \tag{12.35a}$$

여기서 기준 입자수는 초기입자크기 $D_{l,o}$으로 노즐직경 $D_o$를 통과하는 액체 물의 초기유량 $\dot{m}_{l,o}$에 기초되어진다. 따라서

$$\dot{m}_{l,o} = \rho_l u_o \frac{\pi}{4} D_o^2$$

이다. 그리고

$$n_{ref} \equiv \frac{\dot{m}_{l,o} t^*}{\rho_l D_{l,o}^3} \tag{12.35b}$$

이때

$$\Pi_{14} = \frac{\dot{n}_{col} D_{l,o}^3}{\dot{V}_{l,o}} \tag{12.35c}$$

이다. 여기서 $\dot{V}_{l,o}$는 초기 살수 체적유량이다.

또 제트의 초기 운동량은 의미가 있기 때문에 고려되어야 한다. 스프링클러 살수가 반사판에 충돌 시 운동량이 손실되기 때문에 이러한 운동량을 고려하도록 유효노즐직경이 계산될 수 있다. 유효직경은 살수 초기 추력($F_o$)을 측정하여 알 수 있다. 결과적으로 무차원 수는

$$\Pi_{15} = \frac{F_o}{\rho_l (\dot{V}_{l,o}/D_o)^2} \sim \frac{\text{추력}}{\text{살수 운동량}} \tag{12.36}$$

이다. 이 무차원 수는 입자 궤적에서 살수 운동량이 지배적인 인자가 되기 때문에 주요 비례축소가 된다.

입자 동역학에 대한 마지막 변수는 그림 12.5에 설명된 바와 같이 단일 입자에 적용한 운동량 식으로부터 알 수 있다.

$$m_l \frac{du_l}{dt} \sim m_l g + \rho \frac{(u_l - u)^2}{2} C_D \frac{\pi}{4} D_l^2 \tag{12.37a}$$

여기서 입자가 작을 경우, 저 레이놀즈 수 영역에서 항력계수를 취하며, 다음 식과 같다[11].

$$C_D \approx 20 \left( \frac{\rho |u_l - u| D_l}{\mu} \right)^{-1/2} \tag{12.37b}$$

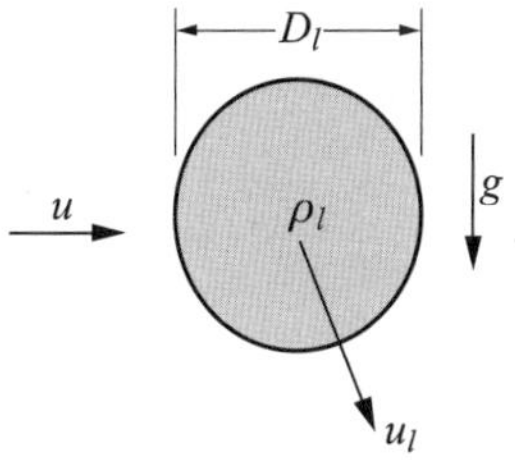


그림 12.5 ≫ 입자 동역학

종속변수는 $\hat{u}_l = u_l / \sqrt{gl}$, $\hat{D}_l = D_l / l$, $\hat{\rho}_l = \rho_l / \rho_\infty$ 로써 무차원화 된다. 증발 전달(식 (12.32))과 함께 하는 입자 운동(식 (12.37))과 단일 입자의 질량 보존을 살펴보자.

$$\frac{\rho_l}{2}\frac{dD_l}{dt} = -\dot{m}_g'' \tag{12.38}$$

함수형태와 양변의 비를 취하면

$$\Pi_{16} = \frac{\dot{m}_g'' l^{1/2}}{\rho_l D_l \sqrt{g}} = \frac{\hat{\dot{m}}_g''}{\hat{\rho}_l \hat{D}_l} \sim \frac{\text{증발률}}{\text{입자 질량손실률}} \tag{12.39}$$

이다. 식 (12.37)과 (12.38)로부터 마지막 2개의 항의 비를 취하면

$$\Pi_{17} = \hat{D}_\mu^{3/2} \sim \frac{\text{입자무게}}{\text{항력}} \tag{12.40}$$

이다. 여기서 $\hat{D}_\mu \equiv \hat{D}_l Re_l^{1/3}$ 로써 점성직경이다.

점성직경은 강조되어야 할 중요한 $Re$수 효과를 포함한다. (반면 $Re$수는 체적유량에서는 무시될 수 있다.) 따라서 $\Pi_{16}$을 다른 무차원 수로 수정하면

$$\Pi_{16}\Pi_{17}^{2/3} = \Pi_{16'} \equiv \frac{m_g^* Re_l^{1/3}}{\hat{\rho}_l} \tag{12.41}$$

이다. 그러므로 $\Pi_{16}$과 $\Pi_{16'}$을 동일하게 사용할 수 있다. 마지막으로 식 (12.32)을 통해 단일 입자에 대한 특별한 무차원 수를 $Q_{c,l}^*$ 형태로 얻을 수 있다.

$$\Pi_{18} = \frac{1}{Q_{c,l}^*} = \frac{\rho_\infty C_p \sqrt{gl}}{h_c} \sim \frac{\text{열대류}}{\text{질량전달}} \tag{12.42}$$

여기서 $h_c$는 Ranz와 Marshall[12]로부터 $Re_{D_l}$ 값이 10에서 $10^3$ 범위에 대해 다음과 같이 얻을 수 있다.

$$\frac{h_c D_l}{k} = 0.6 Re_{D_l}^{1/2} Pr^{1/3} \tag{12.43}$$

결과적으로 $\Pi_{18}$은 다음과 같이 나타낼 수 있다.

$$\Pi_{18}' = Pr^{2/3} \hat{D}_l^{1/2} Re_l^{1/2} \tag{12.44}$$

### 12.3.7 화학 종

화학생성률 $y_i$(단위질량 반응연료당 종 $i$의 질량)를 갖는 종 $i$에 대한 식 (3.22)으로부터 화학 반응의 가능성을 갖는 종의 보존을 함수적으로 나타낼 수 있다.

$$\rho l^3 \frac{dY_i}{dt} + \dot{m} Y_i = \frac{y_i \dot{Q}}{\Delta h_c} \tag{12.45}$$

무차원 수는 다음과 같다.

$$\Pi_{19} = \frac{y_i c_p T_\infty}{\Delta h_c} \sim \frac{i\text{번째 엔탈피}}{\text{화학에너지}} \tag{12.46}$$

주어진 연료에 대해 화학생성률 $y_i$와 혼합 분율 $f$ 사이에 분명한 관계가 있다는 사실로부터 또 다른 방법으로 혼합 분율 $f$(단위질량 혼합물당 초기연료 원자질량)을 기술하는 것이다. 혼합 분율 $f$값은 화재공간의 시작과 종료에 대해 1에서 0까지 사용하고, $y_i \equiv 0$에 대해 식 (12.45)에 의해 지배된다. 그러면 이것은 연료 원자를 보존한다. 이러한 방법으로 화재조건에서 주어진 연료에 대해 다음과 같이 나타낼 수 있다.

$$y_i = \text{함수}(f) \tag{12.47}$$

동일한 연료에 대해 질량분율은 $Y_i \sim l^0$와 같이 변한다.

### 12.3.8 열유속과 불일치

비례축소를 실행하거나 경험식을 개발하는데 있어 복사열전달이 완전히 다 포함되는 것이 아니라는 것은 잘 알려져 있다. 또한 경계벽의 열 상태값은 화재 식에 거의 포함되지 않는다. 계의 물리적 치수가 $l$인 기하학적 비례축소 모델링의 예를 생각하자. 이때 기하학적으로 상사인 계의 경우 동일 위치 점($\hat{x}$, $\hat{y}$, $\hat{z}$)과 시간 $\hat{t} = t\sqrt{g/l}$에서 같은 온도를 유지하고자 한다. 그림 12.6은 모형과 실형을 나타낸다. 비례축소의 여러 가지 조건에서 화재 열유속의 결과를 알아보자. $Q^*$ ($\Pi_2$)을 유지시킴으로써 모형의 화력(열방출률)은 다음 식에 의해 계산되는 것이 요구된다.

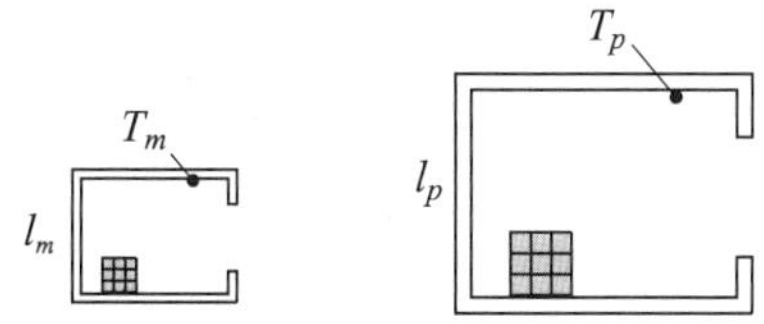


그림 12.6 ≫ 기하학적 상사 계의 모형과 실형

$$\dot{Q}_m = \dot{Q}_p \left( \frac{l_m}{l_p} \right)^{5/2} \tag{12.48}$$

또는 $\dot{Q} \sim l^{5/2}$이다. 식 (12.13)으로부터 만약 모든 열손실이 $l^{5/2}$에 따른다면, $T \sim l^0$ 또는 온도는 비례축소 크기에 무관하다. 이것이 이루어질 수 있는지 없는지 알아보기 위하여 다양한 비례축소 모형하에서 벽 또는 면적 열손실의 거동을 알아보자. 모든 열전달이 비례축소 모델 안에서 동시에 나타날 수 없다.

모형 열전달내의 완전한 비례축소를 위해 다음과 같은 무차원 수가 유지되어야 한다.

$$\Pi_3 = \kappa l \qquad \therefore \ \kappa \sim l^{-1}$$

$$\Pi_5 = Q_k^* = \frac{(k\rho c)_w^{1/2}}{\rho_\infty c_p g l^{3/4}} \qquad \therefore \ (k\rho c)_w \sim l^{3/2}$$

$$\Pi_6 = Q_c^* = \frac{h_c}{\rho_\infty c_p \sqrt{g l}} \qquad \therefore \ h_c \sim l^{1/2}$$

$$\Pi_7 = Q_r^* = \frac{\sigma T_\infty^3}{\rho_\infty c_p \sqrt{g l}} \qquad \therefore \ T_\infty \sim l^{1/6}$$

$$\Pi_8 = \frac{(k\rho c)_w^{1/2}}{k_w} \left( \frac{g}{l} \right)^{1/4} \delta_w \qquad \therefore \ \delta_w \sim \left( \frac{k_w l^{1/4}}{(k\rho c)_w^{1/2}} \right)$$

또 난류 대류열전달의 경우, Nusselt 수, $Nu \equiv h_c l/k$가 중요하다는 것이 알려져 있다.

$$h_c \sim \frac{k}{l} \left( \frac{\rho_\infty \sqrt{g}\, l^{3/2}}{\mu} \right)^{4/5} \sim l^{1/5}$$

이므로(층류 유동의 경우 $h_c \sim l^{-1/4}$), 불일치되는 것을 알 수 있다: $h_c \sim l^{1/2}$ 또는 $l^{1/5}$ 그리고 $T_\infty \sim l^{1/6}$, 반면에 주위온도를 제어하기가 어렵기 때문에 $l^0$가 되어야 한다.

부분 비례축소를 유지하기 위하여 몇 가지 방법을 사용할 수 있는데 이것이 비례축소 기법의 의미이다. 결과를 비교하는 것의 중요성에 대해 어느 정도의 통찰력이 요구된다. 먼저 $\Pi_5$와 $\Pi_8$이 일정하다고 생각하자. 이것은 벽 전도열전달 결과를 유지한다. 결과적으로 대부분의 물질에 대해 $k_w \sim \rho_w$로 나타내고, $c_w \sim l^0$라고 가정하면(고체의 비열은 물질사이에 많이 변화하지 않기 때문에)

$\Pi_5$로부터 : $k_w \sim \rho_w \sim l^{3/4}$

그리고

$\Pi_8$로부터 : $\delta_w \sim l^{1/4}$

전도 열유속은

$$\dot{q}'' \sim \frac{k_w}{\delta_w}(T_w - T_\infty) \sim \frac{l^{3/4}}{l^{1/4}} \sim l^{1/2} \tag{12.49}$$

이다. 그리고 벽 전도 열손실률은 요구된대로 $l^{5/2}$에 따라 변한다.

다음은 대류 열전달을 생각하자. 만약 $\Pi_6$을 무시하고, 하지만 더 정확한 난류 경계층 대류(식 (12.24)) 열전달을 유지한다면, 이때는

$$\dot{q}'' \sim h_c(T - T_w) \sim l^{1/5} l^0 \sim l^{1/5} \tag{12.50}$$

이다. 마지막으로 복사 열전달을 생각하자. 광학적으로 얇은 조건하에서($\Pi_3 = \kappa l \sim$ 작음)

$$\dot{q}'' \sim \kappa l \sigma T^4 \sim \kappa l \tag{12.51}$$

이다. 그리고 광학적으로 두꺼운 조건하에서($\kappa l \sim$ 큼)

$$\dot{q}'' \sim \epsilon \sigma T^4 \sim 1 - e^{-\kappa l} \tag{12.52}$$

이고, 복사능 $\epsilon$는 식 (12.18)을 이용한다. 만약 $\Pi_3$을 유지할 수 있다면

광학적으로 얇은 경우, $\dot{q}'' \sim l^0$ (12.53a)

그리고

광학적으로 두꺼운 경우, $\dot{q}'' \sim l^0$ (12.53b)

이다. 이것은 $\kappa \sim l^{-1}$을 요구한다. 모형의 연료를 더 많은 그을음을 생성하도록 하는 연료로 교체시킴으로써 이루어 질 수 있다. 이것은 아주 정확하게는 할 수 없지만 실행 가능하다.

일반 화재의 경우 대개 대류 열유속은 복사 열유속보다 훨씬 작다. $\Pi_5$, $\Pi_6$, $\Pi_8$을 유지하도록 하면 $\dot{q}'' \sim l^{1/2}$이 된다. 이것은 복사 열유속(식 (12.53))과 불일치한다. 그러나 만약 실형에서 사용된 연료와 같은 연료가 모형에 사용하고 $\kappa \sim Y_i$로써 $\kappa$에 변화가 없다면 복사 열유속은 다음과 같다.

작은 $\kappa$의 경우, $\dot{q}'' \sim l$

그리고

큰 $\kappa$의 경우, $\dot{q}'' \sim l^0$

만약 연료가 $\kappa \sim l^{-1/2}$되도록 수정된다면, 작은 $\kappa$의 경우 복사 열유속은 $\dot{q}'' \sim l^{1/2}$로써 열전도와 일치하게 된다. 그리고 복사 열손실은 요구된 대로 $l^{5/2}$에 따른다. 만약 복사의 영향이 크다고 한다면 $\kappa$가 크다고 간주하고 $\Pi_5$를 무시하는 것이 유용할 수도 있다. 하지만

$$\dot{q}'' \sim \left(\frac{k_w}{\delta_w}\right) T \sim l^0 \tag{12.54}$$

가 요구된다. 이러한 선택의 결과로써 $\Pi_8$을 유지하는 경우, 즉 $\delta_w \sim l^{1/4}$인 경우 $k_w \sim \rho_w \sim l^{1/4}$이다.

다행스럽게도 이러한 논의는 완전한 비례축소를 만드는 것과 관련한 몇 가지 주제를 보여주고 있다. 그러나 부분 비례축소는 복잡한 기하학적 형상에 대해 꽤 정확한 결과를 얻기 위하여 여전히 유효한 방법으로 간주한다. 비례축소에 있어 난류와 연소현상은 계의 근원적 문제이며 따라서 CFD에서처럼 어떠한 경험적 모형을 필요로 하지 않는다. 상기의 불일치와 더불어 $Re$수를 완전히 유지하는 것(식 (12.11)) 또한 가능하지 않다. 하지만 만약 모형과 실형사이의 $\rho_\infty$를 바꾸기 위하여 계의 압력을 바꾼다면 $\Pi_1$을 유지할 수 있다. 즉

$$Re = \frac{\rho_\infty \sqrt{g}\, l^{3/2}}{\mu} \sim p\, l^{3/2}$$

$Re$수를 유지하기 위하여

$$p_m = p_p \left(\frac{l_m}{l_p}\right)^{-3/2} \tag{12.55}$$

이다. 또 다른 대안은 $g$가 증가되어지는 원심분리기내에서 비례축소 모형실험을 수행하는 것이다[13]. 모형의 $p$와 $g$를 수정하면 보다 많은 무차원 수군을 유지할 수 있다. 따라서 화재의 비례축소는 완전하지 않지만 여전히 유용한 방법이며 화재를 조사하기 위한 많은 방법이 있다. 나중에 특정 화재현상에 대한 비례축소 모델링과 관련 식의 성공적인 사례에 대한 설명이 주어진다.

### 12.3.9 요약

표 12.1에 무차원 변수에 대해 종합적으로 요약하였다. 2개의 무차원 수군, 입자 형성을 고려하기 위한 Weber 수, $We$와 기상 대류를 고려하기 위한 Nusselt 수, $Nu = h_c l/k$을 추가하였다. 상응하는 Nusselt 수(또는 정확히 말해 Sherwood 수, $Sh = hl/(\rho_\infty D_i)$, 여기서 $D_i$는 매개물의 종 $i$에 대한 질량확산계수이다.)가 추가될 수 있다. 마지막 2개의 추가 항목은 유체 상태량의 외적인 존재, 즉, Prandtl 수, $Pr = k/(c_p \mu)$와 Schmidt 수, $Sc = \rho_\infty D_i/\mu$를 상기시킨다. 공기와 연소생성물로 이루어진 물질의 경우 이러한 상태량은 거의 일정하고 화재 관련 식에 반드시 나타나지는 않는다. 그러나 연기에서 물과 같은 유사한 물질의 경우 이러한 상태량은 매우 중요할 수 있다.

**표 12.1** 화재의 무차원 변수와 비례축소

| 변수/군 | 무차원 | 비례축소/설명 |
|---|---|---|
| | 종속 | |
| 속도, $u$ | $\hat{u} = \dfrac{u}{\sqrt{gl}}$ | $u \sim l^{1/2}$ |
| 온도, $T$ | $\hat{T} = \dfrac{T}{T_\infty}$ | $T \sim l^0$ |
| 압력, $p$ | $\hat{p} = \dfrac{p}{\rho_\infty gl}$ | $p \sim l$ |
| 농도, $Y_i$ | $\dfrac{Y_i}{Y_{i,\infty}}$ | $Y_i \sim l^0$ |
| 입자수, $n$ | $\dfrac{n}{n_{ref}}$ | $n \sim l^{3/2}$ |
| 입자직경, $D_l$ | $\dfrac{D_l}{l}$ | $\Pi_{12} \rightarrow D_l \sim l^{1/2}$ |
| 단위면적당 연소율, $\dot{m}_F''$ | $\dfrac{\dot{m}_F'' l}{\mu}$ | $\dot{m}_F'' \sim \dfrac{h_c l}{\mu c_p} = \dfrac{Nu}{Pr}$ |
| | 독립 | |
| 좌표 $x$, $y$, $z$ | $\dfrac{x_i}{l}$ | $x_i \sim l$ |
| 시간, $t$ | $\dfrac{t}{\sqrt{l/g}}$ | $t \sim l^{1/2}$ |

| 변수/군 | 무차원 | 비례축소/설명 |
|---|---|---|
| | Π군 | |
| $\Pi_1\left(\frac{관성}{점성}\right)$, $Re$ | $Re = \frac{\rho_\infty \sqrt{g}\, l^{3/2}}{\mu}$ | 대개 무시 |
| $\Pi_2\left(\frac{화력(열방출률)}{엔탈피율}\right)$, $\dot{Q}$ | $\frac{\dot{Q}}{\rho_\infty c_p T \sqrt{g}\, l^{5/2}}$ | 연소 시 중요 |
| $\Pi_3\left(\frac{복사방사}{이상방사}\right)$ | $\kappa l$ | $\kappa \sim l^{-1}$, 기체 복사 시 중요 |
| $\Pi_4\left(\frac{복사손실}{화력(열방출률)}\right)$, $X_r$ | $X_r = \frac{\dot{q}_r}{\dot{Q}}$ | $X_r \sim l^0$, 자유 연소 경우 중요 |
| $\Pi_5\left(\frac{전도}{엔탈피}\right)$, $\dot{Q}_k$ | $\frac{(k\rho c)_w^{1/2}}{\rho_\infty c_p g^{1/4} l^{3/4}}$ | $k_w \sim \rho_w \sim l^{3/4}$, 전도 시 중요 |
| $\Pi_6\left(\frac{대류}{엔탈피}\right)$, $\dot{Q}_c$ | $\frac{h_c}{\rho_\infty c_p \sqrt{gl}}$ | $h_c \sim l^{1/2}$, 대류 시 중요 |
| $\Pi_7\left(\frac{복사}{엔탈피}\right)$, $\dot{Q}_r$ | $\frac{\sigma T_\infty^3}{\rho_\infty c_p \sqrt{gl}}$ | $T_\infty \sim l^{1/6}$, 다른 것과 조화되지 않음 |
| $\Pi_8\left(\frac{두께}{열적길이}\right)$ | $\left(\frac{\rho c}{k}\right)_w^{1/2}\left(\frac{g}{l}\right)^{1/4}\delta_w$ | $\delta_w \sim l^{1/4}$, 경계두께 |
| $\Pi_9\left(\frac{송풍량}{열대류}\right)$, $\dot{m}_{Fan}$ | $\frac{\dot{m}_{Fan}}{\rho_\infty \sqrt{g}\, l^{5/2}}$ | $\dot{m}_{Fan} \sim l^{5/2}$, 강제유동 |
| $\Pi_{10}\left(\frac{연료유량}{열대류}\right)$, $\dot{m}_F$ | $\frac{\dot{m}_F}{\rho_\infty \sqrt{g}\, l^{5/2}}$ | 연료질량유속은 $B$, $Gr$, $Re$ 등에 의존 |
| $\Pi_{11}\left(\frac{현열}{잠열}\right)$, $\tau_o$ | $c_p(T_v - T_\infty)/L$ | 연소율 |
| $\Pi_{12}\left(\frac{이용가능한\ 산소}{화학당량적\ 산소}\right)$, $r_o$ | $\frac{Y_{O_2,\infty}}{r Y_{F,o}}$ | 연소율 |
| $\Pi_{13}\left(\frac{증발에너지}{현열에너지}\right)$ | $\frac{M_g h_{fg}}{RT_i}$ | 증발의 활성화 |
| $\Pi_{14}\left(\frac{충돌손실}{초기입자}\right)$ | $\hat{n}_{col} = \frac{\dot{n}_{col}}{\dot{V}_{l,o}/D_{l,o}^3}$ | $\dot{n}_{col} \sim l$, 단위시간당 충돌수 |

| 변수/군 | 무차원 | 비례축소/설명 |
|---|---|---|
| $\Pi_{15}\left(\dfrac{\text{살수추력}}{\text{제트운동량}}\right)$ | $\dfrac{F_o}{\rho_l(\dot{V}_{l,o}/D_o)^2}$ | $F_o \sim l^3$, $D_o$는 유효노즐직경, $D_o \sim l$ |
| $\Pi_{16}\left(\dfrac{\text{증발률}}{\text{입자질량손실}}\right)$ | $\dfrac{\dot{m}_g'' \sqrt{l}}{\rho_l D_l \sqrt{g}}$ | $\dot{m}_g'' \sim l^0$ ($\Pi_{17}$ 보기) |
| $\Pi_{17}\left(\dfrac{\text{입자무게}}{\text{항력}}\right)$, $\hat{D}_\mu$ | $\hat{D}_\mu = \hat{D}_l Re_l^{1/3}$ | $D_l \sim l^{1/2}$ |
| $\Pi_{18}\left(\dfrac{\text{열대류}}{\text{질량전달}}\right)$ | $Pr^{2/3}\hat{D}_l^{1/2}Re_l^{1/2}$ | $D_l \sim l^{-1/4}$, $\Pi_{17}$과 일치하지 않음 |
| $\Pi_{19}\left(\dfrac{i\text{번째 엔탈피}}{\text{화학에너지}}\right)$ | $\dfrac{y_i c_p T_\infty}{\Delta h_c}$ | $y_i \sim l^0$ |
| $\Pi_{20}\left(\dfrac{\text{입자운동량}}{\text{표면장력}}\right)$ | $We = \dfrac{\rho_l u_l^2 D_l}{\sigma}$ | $D_l \sim l^{-1}$, $\Pi_{17}$과 일치하지 않음 |
| $\Pi_{21}\left(\dfrac{\text{엔탈피}}{\text{연소에너지}}\right)$ | $\dfrac{c_p T_\infty}{\Delta h_c / r}$ | 거의 항상 일정 |
| $\Pi_{22}\left(\dfrac{\text{대류}}{\text{전도}}\right)$ | $Nu = h_c l/k$ | $h_c \sim l^{-1}$ |

일련의 무차원 수군과 변수는 화재 문제의 경우에 대해 꽤 완전한 종속 변수와 독립 좌표, 시간, 상태량, 기하학적 매개변수를 나타낸다. 무차원 수가 있음으로써 변수의 수를 최소로 줄일 수 있다. 몇 몇 경우, 제한 조건(정상상태, 2차원 조건 등)은 식을 더욱더 단순화시킬 수 있다. 그러나 일반적으로 경계 및 초기조건과 함께 다음과 같은 함수적 의존성을 갖는 물입자와 상호작용하는 화재 현상을 생각해야 한다.

$$\left\{\hat{u},\ \hat{u_l},\ \hat{T},\ \hat{Y_i},\ \hat{p},\ \hat{D_l},\ \hat{\dot{m}_g}'',\ \hat{\dot{m}_F}'',\ \hat{n}\right\} = f\left\{\hat{x}_i,\ \hat{t},\ \Pi_i,\ i=1,\ 22\right\} \tag{12.56}$$

표 12.1에서 볼 수 있듯이 비례축소에서 모든 변수에 대해 일치성을 유지하는 것은 불가능하다. 그러나 몇 가지는 그렇게 중요하지 않을 수 있고 다른 몇 가지는 보다 중요한 항목에 비해 무시할 수도 있다. 이러한 것이 비례축소 기법이다. 실험(또는 수치계산) 결과로부터 유도된 관계식에서 단지 중요한 변수군만 나타난다.

## 12.4 특정 관계식의 사례

이 문헌에는 화재 현상에 대한 경험식으로 채워져 있다. 많은 경우 공학적 통일성을 위하여 관련식에 기초가 되는 무차원 수군이 내포되어져 있고 특정 차원이 적용될 것이다. 예를 들면, 직경 $D$의 축대칭 화원으로부터 화염높이 식은

$$z_f = 0.23\dot{Q}^{2/5} - 1.02D$$

이다. 여기서 $z_f$와 $D$의 단위는 m이고 $\dot{Q}$는 kW이다. 그러나 Heskestad[14]의 보다 완전한 식은 식 (10.50a)으로써 다음과 같다.

$$\frac{z_f}{D} = 15.6\,Q_D^{*2/5}\left(\frac{sc_p T_\infty}{\Delta h_c}\right)^{3/5} - 1.02$$

여기서 $\Pi_2$와 $\Pi_{21}$이 포함된다. 대조적으로 식 (10.49)는 화염높이에 대한 함축적인 식으로 다음과 같이 주어진다.

$$\frac{z_f}{D} = f\left(Q_D^*,\ \frac{rc_p T_\infty}{Y_{ox,\infty}\Delta h_c},\ X_r\right)$$

이 식은 자유 유동 산소 농도와 화염 복사 분율의 효과를 포함한다. 이러한 추가적인 효과는 이론에 근거하여 포함되어졌고, 그 중요성에 대해 완전하게 볼 수 있도록 하기 위하여 보다 많은 데이터가 설정되는 것이 요구된다. 10장에 나타낸 화재 열기류의 보기는 무차원 매개변수에 근거한 많은 식을 설명하고 있다. 여기에서는 화재 열기류에 대한 몇 가지 다른 보기를 나타낼 것이다.

### 12.4.1 천장과 상호 작용하는 열기류

그림 12.7의 기하학적 형상에 대해 그림의 곡선에서 보여주는 것과 같이 천장제트의 최고 온도는 Alpert[15]에 의해 다음과 같은 식에 의해 계산된다.

$$\frac{(T - T_\infty)/T_\infty}{Q_H^{*2/3}} = f\left(\frac{r}{H}\right) \tag{12.57}$$

높이 $H$에 기초한 Zukoski 수가 왜 2/3승을 갖는지는 분명하지 않다. 이 식은 식 (12.2), (12.5)와 (12.13)으로부터 구한다. 여기서 $l^* \equiv H$이고 $u^* \equiv \left[[(T - T_\infty)/T_\infty]^* gH\right]^{1/2}$이며 약한 부

력 열기류에 기초하였다. 결과적으로 $[(T-T_\infty)/T_\infty]^*$는 $Q_H^{*2/3}$으로 유도되어진다. Alpert[15]는 속도에 대해서도 다음과 같은 비슷한 결과를 보여주었다.

$$\frac{u/\sqrt{gH}}{Q_H^{*1/3}} = f\left(\frac{r}{H}\right) \tag{12.58}$$

| | $\dot{Q}$(But/min) | $D$(ft) | $H$(ft) |
|---|---|---|---|
| △ | 4.67 | 0.33 | 1.58～4.1 |
| ○ | 3.36 | 0.33 | 1.58～4.1 |
| □ | 2.0 | 0.33 | 1.58～4.1 |
| ◑ | 15,000 | 1.6 | 15 |
| ◧ | 40,000 | 2.5 | 15 |
| ◐ | 80,000 | 3.4 | 15 |
| ▲ | 150,000 | 4.4 | 15 |

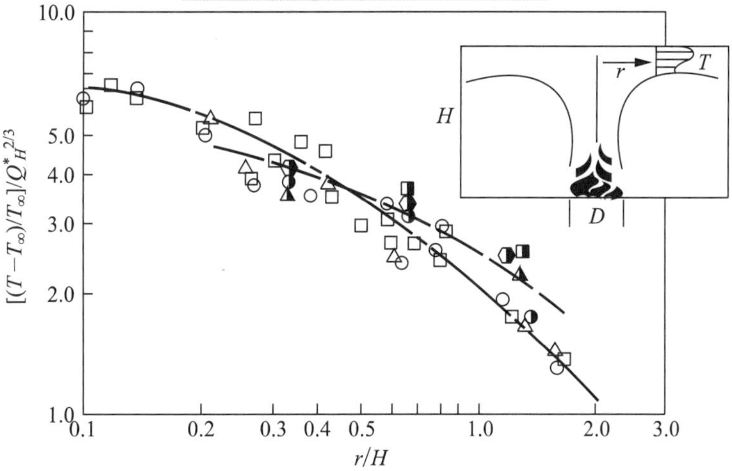


그림 12.7 ≫ 천장제트의 최고 온도[15]

## 12.4.2 누설이 있는 구획에서의 연기 충전

Zukoski[16]는 이론적 결과를 보여주었는데, 이것은 누설($\Delta p \approx 0$) 밀폐 구획내의 균일 분포 연기층의 온도와 하강에 대해 많은 실험적 확인 시험을 고수하였다. 그는 천장제트에 사용되는 비례축소와 비슷하게 다음 식을 구하였다.

$$\frac{z_{연기층}}{H} = f\left(\frac{t}{t^*}\right) \tag{12.59}$$

여기서

$$t^* \equiv \frac{\sqrt{H}}{\sqrt{g}\, Q_H^{*1/3}} \frac{S}{H^2}$$

이고, 여기서 $S$는 바닥면적이다.

비슷하게 연기층 온도는 다음과 같다.

$$\frac{[(T - T_\infty)/T_\infty]_{\text{연기층}}}{Q_H^{*2/3}} = f\left(\frac{t}{t^*}\right) \approx \frac{(t/t^*)}{1 - z_{\text{연기층}}/H} \ (\text{작은 } Q_H^* \text{에 대해}) \tag{12.60}$$

이 관계식은 그림 12.8에 보여준다.

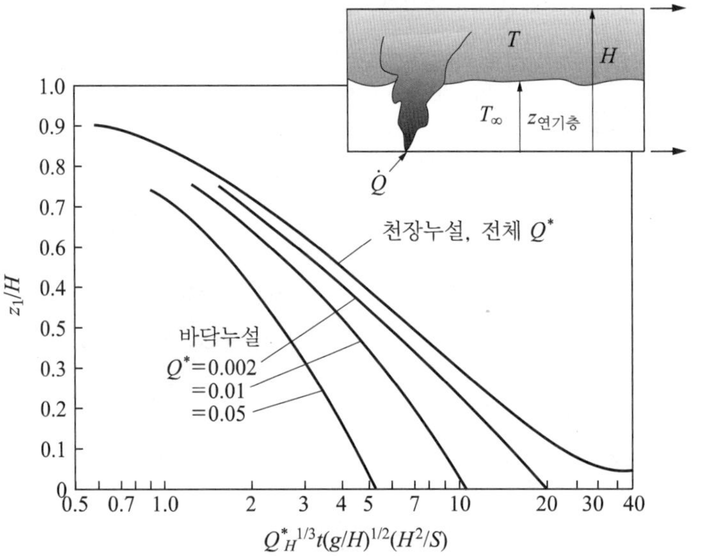


그림 12.8 ≫ 구획에서의 연기 충전[16]

## 12.4.3 연소율

강제 유동($u_\infty$) 또는 순수 부력으로 연소하는 단순 기하학적 표면의 연소율은 9장에서 나타내었다. 일반적으로 정상상태 연소는 다음과 같이 나타낼 수 있다.

$$\frac{\dot{m}_F'' x}{\mu} = f\left(\frac{x}{l},\ Gr_l,\ Re_l,\ B_m\right) \tag{12.61}$$

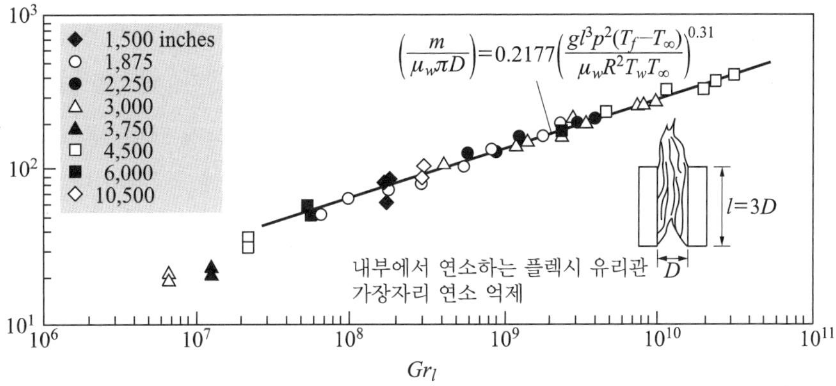


그림 12.9 ≫ 수직 관내의 연소율[17]

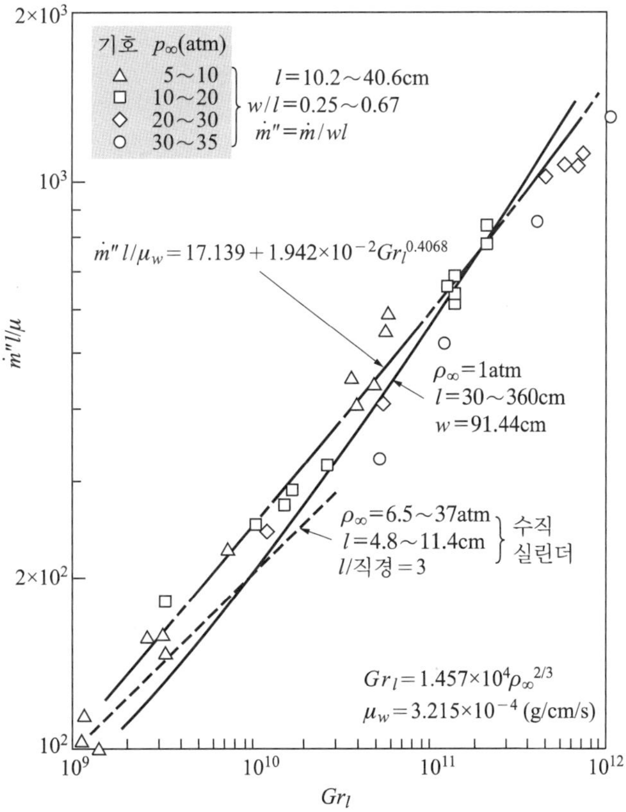


그림 12.10 ≫ 수직 원통과 벽 위의 연소율[18]

여기서 $B_m$은 $L_m$(식 (9.72))에 기초한 수정 Spalding-$B$ 수이고, $X_r$, $\kappa l$과 $Q_r^*$의 형태에 물과 같은 다른 효과 $m_g^*$(식 (9.78))을 더한 주 복사 항이 포함될 수 있다. 연소율 식의 다른 보기는 수직 관내의 연소에 대해서는 그림 12.9에, 수직 원통과 벽의 연소에 대해서는 그림 12.10에 각각 보여준다[18]. 후자의 벽 데이터가 그림 9.11(b)에 보여준 작업에 포함되었다. 여기서 Grashof 수는 화염온도에 기초하였고 압력에 의해 변화되었다.

$$Gr_l \equiv \frac{g l^3 [p_\infty / (R T_\infty)]^2}{\mu^2} \left( \frac{T_f - T_\infty}{T_\infty} \right) \tag{12.62}$$

이 식은 Factory Mutual 연구소(FM Global)에서 deRis, Kanury와 Yuen[17] 그리고 Alpert[18]에 의해서 수행한 압력 모델링의 보기이다. 압력 모델링에서 $Gr$은 $p_\infty \sim l^{-3/2}$에 따라 유지된다. 그러므로 $\dot{m}_F'' l / \mu$도 역시 유지되고

$$Q^* \sim \frac{\dot{m}_F'' l^2}{(\rho_\infty T_\infty) l^{5/2}} \sim \frac{l^{-1} l^{-1/2}}{p_\infty} \sim \frac{l^{-3/2}}{l^{-3/2}} \sim l^0$$

이다. 그러나 복사는 $\kappa l \sim \rho_\infty l \sim p_\infty l \sim l^{-1/2}$와 $Q_r^* \sim \dfrac{T_\infty^3}{\sqrt{l}} \sim \dfrac{l^0}{l^{1/2}} \sim l^{-1/2}$처럼 유지되지 않는다.

### 12.4.4 구획 화재 온도

11장에서 구획의 연기 상태량에 대한 검사체적 이론은 무차원 해로 표현할 수 있다는 것을 보여주었다. 특성 길이 크기는 벽 환기구의 기하학적 성분을 $l^* = [A_o (H_o)^{1/2}]^{2/5}$로써 포함한다. 따라서 MQH 식[18]은

$$\frac{T - T_\infty}{T_\infty} = 1.6 Q_{l^*}^{*2/3} Q_w^{*-1/3} \tag{12.63}$$

이 되고, 주로 잘 환기되는 바닥 중심 화재에 적용된다. 다른 연료 형상에 대해 결과가 다양함을 보여주었다(식 (11.39)).

최성기 화재의 경우, 구조물에 대한 화재 온도의 영향을 예측하기 위하여 다양한 계산 식을 통하여 화재 온도를 계산하고자 하였다. 11장에서는 목재더미에 대한 CIB 작업과 Law[19]의 관련 식에 대하여 알아보았다. 구획 화재를 규명하기 위하여 수치적 해로부터 기원한 Babrauskas의 관련 식[20]을 보태는 것이 도움이 된다. 그의 해로부터 정상상태 최대온도에 대해 다음과 같

은 매개변수를 정하였다.

$$T - T_\infty = (1432℃)\theta_1\theta_2\theta_3\theta_4\theta_5 \tag{12.64a}$$

표 12.1에 설정된 무차원 수로부터 이 결과는 다음과 같은 무차원 수를 갖는다.

$$\theta_1 = \begin{cases} 1 + 0.51 \ln\phi, & \phi < 1 \quad \text{목재더미} \\ 1 - 0.05\,(\ln\phi)^{5/3}, & \phi > 1 \end{cases} \tag{12.64b}$$

그리고

$$\phi = \frac{k_o \rho_\infty \sqrt{g}\, A_o \sqrt{H_o}}{s\, \dot{m}_{F,\infty}{}'' A_F} \sim Q_o^{*-1}$$

여기서 $k_o = 0.51$, $s$ = 화학당량 공기/연료이다. 또는 액체 용기화재의 경우

$$\theta_1 = \frac{A_o\sqrt{H_o}}{A}\frac{0.5\Delta h_c}{s\sigma(T^4 - T_{boil}^4)} \sim Q_o^{*-1}\left(\frac{A_F}{A}\right)\frac{\Pi_{21}}{\Pi_7} \tag{12.64c}$$

이다. 더불어

$$\theta_2 = 1.0 - 0.94\exp\left[-54\left(\frac{A_o\sqrt{H_o}}{A}\right)^{2/3}\left(\frac{\delta}{k_w}\right)^{1/3}\right] \sim Q_o^{*-2/3}\left(\frac{\Pi_8}{\Pi_5}\right)^{1/3} \tag{12.64d}$$

$$\theta_3 = 1.0 - 0.92\exp\left[-150\left(\frac{A_o\sqrt{H_o}}{A}\right)^{3/5}\left(\frac{t}{(k\rho c)_w}\right)^{2/5}\right] \sim Q_o^{*-3/5}\left(\Pi_5^{-5/4}\right)^{2/5} \tag{12.64e}$$

$$\theta_4 = 1.0 - 0.205H^{-0.3} \sim \left(\Pi_7^{3/2}\right)^{1/3} \tag{12.64f}$$

$$\theta_5 = \text{연소효율}\ \frac{\Delta h_c}{\Delta h_{c,ideal}} \tag{12.64g}$$

이다. 이러한 완전한 식은 Law식에서는 빠져있지만 연료 상태량과 아마 $\Pi_7$의 형태를 갖는 환기 복사의 효과가 물리적으로 분명하지 않다는 것을 보여준다. 그러나 Law식은 구획의 형상에 대한 효과를 포함한다. 역시 식 (12.64)에서 무차원 수군은 Babrauskas의 차원 표현과 비교하여 kJ, kg, m, K, s 등의 단위로 보여주고 있다.

## 12.4.5 화재에서 살수의 효과

Heskestad[21]는 화재 시 물입자 살수를 부분적으로 비례축소 할 수 있다는 것을 보여 주었다. 그는 그림 12.11에서 보여 주듯이 풀 화재 소화를 위해 필요한 살수량( $\dot{V}_{l,o}$) 계산식을 개발하였다. Heskestad가 개발한 소화에 필요한 살수량 계산식은 다음과 같다.

$$\dot{V}_{l,o}(\text{mL/s}) = 5.2[D_{o,e}(\text{mm})]^{1.08}[H(\text{m})]^{0.4}[\dot{Q}(\text{kW})]^{0.41} \tag{12.65a}$$

이 살수량 계산식은 그림 12.12의 데이터 곡선으로부터 결과되었다. 이 식에 대한 무차원화 원리는 다음과 같다. 옥외화재에서 작동하는 상부 헤드 노즐의 살수 소화 시 기하학적 상사(geometric similarity)의 주요 무차원 수군은 $\Pi_2$, $\Pi_9$, $\Pi_{15}$이며, 다음과 같은 관계 식을 얻을 수 있다.

$$\left(\frac{\rho_l \dot{V}_{l,o}}{\rho_\infty \sqrt{g}\, l^{5/2}}\right)_{\text{소화}} = f\left[\frac{\dot{Q}}{\rho_\infty c_p T_\infty \sqrt{g}\, l^{5/2}},\ \frac{D_o}{l}\right] \tag{12.65b}$$

여기서, Heskestad는 $\Pi_{15}$를 만족하는 것에 기초한 노즐직경을 선택하였다. 즉, 유효직경(복잡한 살수 특성으로 인한 실제 직경이 아닌)은 다음과 같다.

$$D_{o,e} = \left(\frac{4}{\pi}\frac{\rho_l \dot{V}^2_{l,o}}{F_o}\right)^{1/2} \tag{12.66}$$

여기서 $l$은 $H$, 즉 화재면에서 부착된 노즐까지 높이를 취하였다. 이러한 데이터는 1～10$^3$ kW 화재, 높이 0.1～1 m, 살수량 1～50 mL/s, 화재직경 0.1～1 m의 경우에 적합하다는 것을 보여 준다.

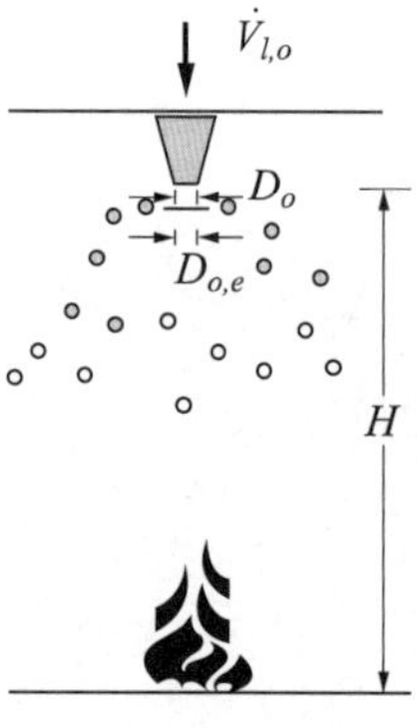


그림 12.11 ≫ 풀 화재 시 소화수 살수 효과

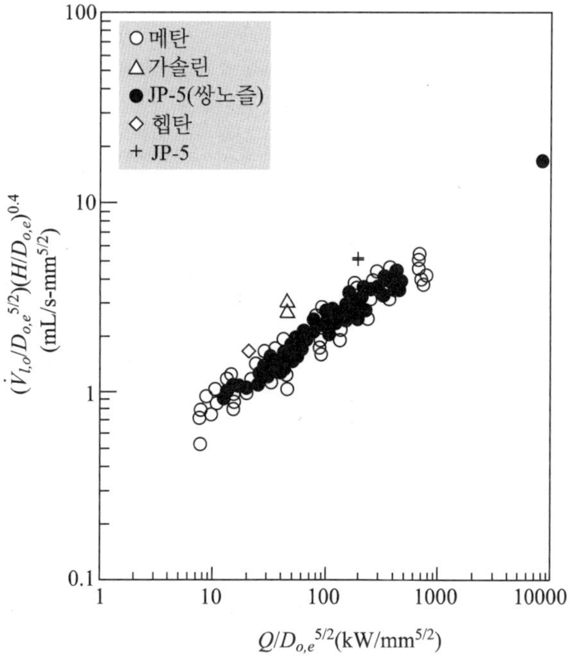


**그림 12.12 ≫ 화재소화의 임계 유량[21]**

살수 비례축소에서 Heskestad는 $D_{l,o} \sim l^{1/2}$에 대해 $\Pi_{17}$을 일정하게 유지하고 $l$을 1～10 m (또는 $D$를 0.1～1 m)로 변화시키면서 입자크기도 역시 고려하였다. 그러므로 사용된 노즐은 $\Pi_{17}$를 유지함으로써 상사가 되도록 하였다. 결과적으로 $\Pi_{16}$은 물입자 증발률에 대해 $\dot{m}_g'' \sim l^0$이 되고, 입자의 수명 비례축소는 다음과 같다.

$$t_{Evap} = \frac{m_l}{\dot{m}_g} \sim \frac{D_l^{\,3}}{l^0 D^2} \sim D_l \sim l^{1/2} \tag{12.67}$$

이것은 일반 시간 비례축소에 따른다. 이 비례축소는 $Re_l$과 $\Pi_{18}$이 유지되지 않을 경우에는 완전하지 않지만, 상사 노즐에 대한 관련 식은 매우 잘 맞다. 게다가 비례축소 모델 화재 소화의 기초는 합리적이며, 소규모 비례축소 설계 실험은 양호한 신뢰로서 수행되어질 수 있다.

## 12.5 비례축소 모델링

비례축소 모델링은 매우 우수한 설계 분석 방법이다. 이 방법은 제1회 비례축소 모델링 국제 심포지엄[22]과 후속 심포지엄에서 설명되어진 바와 같이 다양한 분야에서 사용되고 있다. 거의 폐기될 뻔한 이 방법은 구조, 음향, 해일, 비행기, 선박, 자동차 설계, 화재 분야의 연구자들과 함께 하였다. 현재는 전산수치해석 방법이 중심적이지만 여전히 비례축소 모델은 이러한 전산수치해석의 해를 검정하는 방법으로써 뿐만 아니라 매우 정확한 결과를 제공하고 있다. 설명을 위하여 화재에 대한 특정 사례를 몇 가지 기술하고자 한다. 이러한 모든 것은 $Re$수를 무시한 부분 비례축소(난류 유동이 우세할 만큼 충분히 큰 $Re$수를 유지한 경우)에 기초하고, 일반적인 기체상태 복사 열전달은 유지되지 않는다.

### 12.5.1 Froude 모델링

Froude 모델링은 주로 $Q^*$를 일정하게 유지함으로써 화재를 비례축소할 때 만들어져 왔다(아마 Fatroy Mutual 연구진으로부터). 이 무차원 수군은 대류와 부력에 관련하고 식 (12.6)으로부터 속도가 $u \sim (gl)^{1/2}$로서 비례축소 되는 것을 요구하는 경우에 Froude 모델링이라 명명되어진다. Heskestad[1]와 Croce[2]는 Froude 모델링을 효과적으로 사용하였다. 그들은 밀폐구획에서 목재더미 화재는 다음 식에 적합한 비례축소를 만들 수 있다는 것을 보여주었다.

$$\left\{\hat{T},\ \hat{Y}_i,\ \frac{\dot{m}_F}{\dot{m}_{F,o}}\right\}$$
$$= f\left\{\hat{x}_i,\ \hat{t},\ \dot{m}^*_{F,o},\ P,\ \frac{\Pi_8\Pi_6}{\Pi_5} = \frac{h_c\delta_w}{k_w},\ \frac{\Pi_8^2\sqrt{l/g}}{t_F} = \left(\frac{\rho c}{k}\right)_w\frac{\delta_w^2}{t_F}\right\} \tag{12.68}$$

여기서 $P$는 식 (9.83)의 목재더미의 다공도이고, $\dot{m}_{F,o}$는 목재더미의 자유 연소율, $t_F$는 $m_F/\dot{m}_{F,o}$인 연소시간이다. 형상과 비례축소의 종합적 효과에 대한 최대 연소 조건의 결과를 그림 12.13과 12.14에 보여준다. 이러한 실험에서 상사 목재더미와 상사 밀폐구획은 3가지 기하학적 비례축소, $\dot{Q} \sim l^{5/2}$에서 사용되었고 벽 물질의 상태량은 요구된 비례축소에 따라 변화시켰다. 이 결과를 통해 $A_o\sqrt{H_o}/\dot{m}_{F,o}$(연료공급률에 대한 공기 유량)과 환기높이비, $H_o/H$의 효과를 알 수 있다.

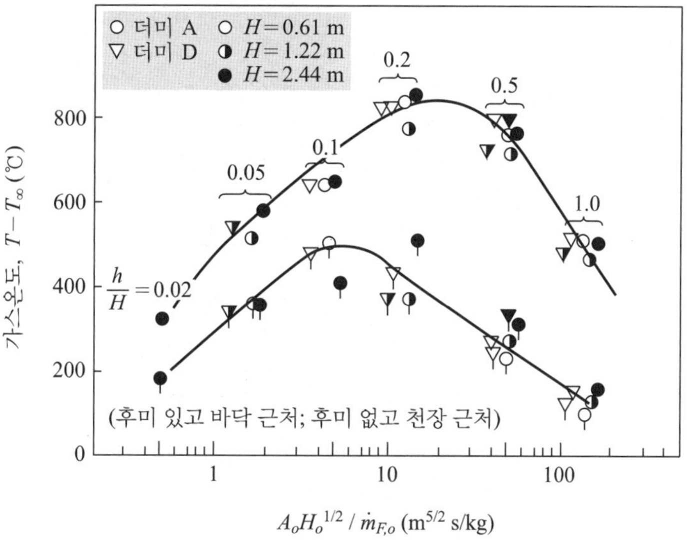


그림 12.13 ≫ 밀폐구획내의 기체온도[2]

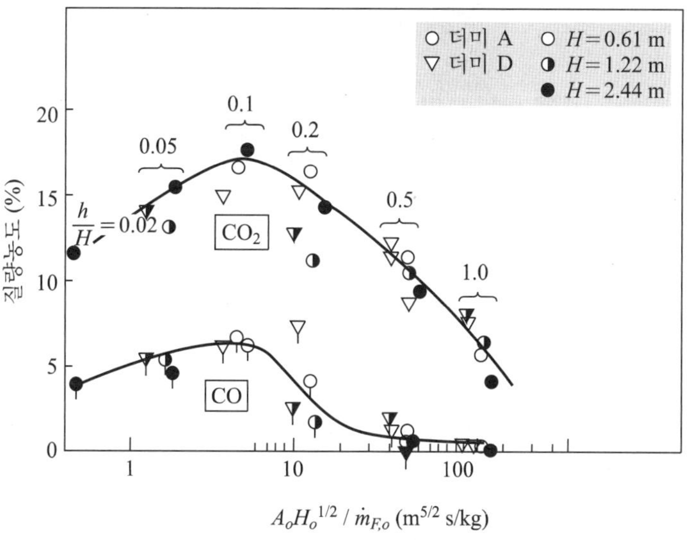


그림 12.14 ≫ 천장 근처 CO와 $CO_2$ 농도[2]

(a)

(b)

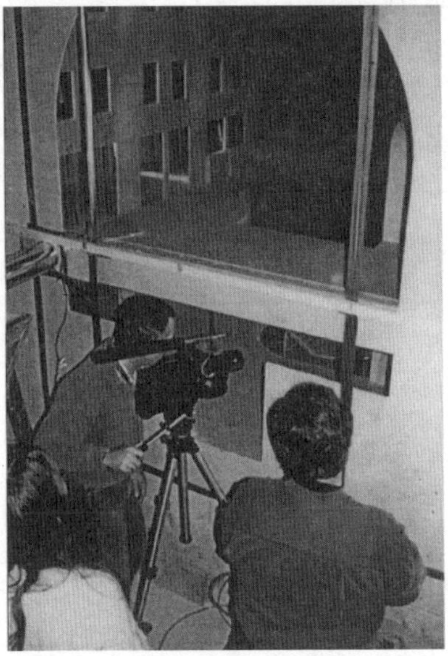

(c)

그림 12.15 》 (a) 썰매 화재 (b) 아트리움의 비례축소 모델 (c) 비례축소 모델 내부의 연기 거동 기록

Froude 모델링은 아트리움 연기제어에 대한 법규위주 설계가 불완전하다는 것을 입증하였고, 결국 대형 상가 조건의 비례축소 모델이 민사소송으로 제출되어졌을 때 대형 상가화재의 연기 위험 노출로 인해 관련 법 기준의 문제점이 지적되었다[23]. 그림 12.15는 비례축소 모델의 실험 장면을 보여준다. 산타와 썰매에서의 발화로 인해 상가 아트리움 바닥에 화재를 발생시켰다. 송풍기와 화재의 결과를 비례축소 모델링을 사용하여 조사함으로써 제연설비를 시뮬레이션 하였다. 기록된 결과를 통하여 보충공기의 고속 유입이 연기층을 교란시키고 연기가 아트리움으로부터 상가 내부 전체로 확산시킨다는 것을 알 수 있었다.

표 12.1의 검토를 통해 몇 가지 무차원 수군이 Froude 모델링에서는 유지되지 않는다는 것을 알 수 있다. $Re(\Pi_1)$는 무시되지만 이 비례축소는 난류 유동($Re > 10^5$)을 유지할 정도로 충분히 큰 값이 되어야 한다. 이것은 $Re$수가 크고 비점성 유동에 해당하는 위치, 즉 고체 경계벽으로부터 멀리 떨어진 곳에서 잘 맞다. Heskestad-Croce 응용에서는 단지 2개의 전도열전달 무차원 수

군이 사용되었다: $\Pi_5$, $\Pi_8$. 식 (12.68)의 무차원 수군은 벽 경계 물질의 상태량과 두께를 변화시킴으로써 비례축소를 유지되도록 하였다.

또 다른 방법으로 열전달 계수를 $Re$수(식 (12.38))를 포함하는 적절한 관계식으로부터 취한 $\Pi_6$와 $\Pi_8$을 취함으로써 경계층 근처의 대류열전달을 만족시킬 수 있다. 복사열전달은 재복사, $\Pi_7$와 화염(또는 연기) 복사, $\Pi_3$가 유지되지 않기 때문에 여전히 문제로 남을 수 있다. 그러므로 우리는 비례축소 기법을 갖는다. 무차원 수군은 그 효과가 작을 경우에는 무시될 수 있다. 비례축소된 결과의 검정으로 입증된다. 비례축소 모델링의 장점은 이 방법이 자연현상을 조사하고, 난류 또는 그을음 복사열전달을 시뮬레이션 하는 수학적 시도가 불필요하다는 것이다.

## 12.5.2 상사 비례축소 방법

화재 시 연기 이동을 시뮬레이션하기 위하여 밀도가 다른 2개의 유체를 사용하는 것이 일반적이다. 자주 사용하는 한 가지 방법은 고온 연소 생성물의 시뮬레이션에 대한 가시화를 위하여 염료나 착색된 염수와 깨끗한 물을 담은 수조내에서 역방향된 모델을 사용하는 것이다. 이것은 근원 $\dot{m}_s$로써 연소에 관한 식 (12.13)과 염수 유량에 관한 식 (12.45)로부터 결과되었다. 에너지 식을 단열계에 대하여 다음과 같이 기술한다.

$$\rho_\infty T_\infty l^3 \frac{d[c_p(T-T_\infty)/T_\infty]}{dt} + \dot{m}c_p\left(\frac{T-T_\infty}{T_\infty}\right) \sim \dot{Q} \tag{12.69a}$$

그리고 염수 종 농도 식은 다음과 같다.

$$\rho_s l^3 \frac{dy_s}{dt} + \dot{m}Y_s \sim \dot{m}_s \tag{12.69b}$$

초기 조건은 $(T-T_\infty)/T_\infty = Y_s = 0$이고 고체 경계에서 $\partial T/\partial n = \partial Y_s/\partial n = 0$, 열 또는 질량 유량은 없다. 물론 복사열전달은 무시하지만 이것은 근원으로부터 멀리 떨어진 곳에서 잘 맞다. 무차원 화원 항은 $t^* = (l/g)^{1/2}$에서 $Q^*$와 $m_s^*$이고, $l$은 기하학적 차원에 의해 또는 유동이 구속되는지 또는 불구속되는지에 따라 의존되는 불구속 열기류에 대한 식 (12.16)으로써 선택되어진다.

그림 12.16은 Strege의 염수 데이터[25]와 비교된 10장의 Tanaka, Fujita, Yamaguchi[24]의 상승하는 화재 열기류(또는 하강하는 염수기류)를 보여준다. 염수 데이터는 장시간 영역에 상응하고 Tanaka의 연소 데이터와 잘 맞다.

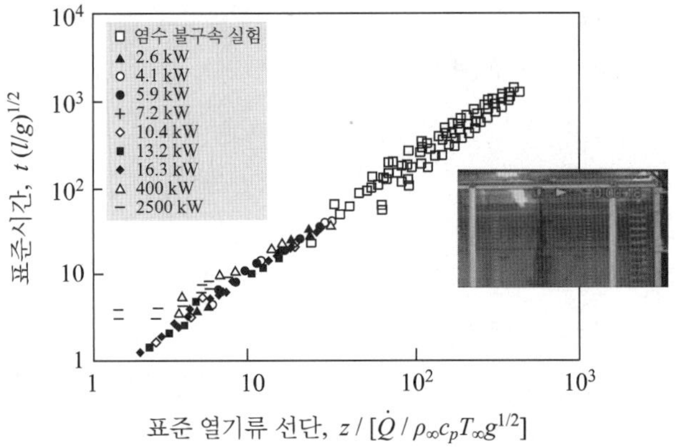


그림 12.16 ≫ 염수 모델링에 의해 시뮬레이션된 열기류 선단 상승시간[24,25]

또 다른 보기는 개방된 1층 문과 2층 바닥 모두 천장 환기구를 갖는 구획에 대한 것으로 그림 12.17에 보여준다. 이것은 화재 연기에 대한 복잡한 유동 형태를 만들 수 있다. 염수 모델 결과로부터 무차원 형태로 유도될 때 1층 바닥에서 발생하는 화재에 대하여 유도 시간이 기록되고, NIST에서 개발한 화재역학 시뮬레이터(FDS)의 화재시뮬레이션 결과와 비교하였다. 그림 12.18은 염수 비례축소 된 시간에 대한 2개 공간 계의 실험시간과 Kelly가 FDS를 이용하여 계산한 연소 계에 대한 상응 시간과의 비교를 보여준다. 여기서 $l$은 공간의 높이에 기초하였다. FDS 계산결과는 매우 작은 염수 화원에 비교되어진 화재 열방출률이 $10^{-1} \sim 10^3$ kW로 변화하였다. 이것으로부터 유체운동은 실험시간이 무차원 열방출률에 독립적일 경우 이 열방출률의 범위에 대해 매우 잘 시뮬레이션 되어진다는 것을 알 수 있다.

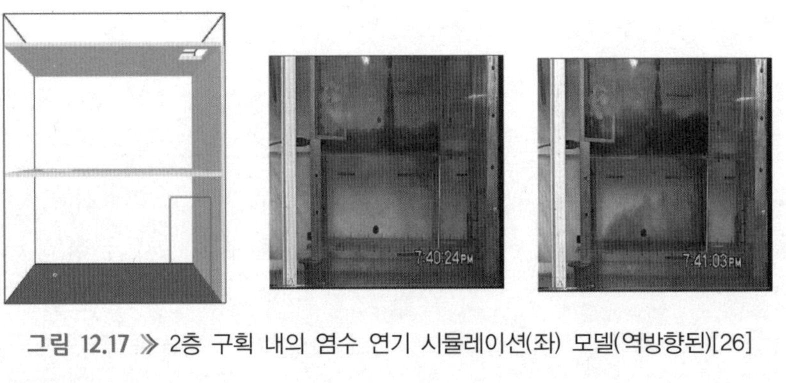

그림 12.17 ≫ 2층 구획 내의 염수 연기 시뮬레이션(좌) 모델(역방향된)[26]

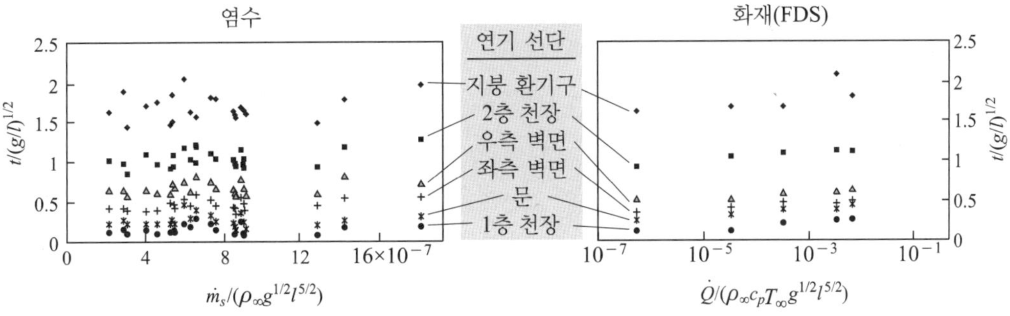


그림 12.18 ≫ 2층 구획의 여러 위치에서 무차원 연기 선단 도달시간[26]

화재온도를 염수 농도와 관련짓는 것은 문제가 있지만 신중한 관측에 의해 이루어질 수 있다. Yao와 Marshall[27]은 비간섭 레이저 형광기술을 이용하여 염수 농도를 측정하였다. 측정된 값은 천장제트의 온도분포와 관련되어졌다. 그림 12.19는 열기류와 천장제트의 간섭 영역에서의 염수 농도에 대한 레이저 신호 분포를 보여준다.

이 염수 저 부력 계는 난류를 가라앉히는 부력으로 인해 천장제트가 열기류로부터 확산될 때 층류가 되는 경향을 보여준다. 그림 12.20은 천장제트 두께로 무차원화 된 천장으로부터의 거리의 함수로써 천장제트내의 최대 상승 온도로 무차원화 된 천장제트의 온도분포를 보여준다. 이 결과는 염수 농도 또는 온도에 적용되고 이 온도분포가 열기류로부터의 거리에는 독립적이라는 것을 보여준다. 이 염수 상사 기법, 특히 Yao와 Marshall의 상사 기법은 화재에 의해 야기되는 유동을 조사하는데 있어 매우 효과적이다[27].

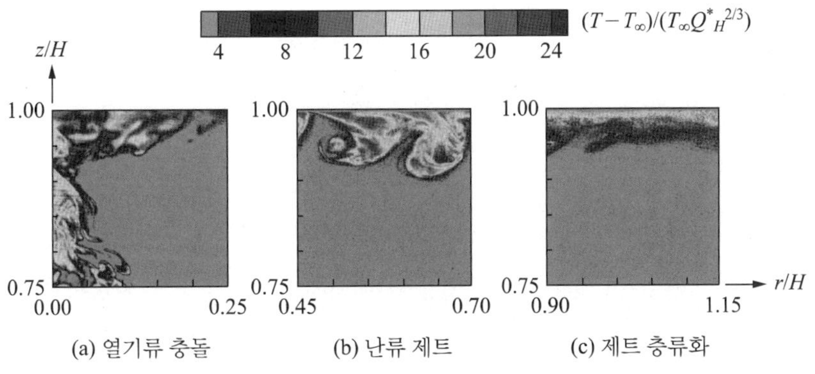


그림 12.19 ≫ 천장제트내의 형광색조의 염수 농도 분포[27]

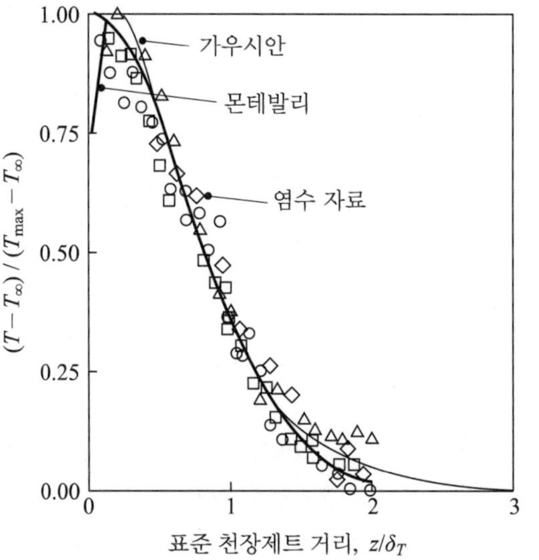


**그림 12.20 ≫ 천장제트 온도분포[27]**

# | 참 | 고 | 문 | 헌 |


1. Heskestad, G., Modeling of enclosure fires, *Proc. Comb. Inst.*, 1973, **14**, pp. 1021-30.
2. Croce, P. A., Modeling of vented enclosure fires, Part 1. Quasi-steady wood-crib source fires, FMRCJ.I.7A0R5.G0, Factory Mutual Research, Norwood, Massachusetts, July 1978.
3. Quintiere, J. G., McCaffrey, B. J. and Kashiwagi, T., A scaling study of a corridor subject to a room fire, *Combust. Sci. Technol.*, 1978, **18**, 1-19.
4. Emori, R. I. and Saito, K., A study of scaling laws in pool and crib fires, *Combust. Sci. Technol.*, 1983, **31**, 217-31.
5. Thomas, P. H., Modeling of compartment fires, *Fire Safety J.*, 1983, **5**, 181-90.
6. Thomas, P. H., Dimensional analysis: a magic art in fire research, *Fire Safety J.*, 2000, **34**, 111-41.
7. Quintiere, J. G., Scaling applications in fire research, *Fire Safety J.*, 1989, **15**, 3-29.
8. Alpert, R. L., Pressure modeling of fires controlled by radiation, *Proc. Comb. Inst.*, 1977, **16**, pp. 1489-500.
9. Steckler, K. D., Baum, H. R. and Quintiere, J. G., Salt water modeling of fire induce flows in multi-compartment enclosures, *Proc. Comb. Inst.*, 1986, **21**, pp. 143-9.
10. Parker, W. J. An assessment of correlations between laboratory experiments for the FAA Aircraft Fire Safety Program, Part 6: reduced-scale modeling of compartment at atmospheric pressure, NBS-GCR 83 448, National Bureau of Standards, February 1985.
11. Heskestad, G., Scaling the interaction of water sprays and flames, *Fire Safety J.*, September 2002, **37**, 535-614.
12. Ranz, W. E. and Marshall, W. R., Evaporation from drops: Part 2, *Chem. Eng. Prog.*, 1952, **48**, 173.
13. Altenkirch, R. A., Eichhorn, R. and Shang, P. C., Buoyancy effects on flames spreading down thermally thin fuels, *Combustion and Flame*, 1980, **37**, 71-83.
14. Heskestad, G., Luminous heights of turbulent diffusion flames, *Fire Safety J.*, 1983, **5**, 103-8.
15. Alpert, R. L., Turbulent ceiling-jet induced by large-scale fires, *Combust. Sci. Technol.*, 1975, **11**, 197-213.
16. Zukoski, E. E., Development of a stratified ceiling layer in the early stages of a closed-room fire, *Fire and Materials*, 1978, **2**, 54-62.
17. deRis, J., Kanury, A. M. and Yuen, M. C., Pressure modeling of polymers, *Proc. Comb. Inst.*, 1973, **14**, pp. 1033-43.
18. McCaffrey, B. J., Quintiere, J. G. and Harkleroad, M. F., Estimating room temperatures and the likelihood of flashover using fire test data correlations, *Fire Technology*, May 1981, **17**, 98-119.
19. Law, M., A basis for the design of fire protection of building structures, *The Structural Engineer*, January 1983, **61A**.
20. Babrauskas, V., A closed-form approximation for post-flashover compartment fire temperatures, *Fire*

*Safety J.*, 1981, **4**, 63-73.

21. Heskestad, G., Extinction of gas and liquid pool fires with water sprays, *Fire Safety J.*, June 2003, **38**, 301-17.
22. Emori, R. I. (ed.), *International Symposium on Scale Modeling*, The Japan Society of Mechanical Engineers, Tokyo, Japan, 18-22 July 1988.
23. Quintiere, J. G. and Dillon, M. E., Scale model reconstruction of fire in an atrium, in Second International Symposium on *Scale Modeling* (ed. K. Saito), University of Kentucky, Lexington, Kentucky, 23-27 June 1997.
24. Tanaka, T., Fujita, T. and Yamaguchi, J., Investigation into rise time of buoyant fire plume fronts, *Int. J. Engng Performance-Based Fire Codes*, 2000, **2**, 14-25.
25. Strege, S. M., The use of saltwater and computer field modeling techniques to determine plume entrainment within an enclosure for various fire scenarios, including inclined floor fires, MS Thesis, Department of Fire Protection Engineering, University of Maryland, College Park, Maryland, 2000.
26. Kelly, A. A., Examination of smoke movement in a two-story compartment using salt water and computational fluid dynamics modeling, MS Thesis, Department of Fire Protection Engineering, University of Maryland, College Park, Maryland, 2001.
27. Yao, X. and Marshall, A. W., *Characterizing Turbulent Ceiling Jet Dynamics with Salt-Water Modeling*, Fire Safety Science-Proceedings of the Eighth International Symposium, Eds. Gottuk, G. T. and Lattimer, B. Y., pp. 927-938.

ppendix

# A

# 부 록



## Flammability Properties

*Archibald Tewarson, FM Global, Norwood, Massachusetts, USA*

These tables have been supplied by Dr Archibald Tewarson and are added as an aid in pursuing calculations for materials. Dr Tewarson has been singularly responsible for developing techniques for measuring material properties related to their fire characteristics, and for systematically compiling databases of these properties. His contributions are unique for this fledgling field of fire science. He has been a pioneer in using oxygen depletion and combustion products to measure the energy release rates in the combustion of materials under fire conditions. He has generously released these tables for use in the text.

The tables were taken from A. Tewarson, *Flammability of Polymers*, Chapter 11 in Plastics and the Environment, A. L. Andrady (editor), John Wiley and Sons, Inc. Hoboken, N.J. 2003.

표 A.1 Glass transition temperature( $T_{gl}$ ), melting temperature( $T_m$ ) and melt flow index(MFI) of polymers

| Polymer | $T_{gl}$ (℃) | $T_m$ (℃) | MFI (g/10 min) |
|---|---|---|---|
| Ordinary polymers | | | |
| Polyethylene low density, PE-LD | −125 | 105~110 | 1.4 |
| PE-high density, PE-HD | | 130~135 | 2.2 |
| Polypropylene, PP (atactic) | −20 | 160~165 | 21.5 |
| Polyvinylacetate, PVAC | 28 | 103~106 | |
| Polyethyleneterephthalate, PET | 69 | 250 | |
| Polyvinyl chloride, PVC | 81 | | |
| Polyvinylalcohol, PVAL | 85 | | |
| PP (isotactic) | 100 | | |
| Polystyrene, PS | 100 | | 9.0 |
| Polymethylmethacrylate, PMMA | 100~120 | 130, 160 | 2.1, 6.2 |
| High-temperature polymers | | | |
| Polyetherketone, PEK | 119~225 | | |
| Polyetheretherketone, PEEK | | 340 | |
| Polyethersulfone, PES | 190 | | |
| Halogenated polymers | | | |
| Perfluoro-alkoxyalkane, PFA | 75 | 300~310 | |
| TFE,HFP,VDF fluoropolymer 200 | | 115~125 | 20 |
| TFE,HFP,VDF fluoropolymer 400 | | 150~160 | 10 |
| TFE,HFP,VDF fluoropolymer 500 | | 165~180 | 10 |
| Polyvinylidenefluoride, PVDF | | 160~170 | |
| Ethylenechlorotrifluoroethylene, ECTFE | | 240 | |
| Ethylenetetrafluoroethylene, ETFE | | 245~267 | |
| Perfluoroethylene-propylene, FEP | | 260~270 | |
| MFA | | 280~290 | |
| Tetrafluoroethylene, TFE | 130 | 327 | |

표 A.2 Char yield, vaporization/decomposition temperatures($T_v$ / $T_d$), limiting oxygen index(LOI) and UL 94 ratings for polymers

| Polymer | $T_v$ / $T_d$ (℃) | Char yield (%) | LOI[a] (%) | UL 94 ranking[b] |
|---|---|---|---|---|
| Ordinary polymers | | | | |
| Poly($\alpha$-methylstyrene) | 341 | 0 | 18 | HB |
| Polyoxymethylene (POM) | 361 | 0 | 15 | HB |
| Polystyrene (PS) | 364 | 0 | 18 | HB |
| Poly(methylmethacrylate) (PMMA) | 398 | 2 | 17 | HB |
| Polyurethane elastomer (PU) | 422 | 3 | 17 | HB |
| Polydimethylsiloxane (PDMS) | 444 | 0 | 30 | HB |
| Poly(acrylonitrile-butadiene-styrene) (ABS) | 444 | 0 | 18 | HB |
| Polyethyleneterephthalate (PET) | 474 | 13 | 21 | HB |
| Polyphthalamide | 488 | 3 | (22) | HB |
| Polyamide 6 (PA6)-Nylon | 497 | 1 | 21 | HB |
| Polyethylene (PE) | 505 | 0 | 18 | HB |
| High-temperature polymers | | | | |
| Cyanate ester of bisphenol-A (BCE) | 470 | 33 | 24 | V-1 |
| Phenolic Triazine Cyanate Ester (PT) | 480 | 62 | 30 | V-0 |
| Polyethylenenaphthalate (PEN) | 495 | 24 | 32 | V-2 |
| Polysulfone (PSF) | 537 | 30 | 30 | V-1 |
| Polycarbonate (PC) | 546 | 25 | 26 | V-2 |
| Liquid crystal polyester | 564 | 38 | 40 | V-0 |
| Polypromellitimide (PI) | 567 | 70 | 37 | V-0 |
| Polyetherimide (PEI) | 575 | 52 | 47 | V-0 |
| Polyphenylenesulfide (PPS) | 578 | 45 | 44 | V-0 |
| Polypara(benzoyl)phenylene | 602 | 66 | 41 | V-0 |
| Polyetheretherketone (PEEK) | 606 | 50 | 35 | V-0 |
| Polyphenylsulfone (PPSF) | 606 | 44 | 38 | V-0 |
| Polyetherketone (PEK) | 614 | 56 | 40 | V-0 |
| Polyetherketoneketone (PEKK) | 619 | 62 | 40 | V-0 |
| Polyamideimide (PAI) | 628 | 55 | 45 | V-0 |
| Polyaramide (Kevlar®) | 628 | 43 | 38 | V-0 |
| Polybenzimidazole (PBI) | 630 | 70 | 42 | V-0 |
| Polyparaphenylene | 652 | 75 | 55 | V-0 |
| Polybenzobisoxazole (PBO) | 789 | 75 | 56 | V-0 |
| Halogenated polymers | | | | |
| Poly(vinylchloride) (PVC) | 270 | 11 | 50 | V-0 |
| Polyvinylidenefluoride (PVDF) | 320~375 | 37 | 43~65 | V-0 |
| Poly(chlorotrifluoroethylene) (PCTFE) | 380 | 0 | 95 | V-0 |
| Fluorinated Cyanate Ester | 583 | 44 | 40 | V-0 |
| Poly(tetrafluoroethylene) (PTFE) | 612 | 0 | 95 | V-0 |

[a] Minimum oxygen concentration needed for burning at 20℃.

[b] V, vertical burning; HB, horizontal burning.

표 A.3 Surface re-radiation loss $\dot{q}_{rr}''$ and heat of gasification($L$) of polymers

| Polymer/sample | $\dot{q}_{rr}''$ (kW/m$^2$) | $L$ (kJ/g) | |
|---|---|---|---|
| | | DSC | ASTM E 2058 |
| Ordinary polymers | | | |
| Filter paper | 10 | | 3.6 |
| Corrugated paper | 10 | | 2.2 |
| Douglas fir wood | 10 | | 1.8 |
| Plywood/fire retarded (FR) | 10 | | 1.0 |
| Polypropylene, PP | 15 | 2.0 | 2.0 |
| Polyethylene, PE, low density | 15 | 1.9 | 1.8 |
| PE-high density | 15 | 2.2 | 2.3 |
| Polyoxymethylene, POM | 13 | 2.4 | 2.4 |
| Polymethylmethacrylate, PMMA | 11 | 1.6 | 1.6 |
| Nylon 6,6 | 15 | | 2.4 |
| Polyisoprene | 10 | | 2.0 |
| Acrylonitrile-butadiene-styrene, ABS | 10 | | 3.2 |
| Styrene-butadiene | 10 | | 2.7 |
| Polystyrene, PS foams | 10～13 | | 1.3～1.9 |
| PS granular | 13 | 1.8 | 1.7 |
| Polyurethane, PU, foams-flexible | 16～19 | 1.4 | 1.2～2.7 |
| PU foams-rigid | 14～22 | | 1.2～5.3 |
| Polyisocyanurate, PIU, foams | 14～37 | | 1.2～6.4 |
| Polyesters/glass fiber | 10～15 | | 1.4～6.4 |
| PE foams | 12 | | 1.4～1.7 |
| High-temperature polymers | | | |
| Polycarbonate, PC | 11 | | 2.1 |
| Phenolic foam | 20 | | 1.6 |
| Phenolic foam/FR | 20 | | 3.7 |
| Phenolic/glass fibers | 20 | | 7.3 |
| Phenolic-aromatic polyamide | 15 | | 7.8 |
| Halogenated polymers | | | |
| PE/25% chlorine (Cl) | 12 | | 2.1 |
| PE/36% Cl | 12 | | 3.0 |
| PE/48% Cl | 10 | | 3.1 |
| Polyvinylchloride, PVC, rigid | 15 | | 2.5 |
| PVC plasticized | 10 | | 1.7 |
| Ethylene-tetrafluoroethylene, ETFE | 27 | | 0.9 |
| Perfluoroethylene-propylene, FEP | 38 | | 2.4 |
| Ethylene-tetrafluoroethylene, ETFE | 48 | | 0.8～1.8 |
| Perfluoro-alkoxyalkane, PFA | 37 | | 1.0 |

표 A.4 Thermophysical and ignition properties of polymers[a]

| Polymer | $T_v/T_d$ (℃) | CHF (kW/m$^2$) | $T_{ig}$ (℃) | $\rho$ (g/cm$^3$) | $c$ (J/g K) | $k$ (W/m K) | $(k\rho c)^{0.5}$ (kW s$^{1/2}$/m$^2$ K) | $TRP_{Exp}$ | $TRP_{Cal}$ from $T_v/T_d$[b] | $TRP_{Cal}$ from $T_{ig}$[c] |
|---|---|---|---|---|---|---|---|---|---|---|
| Ordinary polymers | | | | | | | | | | |
| PE-1 | 387 | 15 | 443 | 0.94 | 2.15 | 0.30 | 0.779 | 454 | 286 | 327 |
| PE-2 | 404 | | | 0.95 | 2.03 | 0.31 | 0.773 | | 297 | |
| PE-3 | 356 | | | 0.95 | 2.12 | 0.37 | 0.863 | | 290 | |
| PP-1 | 308 | | | 0.90 | 2.25 | 0.19 | 0.620 | | 179 | |
| PP-2 | 293 | | | 0.90 | 2.48 | 0.21 | 0.685 | | 187 | |
| PP-3 | 325 | | | 1.19 | 1.90 | 0.39 | 0.939 | | 286 | |
| PP-4 | 298 | | | 1.21 | 1.76 | 0.39 | 0.911 | | 253 | |
| PP-5 | 274 | | | 1.11 | 1.95 | 0.34 | 0.858 | | 218 | |
| PP-6 | 310 | 15 | 443 | 0.93 | 2.20 | 0.20 | 0.640 | 288 | 186 | 271 |
| PP-7 | 346 | 15 | 443 | 0.90 | 2.22 | 0.23 | 0.678 | 323 | 221 | 287 |
| PP-8 | 296 | 10 | 374 | 1.06 | 2.08 | 0.23 | 0.712 | 277 | 197 | 252 |
| PP-9 | 341 | 15 | 443 | 1.04 | 1.93 | 0.31 | 0.789 | 333 | 253 | 334 |
| PE-PP-1 | 284 | | | 0.91 | 1.98 | 0.17 | 0.553 | | 146 | |
| PE-PP-2 | 305 | | | 0.88 | 2.15 | 0.21 | 0.630 | | 180 | |
| PVC-1 | 257 | 10 | 374 | 1.95 | 1.14 | 0.25 | 0.745 | 215 | 177 | 264 |
| Nylon 66 | 428 | | | 1.50 | 1.69 | 0.58 | 1.213 | | 495 | |
| Nylon 12 | 418 | | | 1.04 | 1.79 | 0.18 | 0.579 | | 230 | |
| PMMA | 330 | 10 | 374 | 1.19 | 2.09 | 0.27 | 0.819 | 274 | 254 | 290 |
| POM | 252 | 10 | 374 | 1.41 | 1.92 | 0.27 | 0.855 | 250 | 198 | 303 |
| EPDM-1 | 447 | | | 1.15 | 1.75 | 0.30 | 0.777 | | 332 | |
| EPDM-2 | 572 | | | 1.16 | 1.39 | 0.36 | 0.762 | | 421 | |
| EPDM-3 | 565 | | | 1.21 | 1.48 | 0.45 | 0.898 | | 489 | |
| SMC-ester | 341 | 20 | 497 | 1.64 | 1.14 | 0.37 | 0.832 | 483 | 267 | 397 |
| TPO-1 | 334 | | | 0.97 | 1.87 | 0.33 | 0.774 | | 243 | |
| | | | | | | Average | 0.778 | | | |
| | | | | | | Standard deviation | 0.140 | | | |
| High temperature advanced-engineered polymers | | | | | | | | | | |
| PSF | 537 | 30 | 580 | 1.24 | 1.30 | 0.28 | 0.672 | 469 | 347 | 376 |
| PEEK | 606 | 30 | 580 | 1.32 | 1.80 | 0.25 | 0.771 | 550 | 452 | 432 |
| PC-1 | 397 | | | 1.12 | 1.68 | 0.18 | 0.582 | | 219 | |
| PC-2 | 454 | 20 | 497 | 1.18 | 1.51 | 0.27 | 0.694 | 357 | 301 | 331 |
| PC-3 | 411 | | | 1.19 | 2.06 | 0.20 | 0.700 | | 274 | |
| PC-4 | 450 | 20 | 497 | 1.20 | 2.18 | 0.22 | 0.759 | 434 | 326 | 362 |
| PC-5 | 413 | | | 1.18 | 1.10 | 0.19 | 0.497 | | 195 | |
| PC-6 | 546 | 30 | 580 | 1.20 | 1.20 | 0.21 | 0.550 | 455 | 289 | 308 |
| PC-7 | 546 | 30 | 580 | 1.20 | 1.20 | 0.21 | 0.550 | 455 | 289 | 308 |

| Polymer | $T_v/T_d$ (℃) | CHF (kW/m$^2$) | $T_{ig}$ (℃) | $\rho$ (g/cm$^3$) | $c$ (J/g K) | $k$ (W/m K) | $(k\rho c)^{0.5}$ (kW s$^{1/2}$/m$^2$ K) | TRP$_{Exp}$ | TRP$_{Cal}$ from $T_v/T_d$ [b] | $T_{ig}$ [c] |
|---|---|---|---|---|---|---|---|---|---|---|
| PEI | 575 | 25 | 540 | 1.27 | 1.40 | 0.22 | 0.625 | 435 | 347 | 325 |
| | | | | | | Average | 0.640 | | | |
| | | | | | | Standard deviation | 0.094 | | | |
| Highly halogenated advanced-engineered polymers | | | | | | | | | | |
| PTFE | 401 | 50 | 700 | 2.18 | 1.00 | 0.25 | 0.738 | 654 | 281 | 502 |
| FEP | 401 | 50 | 700 | 2.15 | 1.20 | 0.25 | 0.803 | 680 | 306 | 546 |
| ETFE | 337 | 25 | 540 | 1.70 | 0.90 | 0.23 | 0.593 | 481 | 188 | 308 |
| PCTFE | 369 | 30 | 580 | 2.11 | 0.90 | 0.22 | 0.646 | 460 | 226 | 362 |
| ECTFE | 401 | 38 | 613 | 1.69 | 1.00 | 0.15 | 0.503 | 450 | 192 | 299 |
| PVDF | 348 | 40 | 643 | 1.70 | 1.30 | 0.13 | 0.536 | 506 | 176 | 334 |
| CPVC | 348 | 40 | 643 | 1.50 | 0.90 | 0.22 | 0.545 | 435 | 179 | 340 |
| | | | | | | Average | 0.624 | | | |
| | | | | | | Standard deviation | 0.112 | | | |
| Foams and expanded elastomers | | | | | | | | | | |
| PEU-1 | 248 | | | 0.11 | 1.77 | 0.04 | 0.088 | | 20 | |
| PEU-2 | 252 | | | 0.09 | 1.56 | 0.06 | 0.092 | | 21 | |
| PEU-3 | 262 | | | 0.02 | 1.65 | 0.02 | 0.026 | | 6 | |
| ABS-PVC-1 | 240 | 19 | 487 | 0.10 | 1.35 | 0.02 | 0.052 | 73 | 11 | 24 |
| ABS-PVC-2 | 238 | | | 0.07 | 2.02 | 0.15 | 0.146 | | 32 | |
| PS-1 | 339 | | | 0.09 | 1.70 | 0.17 | 0.161 | | 51 | |
| PS-2 | 432 | 20 | 497 | 0.13 | 1.62 | 0.10 | 0.145 | 146 | 60 | 69 |
| EPDM-1 | 276 | | | 0.44 | 2.30 | 0.07 | 0.266 | | 68 | |
| EPDM-2 | 334 | | | 0.41 | 1.51 | 0.21 | 0.361 | | 113 | |
| TPO-2 | 284 | | | 0.97 | 1.87 | 0.13 | 0.486 | | 128 | |
| TPO-3 | 396 | | | 0.93 | 1.96 | 0.20 | 0.604 | | 227 | |
| PVC-2 | 269 | 10 | 374 | 1.20 | 1.37 | 0.14 | 0.480 | 263 | 119 | 162 |
| PVC-glass | 261 | | | 1.00 | 1.05 | 0.23 | 0.491 | | 118 | |
| PVC-elastomers | 267 | | | 1.60 | 1.24 | 0.10 | 0.445 | | 110 | |
| Fabrics | | | | | | | | | | |
| PET-1 | 394 | 10 | 374 | 0.66 | 1.32 | 0.09 | 0.280 | 174 | 105 | 99 |
| PET-2 | 305 | | | 0.69 | 1.56 | 0.04 | 0.207 | | 59 | |
| Nylon 6 | 380 | 20 | 497 | 0.12 | 2.19 | 0.24 | 0.251 | 154 | 90 | 120 |

[a] Critical heat flux for piloted ignition(CHF), piloted ignition temperature($T_{ig}$), thermal response parameter(TRP$=\sqrt{\frac{\pi}{4}(k\rho c)}\,(T_{ig}-T_\infty)$);

[b] $T_v$, $T_d$ values were used in the calculation of TRP values.

[c] $T_{ig}$ values from CHF were used in the calculation of TRP values.

표 A.5 Ignition-time measured in the ASTM E 1354 cone calorimeter and thermal response parameter values derived from the data

| Polymers | Ignition time (seconds) Incident radiant heat flux, $\dot{q}_e''$ (kW/m$^2$) | | | | | | | | $TRP_{Exp}$ (kW s$^{1/2}$/m$^2$) |
|---|---|---|---|---|---|---|---|---|---|
| | 20 | 25 | 30 | 40 | 50 | 70 | 75 | 100 | |
| High density polyethylene, PE-HD | 403 | | 171 | 91 | 58 | | | | 364 |
| Polyethylene, PE | 403 | | | 159 | | 47 | | | 526 |
| Polypropylene, PP | 120 | | 63 | 35 | 27 | | | | 291 |
| Polypropylene, PP | 218 | | | 86 | | 41 | | | 556 |
| PP/glass fibers (1082) | | 168 | | | 47 | | 23 | 13 | 377 |
| Polystyrene, PS | 417 | | | 97 | | 50 | | | 556 |
| PS foam | NI[b] | | 73 | 28 | 18 | | | | 168 |
| PS-fire retarded (FR) | 244 | | | 90 | | 51 | | | 667 |
| PS foam-FR | NI | | 77 | 40 | 24 | | | | 221 |
| Nylon | 1923 | | | 65 | | 31 | | | 333 |
| Nylon 6 | 700 | | 193 | 115 | 74 | | | | 379 |
| Nylon/glass fibers (1077) | | 193 | | | 53 | | 21 | 13 | 359 |
| Polyoxymethylene, POM | 259 | | | 74 | | 24 | | | 357 |
| Polymethylmethacrylate, PMMA | 176 | | | 36 | | 11 | | | 222 |
| Polybutyleneterephthalate, PBT | 609 | | | 113 | | 59 | | | 588 |
| Polyethyleneterephthalate, PET | 718 | | | 116 | | 42 | | | 435 |
| Acrylonitrile-butadiene-styrene, ABS | 299 | | 130 | 68 | 43 | | | | 317 |
| ABS-FR | 212 | | | 66 | | 39 | | | 556 |
| ABS-PVC | 5198 | | | 61 | | 39 | | | 357 |
| Vinyl thermoplastic elastomer | NI | | | 1271 | | 60 | | | 294 |
| Polyurethane, PU foam | 12 | | | 1 | | 1 | | | 76 |
| Thermoplastic PU-FR | 302 | | | 60 | | 38 | | | 500 |
| EPDM/Styrene acrylonitrile, SAN | 486 | | | 68 | | 36 | | | 417 |
| Polyester/glass fibers (30%) | NI | | | 309 | 109 | | | | 256 |
| Isophthalic polyester | 256 | | 115 | 59 | 38 | | | | 296 |
| Isophthalic polyester/glass fiber (77%) | 480 | | 172 | 91 | 77 | | | | 426 |
| Polyvinyl ester | 332 | | 120 | 78 | 38 | | | | 263 |
| Polyvinyl ester/glass fiber (69%) | 646 | | 235 | 104 | 78 | | | | 444 |
| Polyvinyl ester/glass fiber (1031) | | 278 | | | 74 | | 34 | 18 | 429 |
| Polyvinyl ester/glass fiber (1087) | | 281 | | | | | 22 | 11 | 312 |
| Epoxy | 337 | | 172 | 100 | 62 | | | | 457 |
| Epoxy/glass fiber (69 %) | 320 | | 120 | 75 | 57 | | | | 388 |
| Epoxy/glass fiber (1003) | | 198 | | | 50 | | 73 | 19 | 555 |
| Epoxy/glass fiber (1006) | | 159 | | | 49 | | 23 | 14 | 397 |
| Epoxy/glass fiber (1040) | | | | | 18 | | 13 | 9 | 512 |
| Epoxy/glass fiber (1066) | | 140 | | | 48 | | 14 | 9 | 288 |

| Polymers | Ignition time (seconds) Incident radiant heat flux, $\dot{q}_e''$ (kW/m$^2$) | | | | | | | | $TRP_{Exp}$ (kW s$^{1/2}$/m$^2$) |
|---|---|---|---|---|---|---|---|---|---|
| | 20 | 25 | 30 | 40 | 50 | 70 | 75 | 100 | |
| Epoxy/glass fiber (1067) | | 209 | | | 63 | | 24 | 18 | 433 |
| Epoxy/glass fiber (1070) | | 229 | | | 63 | | 30 | 23 | 517 |
| Epoxy/glass fiber (1071) | | 128 | | | 34 | | 18 | 10 | 334 |
| Epoxy/glass fiber (1089) | | 535 | | | 105 | | 60 | 40 | 665 |
| Epoxy/glass fiber (1090) | | 479 | | | 120 | | 54 | 34 | 592 |
| Epoxy/graphite fiber (1091) | | NI | | | | | 53 | 28 | 484 |
| Epoxy/graphite fiber (1092) | | 275 | | | 76 | | 32 | 23 | 493 |
| Epoxy/graphite fiber (1093) | | 338 | | | 94 | | 44 | 28 | 554 |
| Cyanate ester/glass fiber (1046) | | 199 | | | 58 | | 20 | 10 | 302 |
| Acrylic/glass fiber | 553 | | 252 | 148 | 101 | | | | 180 |
| Kydex acrylic paneling, FR | 200 | | | 38 | | 12 | | | 233 |
| Polycarbonate, PC-1 | NI | | | 182 | | 75 | | | 455 |
| PC-2 | 6400 | | | 144 | | 45 | | | 370 |
| Cross linked polyethylene (XLPE) | 750 | | | 105 | | 35 | | | 385 |
| Polyphenylene oxide, PPO-polystyrene (PS) | 479 | | | 87 | | 39 | | | 455 |
| PPO/glass fibers | 465 | | | 45 | | 35 | | | 435 |
| Polyphenylenesulfide, PPS/glass fibers (1069) | | NI | | | 105 | | 57 | 30 | 588 |
| PPS/graphite fibers (1083) | | NI | | | | | 69 | 26 | 330 |
| PPS/glass fibers (1084) | | NI | | | 244 | | 70 | 48 | 623 |
| PPS/graphite fibers (1085) | | NI | | | 173 | | 59 | 33 | 510 |
| Polyarylsulfone/graphite fibers (1081) | | NI | | | 122 | | 40 | 19 | 360 |
| Polyethersulfone/graphite fibers (1078) | | NI | | | 172 | | 47 | 21 | 352 |
| Polyetheretherketone, PEEK/glass fibers (30%) | NI | | | 390 | 142 | | | | 301 |
| PEEK/graphite fibers (1086) | | | | | 307 | | 80 | 42 | 514 |
| Polyetherketoneketone, PEKK/glass fibers (1079) | | NI | | | 223 | | 92 | 53 | 710 |
| Bismaleimide, BMI/graphite fibers (1095) | | 237 | | | | | 42 | 22 | 513 |
| Bismaleimide, BMI/graphite fibers (1096) | | 503 | | | 141 | | 60 | 36 | 608 |
| Bismaleimide, BMI/graphite fibers (1097) | | NI | | | | | 66 | 37 | 605 |
| Bismaleimide, BMI/graphite fibers (1098) | | NI | | | 110 | | 32 | 27 | 515 |
| Phenolic/glass fibers (45%) | 423 | | | 214 | 165 | | | | 683 |
| Phenolic/glass fibers (1099) | | NI | | | 121 | | 33 | 22 | 409 |
| Phenolic/glass fibers (1100) | | NI | | | 125 | | | 40 | 728 |
| Phenolic/glass fibers (1101) | | NI | | | 210 | | 55 | 25 | 382 |
| Phenolic/glass fibers (1014) | | NI | | | 214 | | 73 | 54 | 738 |
| Phenolic/glass fibers (1015) | | NI | | | 238 | | 113 | 59 | 765 |

| Polymers | Ignition time (seconds) Incident radiant heat flux, $\dot{q}_e''$ ($kW/m^2$) | | | | | | | | $TRP_{Exp}$ ($kW\ s^{1/2}/m^2$) |
|---|---|---|---|---|---|---|---|---|---|
| | 20 | 25 | 30 | 40 | 50 | 70 | 75 | 100 | |
| Phenolic/glass fibers (1017) | | NI | | | 180 | | 83 | 43 | 641 |
| Phenolic/glass fibers (1018) | | NI | | | 313 | | 140 | 88 | 998 |
| Phenolic/graphite fibers (1102) | | NI | | | | | 79 | 45 | 684 |
| Phenolic/graphite fibers (1103) | | NI | | | 104 | | 34 | 20 | 398 |
| Phenolic/graphite fibers (1104) | | NI | | | 187 | | 88 | 65 | 982 |
| Phenolic/PE fibers (1073) | | 714 | | | 129 | | 28 | 10 | 267 |
| Phenolic/aramid fibers (1074) | | 1110 | | | 163 | | 33 | 15 | 278 |
| Polyimide/glass fibers (1105) | | NI | | | 175 | | 75 | 55 | 844 |
| Douglas fir | 254 | | | 34 | | 12 | | | 222 |
| Hemlock | 307 | | 73 | 35 | 19 | | | | 175 |
| Wool | 24 | | 15 | 11 | 9 | | | | 232 |
| Acrylic fiber | 52 | | 28 | 16 | 19 | | | | 175 |
| Polyvinylchloride, PVC flexible-1 | 117 | | | 27 | | 11 | | | 244 |
| PVC flexible-2 | 102 | | | 21 | | 15 | | | 333 |
| PVC flexible-3 (LOI 25%) | 119 | | 61 | 41 | 25 | | | | 285 |
| PVC-FR flexible-1 | 236 | | | 47 | | 12 | | | 222 |
| PVC-FR flexible-2 | 176 | | | 36 | | 14 | | | 263 |
| PVC-FR ($Sb_2O_3$) flexible-4 (LOI 30%) | 136 | | 84 | 64 | 37 | | | | 397 |
| PVC-FR (triaryl phosphate) flexible-5 (LOI 34%) | 278 | | 103 | 69 | 45 | | | | 345 |
| PVC-FR (alkyl aryl phosphate) flexible-6 (LOI 28%) | 114 | | 72 | 49 | 35 | | | | 401 |
| PVC rigid-1 | 5159 | | | 73 | | 45 | | | 385 |
| PVC rigid-2 | 3591 | | | 85 | | 48 | | | 417 |
| PVC rigid-3 | 5171 | | | 187 | | 43 | | | 357 |
| PVC rigid-1 (LOI 50%) | NI | | 487 | 276 | 82 | | | | 388 |
| PVC rigid-2 | NI | | 320 | 153 | 87 | | | | 390 |
| Chlorinated PVC (CPVC) | NI | | | 621 | | 372 | | | 1111 |

NI: no ignition

표 A.6 Peak heat release rate measured in the ASTM E 1354 cone calorimeter

| Polymers | Ref. | $\dot{Q}_{ch}''$ (peak) (kW/m$^2$) Incident radiant heat flux, $\dot{q}_e''$ (kW/m$^2$) | | | | | | | | $\Delta h_c/L$ (−) |
|---|---|---|---|---|---|---|---|---|---|---|
| | | 20 | 25 | 30 | 40 | 50 | 70 | 75 | 100 | |
| Ordinary polymers | | | | | | | | | | |
| High-density polyethylene, HDPE | 44 | 453 | | 866 | 944 | 1133 | | | | 21 |
| Polyethylene, PE | 42 | 913 | | | 1408 | | 2735 | | | 37 |
| Polypropylene, PP | 44 | 377 | | 693 | 1095 | 1304 | | | | 32 |
| Polypropylene, PP | 42 | 1170 | | | 1509 | | 2421 | | | 25 |
| PP/glass fibers (1082) | 43 | | 187 | | | 361 | | 484 | 432 | 6 |
| Polystyrene, PS | 42 | 723 | | | 1101 | | 1555 | | | 17 |
| Nylon | 42 | 517 | | | 1313 | | 2019 | | | 30 |
| Nylon 6 | 44 | 593 | | 802 | 863 | 1272 | | | | 21 |
| Nylon/glass fibers (1077) | 43 | | 67 | | | 96 | | 116 | 135 | 1 |
| Polyoxymethylene, POM | 42 | 290 | | | 360 | | 566 | | | 6 |
| Polymethylmethacrylate, PMMA | 42 | 409 | | | 665 | | 988 | | | 12 |
| Polybutyleneterephthalate, PBT | 42 | 850 | | | 1313 | | 1984 | | | 23 |
| Acrylonitrile-butadiene-styrene, ABS | 44 | 683 | | 947 | 994 | 1147 | | | | 14 |
| ABS | 42 | 614 | | | 944 | | 1311 | | | 12 |
| ABS-FR | 42 | 224 | | | 402 | | 419 | | | 4 |
| ABS-PVC | 42 | 224 | | | 291 | | 409 | | | 4 |
| Vinyl thermoplastic elastomer | 42 | 19 | | | 77 | | 120 | | | 2 |
| Polyurethane, PU foam | 42 | 290 | | | 710 | | 1221 | | | 19 |
| EPDM/Styrene acrylonitrile, SAN | 42 | 737 | | | 956 | | 1215 | | | 10 |
| Polyester/glass fibers (30%) | 44 | NI | | | 167 | 231 | | | | 6 |
| Isophthalic polyester | 44 | 582 | | 861 | 985 | 985 | | | | 20 |
| Isophthalic polyester/glass fibers (77%) | 44 | 173 | | 170 | 205 | 198 | | | | 2 |
| Polyvinyl ester | 44 | 341 | | 471 | 534 | 755 | | | | 13 |
| Polyvinyl ester/glass fibers (69%) | 44 | 251 | | 230 | 253 | 222 | | | | 2 |
| Polyvinyl ester/glass fibers (1031) | 43 | | 75 | | | 119 | | 139 | 166 | 1 |
| Polyvinyl ester/glass fibers (1087) | 43 | | 377 | | | | | 499 | 557 | 2 |
| Epoxy | 44 | 392 | | 453 | 560 | 706 | | | | 11 |
| Epoxy/glass fibers (69%) | 44 | 164 | | 161 | 172 | 202 | | | | 2 |
| Epoxy/glass fibers (1003) | 43 | | 159 | | | 294 | | 191 | 335 | 2 |
| Epoxy/glass fibers (1006) | 43 | | 81 | | | 181 | | 182 | 229 | 2 |
| Epoxy/glass fibers (1040) | 43 | | | | | 40 | | 246 | 232 | 2 |
| Epoxy/glass fibers (1066) | 43 | | 231 | | | 266 | | 271 | 489 | 3 |
| Epoxy/glass fibers (1067) | 43 | | 230 | | | 213 | | 300 | 279 | 1 |
| Epoxy/glass fibers (1070) | 43 | | 175 | | | 196 | | 262 | 284 | 2 |
| Epoxy/glass fibers (1071) | 43 | | 20 | | | 93 | | 141 | 202 | 2 |

| Polymers | Ref. | $\dot{Q}_{ch}''$ (peak) (kW/m$^2$) Incident radiant heat flux, $\dot{q}_e''$ (kW/m$^2$) | | | | | | | | $\Delta h_c/L$ (−) |
|---|---|---|---|---|---|---|---|---|---|---|
| | | 20 | 25 | 30 | 40 | 50 | 70 | 75 | 100 | |
| Epoxy/glass fibers (1089) | 43 | | 39 | | | 178 | | 217 | 232 | 2 |
| Epoxy/glass fibers (1090) | 43 | | 118 | | | 114 | | 144 | 173 | 1 |
| Epoxy/graphite fibers (1091) | 43 | | NI | | | | | 197 | 241 | 2 |
| Epoxy/graphite fibers (1092) | 43 | | 164 | | | 189 | | 242 | 242 | 2 |
| Epoxy/graphite fibers (1093) | 43 | | 105 | | | 171 | | 244 | 202 | 3 |
| Cyanate ester/glass fibers (1046) | 43 | | 121 | | | 130 | | 196 | 226 | 2 |
| Kydex acrylic paneling, FR | 42 | 117 | | | 176 | | 242 | | | 3 |
| High-temperature polymers | | | | | | | | | | |
| Polycarbonate, PC-1 | 42 | 16 | | | 429 | | 342 | | | 21 |
| PC-2 | 42 | 144 | | | 420 | | 535 | | | 14 |
| Cross linked polyethylene (XLPE) | 42 | 88 | | | 192 | | 268 | | | 5 |
| Polyphenylene oxide, PPO-polystyrene (PS) | 42 | 219 | | | 265 | | 301 | | | 2 |
| PPO/glass fibers | 42 | 154 | | | 276 | | 386 | | | 6 |
| Polyphenylenesulfide, PPS/glass fibers (1069) | 43 | | NI | | | 52 | | 71 | 183 | 3 |
| PPS/graphite fibers (1083) | 43 | | NI | | | | | 60 | 80 | 2 |
| PPS/glass fibers (1084) | 43 | | NI | | | 48 | | 88 | 150 | 2 |
| PPS/graphite fibers (1085) | 43 | | NI | | | 94 | | 66 | 126 | 1 |
| Polyarylsulfone/graphite fibers (1081) | 43 | | NI | | | 24 | | 47 | 60 | 1 |
| Polyethersulfone/graphite fibers (1078) | 43 | | NI | | | 11 | | 41 | 65 | 0.3 |
| Polyetheretherketone, PEEK/glass fibers (30%) | 44 | NI | | | 35 | 109 | | | | 7 |
| PEEK/graphite fibers (1086) | 43 | | | | | 14 | | 54 | 85 | 1 |
| Polyetherketoneketone, PEKK/glass fibers (1079) | 43 | | NI | | | 21 | | 45 | 74 | 1 |
| Bismaleimide, BMI/graphite fibers (1095) | 43 | | 160 | | | | | 213 | 270 | 1 |
| Bismaleimide, BMI/graphite fibers (1096) | 43 | | 128 | | | 176 | | 245 | 285 | 2 |
| Bismaleimide, BMI/graphite fibers (1097) | 43 | | NI | | | | | 172 | 168 | (1) |
| Bismaleimide, BMI/graphite fibers (1098) | 43 | | NI | | | 74 | | 91 | 146 | 1 |
| Phenolic/glass fibers (45%) | 44 | | | 423 | 214 | 165 | | | | 1 |
| Phenolic/glass fibers (1099) | 43 | | NI | | | 66 | | 102 | 122 | 1 |
| Phenolic/glass fibers (1100) | 43 | | NI | | | 66 | | 120 | 163 | 2 |

| Polymers | Ref. | $\dot{Q}_{ch}''$ (peak) (kW/m²) Incident radiant heat flux, $\dot{q}_e''$ (kW/m²) | | | | | | | | $\Delta h_c/L$ (−) |
|---|---|---|---|---|---|---|---|---|---|---|
| | | 20 | 25 | 30 | 40 | 50 | 70 | 75 | 100 | |
| Phenolic/glass fibers (1101) | 43 | | NI | | | 47 | | 57 | 96 | 1 |
| Phenolic/glass fibers (1014) | 43 | | NI | | | 81 | | 97 | 133 | 1 |
| Phenolic/glass fibers (1015) | 43 | | NI | | | 82 | | 76 | 80 | (1) |
| Phenolic/glass fibers (1017) | 43 | | NI | | | 190 | | 115 | 141 | 1 |
| Phenolic/glass fibers (1018) | 43 | | NI | | | 132 | | 56 | 68 | 1 |
| Phenolic/graphite fibers (1102) | 43 | | NI | | | | | 159 | 196 | 2 |
| Phenolic/graphite fibers (1103) | 43 | | NI | | | 177 | | 183 | 189 | 0.2 |
| Phenolic/graphite fibers (1104) | 43 | | NI | | | 71 | | 87 | 101 | 1 |
| Phenolic/PE fibers (1073) | 43 | | NI | | | 98 | | 141 | 234 | 3 |
| Phenolic/aramid fibers (1074) | 43 | | NI | | | 51 | | 93 | 104 | 1 |
| Phenolic insulating foam | 44 | | | | 17 | 19 | | 29 | | 1 |
| Polyimide/glass fibers (1105) | 43 | | NI | | | 40 | | 78 | 85 | 1 |
| Wood | | | | | | | | | | |
| Douglas fir | 42 | 237 | | | 221 | | 196 | | | (−) |
| Hemlock | 44 | 233 | | 218 | 236 | 243 | | | | (−) |
| Textiles | | | | | | | | | | |
| Wool | 44 | 212 | | 261 | 307 | 286 | | | | 5 |
| Acrylic fibers | 44 | 300 | | 358 | 346 | 343 | | | | 6 |
| Halogenated polymers | | | | | | | | | | |
| PVC flexible-3 (LOI 25%) | 44 | 126 | | 148 | 240 | 250 | | | | 5 |
| PVC-FR ($Sb_2O_3$) flexible-4 (LOI 30%) | 44 | 89 | | 137 | 189 | 185 | | | | 5 |
| PVC-FR (triaryl phosphate) flexible-5 (LOI 34%) | 44 | 96 | | 150 | 185 | 176 | | | | 5 |
| PVC rigid-1 | 42 | 40 | | | 175 | | 191 | | | 3 |
| PVC rigid-2 | 42 | 75 | | | 111 | | 126 | | | 2 |
| PVC rigid-3 | 42 | 102 | | | 183 | | 190 | | | 2 |
| PVC rigid-1 (LOI 50%) | 44 | NI | | 90 | 107 | 155 | | | | 3 |
| PVC rigid-2 | 44 | NI | | 101 | 137 | 157 | | | | 3 |
| Chlorinated PVC (CPVC) | 42 | 25 | | | 84 | | 93 | | | 1 |

표 A.7 Average yields of products and heat of combustion for polymers from parts of a minivan from the data measured in the ASTM E 2058 fire propagation apparatus[a]

| Part description | $y_j$ (g/g) | | | | | $\Delta h_c$ |
|---|---|---|---|---|---|---|
| | Polymers | CO | $CO_2$ | HC[b] | Smoke | (kJ/g) |
| Head liner | | | | | | |
| Fabric, exposed | Nylon 6 | 0.086 | 2.09 | 0.001 | 0.045 | 28.8 |
| Instrument panel | | | | | | |
| Cover | PVC | 0.057 | 1.72 | 0.005 | 0.109 | 24.4 |
| Shelf, main panel | PC | 0.051 | 1.86 | 0.002 | 0.105 | 20.2 |
| Resonator | | | | | | |
| Structure | PP | 0.041 | 2.46 | 0.002 | 0.072 | 34.6 |
| Intake tube | EPDM | 0.045 | 2.51 | 0.001 | 0.100 | 33.8 |
| Kick panel insulation | | | | | | |
| Backing | PVC | 0.061 | 1.26 | 0.006 | 0.070 | 17.4 |
| Air ducts | | | | | | |
| Large ducts | PP | 0.056 | 2.52 | 0.004 | 0.080 | 35.5 |
| Steering column boot | | | | | | |
| Inner boot | NR | 0.061 | 1.87 | 0.003 | 0.130 | 25.6 |
| Cotton shoddy | Cott/polyester[c] | 0.039 | 2.17 | 0.002 | 0.087 | 29.4 |
| Brake fluid reservoir | | | | | | |
| Reservoir | PP | 0.058 | 2.41 | 0.011 | 0.072 | 33.9 |
| Windshield wiper tray | | | | | | |
| Structure | SMC | 0.061 | 1.86 | 0.003 | 0.100 | 25.5 |
| Sound reduction fender insulation | | | | | | |
| High-density foam | PS | 0.064 | 1.8 | 0.002 | 0.098 | 24.6 |
| Hood liner insulation | | | | | | |
| Face | PET | 0.041 | 1.47 | 0.003 | 0.022 | 20 |
| Wheel well cover | | | | | | |
| Fuel tank shield | PP | 0.054 | 2.45 | 0.002 | 0.065 | 34.5 |
| HVAC unit | | | | | | |
| Cover | PP | 0.057 | 2.49 | 0.002 | 0.060 | 35 |
| Seal, foam | ABS-PVC | 0.089 | 1.62 | 0.001 | 0.060 | 22.6 |
| Fuel tank | | | | | | |
| Tank | PE | 0.032 | 2.33 | 0.005 | 0.042 | 32.7 |
| Headlight | | | | | | |
| Lens | PC | 0.049 | 1.67 | 0.004 | 0.113 | 18.2 |
| Battery casing | | | | | | |
| Cover | PP | 0.045 | 2.59 | 0.004 | 0.071 | 36.2 |
| Bulkhead insulation engine side | | | | | | |
| Grommet, wire harness cap | HDPF | 0.064 | 2.67 | 0.012 | 0.058 | 38.2 |

[a] Combustion in normal air at 50 kW/m$^2$ of external heat flux in the ASTM E 2058 apparatus.

[b] HC-total hydrocarbons.

[c] Cotton/polyester: mixture of cotton, polyester, and other fibers.

표 A.8 Average heat of combustion and yields of products for polymers from the data measured in the ASTM E 2058 fire propagation apparatus

| Polymers | Composition | $y_j$ (g/g) | | | | $\Delta h_c$ |
|---|---|---|---|---|---|---|
| | | CO | $CO_2$ | HC[a] | Smoke | (kJ/g) |
| Ordinary-polymers | | | | | | |
| Polyethylene, PE | $CH_2$ | 0.024 | 2.76 | 0.007 | 0.060 | 38.4 |
| Polypropylene, PP | $CH_2$ | 0.024 | 2.79 | 0.006 | 0.059 | 38.6 |
| Polystyrene, PS | CH | 0.060 | 2.33 | 0.014 | 0.164 | 27.0 |
| Polystyrene foam | $CH_{1.1}$ | 0.061 | 2.32 | 0.015 | 0.194 | 25.5 |
| Wood | $CH_{1.7}O_{0.73}$ | 0.004 | 1.30 | 0.001 | 0.015 | 12.6 |
| Polyoxymethylene, POM | $CH_{2.0}O$ | 0.001 | 1.40 | 0.001 | 0.001 | 14.4 |
| Polymethylmethacrylate, PMMA | $CH_{1.6}O_{0.40}$ | 0.010 | 2.12 | 0.001 | 0.022 | 24.2 |
| Polyester | $CH_{1.4}O_{0.22}$ | 0.075 | 1.61 | 0.025 | 0.188 | 20.1 |
| Nylon | $CH_{1.8}O_{0.17}N_{0.17}$ | 0.038 | 2.06 | 0.016 | 0.075 | 27.1 |
| Flexible polyurethane foams | $CH_{1.8}O_{0.32}N_{0.06}$ | 0.028 | 1.53 | 0.004 | 0.070 | 17.6 |
| Rigid polyurethane foams | $CH_{1.1}O_{0.21}N_{0.10}$ | 0.036 | 1.43 | 0.003 | 0.118 | 16.4 |
| High temperature polymers | | | | | | |
| Polyetheretherketone, PEEK | $CH_{0.63}O_{0.16}$ | 0.029 | 1.60 | 0.001 | 0.008 | 17.0 |
| Polysulfone, PSO | $CH_{0.81}O_{0.15}S_{0.04}$ | 0.034 | 1.80 | 0.001 | 0.020 | 20.0 |
| Polyethersulfone, PES | | 0.040 | 1.50 | 0.001 | 0.021 | 16.7 |
| Polyetherimide, PEI | $CH_{0.65}O_{0.16}N_{0.05}$ | 0.026 | 2.00 | 0.001 | 0.014 | 20.7 |
| Polycarbonate, PC | $CH_{0.88}O_{0.19}$ | 0.054 | 1.50 | 0.001 | 0.112 | 16.7 |
| Halogenated polymers | | | | | | |
| PE+25% Cl | $CH_{1.9}Cl_{0.13}$ | 0.042 | 1.71 | 0.016 | 0.115 | 22.6 |
| PE+36% Cl | $CH_{1.8}Cl_{0.22}$ | 0.051 | 0.83 | 0.017 | 0.139 | 10.6 |
| PE+48% Cl | $CH_{1.7}Cl_{0.36}$ | 0.049 | 0.59 | 0.015 | 0.134 | 5.7 |
| Polyvinylchloride, PVC | $CH_{1.5}Cl_{0.50}$ | 0.063 | 0.46 | 0.023 | 0.172 | 7.7 |
| Chlorinated PVC | $CH_{1.3}Cl_{0.70}$ | 0.052 | 0.48 | 0.001 | 0.043 | 6.0 |
| Polyvinylidenefluoride, PVDF | CHF | 0.055 | 0.53 | 0.001 | 0.037 | 5.4 |
| Polyethylenetetrifluoroethylene, ETFE | CHF | 0.035 | 0.78 | 0.001 | 0.028 | 7.3 |
| Polyethylenechlorotrifluoroethylene, ECTFE | $CHCl_{0.25}F_{0.75}$ | 0.095 | 0.41 | 0.001 | 0.038 | 4.5 |
| Polytetrafluoroethylene, TFE | $CF_2$ | 0.092 | 0.38 | 0.001 | 0.003 | 2.8 |
| Polyfluoroalkoxy, PFA | $CF_{1.6}$ | 0.099 | 0.42 | 0.001 | 0.002 | 1.8 |
| Polyfluorinated ethylene propylene, FEP | $CF_{1.8}$ | 0.116 | 0.25 | 0.001 | 0.003 | 1.0 |

[a] HC-total gaseous hydrocarbon.

표 A.9 Average effective(chemical) heat of combustion and smoke yield calculated from the data measured in the ASTM E 1354 cone calorimeter[a]

| Polymers | $\Delta h_c$ (MJ/kg) | $y_{smoke}$ (g/g) |
|---|---|---|
| Ordinary polymers | | |
| High-density polyethylene, HDPE | 40.0 | 0.035 |
| Polyethylene, PE | 43.4 | 0.027 |
| Polypropylene, PP | 44.0 | 0.046 |
| Polypropylene, PP | 42.6 | 0.043 |
| PP/glass fibers (1082) | NR | 0.105 |
| Polystyrene, PS | 35.8 | 0.085 |
| PS-FR | 13.8 | 0.144 |
| PS foam | 27.7 | 0.128 |
| PS foam-FR | 26.7 | 0.136 |
| Nylon | 27.9 | 0.025 |
| Nylon 6 | 28.8 | 0.011 |
| Nylon/glass fibers (1077) | NR | 0.089 |
| Polyoxymethylene, POM | 13.4 | 0.002 |
| Polymethylmethacrylate, PMMA | 24.2 | 0.010 |
| Polybutyleneterephthalate, PBT | 20.9 | 0.066 |
| Polyethyleneterephthalate, PET | 14.3 | 0.050 |
| Acrylonitrile-butadiene-styrene, ABS | 30.0 | 0.105 |
| ABS | 29.4 | 0.066 |
| ABS-FR | 11.7 | 0.132 |
| ABS-PVC | 17.6 | 0.124 |
| Vinyl thermoplastic elastomer | 6.4 | 0.056 |
| Polyurethane, PU foam | 18.4 | 0.054 |
| Thermoplastic PU-FR | 19.6 | 0.068 |
| EPDM/styrene acrylonitrile, SAN | 29.0 | 0.116 |
| Polyester/glass fibers (30%) | 16.0 | 0.049 |
| Isophthalic polyester | 23.3 | 0.080 |
| Isophthalic polyester/glass fibers (77%) | 27.0 | 0.032 |
| Polyvinyl ester | 22.0 | 0.076 |
| Polyvinyl ester/glass fibers (69%) | 26.0 | 0.079 |
| Polyvinyl ester/glass fibers (1031) | NR | 0.164 |
| Polyvinyl ester/glass fibers (1087) | NR | 0.128 |
| Epoxy | 25.0 | 0.106 |
| Epoxy/glass fibers (69%) | 27.5 | 0.056 |
| Epoxy/glass fibers (1003) | NR | 0.142 |
| Epoxy/glass fibers (1006) | NR | 0.207 |
| Epoxy/glass fibers (1040) | NR | 0.058 |

| Polymers | $\Delta h_c$ (MJ/kg) | $y_{smoke}$ (g/g) |
|---|---|---|
| Epoxy/glass fibers (1066) | NR | 0.113 |
| Epoxy/glass fibers (1067) | NR | 0.115 |
| Epoxy/glass fibers (1070) | NR | 0.143 |
| Epoxy/glass fibers (1071) | NR | 0.149 |
| Epoxy/glass fibers (1089) | NR | 0.058 |
| Epoxy/glass fibers (1090) | NR | 0.086 |
| Epoxy/graphite fibers (1091) | NR | 0.082 |
| Epoxy/graphite fibers (1092) | NR | 0.049 |
| Cyanate ester/glass fibers (1046) | NR | 0.103 |
| Acrylic/glass fibers | 17.5 | 0.016 |
| Kydex acrylic paneling, FR | 10.2 | 0.095 |
| High-temperature polymers and composites | | |
| Polycarbonate, PC-1 | 21.9 | 0.098 |
| PC-2 | 22.6 | 0.087 |
| Cross linked polyethylene (XLPE) | 23.8 | 0.026 |
| Polyphenylene oxide, PPO-polystyrene (PS) | 23.1 | 0.162 |
| PPO/glass fibers | 25.4 | 0.133 |
| Polyphenylenesulfide, PPS/glass fibers (1069) | NR | 0.063 |
| PPS/graphite fibers (1083) | NR | 0.075 |
| PPS/glass fibers (1084) | NR | 0.075 |
| PPS/graphite fibers (1085) | NR | 0.058 |
| Polyarylsulfone/graphite fibers (1081) | NR | 0.019 |
| Polyethersulfone/graphite fibers (1078) | NR | 0.014 |
| Polyetheretherketone, PEEK/glass fibers (30%) | 20.5 | 0.042 |
| PEEK/graphite fibers (1086) | NR | 0.025 |
| Polyetherketoneketone, PEKK/glass fibers (1079) | NR | 0.058 |
| Bismaleimide, BMI/graphite fibers (1095) | NR | 0.077 |
| Bismaleimide, BMI/graphite fibers (1096) | NR | 0.096 |
| Bismaleimide, BMI/graphite fibers (1097) | NR | 0.095 |
| Bismaleimide, BMI/graphite fibers (1098) | NR | 0.033 |
| Phenolic/glass fibers (45%) | 22.0 | 0.026 |
| Phenolic/glass fibers (1099) | NR | 0.008 |
| Phenolic/glass fibers (1100) | NR | 0.037 |
| Phenolic/glass fibers (1101) | NR | 0.032 |
| Phenolic/glass fibers (1014) | NR | 0.031 |
| Phenolic/glass fibers (1015) | NR | 0.031 |
| Phenolic/glass fibers (1017) | NR | 0.015 |
| Phenolic/glass fibers (1018) | NR | 0.009 |
| Phenolic/graphite fibers (1102) | NR | 0.039 |

| Polymers | $\Delta h_c$ (MJ/kg) | $y_{smoke}$ (g/g) |
|---|---|---|
| Phenolic/graphite fibers (1103) | NR | 0.041 |
| Phenolic/graphite fibers (1104) | NR | 0.021 |
| Phenolic/PE fibers (1073) | NR | 0.054 |
| Phenolic/aramid fibers (1074) | NR | 0.024 |
| Phenolic insulating foam | 10.0 | 0.026 |
| Polyimide/glass fibers (1105) | NR | 0.014 |
| Wood | | |
| Douglas fir | 14.7 | 0.010 |
| Hemlock | 13.3 | 0.015 |
| Textiles | | |
| Wool | 19.5 | 0.017 |
| Acrylic fiber | 27.5 | 0.038 |
| Halogenated polymers | | |
| PVC flexible-3 (LOI 25%) | 11.3 | 0.099 |
| PVC-FR ($Sb_2O_3$) flexible-4 (LOI 30%) | 10.3 | 0.078 |
| PVC-FR (triaryl phosphate) flexible-5 (LOI 34%) | 10.8 | 0.098 |
| PVC rigid-1 | 8.9 | 0.103 |
| PVC rigid-2 | 10.8 | 0.112 |
| PVC rigid-3 | 12.7 | 0.103 |
| PVC rigid-1 (LOI 50%) | 7.7 | 0.098 |
| PVC rigid-2 | 8.3 | 0.076 |
| Chlorinated PVC (CPVC) | 5.8 | 0.003 |

표 A.10 Composition, molecular weight, stoichiometric air-to-fuel ratio($s$), net heat of complete combustion($\Delta h_{c,T}$), and maximum possible stoichiometric yields of major products ($y_{i,\max}$) for ordinary polymers

| Polymers | Composition | $M$ (g/mole) | $s$ (g/g) | $\Delta h_{c,T}$ (kJ/g) | $y_{i,\max}$ (g/g) | | | |
|---|---|---|---|---|---|---|---|---|
| | | | | | $CO_2$ | CO | HC | Smoke |
| Polyethylene (PE) | $CH_2$ | 14.0 | 14.7 | 43.6 | 3.14 | 2.00 | 1.14 | 0.86 |
| Polypropylene (PP) | $CH_2$ | 14.0 | 14.7 | 43.4 | 3.14 | 2.00 | 1.14 | 0.86 |
| Polystyrene (PS) | CH | 13.0 | 13.2 | 39.2 | 3.38 | 2.15 | 1.23 | 0.92 |
| Polystyrene foam | $CH_{1.1}$ | 13.1 | 13.4 | 39.2 | 3.36 | 2.14 | 1.22 | 0.92 |
| Wood | $CH_{1.7}O_{0.73}$ | 25.4 | 5.8 | 16.9 | 1.73 | 1.11 | 0.63 | 0.48 |
| Polyoxymethylene (POM) | $CH_{2.0}O$ | 30.0 | 4.6 | 15.4 | 1.47 | 0.93 | 0.53 | 0.40 |
| Polymethylmethacrylate (PMMA) | $CH_{1.6}O_{0.40}$ | 20.0 | 8.2 | 25.2 | 2.20 | 1.40 | 0.80 | 0.60 |
| Polyester | $CH_{1.4}O_{0.22}$ | 16.9 | 10.1 | 32.5 | 2.60 | 1.65 | 0.95 | 0.71 |
| Polyvinylalcohol | $CH_{2.0}O_{0.50}$ | 22.0 | 7.8 | 21.3 | 2.00 | 1.27 | 0.73 | 0.55 |
| Polyethyleneterephthalate (PET) | $CH_{0.80}O_{0.40}$ | 19.2 | 7.2 | 23.2 | 2.29 | 1.46 | 0.83 | 0.63 |
| Polyacrylonitrile-butadiene-styrene (ABS) | $CH_{1.1}N_{0.07}$ | 14.1 | 13.2 | 38.1 | 3.13 | 1.99 | 1.14 | 0.85 |
| Nylon | $CH_{1.8}O_{0.17}N_{0.17}$ | 18.9 | 11.2 | 30.8 | 2.33 | 1.48 | 0.85 | 0.63 |
| Flexible polyurethane foam | $CH_{1.8}O_{0.32}N_{0.06}$ | 19.7 | 9.4 | 25.3 | 2.24 | 1.42 | 0.81 | 0.61 |
| Rigid polyurethane foam | $CH_{1.1}O_{0.21}N_{0.10}$ | 17.8 | 9.8 | 25.9 | 2.47 | 1.57 | 0.90 | 0.67 |

HC: hydrocarbons.

표 A.11 Composition, molecular weight, stoichiometric air-to-fuel ratio($s$), net heat of complete combustion($\Delta h_{c,T}$), and maximum possible stoichiometric yields of major products($y_{i,\max}$) for high temperature polymers

| Polymers | Composition | $M$ (g/mole) | $s$ (g/g) | $\Delta h_{c,T}$ (kJ/g) | $y_{i,\max}$ (g/g) | | | | | | |
|---|---|---|---|---|---|---|---|---|---|---|---|
| | | | | | $CO_2$ | CO | HC | Smoke | HCN | $NO_2$ | $SO_2$ |
| Polyetherketoneketone (PEKK) | $CH_{0.60}O_{0.15}$ | 15.0 | 9.8 | 30.3 | 2.93 | 1.87 | 1.07 | 0.80 | 0.00 | 0.00 | 0.00 |
| Polyetherketone (PEK) | $CH_{0.62}O_{0.15}$ | 15.0 | 9.9 | 30.2 | 2.93 | 1.86 | 1.07 | 0.80 | 0.00 | 0.00 | 0.00 |
| Polyetheretherketone (PEEK) | $CH_{0.63}O_{0.16}$ | 15.2 | 9.7 | 30.4 | 2.90 | 1.84 | 1.05 | 0.79 | 0.00 | 0.00 | 0.00 |
| Polyamideimide (PAI) | $CH_{0.53}O_{0.20}$ | 15.7 | 9.0 | 24.2 | 2.80 | 1.78 | 1.02 | 0.76 | 0.00 | 0.00 | 0.00 |
| Polycarbonate (PC) | $CH_{0.88}O_{0.19}$ | 15.9 | 9.7 | 30.1 | 2.76 | 1.76 | 1.01 | 0.75 | 0.00 | 0.00 | 0.00 |
| Polyethylenenaphthalate (PEN) | $CH_{0.71}O_{0.29}$ | 17.4 | 8.2 | | 2.54 | 1.61 | 0.92 | 0.69 | 0.00 | 0.00 | 0.00 |
| Polyphenyleneoxide (PPO) | $CHO_{0.13}$ | 15.0 | 10.9 | | 2.93 | 1.87 | 1.07 | 0.80 | 0.00 | 0.00 | 0.00 |
| Polybutanediolter ephthalate (PBT) | $CHO_{0.33}$ | 18.3 | 8.2 | | 2.41 | 1.53 | 0.88 | 0.66 | 0.00 | 0.00 | 0.00 |
| Polybenzoylphenylene | $CH_{0.62}O_{0.08}$ | 13.9 | 11.1 | | 3.18 | 2.02 | 1.16 | 0.87 | 0.00 | 0.00 | 0.00 |
| Phenol-formaldehyzde | $CHO_{0.14}$ | 15.2 | 10.6 | | 2.89 | 1.84 | 1.05 | 0.79 | 0.00 | 0.00 | 0.00 |
| Polybenzimidazole (PBI) | $CH_{0.60}N_{0.20}$ | 15.4 | 12.0 | 30.8 | 2.86 | 1.82 | 1.04 | 0.78 | 0.35 | 0.60 | 0.00 |
| Polyphenylenesulfide (PPS) | $CH_{0.67}S_{0.17}$ | 18.0 | 10.2 | 28.2 | 2.44 | 1.55 | 0.89 | 0.67 | 0.00 | 0.00 | 0.59 |
| Polyphenylenebenzobis oxazole (PBO) | $CH_{0.43}O_{0.14}N_{0.14}$ | 16.6 | 9.7 | | 2.65 | 1.68 | 0.96 | 0.72 | 0.23 | 0.39 | 0.00 |
| Polyimide (PI) | $CH_{0.45}O_{0.23}N_{0.09}$ | 17.4 | 8.6 | 25.5 | 2.53 | 1.61 | 0.92 | 0.69 | 0.14 | 0.24 | 0.00 |
| Polyetherimide (PEI) | $CH_{0.65}O_{0.16}N_{0.05}$ | 16.0 | 9.8 | 28.4 | 2.76 | 1.75 | 1.00 | 0.75 | 0.09 | 0.16 | 0.00 |
| Polyaramide | $CH_{0.71}O_{0.14}N_{0.14}$ | 16.9 | 10.1 | | 2.60 | 1.66 | 0.95 | 0.71 | 0.22 | 0.38 | 0.00 |
| Polyphenylenebenzobis oxazole | $CH_{0.71}O_{0.14}N_{0.14}$ | 16.9 | 10.1 | | 2.60 | 1.66 | 0.95 | 0.71 | 0.22 | 0.38 | 0.00 |
| Aramid-arylester copolymer | $CH_{0.71}O_{0.14}N_{0.14}$ | 16.9 | 10.1 | 24.4 | 2.60 | 1.66 | 0.95 | 0.71 | 0.22 | 0.38 | 0.00 |
| Polysulfone (PSF) | $CH_{0.81}O_{0.15}S_{0.04}$ | 16.4 | 9.8 | 29.4 | 2.68 | 1.71 | 0.98 | 0.73 | 0.00 | 0.00 | 0.14 |
| Polyphenyleneether sulfone (PES) | $CH_{0.67}O_{0.25}S_{0.08}$ | 19.3 | 8.0 | 24.7 | 2.28 | 1.45 | 0.83 | 0.62 | 0.00 | 0.00 | 0.27 |

표 A.12 Composition, molecular weight, stoichiometric air-to-fuel ratio($s$), net heat of complete combustion($\Delta h_{c,T}$), and maximum possible stoichiometric yields of major products ($y_{i,\max}$) for halogenated polymers

| Polymers | Composition | $M$ (g/mole) | $s$ (g/g) | $\Delta h_{c,T}$ (kJ/g) | $y_{i,\max}$ (g/g) | | | | | |
|---|---|---|---|---|---|---|---|---|---|---|
| | | | | | $CO_2$ | CO | HC | Smoke | HCl | HF |
| **Carbon-hydrogen-chlorine atoms** | | | | | | | | | | |
| PE + 25% Cl | $CH_{1.9}Cl_{0.13}$ | 18.5 | 10.7 | 31.6 | 2.38 | 1.52 | 0.87 | 0.65 | 0.25 | 0.00 |
| PE + 36% Cl | $CH_{1.8}Cl_{0.22}$ | 21.5 | 8.9 | 26.3 | 2.05 | 1.30 | 0.74 | 0.56 | 0.37 | 0.00 |
| Polychloropropene | $CH_{1.3}Cl_{0.30}$ | 23.8 | 7.2 | 25.3 | 1.85 | 1.18 | 0.56 | 0.50 | 0.45 | 0.00 |
| PE + 48% Cl | $CH_{1.7}Cl_{0.36}$ | 26.3 | 7.0 | 20.6 | 1.67 | 1.06 | 0.61 | 0.46 | 0.49 | 0.00 |
| Polyvinylchloride, PVC | $CH_{1.5}Cl_{0.50}$ | 31.0 | 5.5 | 16.4 | 1.42 | 0.90 | 0.52 | 0.39 | 0.58 | 0.00 |
| Chlorinated PVC | $CH_{1.3}Cl_{0.70}$ | 37.8 | 4.2 | 13.3 | 1.16 | 0.74 | 0.42 | 0.32 | 0.67 | 0.00 |
| Polyvinylidenechloride, $PVCl_2$ | CHCl | 48.0 | 2.9 | 9.6 | 0.92 | 0.58 | 0.33 | 0.25 | 0.75 | 0.00 |
| **Carbon-hydrogen-fluorine atoms** | | | | | | | | | | |
| Polyvinylfluoride | $CH_{1.5}F_{0.50}$ | 23.0 | 7.5 | 13.5 | 1.91 | 1.22 | 0.70 | 0.52 | 0.00 | 0.43 |
| Polyvinylidenefluoride (PVDF) | CHF | 32.0 | 4.3 | 13.3 | 1.38 | 0.88 | 0.50 | 0.38 | 0.00 | 0.63 |
| Polyethylenetrifluoroethylene, ETFE | CHF | 32.0 | 4.3 | 12.6 | 1.38 | 0.88 | 0.50 | 0.38 | 0.00 | 0.63 |
| **Carbon-fluorine atoms** | | | | | | | | | | |
| Polytetrafluoroethylene, TFE | $CF_2$ | 50.0 | 2.7 | 6.2 | 0.88 | 0.56 | 0.32 | 0.24 | 0.00 | 0.00 |
| Polyperfluoroalkoxy, PFA | $CF_{1.6}$ | 42.6 | 3.2 | 5.0 | 1.03 | 0.66 | 0.38 | 0.28 | 0.00 | 0.00 |
| Polyfluorinatedethylene propylene, FEP | $CF_{1.8}$ | 46.2 | 3.0 | 4.8 | 0.95 | 0.61 | 0.35 | 0.26 | 0.00 | 0.00 |
| **Carbon-hydrogen-chlorine-fluorine atoms** | | | | | | | | | | |
| Polyethylenechlorotrifluoro ethylene, ECTFE | $CHCl_{0.25}F_{0.75}$ | 36.0 | 3.8 | 12.0 | 1.22 | 0.78 | 0.44 | 0.33 | 0.25 | 0.42 |
| Polychlorotrifluoroethylene, CTFE | $CCl_{0.50}F_{1.5}$ | 58.0 | 2.4 | 6.5 | 0.76 | 0.48 | 0.28 | 0.21 | 0 | 0 |

표 A.13 Composition, molecular weight and combustion properties of hydrocarbons and alcohols

| Fluid | Composition | $M$ (g/mole) | $T_{ig,auto}$ (℃) | $T_{boil}$ (℃) | $\Delta h_c$ (kJ/g) | $L$ (kJ/g) | $\Delta h_c/L$ (kJ/kJ) | $y_{co}$ (g/g) | $y_{sm}$ (g/g) |
|---|---|---|---|---|---|---|---|---|---|
| Gasoline | na[b] | na | 371 | 33 | 41.0 | 0.482 | 85 | 0.010 | 0.038 |
| Hexane | $C_6H_{14}$ | 86 | 225 | 69 | 41.5 | 0.500 | 83 | 0.009 | 0.035 |
| Heptane | $C_7H_{16}$ | 100 | 204 | 98 | 41.2 | 0.549 | 75 | 0.010 | 0.037 |
| Octane | $C_8H_{18}$ | 114 | 206 | 125 | 41.0 | 0.603 | 68 | 0.010 | 0.038 |
| Nonane | $C_9H_{20}$ | 128 | 205 | 151 | 40.8 | 0.638 | 64 | 0.011 | 0.039 |
| Decane | $C_{10}H_{22}$ | 142 | 201 | 174 | 40.7 | 0.690 | 59 | 0.011 | 0.040 |
| Undecane | $C_{11}H_{24}$ | 156 | na | 196 | 40.5 | 0.736 | 55 | 0.011 | 0.040 |
| Dodecane | $C_{12}H_{26}$ | 170 | 203 | 216 | 40.4 | 0.777 | 52 | 0.012 | 0.041 |
| Tridecane | $C_{13}H_{28}$ | 184 | na |  | 40.3 | 0.806 | 50 | 0.012 | 0.041 |
| Kerosine | $C_{14}H_{30}$ | 198 | 260 | 232 | 40.3 | 0.857 | 47 | 0.012 | 0.042 |
| Hexadecane | $C_{16}H_{34}$ | 226 | 202 | 287 | 40.1 | 0.911 | 44 | 0.012 | 0.042 |
| Mineral oil | na | 466 | na | 360 | na |  | 72 | na | na |
| Motor oil | na | na | na | na | 29.3 | 0.473 | 62 | na | na |
| Corn oil | na | na | 393 | na | 22.3 | 0.413 | 54 | na | na |
| Benzene | $C_6H_6$ | 78 | 498 | 80 | 27.6 | 0.368 | 75 | 0.067 | 0.181 |
| Toluene | $C_7H_8$ | 92 | 480 | 110 | 27.7 | 0.338 | 82 | 0.066 | 0.178 |
| Xylene | $C_8H_{10}$ | 106 | 528 | 139 | 27.8 | 0.415 | 67 | 0.065 | 0.177 |
| Methanol | $CH_4O$ | 32 | 385 | 64 | 19.1 | 1.005 | 19 | 0.001 | 0.001 |
| Ethanol | $C_2H_6O$ | 46 | 363 | 78 | 25.6 | 0.776 | 33 | 0.001 | 0.008 |
| Propanol | $C_3H_8O$ | 60 | 432 | 97 | 29.0 | 0.630 | 46 | 0.003 | 0.015 |
| Butanol | $C_4H_{10}O$ | 74 | 343 | 117 | 31.2 | 0.538 | 58 | 0.004 | 0.019 |

na: not available.

표 A.14 Asymptotic flame heat flux values for the combustion of liquids and polymers

| Fuels | | $\dot{q}_f''$ (kW/m$^2$) | |
|---|---|---|---|
| Physical state | Name | $O_2 > 30\%$ (small scale) | Normal air (large scale) |
| | Aliphatic carbon–hydrogen atom containing fuels | | |
| Liquids | Heptane | 32 | 41 |
| | Hexane | | 40 |
| | Octane | | 38 |
| | Dodecane | | 28 |
| | Kerosine | | 29 |
| | Gasoline | | 35 |
| | JP-4 | | 34 |
| | JP-5 | | 38 |
| | Transformer fluids | 23～25 | 22～25 |
| Polymers | Polyethylene, PE | 61 | |
| | Polypropylene, PP | 67 | |
| | Aromatic carbon–hydrogen atom containing fuels | | |
| Liquids | Benzene | | 44 |
| | Toluene | | 34 |
| | Xylene | | 37 |
| Polymers | Polystyrene, PS | 75 | 71 |
| | Aliphatic carbon–hydrogen–oxygen atom containing fuels | | |
| Liquids | Methanol | 22 | 27 |
| | Ethanol | | 30 |
| | Acetone | | 24 |
| Polymers | Polyoxymethylene, POM | 50 | |
| | Polymethylmethacrylate, PMMA | 57 | 60 |
| | Aliphatic carbon–hydrogen–nitrogen atom containing fuels | | |
| Liquids | Adiponitrile | | 34 |
| | Acetonitrile | | 35 |
| | Aliphatic carbon–hydrogen–oxygen–nitrogen atom containing fuels | | |
| Liquid | Toluene diisocyanate | | 28 |
| Polymers | Polyurethane foams (flexible) | 64～76 | |
| | Polyurethane foams (rigid) | 49～53 | |
| | Aliphatic carbon–hydrogen–halogen atom containing fuels | | |
| Polymers | Polyvinylchloride, PVC | 50 | |
| | Ethylenetetrafluoroethylene, ETFE | 50 | |
| | Perfluoroethylene-propylene, FEP | 52 | |

표 A.15 Limited oxygen index(LOI)[a] values at 20℃ for polymers

| Polymers | LOI | Polymers | LOI |
|---|---|---|---|
| Ordinary polymers | | Polyetherketoneketone (PEKK) | 40 |
| Polyoxymethylene | 15 | Polypara(benzoyl)phenylene | 41 |
| Cotton | 16 | Polybenzimidazole (PBI) | 42 |
| Cellulose acetate | 17 | Polyphenylenesulfide (PPS) | 44 |
| Natural rubber foam | 17 | Polyamideimide (PAI) | 45 |
| Polypropylene | 17 | Polyetherimide (PEI) | 47 |
| Polymethylmethacrylate | 17 | Polyparaphenylene | 55 |
| Polyurethane foam | 17 | Polybenzobisoxazole (PBO) | 56 |
| Polyethylene | 18 | Composites | |
| Polystyrene | 18 | Polyethylene/$Al_2O_3$ (50%) | 20 |
| Polyacrylonitrile | 18 | ABS/glass fibers (20%) | 22 |
| ABS | 18 | Epoxy/glass fibers (65%) | 38 |
| Poly($\alpha$-methylstyrene) | 18 | Epoxy/glass fibers (65%) - 300℃ | 16 |
| Filter paper | 18 | Epoxy/graphite fibers (1092) | 33 |
| Rayon | 19 | Polyester/glass fibers (70%) | 20 |
| Polyisoprene | 19 | Polyester/glass fibers(70%) - 300℃ | 28 |
| Epoxy | 20 | Phenolic/glass fibers (80%) | 53 |
| Polyethyleneterephthalate (PET) | 21 | Phenolic/glass fibers(80%) - 100℃ | 98 |
| Nylon 6 | 21 | Phenolic/Kevlarr (80%) | 28 |
| Polyester fabric | 21 | Phenolic/Kevlarr (80%) - 300℃ | 26 |
| Plywood | 23 | PPS/glass fibers (1069) | 64 |
| Silicone rubber (RTV, etc.) | 23 | PEEK/glass fibers (1086) | 58 |
| Wool | 24 | PAS/graphite (1081) | 66 |
| Nylon 6,6 | 24~29 | BMI/graphite fibers (1097) | 55 |
| Neoprene rubber | 26 | BMI/graphite fibers (1098) | 60 |
| Silicone grease | 26 | BMI/glass fibers (1097) | 65 |
| Polyethylenephthalate (PEN) | 32 | Halogenated polymers | |
| High-temperature polymers | | Fluorinated cyanate ester | 40 |
| Polycarbonate | 26 | Neoprene | 40 |
| Nomex® | 29 | Fluorosilicone grease | 31~68 |
| Polydimethylsiloxane (PDMS) | 30 | Fluorocarbon rubber | 41~61 |
| Polysulfone | 31 | Polyvinylidenefluoride | 43~65 |
| Polyvinyl ester/glass fibers (1031) | 34 | PVC (rigid) | 50 |
| Polyetheretherketone (PEEK) | 35 | PVC (chlorinated) | 45~60 |
| Polyimide (Kapton®) | 37 | Polyvinylidenechloride (Saranr) | 60 |
| Polypromellitimide (PI) | 37 | Chlorotrifluoroethylene lubricants | 67~75 |
| Polyaramide (kevlar®) | 38 | Fluorocarbon (FEP/PFA) tubing | 77~100 |
| Polyphenylsulfone (PPSF) | 38 | Polytetrafluoroethylene | 95 |
| Polyetherketone (PEK) | 40 | Polytrichlorofluorethylene | 95 |

[a] Oxygen concentration needed to support burning.

표 A.16 Smoke yield for various gases, liquids and solid fuels

| State | Generic name | Generic nature | Smoke yield (g/g) |
|---|---|---|---|
| Gas | Methane to butane | Aliphatic-saturated | 0.013～0.029 |
| | Ethylene, propylene | Aliphatic-unsaturated | 0.043～0.070 |
| | Acetylene, butadiene | Aliphatic-highly unsaturated | 0.096～0.125 |
| Liquid | Alcohols, ketones | Aliphatic | 0.008～0.018 |
| | Hydrocarbons | Aliphatic | 0.037～0.078 |
| | | Aromatic | 0.177～0.181 |
| Solid | Cellulosics | Aliphatic (mostly) | 0.008～0.015 |
| | Synthetic Polymers | Aliphatic-oxygenated | 0.001～0.022 |
| | | Aliphatic-highly fluorinated | 0.002～0.042 |
| | | Aliphatic-unsaturated | 0.060～0.075 |
| | | Aliphatic unsaturated-chlorinated | 0.078～0.099 |
| | | Aromatic | 0.131～0.191 |

# Index

- **민세홍** 가천대학교 설비 · 소방공학과 교수, 공학박사
- **황철홍** 대전대학교 소방방재학과 교수, 공학박사
- **김운형** 경민대학교 소방안전관리과 교수, 공학박사
- **전흥균** 대구보건대학교 소방안전관리과 교수, 공학박사



**화재현상론**
Fundamentals of Fire Phenomena

정가 29,000원

발 행 2016년 6월 10일 초판 1쇄
저 자 James G. Quintiere
역 자 민세홍 · 황철홍 · 김운형 · 전흥균
발행인 정우용
발행처 도서출판 동화기술
경기도 파주시 광인사길 201(문발동, 파주출판도시)
Tel (031)955-4211~6 donghwae@kornet.net
Fax (031)955-4217 www.donghwapub.co.kr
(등록) 1977년 12월 19일/9-16호





Printed in Korea
ISBN 978-89-425-9083-4